Gottfried C.O. Lohmeyer | Stefan Baar

Baustatik 1

kompakt – verständlich – gut

Konzeption:
Gottfried C.O. Lohmeyer

Bearbeitet von:
Dipl.-Ing. Gottfried C.O. Lohmeyer
Dipl.-Ing. Stefan Baar
Dipl.-Ing. Heinz Bergmann
Dipl.-Ing. Karsten Ebeling
Dipl.-Ing. Matthias Post

Die Fach- und Lehrbücher von Gottfried C.O. Lohmeyer vermitteln umfassendes und verständliches Wissen zur Bauphysik, Statik und zum Stahlbetonbau.

Von den Grundlagen bis zum Profi-Know-how geben Lohmeyers Bücher einen detaillierten Einblick in die jeweilige Materie – ergänzt durch zahlreiche Beispiele.

Die bewährten Werke sprechen alle an der Planung, am Bau und Betrieb von baulichen Anlagen Beteiligten an – vom Studierenden über den Planer bis zum Bauleiter. Auch der konstruierende Ingenieur, der schon im Entwurf über das anzuwendende Bauverfahren und damit über die Wirtschaftlichkeit und die Risiken bestimmt, findet praxisorientierte und methodisch abgesicherte Arbeitshilfen.

www.viewegteubner.de

Gottfried C.O. Lohmeyer | Stefan Baar

Baustatik 1

Grundlagen und Einwirkungen

11., überarbeitete und aktualisierte Auflage

Mit 366 Abbildungen und 45 Tabellen

STUDIUM

VIEWEG+
TEUBNER

Bibliografische Information der Deutschen Nationalbibliothek
Die Deutsche Nationalbibliothek verzeichnet diese Publikation in der Deutschen Nationalbibliografie; detaillierte bibliografische Daten sind im Internet über <http://dnb.d-nb.de> abrufbar.

Dipl.-Ing. Gottfried C.O. Lohmeyer arbeitet als Beratender Ingenieur der Ingenieurkammer Niedersachsen und als Sachverständiger für Betonbau. Er ist Gesellschafter der Ingenieur- und Sachverständigen-Partnergesellschaft ISVP Lohmeyer + Ebeling in Hannover.

Email: lohmeyer@isvp.de
Internet: www.isvp.de

Dipl.-Ing. Stefan Baar erarbeitet als Leiter der Abteilung Bautechnik und Innovation für die Köster AG in Osnabrück Tragwerkslösungen und Sondervorschläge in allen Bereichen des Hochbaus. Er ist eingetragen in die Liste der Entwurfsverfasser und Tragwerksplaner der Ingenieurkammer Niedersachsen.

Email: post@stefan-baar.de
Internet: www.koester-bau.de

1. Auflage 1970
2. Auflage 1972
3. Auflage 1976
4. Auflage 1981
5. Auflage 1985
6. Auflage 1991
7. Auflage 1996
8. Auflage 2002
9. Auflage 2005
10. Auflage 2008
11., überarbeitete und aktualisierte Auflage 2010

Lektorat: Dipl.-Ing. Ralf Harms | Sabine Koch

Vieweg+Teubner Verlag ist eine Marke von Springer Fachmedien.
Springer Fachmedien ist Teil der Fachverlagsgruppe Springer Science+Business Media.
www.viewegteubner.de

Umschlaggestaltung: KünkelLopka Medienentwicklung, Heidelberg
Satz: Klementz publishing services, Gundelfingen
Druck und buchbinderische Verarbeitung: STRAUSS GMBH, Mörlenbach
Gedruckt auf säurefreiem und chlorfrei gebleichtem Papier.
Printed in Germany

ISBN 978-3-8348-1323-7

Vorwort

Moderne Baukonstruktionen erfordern ein sorgfältiges Planen, Konstruieren und Ausführen der Bauwerke. Dazu sind solide Kenntnisse der Baustatik nötig. Dies gilt nicht nur für den Konstrukteur und Tragwerksplaner, sondern auch für den Planenden im Architekturbüro und für den Bauleiter auf der Baustelle.

Bei der Planung, Konstruktion und Ausführung eines Bauwerkes ist nicht nur die Funktion des Gebäudes ausschlaggebend. Um Bauschäden zu vermeiden, müssen die Baustoffe entsprechend ihren Eigenschaften eingesetzt werden; die Bauteile sind unter Beachtung ihrer statischen Bedeutung zu konstruieren und die jeweils neusten Erkenntnisse der Bauphysik sind zu berücksichtigen.

Das vorliegende zweiteilige Werk vermittelt die wichtigen einfachen statischen Gesetze und deren Anwendung im Rahmen einer technischen Allgemeinbildung; es dient nicht der Ausbildung spezialisierter Statiker. Manche Probleme werden daher bewusst vereinfacht und dem Zweck des Buches entsprechend besonders praxisnah dargestellt. Viele durchgerechnete Beispiele erläutern und vertiefen die Darstellung; eine sehr große Zahl von Übungsaufgaben, deren Lösungen am Ende des Buches nachgeschlagen werden können, soll zur sicheren Handhabung und breiten Anwendung des Stoffes befähigen. Die beiden Bände können daher vielen in der Bautechnik Tätigen eine Hilfe bei der Lösung üblicher statischer Probleme sein; sie sind zum Selbststudium geeignet. Die meisten statischen Berechnungen werden heutzutage nicht mehr „von Hand" aufgestellt, sondern EDV-gestützt d.h. mit spezieller Software produziert. Dennoch sind solide Grundkenntnisse auf dem Gebiet der Statik in unverändertem Umfang erforderlich.

Teil 1 „Grundlagen und Einwirkungen" geht auf die wichtigsten Probleme der einfachen Statik ein. Ohne komplizierte theoretische Ableitungen werden die Formeln entwickelt und dargestellt, die zur Bestimmung der äußeren und inneren Kräfte in den Bauteilen erforderlich sind. Besondere mathematische Kenntnisse werden nicht vorausgesetzt.

Teil 2 „Bemessung und Festigkeitslehre" erklärt die Beanspruchung der Bauteile und die Bemessung von Konstruktionsteilen aus Holz, Mauerwerk, Beton und Stahl sowie die Bodenpressung. Abschließend wird an einer statischen Berechnung für ein kleines Wohnhaus der Zusammenhang der vorher detailliert betrachteten Probleme gezeigt.

Es wird vorteilhaft sein, den Stoff der beiden Teile nicht streng hintereinander zu erarbeiten, sondern ab Abschnitt 6 von Teil 1 nebeneinander und verschränkt auch im Teil 2 entsprechend der nebenstehenden Darstellung vorzugehen.

Dieses zweiteilige Lehrbuch wurde ursprünglich für die Ausbildung und die Praxis des Bautechnikers geschrieben. Es hat in drei rasch aufeinanderfolgenden Auflagen eine erfreuliche Aufnahme und Verbreitung gefunden und sich auch für das Architekturstudium als nützlicher Leitfaden zur Einführung in die praktische Baustatik bewährt. Dementsprechend wurde dem Titel des Buches von der vierten Auflage an eine allgemeinere Fassung gegeben und das Buch auf eine breitere Basis gestellt.

Die vorliegende elfte Auflage wurde wiederum überarbeitet. Wesentliche Teile hiervon hat Dipl.-Ing. Stefan Baar übernommen, der auch künftig als Mitautor tätig sein wird. So wurde vor allem das Kraftgrößenverfahren zur Berechnung von Durchlaufträgern aufgenommen. Die DIN-Normen sind in ihrer neuesten Fassung entsprechend dem Veröffentlichungsstand in den „Technischen Baubestimmungen" berücksichtigt. Dies wirkt sich durch das neue Sicherheitskonzept insbesondere auf die Einwirkungen aus, die in ihren Bemessungsgrößen angegeben werden.

Dank gilt all denen, die durch ihre kritische Stellungnahme sehr wertvolle Anregungen vermittelten und wichtige Hinweise vorbrachten. Soweit wie möglich sind sie in dieser Neuauflage berücksichtigt worden. Für die ausgezeichnete Zusammenarbeit sei dem Verlag und seinen Mitarbeitern gedankt.

Der künftigen Entwicklung des Buches können fachkundige Kritiken und Verbesserungsvorschläge sehr dienen; sie sind daher auch weiterhin erwünscht.

Hannover, April 2010 Gottfried C.O. Lohmeyer

Inhalt

(Abschnitte, die mit * gekennzeichnet sind, enthalten Übungsaufgaben)

DIN-Normen

Die für dieses Buch einschlägigen Normen sind entsprechend dem Veröffentlichungsstand in den „Technischen Baubestimmungen“ ausgewertet worden, den sie beim Abschluss des Manuskriptes erreicht hatten. Maßgebend sind die jeweils neuesten Ausgaben der Normblätter des DIN, Deutsches Institut für Normung e.V., im Format A4, die durch den Beuth-Verlag GmbH, Berlin und Köln, zu beziehen sind.

Sinngemäß gilt das gleiche für alle sonstigen angezogenen amtlichen Richtlinien, Bestimmungen, Verordnungen usw.

Einheiten

Mit dem „Gesetz über Einheiten im Messwesen“ vom 2.7.1969 und seiner „Ausführungsverordnung“ vom 26.6.1970 wurden für einige technische Größen neue Einheiten eingeführt. Der Umrechnung von „alten“ in „neue“ Einheiten und umgekehrt dienen folgende Hinweise des Fachnormen-Arbeitsausschusses „Einheiten im Bauwesen“ (ETB):

Kraftgrößen: Es wird empfohlen, sich auf möglichst wenige der zahlreichen Einheiten, die sich mit Hilfe dezimaler Vorsätze (z.B. k für 1000) bilden lassen, zu beschränken. Angesichts der im Bauwesen unvermeidlichen Streuungen der Bauwerksabmessungen und der Baustoffestigkeiten kann die Erdbeschleunigung ausreichend genau mit $g = 10\,\text{m/s}^2$ angenommen werden; es braucht nicht mit dem genaueren Wert $9{,}81\,\text{m/s}^2$, geschweige denn mit der Normalfallbeschleunigung $g_n = 9{,}80665\ \text{m/s}^2$ gerechnet zu werden. Der „Fehler“ liegt zwar bei den zulässigen Spannungen um knapp 2 % auf der unsicheren Seite, er wird in der Regel aber dadurch ausgeglichen, dass die Lastannahmen um das gleiche Maß auf der sicheren Seite liegen.

Kräfte: Für Kraftgrößen wird die Einheit kN (Kilonewton) empfohlen. Bei Zahlenvorsätzen kleiner als 0,1 kann mit N (Newton [1]) und bei solchen größer als 1000 mit MN (Meganewton) gerechnet werden.

Tafel **1** Umrechnungswerte für **Kräfte und Einzellasten**

Kraft		kp	Mp	N	kN	MN	
1 N	=	10^{-1}	10^{-4}	1	10^{-3}	10^{-6}	N = Newton (neu)
1 kN	=	10^{2}	10^{-1}	10^{3}	1	10^{-3}	kN = Kilonewton
1 MN	=	10^{5}	10^{2}	10^{6}	10^{3}	1	MN = Meganewton
1 kp	=	1	10^{-3}	10	10^{-2}	10^{-5}	kp = Kilopond (alt)
1 Mp	=	10^{3}	1	10^{4}	10	10^{-2}	Mp = Megapond

Tafel **2** Umrechnungswerte für **Streckenlasten** (längenbezogene Kräfte)

Streckenlast		kp/cm	kp/m	Mp/m	N/mm	N/m	kN/m	MN/m
1 N/mm	=	1	10^{2}	10^{-1}	1	10^{3}	1	10^{-3}
1 N/m	=	10^{-3}	10^{-1}	10^{-4}	10^{-3}	1	10^{-3}	10^{-6}
1 kN/m	=	1	10^{2}	10^{-1}	1	10^{3}	1	10^{-3}
1 MN/m	=	10^{3}	10^{5}	10^{2}	10^{3}	10^{6}	10^{3}	1
1 kp/cm	=	1	10^{2}	10^{-1}	1	10^{3}	1	10^{-3}
1 kp/m	=	10^{-2}	1	10^{-3}	10^{-2}	10	10^{-2}	10^{-5}
1 Mp/m	=	10	10^{3}	1	10	10^{4}	10	10^{-2}

[1] Newton (sprich; njuten) = englischer Physiker (1643 bis 1727)

Tafel **3** Umrechnungswerte für **Spannungen, Festigkeiten und Flächenlasten**

Spannung Festigkeit Flächenlast		kp/mm²	kp/cm²	kp/m²	Mp/mm²	Mp/cm²	Mp/m²	N/mm²	N/m²	kN/m²	MN/m²
1 N/mm²	=	10^{-1}	10	10^{5}	10^{-4}	10^{-2}	10^{2}	1	10^{6}	10^{3}	1
1 N/m²	=	10^{-7}	10^{-5}	10^{-1}	10^{-10}	10^{-8}	10^{-4}	10^{-6}	1	10^{-3}	10^{-6}
1 kN/m²	=	10^{-4}	10^{-2}	10^{2}	10^{-7}	10^{-5}	10^{-1}	10^{-3}	10^{3}	1	10^{-3}
1 MN/m²	=	10^{-1}	10	10^{5}	10^{-4}	10^{-2}	10^{2}	1	10^{6}	10^{3}	1
1 kp/mm²	=	1	10^{2}	10^{6}	10^{-3}	10^{-1}	10^{3}	10	10^{7}	10^{4}	10
1 kp/cm²	=	10^{-2}	1	10^{4}	10^{-5}	10^{-3}	10	10^{-1}	10^{5}	10^{2}	10^{-1}
1 kp/m²	=	10^{-6}	10^{-4}	1	10^{9}	10^{-7}	10^{-3}	10^{-5}	10	10^{-2}	10^{-5}
1 Mp/mm²	=	10^{3}	10^{5}	10^{9}	1	10^{2}	10^{6}	10^{4}	10^{10}	10^{7}	10^{4}
1 Mp/cm²	=	10	10^{3}	10^{7}	10^{-2}	1	10^{4}	10^{2}	10^{8}	10^{5}	10^{2}
1 Mp/m²	=	10^{-3}	10^{-1}	10^{3}	10^{-6}	10^{-4}	1	10^{-2}	10^{4}	10	10^{-2}

Tafel **4** Umrechnungswerte für **Momente**

Moment		kpcm	kpm	Mpm	Nmm	Nm	kNm	MNm
1 Nmm	=	10^{-2}	10^{-4}	10^{-7}	1	10^{-3}	10^{-6}	10^{-9}
1 Nm	=	10	10^{-1}	10^{-4}	10^{3}	1	10^{-3}	10^{-6}
1 kNm	=	10^{4}	10^{2}	10^{-1}	10^{6}	10^{3}	1	10^{-3}
1 MNm	=	10^{7}	10^{5}	10^{2}	10^{9}	10^{6}	10^{3}	1
1 kpcm	=	1	10^{-2}	10^{-5}	10^{2}	10^{-1}	10^{-4}	10^{-7}
1 kpm	=	10^{2}	1	10^{-3}	10^{4}	10	10^{-2}	10^{-5}
1 Mpm	=	10^{5}	10^{3}	1	10^{7}	10^{4}	10	10^{-2}

Tafel **5** Umrechnungswerte für **Dichte, Wichte und Eigenlasten**

Dichte, Wichte Eigenlast		kg/m³	kg/dm³	t/m³	kN/m³
1 kN/m³	=	10^{2}	10^{-1}	10^{-1}	1
1 kg/m³	=	1	10^{-3}	10^{-3}	10^{-2}
1 kg/dm³	=	10^{3}	1	1	10
1 t/m³	=	10^{3}	1	1	10

Formelzeichen

Für die hier benutzten mathematischen und technischen Formelzeichen sowie Symbole wird auf Abschnitt 12 verwiesen; siehe auch Wendehorst, Bautechnische Zahlentafeln.

Tafel **6** **Griechisches Alphabet** (DIN 1453)

Α	*α*	*a*	Alpha	*Η*	*η*	*ē*	Eta	*Ν*	*ν*	*n*	Nü	*Τ*	*τ*	*t*	Tau
Β	*β*	*b*	Beta	*Θ*	*ϑ*	*th*	Theta	*Ξ*	*ξ*	*x*	Ksi	*Υ*	*υ*	*ü*	Ypsilon
Γ	*γ*	*g*	Gamma	*Ι*	*ι*	*j*	Jota	*Ο*	*ο*	*ŏ*	Omikron	*Φ*	*φ*	*ph*	Phi
Δ	*δ*	*d*	Delta	*Κ*	*κ*	*k*	Kappa	*Π*	*π*	*p*	Pi	*Χ*	*χ*	*ch*	Chi
Ε	*ε*	*ĕ*	Epsilon	*Λ*	*λ*	*l*	Lambda	*Ρ*	*ρ*	*r*	Rho	*Ψ*	*ψ*	*ps*	Psi
Ζ	*ζ*	*z*	Zeta	*Μ*	*μ*	*m*	Mü	*Σ*	*σ*	*s*	Sigma	*Ω*	*ω*	*ō*	Omega

Verzeichnis der Tafeln

1 Einführung

Die ersten Anfänge der Statik sind schon im Altertum zu finden. Jedoch erst in der Neuzeit entwickelte sich die Statik als Sondergebiet der Physik zu einem selbstständigen Wissensbereich der Technik. Die Physik bildet zusammen mit der Chemie die Grundlage der Technik.

Physik

Die Physik ist eine Wissenschaft, die sich mit den Vorgängen in der uns umgebenden Natur beschäftigt. Das griechische Wort „physis" heißt Natur. In der Physik werden durch Beobachtungen und Messungen die Naturvorgänge in Regeln erfasst und mathematisch dargestellt.

Mechanik

Die Mechanik befasst sich mit dem Ruhezustand und den Bewegungen der Körper, aber auch mit den Einwirkungen, die diese Bewegungen hervorrufen. Sie ist eines der ältesten Gebiete der Physik.

Die Kinematik ist ein Teilgebiet der Mechanik. Sie ist die Lehre von der Bewegung, ohne die Ursache einer Bewegung zu behandeln.

Beispiel

Bei einer Maschine sind verschiedene Teile in Bewegung. Zahnräder greifen ineinander. Mit solchen Bewegungsabläufen befasst sich die Kinematik.

Die Dynamik ist ein anderes Teilgebiet der Mechanik. Sie untersucht die Bewegung der Körper infolge Krafteinwirkung und die Änderung des Bewegungszustandes von Körpern.

Beispiel

Eine Maschine soll eine Arbeit verrichten. Dazu müssen sich verschiedene Teile bewegen. Eine bestimmte Drehzahl ist erforderlich. Mit diesen Aufgaben beschäftigt sich die Dynamik.

Statik

In der Statik bestimmt man den Gleichgewichtszustand der Körper unter dem Einfluss von Einwirkungen. Die Statik hat sich als Teilgebiet der theoretischen Mechanik seit dem ausgehenden Mittelalter entwickelt. Vom 18. Jahrhundert an versuchte man, die Ergebnisse für die Kräftebestimmung in Bauwerken für die Prüfung ihrer Standfestigkeit und für die Bemessung von Tragwerken nutzbar zu machen. Der Name Statik kommt vom lateinischen Wort statim (= feststehend, beständig).

Die Statik ist also die Lehre vom Gleichgewicht der festen Körper unter dem Einfluss von Einwirkungen. Durch äußere Einwirkungen darf sich weder das Bauwerk noch dürfen sich Teile des Bauwerks verschieben oder verdrehen.

Die Baustatik befasst sich mit der Ermittlung der angreifenden Einwirkungen, mit dem Nachweis der Standsicherheit der einzelnen Bauteile und des ganzen Bauwerks sowie mit der Bestimmung der erforderlichen Bauteilabmessungen unter dem Gesichtspunkt von Sicherheit und Wirtschaftlichkeit.

Die Baustatik hat aber auch mit dynamischen Beanspruchungen zu tun. Dies ist immer dann der Fall, wenn Schwingungen oder stark wechselnde Beanspruchungen auf die Bauteile des Bauwerks wirken.

Beispiel

Die vorgenannte Maschine erzeugt Schwingungen. Sie steht auf einem Fundament in einer Halle. Die Standsicherheit dieser Maschinenhalle, der Verlauf der Kräfte in den einzelnen Bauteilen und die Abmessungen der Bauteile werden durch die Berechnungen der Statik bestimmt.

Die Festigkeitslehre ist die Lehre von den Formänderungen und Festigkeiten der Körper unter dem Einfluss von Einwirkungen. Sie ist ein Teilgebiet der Statik.

Beispiele
Die Maschine der vorigen Beispiele steht auf einem Fundament. Dieses Fundament braucht eine bestimmte Größe und Festigkeit, damit das innere Gefüge des Fundaments nicht zerstört wird. Alle Bauteile der Maschinenhalle müssen bestimmte Abmessungen erhalten, damit sie nicht ausknicken (Stützen, Wände) oder sich nicht zu stark durchbiegen (Decken, Balken). Es ist die Aufgabe der Festigkeitslehre, dabei zweckmäßige und wirtschaftliche Bauwerke zu erhalten.

Geschichte

Archimedes (285-212 v. Chr.) gilt als der größte Mathematiker und Physiker des Altertums. Er entdeckte unter anderem den Schwerpunkt, das Hebelgesetz, die schiefe Ebene, den statischen Auftrieb.

Galileo Galilei (1564-1642) war Naturforscher und begründete die moderne Kinematik und Dynamik.

Isaak Newton (1643-1727) ist der Begründer der klassischen Mechanik. Von ihm wurde unter anderem das Newtonsche Gravitationsgesetz aufgestellt, wonach jeder Massenpunkt jeden anderen Massenpunkt mit einer Kraft anzieht, die entlang der Verbindungslinie wirkt.

Gottfried W. Leibniz (1646-1716) erfand unabhängig von Newton die Integral- und Differentialrechnung. Diese Mathematik bildet die Grundlage für die weitere Entwicklung der Ingenieurwissenschaft und der Statik.

Claude L.M.H. Navier (1785-1836) begründete die wissenschaftliche Elastizitätslehre und die Baustatik. 1826 erschien von ihm die erste systematische Darstellung der Baustatik und Festigkeitslehre.

K. Culmann führte seit 1864 graphische Methoden zur zeichnerischen Lösung statischer Aufgaben ein. L. Cremona (1872) und W. Ritter (1888) entwickelten diese Verfahren weiter. A. Föppl (1854-1924) knüpfte an die Arbeiten von Navier an und förderte die technische Mechanik als Wissenschaft. Die Arbeiten von A. Castigliano (1873) und H. Müller-Breslau (1866) führten durch besondere Fortschritte zur heutigen Baustatik.

In den letzten Jahrzehnten wurde umfangreiche Software für die elektronische Datenverarbeitung (EDV) entwickelt. Dies gilt für Systemprogramme des Betriebssystems als auch für Anwendungsprogramme. Auf dem Gebiet der Baustatik und Tragwerksplanung können mit Einzel- und Systemprogrammen die unterschiedlichsten rechnerischen und zeichnerischen Aufgaben der Baustatik gelöst werden. Diese Software ist ein effektives Werkzeug, wenn die Eingabe problemlos und zeitsparend möglich ist. Dies kann aber nur dann der Fall sein, wenn zusätzlich zum Grundwissen der Baustatik eine umfangreiche Schulung zur Einführung in die jeweiligen Anwendungsprogramme erfolgte. Die Kenntnisse von den Grundlagen der Baustatik sind also Voraussetzung für das Arbeiten mit geeigneter Software für die Tragwerksplanung.

1.1 Begriffe und Aufgaben der Statik

In der Norm DIN 1055-100 „Einwirkungen auf Tragwerke“ sind Begriffe festgelegt, die allgemein in der Bautechnik verwendet werden sollen. Diese Norm legt die Grundlagen und Anforderungen für die Tragfähigkeit und Gebrauchstauglichkeit von Tragwerken fest, beschreibt die Grundlagen der Tragwerksplanung und gibt Hinweise zu Fragen der Tragwerkssicherheit. Diese Norm ist in der Regel für die Durchführung der Tragwerksplanung in Verbindung mit den bauartspezifischen Normen anwendbar. Bauartspezifische Planungs- und Ausführungsnormen gelten z.B. für folgende Bereiche:

- DIN 1054 Baugrund
- DIN 1045 Beton- und Stahlbetonbau
- DIN 1052 Holzbau
- DIN 1053 Mauerwerksbau
- DIN 18800 Stahlbau

Das in DIN 1055-100 festgelegte Sicherheitsniveau setzt die Erfüllung folgender Annahmen voraus:

- Mit der Wahl des Tragsystems und der Tragwerksplanung sind qualifizierte und erfahrende Personen beauftragt.
- Die Tragwerksplanung wird unabhängig geprüft, Ausnahmen sind gesetzlich geregelt.
- Die Bauausführung erfolgt durch geschultes und erfahrenes Personal.
- In den Herstellwerken, den Produktionsstätten und auf der Baustelle ist eine sachgerechte Aufsicht und Überwachung sichergestellt.
- Die Tragwerke werden den Planungsannahmen entsprechend genutzt und sachgerecht instand gehalten.
- Die in den Bauart- und Ausführungsnormen sowie sonstigen Regelungen gestellten Anforderungen an die Baustoffe werden erfüllt.

1.1.1 Allgemeine Begriffe (DIN 1055-100)

Bauwerk: Bauliche Anlage als Ergebnis von Bauarbeiten. Ein Bauwerk besteht aus tragenden und nichttragenden Bauteilen und ist fest mit dem Baugrund verbunden, z.B. Bauwerke des Hoch- und Ingenieurbaus (Wohnhäuser).

Gebäude: Selbstständig benutzbare überdeckte bauliche Anlage, die von Menschen betreten werden kann und geeignet oder bestimmt ist, dem Schutz von Menschen, Tieren oder Sachen zu dienen.

Hochbau: Gebäude mit vorwiegend oberirdischer Ausdehnung, z.B. für Wohn-, Büro-, Verkaufs-, Parkzwecke oder für öffentliche Nutzung (Schulen, Krankenhäuser usw.).

Tragwerk: Planmäßige Anordnung miteinander verbundener tragender und aussteifender Bauteile, die so entworfen sind, dass sie ein bestimmtes Maß an Tragwiderstand aufweisen, z.B. Fundamente, Stützen, Wände, Decken.

Tragsystem: Summe der tragenden Bauteile eines Tragwerks und die Art und Weise, in der sie zur Erzielung eines bestimmten Tragwiderstands zusammenwirken, z.B. Durchlaufträger, Rahmen.

Tragwerksmodell: Idealisierung des Tragsystems für Schnittgrößenermittlung und Bemessung.

Bauart: Kennzeichnung der überwiegend für ein Tragwerk oder seine Teile gewählten Baustoffe, z.B. Holzbau, Stahlbetonbau, Stahlbau.

Bauausführung: Tätigkeiten, die für die Errichtung eines Bauwerks erforderlich sind, z.B. Schalen, Bewehrung, Betonieren, Montieren, Schweißen.

Bauverfahren: Art und Weise der Errichtung eines Bauwerks, z.B. Ortbetonbau, Fertigteilbau.

Vorfertigung: Herstellung von Bauteilen nicht in ihrer endgültigen Lage, sondern in einem Werk oder an anderer Stelle.

Nutzungsdauer: Vorgesehener Zeitraum, in dem ein Bauwerk bei Instandhaltung, aber ohne nennenswerte Instandsetzung genutzt werden kann.

Instandhaltung: Maßnahmen während der Nutzungsdauer zum Sicherstellen der planmäßigen Nutzung, z.B. Reinigung, Erneuerung des Anstrichs.

Instandsetzung: Maßnahmen zum Wiederherstellen und Sichern einer planmäßigen Nutzung, z.B. Verstärkung, Ersatz von Bauteilen.

1.1.2 **Begriffe für Einwirkungen** (DIN 1055-100)

Einwirkungen: Auf das Tragwerk einwirkende Kraft- und Verformungsgrößen.

Direkte Einwirkung: Auf das Tragwerk einwirkende Last (Kraft). Allgemein wird eine Kraft mit F bezeichnet, abgeleitet vom englischen Wort Force = Kraft (gesprochen: forß).

Indirekte Einwirkung: Aufgezwungene oder behinderte Verformung oder Bewegung, z.B. durch Temperatur- oder Feuchtigkeitsänderungen, ungleiche Setzungen, Erdbeben, Brand, Umwelteinwirkungen.

Zeitlich unveränderliche Einwirkung: Ständige Einwirkung, deren zeitliche Änderung gegenüber dem Mittelwert vernachlässigt werden kann oder die sich bis zum Erreichen eines Grenzwertes gleichmäßig in die gleiche Richtung ändert, z.B. Eigenlast des Tragwerks.

Zeitlich veränderliche Einwirkung: Dies ist eine Einwirkung, für die die Voraussetzung einer ständigen Einwirkung nicht erfüllt ist, z.B. Nutzlast, Windlast, Schneelast.

Vorwiegend ruhende Einwirkung: Statische Einwirkung und nicht ruhende Einwirkung, die jedoch für die Tragwerksplanung als ruhende Einwirkung betrachtet werden darf, z.B. Einwirkungen aus Wind, Nutzlasten in Parkhäusern, Werkstätten, Fabriken.

Repräsentativer Wert: Wert einer Einwirkung, der der Nachweisführung in den Grenzzuständen zu Grunde liegt.

Charakteristischer Wert: Wichtigster repräsentativer Wert einer Einwirkung, von dem angenommen wird, dass er mit einer vorgegebenen Wahrscheinlichkeit im Bezugszeitraum unter Berücksichtigung der Nutzungsdauer des Tragwerks und der entsprechenden Bemessungssituation nicht überschritten oder unterschritten wird.

Beiwert für Kombinationswerte: Faktor ψ (psi), mit dem ein charakteristischer Wert multipliziert wird, um einen für bestimmte Einwirkungskombinationen benötigten repräsentativen Wert zu berechnen.

Kombinationswert einer veränderlichen Einwirkung: Repräsentativer Wert in den Einwirkungskombinationen, der die geringere Wahrscheinlichkeit des gleichzeitigen Auftretens der ungünstigen Werte mehrerer voneinander unabhängiger veränderlicher Einwirkungen beschreibt.

Bemessungswert: Mit diesem Wert einer Einwirkung wird das Tragwerk bemessen. Der Bemessungswert ergibt sich aus dem Produkt des charakteristischen Werts einer Einwirkung mit dem zugehörigen Teilsicherheitsbeiwert.

1.1.3 **Begriffe zum Sicherheitskonzept** (DIN 1055-100)

Zuverlässigkeit: Wahrscheinlichkeit der Sicherstellung von Tragfähigkeit und Gebrauchstauglichkeit und Dauerhaftigkeit während der vorgesehenen Lebensdauer (qualitativ); Wahrscheinlichkeit, mit der ein bestimmter Grenzzustand für einen vorgegebenen Bezugszeitraum nicht überschritten wird (quantitativ).

Sicherheit: Fähigkeit des Tragwerks zur Sicherstellung von Tragfähigkeit und Gebrauchstauglichkeit, die eine Gefährdung der öffentlichen Sicherheit und Ordnung verhindern.

Tragfähigkeit: Fähigkeit des Tragwerks und seiner tragenden Teile, allen auftretenden Einwirkungen zu widerstehen, denen es während der Errichtungs- und Nutzungsdauer planmäßig standhalten soll.

Gebrauchstauglichkeit: Fähigkeit des Tragwerks und seiner Teile, die planmäßige Nutzung entsprechend festgelegter Bedingungen zu ermöglichen.

Dauerhaftigkeit: Fähigkeit des Tragwerks und seiner Teile, Tragfähigkeit und Gebrauchstauglichkeit während der gesamten Nutzungsdauer sicherzustellen.

Grenzzustand: Zustand des Tragwerks, bei dessen Überschreitung die der Tragwerksplanung zu Grunde gelegten Anforderungen nicht mehr erfüllt sind.

Grenzzustand der Tragfähigkeit: Zustand des Tragwerks, dessen Überschreitung unmittelbar zu einem rechnerischen Einsturz oder anderen Formen des Versagens führt. Der Grenzzustand ergibt sich im Allgemeinen aus dem größten rechnerischen Tragwiderstand.

Grenzzustand der Gebrauchstauglichkeit: Zustand des Tragwerks, bei dessen Überschreitung die für die Nutzung festgelegten Bedingungen nicht mehr erfüllt sind.

Teilsicherheitsbeiwert: Beiwert γ (gamma) zur Bestimmung des Bemessungswertes von Einwirkungen, von Beanspruchungen oder vor Tragwiderständen aus den repräsentativen bzw. charakteristischen Werten.

1.1.4 Aufgaben der Statik

Die wichtigste Aufgabe der Statik ist der Nachweis der Tragfähigkeit und Gebrauchstauglichkeit.

Wenn in früheren Jahrhunderten bedeutende Bauwerke erstellt wurden, musste man sich auf die praktische Erfahrung und das statische Gefühl verlassen. Schrittweise wagte man sich an immer kühnere Konstruktionen heran. Die meisten unserer heutigen Bauwerke aus Holz, Stahl, Stahlbeton oder Spannbeton sind ohne moderne Statik nicht vorstellbar.

Schon im Bauzustand erfährt das Bauwerk mit seinen einzelnen Bauteilen verschiedene Beanspruchungen. Im Endzustand sind von den Bauteilen und vom Bauwerk bestimmte Lasten aufzunehmen. Auftretende Verformungen sind zu berücksichtigen. Die einwirkenden Lasten werden bei der Berechnung in einer Lastermittlung erfasst und zusammengestellt. Die Lasten ergeben sich aus Eigenlasten der Bauteile und aus Nutzlasten durch die Nutzung, sowie aus Wind und Schnee.

Ein Bauwerk ist so zu entwerfen, dass es in angemessener Weise zuverlässig und wirtschaftlich erstellt werden kann. Das bedeutet insbesondere:

- Das Bauwerk darf unter den Einwirkungen und Einflüssen, die während seiner Herstellung und Nutzung auftreten können, nicht versagen. Standsicherheit und Tragfähigkeit müssen gegeben sein.
- Das Bauwerk muss während der vorgesehenen Nutzungsdauer die geforderten Gebrauchseigenschaften behalten. Die Gebrauchstauglichkeit muss sichergestellt sein.
- Das Ausfallen eines einzelnen Bauteils oder eines begrenzten Teils des Bauwerks oder ein örtlicher Schaden am Bauwerk darf nicht zum Versagen oder Einsturz des gesamten Bauwerks führen.
- Außergewöhnliche Ereignisse (wie z.B. Feuer, Brand, Explosion, Fahrzeuganprall) muss das Bauwerk überstehen, ohne in einem Maße geschädigt zu werden, das in keinem Verhältnis zur Ursache des Schadens steht.

Für den Nachweis der Tragfähigkeit und der Gebrauchstauglichkeit sind alle Situationen und Zustände zu berücksichtigen, die während der Herstellung und Nutzung des Bauwerks auftreten können. Die Vielzahl dieser Situationen kann in folgende Gruppen eingeteilt werden:

- planmäßig und/oder ständig während der gesamten Nutzungsdauer auftretende Situationen, z.B. Einwirkungen durch Eigenlasten der Bauteile und Nutzlasten oder Verkehrslasten bei der Nutzung;
- vorübergehend und zeitlich begrenzt auftretende Situationen, z.B. Einwirkungen im Bauzustand oder bei Wartungs- und Instandsetzungsarbeiten;
- außergewöhnliche Situationen, z.B. bei Feuer, Brand, Explosionen, Fahrzeuganprall;
- Situationen bei einem Erdbeben.

Die geplante Nutzungsdauer der Bauwerke kann sehr unterschiedlich sein. Die Bauwerke lassen sich hinsichtlich ihrer Nutzungsdauer klassifizieren (Tafel **1**.1).

Tafel **1**.1: **Klasseneinteilung der Bauwerke** hinsichtlich ihrer Nutzungsdauer

Klasse	geplante Nutzungsdauer in Jahren	Beispiele
1	1 bis 5	Tragwerke mit zeitlich begrenzter Standzeit
2	25	austauschbare Tragwerksteile, z.B. Lager, Kranbahnträger
3	50	Gebäude und andere gewöhnliche Tragwerke
4	100	monumentale Gebäude, Brücken und andere Ingenieurbauwerke

In der Statik wird nachgewiesen, dass alle Einwirkungen sicher auf den Baugrund übertragen und dort aufgenommen werden können. Eigenlasten, Nutzlasten, Verkehrslasten und alle anderen Einwirkungen belasten und verformen die Bauteile. Dadurch werden im Inneren des Werkstoffgefüges Beanspruchungen hervorgerufen. Diese Beanspruchungen sind zu ermitteln, sie dürfen eine bestimmte Größe nicht überschreiten. Die Baustatik hat im Wesentlichen drei Bereiche zu berücksichtigen:

Tragfähigkeit: Das Bauwerk mit seinen Bauteilen – jedes Tragwerk – muss während der Errichtung und Nutzung gegen Versagen genügend sicher sein, sodass die Standsicherheit nicht gefährdet ist.

Gebrauchstauglichkeit: Das Bauwerk muss für den vorgesehenen Gebrauch geeignet sein ohne dass die Gebrauchsfähigkeit eingeschränkt ist, z.B. durch Risse oder zu große Verformungen.

Dauerhaftigkeit: Das Bauwerk muss als Tragwerk mit seinen Teilen die Fähigkeit besitzen, während der gesamten Nutzungsdauer die Tragfähigkeit und die Gebrauchstauglichkeit sicherzustellen.

Wirtschaftlichkeit: Der erforderliche Aufwand zum Erreichen und Erhalten von Tragfähigkeit und Gebrauchstauglichkeit muss angemessen sein. Es ist abzuklären, ob einfachere oder leichter zu erstellende Konstruktionen günstiger sind.

In der statischen Berechnung wird als erstes das Dach eines Bauwerks erfasst. Danach werden fortschreitend nach unten die verschiedenen Bauteile berechnet bis schließlich die statische Untersuchung mit dem Nachweis der Tragfähigkeit der Fundamente und des Baugrunds abschließt.

Die Bauwerke setzen sich aus einzelnen Bauteilen zusammen. Man stellt sie dar in waagerechten Grundrissen und lotrechten Schnitten. Ebenfalls in Ebenen betrachtet man die Wirkung der Kräfte in den Bauwerken. Wir haben es daher in der Regel mit der Statik der Ebene zu tun.

Zur Ermittlung unbekannter Kräfte kennt man in der Statik zwei grundsätzliche Methoden:

Die zeichnerischen Verfahren (graphische Lösungen). Sie werden heute nur noch für einige Sonderfälle angewandt. Sie sind im Allgemeinen ungenauer und zeitraubender, dafür aber anschaulicher als rechnerische Verfahren.

Die rechnerischen Verfahren (analytische Lösungen). Sie werden für fast alle statischen Aufgaben gebraucht. Sie setzen Kenntnis der statischen Gesetze und Gleichungen voraus und erfordern bestimmte Kenntnisse der einfachen Mathematik.

1.2 Rechnen in der Statik

Ein physikalischer Vorgang kann durch eine Formel zum Ausdruck gebracht und genau erfasst werden. Eine solche Formel stellt einen gesetzmäßigen Zusammenhang der physikalischen Größen dar. Einige der physikalischen Größen sind die Grundgrößen der Statik (z.B. Länge, Kraft, Moment).

Die meisten in der Statik vorkommenden Formeln sind Größengleichungen. In den Formeln werden zur Abkürzung der statischen Größen genormte Formelzeichen verwendet.

Als Abkürzungen für die statischen Größen sind Formelzeichen in DIN 1080 „Begriffe, Formelzeichen und Einheiten im Bauingenieurwesen" festgelegt, (s. Abschn. 12).

Das Formelzeichen enthält den Zahlenwert und die Maßeinheit.

Die Maßeinheit der Kraft ist meistens das Kilonewton (kN), seltener das Newton (N) oder das Meganewton (MN).

Die Maßeinheit der Länge ist Meter (m), seltener Zentimeter (cm) oder Millimeter (mm).

1.2.1 Verwendung von Einheiten

Die Wahl der Einheiten ist an sich beliebig. Die verwendeten Einheiten sollen aber auf die empfohlenen Einheiten beschränkt werden. Die aus der Multiplikation entstehende Einheit des Ergebnisses muss klar bestimmt werden können. Es ist daher angebracht, neben dem Zahlenwert jeweils die gewählten Einheiten mitzuschreiben.

Beispiele zur Erläuterung

1. Eine Kraft F (force), die den Zahlenwert 100 und die Maßeinheit Kilonewton hat, wird folgendermaßen benannt:

$$F = 100 \text{ kN}$$

2. Für eine Länge mit dem Zahlenwert 2 und der Maßeinheit Meter wird geschrieben:

$$l = 2 \text{ m}$$

3. Beim Multiplizieren der Kraft F mit der Länge l nach der Gleichung $M = F \cdot l$ entsteht folgendes Ergebnis:

$$M = F \cdot l$$

$$M = 100 \text{ kN} \cdot 2 \text{ m}$$

$$M = 200 \text{ kNm}$$

$M = 200$ kNm (gesprochen: Kilonewtonmeter)

4. In besonderen Fällen können auch andere Einheiten der Kraft F und der Länge l benutzt werden:

$$M = F \cdot l = 100 \text{ kN} \cdot 200 \text{ cm} = 20\,000 \text{ kNcm}$$

oder $M = F \cdot l = 0{,}1 \text{ MN} \cdot 200 \text{ cm} = 20 \text{ MNcm}$

oder $M = F \cdot l = 0{,}1 \text{ MN} \cdot 2{,}0 \text{ m} = 0{,}2 \text{ MNm}$

Innerhalb von Berechnungen können zur praktischeren Handhabung die Einheiten weggelassen werden. Dies ist dann sinnvoll, wenn die Berechnungen sonst unnötig umfangreich und unübersichtlich würden. Ab Abschnitt 4 dieses Buches wird in dieser Weise verfahren, wie es auch in der Praxis gehandhabt wird. Bei dieser Vorgehensweise darf jedoch nicht unklar sein, welche Einheiten im Ergebnis zu stehen haben. Bei jedem Ergebnis sind die Einheiten anzugeben.

Bei umfangreichen oder komplizierten Gleichungen kann es zweckmäßig sein, zur Kontrolle die Einheiten gesondert hinter die Gleichung zu schreiben.

Beispiele zur Erläuterung

Zur Berechnung der maximalen Sohldruckes σ_{vorh} dient nachstehende Gleichung im Teil 2 dieses Buches, hinter der die Einheiten angegeben sind:

$$\sigma_{vorh} = \frac{V_k}{b_x \cdot b_y} + \frac{V_k \cdot 6e_x}{b_x^2 \cdot b_y} \qquad \text{Einheiten: } \frac{MN}{m^2} = \frac{MN}{m \cdot m} + \frac{MN \cdot m}{m^2 \cdot m}$$

Es kommen auch einheitengebundene Gleichungen vor; sie werden Zahlenwertgleichungen genannt und sind im Gebrauch gelegentlich bequemer als die Größengleichungen. Im Gegensatz zur Rechnung mit Größengleichungen müssen bei Zahlenwertgleichungen vorgeschriebene Einheiten benutzt werden, die jeweils zusätzlich zur Formel angegeben sind.

Zur Berechnung der vorhandenen Durchbiegung vorh. f wird in der Praxis nachstehende einheitengebundene Gleichung mit den zugehörigen Einheiten verwendet:

$$\text{vorh} f = \frac{\text{vorh } \sigma \cdot l^2}{h \cdot k} \text{ in cm}$$

mit
vorh σ in N/mm²
l in m
h in cm
k ohne Einheit

Würden hier Zahlenwerte mit anderen Einheiten eingesetzt, ergäben sich falsche Lösungen.

1.2.2 Auf- und Abrunden von Ergebnissen

Beim Ausrechnen der Zahlenwerte muss mathematisch richtig gearbeitet werden. Für die Angabe der Ergebnisse genügt es meistens, mit drei tragenden Ziffern zu arbeiten. Je nach Größe der Zahl werden meistens nicht mehr als zwei Stellen hinter dem Komma angegeben.

Die Genauigkeit der Berechnung wird durch viele Ziffern nicht besser, wenn vorher die Lasten oder Kräfte nur geschätzt werden konnten oder ungenau angenommen werden mussten.

Das bedeutet, dass die Zahlen auf- oder abgerundet werden müssen, spätestens beim Ergebnis. Das Runden von Zahlen geschieht nach DIN 1333.

Aufrunden:

Die zu rundende Stelle wird um 1 erhöht, wenn eine 5 bis 9 folgt.

Abrunden:

Die zu rundende Stelle bleibt unverändert, wenn eine 0 bis 4 folgt.

Beispiel zur Erläuterung

Nachstehende Zahlen werden auf drei tragende Ziffern gerundet:

aufrunden	$6{,}346 \approx 6{,}35$	$21{,}55 \approx 21{,}6$	$137{,}8 \approx 138$
abrunden	$7{,}322 \approx 7{,}32$	$23{,}84 \approx 23{,}8$	$216{,}3 \approx 216$

1.3 Tragwerke

Das zu erstellende Bauwerk wird nicht in jeder Einzelheit durch die statische Berechnung erfasst. Man betrachtet nur die tragenden Konstruktionselemente, die Tragwerke. Die Tragwerke ergeben bei entsprechender Zuordnung zusammen mit anderen Bauteilen das gesamte Bauwerk. Die Tragwerke sind also Teile des Bauwerkes. Jedes einzelne Tragwerk hat Lasten zu tragen und muss in der Lage sein, diese Kräfte aufzunehmen und weiterzuleiten.

Beispiel

In einem Schulgebäude findet im Obergeschoss in Raum A der Statik-Unterricht statt. Der Fußboden dieses Raumes wird durch Personen, Möbel und andere Gegenstände belastet. Die Decke darunter muss diese Lasten und ihre Eigenlast auf Balken und Wände übertragen. In den Wänden wirken schon Lasten aus dem Dachgeschoss. Die Lasten aus dem Erdgeschoss und dem Kellergeschoss kommen hinzu. Gemeinsam werden diese Lasten mit den Eigenlasten der Bauteile in die Fundamente übertragen. Die Fundamente führen alle Kräfte in den Baugrund (Bild **1**.1).

Damit die Berechnung nicht zu umständlich wird, werden die Tragwerke so weit wie möglich vereinfacht. Dadurch erhält man statische Systeme, für die jeweils entsprechende Berechnungsverfahren ausgearbeitet wurden.

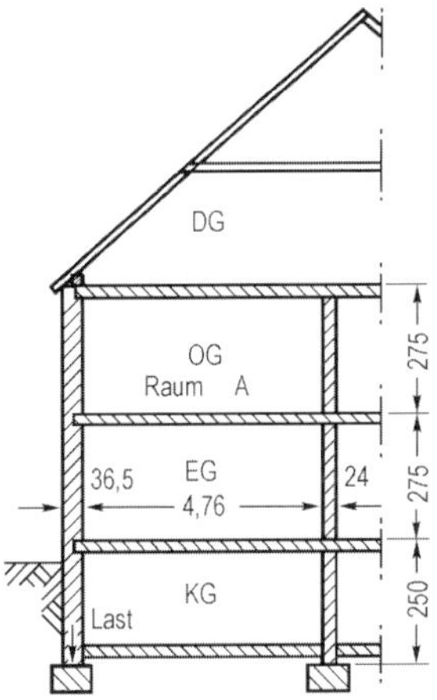

Bild **1**.1
Tragwerke eines Gebäudes sind alle Bauteile, die Lasten zu übertragen haben, z.B. Decken, Balken, Wände, Fundamente.

1.4 Körper

Auf dem Gebiet der Physik – und damit auch im Bereich der Statik – wird etwas als Körper bezeichnet, was Masse hat und Raum einnimmt. Damit gilt auch:

Wo ein Körper ist, kann kein anderer Körper sein.

Körper können fest oder flüssig oder gasförmig sein. Bauteile und Tragwerke sind feste Körper. Sie haben eine bestimmte Form, allerdings sind sie verformbar, bedingt durch ihr elastisches und/oder plastisches Verhalten.

Ein Körper besteht aus einem Stoff. Er ist durch die Art des Stoffes und die Größe der Masse gekennzeichnet. Die Masse eines Körpers ist messbar. Dabei werden zwei Eigenschaften aller Körper genutzt: die Schwere und die Trägheit der Körper.

Die *Schwere* eines Körpers ist dessen Eigenschaft, von der Erde angezogen zu werden. Es ist die sogenannte „schwere Masse“ des Körpers (Bild **1**.2).

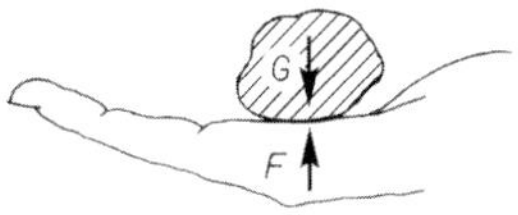

Bild **1**.2
Ein Stein, der mit seinem Gewicht *G* in einer Hand liegt, kann nur durch eine Gegenkraft *F* gehalten werden.

Beispiel
Ein Stein wird in einer Hand gehalten. Der Stein hat das Bestreben, nach unten zu fallen. Wenn der Stein nicht hinunter fallen soll, muss die Hand dagegen drücken. Damit wird die „schwere Masse“ spürbar.

Die *Trägheit* eines Körpers ist dessen Eigenschaft, jeder Ortsveränderung einen Widerstand entgegenzusetzen. Unter der Trägheit eines Körpers ist sein Beharrungsvermögen zu verstehen. Es ist die sogenannte „träge Masse“ (Bild **1**.3). Die Masse ist ein Maß für die Trägheit eines Körpers.

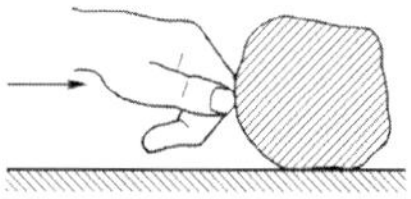

Bild **1**.3
Ein Stein, der auf einer Unterlage liegt, kann nur durch eine Kraft verschoben werden.

Beispiel
Ein Stein liegt auf einer festen Unterlage. Wenn der Stein verschoben werden soll, muss die Hand dagegen drücken. Damit wird die „träge Masse“ spürbar

Die Masse eines Körpers wird in Kilogramm gemessen (Einheitenzeichen: kg). Das Kilogramm ist eine SI-Basiseinheit, festgelegt im internationalen Einheitensystem, abgekürzt SI (französisch: *Système international*).

Weitere Einheiten der Masse können gebildet werden, beispielweise:

1000 kg = 1 t (Tonne) oder

$^1/_{1000}$ kg = 1 g (Gramm)

1.5 Kräfte

Eine der wesentlichen Kräfte ist die Schwerkraft. Die Schwerkraft entsteht durch die Erdanziehung, die sogenannte Gravitation (lateinisch: *gravitas* „Schwere“). Die Gravitation bezeichnet die gegenseitige Anziehung von Massen. Sie bewirkt auch, dass Gegenstände zu Boden fallen: Körper werden von der Erde angezogen. Die Bezeichnung Schwerkraft wird für die durch Gravitation wirkenden Kräfte verwendet. Die Gravitation wird von uns als Schwerkraft oder Gewichtskraft empfunden.

Beispiel
Ein Stein, der in der Hand liegt, drückt sich in die Handfläche ein, wenn die Hand dagegen drückt. Das Gewicht des Steines bewirkt eine Verformung der Handfläche.

Daraus wird deutlich:

- Kräfte sind die Ursache für Formänderungen und Bewegungsänderungen von Körpern.
- Kräfte sind mit unseren Sinnesorganen nicht wahrnehmbar.
- Kräfte sind nur an ihrer Wirkung zu erkennen.

Die Schwerkraft oder Gewichtskraft ist jene Kraft, mit der ein Körper von der Erde angezogen wird (Bild **1**.4). Die Schwerkraft wird umso größer, je geringer der Abstand zum Erdmittelpunkt ist. Ein Körper, der sich im freien Fall in Richtung zum Erdmittelpunkt befindet, erfährt eine Beschleunigung, er fällt immer schneller. Dies ist die Fallbeschleunigung oder Gravitationsbeschleunigung. Die Schwerkraft stellt somit für einen Körper *keine* charakteristische Eigenschaft dar. Die Schwerkraft ist wegen der Ortsabhängigkeit der Fallbeschleunigung ebenfalls ortsabhängig.

Bild **1**.4
Ein Stein wird in einer Hand so gehalten, dass er fallen kann. Wenn der Stein losgelassen wird, fällt er nach unten Richtung Erdmittelpunkt. Der Stein wird von der Erde durch ihre Gravitation angezogen.

In der Technik ist es für viele Anwendungsbereiche erforderlich, mit einer bestimmten Fallbeschleunigung zu rechnen. Dafür wurde eine Normalfallbeschleunigung international festgelegt. Sie gilt auf der Erde für einen Normort bei 45° nördlicher Breite in Höhe des Meeresspiegels.

Die Normfallbeschleunigung g_n beträgt:

$$g_n = 9{,}80665 \text{ m/s}^2 \qquad \text{Gl. (1.1)}$$

In der Statik kann die Fallbeschleunigung für Berechnungen genau genug mit folgendem Wert angenommen werden:

$$g_n \approx 10 \text{ m/s}^2 \qquad \text{Gl. (1.2)}$$

Nach diesen Gesetzmäßigkeiten der Physik kann in der Statik mit Kräften gerechnet werden. Hierfür hat Isaac Newton[1] das Grundgesetz der Mechanik aufgestellt:

Kraft = Masse · Beschleunigung

$$\boldsymbol{F = m \cdot a} \qquad \text{Gl. (1.3)}$$

Die Kräfte werden ganz allgemein mit F benannt, die Masse mit m und die Beschleunigung mit a.

Aus dem Grundgesetz der Mechanik ergibt sich auch die Einheit für die Kraft. Sie entsteht aus dem Produkt der Einheiten von Masse [kg] und Beschleunigung [m/s²], woraus sich [kg · m/s²] ergibt. Da diese Einheit zu umständlich in der Anwendung ist, nennt man diese Einheit Newton [N].

[1] Sir Isaac Newton [gesprochen: nju:tn], englischer Physiker und Mathematiker

1 Newton ist die Kraft, die einer Masse von 1 Kilogramm die Beschleunigung von 1 Meter durch Sekunde hoch zwei erteilt:

$$1 \text{ N} = 1 \text{ kg} \cdot 1 \text{ m/s}^2$$

$$\mathbf{1\ N = 1\ kg \cdot m/s^2} \qquad \text{Gl. (1.4)}$$

Weitere Einheiten der Kraft können gebildet werden, beispielsweise:

1000 N = 1 kN (Kilonewton) oder

1000 kN = 1 MN (Meganewton)

Für einen Körper mit der Masse m = 1 kg ergibt sich mit der gerundeten Fallbeschleunigung $g_n \approx$ 10 m/s² eine auf ihn wirkende Schwerkraft von $F_g \approx$ 10 Newton:

$$F_g = m \cdot g_n \approx 1 \text{ kg} \cdot 10 \text{ m/s}^2 \approx 10 \text{ N}$$

Beispiele:

1. Ein Stein rollt aus der Handfläche und fällt nach unten. Würde man die Höhe messen, die der Stein in jeder Sekunde fällt, könnte man feststellen, dass er von Sekunde zu Sekunde eine größere Höhe durchfällt. Der Stein wird schneller, er wird beschleunigt. Die Beschleunigung beträgt (ohne Luftwiderstand) für alle Körper etwa 10 Meter je Quadratsekunde: g_n = 10 m/s². Dieses ist die naturbedingte Erdbeschleunigung. Sie beträgt genauer g_n = 9,81 m/s².

2. Ein Stein, der die gleiche Masse (das gleiche Gewicht) wie eine Tafel Schokolade hat, liegt in der Hand:

m = 100 g oder m = 0,1 kg

Der Stein drückt auf die Handfläche mit einer Kraft, die sich aus der Masse mal der Fallbeschleunigung ergibt:
Bei einer Beschleunigung von etwa g_n = 10 m/s² errechnet sich die Größe der Kraft mit:

$$F = m \cdot g_n = 0{,}1 \text{ kg} \cdot 10 \text{ m/s}^2 = 1 \text{ kg} \cdot \text{m/s}^2$$

Die komplizierte Einheit kg · m/s² wird durch die einfache Einheit N (Newton) ersetzt:

$$F = m \cdot g_n$$

$$F = 0{,}1 \text{ kg} \cdot 10 \text{ m/s}^2$$

$$F = 1 \text{ kg} \cdot \text{m/s}^2$$

$$F = 1 \text{ N}$$

Das bedeutet:
Die Masse einer Tafel Schokolade von 100 g wirkt auf ihre Unterlage mit einer Kraft von 1 Newton = 1 N.

3. Im Schwerefeld der Erde drückt die Masse der Schokolade (oder die Masse des Steins) auf die Handfläche mit einer Kraft von 1 Newton (Bild **1**.2). Die Hand muss mit einer Kraft von 1 Newton dagegendrücken, damit die Schokolade nicht die Hand nach unten drückt. Drückt die Hand mit einer größeren Kraft, wird die Schokolade angehoben.

4. Im Schwerefeld des Mondes drückt die Masse derselben Tafel Schokolade nur mit einer Kraft von 1/6 Newton auf die Handfläche, da die Fallbeschleunigung des Mondes nur etwa 1/6 der Fallbeschleunigung der Erde beträgt. Die Masse der Tafel Schokolade hat sich nicht verändert, sehr wohl aber ihre Gewichtskraft.

Auf einen Körper können mehrere Kräfte gleichzeitig wirken. Diese Kräfte können einen Körper aus einem Zustand der Ruhe in einen Zustand der Bewegung versetzen. Die Größe der einwirkenden Kräfte ist abhängig von der Schwere und der Trägheit des Körpers.

Beispiele:

1. Ein Stein soll geworfen werden. Hierzu muss die Hand eine Kraft ausüben. Die Kraft setzt den Stein in Bewegung. Wichtig hierfür ist die Größe der Kraft. Je kräftiger geworfen wird, umso weiter fliegt der Stein.

2. Die anfängliche Bewegungsrichtung des Steins wird durch die Richtung der ausgeübten Kraft bestimmt (Bild **1**.5a). Je schräger nach oben geworfen wird, ums so höher fliegt der Stein. Die Bewegungsrichtung des Steins wird sich jedoch ändern, weil ihn sein Gewicht nach unten zieht.

3. Die Eigenlast des Steins im Schwerefeld der Erde ist eine Kraft, die den Stein nach unten zieht. Auf den Stein wirken zwei Kräfte: die Muskelkraft F und das Eigengewicht G (Bild **1**.5b).

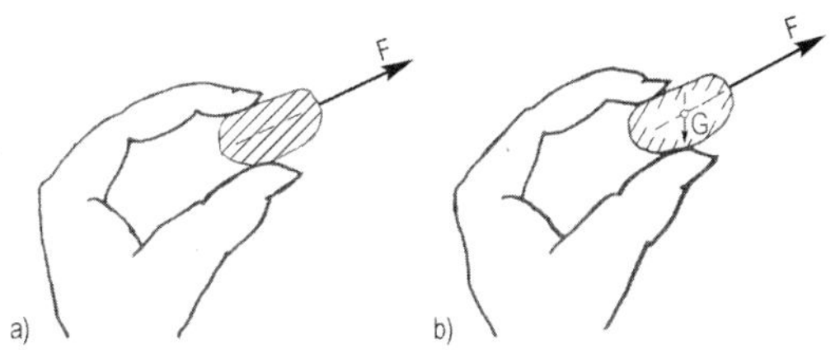

Bild **1**.5
Ein Stein wird mit einer Hand geworfen
a) Die Hand übt auf den Stein eine Kraft F aus. Die Richtung der Kraft bestimmt die anfängliche Flugrichtung des Steins
b) Der Stein wird durch sein Gewicht G im Schwerefeld der Erde während des Fluges nach unten gezogen

1.5.1 Bezeichnung von Kräften

Kräfte werden ganz allgemein mit dem Buchstaben F bezeichnet. F ist die Abkürzung für die englische Benennung der Kraft: Force.

Um mehrere Kräfte voneinander unterscheiden zu können, erhalten die Kräfte verschiedene Indizes (Fußzeiger), beispielsweise:

$$F_1, F_2, F_3, F_4, F_5, ...$$

$$F_A, F_B, F_C, F_D, F_E, ... \qquad \text{Gl. (1.5)}$$

Kräfte können nach ihrer Entstehung oder nach ihrer Wirkung andere Bezeichnungen erhalten und müssen nicht immer mit F und einem Index bezeichnet werden. Ein Buchstabe im Index kann auch direkt als Kennzeichen für die Kraft verwendet werden, beispielsweise kann eine Gewichtskraft F_G allein mit G bezeichnet werden.

Auf Tragwerke wirken außerdem Kräfte aus Wind W und oder Schnee S. Andere Einwirkungen können aus der Nutzung oder durch Verkehr entstehen. Die Eigenlasten aus Lagergütern oder die Einwirkungen aus Erddruck oder Wasserdruck können ebenfalls Tragwerke belasten. Außerdem können Muskelkraft, Maschinenkraft, Federkraft, Magnetkraft, Fliehkraft, Reibungskraft und andere Kräfte wirksam werden.

Dynamisch wirkende Kräfte sind Kräfte, die häufig ihre Größe und/oder ihre Richtung wechseln. Dynamisch wirkende Kräfte können beispielweise bei Maschinen in Form von Schwingungen entstehen, die diese auch auf die Fundamente übertragen.

Statisch wirkende Kräfte ergeben sich durch gleichbleibende ständige Kräfte, z.B. durch das Eigengewicht der Baustoffe und Bauteile.

Gewichtskräfte werden auch als Lasten bezeichnet. Sie sind in ihrer Wirkung stets lotrecht nach unten gerichtet.

Einwirkungen werden allgemein alle auf Tragwerke wirkenden Kräfte bezeichnet. Die Einwirkungen können die Ursache für eine Bewegung oder Bewegungsänderung sein. Damit die Tragwerke im Ruhezustand bleiben, sind Festhaltekräfte oder Stützkräfte nötig.

Stützkräfte wirken den von außen auf die Tragwerke angreifenden Kräften entgegen, damit die Tragwerke nicht verschoben oder verdreht werden.

Alle Einwirkungen können zu einer resultierenden Kraft zusammengefasst werden, die dann als *Resultierende R* bezeichnet wird.

Einwirkungen sind alle auf Tragwerke einwirkenden Kraft- und Verformungsgrößen (DIN 1055-100). Dabei wird unterschieden in direkte Einwirkungen und indirekte Einwirkungen.

- Direkte Einwirkungen sind die auf Tragwerke einwirkenden Kräfte und Lasten.
- Indirekte Einwirkungen sind aufgezwungene oder behinderte Verformungen oder Bewegungen, die beispielweise von Temperaturänderungen, Feuchtigkeitsänderungen, ungleichen Setzungen oder Erdbeben herrühren können. Auch Brandeinwirkungen oder Umwelteinwirkungen gehören hierzu.

In statischen Berechnungen werden folgende Unterscheidungen getroffen:

Ständige Lasten:
Summe der unveränderlichen Lasten, z.B. Gewicht der tragenden und stützenden Bauteile (Eigenlasten) und die von ihnen dauernd aufzunehmenden Lasten, z.B. Auffüllungen, Estrich, Fußbodenbelag, Wand- und Deckenputz.

Nutzlasten und Verkehrslasten:
Veränderliche oder bewegliche Belastung des Tragwerks, z.B. durch Personen, Einrichtungsgegenstände, unbelastete leichte Trennwände, Lagerstoffe, Maschinen, Fahrzeuge, Kranlasten, Wind, Schnee.

Vorwiegend ruhende Nutzlasten (statische Einwirkungen):
Alle Nutzlasten des Hochbaus und nicht ruhende Nutzlasten, die jedoch für die Tragwerksplanung als ruhende Einwirkungen betrachtet werden dürfen, z.B. Nutzlasten in Parkhäusern, Werkstätten, Fabriken und Einwirkungen aus Wind.

Nicht vorwiegend ruhende Nutzlasten (dynamische Einwirkungen):
Dies sind stoßende Belastungen oder sich häufig wiederholende Belastungen, die eine vielfache Beanspruchungsänderung während der Nutzungsdauer des Tragwerks oder des Bauteils hervorrufen, z.B. Kranlasten, Kranbahnlasten, Gabelstaplerlasten, Nutzlasten auf Brücken.

1.5.2 Zeichnerische Darstellung von Kräften

Eine Kraft kann durch eine Strecke mit Pfeilspitze dargestellt werden; also durch einen Kraftpfeil (Bild 1.6). Eine Kraft ist eindeutig angegeben durch ihre 3 Bestimmungsstücke:

- **Größe** (Größenbetrag in N oder kN)
- **Richtung** (Pfeilspitze)
- **Lage** (Wirkungslinie)

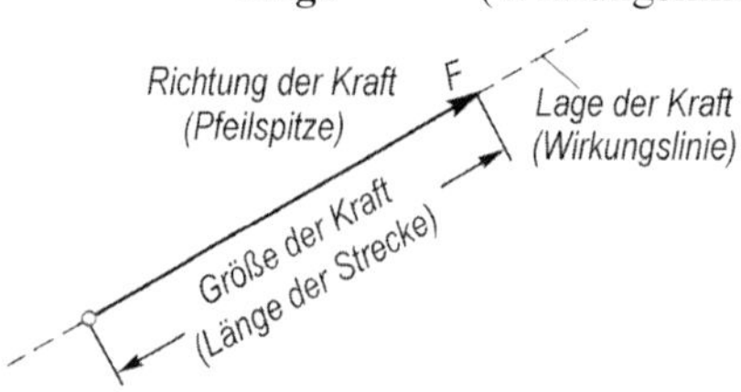

Bild 1.6 Die Darstellung einer Kraft als Vektor durch einen Kraftpfeil

Mit diesen 3 Angaben kann eine Kraft als Kraftpfeil anschaulich dargestellt werden. Diesen Kraftpfeil kann man auch als Vektor bezeichnen. Ein Vektor ist eine gerichtete Größe.

Größe der Kraft

Die Größe einer Kraft wird durch die Länge einer Strecke zeichnerisch dargestellt. Dazu dient ein Kräftemaßstab (Bild **1**.7a). Zum Beispiel: 1 Zentimeter entspricht 1,0 Kilonewton (1 cm ≙ 1,0 kN). Den Kräftemaßstab kann man beliebig wählen. Er ist aber abhängig von der Größe der zu zeichnenden Kraft, von der erforderlichen Genauigkeit und von dem vorhandenen Platz.

Richtung der Kraft

Die Richtung der Kraft wird durch die Pfeilspitze angezeigt. Dazu kann man außerdem den Richtungswinkel α benutzen (Bild **1**.7b), der auf eine waagerechte Linie bezogen wird (α = griechischer Buchstabe Alpha).

Lage der Kraft

Die Lage der Kraft am Körper wird durch die Wirkungslinie festgelegt (Bild **1**.7a), im Allgemeinen denkt man sich die Wirkungslinie durch den Massepunkt des Körpers gehend, sie wird daher durch seinen Schwerpunkt S gelegt.

Entlang dieser übt die Kraft ihre Wirkung aus. Wenn nur der Angriffspunkt der Kraft bekannt ist, muss außerdem der Richtungswinkel gegeben sein.

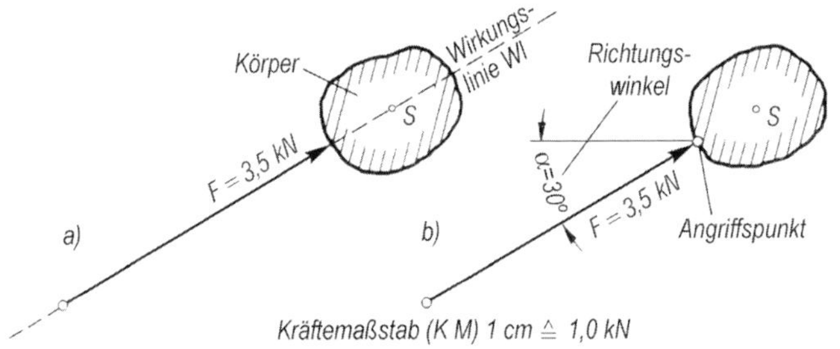

Bild **1**.7 Eine Kraft wirkt an einem Körper
a) die Wirkungslinie einer Kraft ist bekannt, sie wird durch den Schwerpunkt des Körpers gelegt
b) der Angriffspunkt und der Richtungswinkel einer Kraft sind bekannt

Vektor und Skalar

Eine Kraft, deren Größe, Richtung und Lage bekannt ist, kann durch einen Kraftpfeil dargestellt werden. Dieser Kraftpfeil wird als Vektor bezeichnet (Bild **1**.6). Das Rechnen mit solchen Kräften wird Vektorrechnung genannt.

Die Vektoren werden zur Unterscheidung von nicht gerichteten Größen mit einem hochgesetzten Pfeil bezeichnet, z.B.: $\vec{F}$ oder $\vec{R}$. Die Länge eines Vektors kann auch als absoluter Betrag des Vektors ausgedrückt werden. Der absolute Betrag des Vektors ist gleich der Größe der Kraft.

$$\vec{F} = F \text{ in kN oder MN}$$

Eine nicht gerichtete Größe ist ein Skalar. Ein Skalar ist beispielsweise die Temperatur. Die Temperatur kann durch eine gerichtete Größe nicht angegeben werden. Als Angabe genügt ein reeller Zahlenwert.

2 Wirkung der Kräfte

Kräfte, die auf einen Körper wirken, werden diesen verschieben, wenn kein gleichgroßer Widerstand dagegen wirkt. Dabei wird angenommen, dass die Wirkungslinie der Kraft durch den Schwerpunkt des Körpers geht. Hierbei ist es dann gleichbedeutend, ob eine Kraft drückend oder in gleicher Richtung ziehend wirkt (Bild **2**.1). Würde die Wirkungslinie der Kraft nicht durch den Schwerpunkt des Körpers gehen, könnte der Körper in Drehung versetzt werden. Die Bestimmung von Schwerpunkten wird in Abschnitt 3 dargestellt.

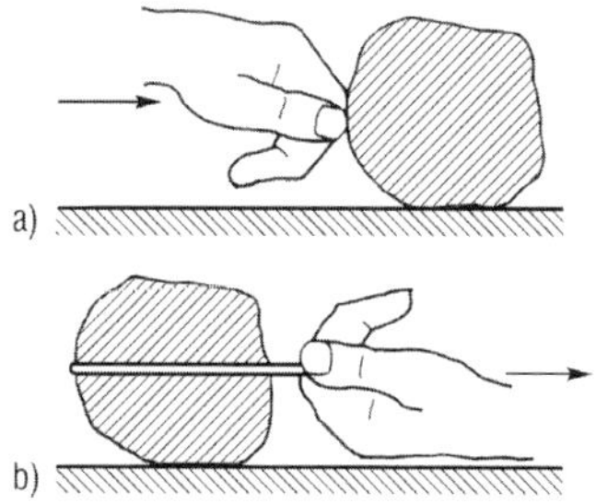

Bild **2**.1
Ein Stein liegt auf einer Unterlage.
Auf den Stein wirkt eine Kraft, sie will ihn verschieben
a) die Kraft wirkt drückend
b) die Kraft wirkt ziehend
Die Auswirkung auf den Stein ist die gleiche:
er wird in Kraftrichtung verschoben

Die Bauwerke und ihre einzelnen Bauteile werden durch Kräfte belastet. Es sind Kräfte, die durch Wind und Schnee entstehen, die aus den Eigenlasten der Baustoffe und aus der Nutzung der Bauwerke herrühren.

Diese Kräfte sollen von den Bauteilen aufgenommen und auf die darunter angeordneten Bauteile übertragen werden. Alle Kräfte müssen vom Baugrund aufgenommen werden. Die Bauteile dürfen sich unter Krafteinwirkung nicht verschieben, die Bauteile sollen sich nicht zu stark verformen, das ganze Bauwerk muss standsicher sein.

Die an einem Körper wirkenden Kräfte können nach bestimmten Regeln zu einer einzigen Ersatzkraft zusammengefasst werden, ohne die Gesamtwirkung der Kräfte zu verändern. Umgekehrt kann man eine Kraft in mehrere Teilkräfte mit der gleichen Gesamtwirkung zerlegen.

2.1 Zusammensetzen von Kräften

Das Zusammensetzen und die Gesamtwirkung von Kräften soll nachfolgend an zwei Kräften gezeigt werden.

Es wird zunächst angenommen, dass die Wirkungslinien der beiden Kräfte in der dargestellten Ebene liegen (in der Zeichenebene). Die Kräfte greifen also nicht räumlich an. Beide Kräfte können auch auf einer Linie wirken, sie haben dann eine gemeinsame Wirkungslinie.

2.1.1 Kräfte mit gemeinsamer Wirkungslinie

Zwei an einem Körper in gemeinsamer Wirkungslinie angreifende Kräfte können durch einfaches Addieren (Zusammenzählen) zu einer einzigen Kraft zusammengefasst werden. Diese Kraft hat die gleiche Wirkung wie die beiden Einzelkräfte zusammen. Die Wirkung der zusammengefassten Kraft entspricht dem Resultat (Ergebnis) der Wirkungen beider Einzelkräfte. Diese Kraft heißt resultierende Kraft, kurz R e s u l t i e r e n d e.

Daraus ist für Kräfte an einem starren Körper mit gemeinsamer Wirkungslinie zu folgern:

1. **Kräfte können beliebig auf ihrer Wirkungslinie verschoben werden.**
2. **Bei einer Verschiebung auf der Wirkungslinie ändert sich die Wirkung der Kräfte nicht.**
3. **Zwei Kräfte können durch Addieren zu einer Resultierenden zusammengefasst werden.**
4. **Die Resultierende ist gleich der algebraischen Summe aller Kräfte:**

$$\boldsymbol{R = F_1 + F_2} \qquad \text{Gl. (2.1)}$$

Beispiele zur Erläuterung

1. An einem starren Körper drückt eine Kraft F_1 mit 10 kN, und auf derselben Wirkungslinie zieht eine Kraft F_2 mit 5 kN in der gleichen Richtung an der gegenüberliegenden Seite des Körpers (Bild **2**.2). Die Größe der Resultierenden R beträgt

$$R = F_1 + F_2 \qquad R = 10\text{ kN} + 5\text{ kN} = 15\text{ kN}$$

Es ist für die Bewegungsänderung des Körpers völlig gleichgültig, ob er durch eine Kraft von $F_1 = 10$ kN gedrückt und gleichzeitig durch eine Kraft $F_2 = 5$ kN gezogen wird oder ob er insgesamt durch eine Kraft $R = 15$ kN gezogen oder gedrückt wird.

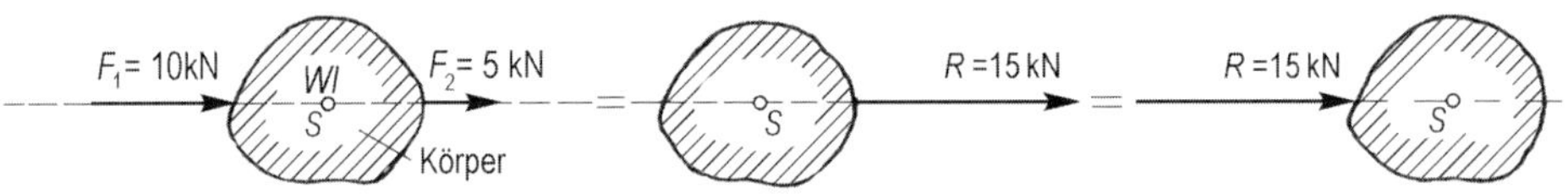

Bild **2**.2 Zwei Kräfte mit gemeinsamer Wirkungslinie *Wl* und gleicher Richtung verschieben einen Körper

2. Auf einen Körper drücken zwei Kräfte, die einander entgegengesetzt gerichtet sind. F_1 drückt mit 35 kN nach rechts, F_2 mit 20 kN nach links (Bild **2**.3a).

Die Resultierende wird berechnet.

$$R = F_1 - F_2 = +35\text{ kN} - 20\text{ kN} = +15\text{ kN}$$

Die Resultierende hat die Größe von 15 kN und wirkt nach rechts.

Der Körper wird bei Wirkung der Kräfte F_1 und F_2 in gleicher Weise bewegt wie bei alleiniger Wirkung der Resultierenden R. Er wird nach rechts verschoben (Bild **2**.3b).

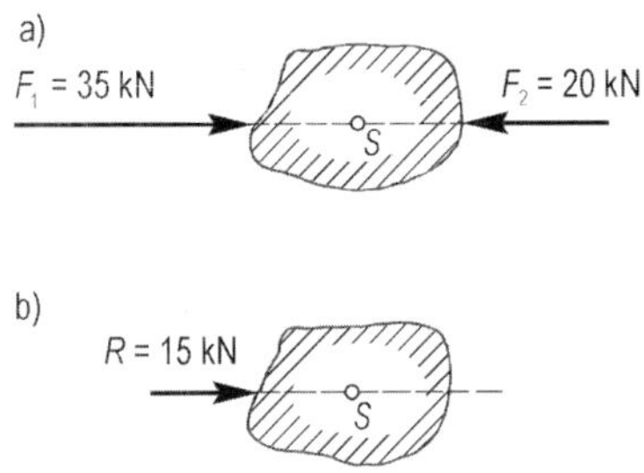

Bild **2**.3 Zwei Kräfte mit gemeinsamer Wirkungslinie *Wl* und entgegengesetzter Richtung verschieben einen Körper

2.1.2 Kräfte mit verschiedenen Wirkungslinien

Zwei Kräfte, die an einem Punkt des Körpers mit verschiedenen Wirkungslinien angreifen, können nicht einfach durch Addieren der Beträge zusammengefasst werden. Aber auch hier gibt es eine Resultierende mit der gleichen Wirkung (Bild **2**.4).

Wenn erst die Kraft F_1 einen Körper nach rechts und dann die Kraft F_2 diesen nach unten bewegt, ergibt sich eine Gesamtverschiebung in schräger Richtung (Bild **2**.4), ebenso in umgekehrter Reihenfolge, wenn also erst die Kraft F_2 nach unten und dann die Kraft F_1 nach rechts wirken würde (Bild **2**.4c). Dem Verlauf der resultierenden Bewegung muss aber auch die Richtung der resultierenden Kraft entsprechen.

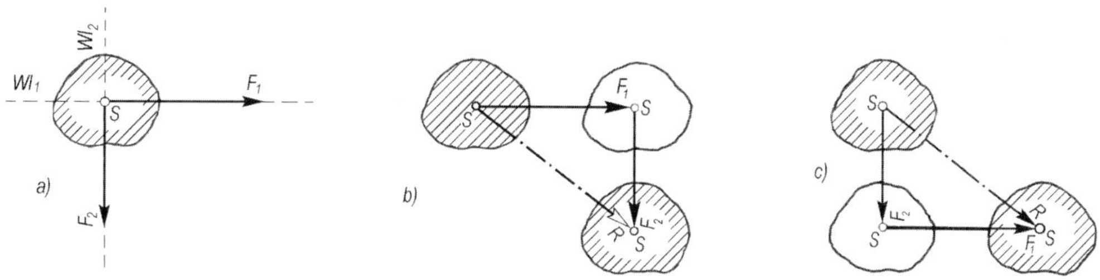

Bild **2**.4 Zwei innere Kräfte mit verschiedenen Wirkungslinien (Wl_1 und Wl_2) verschieben einen Körper

Es ist für die Bewegung eines Körpers gleichgültig, ob er erst durch die eine Kraft und dann durch die andere Kraft bewegt wird oder umgekehrt. Die gleiche Wirkung hat die Resultierende.

Zur Bestimmung der Resultierenden gibt es zwei Möglichkeiten: das zeichnerische oder das rechnerische Verfahren. Es soll zunächst das zeichnerische Verfahren erklärt werden.

2.1.2.1 Zeichnerisches Verfahren (grafische Methode)

Das zeichnerische Verfahren ist sehr anschaulich und trotz des Zeichenaufwandes einfacher als die rechnerische Methode.

Aus Bild **2**.4 ist zu erkennen, dass die Resultierende aus dem zeichnerischen Aneinanderreihen der beiden Kräfte F_1 und F_2 ermittelt werden kann. Ihre Größen, ihre Richtungen und die Neigungen ihrer Wirkungslinien sind dabei zu beachten. Zeichnet man die Kräfte in einem bestimmten Kräftemaßstab, so kann man auch die Resultierende aus der Zeichnung in diesem Maßstab entnehmen. Die Richtung der Resultierenden ergibt sich vom Anfangspunkt A des einen Kraftpfeils zum Endpunkt E des anderen Kraftpfeils. Die Wirkungslinie der Resultierenden ist damit ebenfalls gegeben (Bild **2**.5).

Betrachtet man die beiden Kräftedreiecke (Bild **2**.5b und c), dann stellt man fest, dass die Resultierende in beiden Dreiecken die gleiche ist. Beide Kräftedreiecke lassen sich auch so zusammenschieben, dass sich die Resultierende eines Kräftedreiecks mit der Resultierenden des anderen Kräftedreiecks deckt. Man erhält damit in Bild **2**.5c ein Rechteck, da die beiden Kräfte F_1 und F_2 hier rechtwinklig zueinander wirken. Wenn der Winkel zwischen ihren Wirkungslinien beliebig groß ist, entsteht beim Zusammenschieben der Kräftedreiecke ein Parallelogramm, das sog. Kräfteparallelogramm. Gleichbenannte Kräfte verlaufen parallel zueinander. Die Resultierende R ist die Diagonale des Parallelogramms vom Anfangspunkt A des einen Kraftpfeils zum Endpunkt E des anderen Kraftpfeils (Bild **2**.5).

Zusammenfassung

Beim zeichnerischen Verfahren wird von der Lage der Kräfte ausgegangen. Im Lageplan wird die Lage der Kräfte dargestellt. Zur Bestimmung der Resultierenden werden die Kräfte in Kraftdreiecken maßstäblich dargestellt und aneinandergereiht. Daraus entsteht der Kräfteplan.

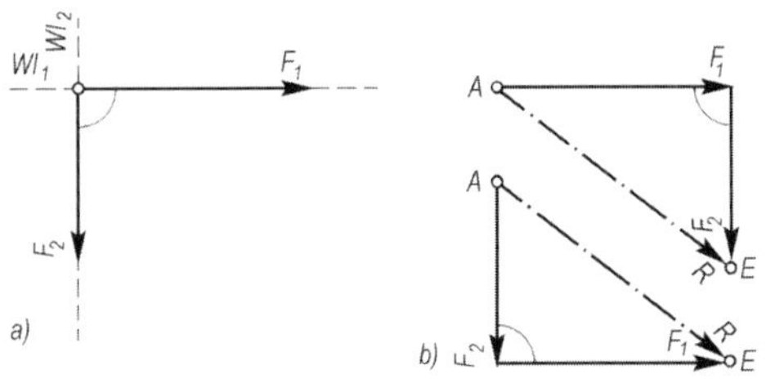

Bild **2.5** Zwei Kräfte werden ersetzt durch eine Resultierende
a) Lageplan, b) Kräftedreiecke, c) Kräfteplan

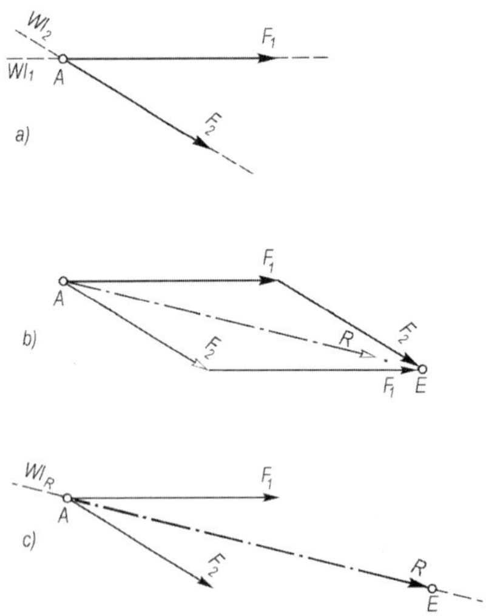

Bild **2.6** Das Parallelogramm der Kräfte
a) Lageplan mit zwei angreifenden Kräfte
b) Kräfteplan als Kräfteparallelogramm
c) Lageplan mit der Resultierenden, die die angreifenden Kräfte ersetzt

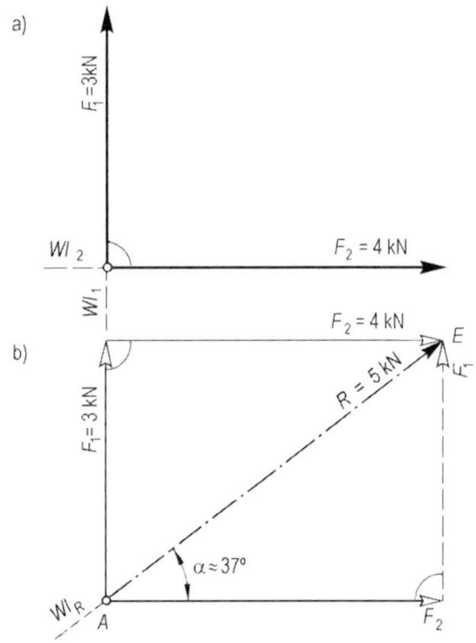

Bild **2.7** Zwei Kräfte mit verschiedenen Wirkungslinien (WI_1 und WI_2)
a) Lageplan: Beide Kräfte ziehen an einem Punkt
b) Kräfteplan: Die Kräfte werden hintereinander gereiht; entweder $F_1 \cdots F_2$ oder $F_2 \cdots F_1$. Daraus ergibt sich die Resultierende R vom Anfangspunkt A zum Endpunkt E in Größe und Richtung.

Beispiel zur Erläuterung

1. An einem Punkt ziehen zwei Kräfte im rechten Winkel zueinander:

$F_1 = 3$ kN, $\quad F_2 = 4$ kN

Die Resultierende ergibt sich aus Bild **2.**7 mit $R = 5$ kN. Der Winkel α beträgt etwa 37° zur Waagerechten.

Hinweis:

Bei einem rechtwinkligen Dreieck mit den Seitenlängen im Verhältnis 3 : 4 ergibt sich die Hypotenuse mit 5, entsprechend dem Lehrsatz des Pythagoras:

$$a^2 + b^2 = c^2$$

In gleicher Weise ergibt sich bei rechtwinklig wirkenden Kräften im Verhältnis 3 : 4 die resultierende Kraft R mit dem Verhältniswert 5. Daher:

$F_1 = 3$ kN, $\quad F_2 = 4$ kN, $\quad R = 5$ kN

oder

$F_1 = 6$ kN, $\quad F_2 = 8$ kN, $\quad R = 10$ kN

Der Winkel α ergibt sich rechnerisch mit Hilfe der Winkelfunktionen aus:

$$\tan \alpha = 3 : 4 = 0{,}75$$

$$\alpha = 36{,}87° \approx 37°$$

Beispiele zur Übung

1. Zwei Kräfte $F_1 = 100$ kN und $F_2 = 200$ kN greifen rechtwinklig zueinander an einem Punkt an (Bild **2.**8).

a) Wie groß ist die Resultierende?

b) Wie groß ist der Winkel α zwischen der Resultierenden und der Kraft F_2 ?

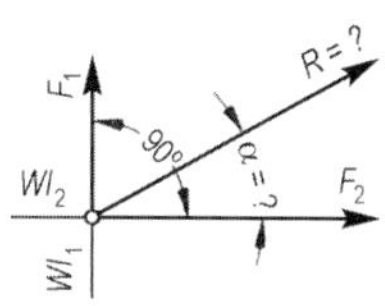

Bild **2.**8
Zwei Kräfte an einem Punkt

2. Der Eckpfosten eines Zaunes wird durch die Spanndrähte belastet mit $F = 2$ kN in einem rechten Winkel (Bild **2.**9a).

a) Wie groß ist die Resultierende, die von der Verankerung aufzunehmen ist?

b) Wie groß ist der Winkel zu den beiden Kräften?

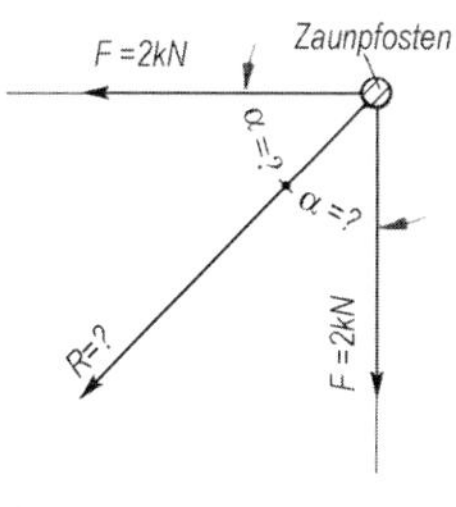

Bild **2.**9a
Zwei Spanndrähte ziehen an einem Zaunpfosten

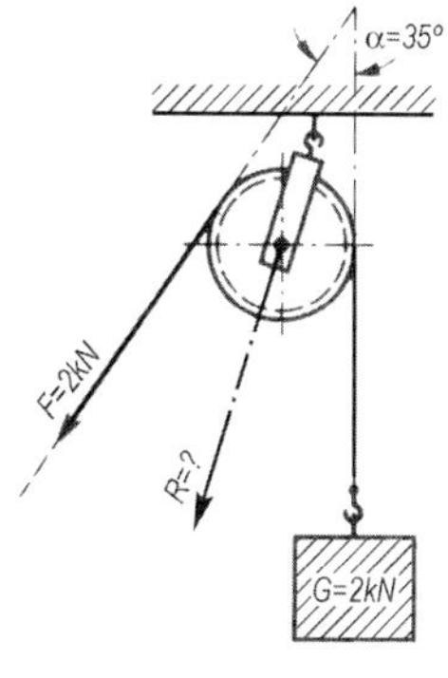

Bild **2.**9b
Zugkräfte an einer Seilrolle

3. Das Seil einer Baumwinde wird über eine reibungsfreie Rolle geführt. Der Winkel zwischen beiden Seilteilen beträgt 35°. Der hochzuziehende Körper hat eine Eigenlast von $G = 2$ kN (Bild **2**.9b).

a) Wie groß ist die resultierende Kraft, die von der Halterung aufzunehmen ist?

b) Wie groß ist der Winkel zwischen der Resultierenden und den Seilteilen?

4. Ein Wagen wird von zwei Bauarbeitern gezogen. Der eine zieht mit einer Kraft von $F_1 = 0{,}3$ kN, der andere Arbeiter mit $F_2 = 0{,}4$ kN. Beide ziehen unter einem Winkel von 15° zur Längsachse des Wagens (Bild **2**.10).

a) Wie groß ist die Resultierende, mit der der Wagen gezogen wird?

b) Wie groß ist der Winkel α der Resultierenden zur Längsachse des Wagens?

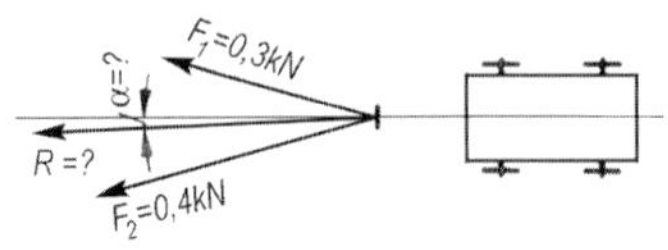

Bild **2**.10 Zugkräfte an einem Wagen

5. Bei einer Konstruktion aus Stahl sind zwei Stäbe an einem Blech durch Schrauben angeschlossen (2.11). Die Kräfte sind $F_1 = 15$ kN und $F_2 = 20$ kN. Die Winkel zur Lotrechten sind $\alpha_1 = 15°$ und $\alpha_2 = 30°$.

a) Wie groß ist die Resultierende?

b) Wie groß ist der Winkel α_R der Resultierenden zur Lotrechten?

6. Eine freistehende Gartenmauer hat auf 1 m Mauerlänge in der Mitte der Wandhöhe eine zusammengefasste waagerechte Winddruckkraft von $W = 1{,}2$ kN aufzunehmen (2.12). Die Eigenlast der Mauer beträgt je Meter $G = 8{,}65$ kN und wirkt zusammengefasst in der Mitte der 24 cm dicken Mauer. Mauerhöhe $h = 2{,}00$ m.

a) Wie groß ist die Resultierende?

b) Wie groß ist der Winkel der Resultierenden zur Lotrechten?

c) Wo durchstößt die Resultierende die Fuge zwischen Mauerwerk und Fundament? Wie groß ist der Abstand c des Durchstoßpunktes von der Kante K?

7. Eine Stützmauer hat auf 1 m Länge eine Eigenlast von $G = 6$ kN (2.13). Die Druckkraft aus dem Erdreich beträgt $E = 2{,}5$ kN und greift unter einem Winkel $\delta = 20°$ in einem Drittel der Wandhöhe an. Wandhöhe $h = 90$ cm, Wandbreite $b = 36{,}5$ cm

a) Wie groß ist die Resultierende?

b) Wie groß ist der Winkel α der Resultierenden zur Lotrechten?

c) Wie groß ist der Abstand der Resultierenden von der Kante K?

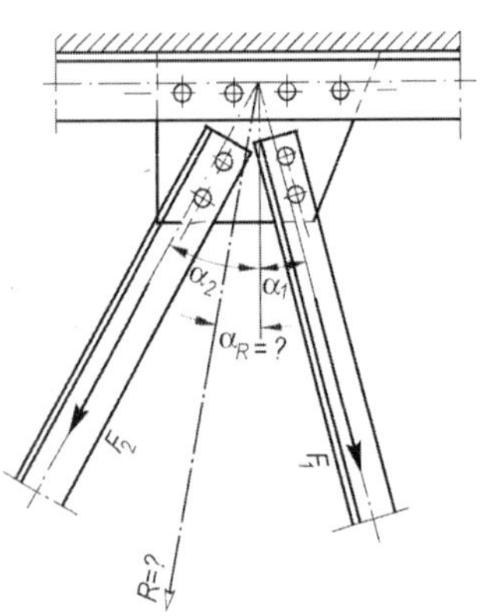

Bild **2**.11
Zwei Zugkräfte an dem Knotenpunkt eines Dachbinders

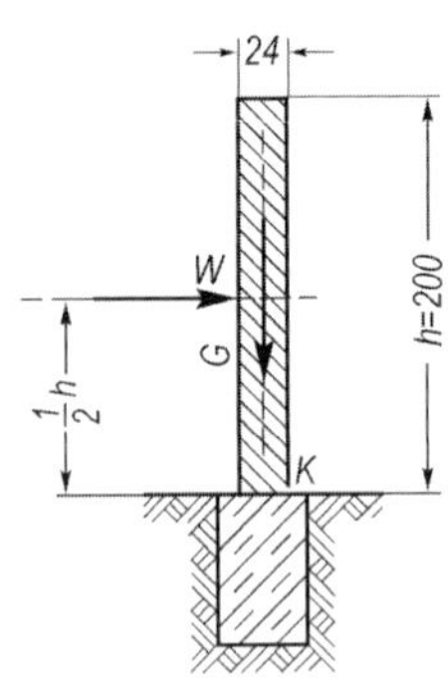

Bild **2**.12
Winddruck bei einer Gartenmauer

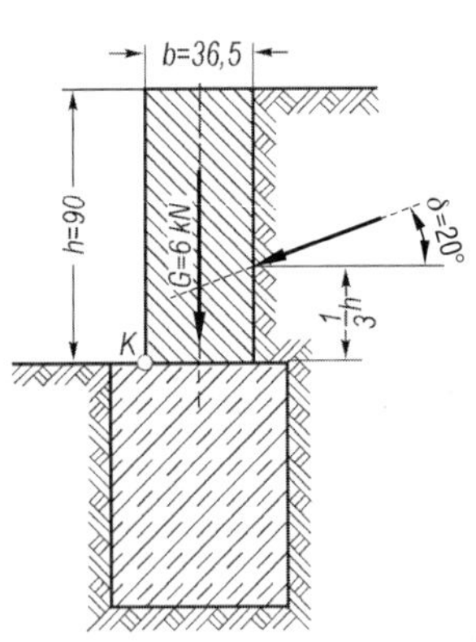

Bild **2**.13
Erddruck bei einer kleinen Stützmauer

2.1.2.2 Rechnerisches Verfahren (analytische Methode)

Für den Sonderfall, dass zwei Kräfte rechtwinklig zueinander wirken, ist die rechnerische Lösung mit Hilfe des Lehrsatzes von Pythagoras und mit Winkelfunktionen durchführbar.

Kraftangriff in rechtem Winkel

Beide Kräfte bilden ein rechtwinkliges Kräftedreieck. Die Resultierende R ist darin die Hypotenuse des Dreiecks (Bild **2.**14).

Die Größe der Resultierenden kann mit Gleichung **2.**2 berechnet werden, die sich aus dem Lehrsatz des Pythagoras für das rechtwinklige Dreieck ergibt (Bild **2.**15):

$$a^2 + b^2 = c^2$$

$$R^2 = F_1^2 + F_2^2 \qquad R = \sqrt{F_1^2 + F_2^2} \qquad \text{Gl. (2.2)}$$

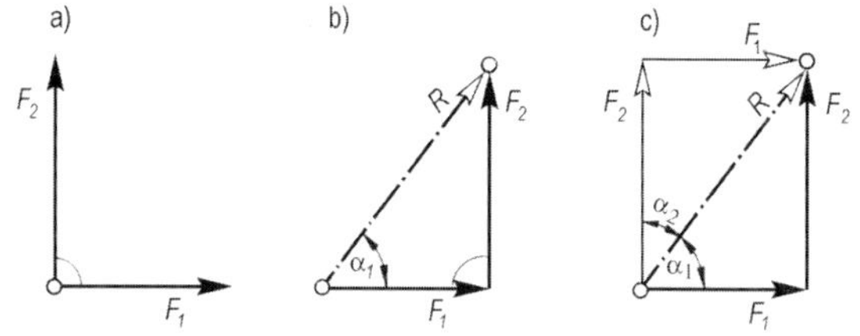

Bild **2.**14 Zwei Kräfte sind durch eine Resultierende zu ersetzen
a) Lageplan: Beide Kräfte greifen an einem Punkt an und stehen rechtwinklig zueinander
b) Kräfteplan: Beide Kräfte bilden ein rechtwinkliges Kräftedreieck
c) Kräfteplan als Kräfteparallelogramm

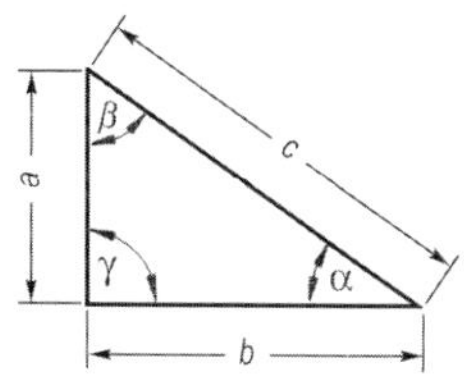

Bild **2.**15 Rechtwinkliges Dreieck mit den Seiten *a*, *b* und *c*

Die Richtung der Resultierenden kann mit den Winkelfunktionen berechnet werden. Die Resultierende verläuft vom Anfangspunkt der ersten Kraft zum Endpunkt der anderen Kraft. Der Winkel der Resultierenden zur waagerechten Kraft F_1 wird mit α_1 bezeichnet und der Winkel zur Kraft F_2 mit α_2 (Bild **2.**14):

$$\tan \alpha_1 = \frac{F_2}{F_1} \qquad \tan \alpha_2 = \frac{F_1}{F_2} \qquad \text{Gl. (2.3)(2.4)}$$

Beide Winkel ergeben zusammen einen rechten Winkel

$$\alpha_1 + \alpha_2 = 90° \qquad \text{Gl. (2.5)}$$

Die Lage der Resultierenden ist das dritte Bestimmungsstück. Die Wirkungslinie der Resultierenden geht durch den Schnittpunkt der beiden Kräfte. Damit ist die Lage der Resultierenden bekannt.

Beispiel zur Erläuterung

Zwei Kräfte $F_1 = 300$ kN und $F_2 = 400$ kN greifen rechtwinklig zueinander an einem Punkt an (Bild **2.**16).

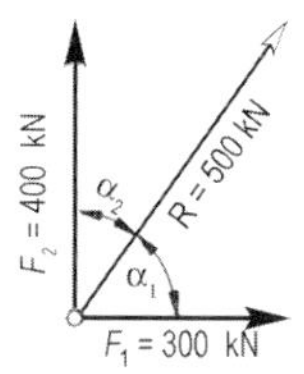

Bild **2.**16 Zwei Kräfte greifen an einem Punkt rechtwinklig zueinander an mit $F_1 = 300$ kN und $F_2 = 400$ kN

Größe der Resultierenden:

$$R = \sqrt{F_1^2 + F_2^2}$$

$$R = \sqrt{(300\,\text{kN})^2 + (400\,\text{kN})^2}$$

$$R = 500 \text{ kN}$$

Winkel zur Waagerechten:

$$\tan\alpha_1 = \frac{F_2}{F_1} = \frac{400\,\text{kN}}{300\,\text{kN}} = 1{,}333 \qquad \alpha_1 = 53°$$

Winkel zur Senkrechten:

$$\tan\alpha_2 = \frac{F_1}{F_2} = \frac{300\,\text{kN}}{400\,\text{kN}} = 0{,}75 \qquad \alpha_2 = 37°$$

Kontrolle:

$$\alpha = \alpha_1 + \alpha_2 = 53° + 37° = 90°$$

Kraftangriff in spitzem oder stumpfem Winkel

Beide Kräfte bilden ein schiefwinkliges Kräftedreieck.

Die Resultierende R kann mit dem Kosinussatz entsprechend Bild **2.**17 berechnet werden.

Er lautet: $c^2 = a^2 + b^2 - 2\,ab \cdot \cos\gamma$

Umgeformt für die Resultierende im Kräftedreieck erhält man:

$$\boldsymbol{R = \sqrt{F_1^2 + F_2^2 - 2 \cdot F_1 \cdot F_2 \cdot \cos\gamma}} \qquad \text{Gl. (2.6)}$$

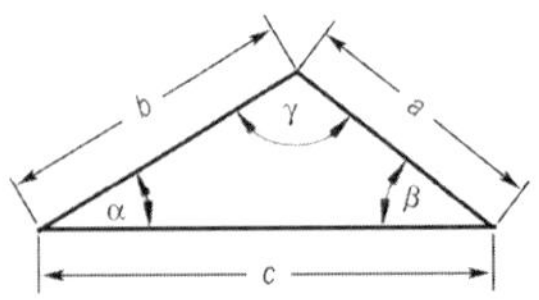

Bild **2.**17 Schiefwinkliges Dreieck mit den Seiten *a, b* und *c* sowie den zugeordneten Winkeln α, β und γ

Die Winkel der Resultierenden zwischen den Kräften sind mit dem Sinussatz zu bestimmen. Er lautet entsprechend Bild **2.**17:

$$a : b : c = \sin\alpha : \sin\beta : \sin\gamma \qquad \text{Gl. (2.7)}$$

Daraus erhält man mit den Kräften des Kräftedreiecks:

$$F_1 : F_2 : R = \sin\alpha : \sin\beta : \sin\gamma$$

Die fehlenden Winkel α (gegenüber F_1) und β (gegenüber F_2) können berechnet werden:

$$\sin\alpha = \sin\gamma \cdot \frac{F_1}{R} \qquad \text{Gl. (2.8)}$$

$$\sin\beta = \sin\gamma \cdot \frac{F_2}{R} \qquad \text{Gl. (2.9)}$$

Beispiel zur Erläuterung

An einem Knotenpunkt einer Stahlkonstruktion entsprechend Bild **2.**11 greifen die Kräfte F_1 = 15 kN und F_2 = 20 kN an. Das Kräftedreieck ist in Bild **2.**18 dargestellt.

Daraus ergibt sich der Winkel

$$\gamma = 180° - \alpha_1 - \alpha_2$$

$$\gamma = 180° - 15° - 30° = 135°$$

$$\cos\gamma = \cos(180° - 15°) = -\cos 45° = -0{,}707$$

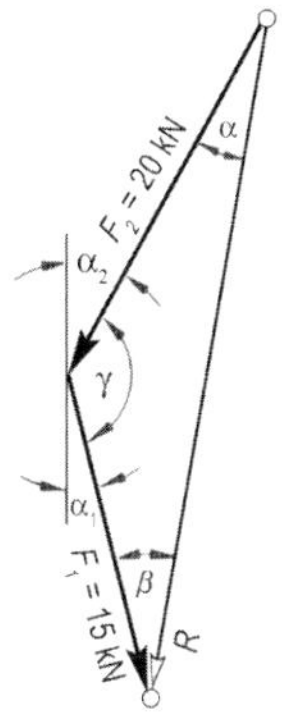

Bild **2.**18
Schiefwinkliges Kräftedreieck für die Kräfte am Knotenpunkt einer Stahlkonstruktion nach Bild **2.**11

Die Resultierende wird berechnet:

$$R = \sqrt{F_1^2 + F_2^2 - 2F_1 \cdot F_2 \cdot \cos\gamma}$$

$$R = \sqrt{15^2 + 20^2 - 2 \cdot 15 \cdot 20 \cdot (-0{,}707)}$$

$$R = \sqrt{225 + 400 + 424}$$

Die Winkel werden berechnet:

$$\sin\alpha = \sin\gamma \cdot \frac{F_1}{R}$$

$$\sin\alpha = 0{,}707 \cdot \frac{15\,\text{kN}}{32{,}4\,\text{kN}}$$

$$\sin\alpha = 0{,}327 \qquad \alpha = 19{,}1°$$

$$\sin\beta = \sin\gamma \cdot \frac{F_2}{R}$$

$$\sin\beta = 0{,}707 \cdot \frac{20\,\text{kN}}{32{,}4\,\text{kN}}$$

$$\sin\beta = 0{,}436 \qquad \beta = 25{,}9°$$

$$\alpha + \beta + \gamma = 19{,}1° + 25{,}9° + 135° = 180°$$

$$\alpha_R = \beta - \alpha_1 = 25{,}9° - 15°$$

$$\alpha_R = 10{,}9°$$

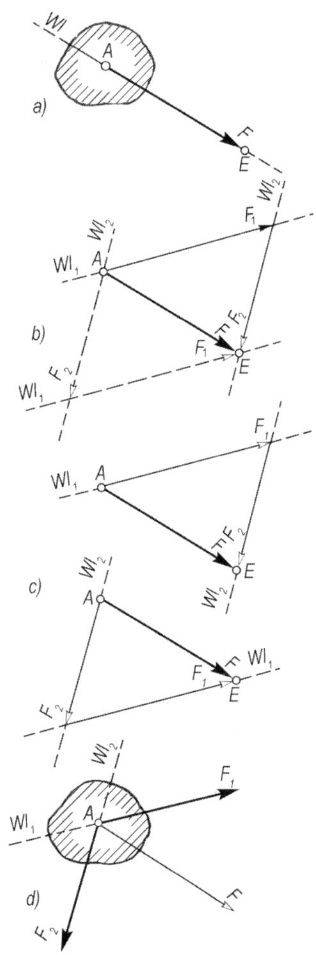

Bild **2.**19
Eine Kraft wird zerlegt in zwei Komponenten
a) Lageplan mit der angreifenden Kraft am Körper
b) Kräfteparallelogramm (Kräfteplan)
c) die beiden Kräftedreiecke
d) Lageplan mit den Komponenten der Kraft

2.2 Zerlegen von Kräften

Kräfte, die an einem Körper angreifen, können für weitere Berechnungen in zwei (oder mehrere) Teilkräfte beliebig zerlegt werden. Diese Teilkräfte werden als Komponenten bezeichnet (Komponente = Bestandteil eines Ganzen). Sie sind die Ersatzkräfte für die ursprüngliche Kraft und haben zusammen die gleiche Wirkung wie diese.

Das Zerlegen von Kräften kann zeichnerisch oder rechnerisch erfolgen.

a) Zeichnerisches Verfahren

Die Größe einer Kraft ist durch die Länge des Kraftpfeils bekannt, gekennzeichnet durch Anfangspunkt *A* und Endpunkt *E*. Wenn eine Kraft zerlegt werden soll, sind auch die Anfangs- und Endpunkte ihrer Komponenten bekannt: es sind dieselben Punkte. Für die Zerlegung der Kraft zeichnet man die gewählten Wirkungslinien der Komponenten jeweils durch die Punkte *A* und *E* parallel ein (Bild **2.20**). Damit erhält man das Kräfteparallelogramm.

Natürlich genügt auch hier das halbe Parallelogramm, also ein Kräftedreieck, zur eindeutigen Bestimmung der Komponenten.

Sehr oft sollen Kräfte in lotrechte (vertikale) Komponenten F_v und waagerechte (horizontale) Komponenten F_h zerlegt werden (Bild **2.19**).

Beispiel zur Erläuterung

An einem Körper greift eine schräg nach oben wirkende Kraft von $F = 100$ kN an. Der Winkel α zur Waagerechten beträgt 30°(Bild **2.20**). Wie groß sind die Komponenten F_v und F_h?

Lösungsweg

Zunächst wird ein Lageplan gezeichnet, in dem die gegebenen Verhältnisse dargestellt werden (Bild **2.20**). Als nächstes zeichnet man getrennt vom Lageplan das Kräfteparallelogramm oder nur ein Kräftedreieck.

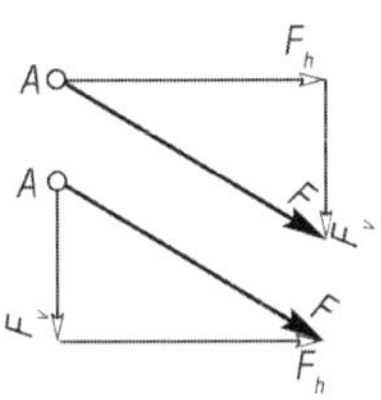

Bild **2.19**
Die vertikale und die horizontale Komponente einer schrägen Kraft

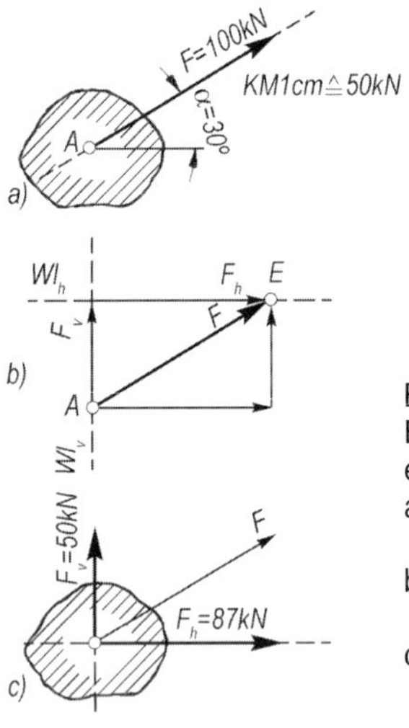

Bild **2.20**
Eine Kraft wirkt schräg an einem Körper
a) Lageplan mit der angreifenden Kraft
b) Kräfteparallelogramm (Kräfteplan)
c) Lageplan mit den Komponenten der Kraft

Dabei zeichnet man zunächst die gegebene Kraft in dem gleichen Maßstab in der gleichen Neigung. Anfangspunkt *A* und Endpunkt *E* sind damit bekannt (Bild **2.20b**). Durch beide Punkte kann man jetzt die gegebenen Wirkungslinien der Komponenten zeichnen. Damit ist das Kräfteparallelogramm konstruiert. Zeichnet man durch den Punkt *A* nur die Wirkungslinie der einen Kraft und durch den Punkt *E* die Wirkungslinien der anderen Kraft, so bekommt man eines der beiden Kräftedreiecke. Man nennt ein Kräfteparallelogramm oder Kräftedreieck einfach Kräfteplan. Die Komponenten werden nun vom Kräfteplan in den Lageplan parallel übertragen. Der Angriffspunkt der ursprünglichen Kraft ist auch der Angriffspunkt der beiden Komponenten (Bild **2.**20c).

Ergebnis

Aus dem Kräfteplan(2.20b) kann man für die Komponente $F_v = 87$ kN abmessen, für die Komponente $F_h =$ 50 kN. Beide Komponenten zusammen haben die gleiche Endwirkung wie die ursprüngliche Kraft allein.

Beispiele zur Übung

1. Eine Kraft $F = 250$ kN greift an einem Punkt unter einem Winkel von 30° an. Diese Kraft ist in eine vertikale Komponente und in eine horizontale Komponente zu zerlegen (Bild **2.**21).

a) Wie groß ist die vertikale Komponente F_v?

b) Wie groß ist die horizontale Komponente F_h?

2. An einer Stützwand greift eine Kraft von 15 kN unter einem Winkel von 25° an (Bild **2.**22)

a) Wie groß ist die in Richtung der Wandrückseite wirkende Komponente F_v?

b) Wie groß ist die rechtwinklig auf die Wandrückseite wirkende Komponente F_h?

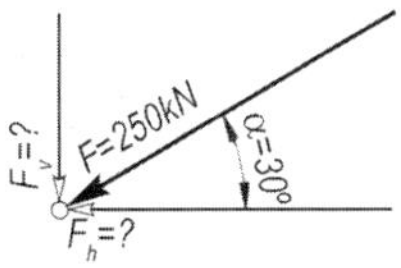

Bild **2.**21
Eine Kraft soll durch zwei Komponenten ersetzt werden

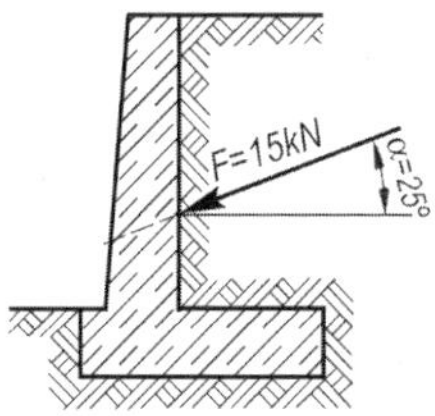

Bild **2.**22
Schräg angreifende Erddruckkraft an einer Stützwand

3. Auf einem Dach mit einem Neigungswinkel $\alpha = 40°$ wirkt eine Last $F = 1$ kN. Diese Last ist in eine Komponente rechtwinklig zum Dachsparren $F_\perp$ und in eine zweite Komponente in Richtung des Dachsparrens $F_\parallel$ zu zerlegen (Bild **2.**23).

a) Wie groß ist $F_\perp$? b) Wie groß ist $F_\parallel$?

4. Eine Holzstrebe (Sparren) hat eine Druckkraft von 8 kN auf eine Schwelle zu übertragen (Bild **2.**24). Die Komponenten rechtwinklig auf die Außenflächen der Schwelle sind zu bestimmen. Neigung der Strebe 35°.

a) Wie groß ist die Komponente F_v? b) Wie groß ist die Komponente F_h?

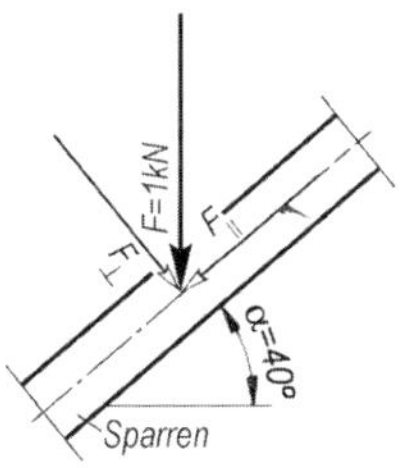

Bild **2.**23
Vertikale Last auf einem Sparren

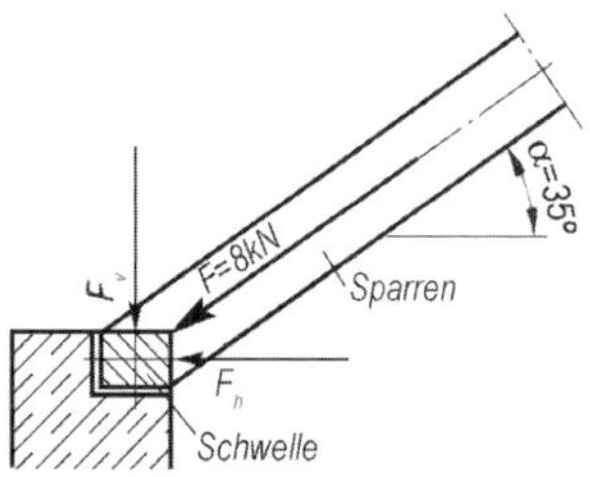

Bild **2.**24
Die Druckkraft in einem Sparren

b) Rechnerisches Verfahren

Für eine Kraft F, die in zwei Komponenten F_1 und F_2 zerlegt werden soll, müssen die Wirkungslinien 1 und 2 der beiden Komponenten bekannt sein. Andernfalls sind unzählige Lösungen möglich.

Komponenten in spitzem oder stumpfem Winkel

Die rechnerische Lösung ist mit dem Sinussatz durchführbar.

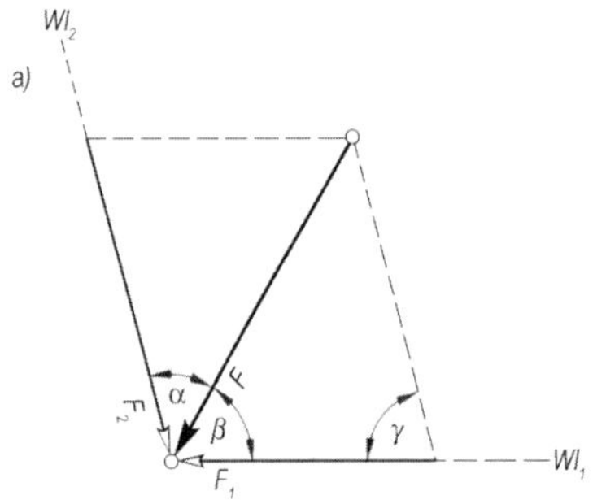

Bild **2.**25
Eine Kraft wird in zwei Komponenten mit spitzen Winkeln zerlegt
a) Parallelogramm der Kräfte mit den Wirkungslinien Wl_1 und Wl_2
b) Kräfteplan

Aus dem Parallelogramm der Kräfte (Bild **2.**25a) erhält man mit den zugehörigen Winkelbezeichnungen das Kräftedreieck (Bild **2.**25b). Der Sinussatz liefert die Gleichung:

$$F_1 : F_2 : F = \sin\alpha : \sin\beta : \sin\gamma \qquad \text{Gl. (2.10)}$$

Daraus erhält man die beiden Kraftkomponenten F_1 und F_2:

$$\boldsymbol{F_1 = F \cdot \frac{\sin\alpha}{\sin\gamma}} \qquad \boldsymbol{F_2 = F \cdot \frac{\sin\beta}{\sin\gamma}} \qquad \text{Gl. (2.11)(2.12)}$$

Beispiel zur Erläuterung

An einem Gerüst wirkt eine horizontale Kraft von $F = 1{,}0$ kN. Diese Kraft wird in zwei Komponenten in Richtung der beiden Streben zerlegt (Bild **2.**26).

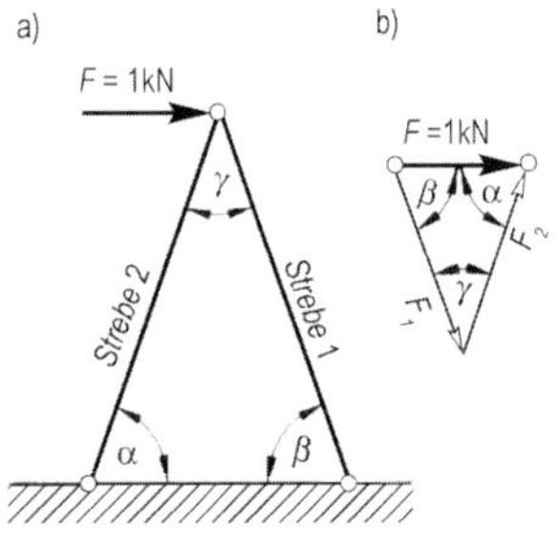

Bild **2.**26
Die an einem Gerüst angreifende horizontale Kraft wird in 2 Komponenten in Richtung der Streben zerlegt
a) Lageplan
b) Kräfteplan

$\alpha = \beta = 70°$ $\qquad$ $\gamma = 180° - 2 \cdot 70° = 40°$

$F_1 = F \cdot \dfrac{\sin\alpha}{\sin\gamma}$ $\qquad$ $F_2 = F \cdot \dfrac{\sin\beta}{\sin\gamma}$

$F_1 = 1{,}0 \text{ kN} \cdot \dfrac{\sin 70°}{\sin 40°}$

$F_1 = 1{,}0 \text{ kN} \cdot \dfrac{\sin 0{,}940}{\sin 0{,}643}$

$F_1 = 1{,}46$ kN $\qquad$ $F_2 = F_1 = 1{,}46$ kN

Komponenten in rechtem Winkel

Die rechnerische Lösung ist mit den Winkelfunktionen möglich. Häufig sind Kräfte in die vertikalen Komponenten F_v und die horizontalen Komponenten F_h zu zerlegen.
Mit dem Winkel α zwischen einer schräg angreifenden Kraft Fund der horizontalen Ebene erhält man die Komponenten

$$F_v = F \cdot \sin \alpha \qquad F_h = F \cdot \cos \alpha \qquad \text{Gl. (2.13)(2.14)}$$

Beispiel zur Erläuterung

Der Sparren eines Daches hat eine Druckkraft von $F = 8$ kN auf die Schwelle zu übertragen (Bild **2**.24). Die vertikale und die horizontale Komponente werden berechnet für $\alpha = 35°$.

$F_v = F \cdot \sin \alpha$ | $F_h = F \cdot \cos \alpha$

$F_v = 8{,}0 \text{ kN} \cdot \sin 35°$ | $F_h = 8{,}0 \text{ kN} \cdot \cos 35°$

$F_v = 8{,}0 \text{ kN} \cdot 0{,}574$ | $F_h = 8{,}0 \text{ kN} \cdot 0{,}819$

$F_v = 4{,}58 \text{ kN}$ | $F_h = 6{,}55 \text{ kN}$

2.3 Gleichgewicht der Kräfte

Jeder Körper will (infolge der Erdanziehung auf seine Masse) nach unten fallen. Soll das nicht geschehen, muss der Körper unterstützt oder aufgehängt werden (Bild **2**.27). Liegt ein Körper auf einer Unterlage, so entsteht als Gegenkraft zur Eigenlast des Körpers eine Lagerkraft oder Stützkraft. Die Stützkraft ist eine Reaktionskraft. Sie muss um so größer sein, je schwerer der Körper ist (Bild **1**.2).

Die angreifende Aktionskraft muss durch eine gegenwirkende Reaktionskraft im Gleichgewicht gehalten werden.

Aktion = – Reaktion

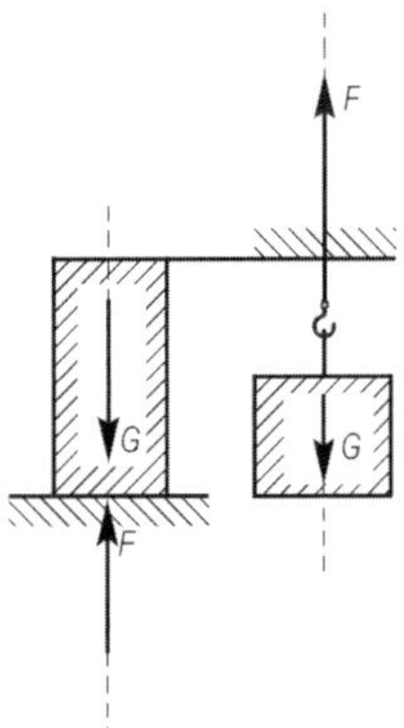

Bild **2**.27 Die Eigenlast *G* eines Körpers wird durch eine Gegenkraft *F* gehalten

Die an einem Körper wirkenden Kräfte sind die Ursache einer Bewegungsänderung des Körpers. In der Statik ist man aber nicht an Bewegungen oder Bewegungsänderungen eines Körpers interessiert, sondern an seinem Ruhezustand. Ein Körper soll sich nicht bewegen. Er soll in Ruhe bleiben. Die Bewegungen müssen verhindert werden. Wenn eine Kraft keine Bewegungsänderung des Körpers hervorrufen soll, muss dieser Kraft eine gleichgroße Kraft (Gegenkraft) entgegenwirken (Bild **2.**28 und **2.**29).

Kraft = – Gegenkraft

Die Gegenkraft wirkt auf derselben Wirkungslinie wie die angreifende Kraft.

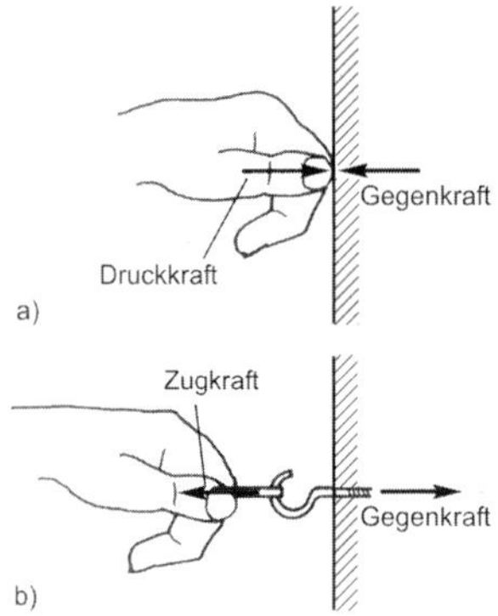

Bild **2.**28
Ein starrer Gegenstand soll von Hand verschoben werden. Ob gedrückt oder gezogen wird ist gleichbedeutend: bis zur Verschiebung setzt der Körper der wirkenden Kraft eine gleichgroße Gegenkraft entgegen
a) Druckkraft mit gleichgroßer Gegenkraft
b) Zugkraft mit gleichgroßer Gegenkraft

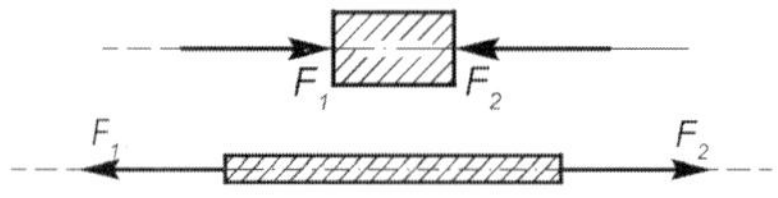

Bild **2.**29
Kraft F_1 und Gegenkraft F_2 halten sich das Gleichgewicht

Werden mehrere Kräfte durch eine Resultierende ersetzt, so ersetzt diese auch die Gesamtwirkung der angreifenden Kräfte. Wenn die Resultierende in ihrer Wirkung aufgehoben werden soll, muss ihr eine gleichgroße Kraft auf derselben Wirkungslinie entgegengesetzt werden (Bild **2.**30).

Resultierende = – Gleichgewichtskraft

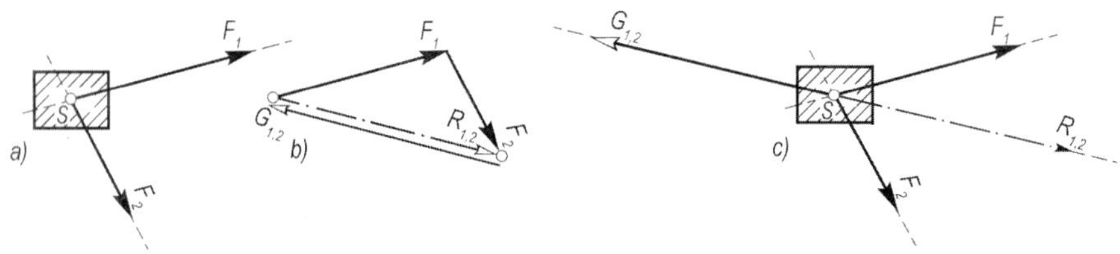

Bild **2.**30 Zwei Kräfte werden durch eine Kraft ins Gleichgewicht gebracht
a) Lageplan mit den angreifenden Kräften
b) Kräfteplan mit der Resultierenden $R_{1,2}$ und der Gleichgewichtskraft $G_{1,2}$
c) Lageplan für das Gleichgewicht

2.4 Lineares Kräftesystem

Mehrere Kräfte, die auf einer Linie wirken, haben diese Linie als gemeinsame Wirkungslinie. Ein solches System wird als „lineares Kräftesystem“ bezeichnet.

Für mehrere Kräfte gilt im Prinzip das gleiche wie für zwei Kräfte: ihre Wirkung kann algebraisch addiert werden.

Zeichnerisches Verfahren

Bei der zeichnerischen Lösung einer Aufgabe werden die Kräfte durch Vektoren in einem frei wählbaren Kräftemaßstab im Lageplan und im Kräfteplan dargestellt.

Im Lageplan werden die Kräfte in ihrer Lage so gezeichnet, dass ihre Wirkungslinie durch den Angriffspunkt geht. Die Richtung der Kräfte wird durch die Pfeilspitze angegeben (Bild **2.**31a).

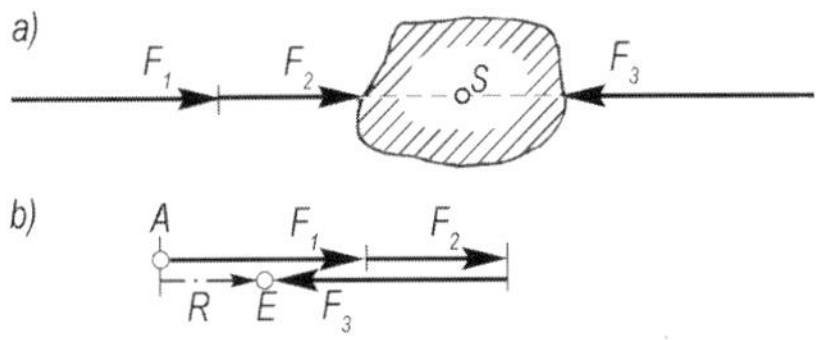

Bild **2.**31
Lineares Kräftesystem: Alle Kräfte wirken auf einer Linie, sie haben eine gemeinsame Wirkungslinie
a) Lageplan
b) Kräfteplan

Es ergibt sich gelegentlich, dass Kräfte der gezeichneten Darstellung entgegenwirken. Diese Kräfte erhalten dann ein negatives Vorzeichen (–). Anders ausgedrückt: Negative Kräfte wirken nicht wie dargestellt in Richtung der Pfeilspitze, sondern in entgegengesetzter Richtung (Bild **2.**32). In der Praxis wird häufig hiervon Gebrauch gemacht.

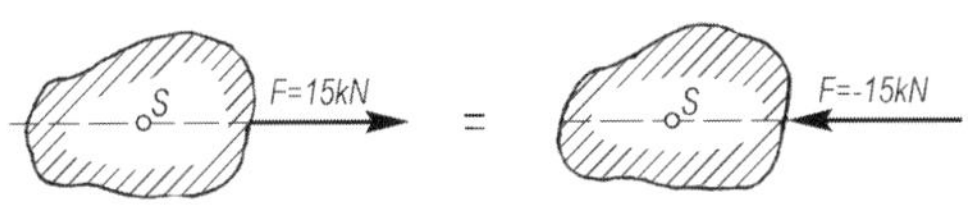

Bild **2.**32
Eine Kraft mit negativem Vorzeichen kann durch eine entgegengesetzt gerichtete, gleich große Kraft mit positivem Vorzeichen dargestellt werden

Im Kräfteplan werden zur Verdeutlichung entgegengesetzt gerichtete Kräfte etwas neben die Wirkungslinie verschoben. Damit sind beide Kraftrichtungen darstellbar. Die Entfernung zwischen Anfangspunkt A und Endpunkt E der dargestellten Kräfte ist die Resultierende R (Bild **2.**31b).

Rechnerisches Verfahren

Bei der rechnerischen Lösung einer Aufgabe können die Kräfte durch Addieren zu einer Resultierenden zusammengefasst werden, wie es bei zwei Kräften schon in Abschnitt 2.1.1 gezeigt wurde. Die Resultierende R ergibt sich aus der Summe aller Einzelkräfte:

$$\boldsymbol{R} = \boldsymbol{F}_1 + \boldsymbol{F}_1 + \boldsymbol{F}_3 + \ldots \qquad \text{Gl. (2.15)}$$

Die mathematische Darstellung dieser Rechnung kann auch auf zwei andere Arten erfolgen:

R ist gleich der Summe F von 1 bis n $\quad \boldsymbol{R} = \sum_{1}^{n} \boldsymbol{F}$ Gl. (2.16)

R ist gleich der Summe F_i mit $i = 1, 2, 3 \ldots$ $\quad \boldsymbol{R} = \sum \boldsymbol{F}_i$ Gl. (2.17)

Σ (Sigma = großer griechischer Buchstabe S) wird als Zeichen für Summe benutzt.

Bei der rechnerischen Auswertung werden einander entgegengesetzt wirkende Kräfte durch entsprechende Vorzeichen unterschieden. Kräfte in der einen Richtung erhalten positive Vorzeichen (+) und in der anderen Richtung negative Vorzeichen (–).

Es gilt die Vereinbarung, nach links (oder nach unten) gerichtete Kräfte positiv zu bezeichnen (+). Die nach rechts (oder nach oben) gerichteten Kräfte erhalten ein negatives Vorzeichen (–).

Beispiel zur Erläuterung

Beim Tauziehen sind an der linken Seite eines Seiles 4 Jugendliche und an der rechten Seite 5 Kinder angetreten. Alle ziehen zunächst gleichzeitig mit den angegebenen Kräften (Bild **2**.33).

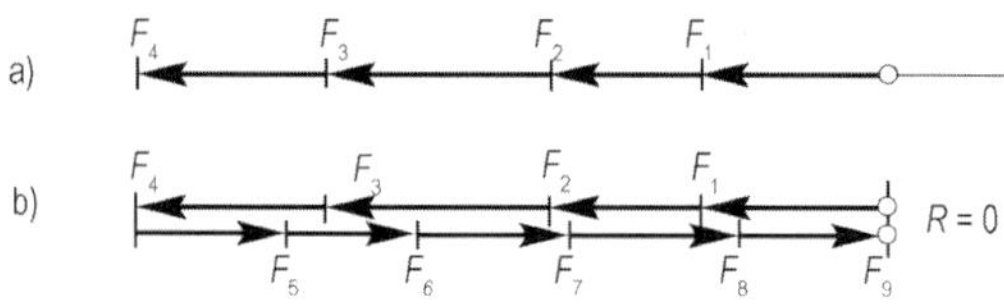

Bild **2**.33 An einem Tau ziehen die 4 Kräfte F_1 bis F_4 nach links und die 5 Kräfte F_5 bis F_9 nach rechts
a) Lageplan (Kräftemaßstab KM: 1 mm ≙ 40 N), b) Kräfteplan mit $R = 0$

Zeichnerische Lösung:

Die Kräfte sind im Kräftemaßstab (KM: 1 mm ≙ 40 N) dargestellt. Da in der Summe die nach links gerichteten Kraftvektoren gleichlang den nach rechts gerichteten sind, ist der Kampf noch unentschieden: es herrscht Gleichgewicht.

Rechnerische Lösung:

Die nach links gerichteten Kräfte werden positiv, die nach rechts gerichteten Kräfte werden negativ in die Rechnung eingesetzt.

$$R = +(F_1 + F_2 + F_3 + F_4) - (F_5 + F_6 + F_7 + F_8 + F_9)$$
$$R = +(500\ \text{N} + 400\ \text{N} + 600\ \text{N} + 500\ \text{N}) - (400\ \text{N} + 350\ \text{N} + 400\ \text{N} + 450\ \text{N} + 400\ \text{N})$$
$$R = +2000\ \text{N} - 2000\ \text{N}$$
$$R = 0$$

Da sich die nach links gerichteten Kräfte mit den nach rechts gerichteten gegenseitig aufheben, ist das Ergebnis Null: es herrscht Gleichgewicht.

Beispiel zur Erläuterung

Im weiteren Verlauf des Wettstreits verstärken die Jugendlichen ihre Kräfte mehr, dafür kommt den Kindern ein weiteres Kind zu Hilfe (Bild **2**.34).

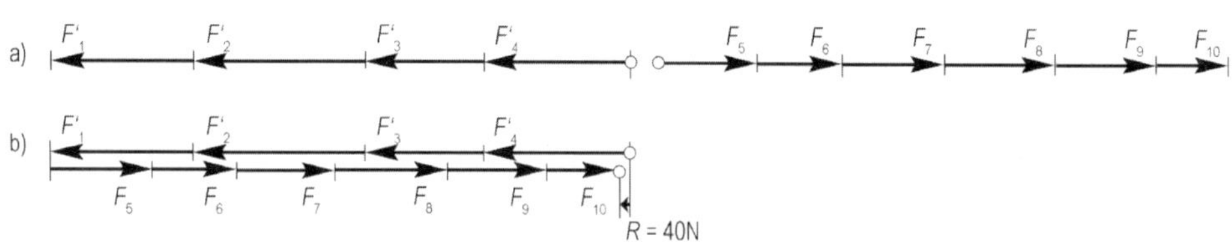

Bild **2**.34 An einem Tau werden die nach links ziehenden Kräfte vergrößert, die nach rechts ziehenden Kräfte werden um eine weitere Kraft verstärkt
a) Lageplan
b) Kräfteplan mit $R = +40$ N : Verschiebung nach links

Zeichnerische Lösung:

Die Gesamtstrecke der nach links gerichteten Kraftvektoren ist länger als die Summe der nach rechts gerichteten Kraftvektoren.

Der Kampf geht zugunsten der stärkeren Jugendlichen aus: Es findet eine Bewegung nach links statt.

Rechnerische Lösung:

$$R = +\,(F_1' + F_2' + F_3' + F_4') - (F_5 + F_6 + F_7 + F_8 + F_9 + F_{10})$$

$$R = +\,(590\ \text{N} + 480\ \text{N} + 690\ \text{N} + 580\ \text{N}) - (400\ \text{N} + 350\ \text{N} + 400\ \text{N} + 450\ \text{N} + 400\ \text{N} + 300\ \text{N})$$

$$R = +\,2340\ \text{N} - 2300\ \text{N}$$

$$R = +\,40\ \text{N}$$

Die Resultierende ist positiv. Es bleibt also eine nach links gerichtete Kraft übrig: Es findet eine Verschiebung nach links statt.

2.5 Zentrales ebenes Kräftesystem

Mehrere Kräfte, deren Wirkungslinien in einer Ebene liegen und sich in einem Punkt schneiden, bilden ein zentrales ebenes Kräftesystem (Bild **2**.35a). Hierbei wird angenommen, dass der Schnittpunkt der Wirkungslinien im Schwerpunkt des Körpers liegt.

Es ist zweckmäßig, in den Schnittpunkt aller Kräfte den Mittelpunkt eines Achsenkreuzes zu legen. Damit ist ein besseres Zurechtfinden möglich; die Orientierung wird erleichtert. Dieses Achsenkreuz hat eine waagerecht liegende Achse und eine rechtwinklig dazu stehende senkrechte Achse. Dieses Achsenkreuz ist ein so genanntes Koordinatensystem (Bild **2**.35b).

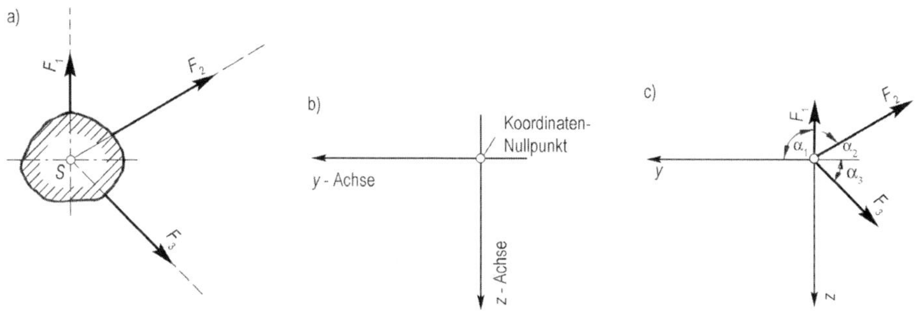

Bild **2**.35 Die Wirkungslinien dreier Kräfte schneiden sich in einem Punkt
a) Kräfte am Körper, b) Koordinatensystem, c) Kräfte im Koordinatensystem

Die beiden Achsen werden bei Querschnittsflächen als y-Achse und z-Achse bezeichnet. Die z-Achse zeigt in der Regel nach unten.

In diesem Koordinatensystem werden die Kräfte als Vektoren dargestellt. Vektoren sind gerichtete Größen (siehe Abschnitt 1.4.2, (Bild **1.4**). Alle Kraftvektoren müssen vom Koordinaten-Nullpunkt wegweisen (Bild **2**.35c)).

Zur Bestimmung der Resultierenden aller Kräfte sind zwei Lösungsarten möglich: das zeichnerische oder das rechnerische Verfahren.

2.5.1 Zeichnerische Bestimmung der Resultierenden

Zur zeichnerischen Bestimmung der Resultierenden werden die Kraftpfeile im Kräfteplan maßstäblich aneinandergereiht (Bild **2**.36b). Vom Anfangspunkt A des ersten Kraftpfeils zum Endpunkt E des letzten Kraftpfeils verläuft die Resultierende. Damit ist die Größe und die Richtung der Resultierenden bekannt. Die Wirkungslinie der Resultierenden geht durch den Schnittpunkt aller angreifenden Kräfte im Lageplan. Dort kann die Resultierende eingetragen werden (Bild **2**.36c). Die Übertragung der Kräfte von der Aufgabenstellung in den Kräfteplan und von dort in den Lageplan erfordert maßstabgerechtes Zeichnen und eine genaue Parallelverschiebung.

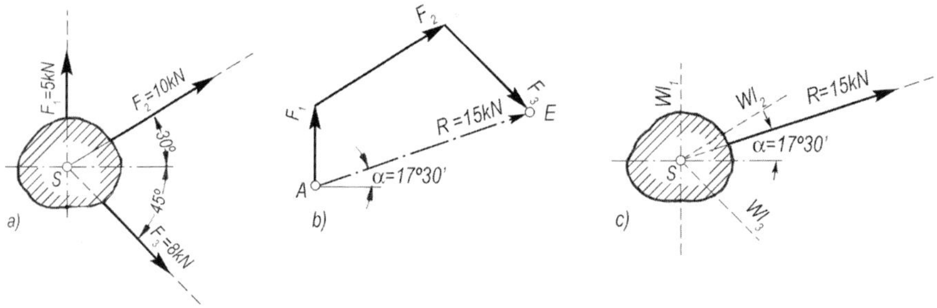

Bild **2**.36 Drei Kräfte werden durch eine Resultierende ersetzt
a) Lageplan mit den drei angreifenden Kräften,
b) Kräfteplan zur Ermittlung der Resultierenden,
c) Lageplan mit der Resultierenden

Beispiel zur Erläuterung

Bei einem Körper greifen drei Kräfte an (Bild **2**.36a). Ihre Wirkungslinien schneiden sich in einem Punkt. Die Resultierende ist zu bestimmen.

Lösung

Der Kräfteplan liefert die Größe und die Richtung der Resultierenden: R = 15 kN, α = 17° (Bild **2**.36b). Die Wirkungslinie der Resultierenden geht ebenfalls durch den Schnittpunkt der Wirkungslinien aller Kräfte. Die Resultierende wird in den Lageplan eingetragen (Bild **2**.36c).

Beispiele zur Übung

1. An einem Mast sind 3 Seile befestigt (Bild **2**.37).

a) Wie groß ist die resultierende Kraft?

b) Wie groß ist der Winkel α, den die Resultierende zur Kraft F_3 bildet?

2. Ein Mauerhaken hat 3 Spanndrähte zu halten (Bild **2**.38).

a) Wie groß ist die Resultierende, die den Haken belastet?

b) Welche Richtung – bezogen auf die Mauer – hat diese resultierende Kraft?

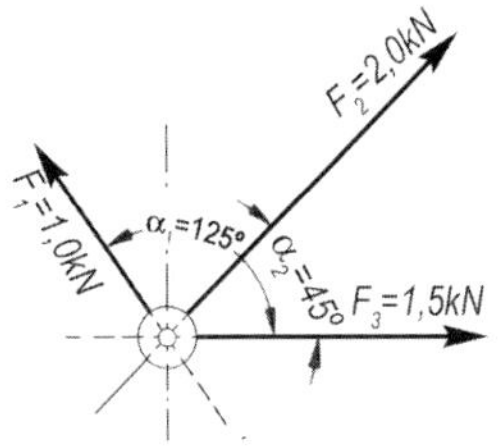

Bild **2.37**
Drei Kräfte an einem Mast

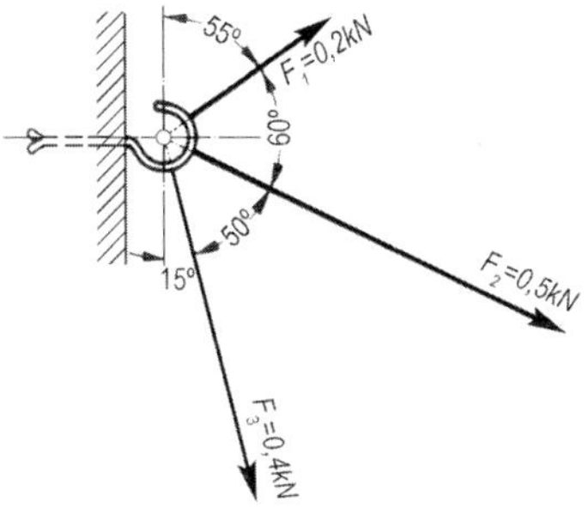

Bild **2.38**
Drei Kräfte an einem Haken

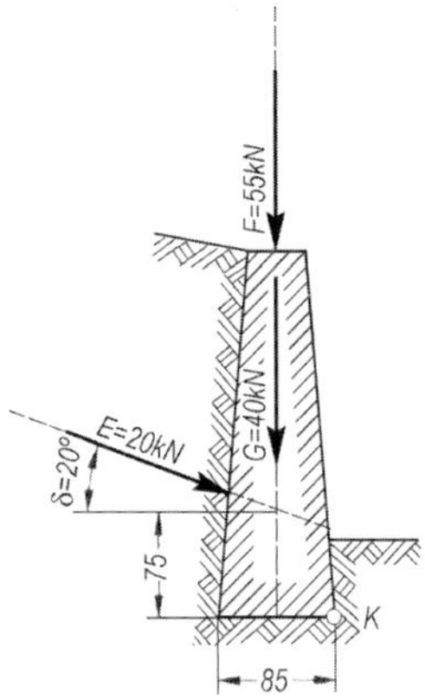

Bild **2.39**
Stützwand mit Erddruck und Auflast

3. Eine Stützwand hat auf einem Meter Länge eine Last von F = 55 kN aufzunehmen. Die Eigenlast der Wand beträgt G = 40 kN. Außerdem wirkt eine Erddruckkraft E = 20 kN mit einem Winkel von δ = 20° zur Waagerechten (Bild **2.39**).

a) Wie groß ist die resultierende Kraft, die die Wand belastet?

b) Wie groß ist der Winkel der Resultierenden zur Vertikalen?

c) Wie groß ist der Abstand der Resultierenden in der Bodenfuge von der Kante K?

2.5.2 Rechnerische Bestimmung der Resultierenden

Für mehrere Kräfte, deren Wirkungslinien sich in einem Punkt schneiden, kann die Resultierende auch rechnerisch bestimmt werden. Da diese Kräfte ein zentrales Kräftesystem bilden, ist es zweckmäßig, in den Schnittpunkt aller Kräfte den Mittelpunkt eines Achsenkreuzes zu legen.

Die Kraftvektoren können in ihre waagerechten Komponenten F_y und in ihre senkrechten Komponenten F_z zerlegt werden (Bild **2.40**). Falls die Vorzeichen eine Rolle spielen, gilt im allgemeinen folgende Vorzeichenregel:

Positiv sind die nach links gerichteten Komponenten F_y
und die nach unten gerichteten Komponenten F_z.

Negativ sind die nach rechts gerichteten Komponenten F_y
und die nach oben gerichteten Komponenten F_z.

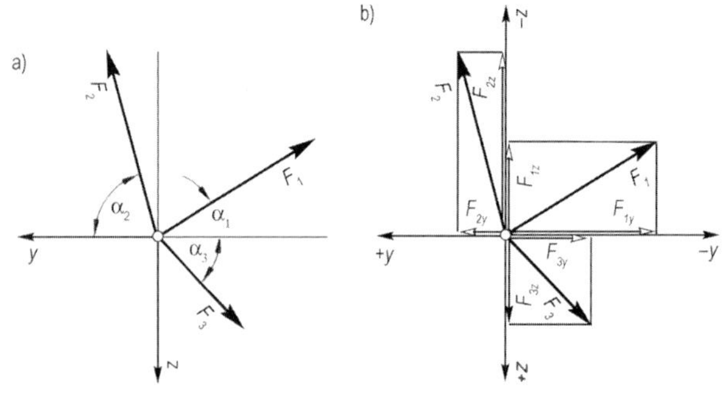

Bild **2.40**
Zentrales Kräftesystem
a) Kräfte im Koordinatensystem mit den zugehörigen Winkeln α
b) Kräfte im Koordinatensystem mit ihren Komponenten F_y und F_z

Der Winkel α zur Festlegung der Kraftrichtung ist jeweils der Winkel zur waagerechten Achse, zur y-Achse.

Mit den Winkelfunktionen können die Kraftkomponenten berechnet werden:

$$\leftarrow \boldsymbol{F_y = + F \cdot \cos \alpha} \qquad \downarrow \boldsymbol{F_z = + F \cdot \sin \alpha} \qquad \text{Gl. (2.18)(2.19)}$$

$$\rightarrow \boldsymbol{F_y = - F \cdot \cos \alpha} \qquad \uparrow \boldsymbol{F_z = - F \cdot \sin \alpha} \qquad \text{Gl. (2.20)(2.21)}$$

Aus der Summe der horizontalen bzw. senkrechten Kraftkomponenten erhält man die horizontale bzw. senkrechte Komponente der Resultierenden:

$$\boldsymbol{R_y = \Sigma F_{iy}} \qquad \boldsymbol{R_z = \Sigma F_{iz}} \qquad \text{Gl. (2.22)(2.23)}$$

oder

$$\boldsymbol{R_y = \Sigma F_i \cdot \cos \alpha_i} \qquad \boldsymbol{R_z = \Sigma F_i \sin \alpha_i} \qquad \text{Gl. (2.24)(2.25)}$$

Die Größe der Resultierenden errechnet sich aus ihren beiden Komponenten:

$$\boldsymbol{R = \sqrt{R_y^2 + R_z^2}} \qquad \text{Gl. (2.26)}$$

Die Richtung der Resultierenden bestimmt man mit der Tangens-Funktion:

$$\boldsymbol{\tan \alpha_R = \frac{R_z}{R_y}} \qquad \text{Gl. (2.27)}$$

Aus den Vorzeichen der beiden Komponenten R_y und R_z der Resultierenden kann man deren Richtungen und die Richtung der Resultierenden erkennen. Es ist damit die Resultierende eindeutig bestimmt. Bei Anwendung der Gleichung (2.27) ist darauf zu achten, ob R_y positiv oder negativ ist, da mit der Winkelfunktion allein die genaue Lage des Vektors nicht bestimmt werden kann.

Beispiel zur Erläuterung

Drei Kräfte greifen an einem Körper an (Bild **2.36**). In ihren gemeinsamen Schnittpunkt wird ein Achsenkreuz mit einer waagerechten y-Achse und einer senkrechten z-Achse gelegt (Bild **2.41**).

Die Resultierende wird berechnet.

Gegeben:	$\uparrow F_1 = 5{,}0$ kN	$\alpha_1 = 90°$	$\cos \alpha_1 = 0$	$\sin \alpha_1 = 1{,}000$
	$\nearrow F_2 = 10{,}0$ kN	$\alpha_2 = 30°$	$\cos \alpha_2 = 0{,}866$	$\sin \alpha_2 = 0{,}500$
	$\searrow F_3 = 8{,}0$ kN	$\alpha_3 = 45°$	$\cos \alpha_3 = 0{,}707$	$\sin \alpha_3 = 0{,}707$

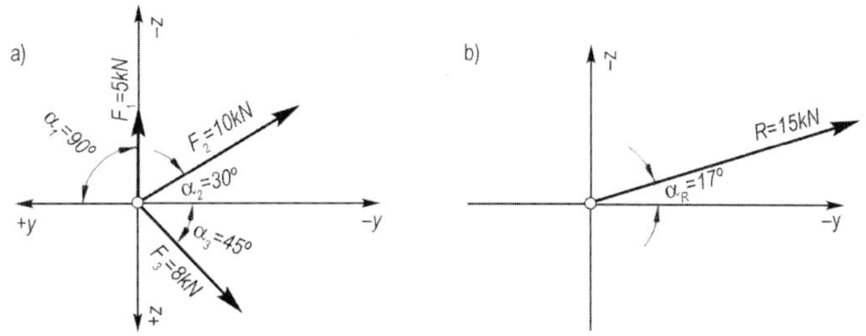

Bild **2.**41 Drei Kräfte im Koordinatensystem zur Bestimmung der Resultierenden
a) die Kräfte mit den zugehörigen Winkeln
b) die Resultierende mit ihrem Winkel

Waagerechte Komponenten:

$$F_{1y} = F_1 \cdot \cos \alpha_1 = -\ 5{,}0 \text{ kN} \cdot 0 = -\ 0{,}00 \text{ kN}$$

$$\rightarrow \quad F_{2y} = F_2 \cdot \cos \alpha_2 = -\ 10{,}0 \text{ kN} \cdot 0{,}866 = -\ 8{,}66 \text{ kN}$$

$$\rightarrow \quad F_{3y} = F_3 \cdot \cos \alpha_3 = -\ 8{,}0 \text{ kN} \cdot 0{,}707 = -\ 5{,}66 \text{ kN}$$

$$\rightarrow \Sigma F_{iy} = R_y = -\ 14{,}32 \text{ kN}$$

Senkrechte Komponenten:

$$\uparrow \quad F_{1z} = F_1 \cdot \sin \alpha_1 = -\ 5{,}0 \text{ kN} \cdot 1{,}000 = -\ 5{,}00 \text{ kN}$$

$$\uparrow \quad F_{2z} = F_2 \cdot \sin \alpha_2 = -\ 10{,}0 \text{ kN} \cdot 0{,}500 = -\ 5{,}00 \text{ kN}$$

$$\downarrow \quad F_{3z} = F_3 \cdot \sin \alpha_3 = 8{,}0 \text{ kN} \cdot 0{,}707 = +\ 5{,}66 \text{ kN}$$

$$\uparrow \Sigma F_{iz} = R_z = -\ 4{,}34 \text{ kN}$$

Resultierende:

$$\nearrow \ R = \sqrt{R_y^2 + R_z^2}$$

$$R = \sqrt{(-14{,}32 \text{ kN})^2 + (-4{,}34 \text{ kN})^2}$$

$$R = 14{,}96 \text{ kN} \approx 15 \text{ kN}$$

Winkel der Resultierenden:

$$\tan \alpha_R = \frac{R_z}{R_y}$$

$$\tan \alpha_R = \frac{-\ 4{,}34 \text{ kN}}{-\ 14{,}32 \text{ kN}} = 0{,}303$$

$$\alpha_R = 16{,}9° \approx 17°$$

Beispiel zur Erläuterung

Die Berechnung der Resultierenden kann auch tabellarisch erfolgen:

i	←┼↓	F_i kN	α_i	cos α_i	sin α_i	$F_{iy} = F_i \cdot \cos\alpha_i$ kN	$F_{iz} = F_i = \sin\alpha_i$ kN
1	↑	5,0	90°	0	1,000	0	– 5,00
2	↗	10,0	30°	0,866	0,500	– 8,66	– 5,00
3	↖	8,0	45°	0,707	0,707	– 5,66	+ 5,66
ΣF_i						↑ $R_y = -14{,}32$	→ $R_z = -4{,}34$
$(\Sigma F_i)^2$						$R_y{}^2 = 205{,}06$	$R_z^2 = 18{,}84$
$R_y^2 + R_z^2$						223,90	
$R = \sqrt{R_y^2 + R_z^2} =$						14,96 kN ≈ 15 kN ↗	
$\tan\alpha = R_z/R_y = 4{,}34/14{,}32 = 0{,}303$						$\alpha = 16{,}9° \approx 17°$	

2.5.3 Gleichgewicht im zentralen Kräftesystem

Die Kraft, die einer Kräftegruppe das Gleichgewicht hält, muss der Resultierenden auf derselben Wirkungslinie entgegenwirken und ebenso groß sein wie diese. Diese Gegenkraft, die auch Gleichgewichtskraft genannt wird, hebt die Wirkung der Resultierenden auf. Die Summe aller Kräfte ist dann Null und der Körper im Gleichgewicht. Hierfür gelten die folgenden Gleichgewichtsbedingungen:

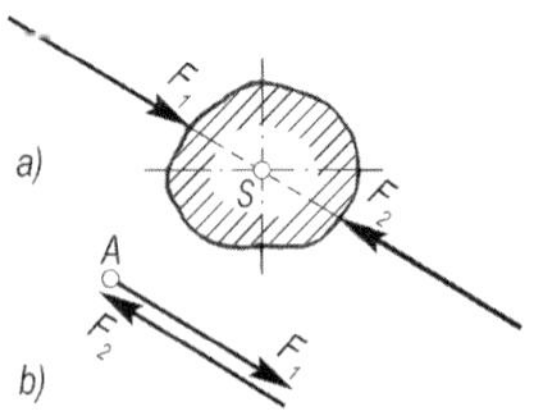

Bild **2.42** Zwei Kräfte im Gleichgewicht a) Lageplan b) Kräfteplan

Zwei Kräfte stehen im Gleichgewicht, wenn sie gleichgroß und auf gleicher Wirkungslinie entgegengesetzt gerichtet sind (Bild **2.**42).

Zeichnet man für die beiden Kräfte einen Kräfteplan, wird man erkennen, dass man mit dem Kraftpfeil der zweiten Kraft zum Anfangspunkt des ersten Kraftpfeils zurückkehrt. Anfangspunkt und Endpunkt des Kräfteplanes fallen zusammen. Der Kräfteplan ist geschlossen. Es ist Gleichgewicht vorhanden.

Zusammenfassung

Drei oder mehr Kräfte stehen im Gleichgewicht, wenn sich ihre Wirkungslinien in einem Punkt schneiden und der Kräfteplan geschlossen ist. Der Umfahrungssinn muss stetig sein (Bild **2.**43).

Wenn an einem Körper beispielsweise zwei Kräfte F_1 und F_2 auf verschiedenen Wirkungslinien angreifen, so können diese zunächst durch eine resultierende Kraft R ersetzt werden (Bild **2.**44). Dieser Resultierenden wird auf der gleichen Wirkungslinie die Gleichgewichtskraft F_3 entgegengesetzt. Der Kräfteplan ist bei stetigem Umfahrungssinn geschlossen (Einbahnverkehr). Die Kraft F_3 wird vom Kräfteplan parallel in den Lageplan übertragen, wobei ihre Wirkungslinie durch den Schnittpunkt der beiden anderen geht.

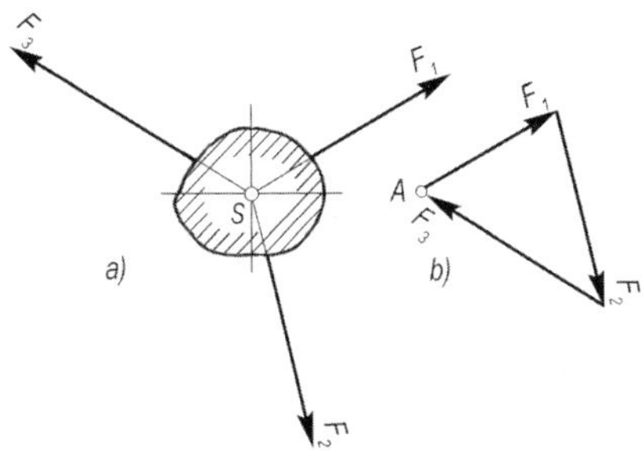

Bild **2**.43 Drei Kräfte im Gleichgewicht
a) Lageplan
b) Kräfteplan

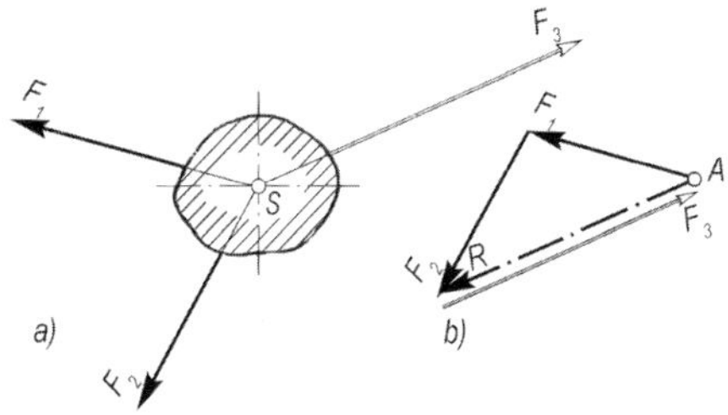

Bild **2**.44 Zwei Kräfte werden durch eine dritte Kraft ins Gleichgewicht gebracht
a) Lageplan
b) Kräfteplan

Mehrere Kräfte stehen im Gleichgewicht, wenn sich ihre horizontalen und vertikalen Komponenten gegenseitig aufheben (Bild **2**.45).

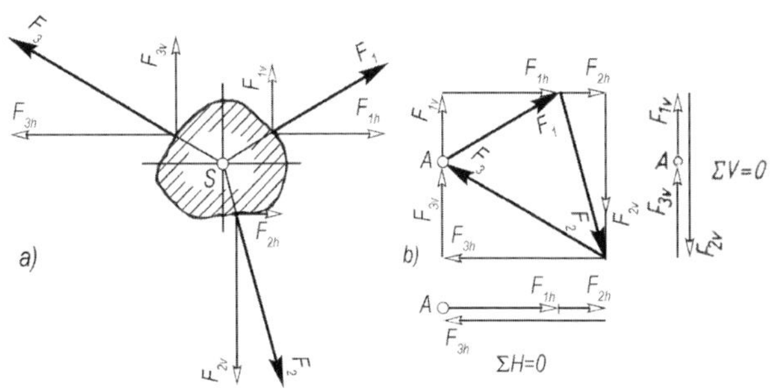

Bild **2**.45
Drei Kräfte im Gleichgewicht
a) Lageplan mit den vertikalen und horizontalen Komponenten der Kräfte
b) Kräfteplan; auch die Komponenten der Kräfte heben sich gegenseitig auf. Ihre Summe ist Null

Zusammenfassung

Die Summe aller vertikal gerichteten (lotrechten) Kräfte muss gleich Null sein.

$$\sum F_{iv} = \sum V_i = 0 \quad \text{mit} \quad i = 1, 2, 3, \ldots \qquad \text{Gl. (2.28)}$$

Die Summe aller horizontal gerichteten (waagerechten) Kräfte muss gleich Null sein.

$$\sum F_{ih} = \sum H_i = 0 \quad \text{mit} \quad i = 1, 2, 3, \ldots \qquad \text{Gl. (2.29)}$$

Beispiel zur Erläuterung

Der Sparren eines Daches bringt eine Kraft von $S = 17$ kN auf den waagerechten Zugbalken. Der Winkel beträgt 30° (Bild **2**.46). Wie groß sind Zugkraft Z im Zugbalken und Auflagerkraft A in der Schwelle?

Aus dem Krafteck (Bild **2**.46b) sind abzugreifen:

$$A = 8{,}5 \text{ kN}, \qquad Z = 14{,}7 \text{ kN}.$$

Anmerkung: Die Kraft S wird vom Sparren in der Versatzfläche übertragen und dort in den Zugbalken eingeleitet. Die Versatzfläche liegt außerhalb der Sparren-Mittelachse. Die dadurch entstehende zusätzliche Beanspruchung wird hier nicht berücksichtigt.

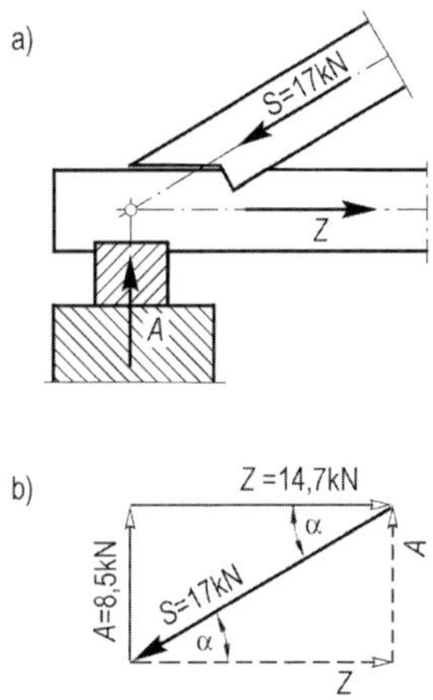

Bild **2**.46
Ein Sparren leitet Kräfte in den Zugbalken und in die Schwelle
a) Detail
b) Krafteck

Beispiele zur Übung

1. Ein Vordach aus Stahl über einer Laderampe wird durch einen Zugstab am Herunterklappen gehindert. Die an der Spitze angreifende Kraft beträgt $F = 2$ kN, die Neigung des Zugstabes ist 20° (Bild **2**.47).

a) Wie groß ist die Kraft Z, die der Zugstab aufzunehmen hat?

b) Wie groß ist die horizontale Druckkraft D?

2. Die Laufbühne aus Holz wird durch eine Druckstrebe abgestützt. Die Last $F = 4$ kN soll durch die Druckstrebe nach unten abgeleitet werden (Bild **2**.48).

a) Wie groß ist die Kraft D in der Druckstrebe?

b) Wie groß ist die horizontale Zugkraft Z?

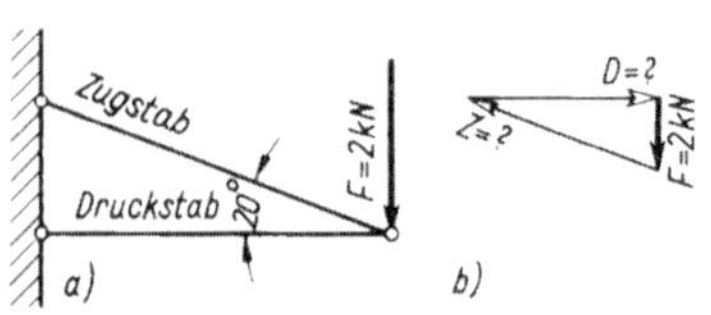

Bild **2**.47 Die Kräfte bei einem Vordach
a) Lageplan,
b) Kräfteplan (als Lösungshinweis)

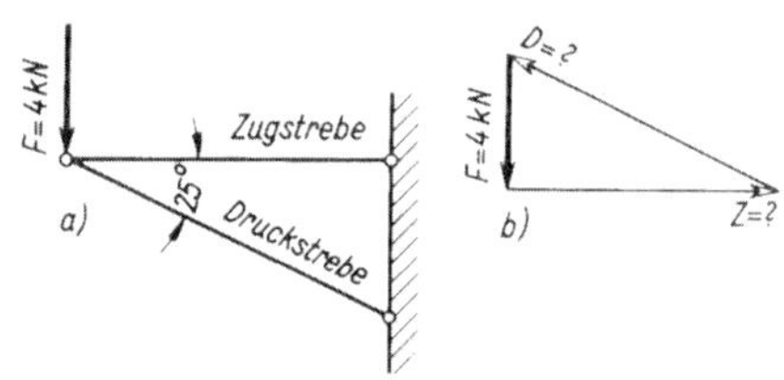

Bild **2**.48 Die Kräfte bei einer Laufbühne
a) Lageplan,
b) Kräfteplan zur Lösung

3. Ein Kran zieht eine Last an einem Verladebalken hoch. $F = 25$ kN. Der Winkel der Seile zur Waagerechten beträgt jeweils 15° (Bild **2**.49). Wie groß ist die Kraft in jedem Zugseil?

4. Der Schwenkarm an einem Aufzugsmast hat eine Last von 5 kN zu heben (Bild **2**.50).

a) Wie groß ist die Kraft Z im Zugstab? b) Wie groß ist die Kraft D im Druckstab?

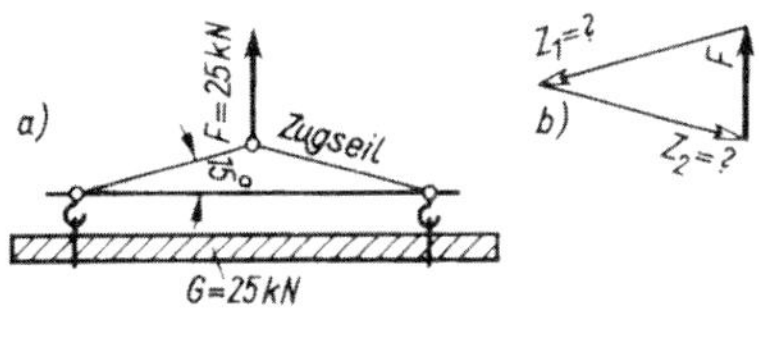

3

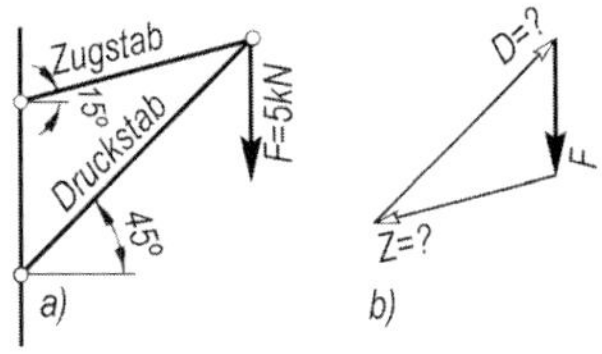

Bild **2.49** Die Kräfte in den Zugseilen eines Verladebalkens
a) Lageplan,
b) Kräfteplan

Bild **2.50** Die Kräfte an dem Schwenkarm eines Aufzugsmastes
a) Lageplan
b) Kräfteplan

5. Eine Hängewerkbrücke aus Holz erhält in der Mitte eine vertikale Belastung von $F = 70$ kN; Neigung der Streben 30° (Bild **2.51**).

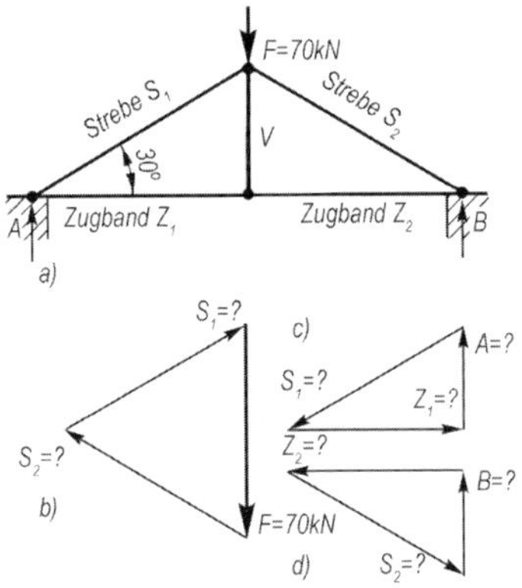

a) Wie groß sind die Druckkräfte in den Streben S_1 und S_2?

b) Wie groß sind die Kräfte in den Auflagern A und B?

c) Wie groß ist die Kraft in dem Zugband Z?

Hinweis:

Der Vertikalstab V erhält keine Kraft aus der Belastung F.

Bild **2.51**
Die Kräfte an einer Hängewerkbrücke
a) Lageplan
b) Kräfteplan für den oberen Knotenpunkt
c) Kräfteplan für den Auflagerpunkt *A*
d) Kräfteplan für den Auflagerpunkt *B*

2.6 Allgemeines ebenes Kräftesystem

Oft belasten mehrere in der Ebene liegende Kräfte einen Körper, deren Wirkungslinien sich nicht in einem Punkt schneiden. Solche Kräfte bilden ein allgemeines ebenes Kräftesystem.

Die Größe und die Richtung der Resultierenden ist im allgemeinen Kräftesystem auf die gleiche Weise zu finden wie beim zentralen Kräftesystem.

Die Bestimmung der Lage der Resultierenden erfordert jedoch besondere Maßnahmen. Hierbei gibt es zwei grundsätzlich zu unterscheidende Fälle:

1. Die Wirkungslinien der Kräfte können in mehreren Punkten auf der Zeichenebene zum Schnitt gebracht werden.
2. Die Wirkungslinien der Kräfte haben keinen Schnittpunkt auf der Zeichenebene oder sie verlaufen parallel.

Beim erstgenannten Fall kann die Ermittlung der Resultierenden zeichnerisch durchgeführt werden. Die Verfahren werden in Abschnitt 2.6.1 näher erklärt.

Für den zweiten Fall kommen das zeichnerische Verfahren oder die rechnerische Lösung in Frage. Die zeichnerische Lösung zeigt Abschnitt 2.6.2 mit dem Seileck-Verfahren; die rechnerische Lösung erläutert Abschnitt 2.6.7 mit dem Momentensatz.

2.6.1 Kräfte mit verschiedenen Schnittpunkten

Kräfte, die sich nicht in einem Punkt schneiden, können schrittweise zusammengesetzt werden, wenn sich die Schnittpunkte auf der Zeichenebene befinden. Hierzu dient das Verfahren von Culmann.

Beispiele zur Erläuterung

1. An einem Körper greifen 3 Kräfte an, die nicht gemeinsam zum Schnitt gebracht werden können (Bild **2**.52). Bestimmt man zunächst die Teilresultierende $R_{1,2}$ der Kräfte F_1 und F_2, kann man diese mit der Kraft F_3 zum Schnitt bringen. Durch diesen Schnittpunkt läuft die Wirkungslinie der Resultierenden R.

2. Auf einen Träger wirken 4 Kräfte (Bild **2**.53). Mit jeweils 2 Kräften wird ein Parallelogramm gebildet. Hierzu müssen die Kräfte je nach ihrer Lage auf ihren Wirkungslinien verschoben werden. Mit dem Parallelogramm wird die Resultierende dieser beiden Kräfte bestimmt. Der Schnittpunkt der beiden Teilresultierenden ergibt die Lage der Gesamt-Resultierenden. Das Parallelogramm der Kräfte bringt die Größe der Resultierenden R.

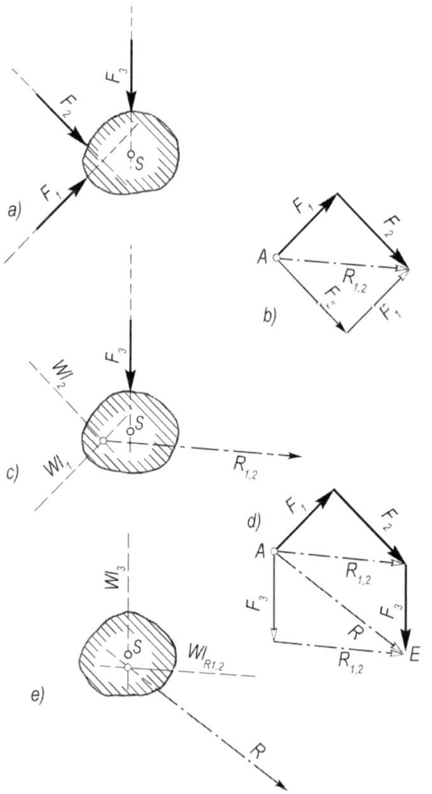

Bild **2**.52
Allgemeines ebenes Kräftesystem
a) Drei Kräfte an einem Körper ohne gemeinsamen Schnittpunkt
b) Kräfteplan mit Teilresultierender $R_{1,2}$
c) Die Wirkung der Kräfte F_1 und F_2 wird durch die Teilresultierende $R_{1,2}$ ersetzt
d) Kräfteplan mit Gesamt-Resultierender R
e) Die Wirkungslinie der Teilresultierenden $R_{1,2}$ wird mit der Wirkungslinie der Kraft F_3 zum Schnitt gebracht. Damit ist die Lage der Gesamt-Resultierenden R gegeben.

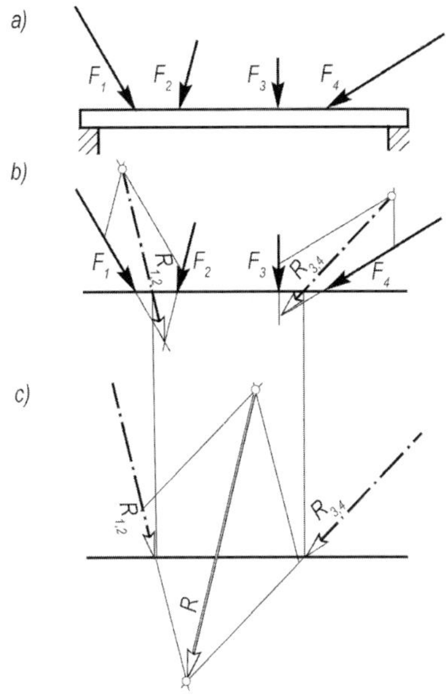

Bild **2.53**
Allgemeines ebenes Kräftesystem

a) Lageplan: Vier Kräfte wirken auf einen Träger

b) Kräfteplan: Die Kräfte werden paarweise durch ihre Teilresultierende ersetzt: F_1 und F_2 zu $R_{1,2}$ sowie F_3 und F_4 zu $R_{3,4}$. Hierfür werden die Kräfte auf ihrer Wirkungslinie bis zum Schnitt verschoben.

c) Kräfteplan: Die Teilresultierenden $R_{1,2}$ und $R_{3,4}$ werden mit dem Parallelogramm der Kräfte zur Gesamt-Resultierenden zusammengesetzt.

Beispiele zur Übung

1. An einem Träger wirken 3 Kräfte entsprechend Bild **2.**54. Die Resultierende ist in Größe, Richtung und Lage zu bestimmen; das bedeutet die Klärung folgender Fragen:

a) Wie groß ist die Resultierende?

b) Wie groß ist der Winkel α der Resultierenden zur Waagerechten?

c) Wie groß ist der Abstand x von der linken Auflagerkante?

2. An einer Stützmauer wirken außer der Eigenlast $G = 65$ kN eine Erddruckkraft von $E = 18$ kN und auf der anderen Seite eine Wasserdruckkraft $W = 3$ kN (Bild **2.**55).

a) Wie groß ist die Resultierende?

b) Wie groß ist der Winkel zwischen der Resultierenden und der Vertikalen?

c) Wie groß ist der Abstand c der Resultierenden in der Bodenfuge von der Kante K?

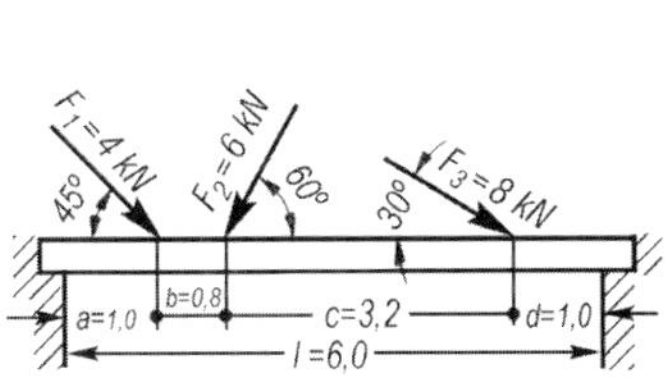

Bild **2.**54 Drei Kräfte an einem Träger

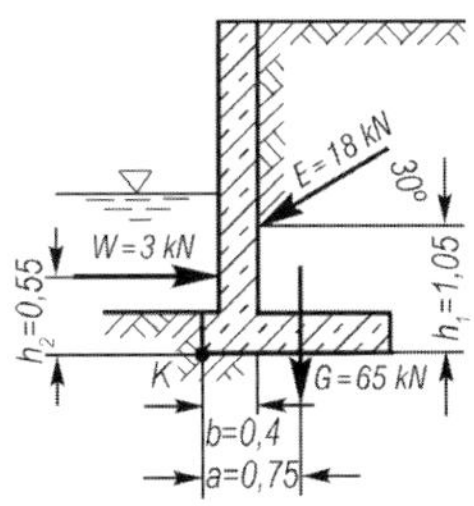

Bild **2.**55 Stützmauer mit Erddruck und Wasserdruck

3. Der massive Zwischenpfeiler einer Holzbrücke erhält eine Auflast von F_1 = 40 kN und hat eine Eigenlast von G = 300 kN. Aus den Streben erhält der Pfeiler schräg angreifende Lasten von F_2 = 15 kN und F_3 = 18 kN (Bild **2**.56).

a) Wie groß ist die Resultierende?

b) Welchen Winkel zur Vertikalen bildet die Resultierende?

c) Wo schneidet die Resultierende die Bodenfuge? (Maß c von der linken Kante der Fundamentsohle aus gemessen)

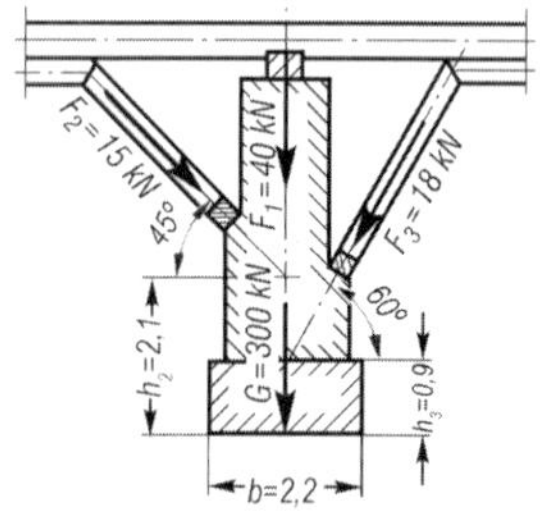

Bild **2**.56 Vier Kräfte an einem Brückenpfeiler

2.6.2 Kräftepaar

Ein Körper, auf den Kräfte wirken, darf sich nicht verschieben oder verdrehen: er muss im Gleichgewicht sein. Das bedeutet, dass der Resultierenden aller Kräfte eine gleichgroße Kraft entgegenwirken muss. Die Gegenkraft muss auf derselben Wirkungslinie angreifen (Bild **2**.57).

Würde man eine gleichgroße Kraft parallel zur Resultierenden anordnen, fände zwar keine Verschiebung, wohl aber eine Verdrehung des Körpers statt (Bild **2**.58).

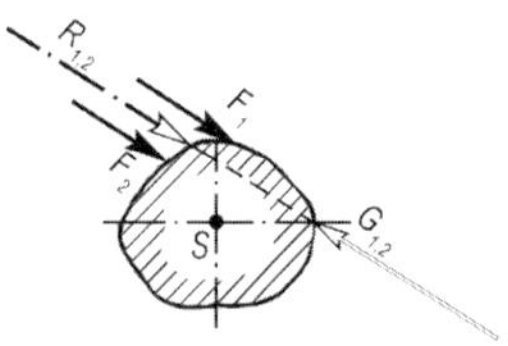

Bild **2**.57 Resultierende und Gegenkraft auf derselben Wirkungslinie

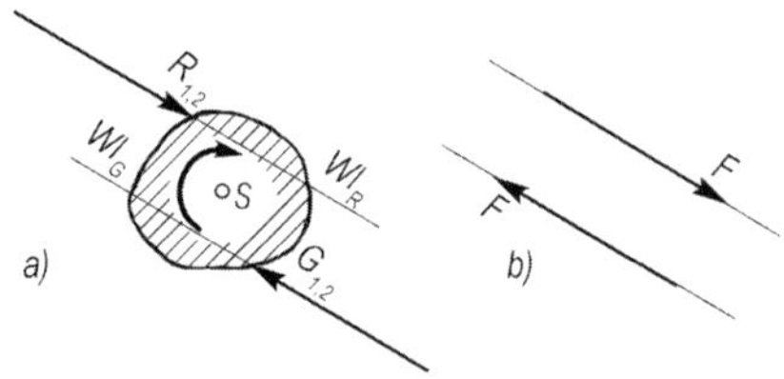

Bild **2**.58 a) Resultierende und Gegenkraft auf parallelen Wirkungslinien
b) zwei gleichgroße entgegengesetzt gerichtete Kräfte auf parallelen Wirkungslinien bilden ein Kräftepaar

Zwei gleichgroße Kräfte, die auf parallelen Wirkungslinien entgegengesetzt gerichtet sind, bilden ein Kräftepaar. Die algebraische Summe der beiden Kräfte ist gleich Null, und es erfolgt keine Verschiebung des Körpers. Der Körper befindet sich aber trotzdem nicht in Ruhe, da er gedreht wird. Ein Kräftepaar ist die Ursache der Drehung eines Körpers. Es besitzt ein Drehvermögen.

2.6.3 Moment

Das Drehvermögen eines Kräftepaares bezeichnet man als Drehmoment M. Ein Drehmoment ist abhängig von der Größe und von dem Abstand der Kräfte des Kräftepaares. Erhöht man die Kraft F, dann wird das Drehmoment größer. Verlängert man den Wirkabstand a, dann wird das Drehmoment ebenfalls größer.

Die Größe des Drehmomentes wird berechnet aus dem Produkt einer Kraft F und dem Wirkabstand a (Hebelarm) (Bild **2**.59). Dieser wird immer rechtwinklig zur Kraftrichtung gemessen.

Drehmoment M = Kraft F · Wirkabstand a

$$\boldsymbol{M = F \cdot a} \qquad \text{Gl. (2.30)}$$

F wird in der Regel in kN, a in m eingesetzt. Daraus ergibt sich das Moment in kN · m, also in kNm (Kilonewtonmeter).

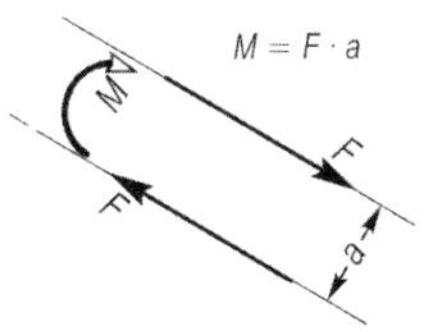

Bild **2.**59 Das Drehmoment eines Kräftepaares

Auch eine scheinbar einzelne Kraft besitzt ein Drehvermögen, bezogen auf einen Drehpunkt. Dieser Drehpunkt muss unverschieblich festgehalten sein. Dazu ist eine Gegenkraft gleicher Größe erforderlich. Man hat also auch hier ein Kräftepaar, selbst wenn die Gegenkraft nach außen nicht in Erscheinung tritt. Das Drehmoment einer Kraft bezeichnet man als statisches Moment.

Zusammenfassung

Unter einem statischen Moment auf einen Punkt versteht man das Produkt aus der Kraft und ihrem rechtwinkligen Wirkabstand vom Bezugspunkt.

Die rechtsdrehenden Momente (im Uhrzeigersinn) werden als positiv (+) bezeichnet (Bild **2.**60),die linksdrehenden Momente (entgegen dem Uhrzeigersinn) als negativ (–). Die folgenden Beispiele sollen zeigen, dass das Drehmoment eines Kräftepaares aus den Momenten der beiden Einzelkräfte berechnet werden kann.

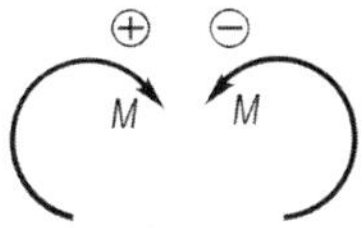

Bild **2.**60 Die Vorzeichen der Drehmomente: rechtsdrehend positive (im Uhrzeigersinn), linksdrehend negativ (entgegen dem Uhrzeigersinn)

Beispiele zur Erläuterung

1. Drehpunkt in der Mitte zwischen den Kräften (Bild **2.**61a)

$$M = F \cdot \frac{a}{2} + F \cdot \frac{a}{2} = F \cdot \left(\frac{a}{2} + \frac{a}{2}\right) \qquad M = F \cdot a$$

2. Drehpunkt beliebig zwischen den Kräften (Bild **2.**61b)

$$M = F \cdot a_1 + F \cdot a_2 = F \cdot (a_1 + a_2) \qquad M = F \cdot a$$

3. Drehpunkt auf der Wirkungslinie einer Kraft (Bild **2.**61c)

$$M = F \cdot a + F \cdot 0 \qquad M = F \cdot a$$

4. Drehpunkt oberhalb der beiden Kräfte (Bild **2.**61d)

$$M = F \cdot (a + b) - F \cdot b = F \cdot a + F \cdot b - F \cdot b \qquad M = F \cdot a$$

5. Drehpunkt unterhalb der beiden Kräfte (Bild **2.**61e)

$$M = F \cdot (a + c) - F \cdot c = F \cdot a + F \cdot c - F \cdot c \qquad M = F \cdot a$$

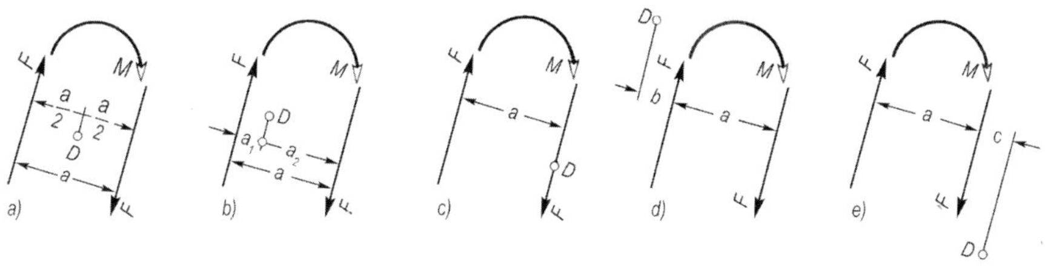

Bild **2.**61 a) ... e) Die Lage des Drehpunktes (Bezugspunkt) für das Drehmoment eines Kräftepaares

Folgerung

Ein Kräftepaar ergibt unabhängig von der Lage des Drehpunktes *D* stets das gleiche Drehmoment.

Beispiele zur Übung

1. Wie groß ist das Drehmoment eines Kräftepaares aus den Kräften F = 10 kN mit dem Wirkabstand a = 0,20 m (Bild **2.**62a)?

2. Die Größe des Drehmomentes eines Kräftepaares aus F = 20 kN mit dem Wirkabstand a = 0,10 m ist zu berechnen (Bild **2.**62b).

3. Ein Kräftepaar aus F = 4 kN und dem Wirkabstand a = 0,50 m ergibt ein Drehmoment welcher Größe (Bild **2.**62c)?

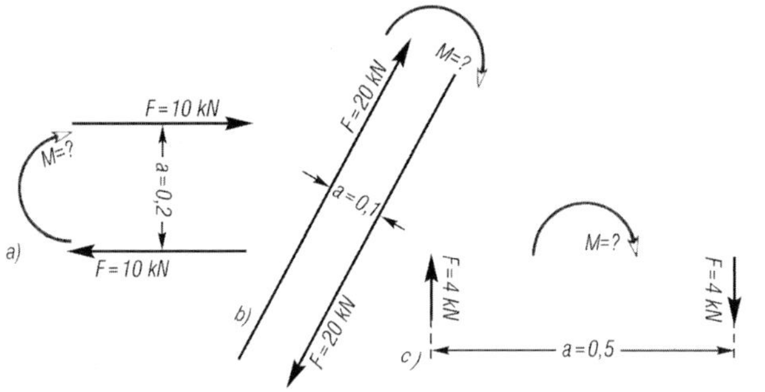

Bild **2.**62 a) … c) Drehmoment eines Kräftepaares

Der Vergleich der Beispiele 1 bis 3 zeigt:
Die Kräftepaare der drei Beispiele sind gleichwertig, da ihre Drehmomente gleich groß sind.

4. Wie groß ist das Drehmoment zweier gleichgroßer Kräfte F = 5 kN, die 0,25 m und 0,80 m von einem Drehpunkt entfernt entgegengesetzt in vertikaler Richtung wirken (Bild **2.**63a)?

5. Welches Drehmoment ergeben zwei Kräfte, die 12 kN groß sind und von einem Drehpunkt 0,30 m entfernt waagerecht entgegengesetzt wirken (Bild **2.**63b)?

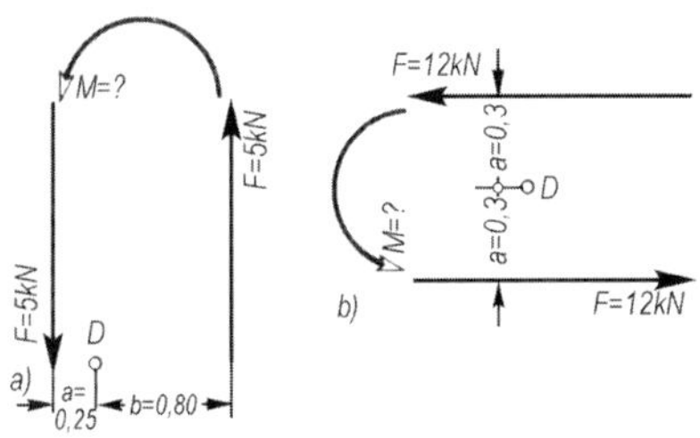

Bild **2.**63 a) und b) Drehmoment zweier Kräfte

2.6.4 Gleichgewicht im allgemeinen Kräftesystem

Die Verschiebung eines Körpers erfolgt durch angreifende Kräfte. Die Drehung eines Körpers geschieht durch ein Kräftepaar oder ein angreifendes Drehmoment. Wenn der Körper sich aber nicht bewegen darf, also in Ruhe bleiben soll, müssen den angreifenden Kräften und Drehmomenten gleichgroße Kräfte und Drehmomente entgegenwirken. Das bedeutet:

Die Summe aller vertikalen Kräfte muss gleich Null sein.

$$\Sigma V_i = 0 \qquad i = 1, 2, 3, \ldots \qquad \text{Gl. (2.31)}$$

Die Summe aller horizontalen Kräfte muss gleich Null sein.

$$\Sigma H_i = 0 \qquad \text{Gl. (2.32)}$$

Die Summe aller Momente der Kräfte für jeden Drehpunkt muss gleich Null sein.

$$\Sigma M_i = 0 \qquad \text{Gl. (2.33)}$$

Mit diesen 3 Gleichgewichtsbedingungen kann untersucht werden, ob die an einem Tragwerk angreifenden Kräfte im Gleichgewicht sind.

Für ein Tragwerk, das sich im Gleichgewicht befindet, können hiermit unbekannte Kräfte ermittelt werden.

Die beiden Gleichungen $\Sigma V_i = 0$ und $\Sigma H_i = 0$ kann man auch ersetzen durch zwei weitere Momentenbedingungen $\boldsymbol{\Sigma M_i = 0}$ um zwei andere Drehpunkte, die nicht auf einer Geraden liegen dürfen.

Die Gleichgewichtsbedingungen lauten dann:

Ein Körper ist im Gleichgewicht, wenn die Summe aller Momente um drei Drehpunkte gleich Null ist, wobei die Punkte nicht auf einer Geraden liegen.

$$\Sigma M_{(I)} = 0 \qquad \Sigma M_{(II)} = 0 \qquad \Sigma M_{(III)} = 0 \qquad \text{Gl. (2.34)}$$

2.6.5 Hebelgesetz

Die rechnerische Ermittlung unbekannter Kräfte soll zunächst am Hebel gezeigt werden. Der Hebel ist ein Körper, der um eine Achse drehbar ist. Außerhalb der Achse greifen Kräfte an. Diese Kräfte versuchen, eine Drehung um die Achse zu erzeugen (Bild **2**.64). Wenn sie keine Drehung bewirken, ist der Hebel im Gleichgewicht.

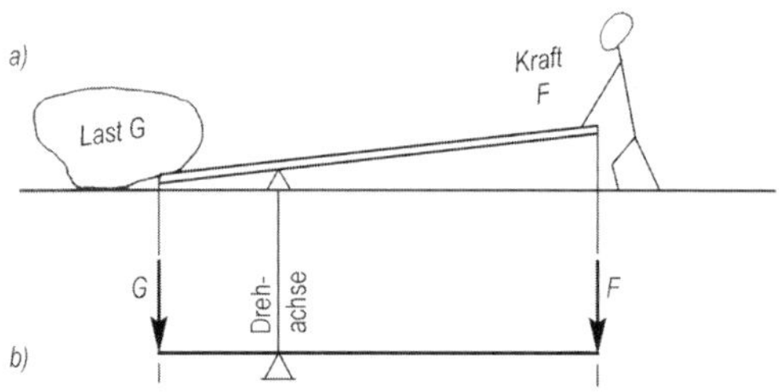

Bild **2**.64 Hebel zum Anheben einer schweren Last *G*
a) Darstellung der Situation
b) Schematische Darstellung

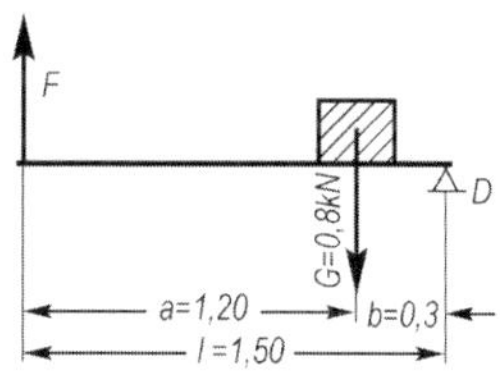

Bild **2**.65 Zwei Kräfte an einem einseitigen Hebel

Einseitiger Hebel

Greifen die Kräfte an einer Seite des Hebels an, so spricht man von einem einseitigen Hebel (Bild **2**.65).

Die Gleichgewichtsbedingung lautet:

Die Summe aller Momente um den Drehpunkt *D* muss gleich Null sein.

$$\Sigma M_{(D)} = 0 \qquad \text{Gl. (2.35)}$$

Daraus folgt: $F \cdot l - G \cdot b = 0$, wobei das rechtsdrehende Moment positiv, das linksdrehende Moment negativ eingesetzt wurde. Das rechtsdrehende Moment ist gleich dem linksdrehenden Moment:

$$F \cdot l = G \cdot b$$

Die Kraft, die das Gleichgewicht hält, ist dann

$$F = \frac{G \cdot b}{l} \qquad \text{Gl. (2.36)}$$

Beispiel zur Erläuterung

Durch einen einseitigen Hebel ist ein Körper mit einer Eigenlast von $G = 0{,}8$ kN in 0,3 m Abstand vom Drehpunkt D zu halten. Der Hebel hat eine Gesamtlänge von $l = 1{,}50$ m (Bild **2.**65). Wie groß muss die Kraft F am Ende des Hebels werden, wenn sie das Gleichgewicht halten soll?

$$\Sigma M_{(D)} = 0 \qquad F \cdot l - G \cdot b = 0$$

$$F = \frac{G \cdot b}{l} = \frac{0{,}8\text{ kN} \cdot 0{,}30\text{ m}}{1{,}50\text{ m}} = 0{,}16\text{ kN}$$

Zweiseitiger Hebel

Bei einem zweiseitigen Hebel greifen die Kräfte an verschiedenen Seiten des Drehpunktes an (Bild **2.**66). Bei Gleichgewicht muss auch hier die Summe aller Momente um den Drehpunkt D gleich Null sein.

$$\Sigma M_{(D)} = 0$$

Daraus folgt:

$$F \cdot b - G \cdot a = 0$$

Das rechtsdrehende Moment ist gleich dem linksdrehenden Moment:

$$F \cdot b = G \cdot a$$

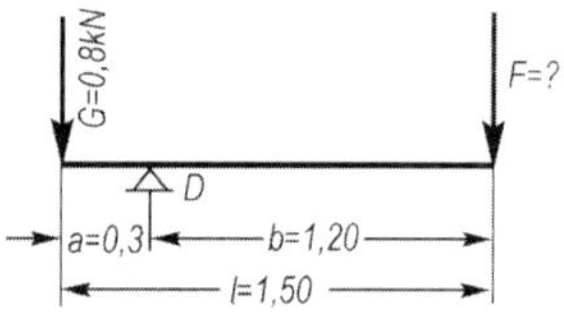

Bild **2.**66 Zwei Kräfte an einem zweiseitigen Hebel

Die erforderliche Kraft F ist dann

$$F = \frac{G \cdot a}{b}$$

Beispiel zur Erläuterung

An dem einen Ende eines 1,50 m langen zweiseitigen Hebels wirkt die Eigenlast $G = 0{,}8$ kN. Abstand vom Drehpunkt $a = 0{,}3$ m (Bild **2.**66). Wie groß muss die am anderen Ende wirkende Kraft F sein, um das Gleichgewicht zu halten?

$$\Sigma M_{(D)} = 0 \qquad F \cdot b - G \cdot a = 0 \qquad F \cdot b = G \cdot a$$

$$F = \frac{G \cdot a}{b} = \frac{0{,}8\text{ kN} \cdot 0{,}30\text{ m}}{1{,}20\text{ m}} = 0{,}2\text{ kN}$$

Winkelhebel

Wenn ein zweiseitiger Hebel am Drehpunkt winkelig geknickt ist, spricht man von einem Winkelhebel (Bild **2.**67).

Die Momentensumme aller Kräfte um den Drehpunkt D muss bei Gleichgewicht Null sein.

$$\Sigma M_{(D)} = 0$$

Daraus folgt wieder:

$$F_2 \cdot b - F_1 \cdot a = 0 \qquad F_2 \cdot b = F_1 \cdot a \qquad F_2 = \frac{F_1 \cdot a}{b}$$

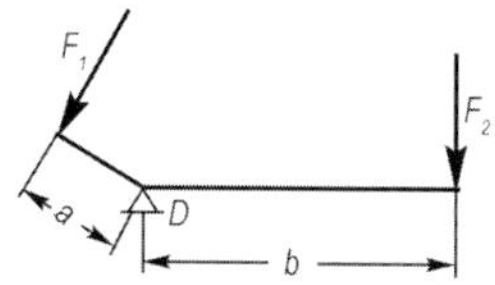

Bild **2.67** Winkelhebel

Beispiele zur Erläuterung

1. An seinem freien Ende hat ein Winkelhebel rechtwinklig zur Stabachse eine Kraft $F_1 = 0{,}8$ kN zu halten (Bild **2.**68a). Wie groß muss die Kraft F_2 am anderen Ende des Hebels werden, damit das Gleichgewicht erhalten bleibt?

$$\Sigma M_{(D)} = 0 \qquad F_2 \cdot b - F_1 \cdot a = 0 \qquad F_2 \cdot b = F_1 \cdot a$$

$$F_2 = \frac{F_1 \cdot a}{b} = \frac{0{,}8\ \text{kN} \cdot 0{,}30\ \text{m}}{1{,}20\ \text{m}} = 0{,}2\ \text{kN}$$

2. Die lotrecht an einem Winkelhebel wirkende Kraft F_1 wird durch die Kraft F_2 im Gleichgewicht gehalten (Bild **2.**68b). Welche Größe hat die Kraft F_2?

$$\Sigma M_{(D)} = 0 \qquad F_2 \cdot b - F_1 \cdot d = 0 \qquad F_2 \cdot b = F_1 \cdot d$$

$$F_2 = \frac{F_1 \cdot a}{b} = \frac{0{,}8\ \text{kN} \cdot 0{,}15\ \text{m}}{1{,}20\ \text{m}} = 0{,}1\ \text{kN}$$

3. Die waagerecht an einem Winkelhebel angreifende Kraft F_1 soll durch die Kraft F_2 im Gleichgewicht gehalten werden (Bild **2.**68c). Wie groß muss die Kraft F_2 sein?

$$\Sigma M_{(D)} = 0 \qquad F_2 \cdot b - F_1 \cdot c = 0 \qquad F_2 \cdot b = F_1 \cdot c$$

$$F_2 = \frac{F_1 \cdot c}{b} = \frac{0{,}8\ \text{kN} \cdot 0{,}26\ \text{m}}{1{,}20\ \text{m}} = 0{,}17\ \text{kN}$$

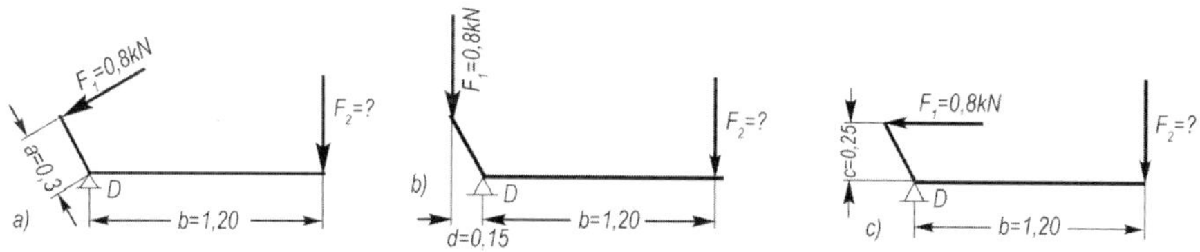

Bild **2.**68 a) ... c) Zwei Kräfte an einem Winkelhebel

2.6.6 Momentensatz

Die resultierende Kraft einer Kräftegruppe übt auf einen Körper als Ganzes die gleiche Wirkung aus wie die Kräftegruppe selbst. Wirken diese Kräfte mit einem zugehörigen Wirkabstand drehend auf einen Körper ein, so bilden sie Drehmomente.

Die Summe all dieser Drehmomente hat ebenfalls die gleiche Wirkung auf den Körper wie das Drehmoment der resultierenden Kraft, bezogen auf den gleichen Drehpunkt.

Greifen z.B. zwei Kräfte F_1 und F_2 bei einem auskragenden Träger an (Bild **2.**69), so ergeben die beiden Momente aus den Kräften $F_1 \cdot a_1$ und $F_2 \cdot a_2$ zusammen die gleiche Drehwirkung um den Punkt D wie das Moment aus der Resultierenden $R \cdot a_0$.

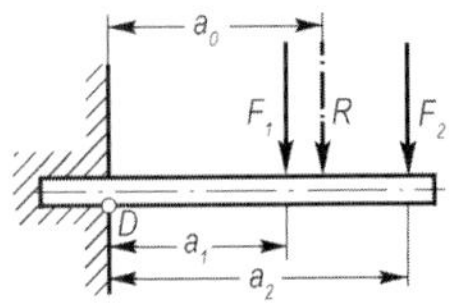

Bild **2.69** Die Drehwirkung der Resultierenden ist gleich der Drehwirkung der angreifenden Kräfte

Das bedeutet:

$$F_1 \cdot a_1 + F_2 \cdot a_2 = R \cdot a_0$$

Ganz allgemein ausgedrückt:

$$\boldsymbol{\Sigma F_\mathrm{i} \cdot a_\mathrm{i} = R \cdot a_0} \qquad i = 1, 2 \qquad \text{Gl. (2.37)}$$

Damit wird der Momentensatz aufgestellt:

Die Drehmomente aller Einzelkräfte zusammen sind gleich dem Drehmoment der Resultierenden um denselben Drehpunkt.

Dieser Momentensatz gilt für jeden beliebigen Drehpunkt. Er lässt sich auch anwenden zur Bestimmung der Lage der Resultierenden. Wenn der Abstand a_0 unbekannt ist, stellt man den Momentensatz $\Sigma F_\mathrm{i} \cdot a_\mathrm{i} = R \cdot a_0$ nach der unbekannten Größe a_0 um, und man erhält

$$\boldsymbol{a_0 = \frac{\Sigma F_\mathrm{i} \cdot a_\mathrm{i}}{R}} \qquad i = 1, 2, 3, \ldots \qquad \text{Gl. (2.38)}$$

Die Anwendung des Momentensatzes ist immer dann angebracht, wenn die Wirkabstände der Kräfte leicht ermittelt werden können.

Beispiel zur Erläuterung

Auf einer Decke steht ein Gabelstapler mit einem zulässigen Gesamtgewicht von 7 t. Die Achslasten betragen:

$F_1 = 65$ kN, $F_2 = 5$ kN. Der Achsabstand beträgt $b = 1{,}4$ m (Bild **2.**70).

Wie groß ist die Resultierende?

Wo liegt die Resultierende?

$$R = F_1 + F_2 = 65\ \text{kN} + 5\ \text{kN} = 70\ \text{kN}$$

$$a_0 = \frac{\Sigma F_\mathrm{i} \cdot a_\mathrm{i}}{R} = \frac{F_1 \cdot a_1 + F_2 \cdot a_2}{R}$$

$$a_0 = \frac{65\ \text{kN} \cdot 1{,}90\ \text{m} + 5\ \text{kN} \cdot 3{,}30\ \text{m}}{70\ \text{kN}}$$

$$= \frac{123{,}5\ \text{kNm} + 16{,}5\ \text{kNm}}{70\ \text{kN}}$$

$$a_0 = 2{,}00\ \text{m von der linken Kante}$$

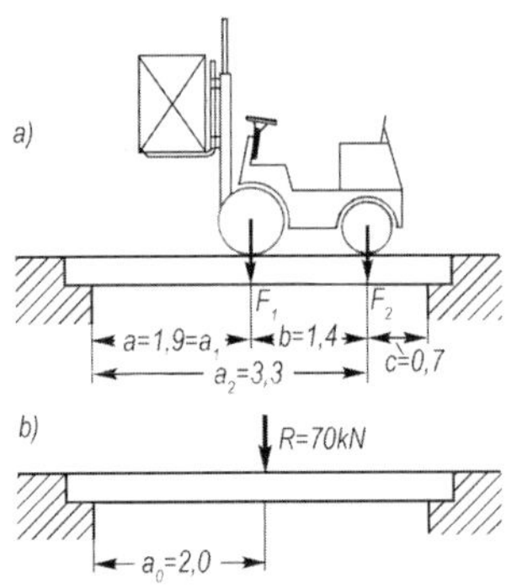

Bild **2.70** Ein Gabelstapler belastet eine Decke
a) Stellung des Gabelstaplers
b) Resultierende der beiden Achslasten

Beispiele zur Übung

1. Bei einem auskragenden Träger (Balkonträger o.ä.) greift im Abstand a_1 = 1,20 m eine Last F_1 = 1,0 kN an und im Abstand a_2 = 1,50 m eine Last F_2 = 1,2 kN (Bild **2.**71).

a) Wie groß ist die Resultierende?

b) Wo liegt die Resultierende, a_0 = ?

2. Ein Unterzug unter 4 Deckenträgern hat eine Belastung $F_1 = F_2 = F_3 = F_4$ = 8 kN aufzunehmen (Bild **2.**72).

a) Wie groß ist die Resultierende?

b) Wie groß ist der Abstand a_0 von der linken Auflagerkante?

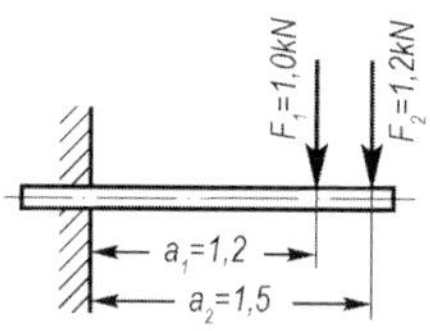

Bild **2.**71 Zwei Kräfte an einem auskragenden Träger

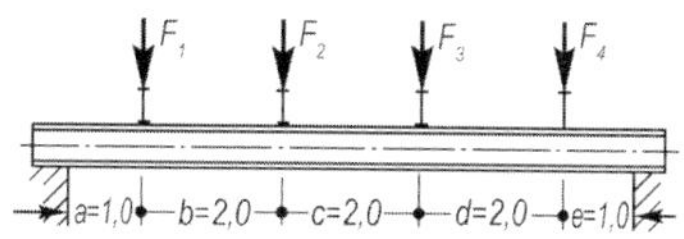

Bild **2.**72 Unterzug unter vier Deckenträgern

3. Ein Lastkraftwagen steht auf einer Brücke. Die Achslasten sind F_1 = 90 kN und $F_2 = F_3$ = 105 kN (Bild **2.**73).

a) Wie groß ist die Resultierende?

b) Wie groß ist der Abstand a_0 gemessen von der linken Brückenauflagerkante?

4. Auf einem Fundament stehen in gleichen Abständen 4 Stützen, die aber unterschiedliche Lasten zu tragen haben (Bild **2.**74).

a) Wie viel kN beträgt die Resultierende?

b) Wie weit wirkt sie von der linken Fundamentkante entfernt? a_0 = ?

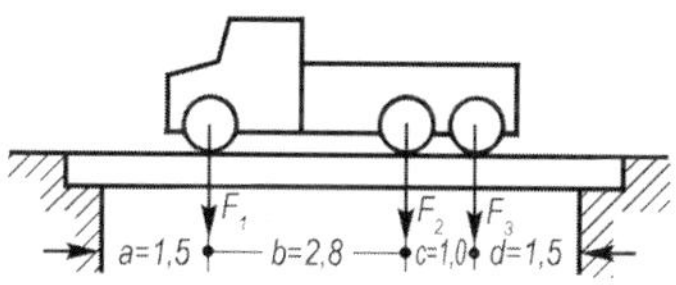

Bild **2.**73 Lastkraftwagen auf einer Brücke

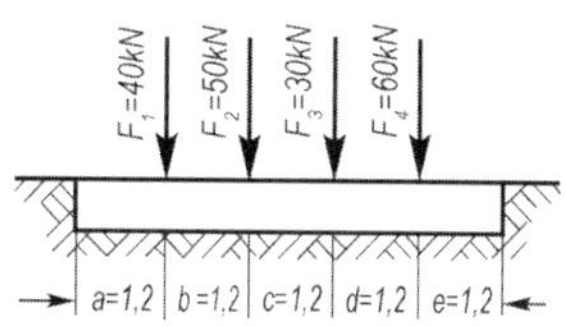

Bild **2.**74 Stützen auf einem Fundament

2.7 Zentrales räumliches Kräftesystem

Bauwerke sind räumliche Gebilde. An vielen Stellen der Bauwerke greifen Kräfte an. Die angreifenden Kräfte wirken räumlich. Die räumliche Darstellung kann meistens vereinfacht werden, indem die Kräfte in einzelnen Ebenen dargestellt werden. Oft wird daher das wirkende **räumliche Kräftesystem** auf **ebene Kräftesysteme** oder gar **lineare Kräftesysteme** zurückgeführt. Diese Arbeitsweise vereinfacht die statische Berechnung. Daher wurden in den vorstehenden Abschnitten diese einfacheren Kräftesysteme ausführlich erklärt.

Für diejenigen Fälle, bei denen eine räumliche Betrachtung der wirkenden Kräfte erforderlich ist, soll das räumliche Kräftesystem kurz dargestellt werden. Hierzu werden die Regeln für das ebene Kräftesystem um eine Dimension auf die dritte Dimension erweitert.

2.7.1 Räumliches Koordinatensystem

In der Technik werden verschiedene räumliche Koordinatensysteme angewendet. Für das Bauwesen und insbesondere die Baustatik ist das dreiachsige rechtwinklige Koordinatensystem zweckmäßig.

Bauwerke als Ganzes können einem globalen Koordinatensystem (X, Y, Z) zugeordnet werden. Einzelne Bauwerksteile werden einem lokalen Koordinatensystem aus x-, y- und z-Achse zugeordnet.
Das bisherige Koordinatenkreuz mit y- und z-Achse wird also um die x-Achse erweitert (Bild **2**.75).

Die positiven Achsen des Koordinatensystems sind in Bild **2**.75 dargestellt. Die entgegengesetzten Richtungen sind negativ. Daraus ergeben sich die Vorzeichen der Kräfte im Koordinatensystem.

Bei Koordinatensystemen für stabartige Tragwerke (z.B. Stützen, Träger) liegt die x-Achse in der Stabrichtung, die y- und die z-Achse liegen in der Querschnittsfläche. Die z-Achse zeigt in der Regel nach unten.

Kräfte, die im Raum wirken, werden als Kraftvektoren dargestellt. Dabei greift eine Kraft stets im Nullpunkt 0 des Koordinatensystems an.

Die Richtung der Kraft weist stets vom Nullpunkt weg (Bild **2**.76).

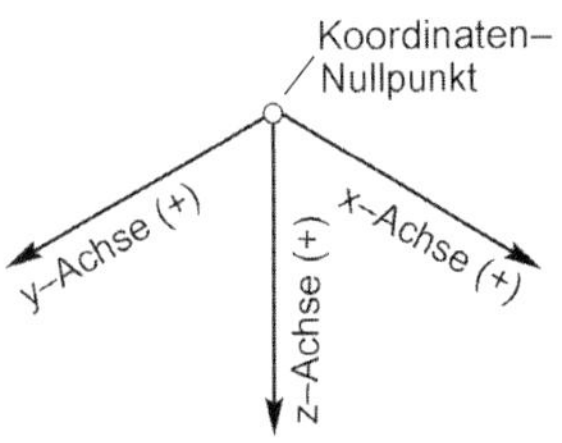

Bild **2**.75 Räumliches rechtwinkliges Koordinatensystem mit den positiven Achsen *x*, *y*, *z*

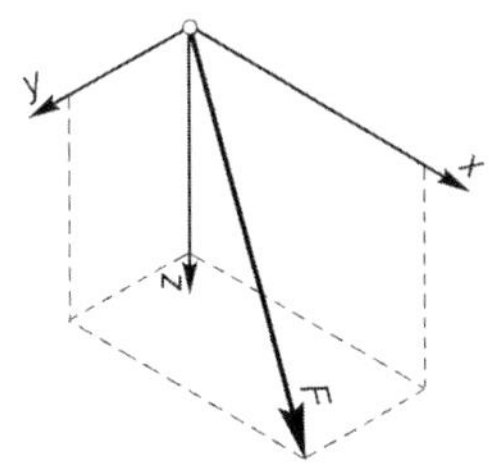

Bild **2**.76 Eine Kraft im Raum als Vektor und Raumdiagonale

2.7.2 Kräfte im Raum

Eine Kraft, die im Raum wirkt, kann in drei Komponenten zerlegt werden. Im Raum ist eine Zerlegung in drei Komponenten eindeutig möglich. Die Komponenten werden dazu auf die drei Achsen x, y und z bezogen. Eine Kraft F kann in ihrer Wirkung durch ihre drei Komponenten F_x, F_y und F_z ersetzt werden (Bild **2**.77).

Aus Bild **2**.77a) ist zu erkennen, dass die drei Komponenten F_x, F_y und F_z den Kanten eines Quaders entsprechen. Die Kraft F bildet die Raumdiagonale. Bild **2**.77b) zeigt, dass der Quader dem bisherigen Kräfteparallelogramm entspricht, das um eine Dimension erweitert wurde.

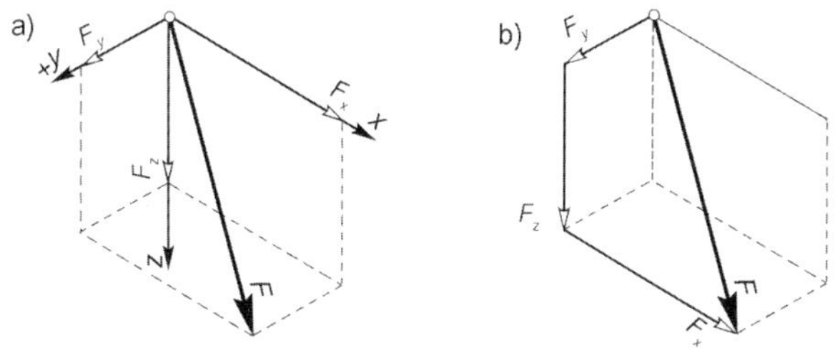

Bild **2.77**
Die Komponenten einer Kraft als Kanten des Quaders
a) Lageplan der Kraft mit ihren Komponenten
b) Kräfteplan für Kräfte im Raum

Die Größe einer Kraft F errechnet sich aus ihren drei Komponenten

$$F = \sqrt{F_x^2 + F_y^2 + F_z^2} \qquad \text{Gl. (2.39)}$$

Die Richtung einer Kraft F ist bestimmt durch die Winkel, die sie mit den Achsen bildet (Bild **2.**78).

$$\cos \alpha_x = \frac{F_x}{F} \qquad \cos \alpha_y = \frac{F_y}{F} \qquad \cos \alpha_z = \frac{F_z}{F} \qquad \text{Gl. (2.40)(2.41)(2.42)}$$

In gleicher Weise, wie eine im Raum wirkende Kraft in ihre drei Komponenten zerlegt wird, können Kräfte zu einer Resultierenden zusammengesetzt werden.

Mehrere Kräfte, die im Raum wirken, bilden ein räumliches Kräftesystem: eine Kräftegruppe. Bei einer solchen Kräftegruppe werden die einzelnen Kräfte in gleicher Weise in ihre Komponenten zerlegt. Umgekehrt lässt sich die Resultierende einer Kräftegruppe bestimmen. Hierfür werden zunächst aus der Summe der Kraftkomponenten für jede Achse die Teilresultierenden ermittelt.

Die Teilresultierenden für jede Achse sind

$$R_x = \Sigma F_{ix} \qquad R_y = \Sigma F_{iy} \qquad R_z = \Sigma F_{iz} \qquad \text{Gl. (2.43)(2.44)(2.45)}$$

Die Größe der Resultierenden einer Kräftegruppe wird berechnet mit:

$$R = \sqrt{R_x^2 + R_y^2 + R_z^2} \qquad \text{Gl. (2.46)}$$

Beispiele zur Erläuterung

1. **Drei Kräfte** im rechtwinklig räumlichen Koordinatensystem wirken in folgender Größe (Bild **2.**78):

$F_x = 7{,}0$ kN, $F_y = 8{,}5$ kN, $F_z = 5{,}0$ kN

Die Resultierende wird in ihrer Größe und mit ihren Winkeln bestimmt.

$$R = \sqrt{F_x^2 + F_y^2 + F_z^2}$$
$$= \sqrt{(7{,}0\text{ kN})^2 + (8{,}5\text{ kN})^2 + (5{,}0\text{ kN})^2}$$
$$= \sqrt{49{,}0\text{ kN}^2 + 72{,}25\text{ kN}^2 + 25{,}0\text{ kN}^2}$$
$$R = 12{,}1\text{ kN}$$

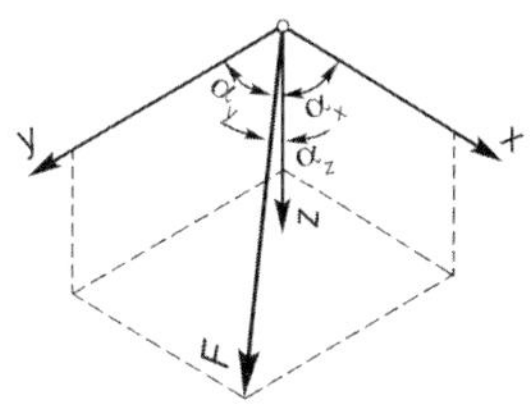

Bild **2.**78 Die Winkelbezeichnungen für eine Kraft im räumlichen Koordinatensystem

$$\cos \alpha_x = \frac{F_x}{R} = \frac{7{,}0\ \text{kN}}{12{,}1\ \text{kN}} = 0{,}579 \qquad \alpha_x = 54{,}6°$$

$$\cos \alpha_y = \frac{F_y}{R} = \frac{8{,}5\ \text{kN}}{12{,}1\ \text{kN}} = 0{,}703 \qquad \alpha_y = 45{,}3°$$

$$\cos \alpha_z = \frac{F_z}{R} = \frac{5{,}0\ \text{kN}}{12{,}1\ \text{kN}} = 0{,}413 \qquad \alpha_z = 65{,}6°$$

2. **An einem Punkt** wirken folgende Kräfte (Bild **2.**79a):

in x-Achse	$F_{1x} = +10$ kN	$F_{2x} = +\ 6$ kN
in y-Achse	$F_{1y} = +12$ kN	$F_{2y} = -\ 8$ kN
in z-Achse	$F_{1z} = +20$ kN	$F_{2z} = -12$ kN

Die Resultierende aller Kräfte ergibt sich aus folgender Rechnung:

$$R_x = \Sigma F_{ix} = +10\ \text{kN} + 6\ \text{kN} = +16\ \text{kN}$$

$$R_y = \Sigma F_{iy} = +12\ \text{kN} - 8\ \text{kN} = +\ 4\ \text{kN}$$

$$R_z = \Sigma F_{iz} = +20\ \text{kN} - 12\ \text{kN} = +8\ \text{kN}$$

$$R = \sqrt{R_x^2 + R_y^2 + R_z^2}$$

$$= \sqrt{(+16\text{kN})^2 + (+4\text{kN})^2 + (+8\text{kN})^2}$$

$$= \sqrt{+256\text{kN}^2 + 16\text{kN}^2 + 64\text{kN}^2}$$

$$R = 18{,}3\ \text{kN}$$

Die Winkel der Resultierenden:

$$\cos \alpha_x = \frac{R_x}{R} = \frac{16\text{kN}}{18{,}3\text{kN}} = 0{,}874 \qquad \alpha_x \approx 29°$$

$$\cos \alpha_y = \frac{R_y}{R} = \frac{4\text{kN}}{18{,}3\text{kN}} = 0{,}219 \qquad \alpha_y \approx 77°$$

$$\cos \alpha_z = \frac{R_z}{R} = \frac{8\text{kN}}{18{,}3\text{kN}} = 0{,}437 \qquad \alpha_z \approx 64°$$

Bild **2.**79b zeigt die Resultierende im Raum.

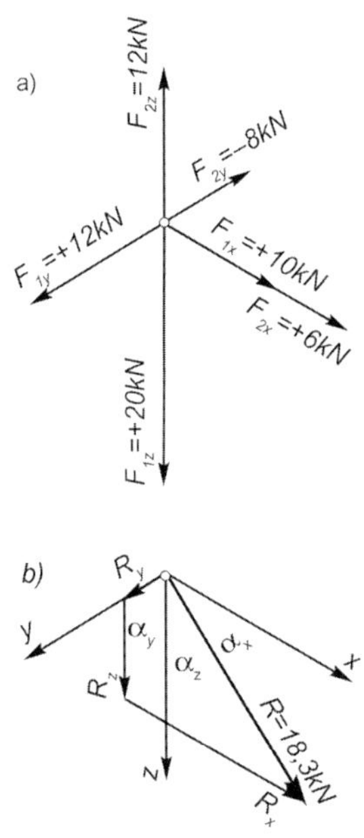

Bild **2.**79 Kräftegruppe im Raum
a) Räumliches Kräftesystem
b) Die Resultierende mit ihren Komponenten und Winkeln im Raum

3 Bestimmung von Schwerpunkten

In der Statik gibt es Aufgaben, für deren Lösung die Lage des Schwerpunkts von großer Bedeutung ist. Auf die Masse eines jeden Körpers wirkt die Schwerkraft der Erde. Infolge der Schwerkraft entstehen in jedem Masseteilchen eines Körpers nach unten gerichtete Massekräfte. Jeder Körper hat einen Punkt, in dem man sich all diese Massekräfte als seine gesamte Eigenlast vereinigt denken kann. Dieser Massemittelpunkt ist der Angriffspunkt der ganzen Schwerkraft eines Körpers. Es ist der Schwerpunkt.

Wird ein Körper in seinem Schwerpunkt unterstützt, so ist er in jeder Lage in Ruhe, er ist im Gleichgewicht. Die Resultierende der Eigenlast geht hier bei jeder Lage des Körpers durch den Schwerpunkt. Für den Schwerpunkt heben sich die Drehmomente aller Kräfte der Masseteilchen gegenseitig auf.

Die Lage des Schwerpunktes eines Körpers wird nur durch seine geometrische Form bestimmt, wenn der Körper ein gleichmäßig dichtes Gefüge besitzt.

Alle geraden Linien, die durch den Schwerpunkt gehen, sind Schwerlinien. Wenn man einen Körper an einem beliebigen Punkt (P_1 bis P_3) drehbar aufhängt, wird sich der Schwerpunkt durch die Erdanziehung soweit wie möglich nach unten bewegen. Der Schwerpunkt S befindet sich dann lotrecht unter dem Aufhängepunkt. Von beliebigen Aufhängepunkten ausgehende lotrechte Linien sind Schwerlinien (Bild **3**.1). Alle diese Linien schneiden sich im Schwerpunkt S.

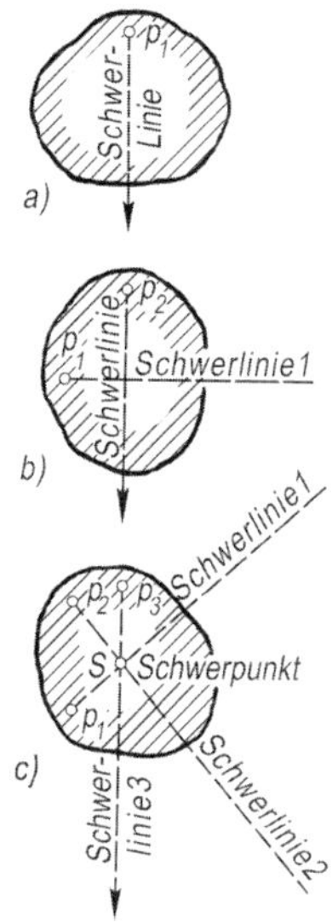

Bild **3**.1
Für einen Körper, der an verschiedenen beliebigen Stellen aufgehängt wird, z. B. an Punkt P_1, P_2 und P_3, ergeben sich zugehörige Schwerlinien, die sich in einem Punkt schneiden. Dies ist der Schwerpunkt S des Körpers.

Zusammenfassung

Jeder Körper hat einen Schwerpunkt, in dem man sich die Schwerkraft angreifend denken kann. Er fällt bei doppelt symmetrischen Körpern aus einheitlichem Material mit dem geometrischen Mittelpunkt zusammen. Er kann bei unregelmäßig geformten Körpern außerhalb des mit Materie gefüllten Körpers liegen.

Von diesen Feststellungen wird bei der Bestimmung des Schwerpunktes ausgegangen. Die Kenntnis der Lage des Schwerpunktes ist bei vielen Aufgaben der Statik notwendig.

3.1 Schwerpunkte von Körpern

Der Schwerpunkt eines symmetrischen Körpers liegt im Schnittpunkt der Symmetrieachsen (Spiegelachsen). Bei einem Quader oder einem Würfel ist der Schwerpunkt durch den Schnittpunkt der Raumdiagonalen gegeben (Bild **3**.2).

Der Schwerpunkt einer Kugel ist ihr Mittelpunkt.

Bei einem Prisma findet man den Schwerpunkt auf der Mitte der Verbindungslinien der Schwerpunkte von Grundfläche und Deckfläche (Bild **3**.3).

Bei einer Pyramide oder einem Kegel liegt der Schwerpunkt im Viertelspunkt der Verbindungslinie vom Schwerpunkt der Grundfläche zur Spitze (Bild **3**.4).

In der Praxis wird man oft nur die Schwerpunkte von prismatischen Körpern zu bestimmen haben. Träger und Balken sind solch prismatische Körper. Hierbei bestimmt man den Schwerpunkt der Querschnittsfläche. Die Querschnittsflächen eines prismatischen Körpers erhält man durch ebene Schnitte rechtwinklig zur Achse des Körpers.

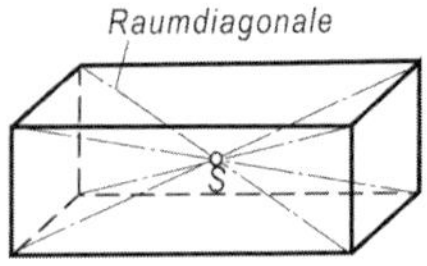

Bild **3**.2 Die Raumdiagonalen eines Quaders schneiden sich im Schwerpunkt

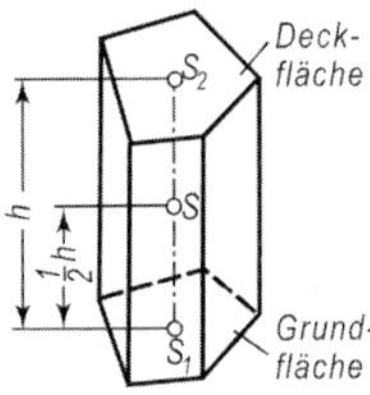

Bild **3**.3 Schwerpunkt eines Prismas

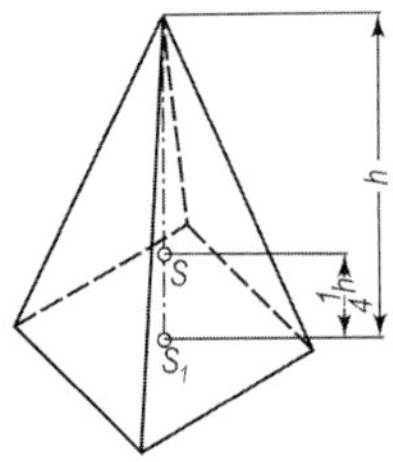

Bild **3**.4 Schwerpunkt einer Pyramide

Die Verbindungslinie der Schwerpunkte aller Querschnittsflächen ist die S c h w e r a c h s e eines Körpers, sie wird auch Stabachse genannt (Bild **3**.5). Der Schwerpunkt kann auch außerhalb einer Querschnittsfläche liegen. Damit liegt auch die Schwerachse außerhalb des Körpers (Bild **3**.6).

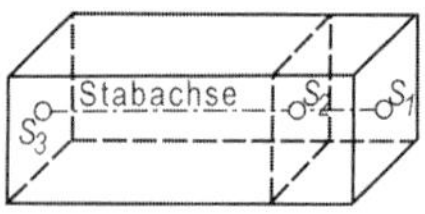

Bild **3**.5 Stabachse eines prismatischen Körpers

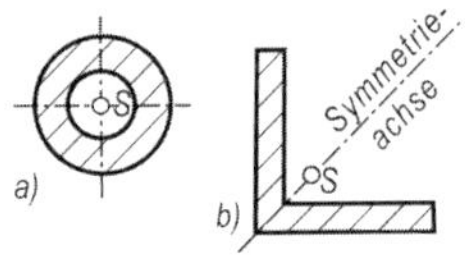

Bild **3**.6 Der Schwerpunkt kann außerhalb des Körpers liegen

3.2 Schwerpunkte von Flächen

Bei der Berechnung von Tragwerken wird angenommen, dass die einwirkenden Lasten durch den Schwerpunkt der Querschnittsfläche gehen. Durch diesen Schwerpunkt werden daher die Hauptachsen des Querschnitts gelegt. Diese Hauptachsen werden im Allgemeinen mit y und z bezeichnet und werden y-Achse und z-Achse genannt. Für die Festlegung der Hauptachsen muss die Lage des Schwerpunkts der Querschnittsfläche eines belasteten Bauteils bekannt sein.

Aus vorgenanntem Grund muss der Schwerpunkt von Querschnittsflächen zunächst bestimmt werden. Hierauf wird bei der Berechnung von Tragwerken ab Abschnitt 6.4 näher eingegangen (siehe auch „Baustatik 2, Bemessung und Sicherheitsnachweise“ ab Abschnitt 4).

Flächen haben keine räumliche Ausdehnung, also keine Masse und keine Eigenlast. Unter dem Schwerpunkt einer Fläche stellt man sich den Schwerpunkt eines sehr dünnen scheibenförmigen Körpers vor. Meist sind die untersuchten Flächen ja auch die Querschnittsflächen von Körpern.

Bei Flächen mit einer Symmetrieachse liegt der Schwerpunkt auf der Symmetrieachse (Bild **3**.7). Bei Flächen mit m e h r e r e n Symmetrieachsen liegt der Schwerpunkt im Schnittpunkt der Symmetrieachsen und ist damit bekannt (Bild **3**.8).

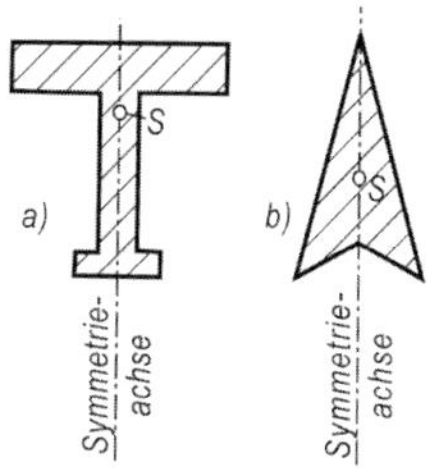

Bild 3.7 Der Schwerpunkt liegt auf der Symmetrieachse

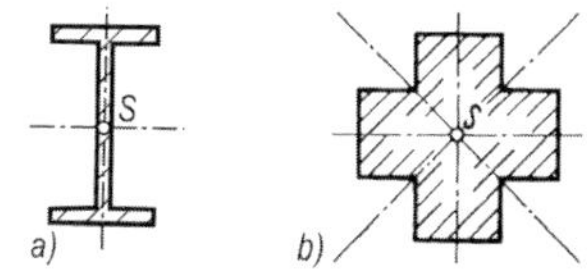

Bild 3.8 Der Schwerpunkt liegt im Schnittpunkt mehrerer Symmetrieachsen

3.2.1 Einfache Flächen

Parallelogramm (Bild 3.9). Der Schwerpunkt liegt im Schnittpunkt der Diagonalen. Das gleiche gilt für Rechteck- und Quadratflächen.

Schwerpunktabstand $z_0 = \frac{h}{2}$ Gl. (3.1)

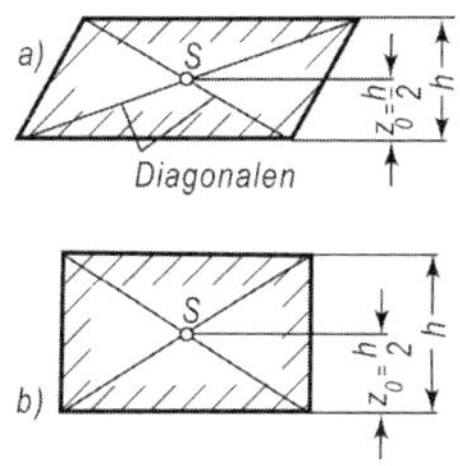

Bild 3.9
Schwerpunkt eines Parallelogramms

Dreieck (Bild 3.10). Der Schwerpunkt liegt im Schnittpunkt der Seitenhalbierenden. Die Längen der Seitenhalbierenden werden durch den Schwerpunkt zu ⅓ und ⅔ geteilt.

Schwerpunktabstand $z_0 = \frac{h}{3}$ Gl. (3.2)

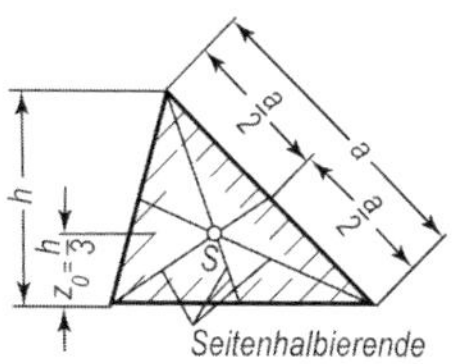

Bild 3.10
Schwerpunkt eines Dreiecks

Trapez (Bild 3.11). Der Schwerpunkt liegt auf der Verbindungslinie der Mittelpunkte der parallelen Seiten und auf der Verbindungslinie der verlängerten parallelen Seiten.

Schwerpunktabstand

$$z_0 = \frac{h}{3} \cdot \frac{a + 2 \cdot b}{a + b}$$ Gl. (3.3)

$$z_0' = \frac{h}{3} \cdot \frac{2 \cdot a + b}{a + b}$$

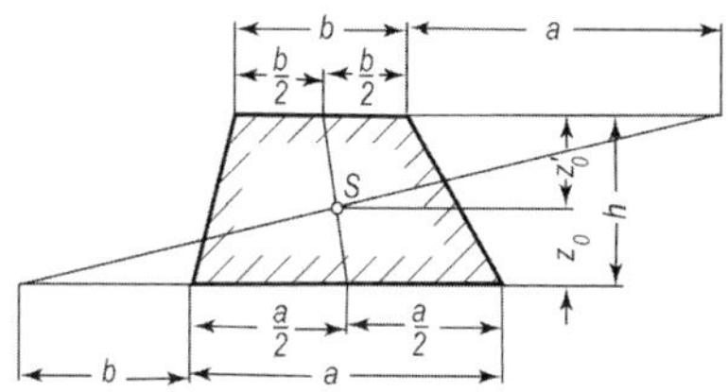

Bild 3.11
Schwerpunkt eines Trapezes

Regelmäßige Vielecke (Bild **3**.12). Der Schwerpunkt ist der Mittelpunkt des Umkreises.

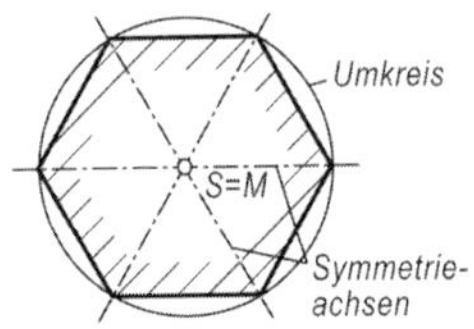

Bild **3**.12
Schwerpunkt eines regelmäßigen Vielecks

Kreis und Kreisring (Bild **3**.13). Der Schwerpunkt ist der Kreismittelpunkt.

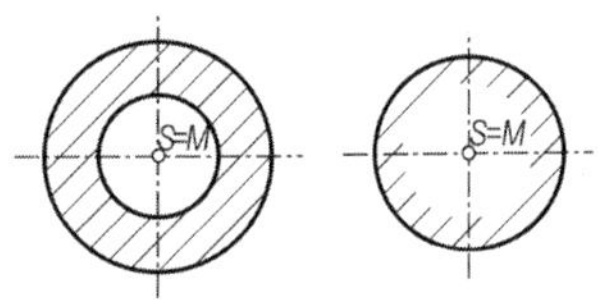

Bild **3**.13
Schwerpunkt von Kreis- und Kreisringflächen

Kreisausschnitt (Bild **3**.14). Der Schwerpunktabstand z_0 einer Kreisausschnittfläche vom Kreismittelpunkt M wird berechnet mit

$$z_0 = \frac{2}{3} \cdot \frac{r \cdot s}{b} \qquad \text{Gl. (3.4)}$$

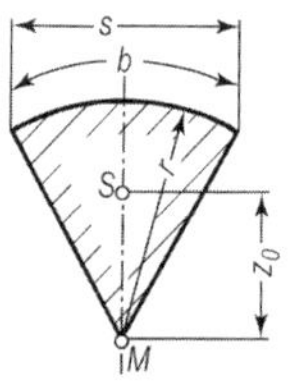

Bild **3**.14 Schwerpunkt eines Kreisausschnittes

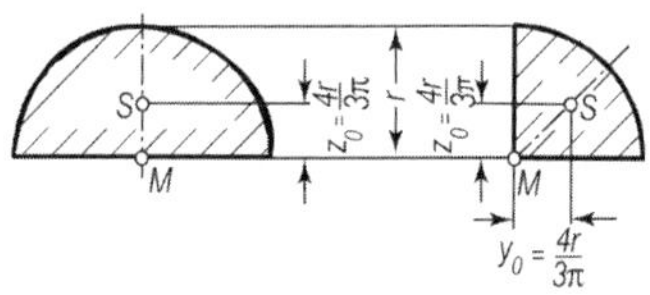

Bild **3**.15 Schwerpunkt eines Halb- und Viertelkreises

Für die Halbkreis- und Viertelkreisfläche (Bild **3**.15) ergibt sich daraus mit $s = 2 \cdot r$ und $b = r \cdot \pi$

$$z_0 = \frac{2}{3} \cdot \frac{r \cdot 2 \cdot r}{r \cdot \pi} \qquad z_0 = \frac{4}{3} \cdot \frac{r}{\pi} \quad \text{oder} \quad z_0 = 0{,}424 \cdot r \qquad \text{Gl. (3.5)}$$

Kreisabschnitt (Bild **3**.16). Der Schwerpunktabstand bei flachen Kreisabschnittflächen von der Sehne kann näherungsweise wie für einen Parabelabschnitt berechnet werden mit

$$z_0 \approx \frac{2}{5} \cdot h \qquad \text{Gl. (3.6)}$$

Profilflächen (Bild **3**.17). Die Maße für die Lage des Schwerpunktes bei genormten Profilen aus Stahl sind den Profiltafeln zu entnehmen und brauchen nicht mehr berechnet zu werden (s. DIN 1024, 1026, 1028, 1029 u.a.).

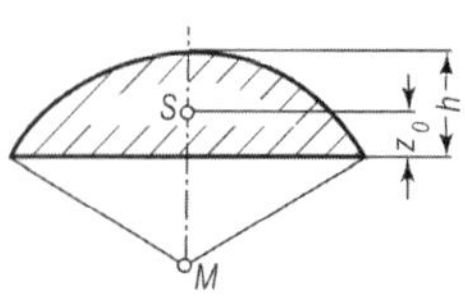

Bild **3**.16 Schwerpunkt eines Kreisabschnittes

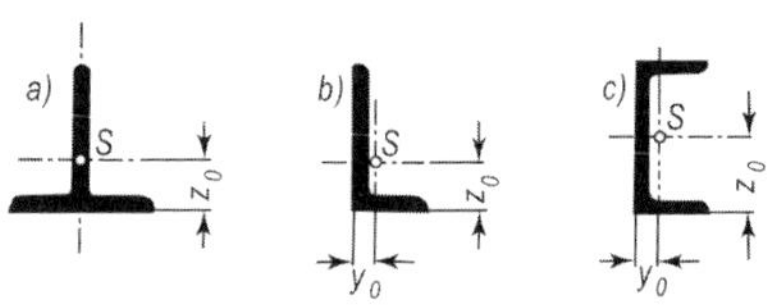

Bild **3**.17 Schwerpunkte von Querschnitten genormter Walzprofile

3.2.2 Zusammengesetzte Flächen

Zusammengesetzte Flächen aus mehreren Einzelflächen (Bild **3**.18). Sind diese Einzelflächen symmetrisch angeordnet, liegt der Schwerpunkt in der Symmetrieachse bzw. im Schnittpunkt der Symmetrieachsen (Bild **3**.19).

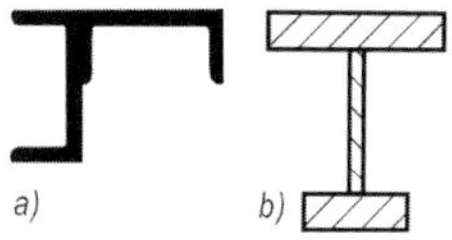

Bild **3**.18 Zusammengesetzte Flächen ((Bild a) mit parallelen Flanschen darstellen))

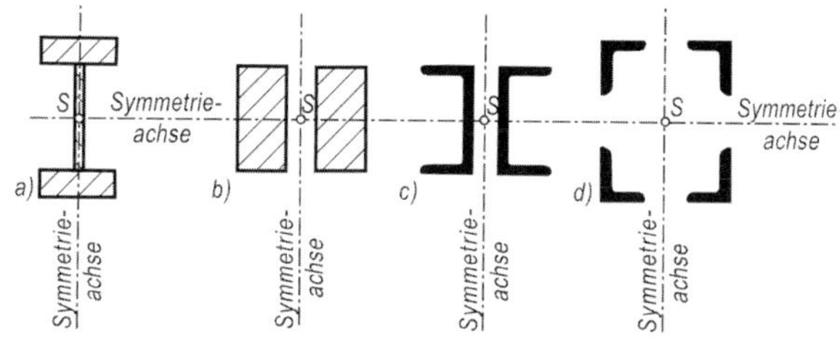

Bild **3**.19 Der Schwerpunkt liegt im Schnittpunkt der Symmetrieachsen ((Bild c) mit parallelen Flanschen darstellen))

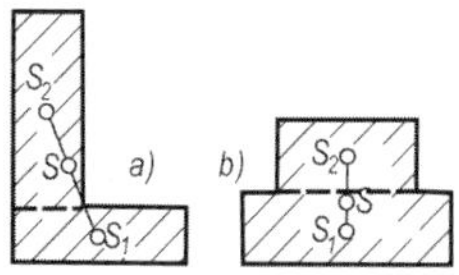

Bild **3**.20 Der Gesamtschwerpunkt liegt auf der Verbindungslinie zweier Teilschwerpunkte

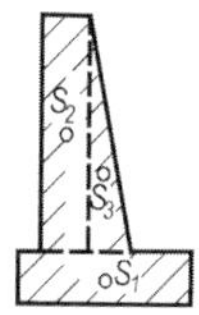

Bild **3**.21 Zerlegen in Teilflächen mit bekannten Schwerpunkten

Auch andere Flächen, deren Schwerpunkt durch Zerlegen in Teilflächen bestimmt werden kann, nennt man zusammengesetzte Flächen (Bild **3**.20). Bestehen solche Flächen aus zwei Teilflächen, so befindet sich der Gesamtschwerpunkt immer auf der Verbindungslinie der Einzelschwerpunkte.

Bei zusammengesetzten Flächen kann der Gesamtschwerpunkt berechnet werden, wenn die Einzelschwerpunkte der Teilflächen leicht zu bestimmen sind. Die Fläche wird dann in Teilflächen mit bekannten Schwerpunkten zerlegt (Bild **3**.21), z.B. in Rechtecke, Dreiecke usw.

Zur Berechnung der Lage des Schwerpunktes wird an die Fläche ein rechtwinkliges Achsenkreuz gelegt. Die beiden Bezugsachsen werden mit y und z bezeichnet. y-Achse und z-Achse können beliebig gewählt werden, die Anordnung sollte jedoch sinnvoll geschehen. Die z-Achse zeigt in der Regel nach oben bzw. unten und die y-Achse nach rechts bzw. links. Die Schwerpunktabstände der Teilflächen, bezogen auf die y-Achse und z-Achse, sind bekannt. Die „Schwerkräfte" der Teil flächen A_1, A_2, A_3, ... wirken in ihren Schwerpunkten S_1, S_2, S_3, ... Die „Schwerkraft" der Gesamtfläche A wirkt im Schwerpunkt S der Gesamtfläche. Jede Teilfläche ruft um einen Drehpunkt auf der y-Achse und z-Achse jeweils ein statisches Moment hervor.

Folgerung

Die Summe der statischen Momente aller Teilflächen ist ebenso groß wie das statische Moment der Gesamtfläche, bezogen auf die gleiche Achse (Bild 3.22).

Es kann also auch hier der Momentensatz aufgestellt werden, indem anstelle der Kräfte in die Gleichung die Teilflächen eingesetzt werden.

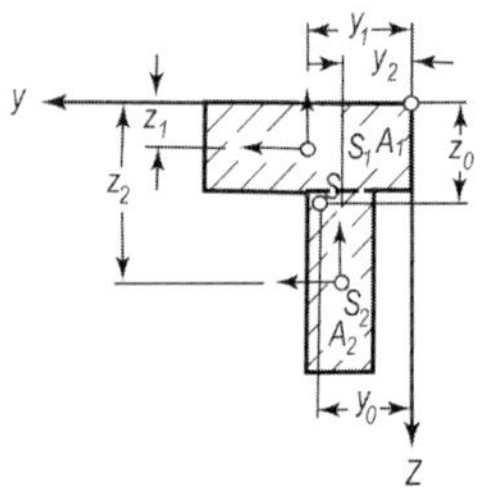

Bild **3**.22 Die statischen Momente der Teilflächen zur Berechnung der Schwerpunkte

Aus der Gleichung (2.37)

$$F_1 \cdot a_1 + F_2 \cdot a_2 + \cdots = R \cdot a_0$$

wird nun Gl. (3.7)

$$A_1 \cdot y_1 + A_2 \cdot y_2 + \cdots = A \cdot y_0$$

Die Summe aller Teilflächen A_1, A_2, A_3, ... ergibt die Gesamtfläche A.

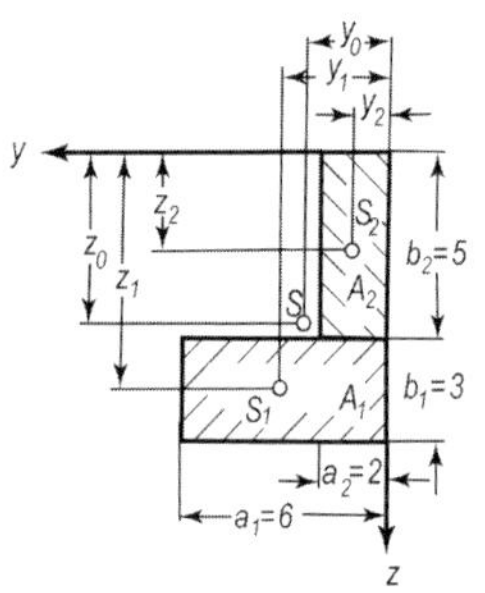

Bild **3**.23 Berechnung des Schwerpunktes

Damit kann ganz allgemein geschrieben werden

$$\begin{aligned} \sum A_i \cdot y_i &= A \cdot y_0 \\ \sum A_i \cdot z_i &= A \cdot z_0 \end{aligned}$$ Gl. (3.8)

Durch zweimaliges Anwenden des Momentensatzes erhält man also nach Umstellen der Gleichung die Abstände y_0 und z_0 des Schwerpunktes von den beiden Bezugsachsen

$$\boldsymbol{y_0 = \frac{\sum A_i \cdot y_i}{A}} \qquad \boldsymbol{z_0 = \frac{\sum A_i \cdot z_i}{A}}$$ Gl. (3.9)

Beispiele zur Erläuterung

1. Für die zusammengesetzte Fläche (Bild **3**.23) sind die Abstände des Gesamtschwerpunktes von den Achsen zu berechnen.

$$A_1 = a_1 \cdot b_1 = 6{,}0 \text{ cm} \cdot 3{,}0 \text{ cm} = 18{,}0 \text{ cm}^2 \quad y_1 = \frac{6{,}0 \text{cm}}{2} = 3{,}0 \text{cm} \quad z_1 = 5{,}0 \text{ cm} + \frac{3{,}0 \text{cm}}{2} = 6{,}5 \text{ cm}$$

$$A_2 = a_2 \cdot b_2 = 2{,}0 \text{ cm} \cdot 5{,}0 \text{ cm} = 10{,}0 \text{ cm}^2 \quad y_2 = \frac{2{,}0 \text{cm}}{2} = 1{,}0 \text{cm} \quad z_1 = \frac{5{,}0 \text{cm}}{2} = 2{,}5 \text{cm}$$

$$A = A_1 + A_2 \qquad = 28{,}0 \text{cm}^2$$

$$y_0 = \frac{\sum A_i \cdot y_i}{A} = \frac{A_1 \cdot y_1 + A_2 \cdot y_2}{A} = \frac{18{,}0\,\text{cm}^2 \cdot 3{,}0\,\text{cm} + 10{,}0\,\text{cm}^2 \cdot 1{,}0\,\text{cm}}{28{,}0\,\text{cm}^2}$$

$$= \frac{54{,}0\,\text{cm}^3 + 10{,}0\,\text{cm}^3}{28{,}0\,\text{cm}^2} = \frac{64{,}0\,\text{cm}^3}{28{,}0\,\text{cm}^2} = 2{,}28\,\text{cm}$$

Es kann zweckmäßig sein, die Berechnung der Schwerpunktabstände tabellarisch durchzuführen. Das ist übersichtlicher und leichter kontrollierbar.

i	a_i	b_i	A_1	y_i	z_i	$A_i \cdot y_i$	$A_i \cdot z_i$
	cm	cm	cm²	cm	cm	cm³	cm³
1	6,0	3,0	18,0	3,0	6,5	54,0	117,0
2	2,0	5,0	10,0	1,0	2,5	10,0	25,0
3	–	–	–	–	–	–	–
Σ			28,0			64,0	142,0

$$y_0 = \frac{64{,}0\,\text{cm}^3}{28{,}0\,\text{cm}^2} = 2{,}28\,\text{cm}$$

$$z_0 = \frac{142{,}0\,\text{cm}^3}{28{,}0\,\text{cm}^2} = 5{,}07\,\text{cm}$$

2. Für die Querschnittsfläche eines Mauerpfeilers (Bild **3.**24) ist die Lage des Schwerpunktes zu bestimmen.

Der Mauerpfeiler hat eine Symmetrieachse, auf der der Schwerpunkt liegt. Es ist noch der Abstand von der unteren Kante zu berechnen.

$$A_1 = 49\text{ cm} \cdot 24\text{ cm} = 1176\text{ cm}^2 \qquad z_1 = \frac{24\,\text{cm}}{2} = 12\,\text{cm}$$

$$A_2 = 24\text{ cm} \cdot 25\text{ cm} = 600\text{ cm}^2 \qquad z_2 = 24\text{ cm} + \frac{25\,\text{cm}}{2} = 36{,}5\text{ cm}$$

$$A = A_1 + A_2 = 1776\text{ cm}^2$$

$$z_0 = \frac{\sum A_i \cdot z_i}{A} = \frac{A_1 \cdot z_1 + A_2 \cdot z_2}{A} = \frac{1176\text{ cm}^2 \cdot 12\text{ cm} + 600\text{ cm}^2 \cdot 36{,}5\text{ cm}}{1776\text{ cm}^2}$$

$$= \frac{14112\text{ cm}^3 + 21900\text{ cm}^3}{1776\text{ cm}^2} = \frac{36012\text{ cm}^3}{1776\text{ cm}^2} = 20{,}3\text{ cm}$$

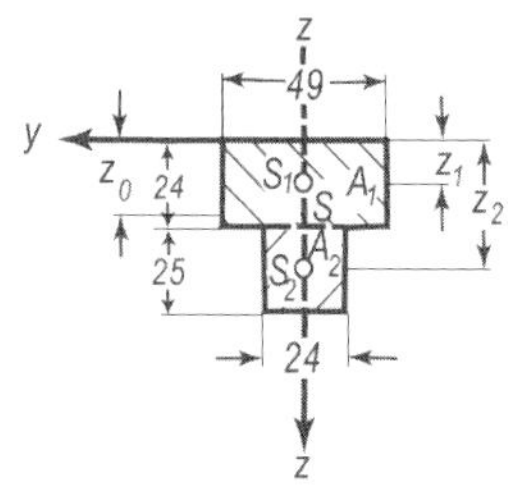

Bild **3.**24 Schwerpunkt eines Mauerpfeilers

3. Für den Querschnitt eines Holzbalkens (Bild **3.**25),der durch ein Zapfenloch geschwächt wird, ist die Schwerpunktlage zu berechnen.

Der Querschnitt hat eine Symmetrieachse, es ist daher nur eine Koordinate zu berechnen.

1. Möglichkeit (Bild **3.**25 oben): Der Querschnitt wird in 3 Teilflächen zerlegt. Die rechte und die linke Teilfläche sind gleichgroß und haben daher gleiche Abstände von der z-Achse. Sie können daher auch gleich bezeichnet werden.

$A_1 = 8 \text{ cm} \cdot 26 \text{ cm} = 208 \text{ cm}^2$ $z_1 = \dfrac{26 \text{cm}}{2} = 13{,}0 \text{ cm}$

$A_2 = 6 \text{ cm} \cdot 21 \text{ cm} = 126 \text{ cm}^2$ $z_2 = \dfrac{21 \text{cm}}{2} = 10{,}5 \text{ cm}$

$$z_0 = \frac{\sum A_i \cdot z_i}{A} = \frac{2A_1 \cdot z_1 + A_2 \cdot z_2}{A}$$

$$= \frac{2 \cdot 208 \text{ cm}^2 \cdot 13{,}0 \text{ cm} + 126 \text{ cm}^2 \cdot 10{,}5 \text{ cm}}{542 \text{ cm}^2}$$

$$= \frac{5408 \text{ cm}^3 + 1323 \text{ cm}^3}{542 \text{ cm}^3} = \frac{6731 \text{ cm}^3}{542 \text{ cm}^2} = 12{,}4 \text{ cm}$$

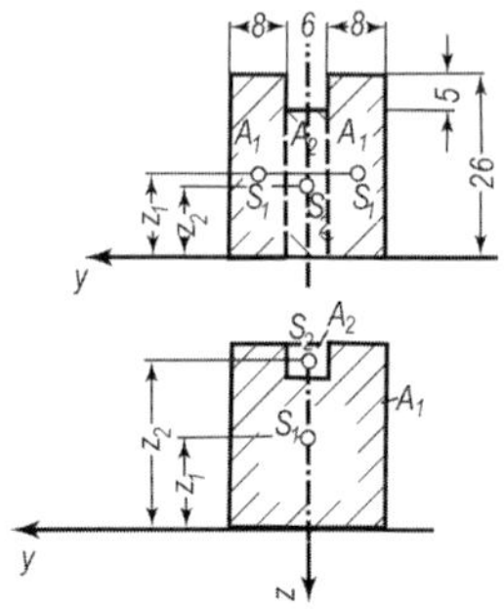

Bild 3.25 Schwerpunkt eines Holzbalkens mit Zapfenloch

2. Möglichkeit (Bild 3.25 unten): Der Querschnitt wird durch das Zapfenloch geschwächt. Man kann daher auch das Moment der nicht vorhandenen Fläche A_2 von dem Moment der Gesamtfläche a_1 abziehen.

$A_1 = 22 \text{ cm} \cdot 26 \text{ cm} = 572 \text{ cm}^2$ $z_1 = \dfrac{26 \text{cm}}{2} = 13{,}0 \text{cm}$

$A_2 = 6 \text{ cm} \cdot 5 \text{ cm} = 30 \text{ cm}^2$ $z_2 = 26 \text{ cm} - \dfrac{5 \text{cm}}{2} = 23{,}5 \text{ cm}$

$$z_0 = \frac{\sum A_i \cdot z_i}{A} = \frac{A_1 \cdot z_1 - A_2 \cdot z_2}{A} = \frac{572 \text{ cm}^2 \cdot 13{,}0 \text{ cm} - 30 \text{ cm}^2 \cdot 23{,}5 \text{ cm}}{542 \text{ cm}^2}$$

$$= \frac{7436 \text{ cm}^3 - 705 \text{ cm}^3}{542 \text{ cm}^2} = \frac{6731 \text{ cm}^3}{542 \text{ cm}^2} = 12{,}4 \text{ cm}$$

Die Lösungen beider Rechnungen stimmen überein.

4. **Ein Stahlträger** erhält zur Verstärkung eine obere Gurtplatte (Bild 3.26). Dadurch verschiebt sich der Schwerpunkt für den Gesamtquerschnitt nach oben. Wie groß sind die Abstände des Schwerpunktes zum oberen und unteren Rand? Die z-Achse ist die Symmetrieachse. Es braucht nicht der Abstand y_0 berechnet werden.

$A_1 = \text{(aus Profiltafel)} = 78{,}1 \text{ cm}^2$ $z_1 = \dfrac{20{,}0 \text{ cm}}{2} + 1{,}6 \text{ cm} = 11{,}6 \text{ cm}$

$A_2 = 22{,}0 \text{ cm} \cdot 1{,}6 \text{ cm} = 35{,}2 \text{ cm}^2$ $z_2 = \dfrac{1{,}6 \text{cm}}{2} = 0{,}8 \text{ cm}$

$A = A_1 + A_2 = 113{,}3 \text{ cm}^2$

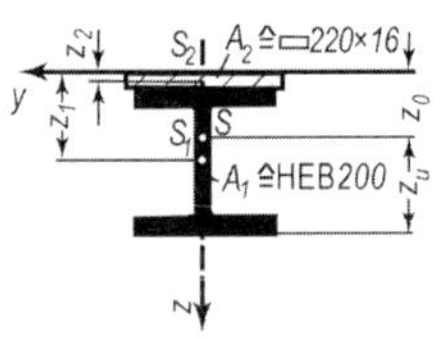

Bild 3.26 Stahlträger mit Gurtplatte als Verstärkung

$$z_0 = \frac{\sum A_i \cdot z_i}{A} = \frac{A_1 \cdot z_1 + A_2 \cdot z_2}{A} = \frac{78{,}1 \text{ cm}^2 \cdot 11{,}6 \text{ cm} + 35{,}2 \text{ cm}^2 \cdot 0{,}8 \text{ cm}}{113{,}3 \text{ cm}^2}$$

$$= \frac{906\,\text{cm}^2 + 28\,\text{cm}^3}{113{,}3\,\text{cm}^2} = \frac{934\,\text{cm}^3}{113{,}3\,\text{cm}^2} = 8{,}3\,\text{cm}$$

$$z_u = 20{,}0\text{ cm} + 1{,}6\text{ cm} - 8{,}3\text{ cm} = 13{,}3\text{ cm}$$

5. Eine Stütze wird aus U-Stahl UPE 300 und UPE 200 hergestellt (Bild **3**.27). Die Lage des Schwerpunktes für die Querschnittsfläche ist zu bestimmen. Die Werte für die Flächen A_1 und A_2 sowie die Abstände e sind Tabellen für Walzprofile zu entnehmen.

1. Möglichkeit: Die y-Achse und die z-Achse werden an die obere und die linke Außenkante gelegt (Bild **3**.27a).

$A_1 = 56{,}6\text{ cm}^2$ (aus Profiltabelle) $\qquad y_1 = h_2 + e_1 = 20{,}0\text{ cm} + 2{,}89\text{ cm} = 22{,}89\text{ cm} \qquad z_1 = \frac{30{,}0\text{ cm}}{2} = 15{,}0\text{ cm}$

$A_2 = 29{,}0\text{ cm}^2 \qquad y_2 = \frac{h_2}{2} = \frac{20{,}0\text{ cm}}{2} = 10{,}0\text{ cm} \qquad z_2 = e_2 = 2{,}56\text{ cm}$

$A\ = 85{,}6\text{ cm}^2$

$$y_0 = \frac{\sum A_i \cdot y_i}{A} = \frac{A_1 \cdot y_1 + A_2 \cdot y_2}{A} = \frac{56{,}6\text{ cm}^2 \cdot 22{,}89\text{ cm} + 29{,}0\text{ cm}^2 \cdot 10{,}0\text{ cm}}{85{,}6\text{ cm}^2}$$

$$= \frac{1296\text{ cm}^3 + 290\text{ cm}^3}{85{,}6\text{ cm}^2} = \frac{1586\text{ cm}^3}{85{,}6\text{ cm}^2} = 18{,}5\text{ cm}$$

$$z_0 = \frac{\sum A_i \cdot y_i}{A} = \frac{A_1 \cdot z_1 + A_2 \cdot z_2}{A} = \frac{56{,}6\text{ cm}^2 \cdot 15{,}0\text{ cm} + 29{,}0\text{ cm}^2 \cdot 2{,}56\text{ cm}}{85{,}6\text{ cm}^2}$$

$$= \frac{849\text{ cm}^3 + 74\text{ cm}^3}{85{,}6\text{ cm}^2} = \frac{923\text{ cm}^3}{85{,}6\text{ cm}^2} = 10{,}8\text{ cm}$$

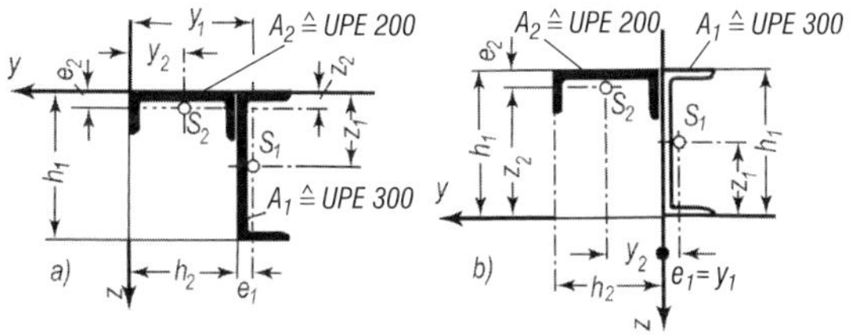

Bild **3**.27 Schwerpunkt von 2 zusammengesetzten U-Stählen

2. Möglichkeit: Die y-Achse wird an die untere Kante und die z-Achse zwischen die beiden U-Stähle gelegt (Bild **3**.27b). Es werden damit zwar andere Maße berechnet, aber die Lage des Schwerpunktes ist die gleiche. Bei der Berechnung des Abstandes y_0 ist zu beachten, dass die Teilflächen A_1 und A_2 auf verschiedenen Seiten der z-Achse liegen. Ihre Abstände von der Achse sind mit verschiedenen Vorzeichen (+ oder –) in die Rechnung einzusetzen.

$A_1 = 56{,}6\text{ cm}^2 \qquad y_1 = +\,e_1 = +\,2{,}89\text{ cm} \qquad z_1 = \frac{h_1}{2} = \frac{30{,}0\text{ cm}}{2} = 15{,}0\,\text{cm}$

$A_2 = 29{,}0\text{ cm}^2 \qquad y_2 = -\frac{h_2}{2} = -\,10{,}00\text{ cm} \qquad z_2 = h_1 - e_2 = 30{,}0\text{ cm} - 2{,}56\text{ cm} = 27{,}44\text{ cm}$

$A\ = 89{,}6\text{ cm}^2$

$$y_0 = \frac{\sum A_i \cdot y_i}{A} = \frac{A_1 \cdot y_1 + A_2 \cdot y_2}{A} = \frac{56{,}6\ \text{cm}^2 \cdot 2{,}89\ \text{cm} + 29{,}0\ \text{cm}^2 \cdot (-10{,}0\ \text{cm})}{85{,}6\ \text{cm}^2}$$

$$= \frac{164\ \text{cm}^3 - 290\ \text{cm}^3}{85{,}6\ \text{cm}^2} = -\frac{126\ \text{cm}^3}{85{,}6\ \text{cm}^2} = -1{,}5\ \text{cm}$$

$$z_0 = \frac{\sum A_i \cdot z_i}{A} = \frac{A_1 \cdot z_1 + A_2 \cdot z_2}{A} = \frac{56{,}6\ \text{cm}^2 \cdot 15{,}0\ \text{cm} + 29{,}0\ \text{cm}^2 \cdot 27{,}44\ \text{cm}}{85{,}6\ \text{cm}^2}$$

$$= \frac{849\ \text{cm}^3 + 796\ \text{cm}^3}{85{,}6\ \text{cm}^2} = \frac{1645\ \text{cm}^3}{85{,}6\ \text{cm}^2} = 19{,}2\ \text{cm}$$

6. Ein Stahlbetonbalken erhält eine Bewehrung aus Rundstählen in 2 Lagen (Bild **3**.28).Der Abstand des Schwerpunktes der Bewehrung von dem oberen Balkenrand ist zu berechnen.

$A_1 = 4 \cdot 2{,}01\ \text{cm}^2 = 8{,}04\ \text{cm}^2$ $\qquad z_1 = d - a_1 = 40\ \text{cm} - 3{,}0\ \text{cm} = 37{,}0\ \text{cm}$

$A_2 = 2 \cdot 1{,}13\ \text{cm}^2 = 2{,}26\ \text{cm}^2$ $\qquad z_2 = d - a_2 = 40\ \text{cm} - 6{,}5\ \text{cm} = 33{,}5\ \text{cm}$

$$z_0 = \frac{\sum A_i \cdot z_i}{A} = \frac{A_1 \cdot z_1 + A_2 \cdot z_2}{A} = \frac{8{,}04\ \text{cm}^2 \cdot 37{,}0\ \text{cm} + 2{,}26\ \text{cm}^2 \cdot 33{,}5\ \text{cm}}{10{,}3\ \text{cm}^2}$$

$$= \frac{297\ \text{cm}^3 + 76\ \text{cm}^3}{10{,}3\ \text{cm}^2} = 36{,}2\ \text{cm}$$

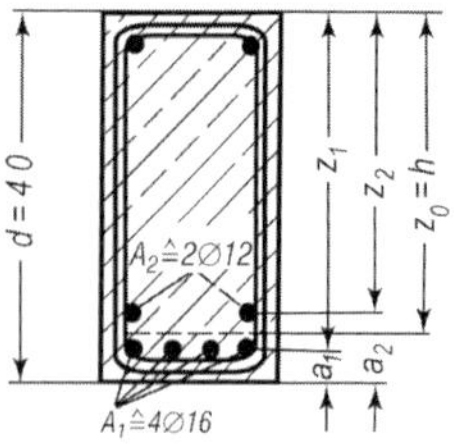

Bild **3**.28 Schwerpunkt der Bewehrung in einem Stahlbetonbalken

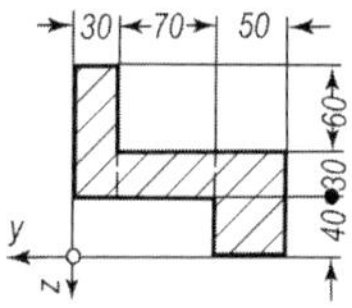

Bild **3**.29 Schwerpunkt einer 3-teiligen Fläche

Beispiele zur Übung

1. Für eine zusammengesetzte Fläche ist die Lage des Schwerpunktes zu berechnen (Bild **3**.29).

a) Wie groß ist der Abstand y_0 b) Wie groß ist der Abstand z_0?

2. Die Schwerpunktslage in einer T-förmigen Fläche ist zu bestimmen (Bild **3**.30).

a) Wie groß ist der Abstand z_0 von der oberen Kante?
b) Wie groß ist der Abstand z_u von der unteren Kante?

3. Für einen Holzbalken mit Zapfenloch (Bild **3**.31) ist die Lage des Schwerpunktes gesucht.

a) Wie groß ist der Abstand z_0 vom oberen Rand?
b) Wie groß ist der Abstand z_u vom unteren Rand?

4. Eine Stützmauer aus Beton soll statisch untersucht werden. Dazu ist die Lage des Schwerpunktes zu ermitteln (Bild **3**.32).

a) Wie weit ist der Schwerpunkt von der linken Kante entfernt? $y_0 = ?$
b) Wie weit ist der Schwerpunkt von der Bodenfuge entfernt? $z_0 = ?$

5. Auf einem Stahlträger IPE 300 liegt ein U-Stahl UPE 200 (Bild **3**.33). Der gemeinsame Schwerpunkt ist zu bestimmen.

a) Wie groß ist z_u? b) Wie groß ist z_0?

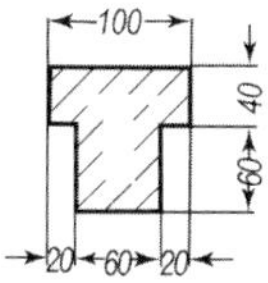

Bild **3**.30
Schwerpunkt einer T-förmigen Fläche

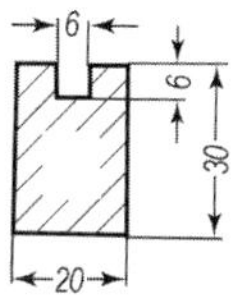

Bild **3**.31
Schwerpunkt eines geschwächten Holzbalkens

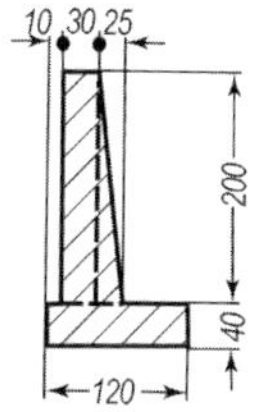

Bild **3**.32
Schwerpunkt einer Stützmauer

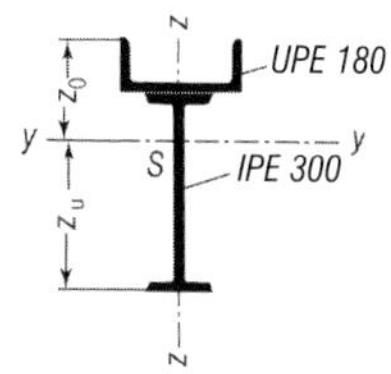

Bild **3**.33
Schwerpunkt eines zusammengesetzten Stahlträgers

6. Die Randpfette einer Lagerhalle wird aus einem U-Stahl UPE 200 mit einem L-Stahl 130 x 65 x 8 gebildet (Bild **3**.34).

a) Wie groß ist y_0 b) Wie groß ist z_0?

7. Von einem Stahlprofil HEB 200 wird der untere Flansch abgetrennt (Bild **3**.35). Dadurch verschiebt sich der Schwerpunkt.

Wie groß ist der Abstand von der oberen Flanschaußenkante? z_0?

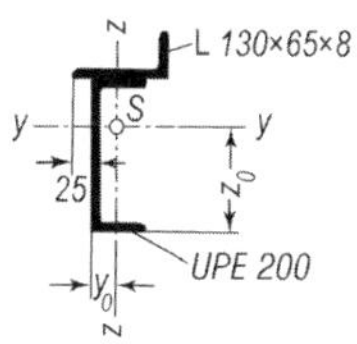

Bild **3**.34
Schwerpunkt einer Randpfette aus zwei Stahlprofilen

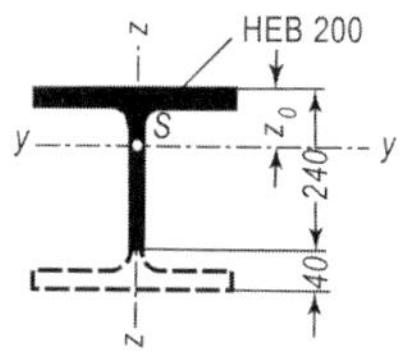

Bild **3**.35
Schwerpunkt eines Stahlträgers ohne unteren Flansch

3.3 Schwerpunkte von Linien

Zur Bestimmung der Schwerpunkte von Linien denkt man sich diese Linien als sehr dünne stabförmige Körper.

3.3.1 Einfache Linien

Gerade Linien (Bild **3**.36). Der Schwerpunkt einer geraden Linie ist ihr Mittelpunkt.

Kreislinien (Bild **3**.37). Der Abstand z_0 des Schwerpunktes S vom Kreismittelpunkt M beträgt

$$z_0 = \frac{r \cdot s}{b} \qquad \text{Gl. (3.10)}$$

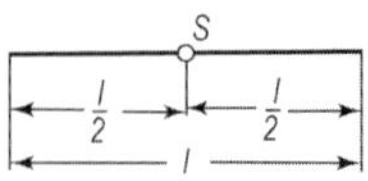

Bild **3**.36 Schwerpunkt einer geraden Linie

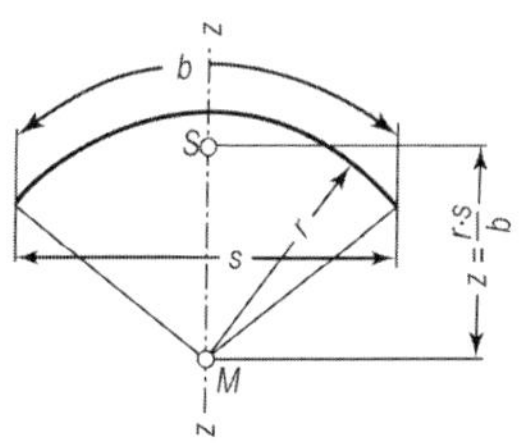

Bild **3**.37 Schwerpunkt einer Kreislinie

Durch den Kreismittelpunkt und den Schwerpunkt der Kreislinie geht die Symmetrieachse, die gleichzeitig z-Achse ist. Daher wird $y_0 = 0$.

Für flache Kreislinien (Bild **3**.38) mit unbekanntem Radius r kann näherungsweise der Schwerpunktabstand z_0 von der Sehne berechnet werden mit

$$z_0 \approx \frac{2}{3} h \qquad \text{Gl. (3.11)}$$

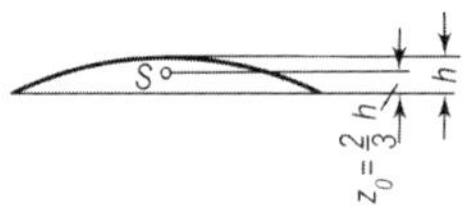

Bild **3**.38
Schwerpunkt einer flachen Kreislinie

3.3.2 Zusammengesetzte Linien

Für zusammengesetzte Linien, also gebrochene Linienzüge (Bild **3**.39), gilt sinngemäß das gleiche wie für zusammengesetzte Flächen. Der Momentensatz dient zur Berechnung der Abstände des Schwerpunktes von einem Achsenkreuz. Es werden hier die Einzelstrecken l_n des Linienzuges statt der Kräfte in die allgemeine Gleichung eingesetzt.

Aus der Gleichung (2.37)

$$F_1 \cdot a_1 + F_2 \cdot a_2 + \cdots = R \cdot a_0$$

wird hier

$$l_1 \cdot y_1 + l_2 \cdot y_2 + \cdots = l \cdot y_0 \qquad \text{Gl. (3.12)}$$

Damit kann allgemein geschrieben werden

$$\sum l_i \cdot y_i = l \cdot y_0 \qquad \sum l_i \cdot z_1 = l \cdot z_0 \qquad i = 1,2,3, \ldots \qquad \text{Gl. (3.13)}$$

Hiermit sind die Abstände des Schwerpunktes von beiden Achsen zu berechnen

$$y_0 = \frac{\sum l_i \cdot y_i}{l} \qquad z_0 = \frac{\sum l_i \cdot z_i}{l} \qquad \text{Gl. (3.14)}$$

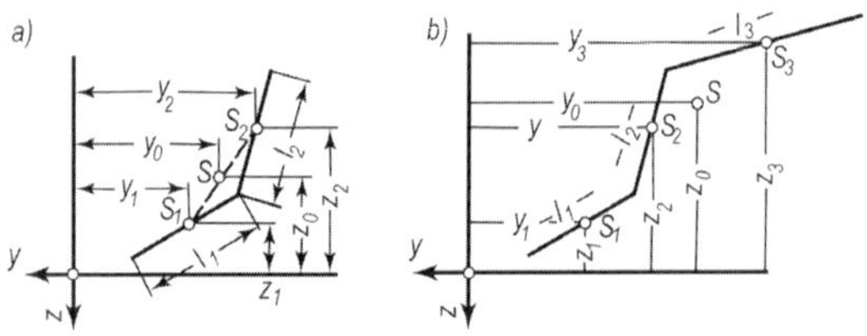

Bild **3**.39 Schwerpunkte von Linienzügen

Die Bestimmung des Schwerpunkts kann zeichnerisch oder rechnerisch erfolgen. Entsprechend dem Anwendungszweck wird das einfachere oder das genauere Verfahren gewählt. Meistens wird das rechnerische Verfahren eingesetzt.

4 Einwirkungen auf Tragwerke

Unsere Bauwerke bestehen im Allgemeinen aus mehreren Tragwerken. Bei diesen Tragwerken sind Stabtragwerke und Flächentragwerke zu unterscheiden.

Stabtragwerke

Stabtragwerke können aus einem oder mehreren Stäben bestehen. Bei stabförmigen Bauteilen ist die Länge größer ist als die Breite und die Dicke. Stabtragwerke werden als 1-dimensional aufgefasst. Stabtragwerke können idealisiert durch ihre Stabachse dargestellt werden. Anstelle des ganzen Tragwerks wird also nur dessen Stabachse als System dargestellt.

Einfache Stabtragwerke sind z.B. gerade Stützen und Träger (Bild **4**.1 a und b). In der Praxis begegnen wir diesen Stabtragwerken in Form von Holzbalken (Sparren, Pfetten), gewalzten Stahlprofilen (Stahlstützen, Stahlträger) und Stahlbetonstützen oder -unterzügen.

Kompliziertere Stabtragwerke können gekrümmt oder geknickt sein, z.B. bei Rahmen (Bild **4**.1 c) oder sie werden aus mehreren Stäben zusammengesetzt, z.B. bei Fachwerkbindern (Bild **4**.1 d).

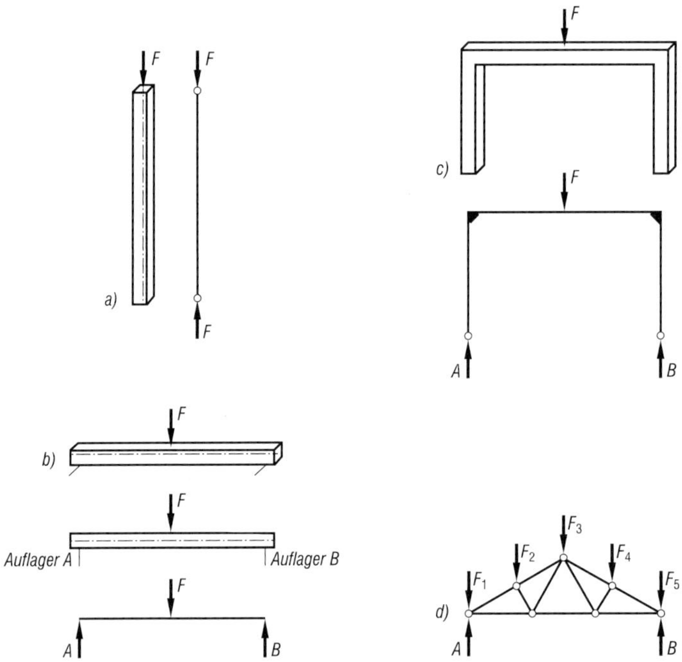

Bild **4**.1
Stabtragwerke in isometrischer und in idealisierter Darstellung als statisches System

a) Stütze
b) Träger
c) Rahmen
d) Fachwerk

Flächentragwerke

Bei Flächentragwerken ist eine Abmessung kleiner als die beiden anderen. Flächentragwerke werden als 2-dimensional aufgefasst. Sie können idealisiert durch ihre Mittelfläche dargestellt werden.

Einfache Flächentragwerke sind z.B. ebene Wandscheiben und Deckenplatten. Ein Flächentragwerk wird als Wandscheibe aufgefasst, wenn die Wirkungslinien der einwirkenden Kräfte in seiner Mittelfläche liegen (Bild **4.**2 a). Ein Flächentragwerk ist als Deckenplatte aufzufassen, wenn die einwirkenden Kräfte rechtwinklig zu seiner Mittelfläche gerichtet sind (Bild **4.**2 b).

Kompliziertere Flächentragwerke sind gekrümmte Tragwerke, z.B. Schalen, die als Tonnenschale oder Kuppelschale ausgebildet sein können (Bild **4.**2 c und d).

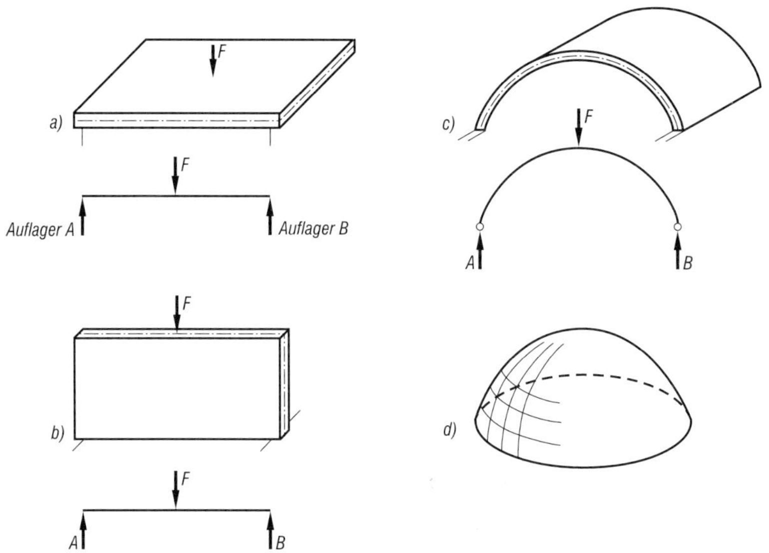

Bild **4.**2
Flächentragwerke in isometrischer und in idealisierter Darstellung
a) Deckenplatte
b) Wandscheibe
c) Tonnenschale
d) Kuppelschale

Vereinfachte Tragwerke

Im üblichen Hochbau stellt man sich vereinfachend das Bauwerk aus einzelnen Stabtragwerken und/oder Flächentragwerken zusammengesetzt vor. Dies vereinfacht die weitere Berechnungsweise. Daher werden im Folgenden gerade Stabtragwerke und ebene Flächentragwerke behandelt.

Anmerkung: Für räumliche Tragwerke und gekrümmte Tragwerke wird auf weiterführende Literatur verwiesen, denn diese Tragwerke sind mit den einfachen Grundlagen der Baustatik, die in diesem Buch vermittelt werden, nicht mehr zu erfassen.

4.1 Bezeichnung und Darstellung der Einwirkungen

Auf die Tragwerke eines Gebäudes wirken Lasten und Verformungsgrößen ein, sie werden Einwirkungen genannt. Lasten werden als Kräfte aufgefasst (Abschn. 1.1.2 und 1.5).

Lasteinwirkungen werden allgemein als Kraft F bezeichnet. F ist die Abkürzung für die englische Benennung der Kraft: Force. Kräfte werden nach ihrer zeitlichen Veränderlichkeit und Häufigkeit unterschieden:

- ständige Einwirkungen F_G bzw. G
- veränderliche Einwirkungen F_Q bzw. Q
- außergewöhnliche Einwirkungen F_A bzw. A

4.1.1 Charakteristische Werte von Einwirkungen

Der charakteristische Wert eine Einwirkung ist jener Wert, von dem angenommen wird, dass er während der Nutzungsdauer des Tragwerks nicht überschritten wird. Sowohl ständige Einwirkungen als auch veränderliche Einwirkungen sind durch charakteristische Werte gekennzeichnet.

Ständige Einwirkungen sind beispielsweise die Eigenlasten von Baustoffen und Bauprodukten. Die charakteristischen Werte der Eigenlasten können aus Belastungstabellen entnommen werden, die den Angaben von DIN 1055 "Einwirkungen auf Tragwerke" entsprechen.

Veränderliche Einwirkungen sind z.B. Nutzlasten aus der Nutzung des Gebäudes oder Einwirkungen durch Wind- und Schneelasten. Auch für diese veränderlichen Einwirkungen können die charakteristischen Werte den Belastungstabellen entnommen werden, die den Angaben von DIN 1055 entsprechen.

Charakteristische Werte von Einwirkungen werden durch den Buchstaben k im Index gekennzeichnet (k = charakteristisch), z.B.:

charakteristische Werte für ständige Einwirkungen $F_{G,k}$ oder G_k

charakteristische Werte für veränderlichen Einwirkungen $F_{Q,k}$ oder Q_k

4.1.2 Bemessungswerte von Einwirkungen

Der Bemessungswert von Einwirkungen ergibt sich aus dem Produkt des charakteristischen Werts einer Einwirkung mit dem zugehörigen Teilsicherheitsbeiwert.

Bemessungswerte von Einwirkungen werden durch den Buchstaben d im Index gekennzeichnet, z.B.:

Bemessungswerte für ständige Einwirkungen $F_{G,d}$ oder G_d

Bemessungswerte für veränderlichen Einwirkungen $F_{Q,d}$ oder Q_d

Die Verwendung des Buchstaben d kommt aus dem Englischen und steht für design = Entwurf, Bemessung (gesprochen: disain).

4.1.3 Ständige Einwirkungen

Ständige Einwirkungen sind Einwirkungen, die dauernd wirken und sich zeitlich nicht verändern, weder in ihrer Größe noch in ihrer Richtung. Ständige Einwirkungen sind z.B. die Eigenlasten der Bauteile.

Für die Berechnung der Eigenlast eines Bauteils wird die Wichte γ des verwendeten Baustoffes benötigt. Die Wichte γ (gamma) ist die Gesamtlast eines Stoffes je Volumeneinheit, es ist die Körperlast. Die Eigenlast eines Bauteils errechnet sich aus der Wichte γ des verwendeten Baustoffes mal dem Rauminhalt V (Volumen) des Bauteils. Die Wichten von Baustoffen sind in Tabellen der DIN 1055-1 angegeben. Bei Bauteilen aus unterschiedlichen Baustoffen ist die Eigenlast des Bauteils aus der Summe der Eigenlasten aller verwendeten Baustoffe zu ermitteln. Damit sind die ständigen Lasten für die Lastermittlung zu berechnen.

Die Wichte γ von Baustoffen darf nicht mit deren Dichte ρ (rho) verwechselt werden. Die Wichte γ von Baustoffen ist die volumenbezogene Gewichtskraft, also die Kraft je Volumen mit der Einheit kN/m³. Die Dichte ρ von Baustoffen ist die volumenbezogene Masse mit der Einheit kg/dm³ oder t/m³.

Die Wichte γ = 1 kN/m³ entspricht etwa der Dichte ρ = 100 kg/m³

Die Dichte ρ = 1 kg/dm³ entspricht etwa der Wichte γ = 10 kN/m³

Beispiele zur Erläuterung

1. Ein Kubikmeter Stahlbeton hat eine Eigenlast von 25 Kilonewton, die Wichte beträgt $\gamma = 25$ kN/m³ (Bild **4**.3a). Stahlbeton hat eine Dichte von $\rho = 2{,}5$ kg/dm³. Stahlbeton ist 2,5-mal so schwer wie Wasser mit einer Dichte von $\rho = 1{,}0$ kg/dm³ bzw. einer Wichte von $\gamma = 10$ kN/m³.

Die Wichte gibt die Last eines Körpers in kN je m³ an, mit der ein Körper auf seine Unterlage drückt:

Wichte = Körperlast in kN/m³

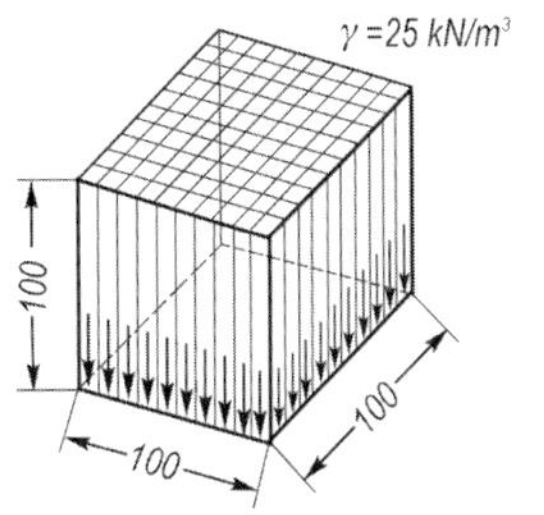

Bild **4**.3a) Die Wichte entspricht der Eigenlast eines Körpers von 1 m³ Volumen

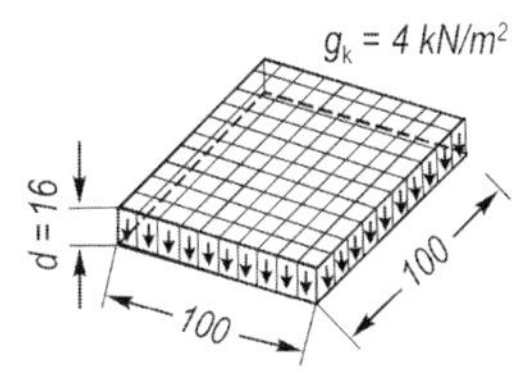

Bild **4**.3b) Die Eigenlast einer Decke wirkt als Flächenlast

2. Die Eigenlast einer Stahlbeton-Bodenplatte mit einer Dicke von $h = 16$ cm ist wie folgt zu berechnen (Bild **4**.3b):

$g_k = h \cdot \gamma = 0{,}16 \text{ m} \cdot 25 \text{ kN/m}^3 = 4 \text{ kN/m}^2$

Damit wurde eine charakteristische Flächenlast g_k berechnet, angegeben in Kilonewton je Quadratmeter. Ein Quadratmeter der Stahlbeton-Bodenplatte hat eine Eigenlast von 4 Kilonewton.

Flächenlasten geben die Gewichtskraft in kN je m² an, mit der flächige Bauteile auf die Unterlage wirken:

Eigenlast je Flächeneinheit = Flächenlast in kN/m²

3. Bei Berechnung der Eigenlast einer Stahlbetonwand mit einer Dicke von $d = 20$ cm und einer Höhe von $h = 3$ m ergibt sich eine Last in kN/m (Bild **4**.4a):

$g_k = d \cdot h \cdot \gamma = 0{,}20 \text{ m} \cdot 3{,}00 \text{ m} \cdot 25 \text{ kN/m}^3 = 15 \text{ kN/m}$

Dies ist die charakteristische Eigenlast für 1 m Wandlänge. Damit wurde eine Streckenlast g_k berechnet. Die Wand von 1 m Länge belastet die Unterstützung mit 15 Kilonewton.

Streckenlasten geben die Gewichtskraft in kN je m an, mit der längs geformte Bauteile auf die Unterlage wirken.

Eigenlast je Längeneinheit = Streckenlast in kN/m

4. Die Eigenlast einer Stahlbetonstütze mit den Abmessungen Breite $b = 20$ cm und Dicke $d = 30$ cm sowie einer Höhe von $h = 3$ m ergibt eine punktförmig wirkende Einzellast (Bild **4**.4b):

$G_k = b \cdot d \cdot h \cdot \gamma = 0{,}20 \text{ m} \cdot 0{,}30 \text{ m} \cdot 3{,}0 \text{ m} \cdot 25 \text{ kN/m}^3 = 4{,}5 \text{ kN}$

Die Stahlbetonstütze hat eine charakteristische Eigenlast von insgesamt 4,5 kN

Einzellasten wirken eng begrenzt auf eine kleine Lagerfläche. Eine Einzellast kann stellvertretend in der Schwerachse des Bauteils wirkend angenommen werden.

punktförmig angesetzte Eigenlast = Einzellast in kN

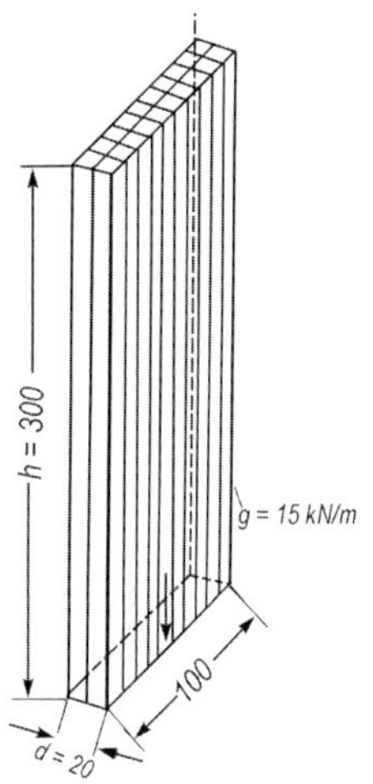

Bild **4.**4a) Die Eigenlast einer Wand ergibt eine Streckenlast

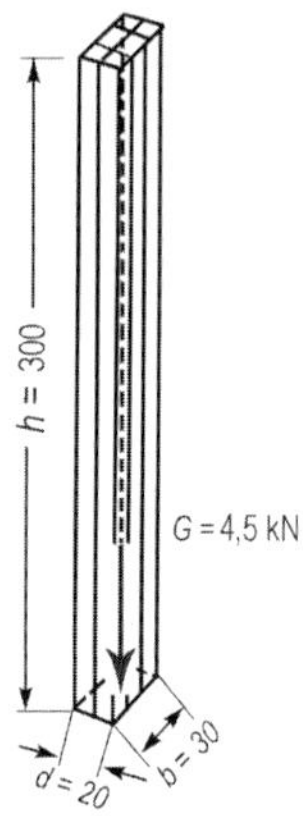

Bild **4.**4b) Die Eigenlast einer Stütze wirkt als Einzellast (Punktlast)

4.1.4 Veränderliche Einwirkungen

Einwirkungen, die sich zeitlich verändern und nicht ständig wirken, werden als veränderliche Einwirkungen bezeichnet. Dies sind z.B. Lasten, die durch die Nutzung der Bauwerke entstehen, allgemein bezeichnet als Nutzlasten oder Verkehrslasten. Zu den veränderlichen Einwirkungen gehören auch Schneelasten und Windlasten. Veränderliche Einwirkungen können sowohl ihre Größe als auch ihre Richtung ändern. Allgemein sind veränderliche Lasten jene Lasten, die nicht die Voraussetzungen ständiger Einwirkung erfüllen.

4.1.5 Außergewöhnliche Einwirkungen

Einwirkungen, die von kurzer Dauer sind und während der Nutzungsdauer des Tragwerks mit hoher Wahrscheinlichkeit nicht auftreten, werden als außergewöhnliche Einwirkungen bezeichnet, wenn sie bei ihrem Auftreten zu erheblichen Schäden führen können. Derart außergewöhnliche Ereignisse können z.B. Feuer, Brand, Explosion, Erdbeben oder Fahrzeuganprall sein. Bauwerke sollen außergewöhnliche Einwirkungen überstehen, ohne in einem Maße geschädigt zu werden, das in keinem Verhältnis zur Ursache des Schadens steht.

4.1.6 Einzellasten

Punktförmige Einwirkungen (z.B. punktförmig wirkende Lasten) werden allgemein als Einzellasten bezeichnet. Einzellasten entstehen z.B. aus Belastungen von Stützen, Pfeilern und Säulen oder Auflagerdrücken von Trägern. Solch eine punktförmig wirkende Einzellast denkt man sich als Kraft in einem Punkt angreifend (Bild **4.**5).

Einzellasten erhalten als Kennzeichen den Großbuchstaben F. Handelt es sich dabei um charakteristische Werte, erhalten sie den Index k, beispielsweise F_k. Bemessungswerte der Einzellasten erhalten den Index d, beispielsweise F_d.

Punktförmig ständige Einwirkungen (z.B. Eigenlasten) bezeichnet man mit statt mit F_G vereinfacht mit G. Wenn es sich hierbei um charakteristische Werte handelt, die sich aus den Eigengewichten der Baustoffe ergeben und aus Tabellen entnommen werden können (z.B. DIN 1055), erhalten diese Einzellasten den Index k, beispielsweise G_k.

Punktförmig veränderliche Einwirkungen (z.B. Verkehrslasten) bezeichnet man allgemein mit Q. Sofern diese Verkehrslasten charakteristische Werte sind, werden sie mit Q_k bezeichnet.

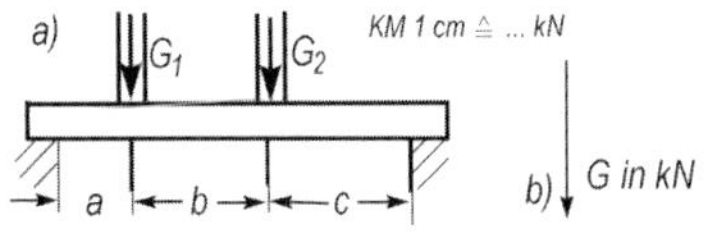

Bild **4.5** Einzellasten auf einem Träger

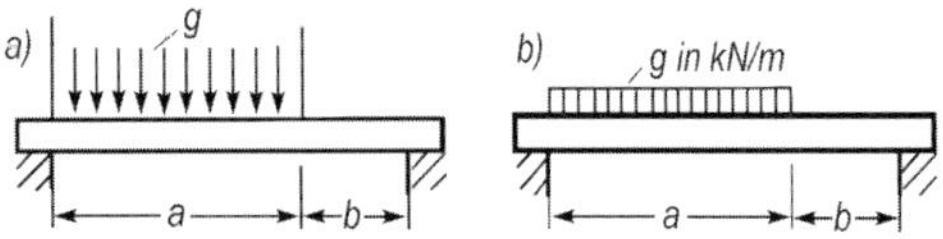

Bild **4.6** Streckenlast auf einem Träger
a) Belastung durch eine Wand
b) sinnbildliche Darstellung der Streckenlast

4.1.7 Streckenlasten

Linienförmige Einwirkungen, bei denen Kräfte auf eine bestimmte Strecke verteilt wirken, werden als Streckenlasten bezeichnet. Dies ist z.B. bei dem Gewicht einer Wand der Fall. Streckenlasten sind Kräfte je Längeneinheit, es sind auf die Länge bezogene Kräfte. Daher erfolgt die Bezeichnung von Streckenlasten stets mit Kleinbuchstaben: allgemein g für ständige Einwirkungen, q für veränderliche Einwirkungen aus Verkehrslasten. Sofern diese Verkehrslasten charakteristische Werte sind, werden sie mit g_k bzw. q_k bezeichnet.

Die Darstellung kann durch viele dicht nebeneinanderstehende Pfeile erfolgen oder sinnbildlich durch eine in Kraftrichtung verlaufende Schraffur (Bild **4.6**).

4.1.8 Gleichmäßig verteilte Lasten

Eine Belastung, die über die ganze Länge eines Trägers in gleicher Größe hinwegreicht, ist eine gleichmäßig verteilte Last. Sie kann durch die Eigenlasten der Bauteile entstehen und wird dann allgemein mit g bezeichnet. Wenn diese Belastung aus veränderlicher Einwirkung stammt (z.B. Verkehrslasten), so wird sie allgemein mit q benannt. Für die Bezeichnung von gleichmäßig verteilten Lasten gilt das Gleiche wie für Streckenlasten.

Verteilen sich diese Lasten auf eine Länge, wie z.B. bei Trägern, so werden sie in kN/m gemessen. Sind die Lasten auf einer Fläche verteilt, wie z.B. bei Decken, gibt man sie in kN/m^2 an. Die Darstellung erfolgt wie bei Streckenlasten (Bild **4.7**).

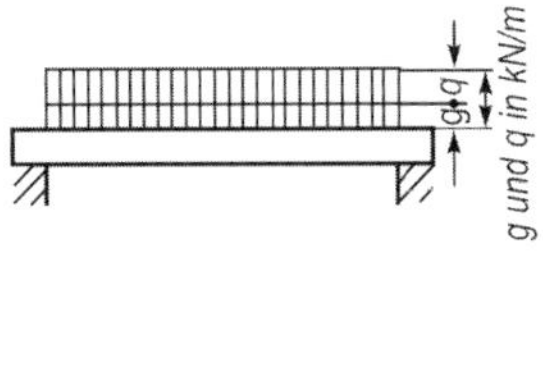

Bild **4.7**
Gleichmäßig verteilte Last auf einem Träger

4.1.9 Dreiecks- und Trapezlasten

Die Randträger und Wände unter allseitig aufliegenden Deckenplatten (z.B. zweiachsig gespannte Stahlbetonplatten) erhalten entsprechend der Lastverteilung Dreieckslasten oder Trapezlasten (Bild **4**.8). Durch die Eigenlast der Giebelwand eines Satteldaches entsteht ebenfalls eine Dreieckslast. Bei der Erläuterung des Wasser- und Erddruckes (Abschn. 4.4) ist zu erkennen, dass es sich dabei auch um Dreieckslasten handelt.

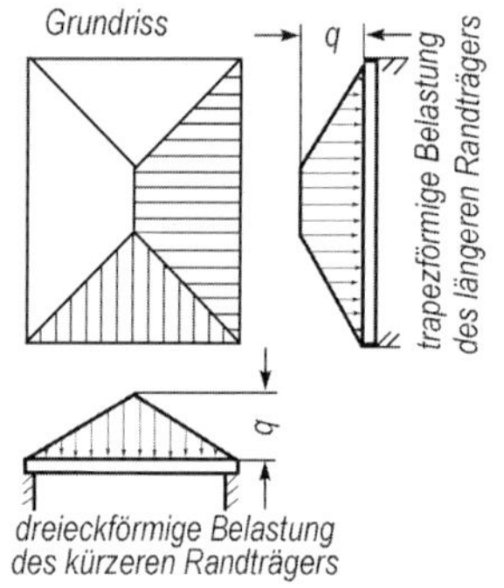

Bild **4**.8
Dreiecks- und Trapezlasten auf Randträgern unter allseitig aufliegenden Deckenplatten

4.2 Grenzzustände der Einwirkungen

Durch die Einwirkungen auf Tragwerke können Grenzzustände erreicht werden, die zu einem Versagen des Tragwerks führen. Es werden zwei Grenzzustände unterschieden (DIN 1055-100):

- Grenzzustand der Tragfähigkeit
- Grenzzustand der Gebrauchstauglichkeit

4.2.1 Tragfähigkeit

Ein Überschreiten der Grenzzustände der Tragfähigkeit führt rechnerisch zum Einsturz des Tragwerks oder zu ähnlichen Arten des Versagens. Die Anforderungen an die Grenzzustände der Tragfähigkeit betreffen zwei Bereiche (DIN 1055-100):

- Sicherheit von Personen,
- Sicherheit des Tragwerks und dessen Einrichtungen.

Die Grenzzustände der Tragfähigkeit, deren Untersuchungen erforderlich sein können, umfassen folgende Bereiche (DIN 1055-100):

- Verlust der Lagesicherheit des Tragwerks oder eines seiner Teile, z.B. durch Umkippen, Abheben oder Aufschwimmen. Hierbei werden die Tragwerke und Tragwerksteile als starre Körper betrachtet.
- Versagen des Tragwerks oder eines seiner Teile, einschließlich der Stützungen und Gründungen, z.B. durch Bruch, durch Verlust der Stabilität oder durch Gleiten.
- Versagen des Tragwerks oder eines seiner Teile durch Materialermüdung oder durch andere zeitabhängige Auswirkungen.

Eine Voraussetzung für das dauerhafte Einhalten eines Grenzzustands der Tragfähigkeit kann auch das Einhalten von Grenzzuständen der Gebrauchstauglichkeit sein, wenn z.B. bei deren Überschreitung mit Schäden zu rechnen ist.

4.2.2 Gebrauchstauglichkeit

Ein Überschreiten der Grenzzustände der Gebrauchstauglichkeit kann dazu führen, dass die festgelegten Nutzungsanforderungen eines Tragwerks oder eines seiner Teile nicht mehr erfüllt sind. Die Anforderungen an die Gebrauchstauglichkeit betreffen drei Bereiche (DIN 1055-100):

- die Funktion des Bauwerks oder seiner Teile,
- das Wohlbefinden von Personen,
- das optische Erscheinungsbild.

Erforderlichenfalls ist zwischen umkehrbaren und nicht umkehrbaren Grenzzuständen zu unterscheiden. Grenzzustände der Gebrauchstauglichkeit, bei deren Überschreitung mit Schäden zu rechnen ist, die die Tragfähigkeit gefährden, bedürfen besonderer Beachtung.

Grenzzustände der Gebrauchstauglichkeiten, deren Untersuchungen erforderlich sein können, umfassen folgende Bereiche (DIN 1055-100):

- Verformungen und Verschiebungen, die die Nutzung des Tragwerks beeinträchtigen oder Schäden an Belägen, Beschichtungen oder nicht tragenden Bauteilen hervorrufen oder das Erscheinungsbild beeinflussen.
- Schwingungen, die bei Personen körperliches Unbehagen hervorrufen, am Tragwerk selbst oder an den von ihm getragenen Gegenständen Schäden erzeugen oder die Funktionsfähigkeit des Tragwerks einschränken.
- Schäden einschließlich Rissbildung, die voraussichtlich die Funktionsfähigkeit, die Dauerhaftigkeit oder das Erscheinungsbild des Tragwerks nachteilig beeinflussen.
- Sichtbare Schäden aufgrund von Materialermüdung oder anderer zeitabhängigen Auswirkungen.

4.3 Kombinationsregeln für Einwirkungen

Die Eigenlasten des Tragwerks wirken ständig, aber meistens nicht allein. Gleichzeitig können z.B. Nutzlasten, Schnee und Windlasten in Kombination mit anderen Einwirkungen auftreten. Um bei der Zusammenstellung dieser Kombinationen möglichst realistisch vorzugehen, ist zu klären, ob stets alle Lasten zur selben Zeit in voller Intensität auftreten können, oder ob sich manche Einwirkungen nicht auch gegenseitig ausschließen. Daher ist es sinnvoll, neben sehr selten auftretenden Fällen auch andere Kombinationen mit teilweise verringerter Lastintensität zu betrachten.

4.3.1 Ständige Lasten

Ständige Lasten G sind z.B. die Eigenlasten der Bauteile. Sie sind als ständige Einwirkungen mit ihren Werten den jeweiligen Lastnormen zu entnehmen und bei der Lastermittlung zu berücksichtigen. Für Eigenlasten ist DIN 1055-1 maßgebend (Tafeln **4**.3 und **4**.4 Abschnitt 4.5). Diese Werte werden als charakteristische Werte der Einwirkungen G_k bezeichnet und erhalten zur Kennzeichnung den Index k (k = charakteristisch). Für die Bemessung der Tragwerke werden diese charakteristischen Einwirkungen G_k mit einem Teilsicherheitsbeiwert multipliziert, damit eine ausreichende Sicherheit besteht. Der für ständige Einwirkungen G_k erforderliche Teilsicherheitsbeiwert γ(gamma) beträgt im Allgemeinen $\gamma_G = 1{,}35$ (Tafel **4**.1).

Aus dem charakteristischen Wert der ständigen Einwirkung G_k, multipliziert mit dem Teilsicherheitsbeiwert γ_G, ergibt sich der Bemessungswert G_d:

$$G_d = \gamma_G \cdot G_k \qquad \text{Gl. (4.1)}$$

mit
G_d Bemessungswert für ständige Einwirkung (d = design)
γ_G Teilsicherheitsbeiwert für ständige Einwirkung
G_k charakteristischer Wert für ständige Einwirkung

Hinweis für den Gebrauch von γ:

Sowohl die Teilsicherheitsbeiwerte als auch die Wichten der Baustoffe werden mit γ bezeichnet. Dies ist zwar unpraktisch, aber durchaus gebräuchlich. Um Verwechslungen auszuschließen, können Wichten γ und Teilsicherheitsbeiwerte γ jeweils mit einem Index versehen werden, beispielsweise γ_G für ständige Einwirkungen und γ_Q für veränderliche Einwirkungen. Hierauf wird bei Lastkombinationen in Abschnitt 4.3.3 eingegangen.

4.3.2 Veränderliche Lasten

Veränderliche Lasten Q sind z.B. Nutzlasten, Windlasten und Schneelasten. Sie sind als veränderliche Einwirkungen der DIN 1055 zu entnehmen. Für Nutzlasten gilt DIN 1055-3, für Windlasten DIN 1055-4 und für Schnee- und Eislasten DIN 1055-5. Diese Lasten sind dort als charakteristische Werte für Einzellasten mit Q_k und für Flächenlasten mit q_k angegeben.

4.3.3 Kombination ständiger und veränderlicher Lasten

Die veränderlichen Einwirkungen wirken in Kombination mit ständigen Einwirkungen und häufig auch anderen veränderlichen Einwirkungen. Es wirken jedoch nicht stets alle Einwirkungen gleichzeitig. Einige Einwirkungen schließen sich gegenseitig aus oder sie wirken nicht zur selben Zeit in voller Intensität. Daher wird zusätzlich mit Kombinationswerten ψ (psi) gearbeitet. Diese Kombinationswerte berücksichtigen die mögliche Abminderung der veränderlichen Einwirkungen. Das bedeutet: Um aus den charakteristischen Werten Q_k bzw. q_k die repräsentativen Werte der veränderlichen Einwirkung zu erhalten, werden diese gegebenenfalls mit einem entsprechenden Kombinationswert ψ multipliziert werden. Bei den Kombinationswerten ψ wird unterschieden in ψ_0, ψ_1 und ψ_2.

- Der Beiwert ψ_0 ist in der Regel so festgelegt, dass bei der Verwendung des Kombinationswert $\psi_0 \cdot Q_k$ die angestrebte Zuverlässigkeit des Tragwerks nicht unterschritten wird.
- Der Beiwert ψ_1 ist so festgelegt, dass die Überschreitungshäufigkeit des häufigsten Werts $\psi_1 \cdot Q_k$ auf 300-mal je Jahr bzw. auf 5 % begrenzt ist.
- Der Beiwert ψ_2 ist so festgelegt, dass der Wert $\psi_2 \cdot Q_k$ als zeitlicher Mittelwert betrachtet wird, der mit einer Häufigkeit von 50 % über- bzw. unterschritten wird.

Die Langzeitanteile $\psi_1 \cdot Q_k$ und $\psi_2 \cdot Q_k$ werden für Bemessungssituationen in Verbindung mit außergewöhnlichen Einwirkungen und Erdbeben verwendet. Die Kombinationswerte ψ_0, ψ_1 und ψ_2 sind in Tafel **4.**2 zusammengestellt.

Aus dem Kombinationswert der veränderlichen Einwirkung $\psi_0 \cdot Q_k$ erhält man durch Multiplikation mit dem Teilsicherheitsbeiwert γ_Q den Bemessungswert Q_d:

$$Q_d = \gamma_Q \cdot \psi_0 \cdot Q_k \qquad \text{Gl. (4.2)}$$

mit Q_d Bemessungswert der veränderlichen Einwirkung
γ_Q Teilsicherheitsbeiwert für veränderliche Einwirkungen
ψ_0 Kombinationsbeiwert (Tafel **4.**2)
Q_k charakteristischer Wert für die Einwirkung (Tafel **4.**3)

Für den Grenzzustand der Tragfähigkeit ist der Bemessungswert der gesamten Einwirkung E_d aus den Bemessungswerten der ständigen Einwirkungen G_d und den veränderlichen Einwirkungen Q_d zu bilden. Diese ergeben sich aus den charakteristischen Einwirkungen in Verbindung mit den zugehörigen Teilsicherheitsbeiwerten γ_G bzw. γ_Q und den zugehörigen Kombinationswerten Ψ_0(in Sonderfällen mit Ψ_1 oder Ψ_2):

$$E_d = G_d + Q_d \qquad \text{Gl. (4.3)}$$

Dieser Bemessungswert E_d ist sozusagen die Summe aller einwirkenden Kräfte, aus denen sich die Gesamtbeanspruchung eines Tragwerks ergibt. Bei Berücksichtigung des Vorstehenden erhält man die meistens anzusetzende Kombination für den Nachweis der Tragfähigkeit:

$$E_d = \gamma_G \cdot G_k + \gamma_{Q,1} \cdot Q_{1,k} \qquad \text{Gl. (4.4)}$$

mit E_d Bemessungswert der Einwirkung
γ_G Teilsicherheitsbeiwert für ständige Einwirkungen
γ_G = 1,35 (Tafel **4.**1)
G_k charakteristischer Wert für ständige Einwirkungen
γ_Q Teilsicherheitsbeiwert für veränderliche Einwirkungen
γ_Q = 1,5 (Tafel **4.**1)
Q_k charakteristischer Wert für veränderliche Einwirkungen

Für die Durchführung der erforderlichen Nachweise sind sowohl die Teilsicherheitsbeiwerte γ_G und γ_Q als auch die Kombinationsbeiwerte ψ_0, ψ_1 oder ψ_2 der Tafeln **4.**1 und **4.**2 zu verwenden. Hierbei ist der Teilsicherheitsbeiwert für den Nachweis der Tragfähigkeit stets ≥ 1.

Vereinfacht dargestellt bedeutet dies für Bemessungen im Hochbau:

$$E_d = 1{,}35 \cdot G_k + 1{,}5 \cdot Q_k + \sum 1{,}5 \cdot \psi_{0,i} \cdot Q_{i,k} \quad \text{mit } i > 1 \qquad \text{Gl. (4.5)}$$

Tafel **4.**1: **Teilsicherheitsbeiwerte** γ_G und γ_Q für Einwirkungen [nach DIN 1055-100]

Teilsicherheitsbeiwerte für Einwirkungen		Auswirkung	
		günstig	ungünstig
ständig, (für die Tragsicherheit)	γ_G	1,0	1,35
ständig, (für die Lagesicherheit)	γ_G	0,9	1,1
veränderlich	γ_Q	–	1,5

Tafel **4.**2: **Kombinationsbeiwerte** ψ_0, ψ_1, und ψ_2 für Hochbauten [DIN 1055-100]

Einwirkungen	Kombinationsbeiwerte		
	ψ_0	ψ_1	ψ_2
Nutzlasten			
– Wohn-, Büroräume	0,7	0,5	0,3
– Versammlungsräume, Verkaufsräume	0,7	0,7	0,6
– Lagerräume	1,0	0,9	0,8
Verkehrslasten			
– Fahrzeug bis 30 kN	0,7	0,7	0,6
– Fahrzeug bis 160 kN	0,7	0,5	0,3
– Dachlasten	0	0	0
Schnee- und Eislasten			
Orte bis NN + 1.000 m	0,5	0,2	0
Orte über NN + 1.000 m	0,7	0,5	0,2
Windlasten	0,6	0,5	0
Temperatur (nicht Brand)	0,6	0,5	0
Baugrundsetzungen	1,0	1,0	1,0
Sonstige Einwirkungen	0,8	0,7	0,5

Die Teilsicherheitsbeiwerte γ_G und γ_Q gelten allgemein für Hochbauten und Ingenieurbauwerke. Bei besonderen Bauwerken sind andere Teilsicherheitsbeiwerte für spezielle Einwirkungen zu verwenden, z.B. im Brückenbau.

Für die Weiterleitung der vertikalen Lasten im Tragwerk darf bei Hochbauten die Grundkombination an jedem Querschnitt im Tragwerk vereinfacht werden. Voraussetzung ist der häufig gegebene Fall, dass die ständigen Einwirkungen insgesamt ungünstig sind.

Vereinfachte Grundkombination für den Hochbau:

$$E_d = 1{,}35 \cdot G_k + 1{,}50 \cdot \Sigma Q_k \qquad \text{Gl. (4.6)}$$

Im Holzbau darf nach DIN 1052 eine etwas günstigere Regel zur Anwendung kommen. Es müssen dafür jedoch zwei Kombination gebildet werden. Im Stahlbau gilt nach DIN 18800-1 das gleiche, wenn auch dort die Schreibweise – auf Grund des älteren Normenstandes – etwas abweicht.

Wenn nur eine ungünstige veränderliche Einwirkung berücksichtigt wird gilt:

$$E_d = \sum_{j \geq 1} \gamma_{G,j} \cdot G_{k,j} + 1{,}5 \cdot Q_{k,1} \qquad \text{Gl. (4.7)}$$

bzw., wenn sämtliche ungünstigen veränderlichen Einwirkungen berücksichtigt werden:

$$E_d = \sum_{j \geq 1} \gamma_{G,j} \cdot G_{k,j} + 1{,}35 \cdot \sum_{i \geq 1} Q_{k,i} \qquad \text{Gl. (4.8)}$$

Der ungünstigere Wert aus den beiden Gleichungen (4.7) und (4.8) ist maßgebend. Die vereinfachten Kombinationsregeln dürfen angewendet werden, wenn die Schnittgrößen linear-elastisch ermittelt wurden, d.h. im Allgemeinen, wenn das Superpositionsgesetz anwendbar ist.

Eine weitere vereinfachte Kombinationsregel gibt es im Mauerwerksbau nach DIN 1053-100. Dort darf bei Hochbauten mit Decken aus Stahlbeton, die mit einer charakteristischen Nutzlast von maximal 2,5 kN/m² belastet sind, die Bemessungsnormalkraft wie folgt ermittelt werden:

$$N_d = 1{,}4 \cdot \left(N_{G,k} + N_{Q,k} \right) \qquad \text{Gl. (4.9)}$$

4.4 Lastannahmen (DIN 1055-1)

Tragwerke werden im Wesentlichen durch Eigenlasten und Nutz- oder Verkehrslasten beansprucht; oder anders ausgedrückt: durch ständige Einwirkungen G_k bzw. g_k und veränderliche Einwirkungen Q_k bzw. q_k. Eigenlasten können allein wirken. Veränderliche Einwirkungen, wie z.B. Nutzlasten, Wind- und Schneelasten, wirken in Kombination mit den ständigen Einwirkungen und meistens auch in Kombination mit anderen veränderlichen Einwirkungen.
Bei Gleichzeitigkeit mehrerer Einwirkungen werden die einzelnen Einwirkungen zunächst getrennt ermittelt und dann mit ihren Teilsicherheitsbeiwerten γ und ggf. mit ihren Kombinationswerten ψ zum Bemessungswert der Gesamtbeanspruchung E_d zusammengestellt.

So werden zunächst die ständig vorhandenen unveränderlichen Einwirkungen der Eigenlasten G_k bzw. g_k und danach die veränderlichen Einwirkungen der Nutzlasten Q_k bzw. q_k getrennt erfasst.

Zur Ermittlung der verschiedenartigen Belastungen unserer Bauwerke und zur einheitlichen Gestaltung der Berechnungsannahmen wird die DIN 1055, "Einwirkungen auf Tragwerke", benutzt. Diese Norm enthält Werte für die Eigenlasten von Baustoffen, Bauteilen und Lagerstoffen, Werte für die Bodenarten, Nutzlasten für Decken und Dächer sowie Angaben für Wind- und Schneelasten. Die in umfangreichen Tafeln angegebenen Lasten sind charakteristische Werte, sie sind als Rechenwerte aufzufassen und stellen Regelwerte dar. Wenn im Einzelfall das Bauwerk ungünstiger belastet wird, dann ist mit den tatsächlichen Werten zu rechnen.

In die Nachweise der Tragfähigkeit könnten Daten mit Unsicherheiten eingehen. Das beginnt beim Baugrund und reicht über Einwirkungen durch Eigenlasten des Tragwerks aus unterschiedlichen Baustoffen und den Annahmen für Verkehrslasten während der Nutzung bis hin zu geometrischen Bauwerksdaten. Damit Unsicherheiten ausgeschlossen werden, sind die Lastannahmen für die Lastermittlung sorgfältig durchzuführen.

4.5 Eigenlasten

Bei Lastermittlungen sind die charakteristischen Werte der Eigenlasten des Tragwerks und von nichttragenden Teilen des Bauwerks aus den Wichten bzw. Flächenlasten der Baustoffe zu erfassen. Diese Wichten und Flächenlasten von Baustoffen und Bauteilen sind in DIN 1055-1 zusammengestellt (Tafel **4.**3 und **4.**4).

Tafel **4.**3 **Wichten** von Baustoffen und Bauteilen [Auszug aus DIN 1055-1]

Gegenstand		Wichte γ in kN/m^3
Normalbeton		24,0
Stahlbeton		25,0
Leichtbeton, Rohdichteklasse	0,5	5,0
	0,8	8,0 (9,0)
	1,0	10,0 (11,0)
	1,4	14,0 (15,0)
	1,8	18,0 (19,0)
	2,0	20,0 (21,0)
(Klammerwerte gelten für Stahlleichtbeton)		
Mauerwerk, Rohdichteklasse	0,35	5,5 (4,5)
	0,50	7,0 (6,0)
	0,80	10,0 (9,0)
	1,0	12,0 (11,0)
	1,2	14,0 (13,0)
	1,4	16,0 (15,0)
	1,6	16,0
	2,0	20,0
(Klammerwerte gelten bei Verwendung von Leicht- und Dünnbettmörtel)		

Gegenstand		Wichte γ in kN/m³	
Normalbeton		24,0	
Stahlbeton		25,0	
Bauplatten aus unbewehrtem Porenbeton			
Rohdichteklasse	0,35	4,5	(4,0)
	0,40	5,0	(4,5)
	0,50	6,0	(5,5)
	0,60	7,0	(6,5)
	0,70	8,0	(7,5)
	0,80	9,0	(8,5)
(Klammerwerte gelten bei Verwendung von Leicht- und Dünnbettmörtel)			
Dach-, Wand- und Deckenplatten aus bewehrtem Porenbeton			
Rohdichteklasse	0,40	5,2	
	0,45	5,7	
	0,50	6,2	
	0,60	7,2	
	0,65	7,8	
	0,70	8,4	
	0,80	9,5	
Natursteine und Mauerwerk aus Natursteinen			
Amphibolit, Gneis, Granulit		30,0	
Basalt, Diabas, Diorit, Gabbro		29,0	
Granit, dichter Kalkstein, Dolomit, Marmor, Muschelkalk, Schiefer		28,0	
Grauwacke, Quarzit, Sandstein, Serpentin		27,0	
Konglomerate, Trachyt, Travertin		26,0	
Metalle			
Stahl		78,5	
Gusseisen		72,5	
Aluminium (Aluminiumlegierung)		27,0	(28,0)
Blei		114,0	
Kupfer (Kupfer-Zinn-Legierung)		89,0	(85,0)
Zink		72,0	
Zinn		74,0	
Holz und Holzwerkstoffe			
Nadelholz		5,0	
Laubholz Festigkeitsklasse	D 30 bis D 40	7,0	
	D 60	9,0	
	D 70	11,0	
Holzwerkstoffe			
Spanplatten DIN 68763		6,0	
Baufurniersperrholz DIN 68705-3		6,0	
Baufurniersperrholz DIN 68705-5		8,0	
Holzfaserplatten Typ HFM		7,0	
Holzfaserplatten Typ HFH		10,0	

Tafel **4**.4 **Flächenlasten** von Baustoffen und Bauteilen [Auszug aus DIN 1055-1]

Gegenstand	Flächenlast je cm Dicke kN/m²
Wandbauplatten aus Gips und Gipskartonplatten	
Porengips – Wandbauplatten, Rohdichteklasse 0,7	0,07
Gips – Wandbauplatten 0,9	0,09
Gipskartonplatten	0,09
Fußboden- und Wandbeläge	
Zementestrich	0,22
Anhydritestrich, Calciumsulfatestrich, REA-Gipsestrich,	0,22
Magnesiaestrich, Kunstharzestrich	0,22
Gussasphalt	0,23
Asphaltbeton	0,24
Betonwerksteinplatten, Terrazzo, kunstharzgebundene Werksteinplatten	0,24
Industrieestrich	0,24
Natursteinplatten	0,30
keramische Bodenfliesen (Steinzeug und Spaltplatten mit Verlegmörtel	0,22
keramische Wandfliesen (Steingut einschl. Verlegemörtel)	0,19
Kunststoff-Bodenbelag	0,15
Linoleum	0,13
Teppichboden	0,03
Platten, Matten und Bahnen	
Glasscheiben	0,25
Asphaltplatten	0,22
Holzwolle-Leichtbauplatten, Plattendicke ≤ 100 mm	0,06
> 100 mm	0,04
Korkschrotplatten aus imprägniertem Kork	0,02
Perliteplatten	0,02
Schaumglas mit Pappkaschierung und Verklebung	0,02
Polyurethan-Ortschaum	0,01
Schaumkunststoffplatten	0,004

Beispiele mit Anwendungen der Eigenlasten für Decken, Treppen, Wände, Träger und Dächer enthalten die Abschnitte 4.12.1 bis 4.12.5.

4.6 Lotrechte Nutzlasten

Für Lastermittlungen sind die Nutzlasten zu erfassen, die auf die Tragwerke einwirken. Nutzlasten sind vorwiegend ruhende Nutzlasten (statische Einwirkungen) oder auch nicht vorwiegend ruhende Nutzlasten (dynamische Einwirkungen).

Vorwiegend ruhende Nutzlasten sind alle Nutzlasten des Hochbaus und auch nicht ruhende Nutzlasten, die jedoch für die Tragwerksplanung als ruhende Einwirkungen betrachtet werden dürfen, z.B. Nutzlasten in Parkhäusern, Werkstätten, Fabriken und Einwirkungen aus Wind.

Nicht vorwiegend ruhende Nutzlasten sind stoßende Belastungen oder sich häufig wiederholende Belastungen, die eine vielfache Beanspruchungsänderung während der Nutzungsdauer des Tragwerks oder des Bauteils hervorrufen, z.B. Kranlasten, Kranbahnlasten, Gabelstaplerlasten. Bei vorwiegend nicht ruhenden Einwirkungen ist mit einem Schwingbeiwert zu rechnen. Der Schwingbeiwert φ beträgt, wenn kein genauerer Nachweis geführt wird, z.B. bei Gabelstaplerbetrieb $\varphi = 1{,}4$.

Bei Tragwerken, die durch Menschen zu Schwingungen angeregt werden können, sind die auftretenden Resonanzkräfte zu ermitteln und das Tragwerk ist dafür auszulegen.

4.6.1 Nutzlasten für Decken, Treppen und Balkone

Die charakteristischen Werte gleichmäßig verteilter Nutzlasten für Decken, Treppen und Balkone sind in Tafel **4.**5 zusammengestellt. Alle diese Lasten gelten als vorwiegend ruhende Lasten.

Bei Bauteilen ohne ausreichende Querverteilung der Lasten sowie Bauteilen, bei denen der Nachweis der örtlichen Mindesttragfähigkeit erforderlich ist, wird der Nachweis mit dem charakteristischen Wert der Einzellast Q_k nach Tafel **4.**5 geführt, und zwar ohne Überlagerung mit der Flächenlast q_k. Die Aufstandsfläche der Einzellast Q_k umfasst ein Quadrat mit 5 cm Seitenlänge.

Bei konzentrierten Lasten aus Lagerregalen, Hubeinrichtungen, Tresoren usw. muss die Einzellast Q_k für diesen Fall gesondert ermittelt und zusammen mit den gleichmäßig verteilten Nutzlasten q_k beim Tragsicherheitsnachweis berücksichtigt werden.

Für die Weiterleitung der Lasten auf nachfolgende Tragglieder (Unterzüge, Stützen, Wände, Fundamente usw.) dürfen die Nutzlasten abgemindert werden. Dies gilt auch für die Bemessung vertikaler Tragglieder, bei denen Nutzlasten aus mehreren Stockwerken maßgebend sind. Auf diese Möglichkeiten der Abminderungen wird im Folgenden nicht eingegangen.

Tafel **4.**5 **Lotrechte Nutzlasten** q_k bzw. Q_k für Decken, Treppen und Balkone [DIN 1055-3]

Kategorie		Nutzung	Beispiele	q_k kN/m²	Q_k kN
A	A1	Spitzböden	Für Wohnzwecke nicht geeigneter, aber zugänglicher Dachraum bis 1,80 m lichter Höhe.	1,0	1,0
	A2	Wohn- und Aufenthaltsräume	Räume mit ausreichender Querverteilung der Lasten. Räume und Flure in Wohngebäuden, Bettenräume in Krankenhäusern, Hotelzimmer einschl. zugehöriger Küchen und Bäder.	1,5	–
	A3		wie A2, aber ohne ausreichende Querverteilung der Lasten.	2,0 [1)]	1,0
B	B1	Büroflächen, Arbeitsflächen, Flure	Flure in Bürogebäuden, Büroflächen, Arztpraxen, Stationsräume, Aufenthaltsräume einschl. der Flure, Kleinviehställe.	2,0	2,0
	B2		Flure in Krankenhäusern, Hotels, Altenheimen, Internaten usw.; Küchen u. Behandlungsräume einschl. Operationsräume ohne schweres Gerät.	3,0	3,0
	B3		wie B2, jedoch mit schwerem Gerät	5,0	4,0

Kategorie		Nutzung	Beispiele	q_k kN/m²	Q_k kN
C	C1	Räume, Versammlungsräume und Flächen, die der Ansammlung von Personen dienen können (mit Ausnahme von unter A, B, D und E festgelegten Kategorien)	Flächen mit Tischen; z.B. Schulräume, Cafés, Restaurants, Speisesäle, Lesesäle, Empfangsräume.	3,0	4,0
	C2		Flächen mit fester Bestuhlung; z.B. Flächen in Kirchen, Theatern oder Kinos, Kongresssäle, Hörsäle, Versammlungsräume, Wartesäle	4,0	4,0
	C3		Frei begehbare Flächen; z.B. Museumsflächen, Ausstellungsflächen usw. und Eingangsbereiche in öffentlichen Gebäuden und Hotels, nicht befahrbare Hofkellerdecken.	5,0	4,0
	C4		Sport- und Spielflächen; z.B. Tanzsäle, Sporthallen, Gymnastik- und Kraftsporträume, Bühnen.	5,0	7,0
	C5		Flächen für große Menschenansammlungen; z.B. in Gebäuden wie Konzertsälen, Terrassen und Eingangsbereiche sowie Tribünen mit fester Bestuhlung.	5,0	4,0
D	D1	Verkaufsräume	Flächen von Verkaufsräumen bis 50 m² Grundfläche in Wohn-, Büro und vergleichbaren Gebäuden.	2,0	2,0
	D2		Flächen in Einzelhandelsgeschäften und Warenhäusern.	5,0	4,0
	D3		Flächen wie D2, jedoch mit erhöhten Einzellasten infolge hoher Lagerregale.	5,0	7,0
E [4]	E1	Fabriken und Werkstätten, Ställe, Lagerräume und Zugänge, Flächen mit erheblichen Menschenansammlungen	Flächen in Fabriken [2] und Werkstätten [2] mit leichtem Betrieb und Flächen in Großviehställen	5,0	4,0
	E2		Lagerflächen, einschließlich Bibliotheken.	6,0 [3]	7,0
	E3		Flächen in Fabriken [2] und Werkstätten [2] mit mittlerem oder schwerem Betrieb, Flächen mit regelmäßiger Nutzung durch erhebliche Menschenansammlungen	7,5 [3]	10,0
T [5]	T1	Treppen und Treppenpodeste	Treppen und Treppenpodeste der Kategorie A und B1 ohne nennenswerten Publikumsverkehr.	3,0	2,0
	T2		Treppen und Treppenpodeste der Kategorie B1 mit erheblichem Publikumsverkehr, B2 bis E sowie alle Treppen, die als Fluchtweg dienen.	5,0	2,0
	T3		Zugänge und Treppen von Tribünen ohne feste Sitzplätze, die als Fluchtweg dienen.	7,5	3,0
Z [5]		Zugänge, Balkone und Ähnliches	Dachterrassen, Laubengänge, Loggien usw., Balkone, Ausstiegspodeste.	4,0	2,0

1) Für die Weiterleitung der Lasten in Räumen mit Decken ohne ausreichende Querverteilung auf stützende Bauteile darf der angegebene Wert um 0,5 kN/m² abgemindert werden.

2) Nutzlasten in Fabriken und Werkstätten gelten als vorwiegend ruhend. Im Einzelfall sind sich häufig wiederholende Lasten je nach Gegebenheit als nicht vorwiegend ruhende Lasten einzuordnen.

3) Bei diesen Werten handelt es sich um Mindestwerte. In Fällen, in denen höhere Lasten vorherrschen, sind die höheren Lasten anzusetzen.

4) Bei Gebäuden und baulichen Anlagen, die in die Kategorien E1 bis E3 eingeordnet werden, ist in jedem Raum die vorstehende Nutzlast anzugeben.

5) Hinsichtlich der Einwirkungskombinationen nach DIN 1055-100 sind die Einwirkungen der Nutzungskategorie des jeweiligen Gebäudes oder Gebäudeteils zuzuordnen.

4.6.2 Nutzlasten für Dächer

Als Nutzlasten für begehbare oder befahrbare Dächer gelten die Angaben für Decken.

Als Nutzlasten für nicht begehbare Dächer ist für übliche Erhaltungsmaßnahmen und Reparaturen eine Nutzlast von Q_k = 1,0 kN im Bereich der Dachkategorie H anzusetzen. Die Dachkategorien sind im Zusammenhang mit Windbelastungen in den Bildern 4.16 bis 4.19 dargestellt. Eine Überlagerung dieser Reparaturlast mit Schneelasten ist nicht erforderlich.

Bei Dachlatten sind zwei Einzellasten von je Q_k = 0,5 kN in den äußeren Viertelpunkten der Stützweite anzunehmen. Für hölzerne Dachlatten mit Querschnittsabmessungen, die sich erfahrungsgemäß bewährt haben, ist bei Sparrenabständen bis etwa 1 m kein Nachweis erforderlich. Dies gilt z.B. für Dachlatten Querschnitt 30 × 50 mm, Sortierklasse S10, Festigkeitsklasse C24.

Leichte Sprossen dürfen mit einer Einzellast von Q_k = 0,5 kN in ungünstigster Stellung berechnet werden, wenn das Dach nur mit Hilfe von Bohlen und Leitern begehbar ist.

Anmerkung:

Beispiele mit Anwendungen der lotrechten Nutzlasten für Decken, Treppen, Wände, Träger und Dächer enthalten die Abschnitte 4.12.1 bis 4.12.5.

4.7 Waagerechte Nutzlasten

Bei Bauwerken oder Bauteilen können außer den Eigenlasten und den lotrecht wirkenden Nutzlasten auch waagerecht wirkende Nutzlasten auftreten. Die waagerechten Lasten sind im Allgemeinen kleiner als die lotrechten Lasten, müssen jedoch ebenfalls berücksichtigt werden, wenn dadurch ungünstige Auswirkungen auf das Tragwerk entstehen.

4.7.1 Waagerechte Nutzlasten infolge von Personen

Auf Brüstungen, Geländern und anderen Konstruktionen, die als Absperrung dienen, sind nach DIN 1055-3 waagerechte Nutzlasten infolge von Personen anzusetzen (Bild **4.**9a). Die charakteristischen Werte gleichmäßig verteilter Nutzlasten, die in Höhe des Handlaufs, aber nicht höher als 1,20 m wirken, sind in Tafel **4.**6 angegeben.

Die waagerechten Nutzlasten nach Tafel **4.**6 sind in Absturzrichtung in voller Höhe und in der Gegenrichtung mit 50 % anzusetzen, jedoch mindestens q_k = 0,5 kN/m. Windlasten und waagerechte Nutzlasten müssen nicht überlagert zu werden.

Tafel 4.6 **Waagerechte Nutzlasten** q_k infolge von Personen auf Brüstungen, Geländer und Absperrungen [nach DIN 1055-3, Tab. 7]

Belastete Fläche nach Kategorie entsprechend Tafel **4**.5		waagerechte Nutzlast q_k
A	Spitzböden, Wohn- und Aufenthaltsräume	
B	Büro- und Arbeitsflächen, Flure	
H	nicht begehbare Dächer	0,5 kN/m
T1	Treppen und Treppenpodeste der Kategorien A und B1	
Z	Zugänge, Balkone und Ähnliches der vorstehenden Nutzungskategorien	
C1 – C4	Räume und Flächen, die der Ansammlung von Personen dienen	
D	Verkaufsräume	
E1 + E2	Flächen in Fabriken und Werkstätten mit leichtem Betrieb, Lagerflächen	1,0 kN/m
T2	Treppen und Treppenpodeste der Kategorien B1 mit erheblichem Publikumsverkehr, B2 und E	
Z	Zugänge, Balkone und Ähnliches der vorstehenden Nutzungskategorien	
C5	Flächen für große Menschenansammlungen	
E3	Flächen in Fabriken und Werkstätten mit mittlerem oder schwerem Verkehr	2,0 kN/m
T3	Zugänge und Treppen von Tribünen ohne feste Sitzplätze	

4.7.2 Waagerechte Nutzlasten für ausreichende Steifigkeit

Zur Erzielung einer ausreichenden Längs- und Quersteifigkeit sind neben der vorgeschriebenen Windlast und etwaigen anderen waagerecht wirkenden Lasten folgende beliebig gerichtete Horizontallasten zu berücksichtigen:

- *für Tribünenbauten* und ähnliche Sitz- oder Steheinrichtungen ist eine in Fußbodenhöhe angreifende Horizontallast anzusetzen, die 1/20 der lotrechten Nutzlast beträgt;
- *bei Gerüsten* ist in Schalungshöhe eine Horizontallast anzusetzen, die 1/100 aller lotrechten Lasten ausmacht (Bild **4**.9b);
- *zur Sicherung von Einbauten*, die innerhalb von geschlossenen Bauwerken stehen und keiner Windbeanspruchung unterliegen, ist gegen Umkippen eine Horizontallast in Höhe des Schwerpunktes anzusetzen, die 1/100 der Gesamtlast beträgt.

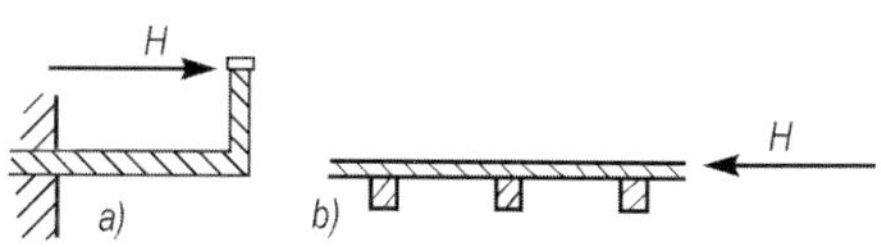

Bild **4**.9 Waagerechte Verkehrslasten bei
a) Brüstungen und Geländern
b) Schalungen und Gerüsten

4.7.3 Waagerechte Lasten für Hubschrauberlandeplätze

Für Hubschrauberlandeplätze auf Dachdecken von Gebäuden des Hochbaues ist in der Ebene der Start- und Landfläche eine waagerechte Nutzlast q_k entsprechend Tafel **4**.6 anzunehmen. Dies gilt auch für den umgebenden Sicherheitsstreifen. Diese waagerechte Nutzlast ist an der für das zu untersuchende Bauteil ungünstigsten Stelle anzusetzen.

Am Dachrand muss ein mindestens 25 cm hoher Überrollschutz vorhanden sein. Am oberen Rand des Überrollschutzes ist eine waagerechte Last von $Q_k = 10$ kN anzunehmen.

4.7.4 Anpralllasten

Für stützende Bauteile, z.B. Pfeiler, tragende Stützen, Rahmenstiele oder dergleichen, sind horizontale Ersatzlasten nach Tafel **4**.7 anzusetzen, wenn diese Bauteile für den Anprall von Fahrzeugen zu bemessen sind.

Tafel 4.7 **Ersatzlasten F_k für Anprall von Kraftfahrzeugen** [Auszug aus DIN 1055-9, Tab. 1],

Kategorie	Ersatzlast in kN	
	$F_{x,k}$ in Fahrtrichtung	$F_{y,k}$ rechtwinklig zur Fahrtrichtung
Für LKW befahrbare Verkehrsflächen (z.B. Hofräume)	100	75
Für PKW befahrbare Verkehrsflächen	50	25
Parkgaragen für PKW < 2,5 t [1)2)] – Einzel/-Doppel-Garage, Carports	10	10
– sonst.	40	25
Gebäude, in denen LKW verkehren können, bzw. mit PKW-Verkehr $\geq$ 2,5 t[2)]	100	100

1) Nur anzusetzen, wenn bei Ausfall der stützenden Bauteile die Standsicherheit des Gebäudes und/oder der Decke gefährdet ist.

2) Auch anzusetzen für Anprall an Holme, Brütungen usw., von Rampen, Parkplätzen usw.

4.8 Schnee- und Eislasten

Bei der Bemessung baulicher Anlagen sind Schneelasten und Eislasten als veränderliche Einwirkungen zu berücksichtigen. Hierfür werden in DIN 1055-5 charakteristische Werte als Ersatzlasten angegeben. Diese charakteristischen Werte gelten in der Regel nicht für Orte, die höher als 1500 m über NN liegen. Für diese Orte müssen in jedem Einzelfall von der zuständigen Behörde entsprechende Rechenwerte festgelegt werden.

Hinweis:

Die angegebenen Einwirkungen durch Schnee sind charakteristische Einwirkungen. Bei der Bemessung der Tragwerke ist mit den Bemessungswerten zu rechnen, es ist also die Schneelast mit einem entsprechender Teilsicherheitsbeiwert zu multiplizieren.

4.8.1 Schneelasten

Die rechnerisch anzusetzende Schneelast ist abhängig von der jeweils zutreffenden Schneelastzone. Schneelastzonen sind regionale Zonen mit unterschiedlichen Intensitäten der Schneelast. Die Schneelastzonen sind in DIN 1055-5 festgelegt (Tafel **4**.8). Hierbei werden drei Schneelastzonen unterschieden: Zone 1, Zone 2, Zone 3.

Tafel **4**.8 Karte der **Schneelastzonen** [DIN 1055-5, Bild 1]

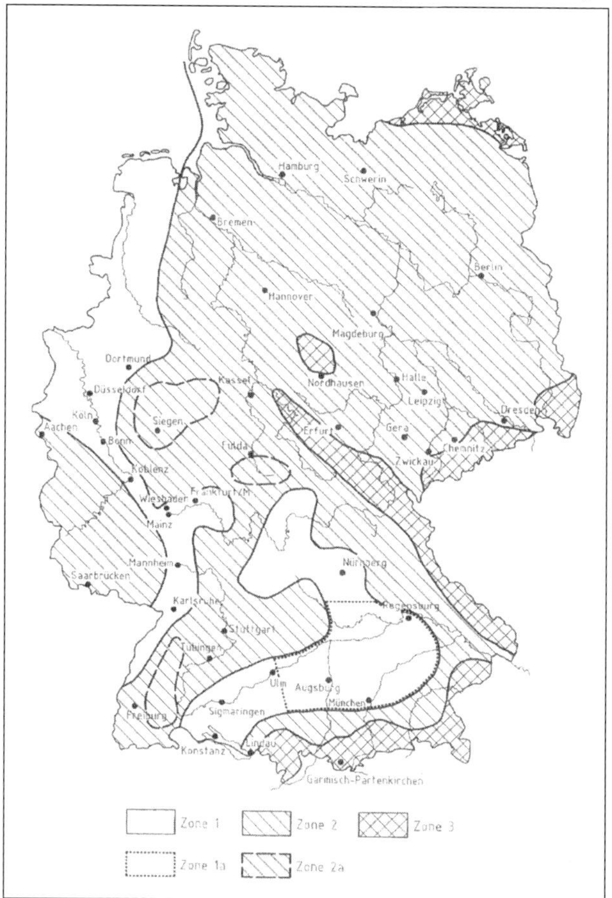

Schneelasten auf dem Boden

Für Schneelasten auf dem Boden sind Mindestwerte der charakteristischen Schneelast (Sockelbeträge) festgelegt. Sie gelten für die jeweilige Schneelastzone bis zu einer begrenzten Höhe über dem Meeresniveau, angegeben über Normalnull, bezeichnet mit ü NN:

Mindestschneelast

Zone 1: $s_{min,k} = 0{,}65\ kN/m^2$ bis 400 m ü NN Gl. (4.10)

Zone 2: $\mathbf{s_{min,k} = 0{,}85\ kN/m^2}$ bis 285 m ü NN Gl. (4.11)

Zone 3: $s_{min,k} = 1{,}10\ kN/m^2$ bis 255 m ü NN Gl. (4.12)

Oberhalb dieser Höhen über NN ist mit höheren charakteristischen Schneelasten zu rechnen:

charakteristische Schneelast:

Zone 1: $s_k = 0{,}19 + 0{,}91 \cdot \left(\frac{h+140}{760}\right)^2$ für h = 400 m bis 800 m Gl. (4.13)

Zone 2: $s_k = 0{,}25 + 1{,}91 \cdot \left(\frac{h+140}{760}\right)^2$ für h = 285 m bis 1200 m Gl. (4.14)

Zone 3: $s_k = 0{,}31 + 2{,}91 \cdot \left(\frac{h+140}{760}\right)^2$ für h = 255 m bis 1500 m Gl. (4.15)

Abweichungen:

Größere Schneelasten können vereinzelt sowohl im norddeutschen Tiefland als auch in bestimmten Hochlagen der Mittelgebirge oder in den Alpen auftreten. Die für diese Gegenden von den örtlichen Behörden festgelegten Schneelasten sind zusätzlich als außergewöhnliche Einwirkungen nach DIN 1055-100 zu berücksichtigen.

Schneelasten auf Dächern

Die Schneelasten auf Dächern sind abhängig von der Dachform und von der charakteristischen Schneelast auf dem Boden. Die Schneelasten sind als lotrecht wirkend anzunehmen. Sie beziehen sich auf die waagerechte Projektion der Dachfläche. Schneelasten auf Dächern sind nach folgender Gleichung zu bestimmen:

$$s_i = \mu_i \cdot s_k$$ Gl. (4.16)

mit μ_i Formbeiwert der Schneelast
- μ_1 bei geneigten Flächen
- μ_2 für Schneeansammlungen zwischen geneigten Dachflächen, z.B. bei aneinander gereihten Dächern
- μ_3 bei Tonnendächern
- μ_4 bei tiefer liegenden Dächern unter Höhenversprüngen für Schneeansammlungen durch Anwehen oder Abrutschen von Schnee

Die Formbeiwerte μ_1 und μ_2 für flache und geneigte Dächer sind in Tafel **4**.9 zusammengestellt. Bei diesen Werten wird davon ausgegangen, dass der Schnee ungehindert vom Dach abrutschen kann. Falls dies nicht der Fall ist, z.B. durch eine Brüstung an der Traufe oder durch ein Schneefanggitter, dann ist als Formbeiwert der Schneelast mindestens zu wählen:

$$\mu = 0{,}8$$ Gl. (4.17)

Tafel **4**.9 Formbeiwerte μ für **Schneelasten** bei flachen und geneigten Dächern [DIN 1055-5]

Dachneigung α	α = 0° bis 30°	α > 30° bis 60°	α > 60°
Formbeiwert μ_1	0,8	0,8 · (60° – α) / 30°	0
Formbeiwert μ_2	0,8 + 0,8 · α / 30°	1,6	1,6

Für flache und einseitig geneigte Dächer zeigt Bild **4**.10 die anzusetzende Schneelast auf ganzer Fläche als gleichmäßig verteilte Volllast. Der Formbeiwert ist Tafel **4**.9 zu entnehmen.

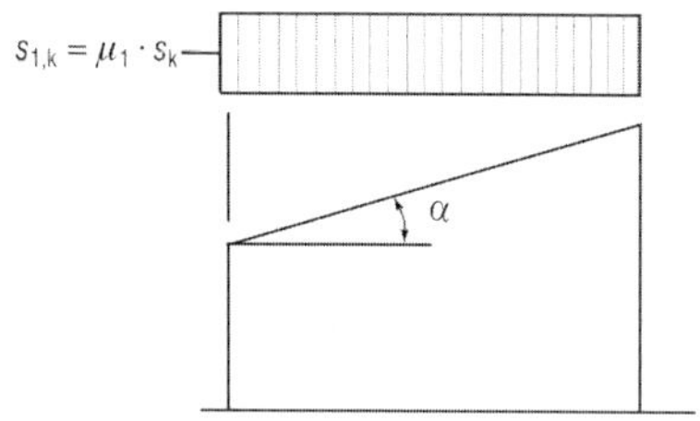

Bild **4**.10 Lastbild der Schneelast für flache und einseitig geneigte Dächer

Satteldächer

Für Satteldächer, symmetrisch oder unsymmetrisch, sind drei Schneelastfälle zu unterscheiden (Bild 4.11 a bis c). Die Schneeverteilung beim Schneelastfall a) berücksichtigt keine Verwehungen durch Windeinwirkung. Die Schneeverteilungen bei den Schneelastfällen b) und c) berücksichtigen die Einflüsse durch Verwehungen und Abtauvorgänge. Der ungünstigste Schneelastfall ist maßgebend. Die Schneelastfälle b) und c) werden jedoch nur maßgebend, wenn das Tragwerk empfindlich gegenüber ungleich verteilten Lasten ist, wie dies z.B. bei Kehlbalkendächern der Fall sein kann (s. Bild **4**.48).

Schneelastfall a) beidseitig volle Schneelast (ohne Windeinwirkung)

$s_{1,k} = \mu_{1(\alpha_1)} \cdot s_k$ $s_{1,k} = \mu_{1(\alpha_2)} \cdot s_k$

Schneelastfall b) links halbe, rechts volle Schneelast (bei Windeinwirkung)

$s_{1,k} = 0{,}5\ \mu_{1(\alpha_1)} \cdot s_k$ $s_{1,k} = \mu_{1(\alpha_2)} \cdot s_k$

Schneelastfall c) links volle, rechts halbe Schneelast (bei Windeinwirkung)

$s_{1,k} = \mu_{1(\alpha_1)} \cdot s_k$ $s_{1,k} = 0{,}5\ \mu_{1(\alpha_2)} \cdot s_k$

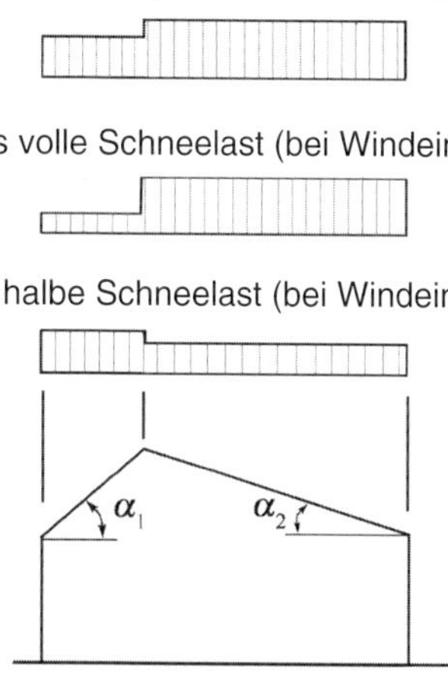

Bild **4**.11 Lastbilder der Schneelast für Satteldächer

Gereihte Satteldächer

Bei gereihten Satteldächern, die entsprechend Bild **4**.12 giebelständig sind, können Schneeansammlungen in den Innenfeldern durch Verwehungen entstehen. Es ist daher außer dem Schneelastfall a) auch der Schneelastfall b) zu berücksichtigen. Für die Innenfelder ist dabei der mittlere Neigungswinkel α maßgebend: $\alpha = 0{,}5\ (\alpha_1 + \alpha_2)$.

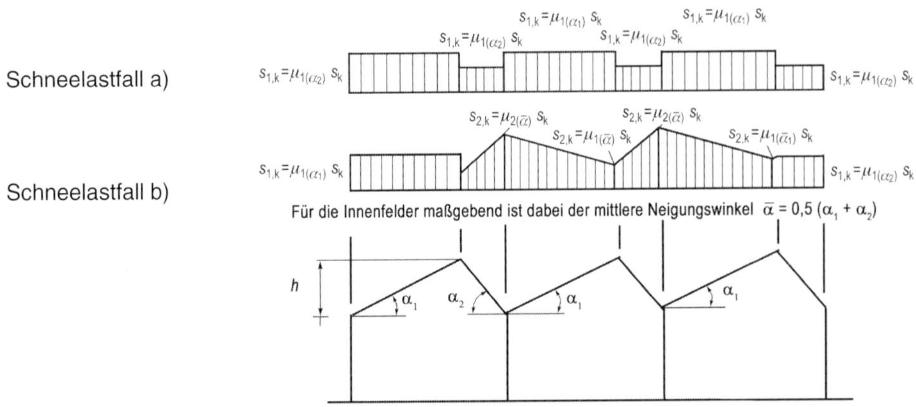

Bild **4**.12 Lastbild der Schneelasten für gereihte Satteldächer

Der Formbeiwert μ_2 aus Tafel **4**.9 kann begrenzt werden auf folgenden Wert:

$$\mu_2 \leq \mu_1 + \gamma \cdot h/s_k \qquad \text{Gl. (4.18)}$$

Hierbei sind:

γ Wichte des Schnees: für diese Berechnungen $\gamma = 2$ kN/m^3

h Höhenlage des Firstes über der Traufe in m

s_k charakteristische Schneelast in kN/m^2 nach Gleichung (4.13) bis (4.15)

Beispiele mit Anwendungen der Schneelasten bei Belastungen von Dächern enthält Abschnitt 4.12.5.

4.8.2 Eislasten

Die Vereisung durch Eisregen oder Raueis hängt von den meteorologischen Verhältnissen ab. Lufttemperatur, relative und absolute Luftfeuchte und Wind wechseln stark durch Geländeform und Geländehöhe. In besonderen Fällen und in besonders exponierten Lagen ist bei der Planung in Abstimmung mit der zuständigen Behörde festzulegen, welcher Eisansatz zu berücksichtigen ist. Für die Ermittlung der charakteristischen Eislasten ist die Eisrohwichte für Klareis und Glatteis ist mit 9 kN/m^3 anzusetzen, für Raueis mit 5 kN/m^3.

Im Allgemeinen werden Eislasten nur bei filigranen Bauteilen, z.B. stabförmige Bauglieder, anstelle der Schneelasten zu berücksichtigen sein. Hierfür sind Vereisungsklassen und Eiszonen in einer Eiszonenkarte festgelegt (DIN 1055-5). Zusätzlich zum erhöhten Gewicht ist dabei die größere Windangriffsfläche zu beachten.

Bei Bauteilen des üblichen Hochbaus sind Eislasten im Allgemeinen nicht zu berücksichtigen.

4.9 Windlasten

Im Freien stehende Bauwerke sind der Einwirkung von Wind ausgesetzt. Wenn Wind auf Bauwerke und Bauteile trifft, werden sie durch Windlasten beansprucht. Windlasten gehören wie Verkehrslasten und Nutzlasten zu den nicht ständig wirkenden Lasten. Windlasten müssen für jeden durch Wind belasteten Bereich rechnerisch erfasst werden, dies geschieht in Form von Windkräften und Winddrücken. Durch Wind belastete Bereiche können sein:

- das gesamte Bauwerk,
- Teile des Bauwerks, z.B. Außenwände, Fassadenelemente und deren Befestigungen, Dächer.

Die Windrichtung kann im Allgemeinen waagerecht wirkend angenommen werden. Die Windlast in unabhängig von der Himmelsrichtung in jeder Richtung und in voller Größe anzusetzen, auch wenn der Wind überwiegend aus westlichen Richtungen bläst.

Bei der Beanspruchung der Bauwerke und Bauteile ist Windgeschwindigkeit v für die Größe der Windlast die maßgebend. Durch die Windgeschwindigkeit wird ein Druck auf Bauwerke und Bauteile ausgeübt, dies ist der Geschwindigkeitsdruck q. Er ergibt sich aus folgender Gleichung:

$$q = \frac{1}{2} \cdot \rho \cdot v^2 \qquad \text{oder} \qquad q = v^2 / 1600 \qquad \text{Gl. (4.19)(4.20)}$$

Hierbei sind:

q Geschwindigkeitsdruck des Windes in kN/m^2
ρ (rho) Rechenwert der Luftdichte $\rho = 1{,}25$ kg/m^3
v Windgeschwindigkeit in m/s

Hinweis:

Alle angegebenen Einwirkungen durch Winddruck oder Windsog sind charakteristische Einwirkungen. Vereinfachend wird auf den Index k verzichtet. Bei der Bemessung der Tragwerke ist mit den Bemessungswerten der Windeinwirkungen zu rechnen, es sind also Winddruck und Windsog mit einem entsprechender Teilsicherheitsbeiwert zu multiplizieren.

Windzonen

Deutschland ist in vier Windzonen WZ1 bis WZ4 eingeteilt. Dies ist in dem unterschiedlichen Windklima zwischen Küste und Binnenland begründet. Die Windgeschwindigkeit ist an der Küste größer und deshalb ist auch dort die Windlast höher anzusetzen. Tafel **4.**10 zeigt die vier Windzonen, denen unterschiedliche Windgeschwindigkeiten als Referenzgeschwindigkeiten q_{ref} und Geschwindigkeitsdrücke als Referenzdrücke q_{ref} zugeordnet sind. Diese Werte sind in Tafel **4.**10 zusammengestellt und gelten in einer Höhe von 10 m im ebenen, offenen Gelände. Sie gelten außerdem für eine Mittelung über einen Zeitraum von 10 Minuten bei einer jährlichen Überschreitungswahrscheinlichkeit von 0,02 entsprechend einer Wiederkehrperiode von 50 Jahren.

Tafel **4**.10 Karte der **Windzonen** mit den zugehörigen Windgeschwindigkeiten v_{ref} und Geschwindigkeitsdrücken q_{ref} [nach DIN 1055-4, Anhang A]

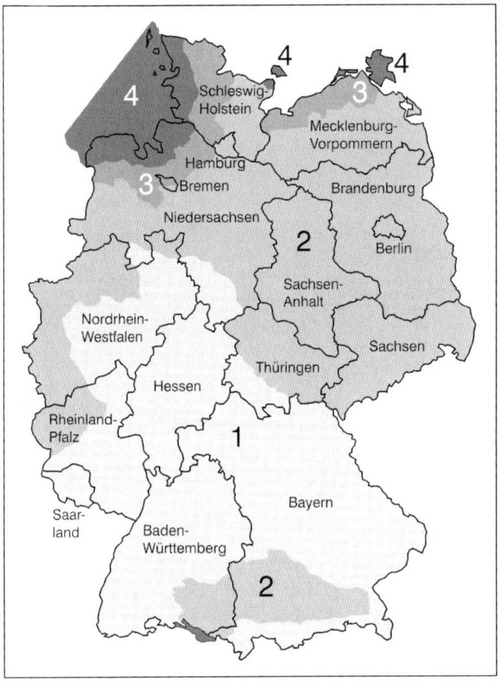

Wind zone	Referenz-geschwindigkeit v_{ref} [m/s]	Referenzdruck q_{ref} [kN/m²]
1	22,5	0,32
2	25,0	0,39
3	27,5	0,47
4	30,0	0,56
Mittelwerte in 10 m Höhe im ebenen, offenen Gelände		

Für die Größe der Windlast sind Windböen maßgebend. Daher wird bei der Berechnung der Windlasten von der Böengeschwindigkeit und dem dabei entstehenden Böengeschwindigkeitsdruck q ausgegangen. Von Bedeutung für den Böengeschwindigkeitsdruck sind außerdem die Bodenrauigkeit und die Topografie. Es werden vier Geländekategorien sowie zwei Mischprofile unterschieden:

- Geländekategorie I: offene See; Seen mit mindestens 5 km freier Fläche in Windrichtung; glattes flaches Land ohne Hindernisse.
- Geländekategorie II: Gelände mit Hecken, einzelnen Gehöften, Häusern oder Bäumen, z.B. landwirtschaftliches Gebiet
- Geländekategorie III: Vorstädte; Industrie- und Gewerbegebiete; Wälder.
- Geländekategorie IV: Stadtgebiete, bei denen mindestens 15 % der Fläche mit Gebäuden bebaut sind, deren mittlere Höhe 15 m überschreitet
- Mischprofil Küste: Übergangsbereich zwischen Geländekategorie I und II
- Mischprofil Binnenland: Übergangsbereich zwischen Geländekategorie II und III

Vereinfachung

Bei der Berücksichtigung der Bodenrauigkeit kann vereinfachend und auf der sicheren Seite liegend folgendes angenommen werden:

- Geländekategorie I: küstennahe Gebiete sowie auf den Nordsee- und Ostsee-Inseln
- Geländekategorie II: Binnenland

Der Geschwindigkeitsdruck q gilt für ebenes Gelände. Für exponierte Lagen des Gebäudestandortes kann eine Erhöhung des Geschwindigkeitsdruckes erforderlich sein (DIN 1055-4). Bei Standorten über 800 m NN ist der Wert um 10 % je 100 Höhenmeter zu erhöhen. Für Kamm- und Gipfellagen der Mittelgebirge sowie für Gebäudestandorte über 1100 m NN sind besondere Überlegungen nötig.

4.9.1 Windkräfte auf Baukörper

Windkräfte, die auf Bauwerke und Bauteile wirken, sind rechnerisch zu erfassen. Nach DIN 1055-100 sind Windlasten als veränderliche, freie und unabhängige Einwirkungen zu betrachten. Maßgebend für Windlasten, die auf Tragwerke einwirken, ist DIN 1055-4.

Winddrücke wirken auf außen liegende Oberflächen von Baukörpern und bei Durchlässigkeit der äußeren Gebäudehülle auch auf innen liegende Oberflächen. Es wird angenommen, dass der Winddruck rechtwinklig auf die betrachtete Oberfläche wirkt. Nur in Sonderfällen werden auch parallel zur Oberfläche wirkende Reibungskräfte berücksichtigt. Für Bauwerke, die bei Windeinwirkung in Schwingungen geraten, gelten besondere Berechnungsverfahren, auf die hier nicht eingegangen wird.

Bauwerke des üblichen Hochbaues, wie Wohn-, Büro-, Gewerbe- und Industriegebäude bis 25 m Höhe sind als „nicht schwingungsanfällig" anzusehen. Sie können nach einem vereinfachten Verfahren berechnet werden, das im Folgenden näher dargestellt wird.

Bei Bauwerken, die durch genügend steife Wände und Decken hinreichend ausgesteift sind, muss die Windeinwirkung auf die Gesamtkonstruktion in der Regel nicht nachgewiesen zu werden. Bauwerke sind im Allgemeinen in Richtung ihrer Hauptachsen zu untersuchen. Nur in besonderen Fällen ist eine Berechnung über Eck erforderlich.

Für bauliche Anlagen und Bauteile, bei denen eine ausreichende Sicherheit gegen Kippen und/oder Gleiten infolge Windeinwirkung und anderer waagerechter Lasten nicht feststeht, ist die ausreichende Sicherheit gegen Kippen und Gleiten nachzuweisen. Berechnungen dieser Art werden in den Abschnitten 5.3 und 5.4 gezeigt.

Beim Anströmen von Baukörpern durch Wind entsteht Winddruck auf der Seite, die dem Wind zugekehrt ist (Luv). Auf der entgegen gesetzten, dem Wind abgekehrten Seite, entsteht Windsog (Lee). Die Bauwerksseiten, an denen der Wind entlang streicht, wirkt ebenfalls Windsog. Dies gilt auch für geneigte Flächen, z.B. Dachflächen. An Ecken und Kanten, sowie bei Übergang von einer Dachneigung in eine andere entstehen Wirbel, die ebenfalls Sog bewirken können. Bild **4**.13 zeigt dies in schematischer Darstellung.

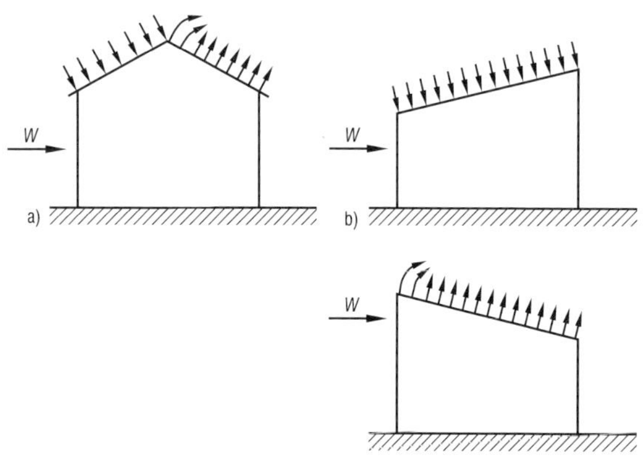

Bild **4**.13
Schematische Darstellung von Winddruck und Windsog bei Windeinwirkung auf Gebäude

a) Gebäude mit Satteldach: luvseitig herrscht Druck, leeseitig wirkt Sog
b) Gebäude mit Pultdach: luvseitig Druck, leeseitig und an der oberen Dachkante Sog

Der allgemeine Begriff "Winddruck" schließt ein, dass der Wind auch mit Sogwirkung auftreten kann. Windsog ist negativer Winddruck. Beiwerte zur Berechnung des Winddrucks werden mit negativem Vorzeichen versehen, wenn es sich um Windsog handelt.

4.9.2 Windkräfte auf Bauwerksflächen

Zu den durch Windkräfte belasteten Bereichen gehören alle Bauwerksflächen. Für massive Wände braucht die Windbeanspruchung nicht nachgewiesen zu werden. Anders ist es bei Fassadenelementen und deren Befestigungen oder bei Dächern mit all ihren Teilen. Hierfür ist ein Nachweis der Windbeanspruchung erforderlich. Dabei ist der größte Winddruck, der auftreten kann, rechnerisch zu erfassen.

Böengeschwindigkeitsdruck

Der größte Winddruck entsteht bei Windböen. Daher ist die Böengeschwindigkeit für die Größe des Böengeschwindigkeitsdrucks q maßgebend. Dieser Winddruck ist bei Bauwerksflächen als Belastung anzusetzen.

Für Bauwerke bis 25 m Höhe darf entsprechend DIN 1055-4 ein vereinfachter Böengeschwindigkeitsdruck q über die gesamte Gebäudehöhe angesetzt werden. In Tafel **4**.11 ist der vereinfachte Böengeschwindigkeitsdruck q für die vier Windzonen und für Gebäudehöhen bis 25 m zusammengestellt.

Tafel **4**.11 Vereinfachter **Böengeschwindigkeitsdruck** q für Bauwerke bis 25 m Höhe [nach DIN 1055-4]

Windzone		Böengeschwindigkeitsdruck q in kN/m² bei einer Gebäudehöhe h in den Grenzen von		
		$h \leq 10$ m	$h > 10$ bis 18 m	$h > 18$ bis 25 m
WZ 1	Binnenland	0,50	0,65	0,75
WZ 2	Binnenland	0,65	0,80	0,90
	Küste[1] und Inseln der Ostsee	0,85	1,00	1,10
WZ 3	Binnenland	0,80	0,95	1,10
	Küste[1] und Inseln der Ostsee	1,05	1,20	1,30
WZ 4	Binnenland	0,95	1,15	1,30
	Küste[1] der Nord- und Ostsee und Inseln der Ostsee	1,25	1,40	1,55
	Inseln der Nordsee [2]	1,40	[2]	[2]

1) Zur Küste zählt ein 5 km breiter landeinwärts liegender Streifen entlang der Küste.
2) Auf den Inseln der Nordsee ist der Böengeschwindigkeitsdruck für Bauwerke über 10 m Gebäudehöhe gesondert zu bestimmen nach Tafel 4.12.

Für Bauwerke mit einer Höhe über 25 m sowie für Bauwerke auf den Nordsee-Inseln mit mehr als 10 m Höhe ist der Böengeschwindigkeitsdruck nach Tafel **4**.12 entsprechend DIN 1055-4 zu berechnen. Hierbei wird zusätzlich zur geografischen Lage (Windzonen) auch der Einfluss der Bodenrauigkeit berücksichtigt. Hierbei werden in der Regel drei Profile des Böengeschwindigkeitsdruckes unterschieden: Binnenland, küstennahe Gebiete sowie Inseln der Ostsee, Inseln der Nordsee. In Tafel **4**.12 sind die zugehörigen Gleichungen für den von der Höhe z abhängigen Böengeschwindigkeitsdruck $q_{(z)}$ zusammengestellt. Der mittlere Geschwindigkeitsdruck ist als Referenzdruck q_{ref} für die entsprechende Windzone der Tafel **4**.10 zu entnehmen.

Tafel **4**.12 Höhenabhängiger **Böengeschwindigkeitsdruck** $q_{(z)}$ für Bauwerke über 25 m [nach DIN 1055-4]

Binnenland (Mischprofil der Geländekategorien II und III)	$q_{(z)} = 1{,}5 \cdot q_{ref}$	für $z \leq 7$ m
	$q_{(z)} = 1{,}7 \cdot q_{ref} \cdot (z/10)^{0{,}37}$	für $7 < z \leq 50$ m
	$q_{(z)} = 2{,}1 \cdot q_{ref} \cdot (z/10)^{0{,}24}$	für $z > 50$ bis 300 m
küstennahe Gebiete sowie Inseln der Ostsee (Mischprofil der Geländekategorien I und II)	$q_{(z)} = 1{,}8 \cdot q_{ref}$	für $z \leq 4$ m
	$q_{(z)} = 2{,}3 \cdot q_{ref} \cdot (z/10)^{0{,}27}$	für $4 < z \leq 50$ m
	$q_{(z)} = 2{,}6 \cdot q_{ref} \cdot (z/10)^{0{,}19}$	für $z > 50$ bis 300 m
Inseln der Nordsee (Geländekategorie I) für Bauwerke über 10 m Gebäudehöhe	$q_{(z)} = 1{,}1$ kN/m²	für $z \leq 2$ m
	$q_{(z)} = 1{,}5 \cdot (z/10)^{0{,}19}$	für $z > 2$ bis 300 m

Winddruck

Der Winddruck ist zu berechnen, indem der Böengeschwindigkeitsdruck q mit dem zugehörigen aerodynamischen Beiwert c_p multipliziert wird:

$$\text{Winddruck } w = c_p \cdot q \qquad \text{Gl. (4.21)}$$

Hierbei kann der vereinfachte Böengeschwindigkeitsdruck q aus Tafel **4**.11 oder der höhenabhängige Böengeschwindigkeitsdruck $q_{(z)}$ aus Tafel **4**.12 angesetzt werden. Die aerodynamischen Beiwerte können zusätzlich nach dem Außendruck und dem Innendruck unterschieden werden, falls dies erforderlich ist. Außendruck ist der übliche Fall bei Außenbauteilen: Beiwert c_{pe} oder vereinfacht c_p. Innendruck entsteht, wenn Wind in offene Gebäude gelangt und dort auf Oberflächen im Inneren eines Bauwerks wirkt: Beiwert c_{pi}. Der Index pe steht für Winddruck von außen (extern), der Index pi für Winddruck von innen (intern).

$$\text{Winddruck außen} \quad w_e = c_{pe} \cdot q_{(z,e)} \quad \text{in kN/m}^2 \qquad \text{Gl. (4.22)}$$

$$\text{Winddruck innen} \quad w_i = c_{pi} \cdot q_{(z,i)} \quad \text{in kN/m}^2 \qquad \text{Gl. (4.23)}$$

Hierbei sind:

- c_{pe} aerodynamischer Beiwert für Außendruck nach Tafeln **4**.13 bis **4**.18
- c_{pi} aerodynamischer Beiwert für Innendruck
- $q_{(z,e)}$ Böengeschwindigkeitsdruck für die Bezugshöhe z_e bei Bauwerken bis 25 m nach Tafel **4**.11 oder **4**.12
- $q_{(z,i)}$ Böengeschwindigkeitsdruck für die Bezugshöhe z_i bei Bauwerken über 25 m nach Tafel **4**.11 oder **4**.12

Der Winddruck innen w_i ist abhängig von der Größe und der Lage der Öffnung in der Außenfläche. Der Winddruck w_i wirkt auf alle Raumabschlüsse eines Innenraums gleichzeitig und mit gleichem

Vorzeichen. Die Belastung durch Winddruck insgesamt ergibt sich als resultierender Winddruck w_{ges} von Außendruck w_e und Innendruck w_i. Der Winddruck w_i darf jedoch nicht entlastend angesetzt werden.

Druckbeiwerte für Wände von Gebäuden

Die aerodynamischen Beiwerte für den Außendruck c_{pe} auf vertikale Wände rechteckiger Gebäude sind abhängig von der Größe der belasteten Fläche, der Lasteinzugsfläche A. Sie sind in Tafel **4**.13 eingetragen. Die Bezeichnung der Wände und Wandteile des Bauwerks zeigt Bild **4**.16. Die Breite der luvseitigen Wand wird mit b bezeichnet. Es ist die einzige Wandfläche, die positivem Winddruck ausgesetzt ist, während alle anderen Gebäudeflächen negativen Winddruck erfahren, also Windsog (siehe Tabellenwerte). Die in Windrichtung verlaufenden Wandbereiche A und B haben die Länge e. Hierfür gilt Gleichung (4.24), wobei der kleinere Wert maßgebend ist.

$$e = b \quad \text{oder} \quad e = 2 \cdot h \qquad \text{Gl. (4.24)}$$

Tafel **4**.13 **Außendruckbeiwerte** c_{pe} für Wind auf vertikale Wände rechteckiger Gebäude (Einteilung der Wandflächen A bis E nach Bild **4**.14) [nach DIN 1055-4]

Bereich	A		B		C		D		E	
h/d	$c_{pe,10}$	$c_{pe,1}$	$c_{pe,10}$	$c_{pe,1}$	$c_{pe,10}$	$c_{pe,1}$	$c_{pe,10}$	$c_{pe,1}$	$c_{pe,10}$	$c_{pe,1}$
≥ 5	– 1,4	– 1,7	– 0,8	– 1,1	– 0,5	– 0,7	+ 0,8	– 1,0	– 0,5	– 0,7
1	– 1,2	– 1,4	– 0,8	– 1,1	– 0,5		+ 0,8	– 1,0	- 0,5	
≤ 0,25	– 1,2	– 1,4	– 0,8	– 1,1	– 0,5		+ 0,7	– 1,0	– 0,3	– 0,5

Für einzeln in offenem Gelände stehende Bauwerke können im Sogbereich auch größere Sogkräfte auftreten.
Zwischen den Werten für h/d = 1 (hohe Gebäude) und h/d = 4 (niedrige Gebäude) darf linear interpoliert werden. Für c_{pe} sind jeweils zwei Werte angegeben: $c_{pe,1}$ für kleine Flächen mit $A \leq 1$ m², $c_{pe,10}$ für große Flächen mit $A \geq 10$ m².
Der betragsmäßig größere Wert $c_{pe,1}$ berücksichtigt örtliche Druck- oder Sogspitzen.
Für mittlere Flächen zwischen $A \geq 1$ m² bis 10 m² darf logarithmisch interpoliert werden.

Hinweis:

Zusätzliche Kraftbeiwerte c_f sind bei der Berechnung der Gesamtwindlast für sehr hohe und schmale Bauwerke mit $h/d > 5$ zu berücksichtigen (z.B. für Hochhäuser, Türme, Schornsteine). Kraftbeiwerte c_f für diese Berechnungen sind in DIN 1055-4, Abschn. 12.4 bis 12.6 und 12.7.1 angegeben. Im Folgenden werden Berechnungen für derartige Bauwerke nicht durchgeführt.

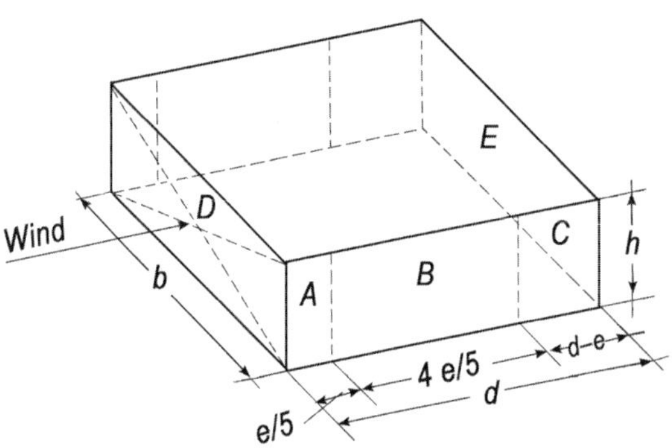

Bild **4**.14
Bezeichnung der Wände und Wandteile sowie Aufteilung der von Wind bestrichenen Seitenwände [DIN 1055-4]

Druckbeiwerte für Außenwandbekleidungen

Bei luftdichten Außenwandbekleidungen ist der Winddruck wie bei einer einschaligen Wand anzusetzen. Bei einer luftdurchlässigen Außenwandbekleidung ist auch der Druck zu berücksichtigen, der im Hinterlüftungsraum entsteht. Der Beiwert $c_{p,net}$ für den resultierenden Winddruck auf die Außenwandbekleidung darf angenommen werden mit:

$$c_{p,net} = \pm\, 0{,}5$$

Hierfür gelten folgende Voraussetzungen:

- Entlang der vertikalen Gebäudekanten ist eine wirksame, vertikale Luftsperre angeordnet.
- Für die Durchlässigkeit der Außenwandbekleidung gilt:
  Fläche der Öffnungen zur Fläche der Außenwandbekleidung ≥ 0,75 %, wobei die Fläche der Öffnungen gleichmäßig über die Gesamtfläche verteilt ist.
- Die lichte Dicke des Hinterlüftungsquerschnitts ist kleiner als 100 mm.

Druckbeiwerte für freistehende Wände

Durch Wind, der auf freistehende Wände wirkt, entsteht Winddruck auf der Vorderseite (Luvseite) und Windsog auf der Rückseite (Leeseite) der Wand. Zusammen ergibt dies den resultierenden Gesamtwinddruck w_{net}. Der resultierende Winddruck ist mit dem zugehörigen Druckbeiwert $c_{p,net}$ mal dem Referenzdruck q_{ref} als Geschwindigkeitsdruck für die entsprechende Windzone aus Tafel **4**.10 zu berechnen ist:

$$w_{net} = c_{p,net} \cdot q_{ref} \qquad \text{Gl. (4.25)}$$

Die Bezugshöhe z_e ist für freistehende Wände mit $z_e = h$ anzunehmen, wobei h die Wandhöhe ist. Bei freistehenden Wänden nimmt der resultierende Winddruck zum freien Ende der Wand zu und ist dort am größten. In Bild **4**.15 sind die Wandbereiche A bis D für lange Wände $l > 4\,h$ dargestellt. Bei Wänden $l \geq 2\,h$ bis $4\,h$ entfällt Bereich D, bei Wänden $l \leq 2\,h$ entfällt auch Bereich C. Die zugehörigen Druckbeiwerte $c_{p,net}$ sind abhängig vom Völligkeitsgrad in Tafel **4**.14 angegeben.

Tafel **4**.14 Beiwerte für den resultierenden Druck $c_{p,net}$ für freistehende Wände [DIN 1055-4, Tab. 9]

Völligkeitsgrad	Zone		A	B	C	D
φ = 1,0	gerade Wand	$l/h \leq 3$	+ 2,3	+ 1,4	+ 1,2	+ 1,2
		$l/h = 5$	+ 2,9	+ 1,8	+ 1,4	+ 1,2
		$l/h \geq 10$	+ 3,4	+ 2,1	+ 1,7	+ 1,2
	abgewinkelte Wand mit Schenkellänge ≥ h [1) 2)]		± 2,1	± 1,8	± 1,4	± 1,2
φ = 0,8			± 1,2			

[1)] Für Längen des abgewinkelten Wandstücks zwischen 0 und h darf linear interpoliert werden.
[2)] Das Mischen von positiven und negativen Beiwerten ist nicht gestattet.

Für vollkommen geschlossene Wände gilt der Völligkeitsgrad $\varphi = 1{,}0$. Für Wände, die bis zu 20 % offen sind, gilt der Völligkeitsgrad $\varphi = 0{,}8$. Für Völligkeitsgrade von $\varphi = 0{,}8$ bis $\varphi = 1{,}0$ können die Beiwerte linear interpoliert werden.

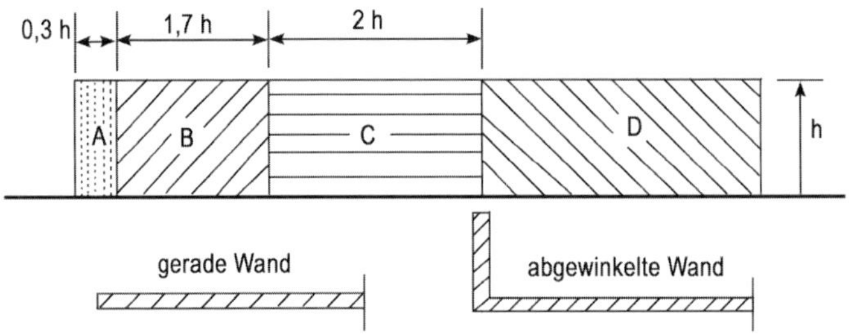

Bild **4**.15
Einteilung einer Wandfläche in Bereiche A bis D [DIN 1055-4]

Druckbeiwerte für Flachdächer

Als Flachdächer gelten Dächer mit einer Neigung von weniger als ± 5°. Das Dach ist entsprechend Bild **4**.16 in Bereiche F bis I zu unterteilen. Für Flachdächer mit scharfkantiger Traufe oder mit Attika gibt Tafel **4**.15 die entsprechenden Druckbeiwerte c_{pe} an.

Tafel **4**.15 Außendruckbeiwerte c_{pe} für Wind bei Flachdächern [DIN 1055-4]

		Bereich							
		F		G		H		I	
		$c_{pe,10}$	$c_{pe,1}$	$c_{pe,10}$	$c_{pe,1}$	$c_{pe,10}$	$c_{pe,1}$	$c_{pe,10}$	$c_{pe,1}$
Scharfkantiger Traufbereich		– 1,8	– 2,5	– 1,2	– 2,0	– 0,7	– 1,2	+ 0,2 – 0,6	
mit Attika	$h_p/h = 0{,}025$	–1,6	–2,2	– 1,1	– 1,8	– 0,7	– 1,2	+ 0,2 – 0,6	
	$h_p/h = 0{,}05$	– 1,4	–2,0	– 0,9	– 1,6	– 0,7	– 1,2	+ 0,2 – 0,6	
	$h_p/h = 0{,}10$	–1,2	– 1,8	– 0,8	– 1,4	– 0,7	– 1,2	+ 0,2 – 0,6	

In Bild **4**.16 sind die Bezeichnungen der Teilflächen angegeben. Für Tafel **4**.15 und Bild **4**.16 gilt:

bei sehr flachen Gebäuden mit einem Verhältnis von $h/d < 0{,}1$ darf der Bereich F entfallen

h = Höhe des Gebäudes

h_p = Höhe der Attika über der Dachfläche

d = Grundrissabmessung in Windrichtung

b = Abmessung quer zum Wind

e = b oder $2 \cdot h$, der kleinere Wert ist maßgebend

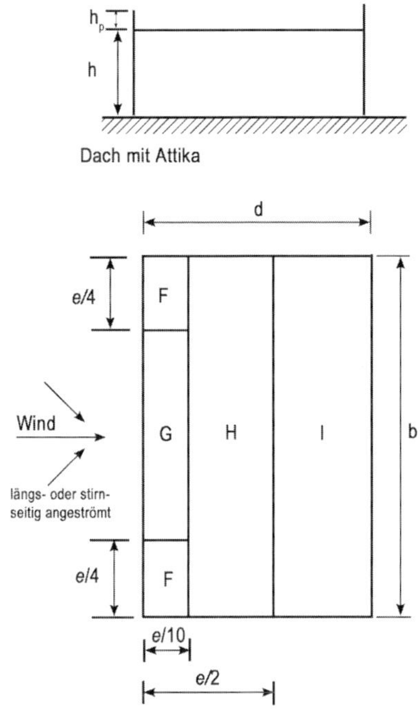

Bild **4.16** Aufteilung der Dachfläche bei Flachdächern [DIN 1055-4]

Druckbeiwerte für Pultdächer

Die Dachfläche von Pultdächern ist in Bereiche entsprechend Bild **4**.17 aufzuteilen. Bei der Berechnung des Winddrucks ist die Bezugshöhe z_e mit $z_e = h$ anzusetzen. Außerdem gilt: $e = b$ oder $e = 2 \cdot h$. Der kleinere Wert ist maßgebend. b ist die Breite der luvseitigen Wand.

Für die Bereiche F bis H sind die Außendruckbeiwerte c_{pe} in Tafel **4**.16 angegeben.

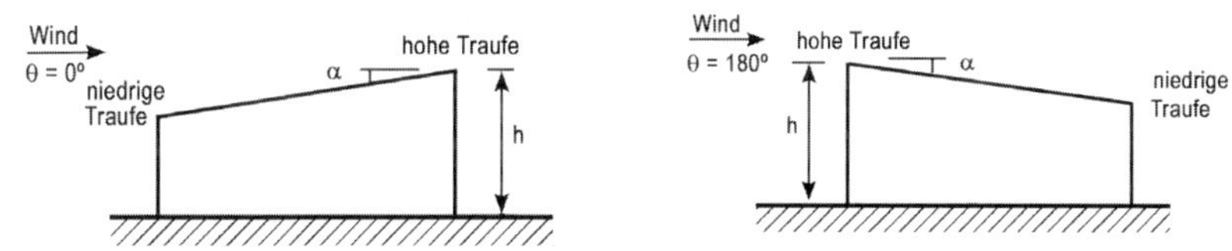

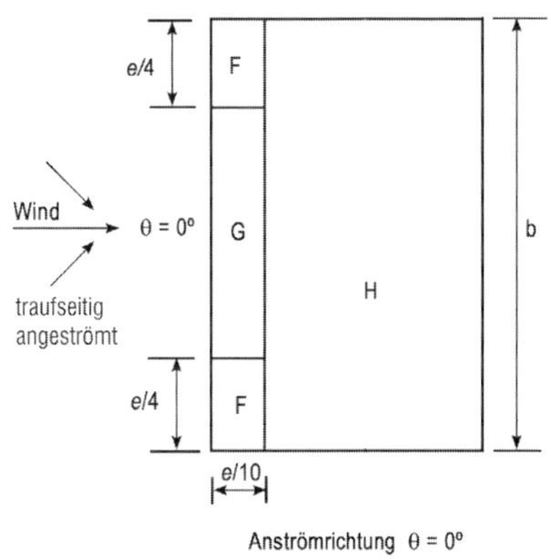

Bild **4.17** Aufteilung der Dachfläche bei Pultdächern [DIN 1055-4]

Tafel **4**.16 Außendruckbeiwerte c_{pe} für Wind bei Pultdächern [DIN 1055-4]

Neigungswinkel α	Anströmrichtung $\Theta = 0°$						Anströmrichtung $\Theta = 180°$					
	Bereich						Bereich					
	F		G		H		F		G		H	
	$c_{pe,10}$	$c_{pe,1}$	$c_{pe,10}$	$c_{pe,1}$	$c_{pe,10}$	$c_{pe,1}$	$c_{pe,10}$	$c_{pe,1}$	$c_{pe,10}$	$c_{pe,1}$	$c_{pe,10}$	$c_{pe,1}$
5°	−1,7	− 2,5	− 1,2	− 2,0	− 0,6 + 0,2	− 1,2	− 2,3	− 2,5	− 1,3	− 2,0	− 0,8	− 1,2
15°	− 0,9	− 2,0	− 0,8	− 1,5	− 0,3		− 2,5	− 2,8	− 1,3	− 2,0	− 0,9	− 1,2
	+ 0,2		+ 0,2		+ 0,2							
30°	− 0,5	− 1,5	− 0,5	− 1,5	− 0,2		− 1,1	− 2,3	− 0,8	− 1,5	− 0,8	
	+ 0,7		+ 0,7		+ 0,4							
45°	+ 0,7		+ 0,7		+ 0,6		− 0,6	− 1,3	− 0,5		− 0,7	
60°	+ 0,7		+ 0,7		+ 0,7		− 0,5	− 1,0	− 0,5		− 0,5	
75°	+ 0,8		+ 0,8		+ 0,8		− 0,5	− 1,0	− 0,5		− 0,5	

Für eine Anströmrichtung von 0° und bei Neigungswinkeln von $\alpha = +15°$ bis $+30°$ wechselt der Winddruck zwischen positivem und negativem Winddruck. Die negativen Werte in Tafel 4.16 zeigen Windsog an. Für Dachneigungen zwischen den angegebenen Werten darf linear interpoliert werden, jedoch nur dann, wenn nicht das Vorzeichen wechselt.

Für Anströmwinkel von 90° sind in DIN 1055-4 weitere Druckbeiwerte angegeben.

Druckbeiwerte für Satteldächer und Trogdächer

Die Dachfläche von Sattel- und Trogdächern ist in Bereiche entsprechend Bild **4**.18 aufzuteilen. Bei der Berechnung des Winddrucks ist die Bezugshöhe z_e mit $z_e = h$ anzusetzen. Außerdem gilt: $e = b$ oder $e = 2 \cdot h$. Der kleinere Wert ist maßgebend. b ist die Breite der luvseitigen Wand. Für Satteldächer und Trogdächer gibt Tafel **4**.17 die entsprechenden Außendruckbeiwerte c_{pe} an.

Tafel **4**.17 Außendruckbeiwerte c_{pe} für Wind bei Sattel- und Trogdächern [DIN 1055-4]

Neigungswinkel α	Anströmrichtung $\Theta = 0°$									
	Bereich									
	F		G		H		I		J	
	$c_{pe,10}$	$c_{pe,1}$	$c_{pe,10}$	$c_{pe,1}$	$c_{pe,10}$	$c_{pe,1}$	$c_{pe,10}$	$c_{pe,1}$	$c_{pe,10}$	$c_{pe,1}$
− 45°	− 0,6		− 0,6		− 0,8		− 0,7		− 1,0	− 1,5
− 30°	− 1,1	− 2,0	− 0,8	− 1,5	− 0,8		− 0,6		− 0,8	− 1,4
− 15°	− 2,5	− 2,8	− 1,3	− 2,0	− 0,9	− 1,2	− 0,5		− 0,7	− 1,2
− 5°	− 2,3	− 2,5	− 1,2	− 2,0	− 0,8	− 1,2	− 0,6 + 0,2		− 0,6 + 0,2	
5°	− 1,7	− 2,5	− 1,2	− 2,0	− 0,6	− 1,2	− 0,6 + 0,2		− 0,6 + 0,2	
15°	− 0,9	− 2,0	− 0,8	− 1,5	− 0,3		− 0,4		− 1,0	− 0,5
	+ 0,2		+ 0,2		+ 0,2					

Neigungswinkel α	Anströmrichtung $\Theta = 0°$									
	Bereich									
	F		G		H		I		J	
	$c_{pe,10}$	$c_{pe,1}$	$c_{pe,10}$	$c_{pe,1}$	$c_{pe,10}$	$c_{pe,1}$	$c_{pe,10}$	$c_{pe,1}$	$c_{pe,10}$	$c_{pe,1}$
30°	– 0,5	– 1,5	– 0,5	– 1,5	– 0,2		– 0,4		– 0,5	
	+ 0,7		+ 0,7		+ 0,4					
45°	+ 0,7		+ 0,7		+ 0,6		– 0,4		– 0,5	
60°	+ 0,7		+ 0,7		+ 0,7		– 0,4		– 0,5	
75°	+ 0,8		+ 0,8		+ 0,8		– 0,4		– 0,5	

Für eine Anströmrichtung von 0° und bei Neigungswinkeln von $\alpha = +15°$ bis $+30°$ wechselt der Winddruck zwischen positivem und negativem Winddruck. Die negativen Werte in Tafel **4.**17 zeigen Windsog an. Für Dachneigungen zwischen den angegebenen Werten darf linear interpoliert werden, jedoch nur dann, wenn nicht das Vorzeichen wechselt.

Für Anströmwinkel von 90° sind in DIN 1055-4 weitere Druckbeiwerte angegeben.

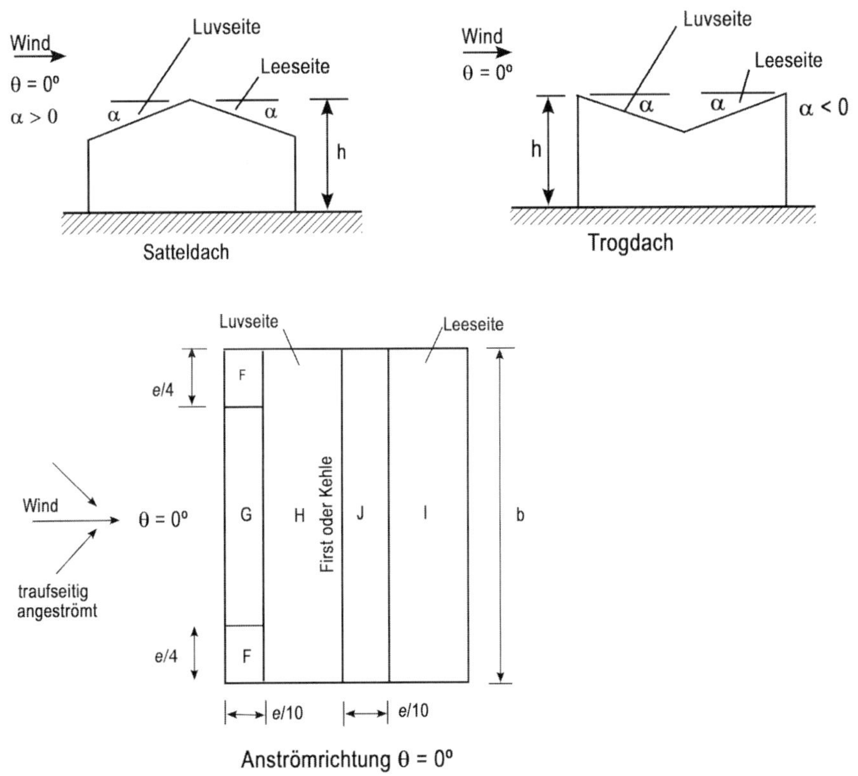

Bild **4.**18 Aufteilung der Dachfläche bei Sattel- und Trogdächern [DIN 1055-4]

Druckbeiwerte für Walmdächer

Die Dachfläche von Walmdächern ist in Bereiche entsprechend Bild **4**.19 aufzuteilen. Für die Bereiche F bis H sind die Druckbeiwerte c_{pe} in Tafel **4**.18 angegeben. Bei der Berechnung des Winddrucks ist die Bezugshöhe z_e mit $z_e = h$ anzusetzen. Außerdem gilt: $e = b$ oder $e = 2 \cdot h$. Der kleinere Wert ist maßgebend. b ist die Breite der luvseitigen Wand.

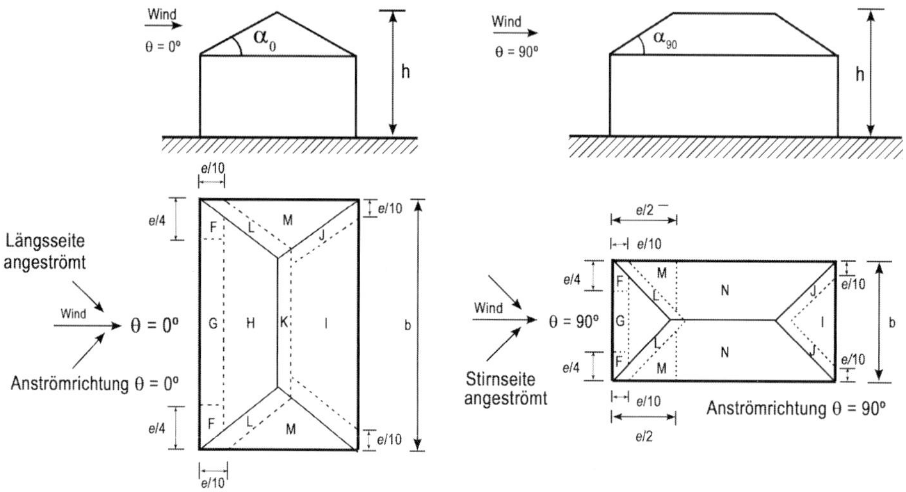

Bild **4**.19 Aufteilung der Dachfläche bei Walmdächern [DIN 1055-4]

Tafel **4**.18 Außendruckbeiwerte c_{pe} für Wind bei Walmdächern [DIN 1055-4]

Neigungswinkel α; α_0 für $\Theta = 0°$; α_{90} für $\Theta = 90$	Anströmrichtung $\Theta = 0°$ und $\Theta = 90°$ – Bereich F		G		H		I		J		K		L		M		N	
	$c_{pe,10}$	$c_{pe,1}$	$c_{pe,10}$	$c_{pe,1}$	$c_{pe,10}$	$c_{pe,1}$	$c_{pe,10}$	$c_{pe,1}$	$c_{pe,10}$	$c_{pe,1}$	$c_{pe,10}$	$c_{pe,1}$	$c_{pe,10}$	$c_{pe,1}$	$c_{pe,10}$	$c_{pe,1}$	$c_{pe,10}$	$c_{pe,1}$
+ 5°	– 1,7	– 2,5	– 1,2	– 2,0	– 0,6	– 1,2	– 0,3		– 0,6		– 0,6		– 1,2	–2,0	– 0,6	– 1,2	– 0,4	
+ 15°	– 0,9	– 2,0	– 0,8	– 1,5	– 0,3		– 0,5		– 1,0	– 1,5	– 1,2	– 2,0	– 1,4	– 2,0	– 0,6	– 1,2	– 0,3	
	+ 0,2		+ 0,2		+ 0,2													
+ 30°	– 0,5	– 1,5	– 0,5	– 1,5	– 0,2		– 0,4		– 0,7	– 1,2	– 0,5		– 1,4	– 2,0	– 0,8	– 1,2	– 0,2	
	+ 0,5		+ 0,7		+ 0,4													
+ 45°	+ 0,7		+ 0,7		+ 0,6		– 0,3		– 0,6		– 0,3		– 1,3	– 2,0	– 0,8	– 1,2	– 0,2	
+ 60°	+ 0,7		+ 0,7		+ 0,7		– 0,3		– 0,6		– 0,3		– 1,2	– 2,0	– 0,4		– 0,2	
+ 75°	+ 0,8		+ 0,8		+ 0,8		– 0,3		– 0,6		– 0,3		– 1,2	– 2,0	– 0,4		– 0,2	

Für eine Anströmrichtung von 0° und bei Neigungswinkeln von $\alpha = +15°$ bis $+30°$ wechselt der Winddruck zwischen positivem und negativem Winddruck. Die negativen Werte in Tafel **4.**18 zeigen Windsog an. Für Dachneigungen zwischen den angegebenen Werten darf linear interpoliert werden, jedoch nur dann, wenn nicht das Vorzeichen wechselt.

Für Anströmwinkel von 90° sind in DIN 1055-4 weitere Druckbeiwerte angegeben.

Beispiele mit Anwendungen der Windlasten bei Belastungen von Dächern enthält Abschnitt 4.12.5.

Weitere Druckbeiwerte

Weitere Druckbeiwerte für Sheddächer, freistehende Dächer, offene Bauwerke, Anzeigetafeln und Flaggen sind in DIN 1055-4 angegeben. Auch für die Abschattung freistehender Wände sind Abschattungsfaktoren für genauere Berechnungen genannt. Ebenso enthält DIN 1055-4 Kraftbeiwerte für Bauteile mit großer Schlankheit, Fachwerke sowie für Anzeigetafeln und Flaggen.

Beispiele mit Anwendungen der Windlasten bei Belastungen von Dächern enthält Abschnitt 4.12.5.

4.10 Wasserdruck

Bauwerke, die im Wasser stehen, werden durch Wasserdruck beansprucht (Bild **4.**20a). Das gleiche gilt für Behälter und Becken, die mit einer Flüssigkeit gefüllt sind (Bild **4.**20b). Die einzelnen Bauteile müssen dem wirkenden Wasserdruck bzw. Flüssigkeitsdruck standhalten.

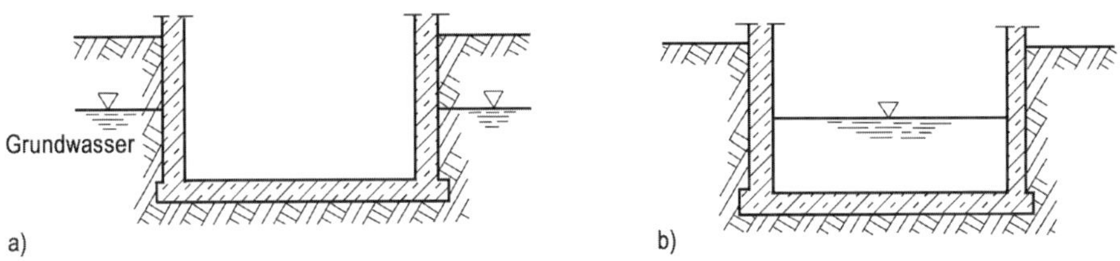

Bild **4.**20 Bauteile, die einem Wasserdruck ausgesetzt sind, müssen diesem Wasserdruck standhalten
a) Bauwerk im Grundwasser
b) Flüssigkeitsbehälter

4.10.1 Größe des Wasserdrucks

Der Druck des ruhenden Wassers ist nach den physikalischen Gesetzen als hydrostatischer Druck zu berechnen. Im Wasser nimmt der Druck mit der Tiefe h_W nach unten zu. Außerdem ist der Druck proportional zur Wichte des Wassers γ_W. Das gleiche gilt für den Druck auf angrenzende Bauteile.

Wasserdruck $q_{W,k} = h_W \cdot \gamma_W$ in kN/m² Gl. (4.26)
mit Wasserhöhe h_W in m
und Wichte des Wassers γ_W in kN/m³

Für andere Flüssigkeiten gilt sinngemäß das gleiche wie für Wasser:

Flüssigkeitsdruck $q_{w,k} = h_f \cdot \gamma_f$ in kN/m² Gl. (4.27)
mit Flüssigkeitshöhe h_f in m
und Wichte der Flüssigkeit γ_f in kN/m³

Hinweis:

Die angegebenen Einwirkungen durch Wasserdruck sind charakteristische Einwirkungen. Vereinfachend wird bei allgemeinen Erläuterungen und Prinzipzeichnungen auf den Index k verzichtet. Bei der Bemessung der Tragwerke ist mit den Bemessungswerten zu rechnen, daher ist der Wasserdruck mit einem entsprechender Teilsicherheitsbeiwert zu multiplizieren.

Beispiel zur Erläuterung

1. Der Wasserdruck wird durch die Wasserhöhe h_w bestimmt, nicht aber durch die Wassermenge, die auf die angrenzende Fläche drückt.

2. Eine Wassersäule von 10 m verursacht einen Wasserdruck von 1 bar.

$$\begin{aligned}\text{Wasserdruck } q_{w,k} &= h_w \cdot \gamma_w \\ &= 10\text{ m} \cdot 10\text{ kN/m}^3 = 100\text{ kN/m}^2 \\ &= 100\,000\text{ N/m}^2 = 0{,}1\text{ N/mm}^2 \\ &= 1\text{ bar}\end{aligned}$$

Bar ist eine besondere Einheit für den Druck.

3. Wenn sich in einer Abflussleitung wegen Verstopfung das Wasser staut, entsteht auf die Rohrwandung ein hoher Wasserdruck. Er ist genau so groß wie der Wasserdruck in einer Talsperre auf die Staumauer in derselben Tiefe.

4.10.2 Wirkung des Wasserdrucks

Der Wasserdruck q_w wirkt immer rechtwinklig auf die getroffene Fläche. Da der Wasserdruck mit zunehmender Tiefe größer wird, entstehen dreieckförmige Belastungen (Bild **4.**21a und b).

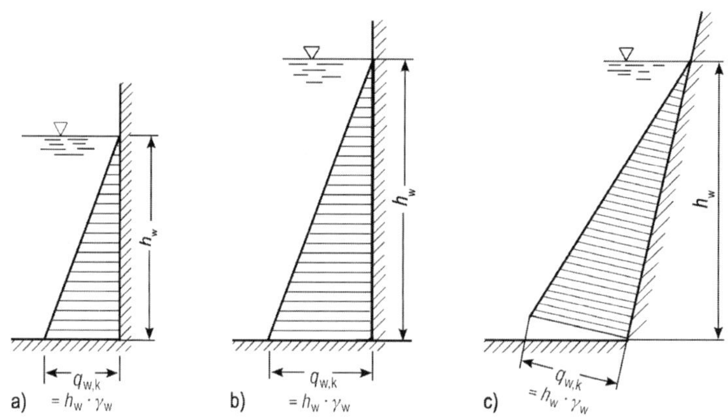

Bild **4.**21 Wasserdruck auf Bauteilflächen
a) lotrechte Fläche
b) lotrechte Fläche mit größerer Wassertiefe
c) geneigte Fläche

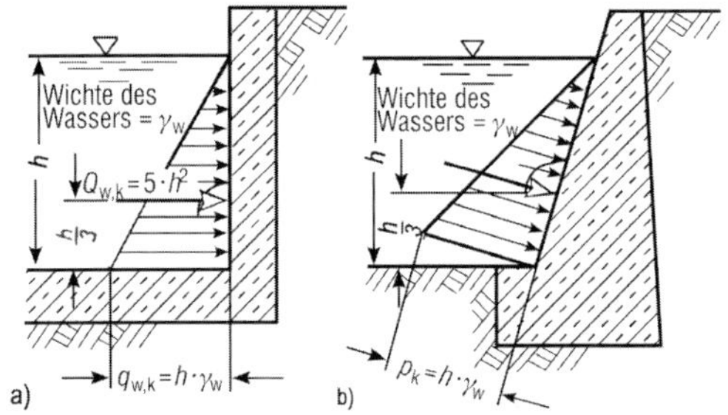

Bild **4.22**
Belastungen durch Wasserdruck
a) bei einer lotrechten Wand eines Behälters
b) bei einer geneigten Wand einer Uferbefestigung

Die resultierende Wasserdrucklast kann aus dem Flächeninhalt des Dreiecks berechnet werden (Bild **4.**22):

$$\text{Wasserdrucklast } Q_{\text{w,k}} = \frac{q_{\text{w,k}} \cdot h_{\text{w}} \cdot l}{2} \text{ in kN} \qquad \text{Gl. (4.28)}$$

mit Wasserdruck $q_{\text{w,k}}$ in kN
Wasserhöhe h_{w} in m
Bauteillänge l in m

Für eine Wandlänge von $l = 1$ m und Wasser mit $\gamma_{\text{w}} = 10$ kN/m^3 erhält man die Wasserdruckkraft mit

$$\boldsymbol{Q_{\text{w,k}} \approx 5 \cdot h^2} \quad \text{in kN} \quad \text{mit } h \text{ in m} \qquad \text{Gl. (4.29)}$$

Die Angriffshöhe der resultierenden Wasserdruckkraft liegt im Schwerpunkt des Dreiecks bei $h/3$.

Die Anwendung wird in Abschnitt 4.12.3 durch Beispiel 4 erläutert.

Da der Wasserdruck immer rechtwinklig auf die getroffene Fläche wirkt, ändert sich die Richtung des Wasserdrucks bei geneigten Bauteilen (Bild **4.**21c).

Baukörper, die ins Wasser eintauchen, sind einem nach oben gerichteten Wasserdruck auf die Bauwerksunterseite ausgesetzt. Dadurch erfährt das Bauwerk einen Auftrieb. Dieses gilt z.B. für Keller im Grundwasser.

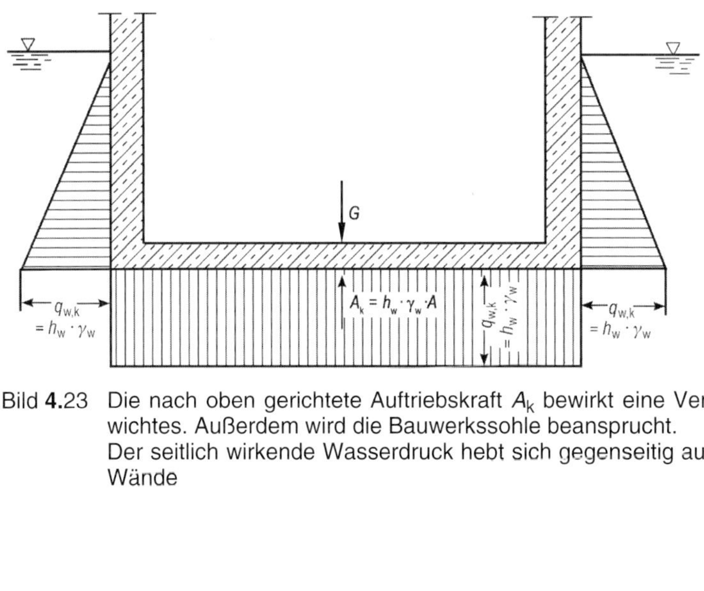

Bild **4.**23 Die nach oben gerichtete Auftriebskraft A_k bewirkt eine Verringerung des Bauwerksgewichtes. Außerdem wird die Bauwerkssohle beansprucht.
Der seitlich wirkende Wasserdruck hebt sich gegenseitig auf, er beansprucht jedoch die Wände

Unter dem Auftrieb ist die Verringerung der Gewichtskraft zu verstehen, die bei jedem Körper eintritt, der ganz oder teilweise in eine Flüssigkeit taucht. Der Auftrieb ist eine Kraft, die die entgegengesetzte Richtung wie die Gewichtskraft G_k des eintauchenden Körpers hat (Bild **4.**23). Beispiele zur Berechnung der Auftriebskraft A_k enthält Abschnitt 5.3.

4.11 Erddruck

Das Erdreich übt einen lotrechten und einen seitlichen Druck aus. Das ist auch bei jedem Boden bzw. jeder Verfüllung hinter einem Bauwerk der Fall. Der lotrechte Druck entsteht aus der Eigenlast des Bodens. Er ist das Produkt aus der Wichte des Bodens mal der Höhe bis zur Geländeoberfläche. Der seitliche Druck wirkt in der Berührungsfläche zwischen Bauwerk und angrenzendem Boden. Er wird Erddruck genannt.

Für die Berechnung der Bauwerke und für den Nachweis ihrer Standsicherheit müssen bekannt sein:

Größe, Verteilung und Richtung der Erddrucklast

Für die Bestimmung der Erddrucklast ist DIN 4085 „Baugrund, Berechnung des Erddrucks" maßgebend.

Im Erdreich wirken Reibungskräfte und Kohäsionskräfte; ganz im Gegensatz zum Wasser. Diese Reibungs- und Kohäsionskräfte sind je nach Bodenart unterschiedlich. Dadurch wird die Berechnung der Erddrucklast komplizierter als die Berechnung der Wasserdrucklast.

4.11.1 Größe der Erddrucklast

Die Größe der Erddrucklast E ist von mehreren Einflüssen abhängig, die durch verschiedene Rechenwerte erfasst werden.

- Neigungswinkel der Wand — α in °
- Neigungswinkel der Geländeoberfläche — β in °
- Wichte des Bodens — γ_e in kN/m³
  (abhängig von der Bodenart, z.B. $\gamma_e = 18$ kN/m³)
- Wandreibungswinkel — δ in °
  (abhängig von Rauigkeit der Wandfläche, z.B. $\delta = 0°$)
- Winkel der inneren Reibung des Bodens — φ' in ° (phi)
  (abhängig von Bodenart und Feuchtegehalt, z.B. $\varphi' = 30°$)

Die Größe der Erddrucklast ist außerdem vom Verhalten des Bauwerks abhängig, und zwar von der Bewegung der belasteten Fläche:

- Die belastete Wand bewegt sich vom Erdreich weg, es entsteht der „aktive Erddruck" (Bild **4.**24a). Der Drehsinn wird als positiv bezeichnet. Der aktive Erddruck ist der kleinste Erddruck, der sich infolge Eigengewicht des Bodens hinter einer Wand einstellt.
- Die belastete Wand bewegt sich nur geringfügig vom Erdreich weg, es entsteht ein „erhöhter aktiver Erddruck".– Das belastete Bauwerk bewegt sich nicht, es entsteht „Erdruhedruck". Der Erdruhedruck ist größer als der erhöhte aktive Erddruck.
- Die belastete Wand bewegt sich gegen das Erdreich, es entsteht ein Erdwiderstand, der so genannte „passive Erddruck" (Bild **4.**24b). Der Drehsinn wird als negativ bezeichnet. Der passive Erddruck ist der größte Erddruck, der sich infolge Eigengewicht des Bodens hinter einer Wand einstellt.

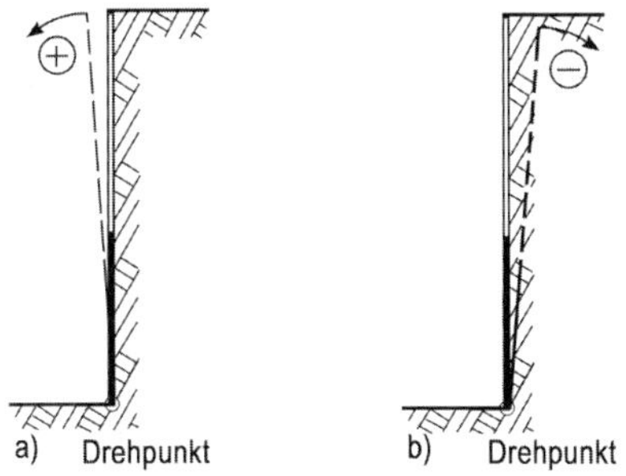

Bild **4.24**
Bewegungen einer Wand bei Erddruck durch das Eigengewicht des Bodens hinter der Wand
a) Bewegung vom Erdreich weg: positiver Drehsinn
b) Bewegung gegen das Erdreich: negativer Drehsinn

Beispiele für die verschiedenen Erddruckarten zeigen die Bilder **4.**25 bis **4.**27.

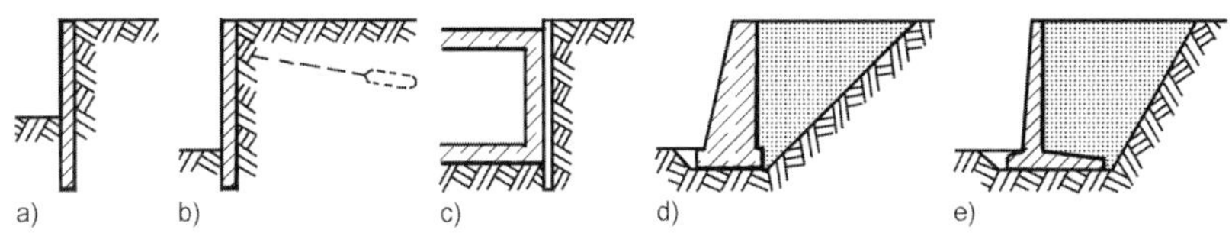

Bild **4.**25 Beispiele für Bauwerke, auf die ein aktiver Erddruck wirkt (nach DIN 4085, Bbl. 1)
a) Ortbetonwand oder Spundwand mit Einspannung im Boden
b) Ortbetonwand oder Spundwand mit Rückverankerung
c) Bauwerk, das gegen eine Baugrubenwand betoniert wurde
d) Schwergewichtswand in geböschter Baugrube
e) Winkelstützwand in geböschter Baugrube

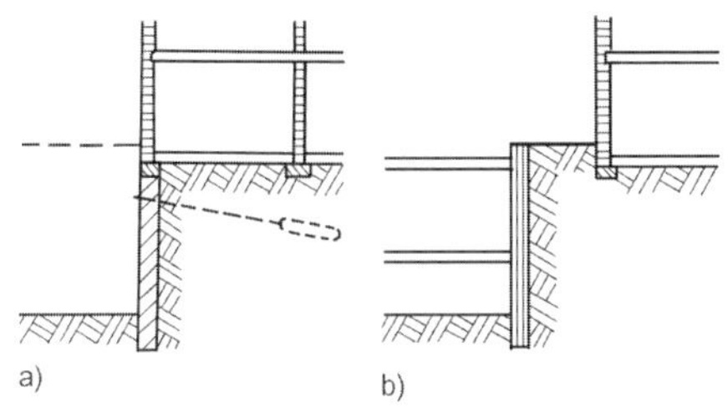

Bild **4.**26 Beispiele für Bauwerke, auf die ein erhöhter Erddruck wirkt (nach DIN 4085, Bbl. 1)
a) Unterfangungswand mit Rückverankerung und Auflast
b) Ortbetonwand mit Aussteifung

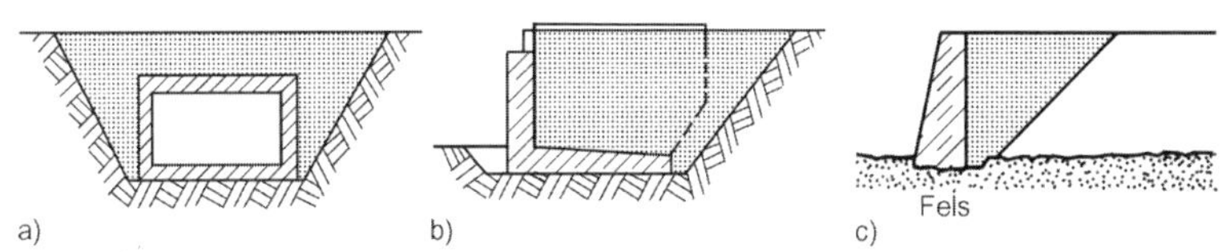

Bild **4.**27 Beispiele für „unbewegliche" Bauwerke, auf die Erdruhedruck wirkt
a) Tunnelbauwerk in geböschter Baugrube
b) Widerlager einer Brücke
c) Stützwand auf Fels

Hinweis:

Die angegebenen Einwirkungen durch Erddruck sind charakteristische Einwirkungen. Vereinfachend wird bei allgemeinen Erläuterungen und Prinzipzeichnungen auf den Index k verzichtet. Bei der Bemessung der Tragwerke ist mit den Bemessungswerten zu rechnen, daher ist der Erddruck mit einem entsprechender Teilsicherheitsbeiwert zu multiplizieren.

4.11.2 Verteilung der Erddrucklast

Bei Bauwerken, die dem Erddruck ausgesetzt sind, wird sich im Boden eine Gleitfläche einstellen, auf der das Erdreich gegen das Bauwerk gleiten will. Diese Gleitfläche reicht von der Oberfläche des Geländes zum Fußpunkt des Bauwerks. Der Keil des Erdreichs zwischen Gleitfläche und Bauwerk bewirkt den Erddruck (Bild **4**.28).

Es ist sehr schwierig, diesen Vorgang rechnerisch zu erfassen. Daher ist es sinnvoll, Vereinfachungen zu treffen. Eine klassische Erddrucktheorie ist die Theorie von Coulomb (1736-1806). Dabei wird unter anderem vereinfachend angenommen:

- das Erdreich ist gleichmäßig und kohäsionslos,
- die Wand dreht sich um den unteren Fußpunkt vom Erdreich weg,
- die entstehende Gleitfläche ist eine Ebene,
- der Wandreibungswinkel ist bekannt, ungünstigenfalls $\delta = 0°$ für glatte Wandflächen,
- der Erddruck wirkt dreieckförmig verteilt (Bild **4**.29).

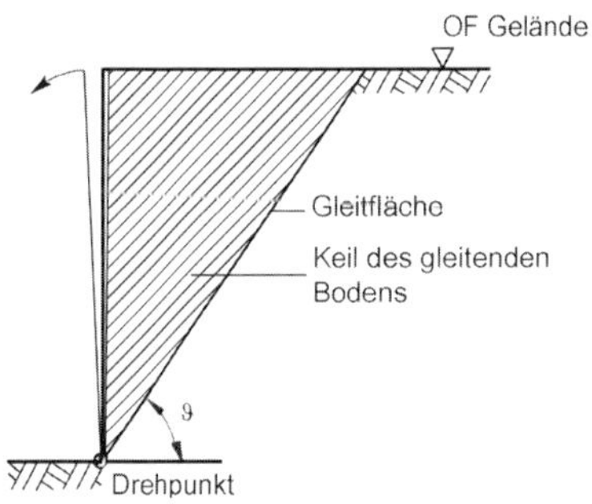

Bild **4**.28 Gleitfläche und Keil des abrutschenden Bodens bei aktivem Erddruck mit Gleitflächenwinkel ϑ (theta)

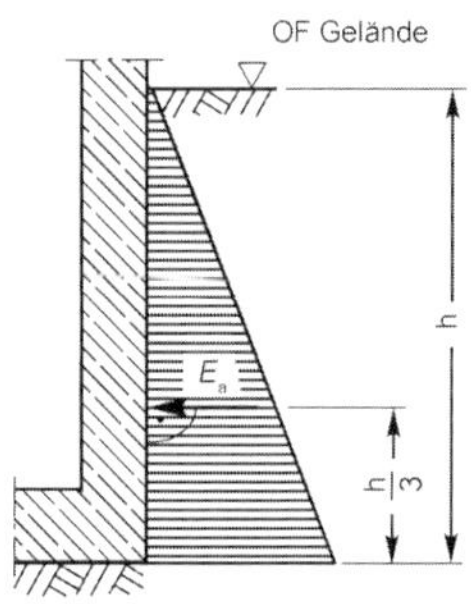

Bild **4**.29 Dreieckförmige Verteilung des aktiven Erddrucks mit der resultierenden Erddrucklast E_a, die rechtwinklig auf die Wandfläche wirkt

4.11.3 Richtung der Erddrucklast

Die Richtung der Erddrucklast ist abhängig von der Reibung des Erdreichs am Bauwerk. Maßgebend hierfür ist die Wandbeschaffenheit, ausgedrückt durch den Wandreibungswinkel. Der Wandreibungswinkel darf bei rauen Flächen höchstens mit 2/3 des Winkels der inneren Reibung des Bodens angesetzt werden. Bei glatter Wandbeschaffenheit ist der Wandreibungswinkel $\delta = 0°$.

Daraus folgt:

Die Erddrucklast wirkt rechtwinklig auf die Wandfläche (Bild **4**.29).

4.11.4 Berechnung der Erddrucklast

Für einfache Fälle und für Überschlagsrechnungen kann der aktive Erddruck ähnlich wie der Wasserdruck berechnet werden. Erforderlich ist ein Beiwert, der die Eigenschaften des Bodens erfasst. Es ist der Beiwert k_a für den aktiven Erddruck. Er ist abhängig vom Winkel der inneren Reibung des Bodens.

Aktiver Erddruck $e_{a,k} = h \cdot \gamma_e \cdot k_a$ in kN/m²

mit Erddruckhöhe h in m
Wichte des feuchten Bodens γ_e in kN/m³
Beiwert k_a

Bild **4.**30 stellt die Situation an einer Stützwand dar.

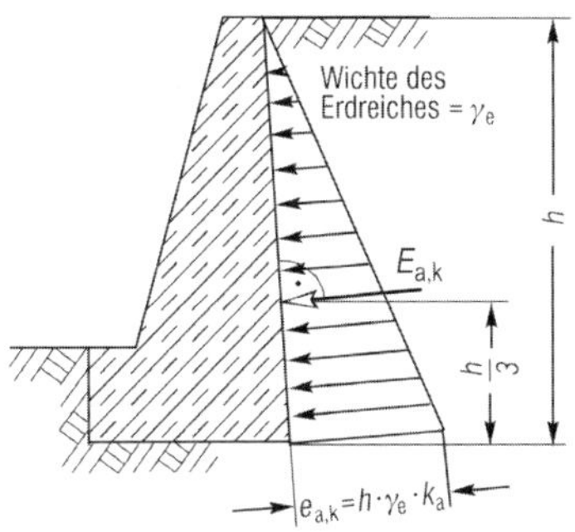

Bild **4.**30
Die Berechnung des Erddruckes bei Stützwänden

Der Erddruck nimmt ähnlich wie der Wasserdruck ebenfalls mit größer werdender Tiefe zu. Aus dem Inhalt der dabei entstehenden Dreieckslast wird die resultierende Erddruckkraft $E_{a,k}$ berechnet.

Aktive Erddruckkraft $E_{a,k} = \dfrac{e_{a,k} \cdot h}{2}$ in kN/m mit h in m $e_{a,k}$ in kN/m² Gl. (4.30)

Die Erddruckkraft $E_{a,k}$ kann in einem Drittel der Wandhöhe und rechtwinklig auf die Wandfläche wirkend angenommen werden. Für häufige Fälle bei lotrechter und glatter Wandrückseite mit Hinterfüllung aus nichtbindigem Boden (Sand, Kies) und waagerechtem Gelände hinter der Wand (Bild **4.**31) entsteht eine Gleichung für die Überschlagsrechnung. Hierbei ist der Erddruckbeiwert $k_a = 0{,}33 = 1/3$, die Wichte des Erdreiches $\gamma_e = 18$ kN/m³ und die Wandlänge $l = 1$ m

$$E_{a,k} = \frac{e_{a,k} \cdot h}{2} = \frac{h \cdot \gamma_e \cdot k_a \cdot h}{2} = \frac{18 \cdot 1/3 \cdot h^2}{2} = 3 \cdot h^2$$

Zusammengefasst ergibt sich damit die resultierende Kraft des aktiven Erddrucks E_a aus dem Bodeneigengewicht unter vereinfachenden Annahmen:

Erddruckkraft $\boldsymbol{E_{a,k} \approx 3 \cdot h^2}$ in kN/m mit h in m Gl. (4.31)

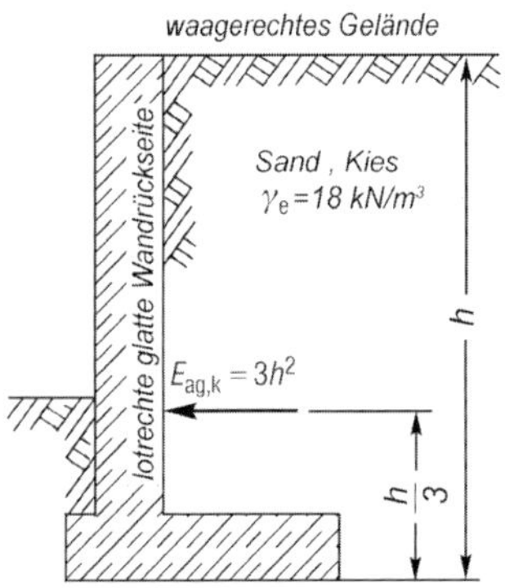

Bild **4**.31 Erddruck bei Sand- und Kiesboden und waagerechtem Gelände auf eine lotrechte glatte Wand

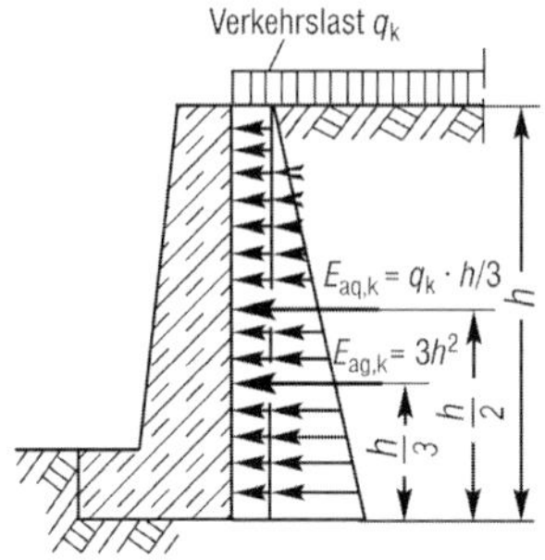

Bild **4**.32 Erddruck bei einer zusätzlichen Verkehrslast auf dem Gelände

Bei einer Verkehrslast q_k auf dem Gelände (Bild **4**.32) erhält man eine Zusatz-Erddruckkraft $E'_{aq,k} = l \cdot h \cdot q_k \cdot k_a$. Mit einer Lage von $l = 1$ m und dem Erddruckbeiwert $k_a = 0{,}33 = \frac{1}{3}$ wird die Zusatz-Erddruckkraft $E'_{aq,k}$ in vereinfachter Form:

$$E'_{aq,k} = q_k \cdot h/3 \quad \text{in kN/m} \quad \text{mit } h \text{ in m} \qquad q_k \text{ in kN/m}^2 \qquad \text{Gl. (4.32)}$$

Für genauere Berechnungen und für andere Fälle als den hier angenommenen sind verschiedene Erddruck-Theorien und Berechnungsverfahren aufgestellt worden, die hier nicht erläutert werden sollen. Beispiele zur Erläuterung s. Abschn. 4.12.3, Beispiele 5 und 6.

4.11.5 Erddruck bei Kellerwänden

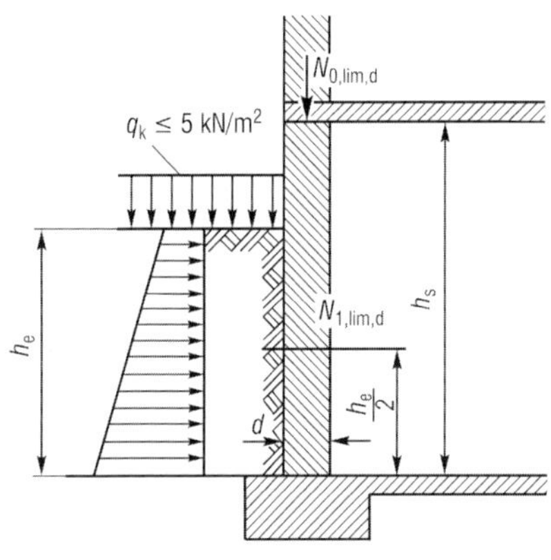

Bild **4**.33
Querschnitt durch eine Kellerwand mit Erddruck

Ein Nachweis des Erdrucks darf bei Kellerwänden entfallen, wenn folgende Bedingungen erfüllt sind (DIN 1053-100):

- lichte Höhe der Kellerwand $h_s \leq 2{,}60$ m bei Wanddicken $d \geq 240$ mm (Bild **4**.33);
- die Kellerdecke wirkt als Scheibe und kann die aus dem Erddruck entstehenden Kräfte aufnehmen;

- im Einflussbereich des Erddrucks auf die Kellerwände beträgt die charakteristische Nutzlast q_k auf der Geländeoberfläche nicht mehr als 5 kN/m², die Geländeoberfläche steigt nicht an, und die Anschütthöhe h_e ist nicht größer als die Wandhöhe h_s.
- der Bemessungswert der jeweiligen Wandnormalkraft $N_{0,Ed}$ der Kelleraußenwand liegt innerhalb der folgenden Grenzen

$$N_{0,Rd} = \frac{d \cdot f_d}{3} \geq N_{0,Ed} \geq N_{0,lim,d} \qquad \text{Gl. (4.33)}$$

mit d Wanddicke

f_d Bemessungswert der Mauerwerkdruckfestigkeit

$N_{0,lim,d}$ unterer Grenzwert der Wandnormalkraft nach Tafel 4.19

$N_{0,Ed}$ Bemessungswert der Wandnormalkraft aus dem Lastfall max N bzw. min N

Tafel **4.19** Mindestlast $N_{0,lim,d}$ auf Kellerwände ohne rechnerischen Nachweis (DIN 1053-100)

Wanddicke *d* mm	$N_{0,lim,d}$ in kN/m bei einer Höhe der Anschüttung h_e von			
	1,0 m	1,5 m	2,0 m	2,5 m
240	6	20	45	75
300	3	15	30	50
365	0	10	25	40
490	0	5	15	30

Zwischenwerte sind geradlinig zu interpolieren.

4.12 Lastermittlungen

Bei der Ermittlung der Lasten werden alle Lasten zusammengestellt, die auf das zu berechnende Bauwerk oder Bauteil einwirken. Daher müssen diese Lasten entsprechend DIN 1055 bekannt sein (Tafel **4.4** und **4.5**).

Auf die einzelnen Bauteile wirken diese Lasten als Flächenlasten, Streckenlasten oder Einzellasten.

Beispiel zur Erläuterung

Belastung	**Flächenlasten**		**Streckenlasten**		**Einzellasten**	
Bauteile	Decken, Treppen, Dächer		Wände, Träger		Stützen, Pfeiler	
Eigenlast	g_k	in kN/m²	g_k	in kN/m	G_k	in kN
Nutzlast	q_k	in kN/m²	q_k	in kN/m	Q_k	in kN
Gesamtlast	(g_k+q_k)	in kN/m²	(g_k+q_k)	in kN/m	(G_k+Q_k)	in kN

Aus den charakteristischen Werten der Lasten sind durch Multiplizieren mit einem Teilsicherheitswert die Bemessungswerte der Einwirkungen zu ermitteln, mit denen dann die Tragwerke bemessen werden.

Eigenlasten

Die Eigenlasten wirken stets vertikal nach unten. Bauteile ohne Eigenlasten gibt es nicht. Bei der Lastenermittlung sind also stets auch die Eigenlasten zu berücksichtigen. Sie dürfen nicht vergessen werden.

Die Eigenlasten bzw. Wichten γ der Lagerstoffe, Baustoffe und Bauteile sind als Rechenwerte in DIN 1055 „Lastannahmen für Bauten" angegeben (siehe Tafel **4**.4). Mit diesen Rechenwerten ist bei der Lastenermittlung zu rechnen.

Bei dem Gebrauch der Tafeln von DIN 1055 ist zu beachten, dass die Eigenlasten teilweise in kN/m^3 und zum Teil in kN/m^2 angegeben sind. Es sind jeweils die Dicken der verwendeten Baustoffe oder Bauteile zu berücksichtigen.

Beispiele zur Erläuterung

1. Für **eine Stahlbetondecke** von d = 14 cm Dicke ist als Wichte in DIN 1055 (Tafel **4**.4) angegeben: Stahlbeton nach DIN 1045-1 ab C16/20: $\gamma_c = 25\ kN/m^3$. Die Eigenlast für die Decke ist

$$g_k = d \cdot \gamma_c = 0{,}14\ m \cdot 25\ kN/m^3 = 3{,}5\ kN/m^2.$$

2. Für einen Zementestrich von 4 cm Dicke findet man in DIN 1055 unter „Fußboden- und Wandbeläge" (Tafel **4**.4):

Zementestrich je cm Dicke $0{,}22\ kN/m^2$. Die Eigenlast für den Zementestrich ist

$$g_k = 4 \cdot 0{,}22\ kN/m^2 = 0{,}88\ kN/m^2.$$

Nutzlasten

Die Nutzlasten ergeben sich aus dem Nutzungszweck der Gebäude und aus den auf die Gebäude und Bauteile von außen einwirkenden Kräfte. Sie sind in DIN 1055 Teil 3 festgelegt und wurden in den vorstehenden Abschnitten erläutert. In Tafel **4**.5 sind einige Nutzlasten genannt.

Die Bauteile sind mit den für sie entsprechenden Nutzlasten einschließlich der Eigenlasten zu berechnen.

Bei unterstützenden Bauteilen, die die Lasten von mehr als drei Vollgeschossen aufzunehmen haben, kann eine Verminderung der Nutzlasten vorgenommen werden. Es darf also die Gesamtverkehrslast ermäßigt werden, die sich durch Zusammenzählen der Nutzlasten der einzelnen Geschosse ergibt. Diese Verminderung trifft z.B. zu für Stützen, Unterzüge, Wandpfeiler, Grundmauern und ähnliche Bauteile. Ebenso darf bei der Ermittlung der entsprechenden Bodenpressung eine Verminderung der Nutzlasten vorgenommen werden (siehe DIN 1055 Teil 3).

Hinweis:

Die zu den Zahlenwerten gehörenden Einheiten werden in der Praxis aus Gründen der Vereinfachung innerhalb einer Berechnung nicht mitgeschrieben. Lediglich am Ende eines Rechenvorganges werden mit den Zahlenergebnissen auch die Einheiten angegeben; dies allerdings muss geschehen. In dieser Weise wird ab Abschnitt 4.12.2 verfahren.

4.12.1 Einwirkungen auf Decken

Decken werden durch Eigenlasten und lotrecht wirkende Nutzlasten belastet. Die Eigenlasten werden aus den Wichten von Baustoffen nach Tafel **4**.3 und/oder den Flächenlasten von Baustoffen und Bauteilen nach Tafel **4**.4 ermittelt (DIN 1055-1). Lotrechte Nutzlasten sind nach entsprechenden Kategorien als gleichmäßig verteilte Lasten q_k in kN/m^2 der Tafel **4**.5 zu entnehmen (DIN 1055-3).

Bei Bauteilen ohne ausreichende Querverteilung der Lasten sind für den Nachweis der örtlichen Mindesttragfähigkeit entsprechende Einzellasten Q_k in kN angegeben. Für diese Einzellasten gilt ein Quadrat von 5 cm Seitenlänge als Aufstandsfläche.

Bei unbelasteten Trennwänden bis zu einer Höchstlast von 5 kN je m Wandlänge, die auf Decken stehen, kann deren Einfluss durch einen gleichmäßig verteilten Zuschlag zur Nutzlast als Trennwandzuschlag berücksichtigt werden. Ausgenommen sind Wände mit einer Last von mehr als 3 kN je m Wandlänge, die parallel zu den Balken von Decken ohne ausreichende Querverteilung stehen.

Der Trennwandzuschlag ist abhängig vom Gewicht der Wand einschl. des Putzes:

$\Delta q_k = 0{,}8$ kN/m² bei Wandlast ≤ 3 kN je m Wandlänge;

$\Delta q_k = 1{,}2$ kN/m² bei Wandlast ≤ 5 kN je m Wandlänge.

Bei Decken-Nutzlasten von mehr als 5 kN/m² ist ein Trennwandzuschlag nicht erforderlich.

Lasten für bewegliche Wände müssen als Nutzlast berücksichtigt werden.

Beispiele zur Erläuterung

1. Die Decke in einem Wohngebäude ist entsprechend Bild **4.**34 aufgebaut. Die Größe der Belastung wird berechnet.

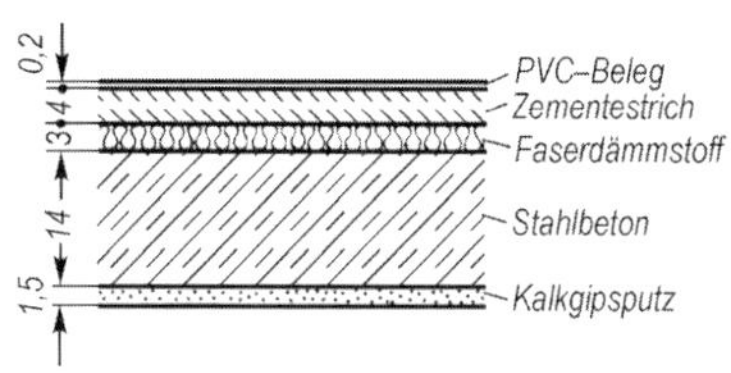

Bild **4.**34
Stahlbetondecke in einem Wohngebäude

Belastung

Eigenlast	Stahlbetondecke 14 cm	0,14 m · 25 kN/m³	= 3,50 kN/m²
	Faserdämmstoff 3 cm	3 · 0,01 kN/m²	= 0,03 kN/m²
	Zementestrich 4 cm	4 · 0,22 kN/m²	= 0,88 kN/m²
	Kunststoff-Fußboden 2 mm	0,2 · 0,15 kN/m²	= 0,03 kN/m²
	Deckenputz Kalkgipsmörtel 1,5 cm	0,015 m · 18 kN/m³	= 0,27 kN/m²
ständige Last		g_k	= 4,71 kN/m²
Nutzlast	(lotrechte Nutzlast für Wohnräume)	q_k	= 1,50 kN/m²

Bemessungswert der Einwirkung:

$$(g_d+q_d) = \gamma_G \cdot G_k + \gamma_Q \cdot Q_k \qquad \text{Gl. (4.4)}$$
$$= \gamma_G \cdot g_k + \gamma_Q \cdot q_k$$
$$= 1{,}35 \cdot 4{,}71 + 1{,}5 \cdot 1{,}50$$
$$\mathbf{(g_d+q_d) = 8{,}61\ kN/m^2}$$

2. Die Decke in einem Bürogebäude (Bild **4**.35) soll in der Lage sein, unbelastete Trennwände aus Schaumbetonsteinen 10 cm dick (Steinrohdichte γ = 0,6 kg/dm^3) mit beiderseitigem Kalkgipsputz aufzunehmen bei evtl. Umbauarbeiten. Die Gesamtlast wird berechnet.

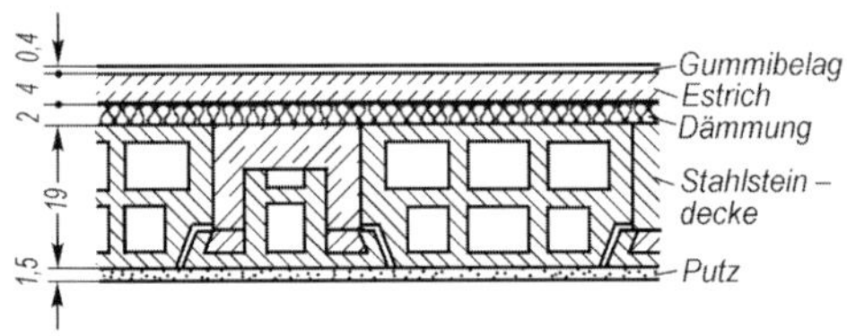

Bild **4**.35
Stahlsteindecke in einem Bürogebäude

Belastung

Eigenlasten	Stahlsteindecke mit Vollvermörtelung, d = 19 cm Ziegelrohdichte 1,0 kg/dm^3		= 3,05 kN/m^2
	Dämmung 2 cm	2 · 0,01 kN/m^2	= 0,02 kN/m^2
	Zementestrich 4 cm	4 · 0,22 kN/m^2	= 0,88 kN/m^2
	Gummibelag 4 mm	0,4 · 0,15 kN/m^2	= 0,06 kN/m^2
	Kalkgipsputz 1,5 cm	0,015 m · 18,00 kN/m^3	= 0,27 kN/m^2
ständige Last			g_k = 4,28 kN/m^2
Nutzlast	(lotrechte Nutzlast für Büroräume)		$q_{1,k}$ = 2,00 kN/m^2

Trennwandzuschlag Δq_k

Eigenlast der geputzten Leichtwände, h = 3,00 m:

Wand 0,10 m · 3,00 · 8 kN/m^3 = 2,40 kN/m^2

Putz 2 · 0,01 m · 3,00 · 18 kN/m^3 = 1,08 kN/m^2

= 3,48 kN/m^2

< 5,0 kN/m^2 → Δq_k = 1,20 kN/m^2

Bemessungswert der Einwirkung:

$$(g_d+q_d) = \gamma_G \cdot g_k + \gamma_{Q,i} \cdot q_{1,k} + \gamma_{Q,2} \cdot \psi_0 \cdot \Delta q_k \qquad \text{Gl. (4.5)}$$

$$= 1{,}35 \cdot 4{,}28 + 1{,}5 \cdot 2{,}00 + 1{,}5 \cdot 0{,}7 \cdot 1{,}20$$

$$\mathbf{(g_d+q_d) = 10{,}04\ kN/m^2}$$

4.12.2 Einwirkungen auf Treppen

Treppen sind als schräg liegende Platten aufzufassen. Die Eigenlasten sind aber auf 1 m^2 horizontal liegende Grundfläche zu beziehen. Man kann sie mit der schrägen Länge l_s berechnen, die sich auf 1 m Grundrisslänge projizieren lässt (Bild **4**.36). Man kann auch mit der lotrechten Höhe h' der Plattendicke h rechnen.

$$l_s = \frac{l}{\cos\alpha} \qquad h' = \frac{h}{\cos\alpha} \qquad \text{Gl. (4.34)}$$

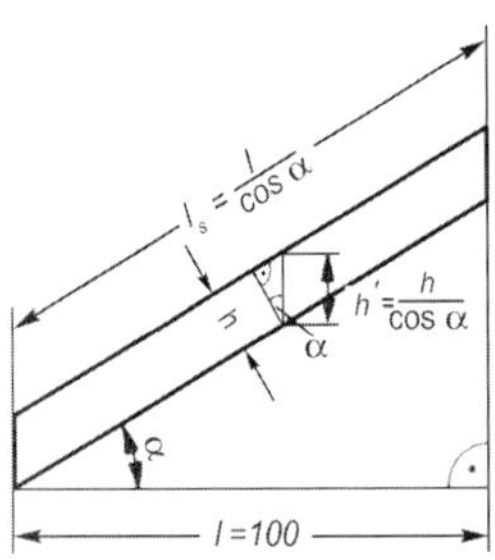

Bild **4**.36
Umrechnung der Belastung auf die projizierte Grundfläche

Die Kräfte aus den Eigenlasten sind für die Umrechnung auf 1 m² Grundfläche also immer durch den Kosinus des Winkels α zu teilen. Der Winkel α gibt die Neigung der Treppe zur Waagerechten an. Er kann aus dem Steigungsverhältnis der Stufen berechnet werden. Steigung s zu Auftritt a ergibt den Tangens des Winkels α.

$$\tan \alpha = \frac{s}{a} \qquad \text{Gl. (4.35)}$$

Die Eigenlasten von Dreiecksstufen werden mit der halben Steigungshöhe ermittelt. Dadurch ersetzt man die Dreiecksflächen durch ein flächengleiches Rechteck mit halber Höhe. Die Last der lotrechten Verkleidung an den Steigungsflächen wird im Verhältnis von Steigung s zu Auftritt a, also mit s/a umgerechnet (s. Beispiel 1).

Zusätzlich zu den Eigenlasten der Treppen sind die Nutzlasten zu erfassen (s. Tafel **4**.5).

Anmerkung

In Zwischenrechnungen können bei der praktischen Handhabung die Einheiten weggelassen werden. Dieses ist dann sinnvoll, wenn die Rechnungen sonst unnötig umfangreich würden. Wie schon in Abschnitt 1.5.1 angekündigt, wird im Folgenden in dieser Weise verfahren.

Beispiele zur Erläuterung

1. Für eine Stahlbetontreppe in einem Gewerbebetrieb (Bild **4**.37) mit einer Steigung s = 18,3 cm und einem Auftritt a = 27 cm ist die Belastung je m² Grundfläche zu ermitteln.

$\tan \alpha = s/a = 18{,}3/27 = 0{,}677 \qquad \alpha = 34{,}1° \qquad \cos \alpha = 0{,}8281$

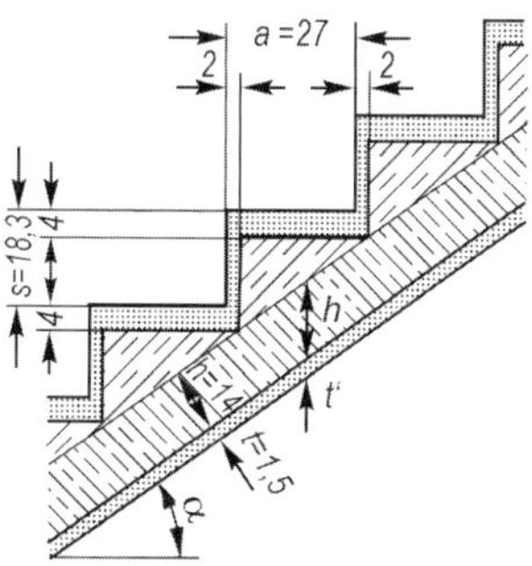

Bild **4**.37
Stahlbetontreppenlauf mit Dreieckstufen aus Beton und Zementestrich

Belastung

Eigenlasten	Stahlbetonplatte 14 cm	$\frac{h \cdot \gamma}{\cos\alpha} = \frac{0{,}14 \cdot 25}{0{,}8281}$	= 4,23 kN/m² Grdfl.
	Putz 1,5 cm	$\frac{t \cdot \gamma}{\cos\alpha} = \frac{0{,}015 \cdot 18}{0{,}8281}$	= 0,33 kN/m² Grdfl.
	Betonstufen	$\frac{s}{2} \cdot \gamma = \frac{0{,}183}{2} \cdot 24$	= 2,20 kN/m² Grdfl.
	Estrich Auftritt	$d_a \cdot \gamma = 0{,}04 \cdot 22$	= 0,88 kN/m² Grdfl.
	Estrich Steigung	$d_s \cdot \frac{s}{a} \cdot \gamma = 0{,}02 \cdot \frac{0{,}183}{0{,}27} \cdot 22$	= 0,30 kN/m² Grdfl.
ständige Last		g_k	= 7,94 kN/m² Grdfl.
Nutzlast	(lotrechte Nutzlast für Treppen)	q_k	= 5,00 kN/m² Grdfl.

Bemessungswert der Einwirkung bei Gesamtlast:

$$(g_d+q_d) = \gamma_G \cdot g_k + \gamma_Q \cdot q_k$$
$$= 1{,}35 \cdot 7{,}94 + 1{,}5 \cdot 5{,}00$$
$$\mathbf{(g_d+q_d) = 18{,}22\ kN/m^2}\ \text{Grundfläche}$$

2. Eine Stahlbetontreppe in einem Wohngebäude wird mit Natursteinplatten belegt (Bild **4.**38). Die Belastung für 1 m^2 Grundfläche wird ermittelt. Steigung $s = 17$ cm Auftritt $a = 29$ cm.

$\tan\alpha = s/a = 17/29 = 0{,}586 \qquad \alpha = 30{,}4° \qquad \cos\alpha = 0{,}8625$

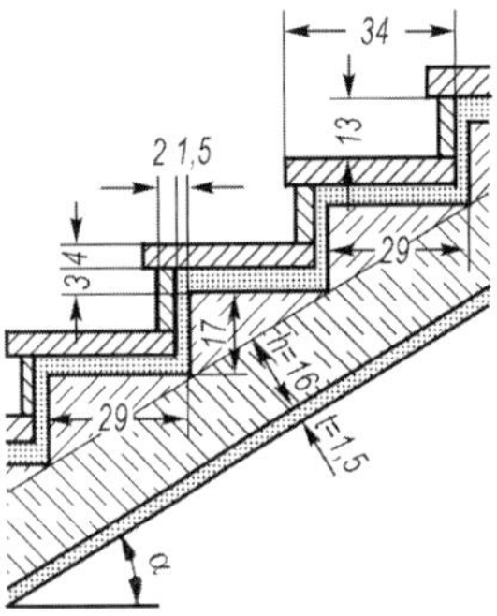

Bild **4.**38
Stahlbetontreppe in einem Wohngebäude mit Natursteinplatten

Belastung

Eigenlasten	Stahlbetonplatte 16 cm	$\frac{h \cdot \gamma}{\cos\alpha}$	$= \frac{0{,}16 \cdot 25}{0{,}8625}$	$= 4{,}64$ kN/m^2 Grdfl.
	Putz 1,5 cm	$\frac{t \cdot \gamma}{\cos\alpha}$	$= \frac{0{,}015 \cdot 18}{0{,}8625}$	$= 0{,}32$ kN/m^2 Grdfl.
	Betonstufen	$\frac{s}{2} \cdot \gamma$	$= \frac{0{,}17}{2} \cdot 24$	$= 2{,}04$ kN/m^2 Grdfl.
	Mörtel Steigung	$d \cdot \frac{s}{a} \cdot \gamma$	$= 0{,}015 \cdot \frac{0{,}17}{0{,}29} \cdot 21$	$= 0{,}19$ kN/m^2 Grdfl.
	Mörtel Auftritt	$d \cdot \gamma$	$= 0{,}03 \cdot 21$	$= 0{,}63$ kN/m^2 Grdfl.
	Naturstein Steigung		$0{,}02 \cdot \frac{0{,}13}{0{,}29} \cdot 30$	$= 0{,}27$ kN/m^2 Grdfl.
	Naturstein Auftritt		$0{,}04 \cdot \frac{0{,}34}{0{,}29} \cdot 30$	$= 1{,}41$ kN/m^2 Grdfl.
ständige Last			g_k	$= 9{,}50$ kN/m^2 Grdfl.
Nutzlast	(lotrechte Nutzlast für Treppen)		q_k	$= 3{,}50$ kN/m^2 Grdfl.

Bemessungswert der Einwirkung bei Gesamtlast:

$$(g_d+q_d) = \gamma_G \cdot g_k + \gamma_Q \cdot q_k$$
$$= 1{,}35 \cdot 9{,}50 + 1{,}5 \cdot 3{,}50$$
$$\mathbf{(g_d+q_d) = 18{,}08\ kN/m^2}\ \text{Grundfläche}$$

4.12.3 Einwirkungen auf Wände

Wände haben als lotrechte Nutzlasten außer den Eigenlasten auch die Lasten aus den darüberliegenden Bauteilen (z.B. Decken, Treppen, Träger usw.) aufzunehmen. Bei mehrgeschossigen Bauten kommen die Lasten darüberstehender Geschosse hinzu. Lasten aus der Kellersohle belasten das Mauerwerk nicht. Bei Fenster- und Türöffnungen im Mauerwerk verringern sich die Belastungen entsprechend. Meist werden kleinere Öffnungen nicht abgezogen.

Wände werden auch durch waagerechte Kräfte belastet. Außer Seitenstößen und Seitenkräften von Fahrzeugen und Kranen kommen vor allem Windlasten, Wasserdrucklasten und Erddrucklasten in Frage.

Beispiele zur Erläuterung

1. Eine Garagenwand erhält aus der Dachdecke eine Last von $g_{D,k}$ = 2,50 kN/m $q_{D,k}$ = 2,00 kN/m (Bild **4.**39). Die Belastung in der untersten Mauerwerksschicht der Garagenwand wird ermittelt.

Belastung

Eigenlast	Mauerwerk 24,0 cm	$d \cdot h \cdot \gamma = 0{,}24 \cdot 2{,}25 \cdot 16$	=	8,64 kN/m
	Außenputz 2,0 cm	$d \cdot h \cdot \gamma = 0{,}02 \cdot 2{,}25 \cdot 21$	=	0,95 kN/m
	Innenputz 1,5 cm	$d \cdot h \cdot \gamma = 0{,}015 \cdot 2{,}25 \cdot 20$	=	0,68 kN/m
ständige Last der Wand		$g_{W,k}$	=	10,27 kN/m
ständige Auflast		$g_{D,k}$	=	2,50 kN/m
ständige Last insgesamt		g_k	=	12,77 kN/m
veränderliche Auflast		$q_{D,k}$	=	2,00 kN/m

Bemessungswert der Einwirkung:

$$(g_d+q_d) = \gamma_G \cdot g_k + \gamma_Q \cdot q_k$$
$$= 1{,}35 \cdot 12{,}77 + 1{,}5 \cdot 2{,}00$$
$$\mathbf{(g_d+q_d) = 20{,}24\ kN/m^2}$$

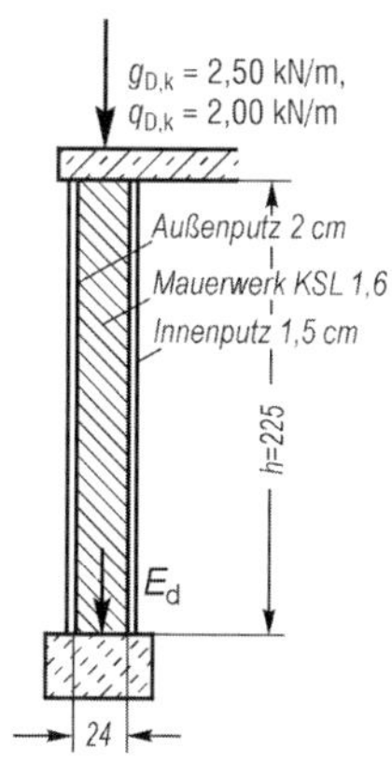

Bild **4.**39 Belastung für ein Fundament unter einer Garagenwand

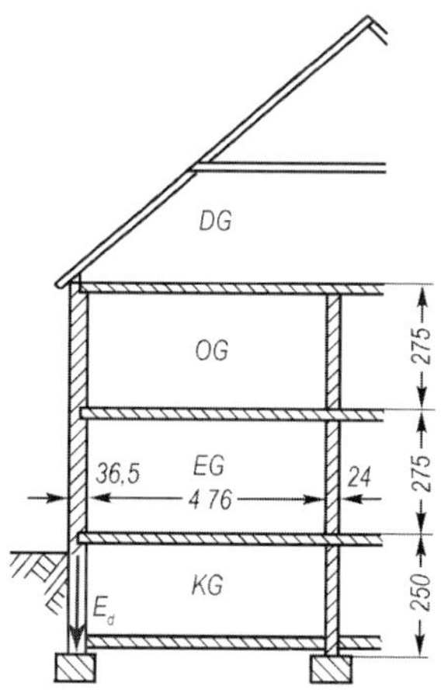

Bild **4.**40 Belastung für ein Fundament unter der Außenwand eines Wohngebäudes

2. Die Außenwand eines Wohngebäudes erhält aus dem Dach eine Belastung von $g_{D1,k}$ = 4,40 kN/m und $q_{D1,k}$ = 2,10 kN/m (Bild **4**.40). Der Bemessungswert der Gesamtbelastung (g_k+q_k), die die Wand in das Fundament überträgt, wird ermittelt.

Dach D1:				
ständige Last		$g_{D1,k}$ =	= 4,40 kN/m	
Schnee		$s_{1,k}$ =		= 2,10 kN/m
Decke unter Dachgeschoss D2:				
Stahlbetondecke 16 cm	0,16 · 25	= 4,00 kN/m²		
Dämmung 3 cm	3 · 0,01	= 0,03 kN/m²		
Estrich 3,5 cm	3,5 · 0,22	= 0,77 kN/m²		
Putz 1,5 cm	0,015 · 18	= 0,27 kN/m²		
	$g_{D2,k}$	= 5,07 kN/m²		
	$q_{D2,k}$	= 1,50 kN/m²		
$g_{D2,k} = 5{,}07\,\frac{\text{kN}}{\text{m}^2}\cdot\frac{4{,}76\text{ m}}{2}$			= 12,07 kN/m	
$q_{D2,k} = 1{,}50\,\frac{\text{kN}}{\text{m}^2}\cdot\frac{4{,}76\text{ m}}{2}$				= 3,57 kN/m
Mauerwerk Obergeschoss M1:				
Mauerwerk 36,5 cm	0,365 · 2,75 · 18	= 18,07 kN/m		
Putz innen 1,5 cm	0,015 · 2,55 · 18	= 0,69 kN/m		
Putz außen 2,5 cm	0,025 · 2,75 · 21	= 1,44 kN/m		
	$g_{M1,k}$	= 20,20 kN/m	= 20,20 kN/m	
Decke unter Obergeschoss D3: wie Decke unter Dachgeschoss				
$g_{D3,k} = g_{D2,k}$			= 12,07 kN/m	
$q_{D3,k} = q_{D2,k}$				= 3,57 kN/m
Mauerwerk Erdgeschoss M2: wie Mauerwerk Obergeschoss				
$g_{M2,k} = g_{M1,k}$			= 20,20 kN/m	
Decke unter Erdgeschoss D4: wie Decke unter Dachgeschoss				
$g_{D4,k} = g_{D2,k}$			= 12,07 kN/m	
$q_{D4,k} = q_{D2,k}$				= 3,57 kN/m
Mauerwerk Kellergeschoss M3:				
Mauerwerk 36,5 cm	0,365 · 2,50 · 18	= 16,43 kN/m		
Außenputz 2,0 cm	0,02 · 2,50 · 21	= 1,05 kN/m		
	$g_{M3,k}$	= 17,48 kN/m	= 17,48 kN/m	

Charakteristische Werte der Einwirkung auf das Fundament bei Gesamtlast:

$\mathbf{g_{F,k}}$ **= 99,49 kN/m**

$\mathbf{s_{F,k}}$ **= 2,10 kN/m**

$\mathbf{q_{F,k}}$ **= 10,71 kN/m**

3. Eine Einfriedigungsmauer steht als freistehende Wand in Windzone WZ 3. Die Wand ist 1,80 m hoch. Der resultierende Gesamtwinddruck auf die Wandbereiche A bis D wird berechnet (s. Bild **4**.15). Die Wand hat keine Öffnungen: Völligkeitsgrad $\varphi = 1{,}0$.

Geschwindigkeitsdruck nach Tafel **4.**11 für Windzone WZ 3:		$q = 0{,}8\ \text{kN/m}^2$
Beiwerte für den resultierenden Druck (s. Bild **4**.15):		
Beiwert im Wandbereich A	(von der Ecke bis 0,3 h Wandlänge):	$c_{p,net} = 3{,}4$
Beiwert im Wandbereich B	(0,3 h bis 2,0 h von der Ecke):	$c_{p,net} = 2{,}1$
Beiwert im Wandbereich C	(2,0 h bis 4,0 h von der Ecke):	$c_{p,net} = 1{,}7$
Beiwert im Wandbereich D	(ab 4,0 h von der Ecke):	$c_{p,net} = 1{,}2$

Bemessungswert des Winddrucks	$w_d = \gamma_Q \cdot c_{p,net} \cdot q \cdot h$ in kN je m Wandlänge	
im Wandbereich A:	$w_{A,d} = 1{,}5 \cdot 3{,}4 \cdot 0{,}8 \cdot 1{,}80$	$= 7{,}34$ kN/m
im Wandbereich B:	$w_{B,d} = 1{,}5 \cdot 2{,}1 \cdot 0{,}8 \cdot 1{,}80$	$= 4{,}54$ kN/m
im Wandbereich C:	$w_{C,d} = 1{,}5 \cdot 1{,}7 \cdot 0{,}8 \cdot 1{,}80$	$= 3{,}87$ kN/m
im Wandbereich D:	$w_{D,d} = 1{,}5 \cdot 1{,}2 \cdot 0{,}8 \cdot 1{,}80$	$= 2{,}59$ kN/m

4. Ein Behälter ist 2,50 m hoch mit Wasser gefüllt (s. Bild **4.20**a). Der hydrostatische Druck am Fuß der Wand und die Wasserdrucklast auf 1 m Wandlänge werden berechnet.

a) Hydrostatische Druck am Fuß der Wand:

$$q_{w,k} = h \cdot \gamma_w = 2{,}5 \cdot 10 = 25\ \text{kN/m}^2$$

b) Wasserdrucklast auf 1 m Wandlänge

$$Q_{w,k} = \frac{q_w \cdot h \cdot l}{2} = \frac{25 \cdot 2{,}5 \cdot 1{,}0}{2} = 31{,}25\ \text{kN}$$

oder $q'_{w,k} = 5 \cdot h^2 = 5 \cdot 2{,}50^2 = 31{,}25$ kN je m Wand

c) Bemessungswert des Wasserdrucks:

$$q'_{w,d} = \gamma_Q \cdot q'_{w,k} = 1{,}5 \cdot 31{,}25$$

$$\mathbf{q'_{w,d} = 46{,}88\ kN/m}$$

5. Eine Stützwand aus Beton (Bild **4.**41) hat waagerecht wirkenden Erddruck aufzunehmen. Höhe des Erdreiches $h = 2{,}00$ m, Wandrückseite lotrecht und glatt, Hinterfüllung nichtbindiger Boden $\gamma = 18\ \text{kN/m}^3$, waagerechtes Gelände hinter der Wand.

Es werden nachfolgend der Erddruck $e_{a,k}$ am Fuß der Wand und der Bemessungswert des Erddrucks für 1,00 m Wandlänge ermittelt.

a) Erddruck $e_{a,k}$ am Fuß der Wand:

$$e_{a,k} = h \cdot \gamma \cdot k_a = 2{,}00 \cdot 18 \cdot 0{,}333 = 12{,}0\ \text{kN/m}^2$$

b) Erddrucks für 1,00 m Wandlänge:

$$E_{a,k} = \frac{e_{a,k} \cdot h \cdot l}{2} = \frac{12 \cdot 2{,}00 \cdot 1{,}00}{2} = 12{,}0\ \text{kN/m}$$

oder $E_{a,k} = 3 \cdot h^2 = 3 \cdot 2{,}00^2 = 12{,}0$ kN/m

c) Bemessungswert des Erddrucks:

$$q_d = \gamma_Q \cdot E_{a,k} = 1{,}5 \cdot 12{,}0$$

$$\mathbf{q_d = 18{,}0\ kN/m}$$

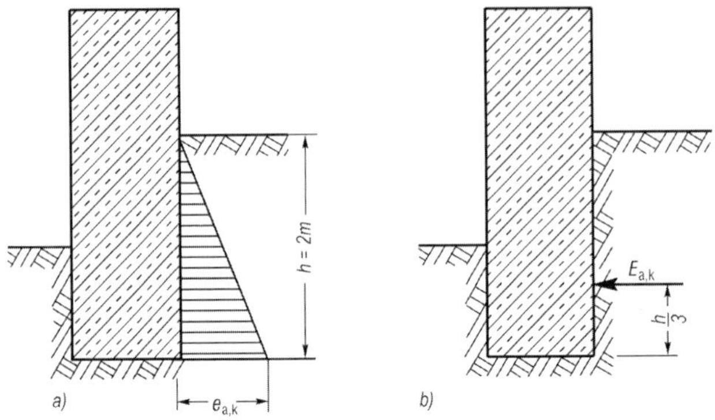

Bild **4.41**
Stützwand aus Beton
a) aktiver Erddruck $e_{a,k}$
b) Erddrucklast $E_{a,k}$

6. Eine Winkelstützwand aus Stahlbeton wird zur Aufnahme eines 1,50 m hohen Geländeunterschiedes gebaut (Bild **4.**42).Die Höhe von Oberfläche Gelände bis Unterkante Sohle beträgt 2,30 m.

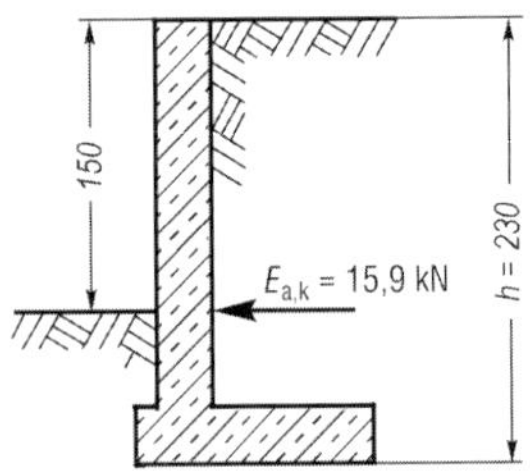

Bild **4.**42
Winkelstützwand aus Stahlbeton mit Erddrucklast $E_{a,k}$

Der Erddruck am Fuß der Wand und der Bemessungswert des Erddrucks werden berechnet.

a) Erddruck am Fuß der Wand:

$$e_{a,k} = h \cdot \gamma \cdot k_a = 2{,}30 \cdot 18 \cdot 0{,}333 = 13{,}8 \text{ kN/m}^2$$

$$E_{a,k} = 3 \cdot h^2 = 3 \cdot 2{,}30^2 = 15{,}9 \text{ kN/m}$$

b) Bemessungswert des Erddrucks:

$$E_{a,d} = \gamma_Q \cdot E_a = 1{,}5 \cdot 15{,}9$$

$$\boldsymbol{E_{a,d} = 23{,}9 \text{ kN/m}}$$

4.12.4 Einwirkungen auf Träger

Träger erhalten zusätzlich zu den Eigenlasten meist größere Lasten aus den darüberliegenden Bauteilen. Diese Lasten sind meistens Streckenlasten.

Beispiele zur Erläuterung

1. Die Stahlträger HE 120 B in Bild **4.**43 sollen Stahlbeton-Hohldielen aus Leichtbeton mit d = 12 cm aufnehmen. Die Belastung der Träger ist zu berechnen.

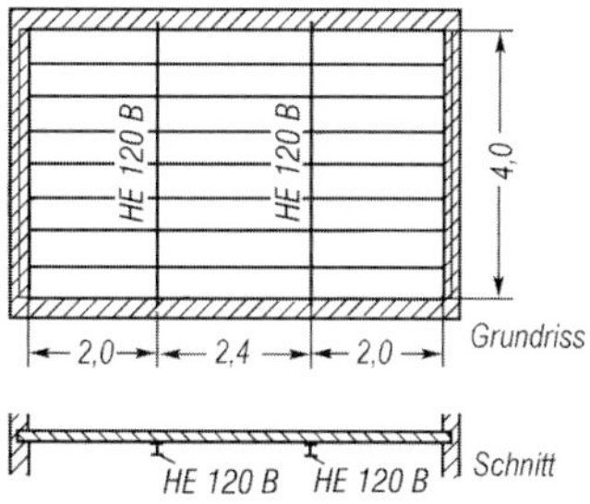

Bild **4.**43
Belastung der Stahlträger durch eine Decke

Eigenlasten Stahlträger HE 120 B	0,27 kN/m	≈ 0,30 kN/m
Stahlbeton-Hohldielen aus Leichtbeton	1,00	
Belag	<u>0,25</u>	
	$1{,}25 \cdot \dfrac{2{,}00 + 2{,}40}{2}$	<u>= 2,75 kN/m</u>
	g_k	= 3,05 kN/m
Nutzlast	$q_k = 2{,}00 \cdot \dfrac{2{,}00 + 2{,}40}{2}$	= 4,40 kN/m

- Bemessungswert der Einwirkung:

$$(g_d + q_d) = \gamma_G \cdot g_k + \gamma_Q \cdot q_k$$
$$= 1{,}35 \cdot 3{,}05 + 1{,}5 \cdot 4{,}40$$
$$\mathbf{(g_d + q_d) = 10{,}72\ kN/m}$$

2. Ein Stahlbetonbalken hat eine Wandöffnung zu überbrücken (Bild **4.**44). Die Belastung ist zu ermitteln.

Nach DIN 1053-1 braucht bei Sturz- und Abfangträgern nur der Teil als belastendes Mauerwerk eingesetzt zu werden, der über dem Träger von einem gleichseitigen Dreieck umschlossen wird, wenn sich eine Gewölbewirkung über der Wandöffnung ausbilden kann.

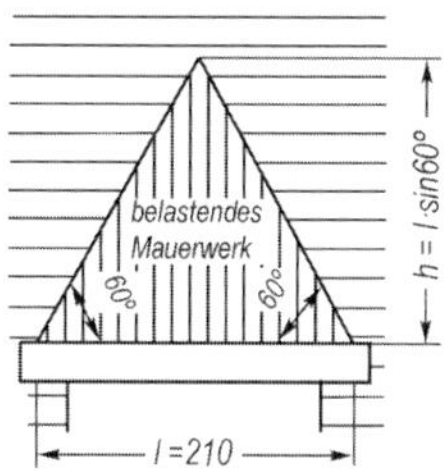

Bild **4.**44 Belastung eines Stahlbetonbalkens

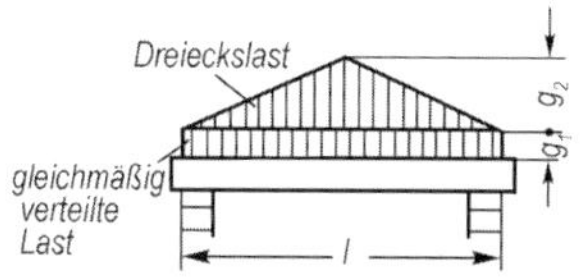

Bild **4.**45 Darstellung der Belastung aus Eigenlast (gleichmäßig verteilte Last) und Mauerwerk (Dreieckslast)

Belastung

a) gleichmäßig verteilte Last

Eigenlast Stahlbetonbalken	$0{,}24 \cdot 0{,}30 \cdot 25$	= 1,80 kN/m
Putz 1,5 cm	$0{,}015 \cdot (0{,}24 + 0{,}30 \cdot 2) \cdot 18$	= 0,25 kN/m
	$g_{1,k}$	= 2,05 kN/m

Bemessungswert der Einwirkung:

$g_{1,d} = \gamma_G \cdot g_{1,k} = 1{,}35 \cdot 2{,}05$

$\mathbf{g_{1,d} = 2{,}77}$ **kN/m**

b) Dreieckslast

Mauerwerk 24 cm	$b \cdot h \cdot \gamma = b \cdot l \cdot \sin 60° \cdot \gamma =$	$0{,}24 \cdot 2{,}10 \cdot 0{,}866 \cdot 18$	=	7,85 kN/m
Putz 1,5 cm		$0{,}015 \cdot 2 \cdot 2{,}10 \cdot 0{,}866 \cdot 21$	=	1,15 kN/m
		$g_{2,k}$	=	9,00 kN/m

Bemessungswert der Einwirkung:

$g_{2,d} = \gamma_G \cdot g_{2,k} = 1{,}35 \cdot 9{,}00$

$\mathbf{g_{2,d} = 12{,}15}$ **kN/m**

Die errechnete Dreieckslast gibt die Last $g_{2,k}$ in der Mitte der Stützlänge, also den höchsten Wert, an (Bild **4.**45).

4.12.5 Einwirkungen für Dächer

Dächer haben außer den ständigen Eigenlasten der Dachkonstruktion noch zeitweise Windlasten, Schneelasten und/oder lotrechte Nutzlasten aufzunehmen, z.B. Reparaturlasten.

Windlasten

Windlasten werden im Allgemeinen waagerecht wirkend angenommen und rechtwinklig auf die Dachfläche bezogen. Der Winddruck ist abhängig von der Windgeschwindigkeit. Hierzu sind für die Bundesrepublik Deutschland vier Windzonen vorgesehen. Außerdem ist der Winddruck abhängig von der Höhe z über Gelände. Für niedrige Bauwerke bis 25 m über Grund gibt Tafel **4.**11 den jeweils gültigen Geschwindigkeitsdruck q für die Windzonen WZ 1 bis WZ 4 in kN/m² an.

Die Windkräfte W auf Baukörper und Bauwerksflächen sind in Abschnitt 4.9 angegeben. Insbesondere sind die Druckbeiwerte c_{pe} für die unterschiedlichen Dachformen in den Tafeln **4.**15 bis **4.**18 genannt. Wind*druck* ist die allgemeine Bezeichnung und kann auch als Wind*sog* auftreten. Windsog ist negativer Winddruck. Bei Windsog ist die Sicherheit gegen Abheben nachzuweisen (s. Abschnitt 5.6).

Schneelasten

Schneelasten auf Dächern werden als lotrecht wirkend angenommen und auf die waagerechte Projektionsfläche bezogen. Bild **4.**46 zeigt die Wirkung der Lasten an Beispiel eines Pultdaches. Schneelasten sind in Abschnitt 4.8 genannt. Sie sind außer von den Schneelastzonen insbesondere auch von der Dachneigung und den Dachformen abhängig. Formbeiwerte für flache und geneigte Dächer sind in Tafel **4.**10 aufgeführt, Lastbilder für übliche Dachformen zeigen die Bilder **4.**10 bis **4.**12.

Eislasten

Eislasten sind bei Bauteilen des üblichen Hochbaus im Allgemeinen nicht zu berücksichtigen. Bei filigranen Bauteilen, z.B. dünnen Stäben, Seilen, Masten oder offenen Fachwerken, können Eislasten ungünstiger als Schneelasten sein.

Nutzlasten

Nutzlasten bei nicht begehbaren Dächern für übliche Erhaltungsarbeiten und Reparaturen sind in Abschnitt 4.6 genannt. Für Dächer ist im Allgemeinen eine Reparaturlast von $Q_k = 1{,}0$ kN anzusetzen, und zwar im Bereich der Dachkategorie H, der für Windeinwirkungen in den Bildern **4.**16 bis **4.**19 dargestellt ist. Eine Überlagerung dieser Reparaturlast mit Schneelasten ist nicht erforderlich. Bei begehbaren oder befahrbaren Dächern gelten die Lasten für Decken.

Projektion der Dachlasten

Bei der Wirkung der Lasten ist zu berücksichtigen, dass die Eigenlasten und Schneelasten lotrecht wirken während die Windlasten rechtwinklig auf die Dachfläche wirkend angenommen werden. Bild **4**.46 zeigt die Wirkungsweise der Eigen-, Schnee- und Windlasten am Beispiel eines Pultdaches.

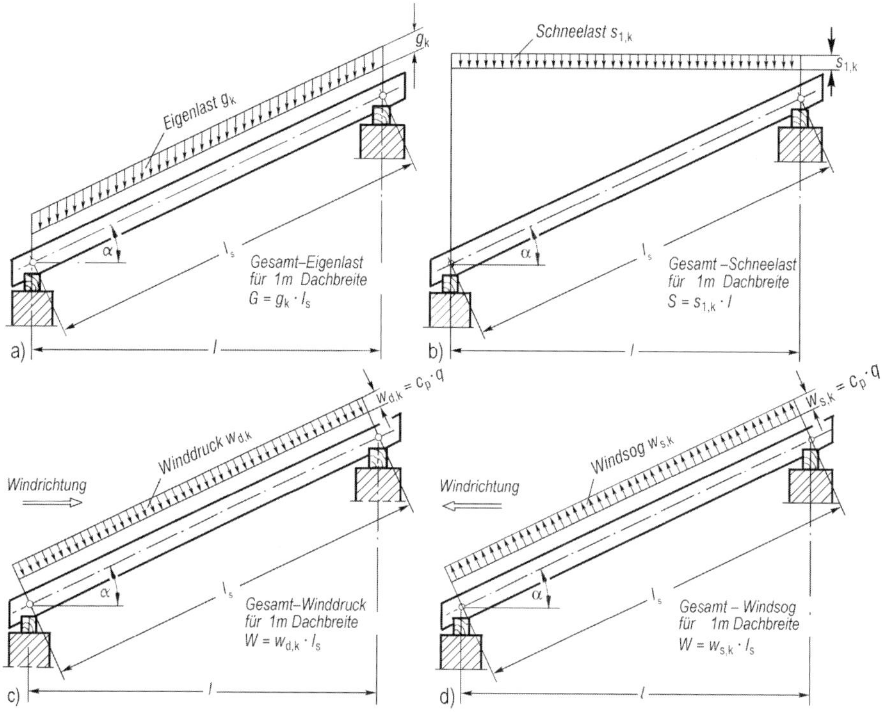

Bild **4**.46 Wirkungsweise der Belastung an einem Pultdach
a) Eigenlast g_k b) Schneelast $s_{1,k}$
c) Winddruck $w_{d,k}$ d) Windsog $w_{s,k}$

Das bedeutet: Eigengewicht, Schnee und Reparaturlast werden auf die Grundlänge des Sparrens bezogen, also auf die waagerechte Projektionslänge des Sparrens. Die Windlast wird jedoch auf die Sparrenlänge bezogen, also auf die schräge Länge, da der Winddruck rechtwinklig auf die Dachfläche wirkt.

Für weitere Berechnungen kann es sinnvoll sein, den Winddruck in eine lotrechte und eine waagerechte Komponente zu zerlegen und mit diesen Werten zu rechnen (Bild **4**.47).

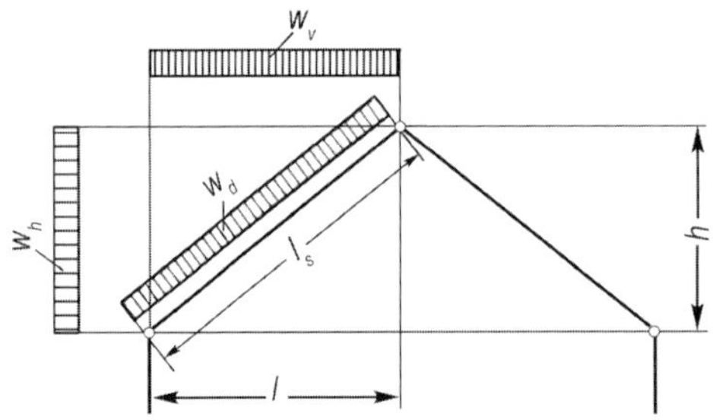

Bild **4.47** Bestimmung der Windlast je Sparrenfeld

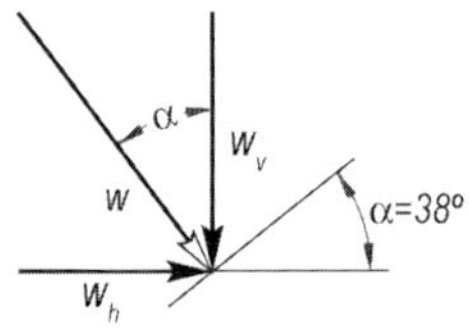

Bild **4.48** Zerlegen des Winddrucks in eine vertikale Komponente W_v und eine horizontale Komponente W_h

Die schräge Länge l_S errechnet sich aus der waagerechten Länge l, dividiert durch cos α:

$$l_S = l \,/\, \cos\alpha \qquad \text{Gl. (4.36)}$$

Vertikale Windkomponente:

Für die Berechnung der vertikalen Komponente des Winddrucks ist waagerechte Länge l die Bezugslänge (Bilder **4.**49 und **4.**50). Damit ergibt sich der charakteristische Wert der vertikalen Windkomponente $w_{v,k}$:

$$w_{v,k} = w_{d,k} \cdot \cos\alpha \qquad \text{Gl. (4.37)}$$

Horizontale Windkomponente:

Für die Berechnung der horizontalen Komponente des Winddrucks ist die Höhe h die Bezugslänge (Bilder **4.**47 und **4.**48). Damit ergibt sich der charakteristische Wert der horizontalen Windkomponente $w_{h,k}$:

$$w_{h,k} = w_{d,k} \cdot \sin\alpha \qquad \text{Gl. (4.38)}$$

Da bei der Berechnung der schrägen Länge l_S durch cos α zu dividieren ist und bei der Berechnung der vertikalen Windkomponente mit cos α multipliziert werden muss, kann der Rechengang für die Windbelastung für ein Sparrenfeld vereinfacht werden, denn:

$$w_{v,k} = a \cdot w_{d,k} \cdot l \cdot \frac{\cos\alpha}{\cos\alpha}$$

$$w_{v,k} = a \cdot w_{d,k} \cdot l \qquad \text{Gl. (4.39)}$$

Der Bemessungswert der vertikalen Einwirkung für einen Sparren aus Eigengewicht, Schnee und Wind $(g_d + s_{1,d} + w_{v,d})$ können angegeben werden mit:

$$(g_d + s_{1,d} + w_{v,d}) = a \cdot (\gamma_G \cdot g_k + \gamma_Q \cdot s_{1,k} + \gamma_Q \cdot \psi_{0,w} \cdot w_{d,k}) \qquad \text{Gl. (4.40)}$$

Der Bemessungswert der horizontalen Einwirkung aus Wind $w_{h,d}$ für einen Sparren errechnet sich aus:

$$w_{h,d} = a \cdot (\gamma_Q \cdot \psi_{0,w} \cdot w_{d,k}) \qquad \text{Gl. (4.41)}$$

Bei der weiteren Bemessung ist demnach zu beachten, dass außer der vertikalen Windkomponente bezogen auf die waagerechte Projektionslänge auch die horizontale Windkomponente bezogen auf die vertikale Höhe zu erfassen ist.

Kombinationsregeln der Einwirkungen für Dächer

Bei Satteldächern (symmetrisch und unsymmetrisch) sind außer den Einwirkungen aus Eigenlasten auch Windlasten und Schneelasten in unterschiedlichen Kombinationen zu untersuchen. Einwirkungen aus Wind können sich als Winddruck oder Windsog auswirken. Für Einwirkungen auf Schnee sind drei unterschiedliche Lastanordnungen zu untersuchen, die in Bild **4**.11 dargestellt sind:

- ohne Windeinwirkung beiderseitig volle Schneelast
- bei Windeinwirkung links halbe und rechts volle Schneelast
- bei Windeinwirkung links volle und rechts halbe Schneelast

Bei Sparrendächern mit einer Neigung $\alpha \leq 45^\circ$ kann im Allgemeinen der Lastfall „unsymmetrische Schneelast" unberücksichtigt bleiben, da der Lastfall „beidseitige Schneelast" stets ungünstigere Werte liefert (Bild **4**.49).

Bei Kehlbalkendächern mit einer Neigung $\alpha \leq 45^\circ$ kann der Lastfall „unsymmetrische Schneelast" größere Beanspruchungen der Sparren als der Lastfall „beidseitige Schneelast" erzeugen. Daher sollte auch dieser Lastfall bei diesen Dächern untersucht werden (Bild **4**.50).

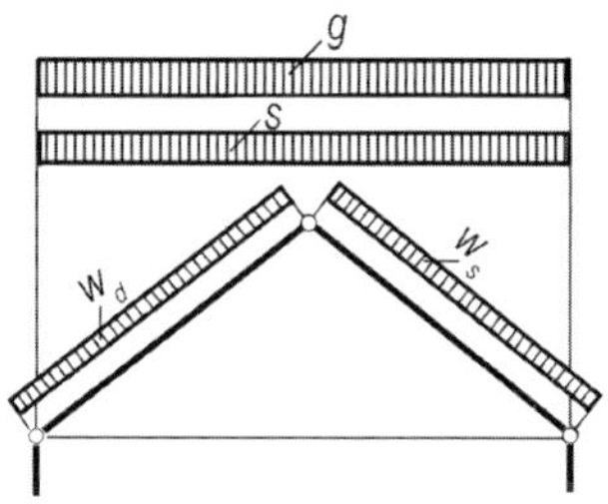

Bild **4**.49 Sparrendächer mit beidseitiger Schneelast und Windlast für die ungünstigste Beanspruchung: Lastkombination $g + s + w$

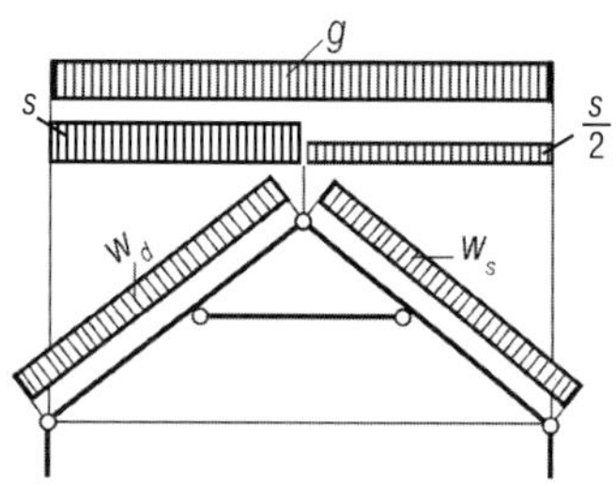

Bild **4**.50 Kehlbalkendächer mit einseitiger Schneelast und Windlast für die ungünstigste Beanspruchung: Lastkombination $g + s_{(\text{links})} + s/2_{(\text{rechts})} + w$

Bemessungswerte der Einwirkungen

Für charakteristische Einwirkungen, die unabhängig, veränderlich und nicht vorherrschend sind, ist bei der Ermittlung des Bemessungswerts ein Kombinationswert ψ ab der zweiten veränderlichen Einwirkung entsprechend Tafel **4**.2 zu berücksichtigen. Wind w_k, Schnee s_k und Reparaturlasten $Q_{R,k}$ sind solche *nicht vorherrschenden veränderlichen* Einwirkungen. Daher sind für den Bemessungswert außer der Eigenlast auch die gleichzeitige Wirkung der Windlast w_k und der Schneelast s_k zu berücksichtigen, gegebenenfalls anstelle der Schneelast auch eine Reparaturlast $Q_{R,k}$. Dies hat mit den jeweils maßgebenden Sicherheitsbeiwerten γ_Q zu erfolgen.

Damit ergeben sich für die Ermittlung der Bemessungswerte folgende Kombinationen:

- Bemessungswert der vertikalen Einwirkung aus Eigengewicht + voller Schneelast:

$$(g_d + s_{1,d}) = \gamma_G \cdot g_k + \gamma_Q \cdot s_{1,k} \qquad \text{Gl. (4.42)}$$

$$(g_d + s_{1,d}) = 1{,}35 \cdot g_k + 1{,}5 \cdot s_{1,k} \quad \text{mit } s_{1,k} = \mu_{1(\alpha)} \cdot s_k \text{ in kN/m}^2 \text{ nach Bild } \mathbf{4}.11$$

– Bemessungswert der Einwirkung aus Eigengewicht + voller Schneelast + Wind:

vertikal

$(g_d + s_{1,d} + w_{v,d}) = \gamma_G \cdot g_k + \gamma_Q \cdot s_{1,k} + \gamma_Q \cdot \psi_{0,w} \cdot w_k$ Gl. (4.43)

$(g_d + s_{1,d} + w_{v,d}) = 1{,}35 \cdot g_k + 1{,}5 \cdot s_{1,k} + 1{,}5 \cdot 0{,}6 \cdot w_k$

horizontal

$w_{h,d} = \gamma_Q \cdot \psi_{0,w} \cdot w_k$ Gl. (4.44)

$w_{h,d} = 1{,}5 \cdot 0{,}6 \cdot w_k$

– Bemessungswert der Einwirkung aus Eigengewicht + halber Schneelast + Wind:

vertikal

$(g_d + s_{1,d} + w_{v,d}) = \gamma_G \cdot g_k + \gamma_Q \cdot \frac{s_{1,k}}{2} + \gamma_Q \cdot \psi_{0,w} \cdot w_k$ Gl. (4.45)

$(g_d + s_{1,d} + w_{v,d}) = 1{,}35 \cdot g_k + 1{,}5 \cdot \frac{s_{1,k}}{2} + 1{,}5 \cdot 0{,}6 \cdot w_k$

horizontal

$w_{h,d} = \gamma_Q \cdot \psi_{0,w} \cdot w_k$ Gl. (4.44)

$w_{h,d} = 1{,}5 \cdot 0{,}6 \cdot w_k$

– Bemessungswert der Einwirkung aus Eigengewicht + Wind + Reparaturlast:

vertikal

$(g_d + w_{v,d}) = \gamma_G \cdot g_k + \gamma_Q \cdot w_k = 1{,}35 \cdot g_k + 1{,}5 \cdot w_k$ Gl. (4.46)

$Q_{R,d} = \gamma_Q \cdot \psi_{0,R} \cdot Q_{R,k} = + 1{,}5 \cdot 0 \cdot Q_{R,k}$ Gl. (4.47)

horizontal

$w_{h,d} = \gamma_Q \cdot w_k$ Gl. (4.48)

$w_{h,d} = 1{,}5 \cdot w_k$

– Bemessungswerte der Einwirkung aus Eigengewicht + Reparaturlast:

$g_d = \gamma_G \cdot g_k = 1{,}35 \cdot g_k$ Gl. (4.49)

$Q_{R,d} = \gamma_Q \cdot Q_{R,k} = 1{,}5 \cdot 1{,}0$ mit $Q_{R,k} = 1{,}0$ kN als Einzellast Gl. (4.50)

Beispiele zur Erläuterung

1. Das **Eigengewicht** für ein Sparrendach mit Satteldachform wird ermittelt (Bild **4.**47).

Dachneigung α = 38°, cos α = 0,788
Sparrenabstand a = 0,75 m
Sparrenquerschnitt b/d = 8/16 cm aus Nadelholz mit $\gamma = 6$ kN/m³ = 6000 N/m³
Sparren-Eigenlast $g_{Sp,k} = b \cdot d \cdot \gamma = 0{,}08 \cdot 0{,}16 \cdot 6000 = 77$ N/m
Dachdeckung aus Betondachsteinen mit hoch liegendem Längsfalz einschl. Latten $g_{B,k} = 0{,}55$ kN/m²
Verkleidung für den Dachausbau mit 10 cm Mineralwolle und Holzverkleidung 16 mm

Eigenlast der Dachkonstruktion:

Sparren 8/16 $\frac{g_{Sp,k}}{a \cdot \cos\alpha} = \frac{77}{0{,}80 \cdot 0{,}788}$ = 122 N/m² Grundfläche

Dachdeckung $\frac{g_{B,k}}{\cos\alpha} = \frac{550}{0{,}788}$ = 698 N/m² Grundfläche

Unterspannbahn			= —	
Dämmung 10 cm	$g_{D,k}$ = 0,01 kN/m² je 1 cm Dicke = 0,100 kN/m² = 100 N/m²			
	$\frac{g_{D,k}}{\cos\alpha} = \frac{100}{0,788}$		= 127 N/m²	Grundfläche
Holzverkleidung	$\frac{g_{H,k}}{\cos\alpha} = \frac{0,016 \cdot 6000}{0,788}$		= 122 N/m²	Grundfläche
Eigenlast der Dachkonstruktion		g_k	= 1069 N/m²	Grundfläche
		g_k	= 1,07 kN/m²	Grundfläche
Ständige Last für einen Sparren $g_{1,k} = a \cdot g_k = 0,75 \cdot 1069$		$g_{1,k}$	= 802 N/m	Grund*länge*
		$g_{1,k}$	= 0,80 kN/m	Grund*länge*

Bemessungswert der Einwirkung für einen Sparren aus Eigengewicht je m Grundlänge:

$g_d = \gamma_G \cdot g_{1,k} = 1,35 \cdot 0,80$

$\mathbf{g_d = 1,08\ kN/m}$

2. Eigengewicht und Schneelast des Sparrendach entsprechend vorstehendem Beispiel für ein Gebäude in Hannover werden bestimmt.

Maßgebend ist die Schneelastzone 2 (Tafel **4.**8). Die Stadt Hannover liegt etwa 55 m üNN und damit unter 285 m üNN. Dachneigung α = 38°, Sparrenabstand a = 0,75 m.

Mindestschneelast auf dem Boden nach Gleichung (4.11):

$s_{min} = 0,85$ kN/m²

Charakteristischer Wert der Schneelast auf dem Satteldach:

$s_{1,k} = \mu_1 \cdot s_{min}$ mit $\mu_1 = 0,8 \cdot (60° - \alpha) / 30°$ (Tafel **4.**9)

$= 0,8 \cdot (60° - 38°) / 30° = 0,59$

$s_{1,k} = 0,59 \cdot 0,85$

$s_{1,k} = 0,50$ kN/m²

- Bemessungswert der Einwirkung für einen Sparren aus Eigengewicht und Schnee je m Grundlänge:

$(g_d + s_{1,d}) = \gamma_G \cdot g_{1,k} + a \cdot \gamma_Q \cdot s_{1,k}$

$= 1,35 \cdot 0,80 + 0,75 \cdot 1,5 \cdot 0,50$

$\mathbf{(g_d + s_{1,d}) = 1,64\ kN/m}$

3. Eigengewicht und Schneelast für ein gleiches Gebäude wie in den Beispielen 1 und 2, jedoch in der Umgebung von Stuttgart, werden berechnet.

Schneelastzone 2, Höhenlage 420 m üNN. Dachneigung α = 38°, Sparrenabstand a = 0,75 m.

Schneelast auf dem Boden nach Gleichung (4.14):

$$s_k = 0,25 + 1,91 \cdot \left(\frac{h + 140}{760}\right)^2 \quad \text{für } h = 285 \text{ m bis } 1200 \text{ m}$$

$$s_k = 0,25 + 1,91 \cdot \left(\frac{420 + 140}{760}\right)^2$$

$s_k = 1,29$ kN/m²

Charakteristischer Wert der Schneelast auf dem Satteldach:

$s_{1,k} = \mu_1 \cdot s_k$ mit $\mu_1 = 0{,}8 \cdot (60° - \alpha) / 30°$ (Tafel **4.9**)

$= 0{,}8 \cdot (60° - 38°) / 30° = 0{,}59$

$s_{1,k} = 0{,}59 \cdot 1{,}29$

$s_{1,k} = 0{,}76 \text{ kN/m}^2$

- Bemessungswert der Einwirkung für einen Sparren aus Eigengewicht und Schnee je m Grundlänge:

$(g_d + s_{1,d}) = \gamma_G \cdot g_{1,k} + a \cdot \gamma_Q \cdot s_{1,k}$

$= 1{,}35 \cdot 0{,}80 + 0{,}75 \cdot 1{,}5 \cdot 0{,}76$

$\mathbf{(g_d + s_{1,d}) = 1{,}94 \text{ kN/m}}$

4. **Eigengewicht und Schneelast** für ein gleiches Gebäude wie in den Beispielen 1 bis 3, jedoch in Clausthal-Zellerfeld im Harz, werden ermittelt.

Schneelastzone 3, Höhenlage 592 m üNN. Dachneigung $\alpha = 38°$, Sparrenabstand $a = 0{,}75$ m.

Schneelast auf dem Boden nach Gleichung (4.15):

$$s_k = 0{,}31 + 2{,}91 \cdot \left(\frac{h + 140}{760}\right)^2 \quad \text{für } h = 255 \text{ m bis } 1500 \text{ m}$$

$$s_k = 0{,}31 + 2{,}91 \cdot \left(\frac{592 + 140}{760}\right)^2$$

$$s_k = 3{,}01 \text{ kN/m}^2$$

Charakteristischer Wert der Schneelast auf dem Satteldach:

$s_{1,k} = \mu_1 \cdot s_k$ mit $\mu_1 = 0{,}8 \cdot (60° - \alpha) / 30°$ (Tafel **4.9**)

$= 0{,}8 \cdot (60° - 38°)/30° = 0{,}59$

$s_{1,k} = 0{,}59 \cdot 3{,}01$

$s_{1,k} = 1{,}78 \text{ kN/m}^2$ Grundfläche des Daches

- Bemessungswert der Einwirkung für Sparren aus Eigengewicht und Schnee je m Grundlänge:

$(g_d + s_{1,d}) = \gamma_G \cdot g_{1,k} + a \cdot \gamma_Q \cdot s_{1,k}$

$= 1{,}35 \cdot 0{,}80 + 0{,}75 \cdot 1{,}5 \cdot 1{,}78$

$\mathbf{(g_d + s_{1,d}) = 3{,}09 \text{ kN/m}}$

5. Der **Winddruck** auf das Dach der Beispiele 1 bis 4 mit einer Neigung von $\alpha = 38°$ und einer Firsthöhe von $z = 8{,}00$ m über Gelände wird berechnet. Windlastzone WZ 2, Binnenland.

Der Kombinationsbeiwert $\psi_{0,w}$ für den Winddruck wird nur angesetzt, wenn der Wind nicht die vorherrschende unabhängige veränderliche Einwirkung ist, sondern z.B. der Schnee. Wenn der Wind die vorherrschende unabhängige veränderliche Einwirkung darstellt, entfällt der Kombinationsbeiwert für den Wind und eine andere veränderlich Einwirkung erhält diesen Beiwert.

Wind an der Luvseite des Satteldaches bei traufseitiger Anströmung:

Anströmrichtung	$\Theta = 0°$ (Bild **4.18**)	
Bauwerksbreite	$b = 12{,}00$ m	(senkrecht zur Anströmrichtung)
Bauwerksbreite	$d = 10{,}00$ m	(in Anströmrichtung)
Bezugshöhe	$h = z = 8{,}00$ m	
Kennwert	$e = b = 12{,}00$ m	(e ist der kleinere Wert von b oder $2 \cdot h$)
Sparrenabstand	$a = 0{,}75$ m	

a) Geschwindigkeitsdruck $q_{(z)}$ für $z > 7$ m und ≤ 50 m nach Tafel **4.**12:

$$q_{(z)} = 1{,}7 \cdot q_{\text{ref}} \cdot (z/10)^{0{,}37}$$
$$= 1{,}7 \cdot 0{,}39 \cdot (8{,}00/10)^{0{,}37}$$
$$q_{(z)} = 0{,}61 \text{ kN/m}^2 \text{ in waagerechter Richtung}$$

b) Winddruck auf der Luvseite des Daches in den Bereichen F und G rechtwinklig zur Dachfläche:

Druckbeiwert c_{pe} in den Bereichen F und G an der Traufe über eine Breite von $e/10 = 1{,}20$ m nach Tafel **4.**15:

$$c_{\text{pe,(F+G)}} = c_{\text{pe,(F+G),10}} = +\,0{,}7$$

Charakteristischer Wert $w_{\text{d,(F+G),k}}$ des Winddrucks in den Dachbereichen F und G:

$$w_{\text{d,(F+G),k}} = c_{\text{pe,(F+G)}} \cdot q_{(z)} = +\,0{,}7 \cdot 0{,}61$$
$$w_{\text{d,(F+G),k}} = +\,0{,}43 \text{ kN/m}^2$$

- Bemessungswert des Winddrucks in den Bereichen F und G rechtwinklig zur Dachfläche je m Sparrenlänge:

$$w_{\text{d,(F+G),d}} = a \cdot \gamma_{\text{Q}} \cdot \psi_{0,\text{w}} \cdot w_{\text{d,(F+G),k}}$$
$$= +\,0{,}75 \cdot 1{,}5 \cdot 0{,}6 \cdot 0{,}43$$
$$\boldsymbol{w_{\text{d,(F+G),d}} = +\,0{,}29 \text{ kN/m}}$$

c) Winddruck auf der Luvseite des Daches im Bereich H rechtwinklig zur Dachfläche:

Druckbeiwert c_{pe} im Bereich H der Dachfläche bis zum First oberhalb der Bereiche F und G nach Tafel **4.**15 (interpoliert zwischen den Druckbeiwerten + 0,4 für 30° und + 0,6 für 45°):

$$c_{\text{pe,H}} = c_{\text{pe,H,10}} = +\,0{,}4 + (0{,}6 - 0{,}4) \cdot (38° - 30°) \,/\, (45° - 30°)$$
$$c_{\text{pe,H}} = +\,0{,}51$$

Charakteristischer Wert $w_{\text{d,H,k}}$ des Winddrucks im Dachbereich H:

$$w_{\text{d,H,k}} = c_{\text{pe,H}} \cdot q_{(z)} = +\,0{,}51 \cdot 0{,}61$$
$$w_{\text{d,H,k}} = +\,0{,}31 \text{ kN/m}^2$$

– Bemessungswert des Winddrucks im Bereich H rechtwinklig zur Dachfläche je m Sparrenlänge:

$$w_{\text{d,H,d}} = a \cdot \gamma_{\text{Q}} \cdot \psi_{0,\text{w}} \cdot w_{\text{d,H,k}}$$
$$= +\,0{,}75 \cdot 1{,}5 \cdot 0{,}6 \cdot 0{,}31$$
$$\boldsymbol{w_{\text{d,H,d}} = +\,0{,}21 \text{ kN/m}}$$

d) Mittlerer Winddruck auf der Luvseite des Daches rechtwinklig zur Dachfläche:

Der Winddruck wird gemittelt, um weiterhin mit Tabellenwerken oder einfachen Rechenprogrammen arbeiten zu können. Der Winddruck wird entsprechend der Längenverhältnisse der Bereiche F+G bzw. H gemittelt. Somit ergibt sich aus dem folgenden Zusammenhang (mit d = Gebäudebreite in Anströmrichtung des Windes):

$$w_{\text{d,k}} = \frac{c_{\text{pe,G}} \cdot \frac{e}{10} + c_{\text{pe,H}} \cdot \left(\frac{d}{2} - \frac{e}{10}\right)}{\frac{d}{2}} \cdot q_{(z)}$$

– Vereinfachte Formel für den charakteristischen Winddruck:

$$w_{\text{d,k}} = \left[\frac{e}{5 \cdot d}\left(c_{\text{pe,G}} - c_{\text{pe,H}}\right) + c_{\text{pe,H}}\right] \cdot q_{(z)} \qquad \text{Gl. (4.51)}$$

$$w_{d,k} = \left[\frac{12,00}{5 \cdot 10,00}\left(0,7 - 0,51\right) + 0,51\right] \cdot 0,61$$

$= + 0,56 \cdot 0,61$ kN/m²

$w_{d,k} = + 0,34$ kN/m²

– Bemessungswert des Winddrucks rechtwinklig zur Dachfläche je m Sparrenlänge:

$w_{d,d} = a \cdot \gamma_Q \cdot \psi_{0,w} \cdot w_{d,k}$

$= + 0,75 \cdot 1,5 \cdot 0,6 \cdot 0,34$

$\mathbf{w_{d,d} = + 0,23}$ **kN/m**

6. Der **Windsog** auf der anderen Seite des Daches der Beispiele 1 bis 5 mit gleicher Dachneigung von $\alpha = 38°$ wird ermittelt. Windlastzone WZ 2, Binnenland.

Wind an der Leeseite des Satteldaches bei traufseitiger Anströmung:

Anströmrichtung	$\Theta = 0°$ (Bild **4.**18),	
Bauwerksbreite	$b = 12,00$ m	(senkrecht zur Anströmrichtung)
Bauwerksbreite	$d = 10,00$ m	(in Anströmrichtung)
Bezugshöhe	$h = z = 8,00$ m	
Kennwert	$e = b = 12,00$ m	(e ist der kleinere Wert von b oder $2 \cdot h$)

a) Geschwindigkeitsdruck $q_{(z)}$ für $z > 7$ m und ≤ 50 m nach Tafel **4.**12:

$q_{(z)} = 1,7 \cdot q_{ref} \cdot (z/10)^{0,37}$

$= 1,7 \cdot 0,39 \cdot (8,00/10)^{0,37}$

$q_{(z)} = 0,61$ kN/m² in waagerechter Richtung

b) Windsog auf der Leeseite des Daches im Bereich J rechtwinklig zur Dachfläche:

Druckbeiwert c_{pe} im Bereich J der Dachfläche am First über eine Länge von $e/10 = 1,20$ m nach Tafel **4.**17:

$c_{pe,J} = c_{pe,J,10} = - 0,5$

Charakteristischer Wert $w_{s,J,k}$ des Windsogs im Dachbereich J:

$w_{s,J,k} = c_{pe,J} \cdot q_{(z)} = - 0,5 \cdot 0,61$

$w_{s,J,k} = - 0,31$ kN/m²

– Bemessungswert des Windsogs im Bereich J rechtwinklig zur Dachfläche je m Sparrenlänge:

$w_{s,J,d} = a \cdot \gamma_Q \cdot \psi_0 \cdot w_{s,J,k}$

$= + 0,75 \cdot 1,5 \cdot 0,6 \cdot (- 0,31)$

$\mathbf{w_{s,J,d} = - 0,21}$ **kN/m**

c) Windsog auf der Leeseite des Daches im Bereich I rechtwinklig zur Dachfläche:

Druckbeiwert c_{pe} im Bereich I der Dachfläche unterhalb des Bereichs J bis zur Traufe nach Tafel **4.**17:

$c_{pe,I} = c_{pe,10} = - 0,4$

Charakteristischer Wert $w_{I,k}$ des Windsogs im Dachbereich I

$w_{s,I,k} = c_{pe,I} \cdot q_{(z)} = - 0,4 \cdot 0,61$

$w_{s,I,k} = - 0,24$ kN/m²

– Bemessungswert des Winddrucks (Windsog) im Bereich I rechtwinklig zur Dachfläche je m Sparrenlänge:

$w_{s,I,d} = a \cdot \gamma_Q \cdot \psi_0 \cdot w_d$

$= +0{,}75 \cdot 1{,}5 \cdot 0{,}6 \cdot (-0{,}24)$

$\mathbf{w_{s,I,d} = -0{,}16\ kN/m}$

d) Mittlerer Windsog auf der Leeseite des Daches rechtwinklig zur Dachfläche:

Der Windsog wird gemittelt, um weiterhin mit Tabellenwerken oder einfachen Rechenprogrammen arbeiten zu können. Der Windsog wird entsprechend der Längenverhältnisse der Bereiche I bzw. J gemittelt. Somit ergibt sich aus dem folgenden Zusammenhang (mit d = Gebäudebreite in Anströmrichtung des Windes):

$$w_{s,k} = \frac{c_{pe,J} \cdot \frac{e}{10} + c_{pe,I} \cdot \left(\frac{d}{2} - \frac{e}{10}\right)}{\frac{d}{2}} \cdot q_{(z)}$$

– Vereinfachte Formel für den charakteristischen Windsog:

$$w_{s,k} = \left[\frac{e}{5 \cdot d}\left(c_{pe,J} - c_{pe,I}\right) + c_{pe,I}\right] \cdot q_{(z)} \qquad \text{Gl. (4.52)}$$

$$w_{s,k} = \left[\frac{12{,}00}{5 \cdot 10{,}00}\left((-0{,}5) - (-0{,}4)\right) + (-0{,}4)\right] \cdot 0{,}61$$

$$= -0{,}42 \cdot 0{,}61\ \text{kN/m}^2$$

$$w_{s,k} = -0{,}26\ \text{kN/m}^2$$

– Bemessungswert des Windsogs rechtwinklig zur Dachfläche je m Sparrenlänge:

$w_{s,d} = a \cdot \gamma_Q \cdot \psi_{0,w} \cdot w_{s,k}$

$= +0{,}75 \cdot 1{,}5 \cdot 0{,}6 \cdot (-0{,}26)$

$\mathbf{w_{s,d} = -0{,}18\ kN/m}$

7. Die **Bemessungswerte** für Eigengewicht und Schneelast oder für Eigengewicht, unsymmetrische Schneelast und Wind bei gleichzeitiger Einwirkung auf das Sparrendach entsprechend den vorstehenden Beispielen 1 und 4 bis 6 werden für den Standort im Harz zusammengestellt.

Satteldach mit Dachneigung $\alpha = 38°$, Sparrenabstand $a = 0{,}75$ m

Firsthöhe z = Bezugshöhe $h = 8{,}00$ m über Gelände

Bauwerksbreite $b = 12{,}00$ m

– Bemessungswert der vertikalen Einwirkung aus Eigengewicht und voller Schneelast je m Sparrengrundlänge:

$(g_d + s_{1,d}) = a \cdot (\gamma_G \cdot g_k + \gamma_Q \cdot s_{1,k})$

$= 0{,}75 \cdot (1{,}35 \cdot 1{,}07 + 1{,}5 \cdot 1{,}78)$

$\mathbf{(g_d + s_{1,d}) = 3{,}09\ kN/m}$

– Bemessungswert der vertikalen Einwirkung aus Eigengewicht + halber Schneelast + Winddruck je m Sparrengrundlänge:

$$(g_d+s_{1,d}+w_{d,v,d}) = a \cdot (\gamma_G \cdot g_k + \gamma_Q \cdot \frac{s_{1,k}}{2} + \gamma_Q \cdot \psi_{0,w} \cdot w_{d,k})$$

$$= 0{,}75 \cdot (1{,}35 \cdot 1{,}07 + 1{,}5 \cdot \frac{1{,}78}{2} + 1{,}5 \cdot 0{,}6 \cdot 0{,}34)$$

$$\mathbf{(g_d+s_{1,d}+w_{d,v,d}) = 2{,}31\ kN/m}$$

– Bemessungswert der horizontalen Einwirkung aus Wind je Sparren:

$$w_{d,h,d} = a \cdot \gamma_Q \cdot \psi_{0,w} \cdot w_{d,k}$$

$$= 0{,}75 \cdot 1{,}5 \cdot 0{,}6 \cdot 0{,}34$$

$$\mathbf{w_{d,h,d} = 0{,}23\ kN/m}$$

8. Die Belastung eines Gratsparrens für ein Walmdach ist zu berechnen (Bild **4**.51). Obwohl die Schifter den Gratsparren punktförmig belasten, wird eine verteilte Gesamtbelastung für den Gratsparren angenommen. Bei den vertikal wirkenden Lasten wird vereinfachend von einer Abstützung des Gratsparrens durch die Schifter abgesehen. Für die Windlasten wird jedoch diese abstützende Wirkung angenommen. Daher können auf den Gratsparren wirkende Windlasten vernachlässigt werden.

Angaben:	Dachbreite	b	= 9,50 m
	Abstand	a_g	= 3,50 m (Gratanfallpunkt bis zur Giebeltraufe)
	Dachhöhe	h	= 3,20 m
	Dachneigung	α	= 34°, cos α = 0,829
	Sparrenabstand	a_s	= 0,75 m

Eigenlast der Dachkonstruktion:

Sparren		= 130 N/m² Grundfläche
Dachdeckung		= 750 N/m² Grundfläche
Unterspannbahn + Dämmung		= 140 N/m² Grundfläche
Holzverkleidung		= 150 N/m² Grundfläche
Eigenlast der Dachkonstruktion	g_k	= 1170 N/m² Grundfläche
	g_k	= 1,17 kN/m² Grundfläche

Schneelast der Dachkonstruktion für Schneelastzone 3, 600 m üNN

Mindestschneelast auf dem Boden nach Gleichung (4.15):

$$s_k = 0{,}31 + 2{,}91 \cdot [(h+140) / 760]^2 = 0{,}31 + 2{,}91 \cdot (740/760)^2$$

$$s_k = 3{,}07\ kN/m^2$$

Charakteristischer Wert der Schneelast auf dem Satteldach je m² Grundfläche:

$$s_{1,k} = \mu_1 \cdot s_k \qquad \text{mit } \mu_1 = 0{,}8 \cdot (60° - \alpha) / 30° \quad \text{(Tafel 4.9)}$$

$$= 0{,}8 \cdot (60° - 34°) / 30° = 0{,}69$$

$$s_{1,k} = 0{,}69 \cdot 3{,}07$$

$$s_{1,k} = 2{,}12\ kN/m^2$$

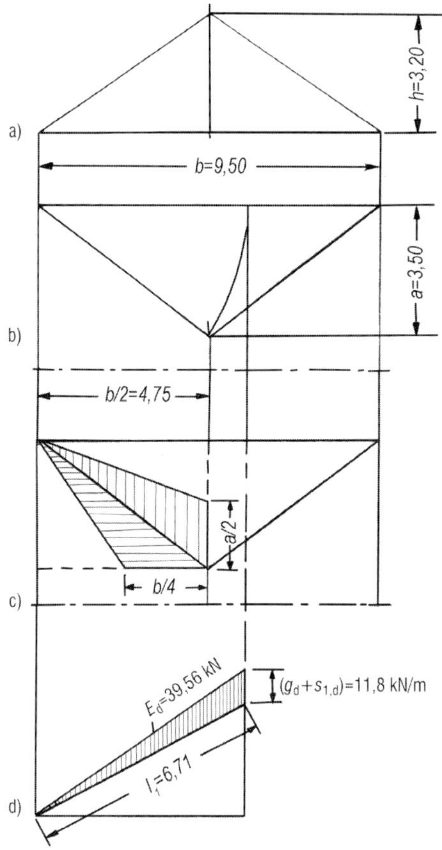

Bild **4.**51
Walmdach mit Gratsparren
a) Schematisch dargestellter Dachquerschnitt
b) Ausschnitt des Dachgrundrisses
c) Grundfläche mit Belastungsanteil für den Gratsparren
d) Schnitt mit wahrer Länge l_1 des Gratsparrens mit vereinfacht angesetzter Dreiecksbelastung

– Bemessungswert aus Eigengewicht und Schnee je m² Grundfläche:

$$(g'_d+s'_{1,d}) = \gamma_G \cdot g_k + \gamma_Q \cdot s_k = 1{,}35 \cdot 1{,}17 + 1{,}5 \cdot 2{,}12$$

$$(g'_d+s'_{1,d}) = 4{,}76 \text{ kN/ m}^2$$

Länge l des Gratsparrens für die Bemessung mit lotrecht wirkenden Lasten:

$$l = \sqrt{(b/2)^2 + a^2} = \sqrt{(9{,}50/2)^2 + 3{,}50^2} = \sqrt{22{,}56 + 12{,}25}$$

$$l = 5{,}90 \text{ m}$$

wahre Länge l_1 des Gratsparrens:

$$l_1 = \sqrt{l^2 - h^2} = \sqrt{5{,}90^2 + 3{,}20^2} = \sqrt{34{,}81 + 10{,}24} = 6{,}71 \text{ m}$$

Belastungsfläche A des Gratsparrens:

$$A = \frac{a \cdot b/2}{2} = \frac{3{,}50 \cdot 9{,}50/2}{2} = 8{,}31 \text{ m}^2$$

Anteil des Bemessungswerts für den Gratsparren:

$$\Sigma E_d = (g'_d+s'_{1,d}) \cdot A = 4{,}76 \cdot 8{,}31 = 39{,}56 \text{ kN}$$

– Bemessungswert $(g_d + s_{1,d})$ aus Eigengewicht und Schnee für den Gratsparren als dreieckförmige Belastung bezogen auf die Grundlänge:

$$(g_d + s_{1,d}) = 2 \cdot (g'_d + s'_{1,d}) / l_1$$
$$= 2 \cdot 39{,}56/6{,}71$$
$$(g_d + s_{1,d}) = \mathbf{11{,}8\ kN/m}$$

9. Die **Belastung eines Flachdaches** aus Porenbetonplatten über nebeneinander liegenden Reihengaragen mit geringem Gefälle ist zu ermitteln.

Schneelastzone 1, Geländehöhe < 200 m üNN. Höhe der Garage $h = 3{,}20$ m. Windlastzone WZ 1.

Charakteristische Einwirkungen:

Eigenlast Porenbetonplatten Rohdichteklasse 0,80, h = 15 cm:	$0{,}15 \cdot 9{,}5$		$= 1{,}42$ kN/m²
Zementmörtel 2 cm	$0{,}02 \cdot 21$		$= 0{,}42$ kN/m²
Abdichtung doppelte Bitumenschweißbahn	$2 \cdot 0{,}07$		$= 0{,}14$ kN/m²
		g_k	$= 1{,}98$ kN/m²
Schneelast			
$s_k = 0{,}65$ kN/m²			
$s_{1,k} = \mu_1 \cdot s_k = 0{,}8 \cdot 0{,}65$		s_k	$= 0{,}52$ kN/m²
Winddruck im Bereich I			
$w_{d,k} = c_{pe} \cdot 1{,}5 \cdot q_{ref} = +\,0{,}2 \cdot 1{,}5 \cdot 0{,}39$		$w_{d,k}$	$= 0{,}12$ kN/m²
Reparaturlast als Flächenlast		$q_{R,k}$	$= 0{,}75$ kN/m²
Reparaturlast in Plattenmitte als Einzellast je Platte		$Q_{R,k}$	$= 1{,}00$ kN

– Bemessungswert der vertikalen Einwirkung aus Eigenwicht, Schnee und Wind je m² Grundfläche:

$$(g_d + s_{1,d} + w_{d,v,d}) = \gamma_G \cdot g_k + \gamma_Q \cdot s_k + \gamma_Q \cdot \psi_{0,w} \cdot w_k$$
$$= 1{,}35 \cdot 1{,}98 + 1{,}5 \cdot 0{,}52 + 1{,}5 \cdot 0{,}6 \cdot 0{,}12$$
$$\mathbf{(g_d + s_{1,d} + w_{d,v,d}) = 3{,}56\ kN/m^2}$$

oder

– Bemessungswerte der Einwirkung aus Eigengewicht + Reparaturlast:

$$g_d = \gamma_G \cdot g_k = 1{,}35 \cdot 1{,}98$$
$$\mathbf{g_d = 2{,}67\ kN/m^2} \text{ als Flächenlast}$$
$$Q_{R,d} = \gamma_Q \cdot Q_{R,k} = 1{,}5 \cdot 1{,}0$$
$$\mathbf{Q_{R,d} = 1{,}50\ kN} \text{ als Einzellast}$$

5 Standsicherheit der Bauwerke

Die Standsicherheit, die Tragfähigkeit und die Gebrauchstauglichkeit von Bauwerken und Bauteilen müssen stets gegeben sein. Diese Eigenschaften der Bauwerke und Bauteile sind durch rechnerische Nachweise zu belegen. Nach DIN 1055-100 „Einwirkungen auf Tragwerke" und DIN 1054 „Baugrund - Sicherheitsnachweise im Erd- und Grundbau" ist nachzuweisen, dass Grenzzustände der Tragfähigkeit und der Gebrauchstauglichkeit mit hinreichender Wahrscheinlichkeit ausgeschlossen sind.

Der Nachweis der Tragfähigkeit erfordert die Gegenüberstellung der Beanspruchung mit der Beanspruchbarkeit. Die entstehende Beanspruchung infolge von Einwirkungen darf in keiner Situation größer sein als die mögliche Beanspruchbarkeit, gekennzeichnet durch den Tragwiderstand. Maßgebend hierfür sind der Bemessungswert der Einwirkungen E_d (Beanspruchung) und der Bemessungswert des Tragwiderstandes R_d (Beanspruchbarkeit).

$$E_d \leq R_d \qquad \text{Gl. (5.1)}$$

mit E_d Bemessungswert der Beanspruchung
R_d Bemessungswert des Tragwiderstandes

Beim Nachweis der Gebrauchstauglichkeit wird in ähnlicher Weise verfahren, allerdings mit anderen Bemessungswerten.

5.1 Grenzzustände, Einwirkungskombinationen und Sicherheitsklassen

Die Sicherheit ist rechnerisch nachgewiesen, wenn die Grenzzustandsbedingungen nicht verletzt sind. Dazu sind die jeweils ungünstigsten Einwirkungskombinationen zu untersuchen und die Baugrundverhältnisse zu klären. Bei der Aufstellung der Grenzzustandsbedingungen sind die Gleichgewichtsbedingungen einzuhalten. Der jeweils ungünstigere charakteristische Wert ist in der Berechnung zu berücksichtigen (DIN 1054).

Grenzzustände der Tragfähigkeit (GZ 1)

<u>Grenzzustand GZ 1A:</u> Grenzzustand des Verlustes der Lagesicherheit
Es sind die Nachweise der Sicherheit gegen Abheben (Kippen), gegen Aufschwimmen und gegen Grundbruch zu führen. Dazu werden in den Grenzzustandsbedingungen die Bemessungswerte von günstigen und ungünstigen Einwirkungen einander gegenübergestellt.

<u>Grenzzustand GZ 1B:</u> Grenzzustand des Versagen von Bauwerken und Bauteilen
Es ist der Nachweis ausreichender Abmessungen von Bauwerken und Bauteilen zu führen. Dazu werden in den Grenzzustandsbedingungen die Bemessungswerte der Beanspruchungen den Bemessungswerten der Widerstände gegenübergestellt.

<u>Grenzzustand GZ 1C:</u> Grenzzustand des Verlustes der Gesamtstandsicherheit
Hierbei ist der Nachweis der Gesamtstandsicherheit zu führen. Dazu werden die Grenzzustandsbedingungen mit Bemessungseinwirkungen und Bemessungswerten für die Scherfestigkeit aufgestellt. Der Grenzzustand tritt immer im Baugrund auf.

Grenzzustände der Gebrauchstauglichkeit (GZ 2)

Grenzzustände der Gebrauchstauglichkeit beziehen sich im Regelfall auf einzuhaltende Verformungen bzw. Verschiebungen. Nachweise der Grenzzustände der Gebrauchstauglichkeit sind mit charakteristischen Werten der Einwirkungen zu führen. Die Nachweise dürfen z.B. auch geführt werden durch:

- Hinweise auf belegbare Erfahrung;
- Verwendung aufnehmbarer Sohldrücke für Flachgründungen.

Einwirkungskombinationen

Einwirkungskombinationen (Expositionsklasse) sind Zusammenstellungen der an den Grenzzuständen des Bauwerks beteiligten, gleichzeitig möglichen Einwirkungen nach Ursachen, Größe, Richtung und Häufigkeit. Es werden unterschieden (DIN 1054):

- Regel-Kombination EK 1:
  Ständige sowie während der Funktionszeit des Bauwerks regelmäßig auftretende veränderliche Einwirkungen.
- Seltene Kombination EK 2:
  Außer den Einwirkungen der Regel-Kombination seltene oder einmalige planmäßige Einwirkungen.
- Außergewöhnliche Kombination EK 3:
  Außer den Einwirkungen der Regel-Kombination eine gleichzeitig mögliche außergewöhnliche Einwirkung, insbesondere bei Katastrophen oder Unfällen.

Sicherheitsklassen

Sicherheitsklassen berücksichtigen den unterschiedlichen Sicherheitsanspruch bei den Widerständen in Abhängigkeit von Dauer und Häufigkeit der maßgebenden Einwirkungen. Es werden unterschieden (DIN 1054):

- Zustände der Sicherheitsklasse SK 1:
  Auf die Funktionszeit des Bauwerks angelegte Zustände.
- Zustände der Sicherheitsklasse SK 2:
  Bauzustände bei der Herstellung oder Reparatur des Bauwerks und Bauzustände durch Baumaßnahmen neben dem Bauwerk.
- Zustände der Sicherheitsklasse SK 3:
  Während der Funktionszeit einmalig oder voraussichtlich nie auftretende Zustände.

5.2 Lastfälle

Für die Nachweise in den Grenzzuständen der Tragfähigkeit sind geeignete Kombinationen der Einwirkungen zu berücksichtigen, um den kritischen Lastfall zu ermitteln. Hierfür sind in verschiedenen Baubereichen zugehörige Lastfälle festgelegt. So gelten z.B. für die Sicherheitsnachweise im Erd- und Grundbau nach DIN 1054 und DIN 1055-100 folgende Lastfälle:

Lastfall 1 (LF 1)

- Regel-Kombination EK 1 in Sicherheitsklasse SK 1:
  ständige Einwirkungen, die den üblichen Nutzungsbedingungen des Tragwerks entsprechen.
- Anwendung:
  maßgebend für alle ständigen und vorübergehenden Bemessungssituationen des aufliegenden Tragwerks, abgesehen von Bauzuständen.

Lastfall 2 (LF 2)

- Seltene Kombination EK 2 in Sicherheitsklasse SK 1 oder Regel-Kombination EK 1 in Sicherheitsklasse SK 2:
  vorübergehende Einwirkungen, die sich auf zeitlich begrenzte Zustände des Tragwerks beziehen, z.B. im Bauzustand oder bei der Instandsetzung.

– Anwendung:
maßgebend für vorübergehende Beanspruchungen der Gründung in Bauzuständen des aufliegenden Tragwerks.

Lastfall 3 (LF 3)

– Außergewöhnliche Kombination EK 3 in Sicherheitsklasse SK 2 oder seltene Kombination EK 2 in Sicherheitsklasse SK 3:
außergewöhnliche Einwirkungen auf das Tragwerk oder seine Umgebung, z.B. bei Feuer oder Brand, Explosion, Anprall.
– Anwendung:
maßgebend für außergewöhnliche Bemessungssituationen des aufliegenden Tragwerks, soweit sich diese ungünstig auf die Gründung auswirken.

5.3 Sicherheit gegen Kippen

Die Sicherheit gegen Kippen ist bestimmt durch die Wirkung der Kräfte, bezogen auf die Lagerung des Körpers. Zu den wirkenden Kräften gehören außer den Eigenlasten des Körpers alle anderen ständigen Lasten und die zeitweilig wirkenden Verkehrslasten. Es werden drei Arten des Gleichgewichtes unterschieden.

5.3.1 Gleichgewichtsarten

1. *Das stabile Gleichgewicht* ist das sichere Gleichgewicht. Es ist immer dann vorhanden, wenn der Schwerpunkt des Körpers bei einer Bewegung angehoben werden muss (Bild **5.**1). Die Eigenlast *G* eines Körpers wirkt nach unten und bringt den Körper wieder in seine Ausgangsstellung zurück.

Das stabile Gleichgewicht wird für alle Bauwerke und Bauteile gefordert.

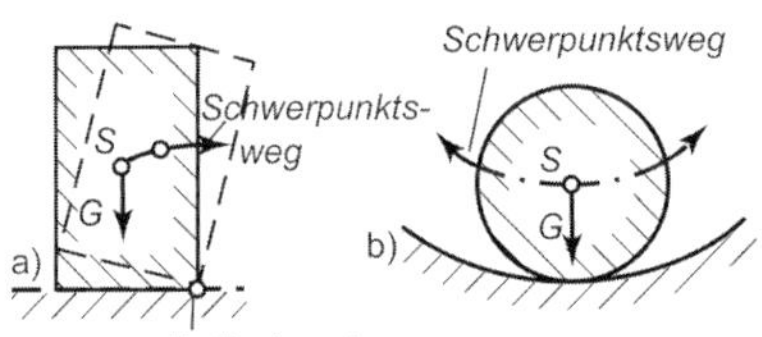

Bild **5.**1 Stabiles Gleichgewicht

2. *Das indifferente Gleichgewicht* ist das unbestimmte, unentschiedene Gleichgewicht.

Bei einer Bewegung des Körpers bleibt der Schwerpunkt in gleicher Höhe (Bild **5.**2). Der Körper verharrt in jeder Stellung, solange keine Kräfte auf ihn einwirken.

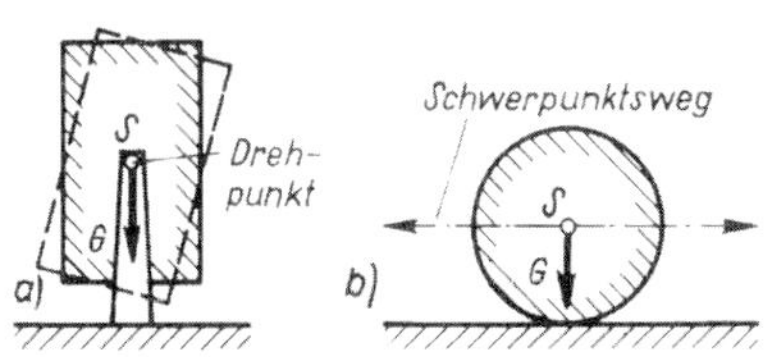

Bild **5.**2 Indifferentes Gleichgewicht

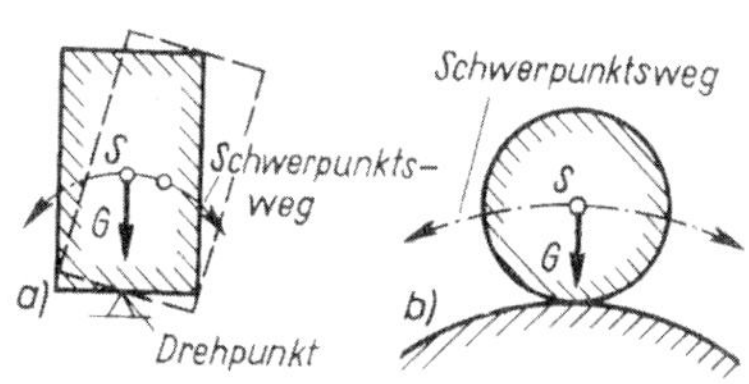

Bild **5.**3 Labiles Gleichgewicht

3. Das labile Gleichgewicht ist das unsichere Gleichgewicht. Der Schwerpunkt des Körpers bewegt sich hierbei nach unten (Bild **5**.3). Der Körper kommt hierbei immer weiter aus seiner Ausgangsstellung heraus.

Das labile Gleichgewicht ist für alle technischen Zwecke unbrauchbar.

5.3.2 Nachweis der Sicherheit gegen Kippen

Alle Bauwerke und Bauteile müssen standsicher gelagert sein. Daher kommt hierfür nur das stabile Gleichgewicht infrage: die Bauwerke oder Bauteile dürfen nicht kippen (Bild **5**.1).

Das Kippen eines Körpers ist einesteils abhängig von der Lage des Schwerpunktes der Unterstützung, andernteils bedingt durch die wirkenden Kräfte. Die Unterstützung eines Körpers muss flächig oder mindestens durch drei Auflagerpunkte erfolgen, die nicht auf einer geraden Linie liegen (Dreibock).

Bei Flachgründungen (Einzelfundamente, Streifenfundamente) und Flächengründungen (Gründungsplatten) auf nichtbindigen oder bindigen Böden kann ein Nachweis der Sicherheit gegen Gleichgewichtsverlust durch Kippen nicht geführt werden, da die Kippkante wegen der Nachgiebigkeit des Bodens unbekannt ist. Anstatt eines Nachweises der Sicherheit gegen Kippen darf der Nachweis der Einhaltung der zulässigen Ausmittigkeit der Sohldruckresultierenden geführt werden (DIN 1054).

Die maßgebende Sohldruckresultierende ergibt sich als resultierende charakteristische Beanspruchung in der Sohlfläche. Sie entsteht aus der ungünstigsten Kombination der charakteristischen Werte ständiger und veränderlicher Einwirkungen für die Lastfälle LF 1 und LF 2. Maßgebend ist die größte Ausmittigkeit e.

Die Ausmittigkeit e der Sohldruckresultierenden darf höchstens so groß sein, dass die Gründungssohle des Fundaments noch bis zu ihrem Schwerpunkt durch Druck belastet bleibt. Von dieser Forderung darf nur abgewichen werden, wenn der Körper verankert wird. Daher muss bei üblichen Fundamenten die Resultierende mindestens einen Abstand von ⅙ der Stützflächenbreite zur Fundamentkante K haben (Bild **5**.4):

$$c \geq b/6 \qquad \text{Gl. (5.2)}$$

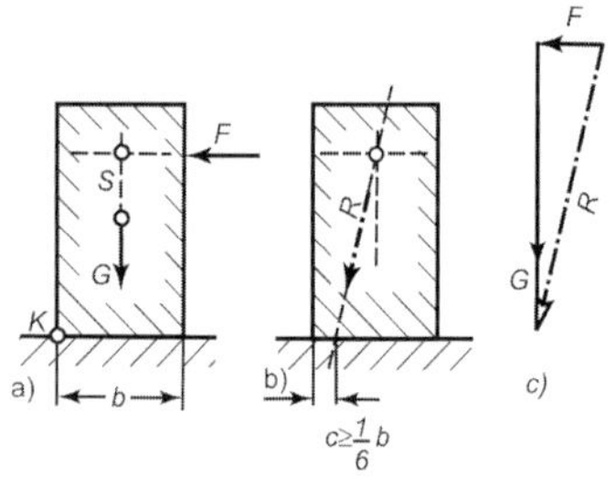

Bild **5**.4 Ausreichende Standsicherheit, der Körper bleibt stehen

Dies gilt sowohl für den Lastfall 1 als auch für den Lastfall 2. Der Lastfall 1 (LF 1) erfasst die ständige Bemessungssituation nach DIN 1055-100, der Lastfall 2 (LF 2) gilt für die vorübergehende Bemessungssituation.

Die Sicherheit gegen Kippen ist nicht mehr ausreichend, wenn der Abstand c der Resultierenden in der Stützfläche von der Fundamentkante kleiner als $b/6$ wird (Bild **5**.5). Der Körper kippt um, wenn die Resultierende außerhalb der Stützfläche liegt (Bild **5**.6).

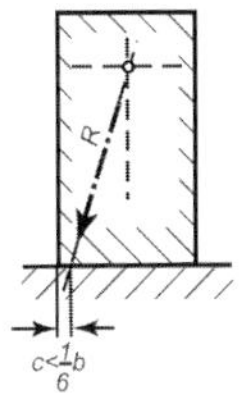

Bild **5.5**
Nicht ausreichende Standsicherheit

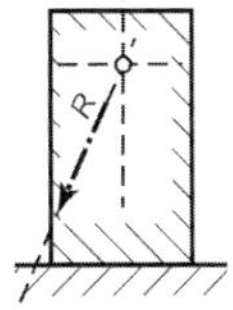

Bild **5.6**
Keine Standsicherheit, der Körper kippt um

Belastungen können Fundamente auch zweiachsig verkanten. Das ist bei Lasten der Fall, die zweiachsig ausmittig wirken. Hierbei sind die folgenden Bedingungen für rechteckige Fundamente einzuhalten:

1. Die resultierende Kraft aus den ständigen Einwirkungen muss die Sohlfläche im Kern schneiden. Hierbei wird die gesamte Sohlfläche auf Druck beansprucht. Der Kern einer rechteckigen Sohlfläche wird rautenförmig begrenzt durch die Abmessungen $b_x/3$ und $b_y/3$. Der Kern ist die in Bild **5**.7a) schraffierte Fläche.
2. Die resultierende Kraft aus den charakteristischen Beanspruchungen infolge der ungünstigsten Kombination ständiger und veränderlicher Einwirkungen muss die Sohlfläche innerhalb der im Bild **5**.7b) dargestellten Ellipse schneiden. Hierbei wird nicht mehr die gesamte Sohlfläche auf Druck beansprucht, es entsteht ein begrenztes Klaffen der Sohlfuge. Das entspricht der Gleichung:

$$(e_x/b_x)^2 + (e_y/b_y)^2 \leq 1/9 \qquad \text{Gl. (5.3)}$$

Beim kreisförmigen Vollquerschnitt ist die Ausmitte begrenzt durch den Radius:

$$r_e = 0{,}59 \cdot r \qquad \text{Gl. (5.4)}$$

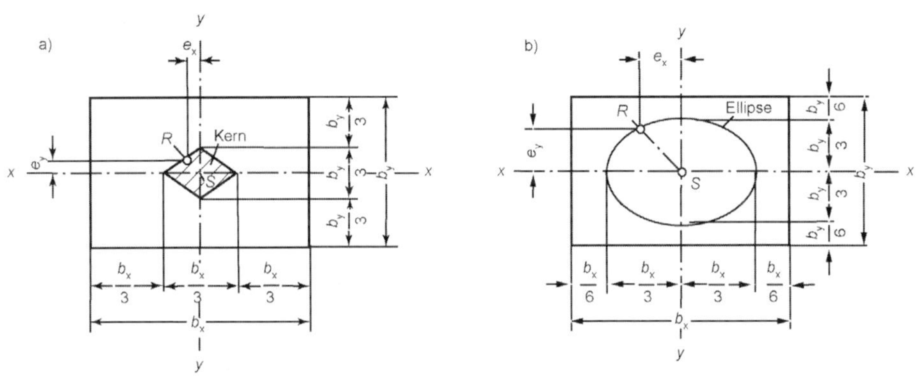

Bild **5**.7 Grundriss eines rechteckigen Fundaments mit den Bezeichnungen bei zweiachsiger Verkantung nach DIN 1054
a) Resultierende innerhalb des Kerns: ganze Sohlfläche wird auf Druck beansprucht, zulässige Ausmitte der Resultierenden für ständige Einwirkungen
b) Resultierende innerhalb der Ellipse: Klaffen der Sohlfuge, zulässige Ausmitte der Resultierenden bei ungünstigster Kombination ständiger und veränderlicher Einwirkungen

Bezeichnungen:
R Angriffspunkt der resultierenden Kraft
x, *y* Fundamentachsen
b_x, b_y Fundamentbreiten in *x*-Richtung bzw. in *y*-Richtung
e_x, e_y Ausmittigkeiten der resultierenden Kraft in *x*-Richtung bzw. in *y*-Richtung

Die in Gleichung (5.3) einzusetzenden Ausmittigkeiten e_x und e_y können über die Drehmomente aller Kräfte bezogen auf den Schwerpunkt der Gründungsfläche bestimmt werden. Die Exzentrizität e_x ergibt sich aus dem Drehmoment $M_{x,G+Q,k}$ und der Normalkraft $N_{G+Q,k}$ als Resultierende der Lasten rechtwinklig zur Gründungsfuge:

$$e_x = \frac{M_{y,G+Q,k}}{N_{G+Q,k}} \qquad \text{Gl. (5.5)}$$

Entsprechend ergibt sich die Ausmittigkeit e_y:

$$e_y = \frac{M_{x,G+Q,k}}{N_{G+Q,k}} \qquad \text{Gl. (5.6)}$$

Für einachsige Ausmittigkeit e vereinfacht sich Gleichung (5.3) zu:

$$e \leq \frac{b}{3} \qquad \text{Gl. (5.7)}$$

Die Beanspruchung $N_{G+Q,k}$ rechtwinklig zur Fundamentsohlfläche setzt sich zusammen:

- aus dem ständigen Anteil $N_{G,k}$ der charakteristischen Beanspruchung
- und n veränderlichen Anteilen $N_{Q,k}$ der charakteristischen Beanspruchung

$$N_{G+Q,k} = N_{G,k} + N_{Qi,k} \qquad \text{Gl. (5.8)}$$

mit i = 1 bis n

Sinngemäß gilt für das Drehmoment M_k:

$$M_{G+Q,k} = M_{G,k} + M_{Qi,k} \qquad \text{Gl. (5.9)}$$

mit i = 1 bis n

Dabei muss die ungünstigste Kombination ständiger und veränderlicher Einwirkungen berücksichtigt werden.

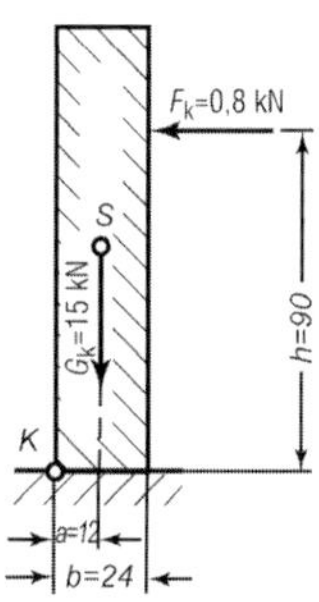

Bild **5.8** Standsicherheit eines Pfeilers

Beispiele zur Erläuterung

1. An einem Pfeiler mit einer Eigenlast von G_k = 15 kN greift in 0,90 m Höhe eine waagerechte Kraft von F_k = 0,8 kN an (Bild **5**.8). Der Nachweis der Sicherheit gegen Kippen erfolgt durch den Nachweis der Ausmittigkeit:

Aus der Belastung ergibt sich für die Bemessung ein Kippmoment von:

$$\begin{aligned} M_{G+Q,k} &= G_k \cdot 0 + F_k \cdot h \\ &= 15 \cdot 0 + 0{,}8 \cdot 0{,}90 = 0{,}72 \text{ kNm} \end{aligned}$$

Die Normalbelastung rechtwinklig zur Gründungsfuge hat die Größe:

$$N_{G+Q,k} = G_k \qquad = \quad 15{,}0 \text{ kN}$$

Damit ergibt sich eine Ausmittigkeit e von:

$$e = \frac{M_{G+Q,k}}{N_{G+Q,k}} = \frac{0{,}72}{15} = 0{,}048 \text{ m} \quad \approx \quad 0{,}05 \text{ m}$$

Diese Ausmittigkeit hält die Bedingung der Gleichung (5.7) ein:

$$e = 0{,}05 \text{ m} < \frac{b}{3}, \text{ denn } \frac{b}{3} = \frac{0{,}24}{3} \quad = \quad 0{,}08 \text{ m}$$

$0{,}05/0{,}08 < 1$

2. Eine **Gartenmauer** ist 1,15 m hoch und 24 cm dick. Sie wird voll dem Wind ausgesetzt (Bild **5**.9). Die Sicherheit ist nachzuweisen. Die angreifende Kraft beträgt $W_k = F_k = 0{,}7$ kN.

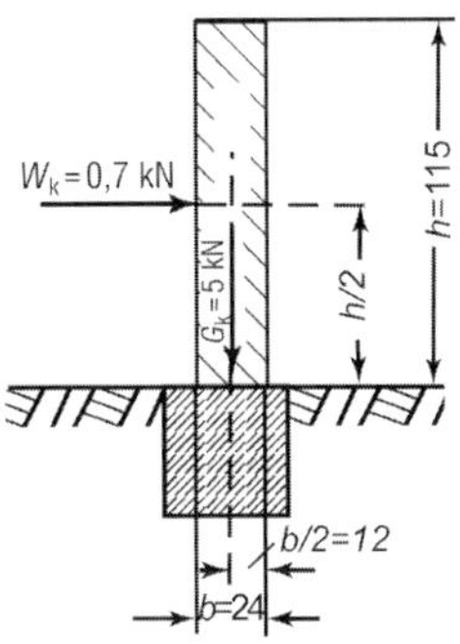

Bild **5**.9 Gartenmauer mit Windbelastung

<u>Nachweis der Kippsicherheit durch Begrenzung der Ausmittigkeit:</u>

$$M_{G+Q,k} = G_k \cdot 0 + F_k \cdot h/2$$
$$= 5{,}0 \cdot 0 + 0{,}7 \cdot 1{,}15/2 \quad = \quad 0{,}40 \text{ kNm}$$

Die Normalbelastung in der Gründungsfuge hat die Größe:

$$N_{G+Q,k} = G_k \qquad = \quad 5{,}00 \text{ kN}$$

Damit ergibt sich eine Ausmittigkeit von:

$$e = \frac{M_{G+Q,k}}{N_{G+Q,k}} = \frac{0{,}40}{5{,}00} \quad = \quad 0{,}08 \text{ m}$$

Diese Ausmittigkeit hält die Bedingung der Gleichung (5.7) gerade noch ein:

$$e = 0{,}08 \text{ m} = \frac{b}{3}, \text{ denn } \frac{b}{3} = \frac{0{,}24}{3} \quad = \quad 0{,}08 \text{ m}$$

$0{,}08/0{,}08 = 1$, damit ist die Standsicherheit noch gegeben.

5.4 Sicherheit gegen Gleiten

Durch Einwirkungen, die horizontal oder schräg an einem Körper angreifen, besteht die Gefahr, dass sich der Körper verschiebt. Dieses Verschieben wird als Gleiten bezeichnet. Die Sicherheit gegen Gleiten wird bestimmt durch Art, Größe und Richtung der Einwirkungen auf den Körper sowie durch die Beschaffenheit der Gleitfläche unter dem Körper. Für Fundamente ist beispielsweise der Nachweis der Sicherheit gegen Gleiten ein wesentlicher Sicherheitsnachweis im Bereich des Erd- und Grundbaus.

5.4.1 Gleitwiderstand

Der Verschiebung eines Körpers, z.B. eines Fundaments, wirkt ein Widerstand in der Sohlfläche entgegen. Dies ist der Gleitwiderstand R_t. (Bilder **5**.10 bis **5**.12).

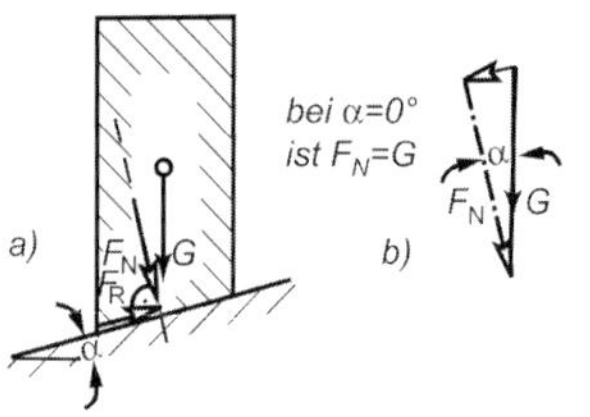

Bild **5**.10 Der Gleitwiderstand R_t in der Gleitfläche
a) Lageplan
b) Kräfteplan

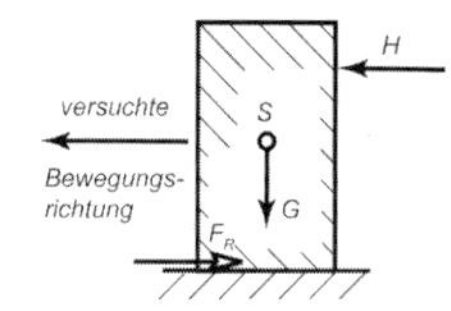

Bild **5**.11 Der Gleitwiderstand wirkt einer einwirkenden Kraft stets entgegen

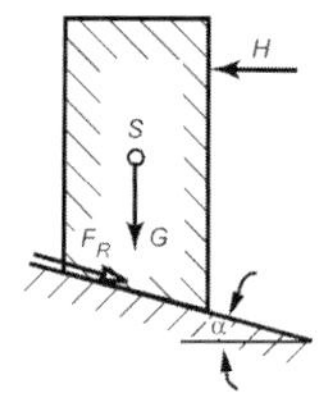

Bild **5**.12 Bei einer Sohlfuge, die entgegen der Bewegungsrichtung geneigt ist, wird der Gleitwiderstand erhöht

Zur Ermittlung des Gleitwiderstands werden die charakteristischen Werte der Beanspruchungen ermittelt, und zwar getrennt für ständige Einwirkungen $N_{G,k}$ und veränderliche Einwirkungen $N_{Q,k}$. Diese werden in eine Komponente N_k normal zur Sohlfläche und in eine Komponente T_k tangential zur Sohlfläche aufgeteilt.

Der charakteristische Gleitwiderstand $R_{t,k}$ in der Sohlfläche von Gründungskörpern wird errechnet aus der Normalkraftkomponente der Beanspruchung N_k in der Sohlfläche und dem Wert des Sohlreibungswinkels $\delta_{S,k}$. Bei vollständiger Konsolidierung des Bodens (Endzustand) hat im Grenzzustand GZ 1B der charakteristische Gleitwiderstand $R_{t,k}$ folgendem Wert:

$$R_{t,k} = N_k \cdot \tan \delta_{S,k} \qquad \text{Gl. (5.10)}$$

Hierbei sind:

$R_{t,k}$ charakteristischer Gleitwiderstand

N_k rechtwinklig zur Sohlfläche gerichtete Komponente der charakteristischen Beanspruchung in der Sohlfläche, berechnet aus der ungünstigsten Kombination senkrechter und waagerechter Einwirkungen.

$\delta_{S,k}$ charakteristischer Wert des Sohlreibungswinkels:
bei Ortbetonfundamenten gleich dem Bodenreibungswinkel φ'_k
bei Fertigteilen abgemindert auf 2/3 φ'_k

Einige charakteristische Werte des Bodenreibungswinkels φ'_k sind in Tafel **5**.1 für verschiedene Bodenarten nach DIN 1055-2 angegeben.

Zusätzlich kann ein Erdwiderstand als passiver Erddruck E_p wirken, wenn die Sohlfläche tiefer liegt als das dahinter liegende Erdreich (Bild **5**.13).

Der Bemessungswert $R_{t,d}$ des Gleitwiderstandes wird errechnet aus dem charakteristischen Gleitwiderstand $R_{t,k}$ dividiert durch den Teilsicherheitsbeiwert γ_{G1} (nach DIN 1054, Tabelle 3):

$$R_{t,d} = R_{t,k} / \gamma_{G1} \qquad \text{mit } \gamma_{G1} = 1{,}10 \qquad \text{Gl. (5.11)}$$

Tafel **5**.1 Charakteristische Werte des **Reibungswinkels** φ'_k für verschiedene Bodenarten (nach DIN 1055-2)

Bodenart			Reibungswinkel φ'_k in °
nichtbindige Böden	Sand	locker	30
	Kies-Sand	mitteldicht	32,5
	Kies	dicht	35
	Geröll	mitteldicht	35
	Steine	dicht	37,5
bindige Böden	Ton, Lehm	ausgeprägt plastisch	17,5
	Ton, Lehm	mittelplastisch	22,5
	Schluff	leichtplastisch	27,5

5.4.2 Nachweis der Sicherheit gegen Gleiten

Beim Nachweis der Gleitsicherheit für Gründungskörper darf die Beanspruchung nicht größer sein als der Gleitwiderstand.

Zur Ermittlung der Bemessungswerte der Beanspruchung werden die einzelnen Komponenten der Einwirkungen durch Multiplikation mit den dazugehörigen Teilsicherheitsbeiwerten γ_G bzw. γ_Q (nach Tafel **5**.2) in Bemessungswerte N_d und T_d umgerechnet:

$$N_d = N_{G,k} \cdot \gamma_G + N_{Q,k} \cdot \gamma_Q \qquad \text{Gl. (5.12)}$$

und

$$T_d = T_{G,k} \cdot \gamma_G + T_{Q,k} \cdot \gamma_Q \qquad \text{Gl. (5.13)}$$

Der Nachweis der Gleitsicherheit lautet (Bild **5**.13):

$$T_d \leq R_{t,d} + E_{p,d} \qquad \text{Gl. (5.14)}$$

Hierbei sind:

T_d die horizontale Komponente der Beanspruchung als Bemessungswert;
$R_{t,d}$ Bemessungswert des Gleitwiderstandes;
$E_{p,d}$ der Bemessungswert des passiven Erdwiderstands parallel zur Sohlfuge an der Stirnseite des Fundaments.

Die Teilsicherheitsbeiwerte zur Bestimmung des Bemessungswerts der Beanspruchung sind dabei vom Lastfall abhängig:

Lastfall 1 (LF1): ständige Bemessungssituation
Lastfall 2 (LF2): vorübergehende Bemessungssituation
Lastfall 3 (LF3): außergewöhnliche Kombination

Die Größen der Teilsicherheitsbeiwerte sind in Tafel **5**.2 zusammengestellt.

Tafel **5**.2 **Teilsicherheitsbeiwerte** γ für Einwirkungen und Beanspruchungen im Grenzzustand GZ 1B des Versagens von Bauwerken und Bauteilen (nach DIN 1054, Tab. 2)

Einwirkung		Lastfall 1	Lastfall 2	Lastfall 3
ständige Einwirkungen allgemein (Eigengewicht)	γ_G	1,35	1,20	1,00
ständige Einwirkungen aus Erdruhedruck	γ_{E0g}	1,20	1,10	1,00
ungünstige veränderliche Einwirkungen	γ_Q	1,50	1,30	1,00

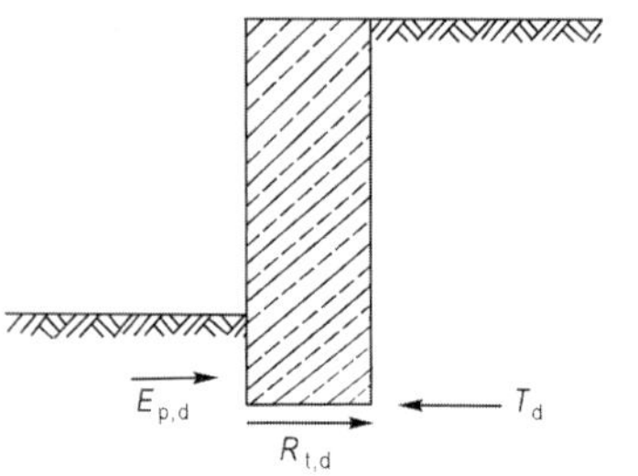

Bild **5**.13 Prinzip des Nachweises der Gleitsicherheit

Beispiele zur Erläuterung

1. Für eine **Mauer** ist die Standsicherheit gegen Kippen und Gleiten auf dem Betonfundament nachzuweisen. Das Eigenlast der Wand beträgt $G_k = 18{,}5$ kN, die horizontal angreifende Last $F_k = H_k = 1{,}6$ kN. (Bild **5**.14)

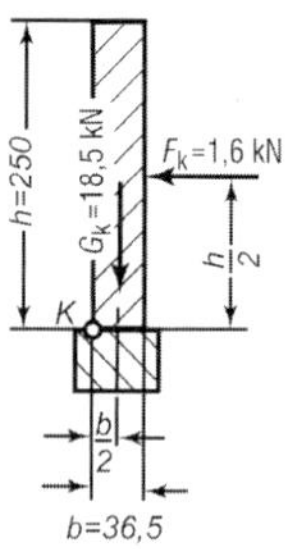

Bild **5**.14 Die Standsicherheit einer Mauer gegen Kippen und Gleiten

Nachweis der Kippsicherheit durch Begrenzung der Ausmittigkeit:

$$M_{G+Q,k} = H_k \cdot h/2 = 1{,}6 \cdot 2{,}50/2 \quad = \quad 2{,}00 \text{ kNm}$$

Die Normalbelastung in der Gründungsfuge hat die Größe:

$$N_{G+Q,k} = G_k \quad = \quad 18{,}50 \text{ kN}$$

Damit ergibt sich eine Ausmittigkeit von:

$$e = \frac{M_{G+Q,k}}{N_{G+Q,k}} = \frac{2{,}00}{18{,}50} \quad = \quad 0{,}108 \text{ m}$$

Die Ausmittigkeit e hält die Bedingung der Gleichung (5.7) ein:

$$e = 0{,}108 \text{ m} < \frac{b}{3}, \qquad \text{denn} \quad \frac{b}{3} = \frac{0{,}365}{3} = 0{,}122 \text{ m}$$

Die Wand ist kippsicher.

Nachweis der Gleitsicherheit:

Reibungswinkel des Bodens

$\varphi'_k = 22{,}5°$ (Annahme für Lagerung auf mittelplastischem Ton aus Tafel **5**.1)

Sohlreibung

$\tan \delta_{S,k} = \tan \varphi'_k = \tan 22{,}5° = 0{,}414$

Gleitwiderstand

$R_{t,k} = N_k \cdot \tan \delta_{S,k} = 18{,}5 \cdot 0{,}414 = 7{,}66$ kN

$R_{t,d} = R_{t,k} / \gamma_{Gl} = 7{,}66/1{,}10 = 6{,}96$ kN

Nachweis für

$T_d = H_d = H_k \cdot \gamma_Q = 1{,}6 \cdot 1{,}5 = 2{,}40$ kN

Bedingung:

$T_d \leq R_{t,d}$

$2{,}40 < 6{,}96$ damit ist die Bedingung erfüllt, die Gleitsicherheit ist gegeben.

2. Eine **Stützwand** aus Beton (Bild **5**.15) hat waagerecht wirkenden Erddruck aufzunehmen (vgl. Bild **4**.41). Die Sicherheit gegen Kippen und Gleiten ist nachzuweisen. Der Braugrund besteht aus mitteldichtem Sand. Die Nachweise der Kipp- und Gleitsicherheit sind zu führen.

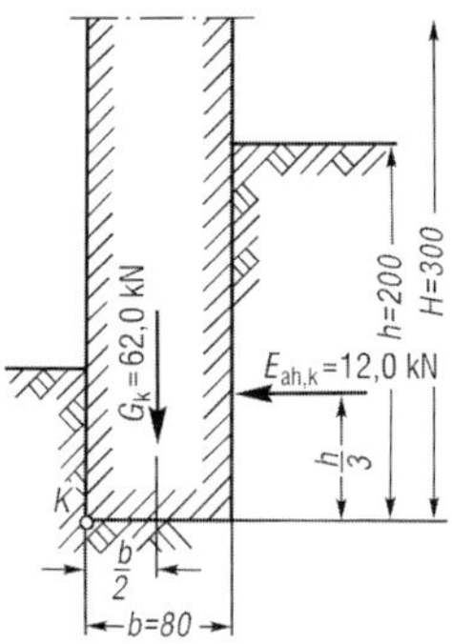

Bild **5**.15 Standsicherheit einer Stützwand bei Erddruck

Nachweis der Kippsicherheit durch Begrenzung der Ausmittigkeit:

Horizontalkraft

$H_k = E_{ah,k} = 12{,}0$ kN

Kippmoment

$M_{G+Q,k} = H_k \cdot h/3 = 12{,}0 \cdot 2{,}00/3 = 8{,}0$ kNm

Normalbelastung in der Gründungsfuge

$N_{G+Q,k} = G_k = 62{,}0$ kN

Ausmittigkeit e:

$$e = \frac{M_{G+Q,k}}{N_{G+Q,k}} = \frac{8,0}{62,0} = 0,129 \text{ m}$$

Die Ausmittigkeit e hält die Bedingung der Gleichung (5.7) ein:

$$e = 0,129 \text{ m} < \frac{b}{3}, \qquad \text{denn } \frac{b}{3} = \frac{0,80}{3} = 0,267 \text{ m}$$

Die Wand ist kippsicher.

<u>Nachweis der Gleitsicherheit:</u>

Reibungswinkel des Bodens

$\varphi_k' = 32,5°$ (Annahme für mitteldichten Sand aus Tafel **5**.1)

Sohlreibung

$$\tan \delta_{S,k} = \tan \varphi_k' = \tan 32,5° = 0,637$$

Gleitwiderstand

$$R_{t,k} = N_k \cdot \tan \delta_{S,k} = G \cdot \tan \delta_{S,k} = 62,0 \cdot 0,637 = 39,5 \text{ kN}$$

$$R_{t,d} = R_{t,k} / \gamma_{Gl} = 39,5/1,10 = 35,9 \text{ kN}$$

Nachweis für

$$T_d = H_d = H_k \cdot \gamma_Q = E_{ah,k} \cdot \gamma_Q = 12,0 \cdot 1,5 = 18,0 \text{ kN}$$

Bedingung:

$$T_d \leq R_{t,d}$$

$18,0 < 35,9$ damit ist die Bedingung erfüllt, die Gleitsicherheit ist gegeben.

3. Eine **Winkelstützwand** aus Stahlbeton wird zur Aufnahme eines 1,50 m hohen Geländeunterschiedes gebaut (Bild **5**.16). Der Baugrund ist leichtplastischer Ton. Die Nachweise der Kippsicherheit und der Gleitsicherheit werden geführt.

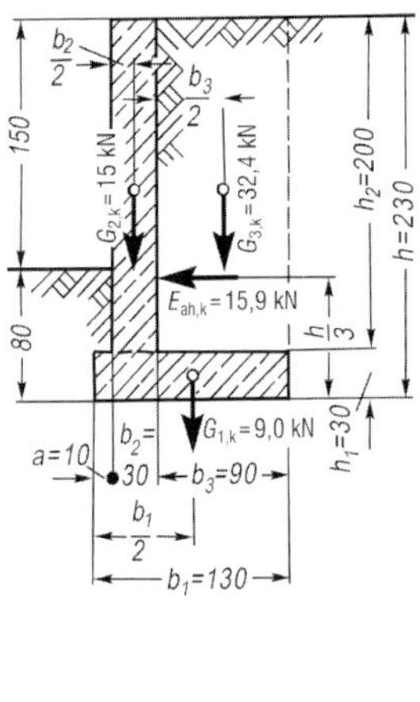

Bild **5**.16 Standsicherheit einer Winkelstützwand bei Erddruck

Nachweis der Kippsicherheit:

Kippmoment

$$M_{G+Q,k} = E_{ah,k} \cdot h/3 - G_{3,k} \cdot \left(\frac{b_1}{2} - \frac{b_3}{2}\right) + G_{2,k} \cdot \left(\frac{b_1}{2} - a - \frac{b_2}{2}\right) + G_{1,k} \cdot 0$$

$$= 15{,}9 \cdot 2{,}30/3 - 32{,}4 \cdot (0{,}65 - 0{,}45) + 15{,}0 \cdot (0{,}65 - 0{,}10 - 0{,}15)$$

$$= 12{,}19 - 6{,}48 + 6{,}00 \qquad = \quad 11{,}71 \text{ kNm}$$

Normalkräfte

$$N_{G+Q,k} = G_{1,k} + G_{2,k} + G_{3,k} = 9{,}0 + 15{,}0 + 32{,}4 \qquad = \quad 56{,}40 \text{ kN}$$

Lastausmitte

$$e = \frac{M_{G+Q,k}}{N_{G+Q,k}} = \frac{11{,}71}{56{,}40} \qquad = \quad 0{,}21 \text{ m}$$

$$\frac{b_1}{3} = \frac{1{,}30}{3} \qquad = \quad 0{,}43 \text{ m}$$

$e < b_1/3$ denn: 0,21 m < 0,43 m, die Kippsicherheit ist ausreichend

Nachweis der Gleitsicherheit (Lastfall 1):

Sohlreibungswinkel

$$\delta_{S,k} = \varphi'_k = 27{,}5°$$

horizontale Aktionskraft

$$T_d = \gamma_G \cdot E_{ah,k} = 1{,}35 \cdot 15{,}9 \qquad = \quad 21{,}5 \text{ kN}$$

Vertikalkraft

$$N_k = \Sigma G_k \qquad = \quad 56{,}4 \text{ kN}$$

Sohlwiderstandskraft

$$R_{t,k} = N_k \cdot \tan \delta_{S,k} = 56{,}4 \cdot 0{,}5206 \quad = \quad 29{,}4 \text{ kN}$$

$$R_{d,g} = R_{k,g} / \gamma_g = 29{,}4/1{,}1 \qquad = \quad 26{,}7 \text{ kN}$$

Nachweis der Gleitsicherheit

$$T_d \leq R_{t,d}$$

21,5 kN < 26,7 kN, die Gleitsicherheit ist gegeben

Damit sind die Nachweise der Kipp- und Gleitsicherheit erbracht.

5.5 Sicherheit gegen Aufschwimmen

Im Wasser stehende Körper verdrängen Wasser und werden um das Gewicht der verdrängten Wassermasse leichter. Sie erfahren einen Auftrieb. Diese Tatsache war schon im Altertum bekannt und Archimedes prägte 220 v.Chr. seinen Lehrsatz:

Die Größe der Auftriebskraft ist gleich dem Gewicht der verdrängten Flüssigkeit.

Im Wasser stehende Baukörper oder Bauwerke können daher aufschwimmen, wenn die Auftriebskräfte des Wassers größer sind als die Eigenlasten. Für eine ausreichende Sicherheit gegen Aufschwimmen dürfen deshalb die Auftriebskräfte nicht größer werden als die Summe der Eigenlasten mit ggf. anderen Kräften, die dem Auftrieb entgegenwirken, wie z.B. Scherkräfte oder Ankerkräfte. Nach DIN 1054 sind in den Grenzzustandsbedingungen die Bemessungswerte von günstigen und ungünstigen Einwirkungen einander gegenüberzustellen. Der entsprechende Nachweis ist nach DIN 1054 der Nachweis gegen den Verlust der Lagesicherheit.

Sicherheitsnachweis nach DIN 1054:

$$A_k \cdot \gamma_{G,dst} + Q_k \cdot \gamma_{Q,dst} \leq G_k \cdot \gamma_{G,stb} + F_{s,k} \cdot \gamma_{G,stb} \qquad \text{Gl. (5.15)}$$

Hierbei sind:

A_k hydrostatische Auftriebskraft an der Unterkante der Gründung;

Q_k ungünstige veränderliche Einwirkungen in vertikaler Richtung;

G_k unterer Wert der günstigen ständigen Einwirkungen;

$F_{s,k}$ eventuell zusätzlich einwirkende Scherkraft;

$\gamma_{G,dst}$, $\gamma_{Q,dst}$, $\gamma_{G,stb}$ Sicherheitsbeiwerte im Grenzzustand nach DIN 1054 (Tafel **5**.3).

Tafel **5**.3 **Teilsicherheitsbeiwerte** im Grenzzustand des Verlustes der Lagesicherheit (GZ 1A) (DIN 1054, Tab. 2)

Einwirkung	Teilsicherheitsbeiwert	Lastfall 1	Lastfall 2	Lastfall 3
günstige ständige Einwirkungen	$\gamma_{G,stb}$	0,95	0,95	0,95
ungünstige ständige Einwirkungen	$\gamma_{G,dst}$	1,05	1,05	1,00
ungünstige veränderliche Einwirkungen	$\gamma_{Q,dst}$	1,50	1,30	1,00

Bei Bauwerken, die ins Grundwasser gestellt werden (z.B. Keller, Schwimmbecken), ist dieser Nachweis gegen Aufschwimmen sehr wichtig. Der Nachweis kann auch zur Festlegung des Zeitpunkts für das Abstellen der Grundwassersenkung während des Bauzustandes herangezogen werden.

Beispiele zur Erläuterung

1. Das **Kellergeschoss** eines Wohngebäudes hat eine Stahlbetonsohle und würde nach dem Abschalten der Grundwasserabsenkung 1,10 m im Grundwasser stehen.

Außenabmessungen des Gebäudes: Länge l = 15,00 m, Breite b = 11,00 m (Bild **5**.17).

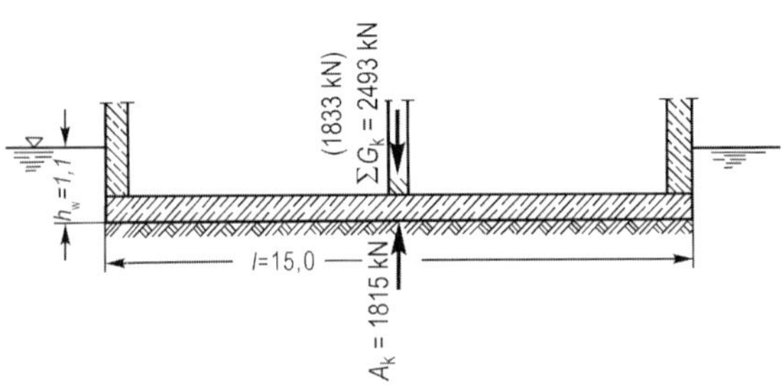

Bild **5**.17 Ein Bauwerk im Wasser erfährt einen Auftrieb, gegen den genügende Sicherheit vorhanden sein muss.

Die Eigenlasten aus Bauwerkssohlplatte und Wänden betragen:

33,0 m³ Stahlbeton der Sohlplatte	25 kN/m³ =	815 kN
34,3 m³ Stahlbeton der Außenwände	25 kN/m³ =	857 kN
8,4 m³ Mauerwerk der Innenwände	18 kN/m³ =	151 kN
	$G_{k,1}$ =	1833 kN

Die Auftriebskraft beträgt:

$$A_k = h_w \cdot \rho_w \cdot l \cdot b = 1{,}10 \cdot 10 \cdot 15{,}0 \cdot 11{,}0 = 1815 \text{ kN}$$

Der Nachweis der Auftriebssicherheit erfolgt mit Gleichung (5.12) mit den Sicherheitsbeiwerten nach Tafel **5**.3:

$$A_k \cdot \gamma_{G,dst} \leq G_k \cdot \gamma_{G,stb}$$

$$A_k \cdot \gamma_{G,dst} = 1815 \cdot 1{,}05 = 1906 \text{ kN}$$

$$G_{k,1} \cdot \gamma_{G,stb} = 1833 \cdot 0{,}95 = 1741 \text{ kN}$$

1906 kN > 1741 kN, die Auftriebskraft ist größer als die gegenwirkenden Eigenlasten

Das bedeutet:

Der Nachweis ist nicht erfüllt, die Auftriebssicherheit ist also nicht gegeben.

Daraus folgt, dass weitere Eigenlasten vorhanden sein müssen. Vor dem Abschalten der Grundwasserabsenkung muss erst noch die Kellerdecke betoniert werden.

2. Beim vorgenannten **Kellergeschoss** bringt die 16 cm dicke Kellerdecke folgende zusätzliche Eigenlast:

Stahlbetondecke 165 m² · 0,16 m · 25 kN/m³	= 660 kN
Eigenlasten aus Sohlplatte und Wänden	= 1833 kN
	$G_{k,2}$ = 2493 kN

Der Nachweis der Auftriebssicherheit:

$$A_k \cdot \gamma_{G,dst} \leq G_{k,2} \cdot \gamma_{G,stb}$$

$$A_k \cdot \gamma_{G,dst} = 1815 \cdot 1{,}05 = 1906 \text{ kN}$$

$$G_{k,2} \cdot \gamma_{G,stb} = 2493 \cdot 0{,}95 = 2368 \text{ kN}$$

1906 kN < 2368 kN

Die Auftriebsicherheit ist nun ausreichend.

Anmerkung:
Vor dem Aufbringen der Decke hätte die Grundwasserabsenkung wegen der fehlenden Aussteifung der Wände durch die Kellerdecke ohnehin nicht abgestellt werden können.

5.6 Sicherheit gegen Abheben durch Wind

Bei flachen Dächern mit Dachneigungen von 0 bis 35° entstehen durch die Wirkung des Windes nach oben gerichtete Kräfte. Es sind Windsogkräfte. Sie versuchen das Dach abzuheben. Diese Dächer muss ein Nachweis der Lagesicherheit nach DIN 1055-100 geführt werden.

Nach DIN 1055-100 Abschn. 9.2 muss nachgewiesen werden, dass der Bemessungswert der Beanspruchung infolge der destabilisierenden Einwirkungen $E_{d,dst}$ kleiner oder gleich dem Bemessungswert der Beanspruchung infolge der destabilisierenden Einwirkungen $E_{d,\,stb}$ ist:

$$E_{d,dst} = 1{,}10 \cdot E_{Gk,dst} + 1{,}50 \cdot E_{Q,unf} \leq 0{,}90 \cdot E_{Gk,stb} = E_{d,stb} \qquad \text{Gl. (5.16)}$$

Die Verankerung gegen Abheben des Daches wird in der Praxis mit Nägeln, Bolzen, Klammern oder Laschen gewährleistet. In diesem Fall ist der Bemessungswert des Widerstandes der Verankerung R_d zu berücksichtigen:

$$E_{d,dst} - E_{d,stb} \leq R_d \qquad \text{Gl. (5.17)}$$

Die Dachkonstruktionen sind besonders im Rand- und Eckbereich durch Stahlanker (Bolzen) mit der Unterkonstruktion (Ringanker) zu verankern.

Bei hölzernen Dachkonstruktionen sind Sparren, Pfetten, Pfosten, Kopfbänder, Schwellen usw. untereinander ausreichend zugfest zu verbinden. Das gilt besonders für Dachränder, -ecken und -überstände.

Die Dachhaut ist auf der Dachschalung zu befestigen, Dachsteine sind mit den Dachlatten zu verklammern.

5.6.1 Verankerungskräfte für Nägel

Die charakteristischen Werte des Ausziehwiderstandes für Nägel können je nach Durchmesser für 1 mm Haftlänge der Tafel **5**.4 entnommen werden (Bild **5**.18). In Hirnholz eingeschlagene Nägel dürfen nicht auf Zug belastet werden.

Tafel **5**.4 Charakteristischen **Werte des Ausziehwiderstandes R_k** von Nägeln gegen Herausziehen (DIN 1052)

Nagelgröße $d_n \times d_1$ in mm (Nageldurchmesser d_n in 1/10 mm)	46 × 120	55 × 140	60 × 180	70 × 200	80 × 280
Ausziehwiderstand R_k in N für 1 mm wirksame Einschlagtiefe (Haftlänge)	10,1	12,1	13,2	15,4	17,6

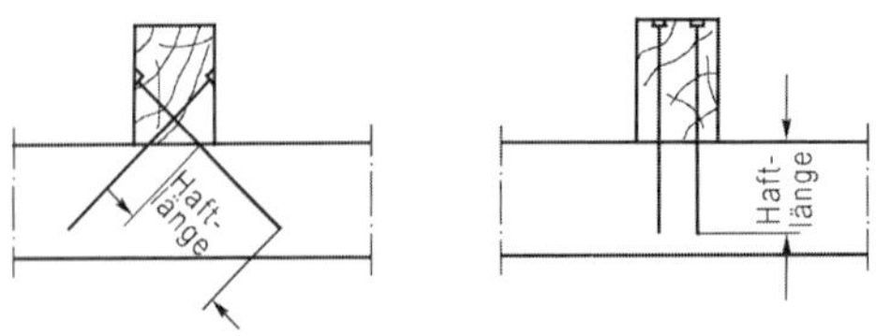

Bild **5**.18 Verankerung durch Nägel mit genügend langer Haftlänge

5.6.2 Verankerungskräfte für Bolzen

Für Bolzen, die z.B. in Stahlbetonrähme einbetoniert sind und Holzbauteile befestigen sollen, ist die zulässige Verankerungskraft abhängig von der Größe der Unterlegscheibe. Je größer die Unterlegscheibe ist, um so größer ist die zulässige Verankerungskraft. Voraussetzung ist allerdings ein sorgfältiges Einsetzen der Bolzen mit genügender Spreizung gegen Herausziehen (Bild **5**.19). Die in Tafel **5**.5 angegebenen zulässigen Verankerungskräfte gelten für Unterlegscheiben auf Nadelholz.

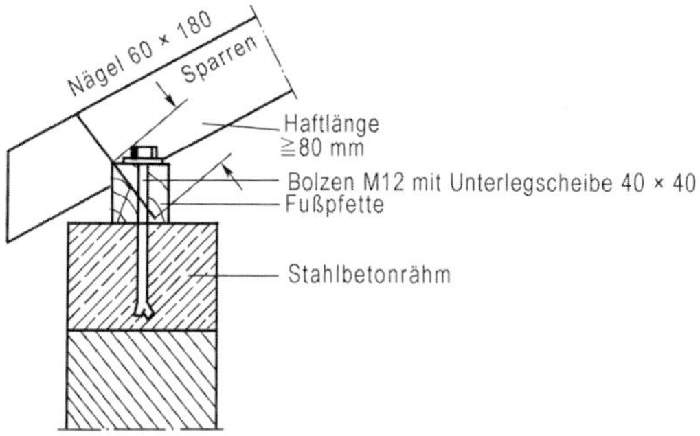

Bild **5**.19 Verankerung von Fußpfette und Sparren bei einem Dach

Tafel **5**.5 Charakteristische **Werte des Verankerungswiderstandes R_k** von Bolzen mit Unterlegscheiben bei Nadelholz C30

Bolzendurchmesser		M12	M16	M20	M22	M24
Lochdurchmesser im Holz	in mm	13	17	21	23	25
Scheibendicke	in mm	6			8	
Scheiben-Außendurchmesser	in mm	58	68	80	92	105
Seitenlänge quadratischer Scheiben	in mm	50	60	70	80	95
Verankerungswiderstand R_k für Druck in Holz senkrecht zur Faser	in kN	6,4	9,1	12,3	16,2	22,0

Die Berechnung der entstehenden Windsogkräfte und der vorhandenen Eigenlasten des Daches wurde in Abschn. 4 gezeigt.

Beispiel zur Erläuterung

Ein Flachdach erhält eine Windsogkraft von $W_{s,k}$ = 73 kN. Die anteilige Eigenlast beträgt $G_{D,k}$ = 110 kN. Die Sicherheit gegen Abheben wird nachgewiesen.

Die Fußpfetten des Daches werden mit 4 Bolzen M 12 im Stahlbetonrähm befestigt. Die Sparren sind mit den Fußpfetten durch 20 Nägel 60 · 180 verbunden (Bild **5**.19).

Verankerungswiderstand der Bolzen

$$R_{Bo,k} = 4 \cdot 6{,}4 \text{ kN} = 25{,}6 \text{ kN}$$

$$R_{Bo,d} = \frac{k_{mod} \cdot R_{Bo,k}}{\gamma_M} = \frac{0{,}9 \cdot 25{,}6}{1{,}3} = 17{,}7 \text{ kN}$$

Ausziehwiderstand der Nägel bei ≥ 80 mm Einschlagtiefe

$$R_{Nä,k} = 20 \cdot 80 \cdot 13{,}2 = 21.120 \text{ N} = 21{,}1 \text{ kN}$$

$$R_{Nä,d} = \frac{k_{mod} \cdot R_{Nä,k}}{\gamma_M} = \frac{0{,}9 \cdot 21{,}1}{1{,}3} = 14{,}6 \text{ kN}$$

Nachweis der Sicherheit gegen Abheben (Gl. 5.17):

$$1{,}5 \cdot W_{S,k} - 0{,}9 \cdot G_{D,k} \leq R_{Bo,k}$$
$$\leq R_{Nä,k}$$
$$1{,}5 \cdot 73 - 0{,}9 \cdot 110 \leq 14{,}6 \text{ kN}$$
$$10{,}5 \text{ kN} \leq 14{,}6 \text{ kN}$$

Damit ist der Nachweis ausreichender Sicherheit gegen Abheben durch Windsog erbracht, sowohl für die Nagelverbindung als auch für die Bolzenverbindung.

6 Berechnung statisch bestimmter Träger

Die Bauwerke werden aus einzelnen Tragwerken gebildet. Hierzu wurden bereits Einzelheiten am Anfang des Abschnitts 4 ausgeführt. Die Tragwerke haben alle Kräfte aus den Eigenlasten und den Nutzlasten aufzunehmen und sicher in den Baugrund zu übertragen. Bewegungen dürfen dabei nicht stattfinden. Die Tragwerke müssen unverschiebbar gehalten sein. Das geschieht durch die Auflager der Tragwerke. In den Auflagern müssen also Kräfte entstehen können, die den angreifenden Lasten das Gleichgewicht halten.

Ganz allgemein betrachtet haben nicht gehaltene Tragwerke drei Bewegungsmöglichkeiten:

- Verschiebungen in vertikaler Richtung
- Verschiebungen in horizontaler Richtung
- Verdrehungen um einen Punkt

Alle drei Bewegungsmöglichkeiten müssen durch die Auflager gebunden werden, damit die Tragwerke im Ruhezustand verbleiben. Der Nachweis kann - wie in Abschnitt 2 bereits dargestellt - mit den drei Gleichgewichtsbedingungen erfolgen:

Die Summe aller vertikalen Kräfte muss gleich Null sein.

$$\Sigma V_i = 0 \qquad i = 1, 2, 3, \ldots \qquad \text{Gl. (2.31)}$$

Die Summe aller horizontalen Kräfte muss gleich Null sein.

$$\Sigma H_i = 0 \qquad \text{Gl. (2.32)}$$

Die Summe aller Momente der Kräfte für jeden Drehpunkt muss gleich Null sein.

$$\Sigma M_i = 0 \qquad \text{Gl. (2.33)}$$

Im Allgemeinen sollten die Schnittgrößen stets mit einem angehängten Index versehen werden, um eindeutig zu bestimmen, ob es sich um eine Bemessungsschnittgröße oder eine charakteristische Schnittgröße handelt. In den folgenden Abschnitten werden die Indices d (für Bemessungsgrößen) und k (für charakteristische Größen) dann weg gelassen, wenn die Berechnung allgemeinen Charakter hat.

Tragwerke, bei denen mit den drei Gleichgewichtbedingungen das Gleichgewicht aller am Tragwerk einwirkenden Kraftgrößen nachgewiesen werden kann, sind statisch bestimmbare Tragwerke. Daher die Bezeichnung: "Statisch bestimmte Träger". Die Tragwerke in der Bautechnik sind meistens Träger oder werden aus Trägern gebildet. Der Träger hat eine große Bedeutung. Die weiteren Betrachtungen werden daher am Träger angestellt.

6.1 Auflagerarten der Träger

Die Auflager der Tragwerke dienen dazu, die Tragwerke in ihrer Lage zu halten und die durch die Belastung des Tragwerks entstehenden Kräfte auf die darunter liegenden Bauteile zu übertragen. Hierfür stehen drei verschiedene Auflagerarten zur Verfügung:

- bewegliche Auflager
- feste Auflager
- eingespannte Auflager

6.1.1 Bewegliche Auflager

Bewegliche Auflager können mit Rollen, Gleitplatten oder Pendelstützen mit Gelenken hergestellt werden (Bild **6**.1). Bei großen Tragwerken werden Rollen verwendet. Bei den Tragwerken üblicher Hochbauten werden die Auflager aber kaum derart exakt als bewegliches Auflager ausgebildet. Bei Verwendung von Gleitfolien zwischen Träger und Lagerfläche entstehen teilbewegliche Auflager. Durch diese teilbewegliche Auflagerung entstehen je nach Größe der verbleibenden Reibung horizontale Kräfte, die sich als Zug- oder Schubkräfte auf die darunter liegenden Bauteile auswirken. In diesen Bauteilen würden zusätzliche Beanspruchungen entstehen und sich dadurch z.B. Risse bilden, wenn die entstehenden horizontalen Kräfte nicht aufgenommen werden könnten.

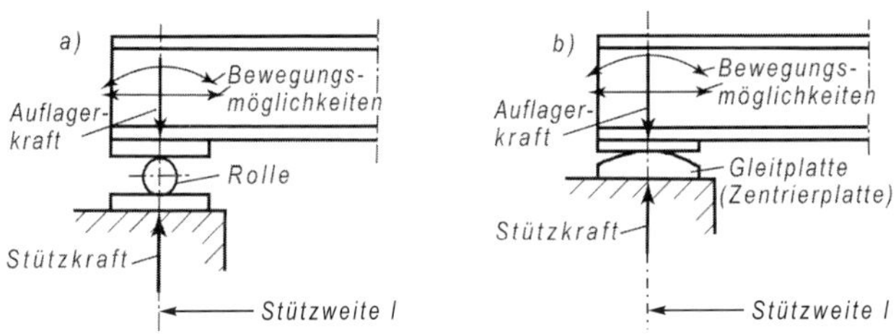

Bild **6**.1 Bewegliches Auflager
a) Rollenlager
b) Gleitplattenlager

Die Darstellung der beweglichen Auflager erfolgt in den statischen Skizzen durch Sinnbilder (Bild **6**.2). Dabei wird statt des Trägers nur die Trägerachse als dicker Strich gezeichnet wie dies am Anfang des Abschnitts 4 dargestellt wurde.

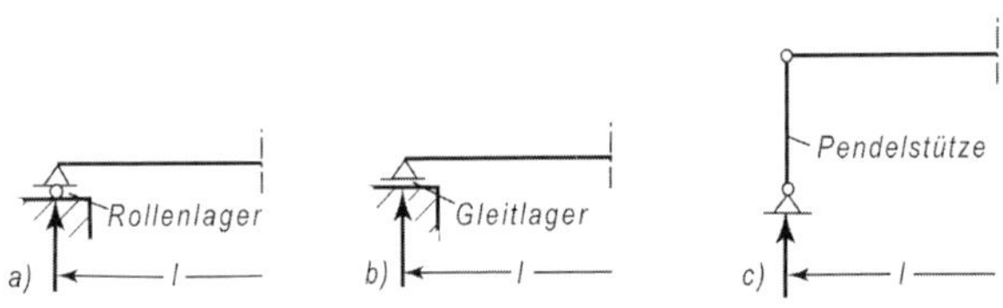

Bild **6**.2 Sinnbildliche Darstellung für bewegliche Auflager
a) Das Rollenlager kann nur Kräfte rechtwinklig zur Lagerfläche aufnehmen. Es ist nur die Größe der Stützkraft unbekannt
b) Das Gleitlager nimmt ebenfalls nur Stützkräfte rechtwinklig zur Lagerfläche auf
c) Die Pendelstütze ist gelenkig gelagert und kann nur Stützkräfte in Richtung der Stützenachse aufnehmen

Das bewegliche Auflager verhindert nur die Verschiebung des Tragwerkes senkrecht zur Lagerfläche. Andere Bewegungen sind möglich. Bewegliche Auflager gestatten Bewegungen in Längsrichtung des Tragwerks: Somit sind z.B. Längenänderungen des Tragwerks infolge Temperaturschwankungen möglich. Bewegliche Auflager gestatten aber auch Drehungen um den Lagerpunkt: Somit können z.B. Durchbiegungen des Tragwerks unbehindert stattfinden.

Ein bewegliches Auflager bindet lediglich **eine** Bewegungsmöglichkeit. Es ist daher statisch einwertig. Bewegliche Auflager können nur Kräfte rechtwinklig zur Lagerfläche übertragen. Von den drei Bestimmungsgrößen einer Kraft (Größe, Richtung, Angriffspunkt) ist bei beweglichen Auflagern die Größe der Kraft unbekannt: Richtung und Lage (Angriffspunkt) der Kraft sind bekannt. Der verbleibende unbekannte Wert der Kraft ist zu ermitteln: es ist die Größe der Kraft.

Der Auflagerkraft muss aus Gründen des Gleichgewichts eine gleichgroße Kraft entgegenwirken: es ist die Stützkraft in entgegengesetzter Richtung (Bild **6.**1).

Auflagerkraft = Stützkraft

6.1.2 Feste Auflager

Feste Auflager können recht verschiedenartig konstruiert sein (Bild **6.**3). Die Darstellung geschieht durch vereinfachte Sinnbilder (Bild **6.**4).

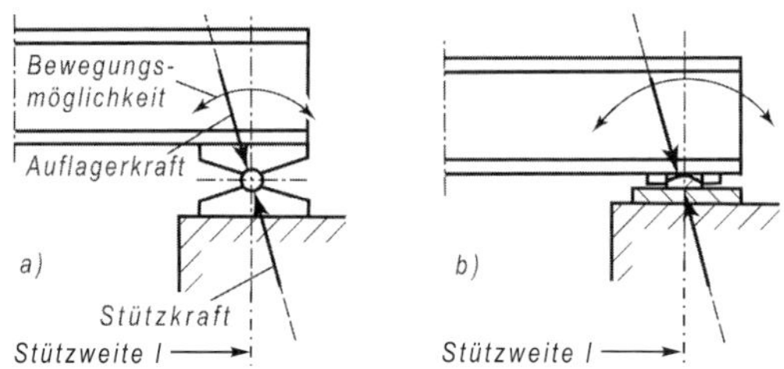

Bild **6.**3 Feste Auflager
a) Auflager mit Zentrierwalze
b) Auflager mit Zentrierleiste

Das feste Auflager verhindert Verschiebungen rechtwinklig zur Lagerfläche und in Längsrichtung des Tragwerkes. Es gestattet nur noch die Drehung um den Lagerpunkt. Das trifft auch für ein Gelenk zu.

Ein festes Auflager bindet zwei Bewegungsmöglichkeiten und ist daher statisch zweiwertig. Es überträgt eine Auflagerkraft, deren Größe und Richtung unbekannt ist. Allein der Angriffspunkt ist bekannt. Beim festen Auflager sind zwei unbekannte Größen zu ermitteln. Dabei kann man wählen, ob man die Größe und die Richtung der Stützkraft bestimmt (Bild **6.**4a) oder die Größe der horizontalen und der vertikalen Komponente der Kraft (Bild **6.**4b und c).

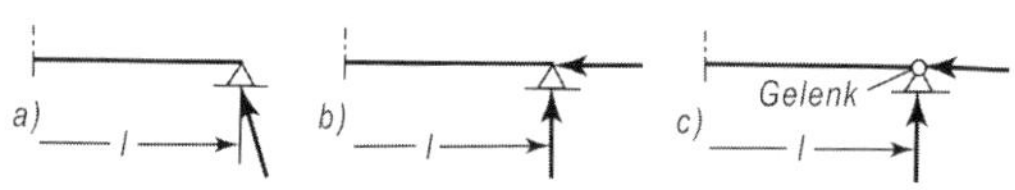

Bild **6.**4 Sinnbildliche Darstellung für feste Auflager
a) Bei einer schrägen Stützkraft sind Größe und Richtung unbekannt
b) Bei zwei rechtwinklig zueinander stehenden Stützkräften sind die Größe der horizontalen und der vertikalen Komponente unbekannt
c) Die gelenkigen Lagerungen gestatten ebenfalls die Ausbildung von horizontalen und vertikalen Stützkräften

6.1.3 Eingespannte Auflager

Eingespannte Auflager erfordern eine voll wirksame Einspannung des Tragwerkes in dem Bauteil, das die Lagerkräfte aufzunehmen hat. Dazu gehört eine genügend lange Auflagerfläche mit einer entsprechend großen Auflast oder eine feste Verankerung am Ende des Tragwerkes.

Das eingespannte Auflager verhindert jede Bewegungsmöglichkeit des Tragwerkes (Bild **6**.5). Verschiebungen in beiden Richtungen und Drehungen sind unmöglich. Die Darstellung erfolgt sinnbildlich (Bild **6**.6).

Ein eingespanntes Lager bindet alle drei Bewegungsmöglichkeiten und ist daher statisch d r e i - w e r t i g.

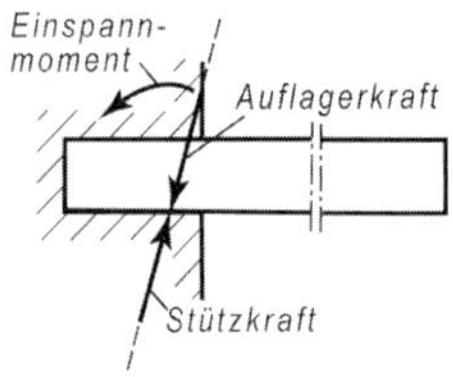

Bild **6**.5 Eingespanntes Auflager

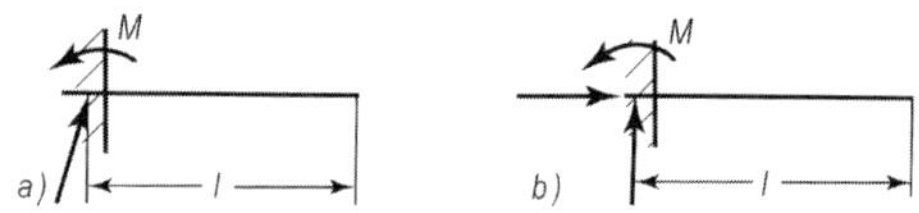

Bild **6**.6 Sinnbildliche Darstellung für eingespannte Auflager
a) Einspannmoment und Stützkraft sind in Größe und Richtung unbekannt
b) Einspannmoment, horizontale und vertikale Komponente der Stützkraft sind unbekannt

Die Stützkraft ist unbekannt in ihrer Größe, in ihrer Richtung und in ihrer Lage. Das sind alle drei Bestimmungsstücke einer Kraft. Es müssen daher drei Unbekannte ermittelt werden. Dazu sind die beiden Komponenten der Stützkraft in vertikaler und horizontaler Richtung zu bestimmen und außerdem das Stützmoment als Einspannmoment M.

Z u s a m m e n f a s s u n g:

bewegliches Auflager	1-wertiges Lager	statisch 1-fach unbestimmt	**1** statische Größe
festes Auflager	2-wertiges Lager	statisch 2-fach unbestimmt	**2** statische Größen
eingespanntes Auflager	3-wertiges Lager	statisch 3-fach unbestimmt	**3** statische Größen

6.2 Auflagerbreite und Stützweite

Einfache Träger auf zwei Lagern werden an einem Ende mit einem beweglichen Auflager und am anderen Ende mit einem festen Lager versehen. Bei Hochbauten ist eine exakte Ausbildung der Auflager als bewegliches Lager (z.B. mit Rollenlager oder Gleitplattenlager nach Bild **6**.1) oder als festes Lager (z.B. mit Zentrierwalze oder Zentrierleiste nach Bild **6**.2) im Allgemeinen nicht erforderlich und auch nicht üblich.

Bei Hochbauen werden die Träger im Allgemeinen auf die tragende Unterkonstruktion direkt aufgelegt oder auf einfache Auflagerplatten. Ein Lager wird dann als bewegliches, das andere als festes Auflager angenommen. Die Auflagerkraft verteilt sich dabei auf die ganze Auflagerfläche. Man spricht hier von Flächenlagern. Die Verteilung der Auflagerkraft kann als gleichmäßig verteilt oder als dreieckförmig verteilt angenommen werden (Bilder **6.**7 und **6.**8).

Auch bei Hochbauten will man - ähnlich wie bei den exakten Auflagern - mit einer einzigen Stützkraft rechnen wollen. Die verteilte Belastung der Lagerfläche wird zu einer resultierenden Stützkraft zusammengefasst (Bilder **6.**7 und **6.**8).

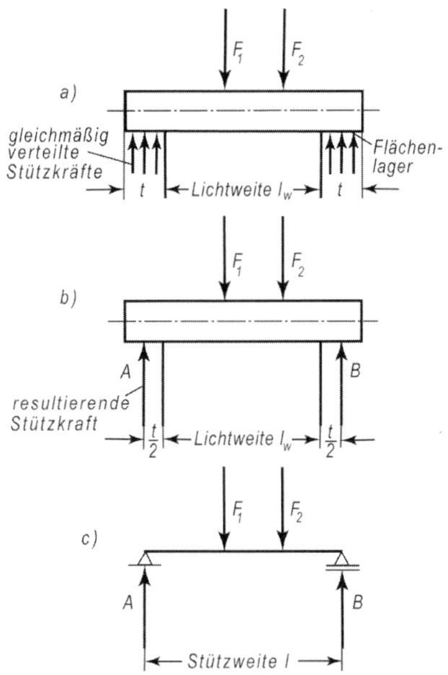

Bild **6.**7 Lagerung eines einfachen Trägers
a) gleichmäßig verteilte Stützkräfte bei Flächenlagerung
b) resultierende Stützkraft bei Flächenlagerung in Lagermitte
c) sinnbildliche Darstellung mit Stützweite

$l = l_W + a$

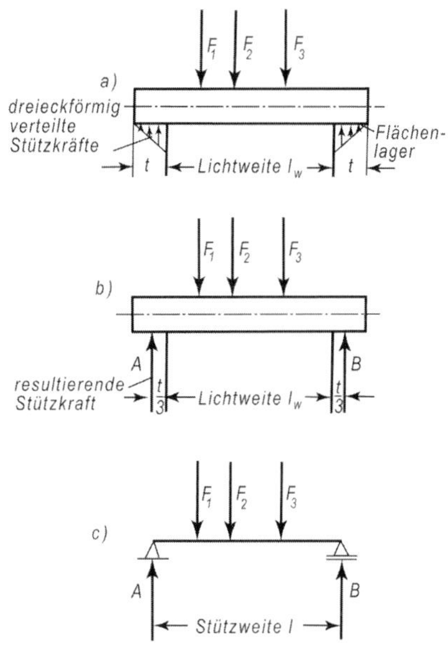

Bild **6.**8 Lagerung eines Stahlbetonträgers
a) dreieckförmig verteilte Stützkräfte bei Flächenlagerung
b) resultierende Stützkraft im Drittelpunkt der Auflagertiefe
c) sinnbildliche Darstellung mit Stützweite

$l = l_W + \frac{2}{3} t$

6.2.1 Auflagerbreite

Für die Ausbildung des Auflagers in Längsrichtung des Trägers (Auflagerbreite a) sind bestimmte Regeln vereinbart worden, die sich im Stahlbau, Holzbau und Betonbau unterscheiden.

Stahlbau

Bei Stahlträgern soll die Auflagerbreite a mindestens 12 cm oder gleich der Trägerhöhe h sein:

$$a \geqq 12 \text{ cm} \qquad \text{Gl. (6.1)}$$
$$a \geqq h$$

Bei hohen Stahlträgern ist die Auflagertiefe *a* zu begrenzen auf: $\boldsymbol{a \leqq \frac{h}{3} + 10\ \mathrm{cm}}$ Gl. (6.2)

Holzbau

Bei Holzbalken soll die Auflagertiefe *a* betragen: $\boldsymbol{a \geqq 10\ \mathrm{cm}}$ Gl. (6.3)

Betonbau

Bei Stahlbetonplatten sollte die Auflagertiefe *a* betragen:

bei Auflagerung auf Mauerwerk und Beton C12/15 $\boldsymbol{a \geqq 7\ \mathrm{cm}}$

bei Auflagerung auf Beton ≥ C16/20 und auf Stahl $\boldsymbol{a \geqq 5\ \mathrm{cm}}$ Gl. (6.4)

Bei Stahlbetonbalken sollte die Auflagertiefe *a* sein: $\boldsymbol{a \geqq 10\ \mathrm{cm}}$

6.2.2 Stützweite

Zur Berechnung von Trägern ist deren Stützweite *l* erforderlich. Die Stützweite *l* wird auch als statische Länge oder Spannweite bezeichnet. Bei einer exakten Ausbildung der Auflager als bewegliches und festes Lager ist die Stützweite *l* die Entfernung der Auflagerpunkte, wie dies aus den Bildern **6.**1 und **6.**3 zu ersehen ist.

Im allgemeinen Hochbau ist eine solch genaue Ausbildung der Auflager bei normalen Verhältnissen nicht üblich. Die Stützweite *l* ist bei einfachen Trägern die Entfernung der resultierenden Stützkräfte beider Auflager, wie dies in den Bildern **6.**7 und **6.**8 dargestellt ist.

Bei Annahme gleichmäßiger Verteilung der Stützkraft über die gesamte Lagerfläche berechnet man die Stützweite *l* aus dem Abstand der Auflagermitten bzw. aus der Lichtweite l_w zuzüglich der Auflagertiefe *a* (Bild **6.**7). Diese Annahme ist im Holzbau üblich.

Stützweite $l = l_w + 2 \cdot \frac{t}{2}$ $\qquad \boldsymbol{l = l_w + t}$ Gl. (6.5)

Bei Annahme dreieckförmiger Verteilung der Stützkraft über die gesamte Lagerfläche (Bild **6.**8). berechnet man die Stützweite *l* ebenfalls aus der Entfernung der resultierenden Stützkräfte beider Auflager, hierbei also mit:

$l = l_w + 2 \cdot \frac{t}{3}$ $\qquad \boldsymbol{l = l_w + \frac{2}{3} t}$ Gl. (6.6)

Diese Annahme ist im Stahlbetonbau für Stahlbetonbalken, -unterzüge und -decken üblich.

Ganz allgemein kann die Mindeststützweite *l* aus der um 5 % vergrößerten Lichtweite l_w berechnet werden:

$l = l_w + 5\ \%$ $\qquad \boldsymbol{l = 1{,}05\ l_w}$ Gl. (6.7)

Für vollwandige Stahlträger gilt:

$l = 1{,}05\ l_w \geqq l_w + 12\ \mathrm{cm}$ Gl. (6.8)

Für Holzbauteile gilt:

$l = l_w + a \leqq 1{,}05\ l_w$ Gl. (6.9)

6.2.3 Wahl der Auflager

Die drei verschiedenen Bewegungsmöglichkeiten eines Trägers müssen durch die Auflager gebunden werden, denn jeder Träger muss stabil gelagert sein. Diese Lagerung kann an einem Träger durch ein bewegliches Auflager (1-wertig) und ein festes Auflager (2-wertig) geschehen, wie dies bei einem normal gelagerten Träger auf zwei Stützen der Fall ist. Ein Träger kann aber auch durch ein einziges Lager stabil gelagert sein, wenn dieses Lager 3-wertig ist, wie z.B. bei einem Kragträger mit einen eingespannten Auflager (Bild **6**.9).

Eine weniger als insgesamt 3-wertige Lagerung eines Trägers ist unbrauchbar, denn hierbei werden nicht alle Bewegungsmöglichkeiten gebunden.

Bild **6**.9
Dreiwertige Lagerungen von Trägern
a) Träger auf zwei Stützen
b) eingespannter Träger

Eine mehr als 3-wertige Lagerung eines Trägers ist möglich, dies ist z.B. bei Mehrfeldträgern der Fall. Diese Träger sind jedoch mit den drei Gleichgewichtsbedingungen alleine nicht zu bestimmen. Hierbei handelt es sich um statisch unbestimmte Tragsysteme. Die Berechnung erfolgt in Abschnitt 7.

6.3 Stützkräfte

Stützkräfte sind Auflagerwiderstände. Stützkräfte wirken den Auflagerkräften in gleicher Größe entgegen und sorgen für das Gleichgewicht des Trägers (s. Abschn. 2.3). Stützkräfte sind Reaktionskräfte gegen den Träger, sie wirken als äußere Kraftgrößen auf den Träger. Die Bestimmung der Stützkräfte ist sowohl für die Berechnung des Trägers als auch für die Berechnung der Bauteile, auf denen der Träger liegt, wichtig.

6.3.1 Vorzeichenregeln für Stützkräfte

Positive Stützkräfte

Da die Stützkräfte als Auflagerwiderstände auf den Träger wirken, werden mit einem positiven Vorzeichen versehen, wenn sie von unten nach oben wirken. Der Träger liegt dabei fest auf dem Auflager, die Auflagerflächen werden gedrückt.

Negative Stützkräfte

Die Stützkräfte werden mit einem negativen Vorzeichen versehen, wenn sie von oben nach unten wirken. Der Träger wird vom Auflager abgehoben und muss daher zur Lagesicherung verankert werden.

Vorzeichen bei der Berechnung

Ergibt sich bei den späteren Berechnungen für eine Stützkraft ein positives Vorzeichen, so bedeutet es, dass die angenommene Wirkungsrichtung stimmt. Ergibt sich ein negatives Vorzeichen für eine Stützkraft, dann ist ihre Wirkungsrichtung entgegengesetzt der angenommenen Wirkung.

6.3.2 Ermittlung der Stützkräfte

Zur Ermittlung der Stützkräfte eines Trägers dienen die bekannten drei Gleichgewichtsbedingungen:

$$\sum V_i = 0 \qquad \sum H_i = 0 \qquad \sum M_i = 0 \qquad \text{Gl.(2.31) bis (2.33)}$$

Ein Träger soll sich nicht verschieben oder verdrehen, er muss daher im Gleichgewicht sein. Das bedeutet, dass alle äußeren Kraftgrößen am Träger im Gleichgewicht sein müssen. Zu den äußeren Kraftgrößen gehören außer den einwirkenden Kräften auch die Reaktionskräfte, die durch diese Einwirkungen ausgelöst werden. Mit den drei Gleichgewichtbedingungen können alle äußeren Kräfte und Momente an einem Träger bestimmt werden, und zwar in Größe, Richtung und Lage (vgl. Abschnitt 1.5.2). Voraussetzung ist allerdings, dass der Träger dreiwertig gelagert ist.

Wenn ein Träger mehr als dreiwertig gelagert ist, sind außer den drei Gleichgewichtsbedingen weitere Gleichungen zur Bestimmung der Stützkräfte erforderlich, denn sie sind mit den drei Gleichgewichtsbedingungen allein nicht bestimmbar. Träger, für die dies zutrifft, werden als "Statisch unbestimmte Träger" bezeichnet. Diese Träger werden in Abschnitt 7 behandelt.

Entsprechend den Bezeichnungen der Auflager A, B, C,... werden die Stützkräfte mit A, B, C,... benannt. Die vertikalen Komponenten werden kurz A_v, B_v, C_v,... und die horizontalen Komponenten A_h, B_h, C_h,... genannt.

Beispiele zur Erläuterung

1. Bei einem Träger mit den Auflagern A (fest) und B (beweglich) greift eine Kraft F schräg an (Bild **6.**10). Wie groß sind die Stützkräfte A und B?

Zunächst wird die Kraft F in die vertikale Komponente F_v und in die horizontale Komponente F_h zerlegt (Bild **6.**10a).

$$\sin\alpha = \frac{F_v}{F} \qquad F_v = F \cdot \sin\alpha = 10\text{ kN} \cdot \sin 60^\circ = 10\text{ kN} \cdot 0{,}866 = 8{,}7\text{ kN}$$

$$\cos\alpha = \frac{F_h}{F} \qquad F_h = F \cdot \cos\alpha = 10\text{ kN} \cdot \cos 60^\circ = 10\text{ kN} \cdot 0{,}500 = 5{,}0\text{ kN}$$

Es werden nun drei Gleichgewichtsbedingungen benötigt. Dazu kann man verwenden

$$1.\ \sum M_{(B)} = 0 \qquad 2.\ \sum M_{(A)} = 0 \qquad 3.\ \sum H_i = 0$$

oder auch

$$1.\ \sum M_{(B)} = 0 \qquad 2.\ \sum V_i = 0 \qquad 3.\ \sum H_i = 0$$

Nehmen wir die erste Möglichkeit und benutzen dann die Bedingung $\sum V_i = 0$ zur Überprüfung der Rechnung.

$\sum M_{(B)} = 0$ (Die Summe aller Momente um den Punkt B muss gleich Null sein.)

$$\sum M_{(B)} = A_v \cdot l - F_v \cdot b = 0$$

$$A_v \cdot l = F_v \cdot b \qquad A_v = \frac{F_v \cdot b}{l} = \frac{8{,}7\text{ kN} \cdot 1{,}50\text{ m}}{4{,}00\text{ m}} = 3{,}3\text{ kN}$$

Damit ist die vertikale Komponente A_v bekannt.

$$\sum M_{(A)} = -B \cdot l + F_v \cdot a = 0$$

$$B \cdot l = F_v \cdot a \qquad B = \frac{F_v \cdot a}{l} = \frac{8{,}7\text{ kN} \cdot 2{,}50\text{ m}}{4{,}00\text{ m}} = 5{,}4\text{ kN}$$

Hiermit ist die Stützkraft B berechnet.

Da bei A ein festes Auflager angeordnet wird, kann auch nur dort die horizontale Komponente der Kraft F aufgenommen werden (Bild **6.**10b).

$$\sum H_i = A_h - F_h = 0 \qquad A_h = F_h \qquad A_h = 5{,}0 \text{ kN}$$

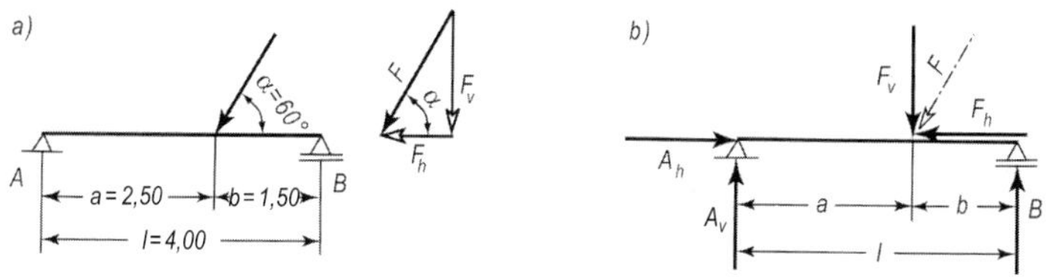

Bild **6.**10 Träger mit schräg angreifender Einzellast
a) Zerlegen der Einzellast in die vertikale und horizontale Komponente
b) Belastung des Trägers durch die Komponenten der Einzellast und Stützkräfte des Trägers

Zur Kontrolle dient die Gleichung $\sum V_i = 0$.

$$\sum V_i = A_v + B - F_v = 0$$

$$3{,}3 \text{ kN} + 5{,}4 \text{ kN} - 8{,}7 \text{ kN} = 0$$

$$8{,}7 \text{ kN} - 8{,}7 \text{ kN} = 0$$

2. Ein Träger (Bild **6.**11) erhält eine Belastung durch 3 vertikale parallele Kräfte.

Wie groß sind die Stützkräfte A und B?

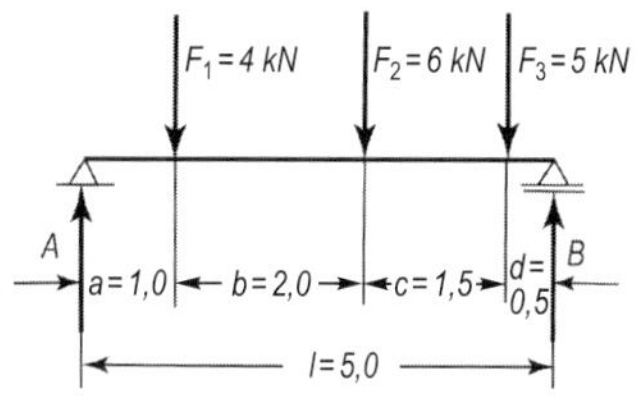

Bild **6.**11
Träger mit 3 parallel angreifenden Lasten

$$\sum M_{(B)} = 0$$

$$A \cdot l - F_1 \cdot (l - a) - F_2 \cdot (c + d) - F_3 \cdot d = 0$$

$$A \cdot l = F_1 \cdot (l - a) + F_2 \cdot (c + d) + F_3 \cdot d = 0$$

$$A = \frac{F_1 \cdot (l - a) + F_2 \cdot (c + d) + F_3 \cdot d}{l}$$

$$A = \frac{4 \text{ kN} \cdot (5{,}00 \text{ m} - 1{,}00 \text{ m}) + 6 \text{ kN} \cdot (1{,}50 \text{ m} + 0{,}50 \text{ m}) + 5 \text{ kN} \cdot 0{,}50 \text{ m}}{5{,}00 \text{ m}}$$

$$A = \frac{4 \text{ kN} \cdot 4{,}00 \text{m} + 6 \text{ kN} \cdot 2{,}00 \text{ m} + 5 \text{ kN} \cdot 0{,}50 \text{ m}}{5{,}00 \text{ m}}$$

$$A = \frac{16 \text{ kNm} + 12 \text{ kNm} + 2{,}5 \text{ kNm}}{5{,}00 \text{ m}} = \frac{30{,}5 \text{ kNm}}{5{,}00 \text{ m}}$$

$$A = 6{,}1 \text{ kN}$$

$$\sum M_{(A)} = 0$$

$$F_1 \cdot a + F_2 \cdot (a + b) + F_3 \cdot (l - d) - B \cdot l = 0$$

$$B \cdot l = F_1 \cdot a + F_2 - (a + b) + F_3 \cdot (l - d)$$

$$B = \frac{4 \text{ kN} \cdot 1{,}00 \text{ m} + 6 \text{ kN} \cdot (1{,}00 \text{ m} + 2{,}00 \text{ m}) + 5 \text{ kN} \cdot (5{,}00 \text{ m} - 0{,}50 \text{ m})}{5{,}00 \text{ m}}$$

$$B = \frac{4\ \text{kNm} + 18\ \text{kNm} + 22{,}5\ \text{kNm}}{5{,}00\ \text{m}} = \frac{44{,}5\ \text{kNm}}{5{,}00\ \text{m}}$$

$$B = 8{,}9\ \text{kN}$$

Kontrolle: $\sum V_i = 0 \qquad F_1 + F_2 + F_3 - A - B = 0$

$$4\ \text{kN} + 6\ \text{kN} + 5\ \text{kN} - 6{,}1\ \text{kN} - 8{,}9\ \text{kN} = 0$$

$$15{,}0\ \text{kN} - 15{,}0\ \text{kN} = 0$$

Die Bedingung $\sum H_i = 0$ ist hier ohnehin erfüllt, da ja keine horizontalen Kräfte vorhanden sind.

6.4 Schnittverfahren und Schnittgrößen

Die Feststellung des Gleichgewichts aller äußeren Kraftgrößen an einem Träger ist wichtig, dies genügt aber nicht zur vollständigen Klärung des Tragverhaltens eines Trägers. Damit ist nur sichergestellt, dass der Träger keine Verschiebungen oder Verdrehungen erfährt. Infolge der Einwirkungen könnte es zu einem Bruch des Trägers kommen. Bei einem Bruch des Trägers wäre das Gleichgewicht gestört, die einzelnen Teile des Trägers würden in Bewegung geraten. Daher muss nachgewiesen werden, dass es zu einem Bruch des Trägers nicht kommen kann.

6.4.1 Schnittverfahren

Zur Feststellung der Wirkung aller äußeren Kraftgrößen auf das Innere eines Trägers wird ein Trick angewendet. Anstelle eines Bruches wird gedanklich ein Schnitt durch den Träger gelegt. Damit werden die im Träger wirkenden inneren Kraftgrößen freigelegt, die die Trägerteile zusammenhalten. Diese inneren Kraftgrößen im Träger können mit den drei bekannten Gleichgewichtsbedingungen (Gl. 2.31 bis 2.33) in gleicher Weise bestimmt werden, wie es bei äußeren Kraftgrößen geschieht. Damit können die inneren Kraftgrößen in Größe, Richtung und Lage bestimmt werden (vgl. Abschnitt 1.5.2).

Aussage des Schnittverfahrens:

> Bei einem Schnitt durch ein Tragwerk rechtwinklig zur Stabachse kann jeder abgetrennte Teil des Tragwerks im Gleichgewicht gehalten werden, wenn an der Schnittfläche die Kraftgrößen wirkend angesetzt werden, die im nicht zerschnittenen Tragwerk an der Schnittfläche als innere Kräfte wirksam sind.

Das Schnittverfahren gilt ganz allgemein für Tragwerke, die sich unter dem Einfluss äußerer Kraftgrößen im Gleichgewicht befinden. Infolge der äußeren Kräfte entstehen also innere Kräfte in einem Tragwerk. Die inneren Kräfte im Werkstoffgefüge wirken dem Bruch oder der Verformung des Tragwerkes entgegen. Sie halten das Tragwerk zusammen. Die inneren Kräfte halten also den äußeren Kräften das Gleichgewicht.

Zur Bestimmung der inneren Kräfte an einer beliebigen Trägerstelle wird der Träger an dieser Stelle durch einen gedachten Schnitt $s - s$ getrennt (Bild **6.**13a). Dabei werden die inneren Kraftgrößen freigeschnitten. Durch dieses Freischneiden sind die beiden Trägerteile nicht mehr im Gleichgewicht (Bild **6.**13b). Wenn man aber im Schnitt die von einem zum anderen Trägerteil übertragenen inneren Kräfte anordnet, dann wird das Gleichgewicht wieder hergestellt. Mit den drei Gleichgewichtsbedingungen für den Schnitt $s - s$ können die inneren Kräfte berechnet werden, die den äußeren Kräften das Gleichgewicht halten.

6.4.2 Schnittgrößen

Die inneren Kraftgrößen eines Trägers, die bei einem gedachten Schnitt freigeschnitten werden, sind die so genannten Schnittgrößen. Durch das Freischneiden wird deutlich, dass am linken Trägerteil im Schnittpunkt S rechtwinklig zur Schnittfläche eine Kraft N längs der Stabachse wirkt. Es ist eine Normalkraft oder Längskraft (Bild **6.**13c). Aus der Bedingung $\sum H_{\mathrm{i}} = 0$, wonach die Summe aller horizontalen Kräfte gleich Null sein muss, errechnet man die Normalkraft:

$$\sum H_{\mathrm{i}} = 0 \qquad A_{\mathrm{h}} + N = 0 \qquad N = -A_{\mathrm{h}}$$

Außerdem wirkt in der Schnittfläche eine Kraft V quer zur Stabachse. Es ist eine Querkraft (Bild **6.**13d). Aus der Bedingung $\sum V_{\mathrm{i}} = 0$, wonach die Summe aller vertikalen Kräfte gleich Null sein muss, erhält man die Querkraft V:

$$\sum V_{\mathrm{i}} = 0 \qquad A_{\mathrm{v}} + V = 0 \qquad V = -A_{\mathrm{v}}$$

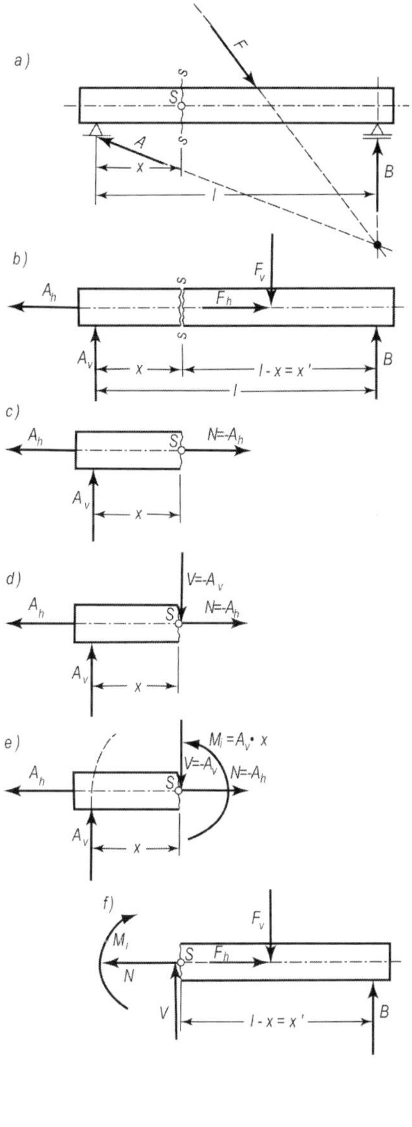

Bild **6.**13
Bestimmung der inneren Kräfte
a) Anordnen eines Schnittes $s - s$
b) der Schnitt $s - s$ trennt den Träger, das Gleichgewicht ist gestört
c) in der Schnittfläche wurde vor der Trennung eine Normalkraft N übertragen
d) die Querkraft V wirkt in der Schnittfläche vor der Trennung
e) das innere Moment M_{i} hat vor der Trennung dem äußeren Moment Widerstand geleistet
f) der rechte Trägerteil wird durch gleichgroße entgegengesetzte Schnittgrößen im Gleichgewicht gehalten

Da die Kraft A_V, bezogen auf die Schnittfläche, den Wirkabstand x besitzt (Bild **6.**13e), bildet sie ein Moment

$$M = A_V \cdot x$$

Gleichgroß ist auch das innere Moment aus der Bedingung $M_{(S)} = 0$, wonach die Summe aller Momente um den Schnittpunkt S der Schnittfläche gleich Null sein muss:

$$\sum M_{(S)} = 0$$

$$A_V \cdot x + M_i = 0$$

$$M_i = A_V \cdot x$$

Für den rechten Trägerteil erhält man an der gleichen Schnittstelle aus der Berechnung gleichgroße, aber entgegengesetzte Schnittgrößen (Bild **6.**13f). Es ist daher gleichgültig, ob man zur Berechnung der Schnittgrößen den linken oder den rechten Trägerteil betrachtet. Man erhält das gleiche Ergebnis.

Zusammenfassung

Gegenseitig im Gleichgewicht müssen sein:

- **die äußeren Kräfte, also die an einem Tragwerk angreifenden Lasten**
- **die äußeren Kräfte und die inneren Schnittgrößen an jedem beliebigen Teil des Tragwerks**

6.4.3 Vorzeichen der Schnittflächen und Schnittgrößen

Räumliches Koordinatensystem

Das räumliche Koordinatensystem ist Grundlage für die Festlegung der Vorzeichen von Schnittflächen und Schnittgrößen. Bild **6.**14a zeigt die das räumliche Koordinatensystem mit x-Achse, y-Achse und z-Achse in positiver Richtung nach DIN 1080. Das Koordinatensystem wird üblicherweise so gelegt, dass die Längsachse eines stabförmigen Bauteils als x-Achse bezeichnet wird.

Vorzeichen der Schnittflächen

Die Vorzeichen der Schnittflächen ergeben sich aus den Vorzeichen der Koordinatenachsen entsprechend Bild **6.**14b. Mit einem Schnitt durch ein Bauteil entstehen zwei Schnittflächen bzw. Schnittufer. Positive Schnittflächen weisen in die positive Achsrichtung, negative Schnittflächen weisen in die entgegengesetzte, negative Richtung.

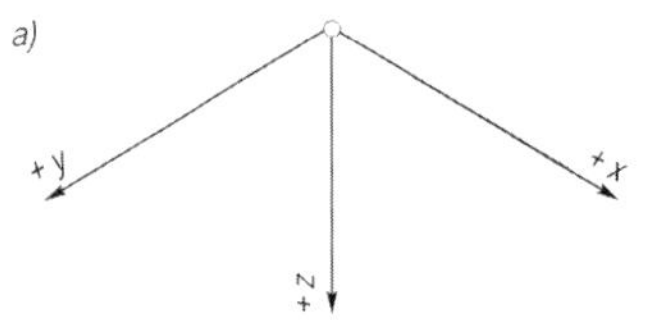

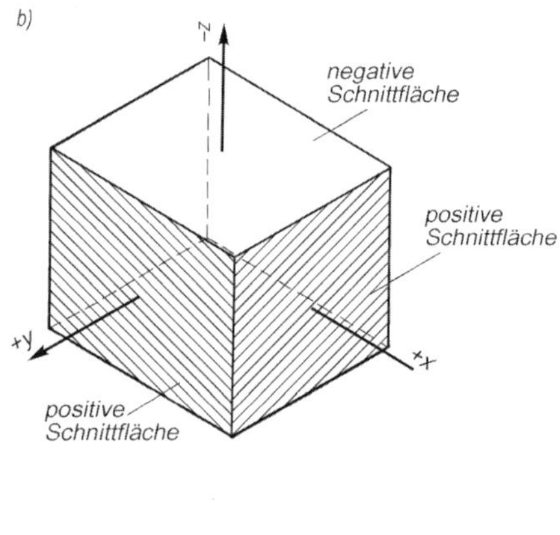

Bild **6.**14
Festlegung der Vorzeichen für Schnittflächen nach DIN 1080

a) räumliches rechtwinkliges Koordinatensystem mit positiven Achsrichtungen

b) Vorzeichen für Schnittflächen in Abhängigkeit vom Vorzeichen der Koordinatenachsen

Vorzeichen der Schnittgrößen

Die Vorzeichen der Schnittgrößen sind mit der vorgenannten Regelung ebenfalls festgelegt. Schnittgrößen sind positiv, wenn sie am positiven Schnittufer in die positive Richtung des Koordinatensystems zeigen. Bild **6.**15 zeigt die Richtung einer positiven Normalkraft +N und Querkraft +V sowie eines positiven Biegemoments +M.

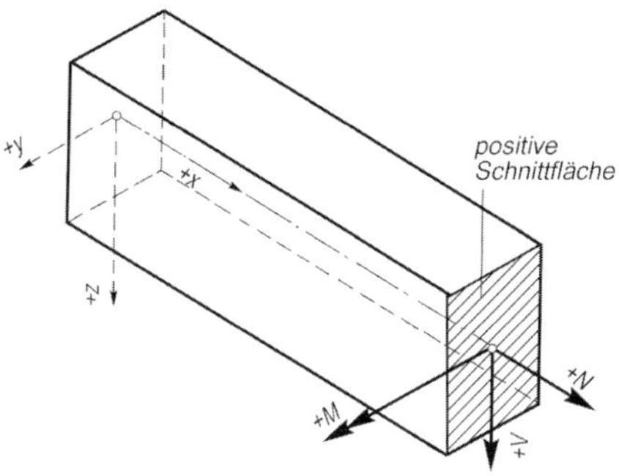

Bild **6.**15
Bauteil (z.B. Balken) mit positiven Koordinatenachsen +x, +y und +z sowie positiven Schnittgrößen +*N*, +*V* und +*M* am positiven Schnittufer

Biegemomente

Biegemomente können als Drehmomente dargestellt werden oder durch einen Momentenvektor gekennzeichnet sein. Momentenvektoren haben zwei Pfeilspitzen. Für das Vorzeichen von Momenten gilt folgende Festlegung:

Ein Moment ist positiv, wenn es am positiven Schnittufer linksdrehend wirkt, also entgegen dem Uhrzeigersinn. Der Momentenvektor zeigt nach links. Dies ist in Bild 6.16 a) und b) dargestellt.

> Merke: Linksdrehend wird eine Schraube gelockert, sie wird herausgedreht und bewegt sich in positiver Richtung des Koordinatensystems. Das Moment ist also positiv. Der Momentenvektor zeigt in Richtung der Schraubenbewegung.

Ein Moment ist negativ, wenn es am positiven Schnittufer rechtsdrehend wirkt, also im Uhrzeigersinn. Der Momentenvektor zeigt nach rechts. Dies ist in Bild 6.16 c) und d) dargestellt.

> Merke: Rechtsdrehend wird eine Schraube festgezogen, sie wird hineingedreht und bewegt sich in negativer Richtung des Koordinatensystems. Das Moment ist also negativ. Der Momentenvektor zeigt in Richtung der Schraubenbewegung.

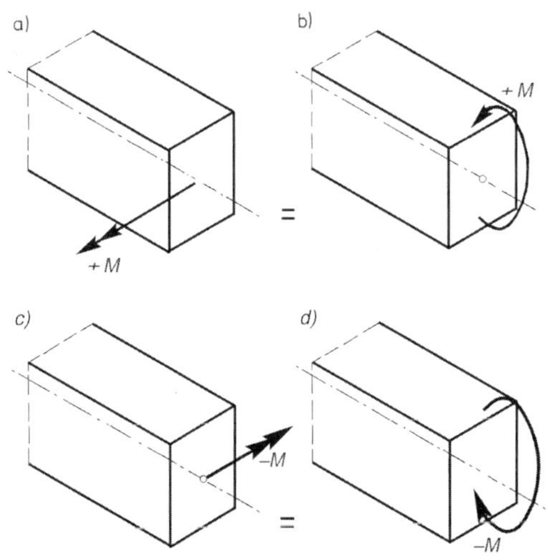

Bild **6.**16
Darstellung von Biegemomenten als Drehmoment und mit Momentenvektor

a), b) Darstellung eines positiven Moments +*M* am positiven Schnittufer:
Drehmoment linksdrehend, Momentenvektor nach links zeigend

c), d) Darstellung eines negativen Moments -*M* am positiven Schnittufer:
Drehmoment rechtsdrehend, Momentenvektor nach rechts zeigend

In Bild **6**.17 sind die Schnittgrößen mit ihren Vorzeichen an einem Einfeldträger auf zwei Stützen dargestellt.

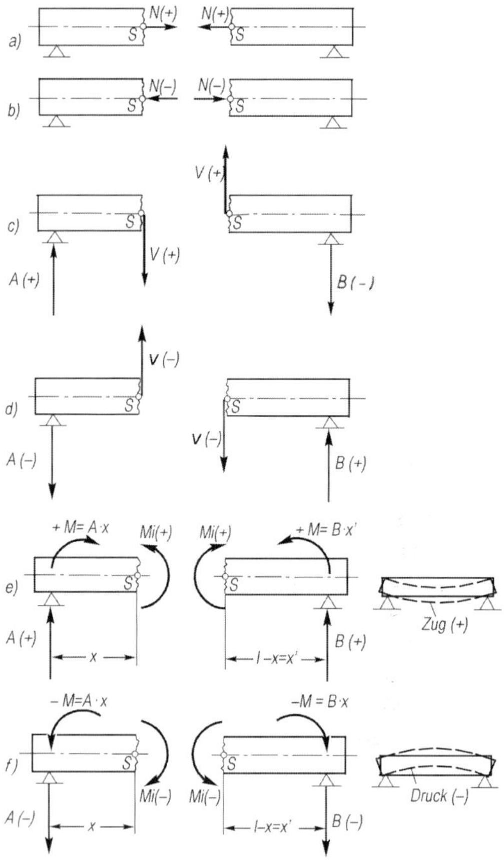

Bild **6**.17
Vorzeichen der Schnittgrößen nach DIN 1080

a) die Normalkraft *N* (Längskraft) wirkt am positiven Schnittufer in positiver Richtung: die Normalkraft *N* ist positiv (außerdem: die Normalkraft zieht an der Schnittfläche, also positiv)
b) die Normalkraft *N* (Längskraft) wirkt am positiven Schnittufer in negativer Richtung: die Normalkraft *N* ist negativ (außerdem: die Normalkraft drückt auf die Schnittfläche, also negativ)
c) die Querkraft *V* wirkt am positiven Schnittufer in positiver Richtung: die Querkraft *V* ist positiv (außerdem: die äußeren Kräfte würden den linken Trägerabschnitt nach oben verschieben, daher positiv)
d) die Querkraft *V* wirkt am positiven Schnittufer in negativer Richtung: die Querkraft *V* ist negativ (außerdem: die äußeren Kräfte würden den linken Trägerabschnitt nach unten verschieben, daher negativ)
e) das Biegemoment *M* der inneren Kräfte wirkt am positiven Schnittufer in positiver Richtung (entgegen dem Uhrzeigersinn): das Biegemoment *M* ist positiv (außerdem: das Biegemoment bewirkt Zug an der Unterseite des Stabes, also positiv)
f) das Biegemoment *M* der inneren Kräfte wirkt am positiven Schnittufer in negativer Richtung (im Uhrzeigersinn): das Biegemoment *M* ist negativ (außerdem: das Biegemoment bewirkt Druck an der Unterseite des Stabes, also negativ)

6.5 Darstellung der Schnittgrößen

Die Schnittgrößen in einem belasteten Träger sind nicht auf der ganzen Trägerlänge gleich bleibend groß. Sie ändern ihre Größe oftmals kontinuierlich. Da man ihre Größe für jede Querschnittsstelle im Träger leicht erkennen möchte, werden sie nach der Berechnung zeichnerisch dargestellt.

Normalkräfte und Querkräfte sind innere Kräfte, also Reaktionskräfte infolge von äußeren Kräften. Man kann die äußeren Kräfte auftragen, um damit die inneren Kräfte anschaulich zu machen.

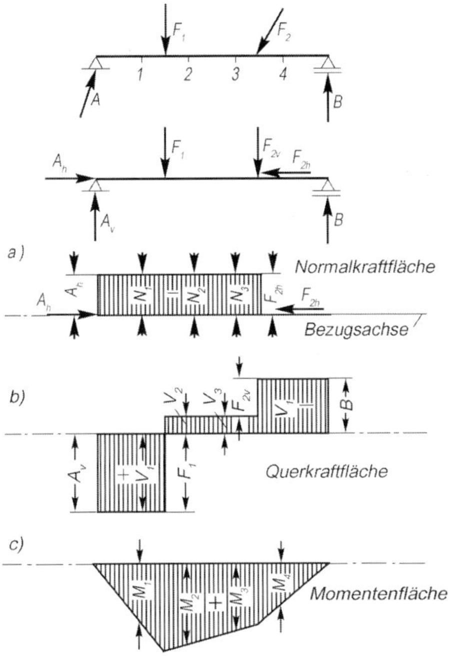

Bild **6**.18
Zeichnerische Darstellung der Normalkräfte (Längskräfte), Querkräfte und Biegemomente in einem Träger

Unter dem Träger zeichnet man rechtwinklig zu einer Bezugsachse die Schnittgrößen in einem zu wählenden Maßstab auf. Positive Schnittgrößen werden nach unten, negative nach oben dargestellt. Die Endpunkte verbindet man miteinander. Zwischen diesem Linienzug und der Bezugsachse entsteht eine Fläche (Bild **6**.18). Schräg auf die Stabachse wirkende Kräfte werden in die beiden Komponenten parallel und rechtwinklig zur Stabachse zerlegt. Sie ergeben Änderungen bei den Normal- und Querkräften.

Für die längs im Träger wirkenden Normalkräfte erhält man damit die Normalkraftfläche (Bild **6**.18a).

Durch die quer zum Träger wirkenden Lasten ergibt sich die Querkraftlinie (Bild **6**.18b).

Die durch die Querkräfte im Träger entstehenden Biegemomente ergeben die Momentenfläche (Bild **6**.18c).

6.6 Einfeldträger mit Einzellasten

Da die meisten Träger horizontal liegen, die Kräfte aber vertikal wirken, hat man es dabei nur mit Querkräften und Biegemomenten zu tun.

Normalkräfte entstehen dabei nicht, sie sind Null. Zur Veranschaulichung des Schnittgrößenverlaufs werden Querkraftfläche und Momentenfläche dargestellt. Die Darstellung der Normalkraftfläche entfällt immer dann, wenn keine Kräfte längs zur Stabachse auftreten.

Für Träger über einem Feld auf zwei Stützen, die so genannten Einfeldträger, werden im folgenden bei unterschiedlichen Belastungen die Stützkräfte bestimmt. Damit werden dann die Querkräfte und die Biegemomente ermittelt. Anschließend erfolgt die zeichnerische Darstellung der Querkraftfläche und der Momentenfläche. Bei diesen Betrachtungen wird das Eigengewicht des Trägers zunächst vernachlässigt.

6.6.1 Träger mit einer Einzellast

Stützkräfte (Bild **6.**19)

Die Summe der Momente aller Kräfte um den Punkt B ergibt die Stützkraft A

$$\sum M_{(B)} = 0 \qquad A \cdot l - F \cdot b = 0$$

$$A = \frac{F \cdot a}{l} \qquad \text{Gl. (6.10)}$$

Mit dem Drehpunkt um A erhält man die Stützkraft B

$$\sum M_{(A)} = 0 \qquad -B \cdot l + F \cdot a = 0$$

$$B = \frac{F \cdot a}{l} \qquad \text{Gl. (6.11)}$$

Zur Kontrolle dient die Bedingung

$$\sum V_i = 0 \qquad A + B - F = 0 \qquad A = F - B \qquad B = F - A$$

Querkräfte (Bild **6.**19)

Am Auflager B wirkt im Träger eine Querkraft von der Größe $-V_B = B$. Die Querkraft ist negativ, sie wird von der Bezugsachse nach oben eingetragen (Bild **6.**19a). Im Bereich zwischen B und dem Kraftangriffspunkt 1 ändert sich die Größe der Querkraft nicht. Es wirken in diesem Bereich b keine Kräfte quer zur Stabachse.

$$V_{xb} = -B \qquad \text{für} \qquad x' < b \qquad \text{Gl. (6.12)}$$

Am Punkt 1 wirkt die Kraft F nach unten. Sie wird entsprechend eingetragen. Es entsteht im Verlauf der Querkraftlinie ein Sprung in der Größe von F nach unten. An dieser Stelle schneidet die Querkraftlinie die Bezugsachse. (Bild **6.**19b).

Auch im Bereich zwischen dem Kraftangriffspunkt 1 und dem Auflager A ändert sich die Größe der Querkraft nicht. Die Querkraft ist im Bereich a positiv (Bild **6.**19c).

$$V_{xa} = +F - V_B = +V_a \qquad V_{xa} = +V_a \qquad \text{für } x' > b \qquad \text{Gl. (6.13)}$$

Am Auflager A wirkt eine Querkraft von der Größe $+V_A = A$. Die Querkraft endet wieder an der Bezugsachse. Damit ist zeichnerisch nachgewiesen, dass $\sum V_i = 0$ ist.

$$F - A - B = 0$$

Biegemomente (Bild **6.**20)

An den Auflagern A und B des Trägers sind die Biegemomente gleich Null. Diese Voraussetzungen dienten ja auch zur Berechnung der Stützkräfte. An den Auflagern entstehen nur dann Biegemomente, wenn die Auflager eingespannt sind (Abschn. 6.1.3) Für jeden weiteren Schnitt neben dem Auflager bildet aber die Stützkraft A ein Moment $M_{xa} = A \cdot x_a$ für $x_a < a$. Mit größer werdendem Abstand x_a wächst auch das Moment an, bis x_a den Wert a annimmt. Hier erreicht das Moment einen Größtwert (Bild **6.**20b). Legt man rechts neben der Kraft F einen Schnitt, bildet auch die Kraft F ein Moment um diesen Schnitt und zwar entgegenwirkend mit dem Wirkabstand $x_b - a$

$$M_{xb} = A \cdot x_b - F \cdot (x_b - a) \text{ für } x_b > a$$

Für diesen Schnitt ist das Moment leichter vom Auflager B her zu berechnen. Die Stützkraft B bildet mit dem Wirkabstand x'_b ein Moment um diesen Schnitt.

$M_{xb} = B \cdot x'_b$ für $x'_b = (l - x_b) < b$. Beide Momente müssen aber gleich groß sein.

$$M_{xb} = A \cdot x_b - F \cdot (x_b - a) = B \cdot x'_b$$

Trägt man nun diese Werte rechtwinklig zu einer Bezugsachse an, wird der Momentenverlauf deutlich.

Unter der Last F hat die Momentenfläche einen Größtwert, ein Maximum. Dort wirkt das größte, das maximale Biegemoment. Es ist der gefährdete Querschnitt des Trägers.

$$\left.\begin{aligned} M_{max} &= A \cdot a = \frac{F \cdot b}{l} \cdot a \\ \text{oder} \quad M_{max} &= B \cdot b = \frac{F \cdot a}{l} \cdot b \end{aligned}\right\} \quad \boldsymbol{M_{max} = \frac{F \cdot a \cdot b}{l}} \qquad \text{Gl. (6.14)}$$

Zwischen einem Auflager und dem Lastangriffspunkt ist der Verlauf der Momentenlinie geradlinig. Unter der Einzellast entsteht ein Knick (Bild **6.**20c).

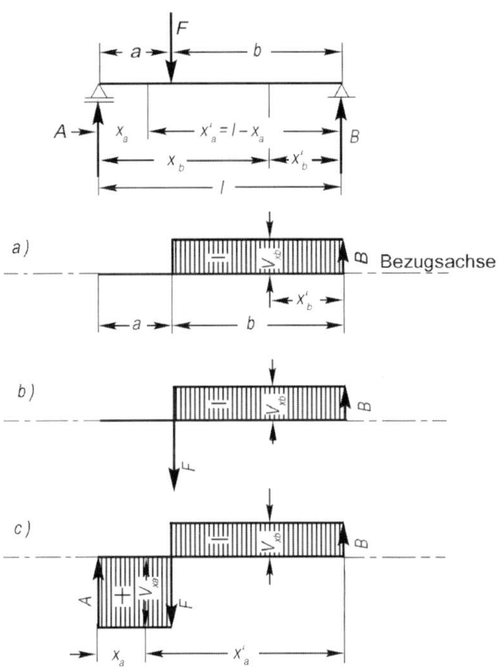

Bild **6.**19 Träger mit einer Einzellast, Entwicklung der Querkraftfläche
a) von der Bezugsachse wird B nach oben angetragen
b) an der Stelle 1 wirkt die Last F nach unten
c) die Kraft A wird nach oben angetragen, sie endet an der Bezugsachse

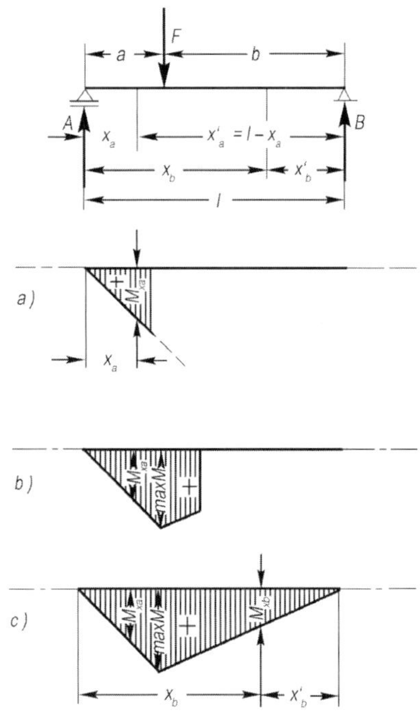

Bild **6.**20 Träger mit einer Einzellast, Entwicklung der Momentenfläche
a) vom Auflager A wächst das Moment ständig an
b) unter der Einzellast hat die Momentfläche einen Größtwert
c) zum Auflager B hin wird das Moment ständig kleiner

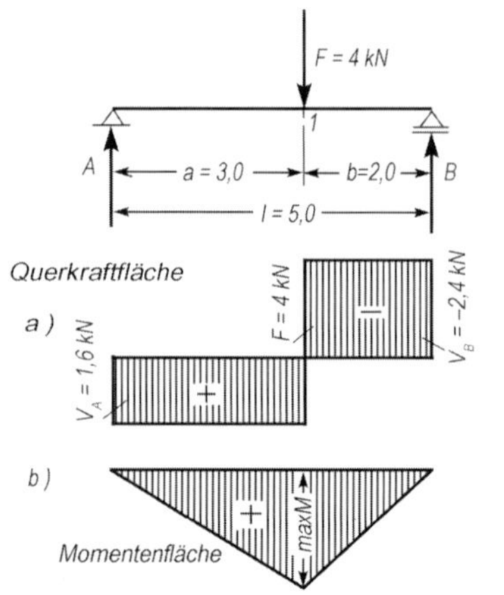

Bild **6**.21 Träger mit einer Einzellast

Beispiel zur Erläuterung

Die Stützkräfte A und B sowie das maximale Biegemoment werden für einen Träger auf 2 Stützen mit Einzellast (Bild **6**.21) berechnet. Die Querkräfte (Bild **6**.21a) und die Momentenfläche (Bild **6**.21b) werden dargestellt.

Stützkräfte

$$\sum M_{(B)} = 0 \qquad A \cdot l - F \cdot b = 0$$

$$A = \frac{F \cdot b}{l} = \frac{4 \cdot 2{,}00}{5{,}00}$$

$$A = 1{,}6 \text{ kN}$$

$$\sum M_{(A)} = 0 \qquad -B \cdot l + F \cdot a = 0$$

$$B = \frac{F \cdot a}{l} = \frac{4 \cdot 3{,}00}{5{,}00}$$

$$B = 2{,}4 \text{ kN}$$

Biegemoment

$$\sum M_{(1)} = 0 \qquad A \cdot a - M_i = 0 \qquad M_i = M_{max} = A \cdot a = 1{,}6 \cdot 3{,}00 = 4{,}8 \text{ kNm}$$

oder

$$B \cdot b - M_i = 0 \qquad M_i = M_{max} = B \cdot b = 2{,}4 \cdot 2{,}00 = 4{,}8 \text{ kNm}$$

$$M_{max} = 4{,}8 \text{ kNm}$$

Einfeldträger mit einer Einzellast in Trägermitte

Dieser Sonderfall, eine Einzellast in der Mitte des Trägers, tritt in der Praxis häufiger auf (Bild **6**.22). Es können dafür Formeln zur Berechnung der Schnittgrößen abgeleitet werden.

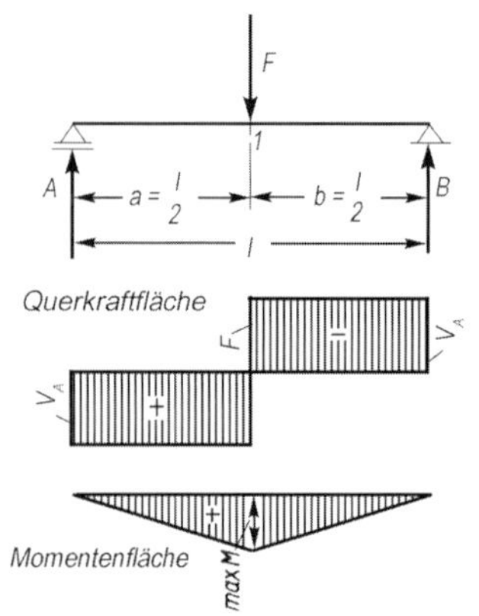

Bild **6**.22 Träger mit einer Einzellast in der Mitte

Stützkräfte

$$\sum M_{(B)} = 0 \qquad A \cdot l - F \cdot \frac{l}{2} = 0$$

$$A = \frac{F \cdot \frac{l}{2}}{l} = \frac{F}{2} \qquad \boldsymbol{A = \frac{F}{2}} \qquad \text{Gl. (6.15)}$$

$$\sum M_{(A)} = 0 \qquad B \cdot l - F \cdot \frac{l}{2} = 0$$

$$B = \frac{F \cdot \frac{l}{2}}{l} = \frac{F}{2} \qquad \boldsymbol{B = \frac{F}{2}} \qquad \text{Gl. (6.16)}$$

Biegemoment

$$\sum M_{(1)} = 0 \qquad A \cdot \frac{l}{2} - M_i = 0 \qquad M_i = M_{max} = A \cdot \frac{l}{2} = \frac{F}{2} \cdot \frac{l}{2} \qquad M_{max} = \frac{F \cdot l}{4}$$

oder

$$B \cdot \frac{l}{2} - M_i = 0 \qquad M_i = M_{max} = B \cdot \frac{l}{2} = \frac{F}{2} \cdot \frac{l}{2} \qquad \boldsymbol{M_{max} = \frac{F \cdot l}{4}} \qquad \text{Gl. (6.17)}$$

6.6.2 Träger mit zwei Einzellasten

Die Berechnung und Darstellung der Schnittgrößen bei Trägern mit 2 Einzellasten erfolgt sinngemäß Abschn. 6.6.1.

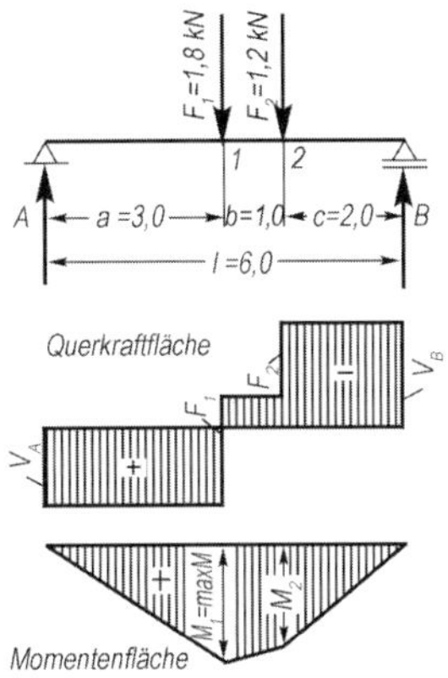

Bild **6.**23 Träger mit 2 Einzellasten

Beispiel zur Erläuterung

Für einen Träger mit 2 Einzellasten werden die Stützkräfte und die Biegemomente berechnet (Bild **6.**23).

Stützkraft A

$$\sum M_{(B)} = 0 \quad A \cdot l - F_1 \cdot (b + c) - F_2 \cdot c = 0$$

$$A \cdot l = F_1 \cdot (b + c) + F_2 \cdot c$$

$$A = \frac{F_1 \cdot (b + c) + F_2 \cdot c}{l}$$

$$A = \frac{1{,}8 \cdot (1{,}00 + 2{,}00) + 1{,}2 \cdot 2{,}00}{6{,}00}$$

$$A = \frac{5{,}4 + 2{,}4}{6{,}00} = \frac{7{,}8}{6{,}00}$$

$$A = 1{,}3 \text{ kN}$$

Stützkraft B

$$\sum M_{(A)} = 0 \qquad -B \cdot l + F_1 \cdot a + F_2 \cdot (a + b) = 0 \qquad B \cdot l = F_1 \cdot a + F_2 \cdot (a + b)$$

$$B = \frac{F_1 \cdot a + F_2 \cdot (a + b)}{l} = \frac{1{,}8 \cdot 3{,}00 + 1{,}2 \cdot (3{,}00 + 1{,}00)}{6{,}00} = \frac{5{,}4 + 4{,}8}{6{,}00} = \frac{10{,}2}{6{,}00}$$

$$B = 1{,}7 \text{ kN}$$

$$\sum V = 0 \text{ (Probe)} \qquad A + B - F_1 - F_2 = 0 \qquad 1{,}3 + 1{,}7 - 1{,}8 - 1{,}2 = 0 \qquad 3{,}0 - 3{,}0 = 0$$

Momente

$$\sum M_{(1)} = 0 \qquad A \cdot a - M_1 = 0 \qquad M_1 = A \cdot a = 1{,}3 \cdot 3{,}00 = 3{,}9 \text{ kNm}$$

$$\sum M_{(2)} = 0 \qquad B \cdot b - M_2 = 0 \qquad M_2 = B \cdot b = 1{,}7 \cdot 2{,}00 = 3{,}4 \text{ kNm}$$

$$\max M = M_1 = 3{,}9 \text{ kNm}$$

Einfeldträger mit zwei symmetrischen Einzellasten

Bei gleichgroßen Einzellasten mit gleich weiten Abständen von den Auflagern (Bild **6.**24) kann man folgende Formeln ableiten:

$$\sum M_{(B)} = 0 \quad A \cdot l - F \cdot (a + b) - F \cdot a = 0$$

$$A \cdot l = F \cdot (a + b) + F \cdot a$$

$$A = \frac{F \cdot (a + b) + F \cdot a}{l}$$

$$A = \frac{F \cdot (a + b + a)}{l} = \frac{F \cdot l}{l} = F$$

$$\boldsymbol{A = B = F} \qquad \text{Gl. (6.18)}$$

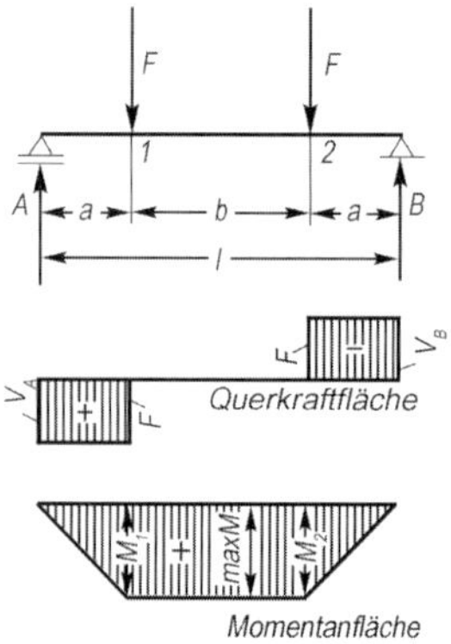

Bild **6**.24 Träger mit 2 symmetrischen Einzellasten

$\sum M_{(1)} = 0 \qquad A \cdot a - M_1 = 0 \qquad M_1 = A \cdot a = F \cdot a \qquad \boldsymbol{M_{max} = M_1 = F \cdot a}$ Gl. (6.19)

6.6.3 Einfeldträger mit drei Einzellasten

Für die Berechnung der Stützkräfte und Biegemomente benutzt man auch hierbei wieder die Gleichgewichtsbedingungen.

Beispiel zur Erläuterung

Für einen Träger mit 3 Einzellasten werden die Stützkräfte A und B sowie die Biegemomente unter den Einzellasten berechnet (Bild **6**.25).

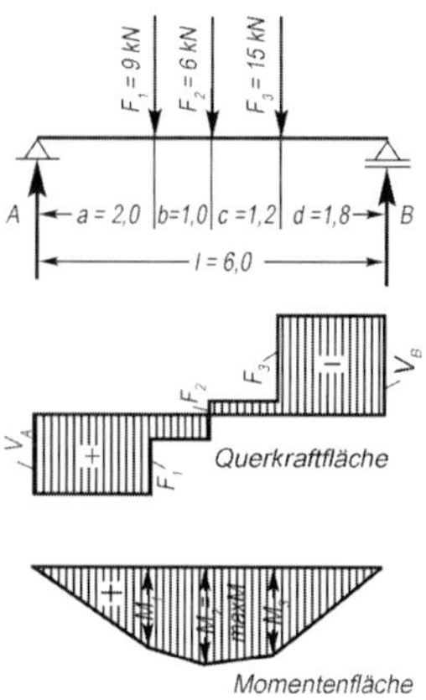

Bild **6**.25 Träger mit 3 Einzellasten

Stützkraft

$\sum M_{(B)} = 0 \quad A \cdot l - F_1 \cdot (l \cdot a) - F_2 \cdot (c + d) - F_3 \cdot d = 0$

$$A = \frac{F_1 \cdot (l - a) + F_2 \cdot (c + d) + F_3 \cdot d}{l}$$

$$A = \frac{9 \cdot (6{,}0 - 2{,}0) + 6 \cdot (1{,}2 + 1{,}8) + 15 \cdot 1{,}8}{6{,}00}$$

$$A = \frac{36{,}0 + 18{,}0 + 27{,}0}{6{,}00} = \frac{81{,}0}{6{,}00}$$

$$A = 13{,}5 \text{ kN}$$

Stützkraft B

$\sum M_{(A)} = 0 \qquad B \cdot l - F_1 \cdot a - F_2 \cdot (a + b) - F_3 \cdot (l - d) = 0$

$$B = \frac{F_1 \cdot a + F_2 \cdot (a + b) + F_3 \cdot (l - d)}{l}$$

$$B = \frac{9 \cdot 2{,}00 + 6 \cdot (2{,}00 + 1{,}00) + 15 \cdot (6{,}00 - 1{,}80)}{6{,}00}$$

$$B = \frac{18{,}0 + 18{,}0 + 63{,}0}{6{,}00} = \frac{99{,}0}{6{,}00}$$

$$B = 16{,}5 \text{ kN}$$

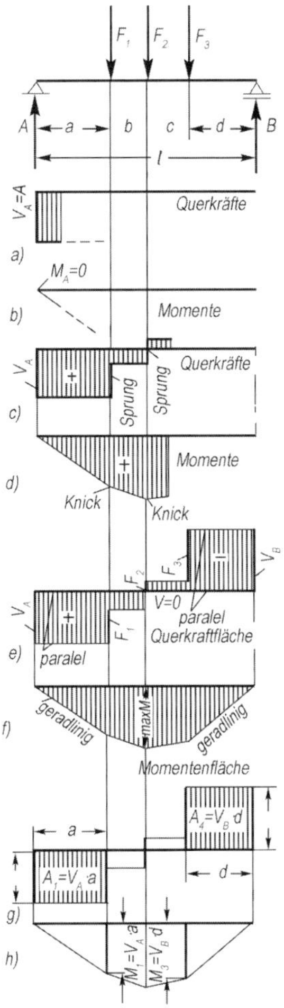

Momente

$$M_1 = A \cdot a = 13{,}5 \cdot 2{,}00$$

$$= 27{,}0 \text{ kNm}$$

$$M_2 = A \cdot (a + b) - F \cdot b$$

$$= 13{,}5 \cdot (2{,}00 + 1{,}00) - 9 \cdot 1{,}00$$

$$= 40{,}5 - 9{,}0$$

$$= 31{,}5 \text{ kNm}$$

$$M_3 = B \cdot d = 16{,}5 \cdot 1{,}80$$

$$= 29{,}7 \text{ kNm}$$

$$M_{max} = M_2 = 31{,}5 \text{ kNm}$$

Bild **6**.26
Zusammenhänge zwischen Belastung, Querkraftfläche und Momentenfläche

6.6.4 Zusammenfassung für Einfeldträger mit Einzellasten

Zwischen Belastungen, Querkräften und Biegemomenten bestehen enge Zusammenhänge.

1. Die Querkraft entsteht sprunghaft direkt am Auflager um den Betrag der Stützkraft (Bild **6.**26a). Das Moment ist am Auflager zunächst Null. Es wächst bis zur nächsten Last stetig an (Bild **6.**26b).

2. Die Querkraftlinie hat unter einer Einzellast einen Sprung um den Betrag der Einzellast (Bild **6.**26c). Ein Sprung in der Querkraftlinie ergibt an der gleichen Stelle in der Momentenlinie einen Knick (Bild **6.**26d).

3. Zwischen den Einzellasten bleibt die Querkraft gleich groß.

Die Querkraft verläuft parallel zur Trägerachse (Bild **6.**26e). Die Querkraftfläche besteht aus Rechtecken.

Die Momentenlinie hat zwischen den Einzellasten einen linear veränderlichen Verlauf (Bild **6.**26f).

4. Die Summe aller Vertikalkräfte ist gleich Null.

5. Das Biegemoment an einer beliebigen Stelle ist gleich dem positiven Inhalt der Querkraftfläche von dieser Stelle bis zum linken Auflager bzw. gleich ihrem negativen Inhalt von dieser Stelle bis zum rechten Auflager (Bild **6.**26g und h).

6. Den absolut größten Inhalt erreichen beide Querkraftflächenteile dort, wo die Querkraftlinie durch die Bezugsachse geht, d.h.:

Wo die Querkraft gleich Null wird oder das Vorzeichen wechselt, hat das Biegemoment seinen Größtwert (Bild **6.**26f).

Eine Zusammenstellung der Schnittgrößen für Träger mit Einzellasten erfolgt in Tafel **6.**1.

Tafel **6.**1 **Zusammenstellung der Schnittgrößen für Einfeldträger mit Einzellasten**

Belastung	Auflagerkräfte	Biegemomente
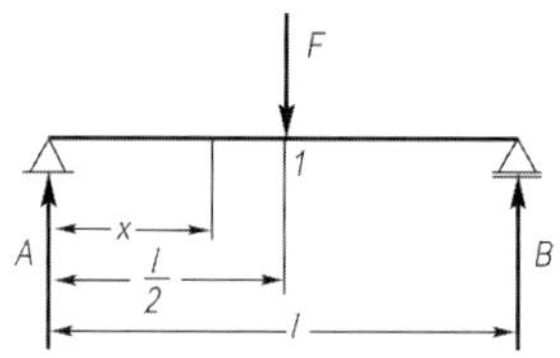	$A = \frac{F}{2}$ $B = \frac{F}{2}$	$M_x = \frac{F \cdot x}{2}$ $M_{max} = M_1 = \frac{F \cdot l}{4}$
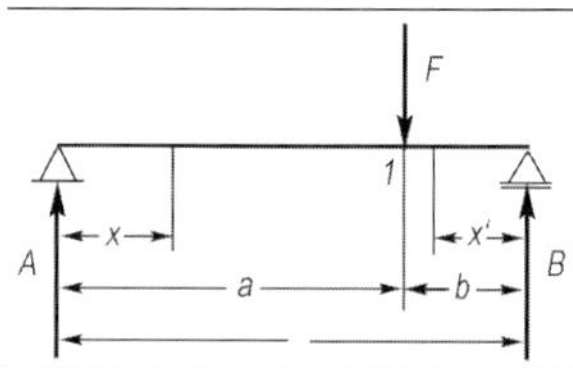	$A = \frac{F \cdot b}{l}$ $B = \frac{F \cdot a}{l}$	$M_x = A \cdot x$ $M_x' = B \cdot x'$ $M_{max} = M_1 = \frac{F \cdot a \cdot b}{l}$
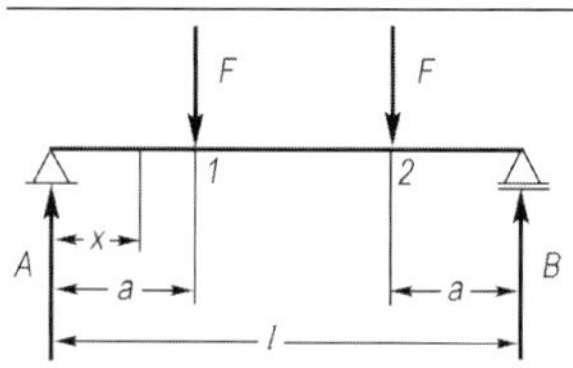	$A = F$ $B = F$	$M_x = F \cdot x$ $M_1 = M_2 = F \cdot a$ $M_{max} = F \cdot a$

Beispiele zur Übung

1. … **4.** Für die skizzierten Träger auf 2 Stützen mit den dargestellten Belastungen sind die Stützkräfte und das jeweils maximale Biegemoment zu berechnen. Querkraftflächen und Momentflächen sind zu zeichnen (Bilder **6.**27 und **6.**28, **6.**29 und **6.**30).

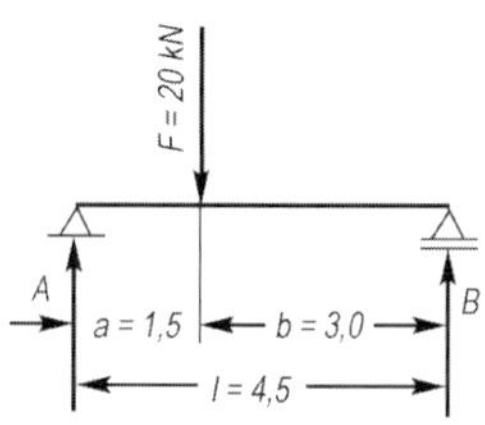

Bild **6.**27 Träger mit einer Einzellast

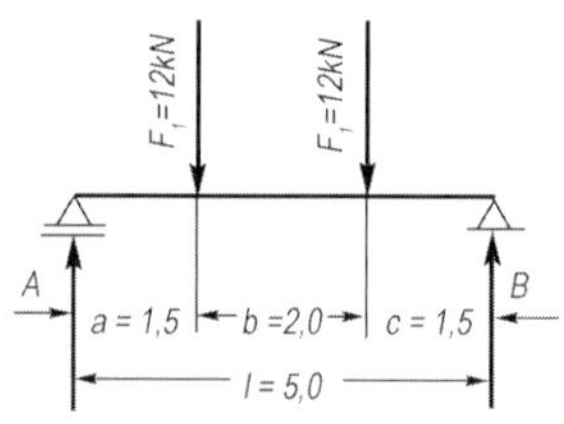

Bild **6.**28 Träger mit 2 symmetrischen Einzellasten

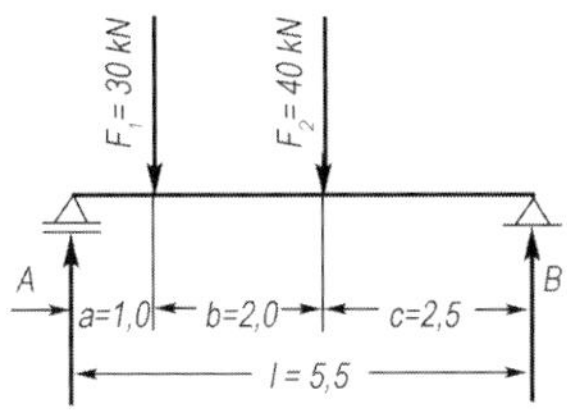

Bild **6**.29 Träger mit 2 verschiedenen Einzellasten

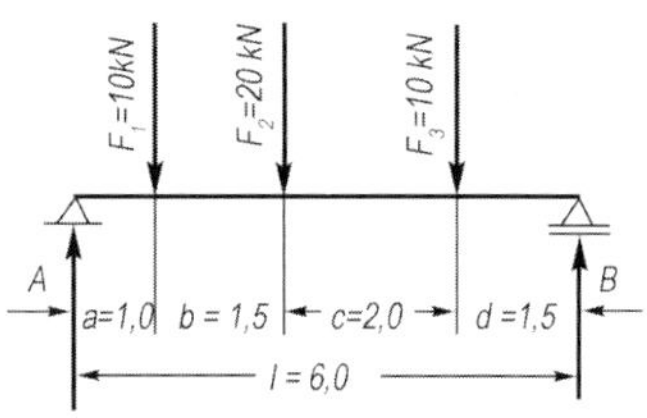

Bild **6**.30 Träger mit 3 unterschiedlichen Einzellasten

6.7 Einfeldträger mit gleichmäßig verteilter Belastung

Die bisherigen Berechnungen an Trägern wurden ohne Berücksichtigung der Eigenlast des Trägers durchgeführt. Die Eigenlast g_k muss jedoch in der Belastung erfasst werden. Die charakteristische Eigenlast g_k ist eine ständige Einwirkung. Sie wirkt über die ganze Trägerlänge gleichmäßig verteilt, wenn der Träger einen einheitlichen Querschnitt über die gesamte Trägerlänge hat.

Weitere Belastungen sind veränderliche Einwirkungen, z.B. die Nutzlasten. Diese Nutzlasten können je nach ihrer Wirkungsweise als Einzellasten oder auch als gleichmäßig verteilte Lasten angenommen werden. Gleichmäßig verteilt wirkende Nutzlasten werden mit q_k bezeichnet. Damit erhält man die Gesamtlasten:

$$\text{charakteristische Gesamtlasten} = g_k + q_k$$

Für die Ermittlung der Bemessungslasten g_d und q_d sind die zugehörigen Teilsicherheitsbeiwerte γ_G bzw. γ_Q zu berücksichtigen (s. Abschnitt 4). Damit ergeben sich die Bemessungslasten:

$$\text{Bemessungslasten } g_d = \gamma_d \cdot g \qquad \text{und} \qquad q_d = \gamma_Q \cdot q$$

Zusammenfassend können die Bemessungslasten dargestellt werden als:

$$(g_d + q_d)$$

Diese Zusammenfassung ist allerdings nur bei einfachen Systemen mit einer veränderlichen Einwirkung möglich. Bei Durchlaufträgern und anderen statisch unbestimmten Systemen sollten die Schnittgrößen zunächst mit den charakteristischen Einwirkungen ermittelt werden. Erst bei der Bemessung wird in jedem Schnitt getrennt die maßgebende Kombination gebildet, da die Teilsicherheitsbeiwerte bzw. die Kombinationsbeiwerte unterschiedlich groß sein können. Grundsätzlich ist zu beachten, ob eine veränderliche Einwirkung be- oder entlastend wirkt.

Nachfolgend wird zur Vereinfachung die Kurzbezeichnung q' verwendet. Die Bezeichnung q' steht für eine Linienlast, die sowohl eine ständige als auch eine veränderliche Last sein kann.

Bei Einfeldträgern kann diese Bezeichnung auch für die Gesamtlast aus Eigenlasten + Nutzlasten verwendet werden, wenn klar ist, dass sich alle Einwirkungen ungünstig auswirken. In so einem Fall kann dann die Bemessung schneller durchgeführt werden, weil die Schnittgrößenermittlung nicht mehrfach durchgeführt werden muss. Bei den folgenden Berechnungen ist also q' identisch mit der Bemessungslast $(g_d + q_d)$.

$$q' = (g_d + q_d) \qquad \text{Gl. (6.20)}$$

Stützkräfte

Für die Berechnung der Stützkräfte kann zunächst die gleichmäßig verteilte Last q' auf der ganzen Länge l zu einer resultierenden Kraft $F_q' = q' \cdot l$ zusammengefasst gedacht werden (Bild **6**.31). Da sich die gesamte Belastung je zur Hälfte auf die Auflager A und B verteilt, erhält man die Stützkräfte mit

$$A = \frac{F_q'}{2} \qquad \boldsymbol{A = \frac{q' \cdot l}{2}} \qquad \text{Gl. (6.21)}$$

$$B = \frac{F_q'}{2} \qquad \boldsymbol{B = \frac{q' \cdot l}{2}} \qquad \text{Gl. (6.22)}$$

Querkräfte

Für die Querkraft V_x an einer beliebigen Stelle x muss man die gleichmäßig verteilte Last bis zu dieser Stelle von der Stützkraft abziehen (Bild **6**.31a). Die Stützkraft wirkt ja der Belastung entgegen.

$$V_x = A - q' \cdot x = \frac{q' \cdot l}{2} - q' \cdot x$$

$$V_x = q' \cdot \left(\frac{l}{2} - x \right) \qquad \text{Gl. (6.23)}$$

Berechnet man für verschiedene Abstände x die Querkraft und stellt diese Punkte zeichnerisch dar, erhält man durch die Verbindung dieser Punkte eine nach rechts ansteigende, gerade Linie (Bild **6**.31a und b). Diese Linie schließt mit der Bezugsachse die Querkraftfläche ein und schneidet in der Mitte bei $x - l/2$ die Bezugsachse. Dort ist die Querkraft gleich Null; $V_x = 0$ (Bild **6**.31c).

Das Entstehen der schräg nach rechts ansteigenden Geraden in der Querkraftlinie kann man sich auch anders vorstellen. Durch Zusammenfassen entsprechender Teile der gleichmäßig verteilten Belastung zu kleinen Einzellasten entsteht eine treppenförmige Querkraftlinie (Bild **6**.32a). Je kleiner die Abschnitte gewählt werden, um so mehr nähert sich die treppenförmige Linie einer schrägen Linie der tatsächlichen Querkraftfläche an (Bild **6**.32b).

Biegemomente

Für die Errechnung des Biegemomentes M_x an einer beliebigen Stelle x lässt man alle äußeren Kräfte um diese Schnittstelle drehen und bildet die Momente.

A wirkt mit dem Abstand x, und die Belastung hat den Wirkabstand $x/2$.

$$M_x = A \cdot x - q' \cdot x \cdot \frac{x}{2}$$

Mit $A = \frac{q' \cdot l}{2}$ erhält man

$$M_x = \frac{q' \cdot l}{2} \cdot x - q' \cdot \frac{x^2}{2}$$

Hieraus kann $\frac{q' \cdot x}{2}$ ausgeklammert werden. Damit entsteht

$$M_x = \frac{q' \cdot x}{2} \cdot (l - x)$$

Der Abstand $l - x$ kann mit x' bezeichnet werden; $x' = l - x$. Damit heißt die Formel dann

$$M_x = \frac{q' \cdot x \cdot x'}{2} \qquad \text{Gl. (6.24)}$$

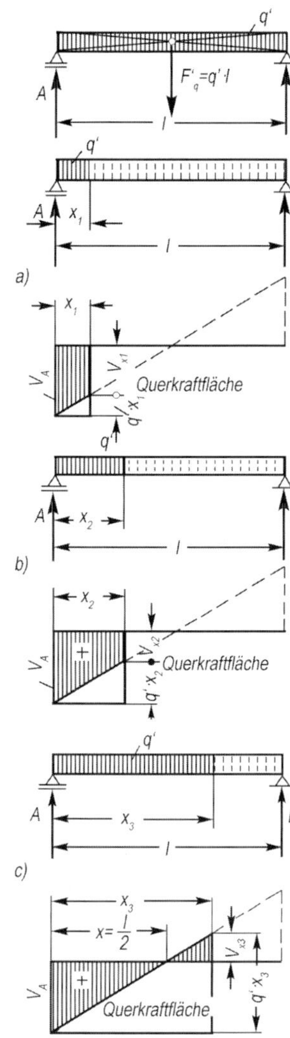

Bild **6.**31
Träger mit gleichmäßig verteilter Belastung
a) … c) schrittweise Entwicklung der Querkraftfläche

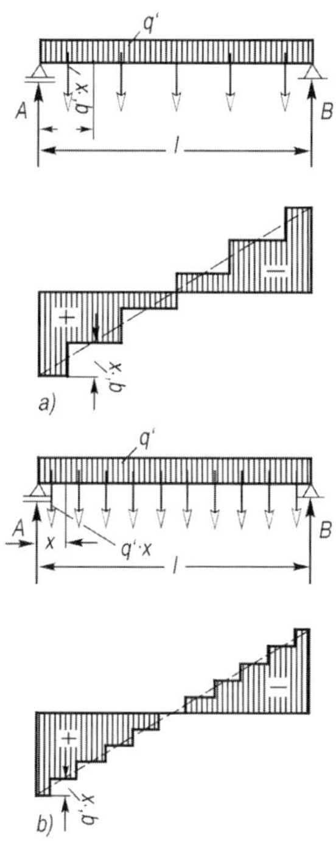

Bild **6.**32
Querkraftlinie beim Zusammenfassen verschiedener Bereiche der gleichmäßig verteilten Belastung
a) Zusammenfassung in 5 „Einzellasten"
b) Zusammenfassung in 10 „Einzellasten"

Der gefährdete Querschnitt liegt in Trägermitte. Dort wechselt die Querkraft das Vorzeichen, dadurch ist das Moment an dieser Stelle maximal. Für diesen Fall wird der Abstand $x = l/2$ und ebenfalls $x' = l/2$.

Aus Gleichung 6.24 wird dann durch Einsetzen für x und für x' das größte, also maximale Moment berechnet:

$$M_{\max} = \frac{q' \cdot l/2 \cdot l/2}{2} = \frac{q' \cdot l \cdot l}{2 \cdot 2 \cdot 2} \qquad \boldsymbol{M_{\max} = \frac{q' \cdot l^2}{8}} \qquad \text{Gl. (6.25)}$$

Berechnet man für verschiedene Stellen die Biegemomente (M_{x1}, M_{x2}, M_{x3}) und verbindet die dadurch erhaltenen Punkte miteinander, erhält man die Momentenfläche. Es entsteht dadurch eine Kurve, und zwar eine Parabel (Bild **6**.33a … c).

Zum Verständnis wird in Bild **6**.34 die Konstruktion für die zeichnerische Darstellung einer Parabel dargestellt.

Die Zusammenstellung der Schnittgrößen für Träger mit gleichmäßig verteilter Belastung enthält Tafel **6**.2.

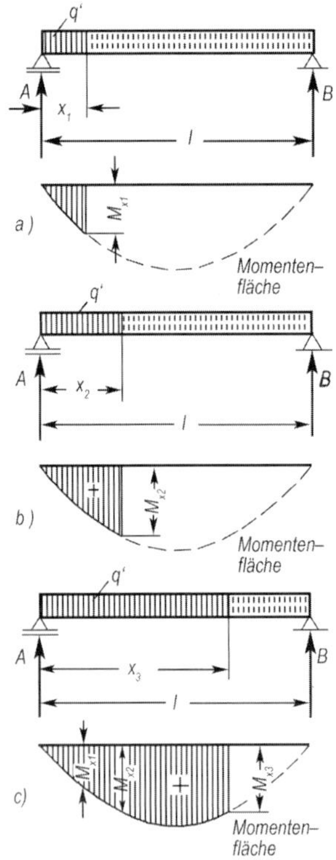

Bild **6**.33
Träger mit gleichmäßig verteilter Belastung
a) … c) schrittweise Entwicklung der Momentenfläche

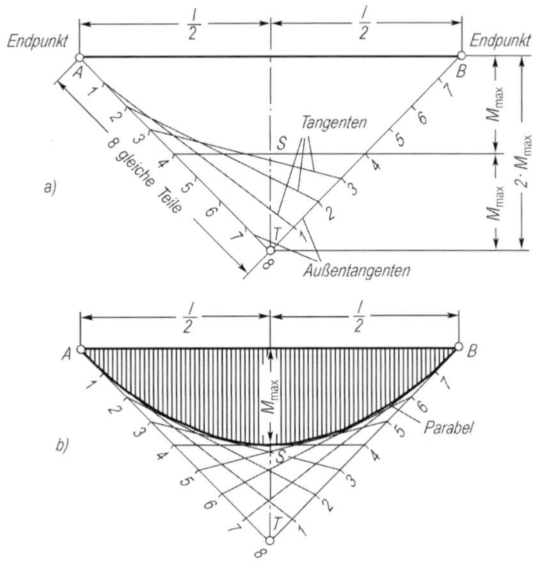

Bild **6**.34
Parabelkonstruktion mit Hilfe von Tangenten
a) Einteilung und Bezifferung der Außentangenten
b) Eingezeichnete Parabel

Tafel **6**.2 **Zusammenstellung der Schnittgrößen für Träger mit gleichmäßig verteilter Belastung**

Belastung	Auflagerkräfte	Biegemomente
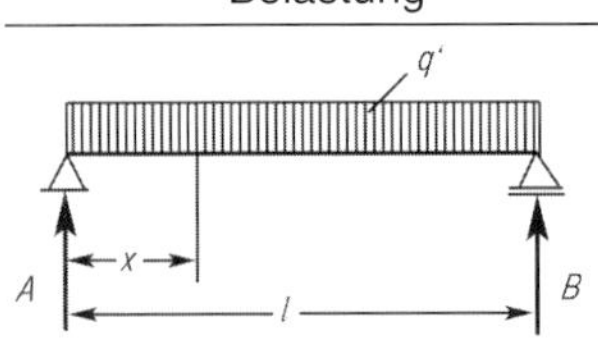	$A = \frac{q' \cdot l}{2}$ $B = \frac{q' \cdot l}{2}$	$M_x = \frac{q' \cdot x}{2} \cdot (l - x)$ $M_{max} = \frac{q' \cdot l^2}{8}$ bei $x = \frac{l}{2}$

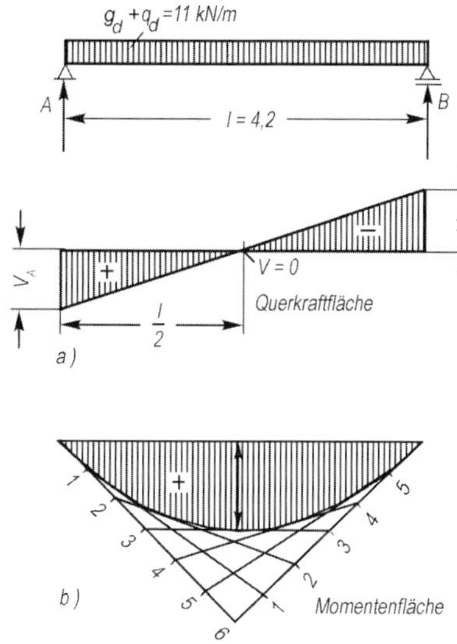

Bild **6**.35 Träger mit gleichmäßig verteilter Belastung

Beispiel zur Erläuterung

Ein Träger auf 2 Stützen erhält eine Belastung aus Eigenlast von $g_d = 1{,}5$ kN/m und aus Verkehrslast von $q_d = 9{,}5$ kN/m. Seine Stützweite beträgt 4,2 m (Bild **6**.35).

a) Wie groß sind die Stützkräfte A und B ?
b) Wie groß ist das maximale Biegemoment ?
c) Querkraft und Momentenfläche sind darzustellen.

$$g_d + q_d = 1{,}5 + 9{,}5 = 11{,}0 \text{ kN/m}$$

$$A_d = \frac{-(g_d + q_d) \cdot l}{2} = \frac{11 \cdot 4{,}20}{2} = 23{,}1 \text{ kN}$$

$$B_d = A_d = 23{,}1 \text{ kN}$$

$$M_{max,d} = \frac{-(g_d + q_d) \cdot l^2}{8} = \frac{11 \cdot 4{,}20^2}{8} = 24{,}3 \text{ kNm}$$

$$V_{A,d} = A_d = 23{,}1 \text{ kN}$$

$$V_{B,d} = -B_d = -23{,}1 \text{ kN}$$

Beispiele zur Übung

Träger auf 2 Stützen mit gleichmäßig verteilter Belastung sind nach den folgenden Angaben entsprechend dem Erläuterungsbeispiel und Bild **6**.35 zu berechnen und zu zeichnen.

1.	$g_d = 1{,}2$ kN/m	$q_d = 8{,}3$ kN/m	$l = 5{,}10$ m
2.	$g_d = 0{,}5$ kN/m	$q_d = 6{,}2$ kN/m	$l = 3{,}10$ m
3.	$g_d = 0{,}3$ kN/m	$q_d = 1{,}7$ kN/m	$l = 2{,}10$ m
4.	$g_d = 1{,}9$ kN/m	$q_d = 11{,}1$ kN/m	$l = 5{,}30$ m
5.	$g_d = 2{,}2$ kN/m	$q_d = 12{,}8$ kN/m	$l = 6{,}20$ m

6.8 Einfeldträger mit Streckenlasten

Lasten, die nicht über die ganze Trägerlänge gleichmäßig verteilt sind sondern nur über eine begrenzte Strecke, werden als Streckenlasten bezeichnet (Bild **6**.36).

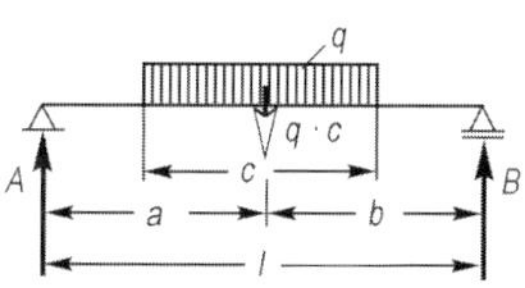

Bild **6**.36 Träger mit gleichmäßig verteilter Streckenlast

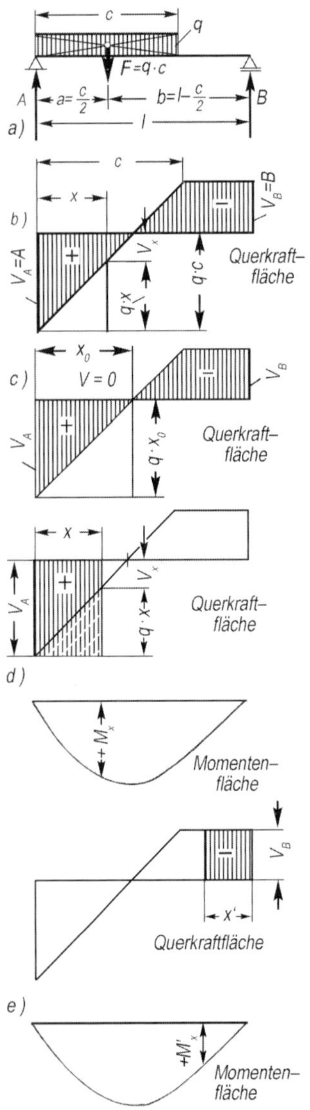

Bild **6**.37 Träger mit Streckenlast am Auflager
a) Zusammenfassung der Streckenlast zur resultierenden Kraft $F = q \cdot c$
b) Querkraftfläche
c) der Querkraftnullpunkt kennzeichnet den gefährdeten Querschnitt
d) der Inhalt der Querkraftfläche bis zu einer beliebigen Stelle ist gleich dem Biegemoment an dieser Stelle
e) bei der Berechnung des Biegemomentes aus der Querkraftfläche von rechts her ist das Vorzeichen umzukehren

6.8.1 Einfeldträger mit Streckenlasten am Auflager

Stützkräfte

Zur Bestimmung der Stützkräfte wird zunächst die als Streckenlast wirkende Belastung des Trägers zu einer resultierenden Kraft $F = q \cdot c$ zusammengefasst (Bild **6**.37a … e). Mit dieser Kraft und den zugehörigen Wirkabständen können nun die Stützkräfte wie bei einer Einzellast ermittelt werden (Abschnitt 6.6.1).

Setzt man in $A = \frac{F \cdot b}{l}$ für F den Wert $q \cdot c$ ein und für die Strecke b das Maß $l - c/2$, erhält man

$$A = \frac{q \cdot c \cdot (l - \frac{c}{2})}{l} \qquad \boldsymbol{A = \frac{q \cdot c}{2 \cdot l} \cdot (2 \cdot l - c)} \qquad \text{Gl. (6.26)}$$

Für das Auflager B erhält man entsprechend aus

$$B = \frac{F \cdot a}{l} \quad \text{mit } a = c/2$$

$$B = \frac{q \cdot c \cdot \frac{c}{2}}{l} \qquad \boldsymbol{B = \frac{q \cdot c^2}{2}} \qquad \text{Gl. (6.27)}$$

Querkräfte

Am Auflager A wirkt die positive Querkraft $V_A = A$. Da die Streckenlast der positiven Querkraft V_A entgegenwirkt, muss man zur Berechnung der Querkraft V_x an einer beliebigen Stelle x die Last bis zu dieser Stelle abziehen (Bild **6**.37b).

Für den Bereich $x \leq c$ ist die Querkraft zu berechnen mit

$$V_x = V_A - q \cdot x \qquad \text{Gl. (6.28)}$$

Wird x größer als c, ist die Gesamtlast $q \cdot c$ abzuziehen.

Für den Bereich $x > c$ wird die Querkraft berechnet mit

$$V_x = V_A - q \cdot c \qquad \text{Gl. (6.29)}$$

Daraus ergibt sich, dass im Bereich der Streckenlast mit veränderlichem Wert x die Querkraft veränderlich ist. Im Bereich außerhalb der Streckenlast ist die Querkraft gleich bleibend groß. An einer bestimmten Stelle ist die Querkraft $V_x = 0$. Das Maß vom Auflager A bis zu dieser Stelle kann aus folgender Überlegung berechnet werden: Wenn man von der positiven Querkraft eine gleichgroße Querkraft abzieht, erhält man Null.

$V_A - q \cdot x_0 = 0$. Es ist also $q \cdot x_0 = V_A$.

Damit erhält man für die Stelle bei $V_x = 0$

$$\boldsymbol{x_0 = \frac{V_A}{q}} \qquad \text{Gl. (6.30)}$$

Damit ist auch die Stelle des gefährdeten Querschnittes gegeben (Bild **6.**37c), denn wo die Querkraft gleich Null ist, hat das Biegemoment einen Größtwert.

Biegemomente

Das Biegemoment an einer beliebigen Stelle ist aus dem Inhalt der Querkraftfläche vom Auflager bis zu dieser Stelle zu berechnen. Das maximale Moment tritt an der Stelle x_0 auf, wo die Querkraft ihren Nulldurchgang hat (Vorzeichenwechsel der Querkraft).

$$M_{max} = \frac{V_A \cdot x_0}{2}$$

Mit $x_0 = V_A / q$ erhält man auch

$$M_{max} = \frac{V_A \cdot V_A / q}{2} \qquad \boldsymbol{M_{max} = \frac{V_A^2}{2 \cdot q}} \qquad \text{Gl. (6.31)}$$

Das Moment an einer beliebigen Stelle x im Bereich der Streckenlast erhält man aus dem Inhalt der trapezförmigen Querkraftfläche (Bild **6.**37) (Rechteck abzüglich Dreieck).

$$M_x = V_A \cdot x - q \cdot x \cdot \frac{x}{2} = V_A \cdot x - \frac{q \cdot x^2}{2} \qquad \text{Gl. (6.32)}$$

Ein Moment außerhalb der Streckenlast errechnet sich aus dem Inhalt der rechteckigen Querkraftfläche vom anderen Auflager her (Bild **6.**37e).

$$M_x = V_B \cdot (l - x) = V_B \cdot x'$$

Bei der Momentenberechnung aus der Querkraftfläche vom rechten Auflager her sind sowohl die Querkraft als auch die Abstände x' mit ihrem negativen Vorzeichen einzusetzen. Das Moment M_1 an der Stelle 1 am Ende der Streckenlast errechnet sich wie folgt

$$M_1 = V_B \cdot x' \qquad \text{mit} \qquad x' = -(l - c) \qquad \text{Gl. (6.33)}$$

Es kann auch von A aus berechnet werden

$$M_1 = V_A \cdot c - \frac{q \cdot c^2}{2} \qquad \text{Gl. (6.34)}$$

Die Momentenfläche ergibt sich aus der Kombination einer Dreieck- und einer Parabelfläche.

Bild **6.**38 zeigt die Konstruktion.

Hierfür wird außer max M das noch das Moment M_1 benötigt.

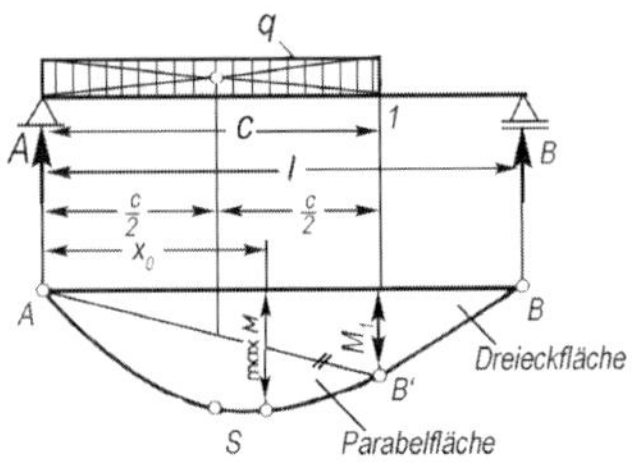

Bild **6.**38 Parabelkonstruktion mit geneigter Parabelsehne *AB* ' bei Streckenlast

Beispiel zur Erläuterung

Für einen Träger mit Streckenlast am Auflager *B* werden die Stützkräfte, die Querkräfte, die Nullstelle und die Biegemomente berechnet (Bild **6.**39). Querkraft- und Momentenfläche werden dargestellt.

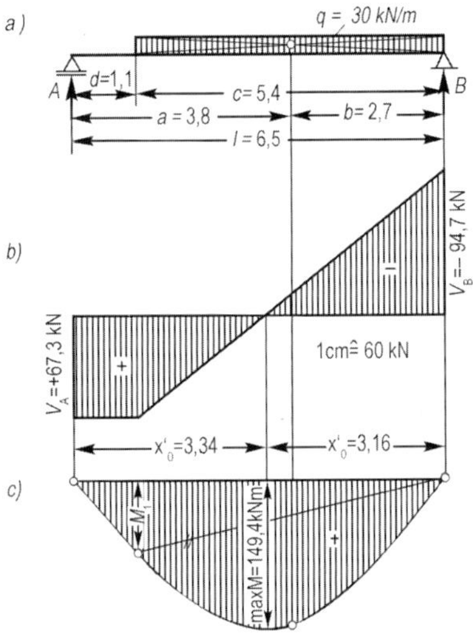

Bild **6.**39 Träger mit Streckenlast auf Auflager *B*
a) statisches System
b) Querkraftfläche
c) Momentenfläche

Stützkräfte

Auflager *A*

$$\sum M_{(B)} = 0 \qquad A \cdot l - q \cdot c \cdot b = 0$$

$$A = \frac{q \cdot c \cdot b}{l} = \frac{30 \cdot 5{,}40 \cdot 2{,}70}{6{,}50}$$

$$A = 67{,}3 \text{ kN}$$

Auflager *B*

$$\sum M_{(A)} = 0 \qquad B \cdot l - q \cdot c \cdot a = 0$$

$$B = \frac{q \cdot c \cdot a}{l} = \frac{30 \cdot 5{,}40 \cdot 3{,}80}{6{,}50}$$

$$B = 94{,}7 \text{ kN}$$

$$\sum V_i = 0$$

$$A + B \cdot q \cdot c = 0$$

$$67{,}3 + 94{,}7 - 30 \cdot 5{,}40 = 0$$

$$162 - 162 = 0$$

Querkräfte

$$V_A = + A = + 67{,}3 \text{ kN}$$

$$V_1 = V_A = + 67{,}3 \text{ kN}$$

$$V_B = - B = - 94{,}7 \text{ kN}$$

Nullstelle

$$x_0 = \frac{V_1}{q} + d = \frac{67{,}3}{30} + 1{,}10 = 2{,}24 + 1{,}10 = 3{,}34 \text{m}$$

$$x_0' = \frac{V_B}{q} = \frac{-94{,}7}{30} - 3{,}157 \text{ m} = - 3{,}16 \text{ m (von } B \text{ nach links gemessen)}$$

Biegemomente

$$M_1 = A \cdot d = 67{,}3 \cdot 1{,}10 = 74{,}0 \text{ kNm}$$

$$M_{max} = V_A \cdot d + \frac{V_1 \cdot (x_0 - d)}{2}$$

$$= 67{,}3 \cdot 1{,}10 + \frac{67{,}3 \cdot (3{,}34 - 1{,}10)}{2} = 74{,}0 + 75{,}4$$

$$M_{max} = 149{,}4 \text{ kNm}$$

oder $$M_{max} = \frac{V_B \cdot x'}{2} = \frac{-94{,}7 \cdot (-3{,}157)}{2}$$

$$M_{max} = 149{,}4 \text{ kNm}$$

oder $$M_{max} = \frac{B^2}{2q} = \frac{94{,}7^2}{2 \cdot 30}$$

$$M_{max} = 149{,}4 \text{ kNm}$$

6.8.2 Einfeldträger mit beliebigen Streckenlasten

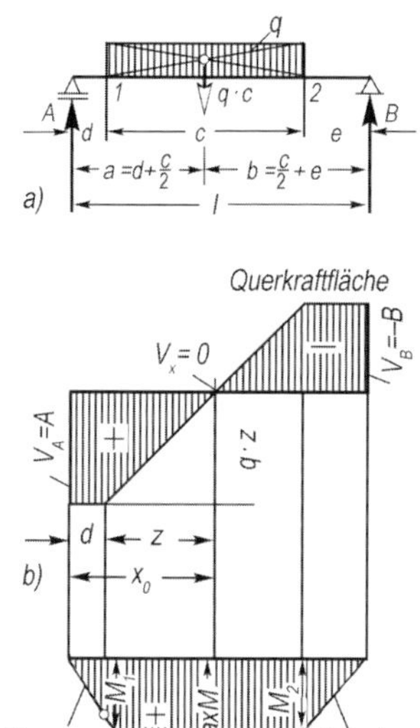

Bild **6.**40
Träger mit beliebig angeordneter Streckenlast
a) Zusammenfassung der Streckenlast zur resultierenden Kraft
b) Querkraftfläche bei einer Streckenlast
c) Momentenfläche bei einer Streckenlast

Stützkräfte

Die Stützkräfte sind am sinnvollsten durch Zusammenfassen der Streckenlast zu einer Gesamtlast $F = q \cdot c$ zu berechnen (Bild **6.**40).

Aus $A = \frac{F \cdot b}{l}$ wird durch Einsetzen für $F = q \cdot c$

$$\boldsymbol{A = \frac{q \cdot b \cdot c}{l}} \qquad \text{Gl. (6.35)}$$

und mit $B = \frac{F \cdot a}{l}$ erhält man

$$\boldsymbol{B = \frac{q \cdot a \cdot c}{l}} \qquad \text{Gl. (6.36)}$$

Querkräfte

Die Querkraft am Auflager A entspricht der Stützkraft; $V_A = A$. Außerhalb der Streckenlast bleiben die Querkräfte unverändert. Die Querkraftlinie verläuft parallel zur Bezugsachse. Im Bereich der Streckenlast ist die Querkraft veränderlich; die Querkraftlinie ist eine nach rechts steigende Gerade (Bild **6.**40b). Die Stelle mit der Querkraft $V_x = 0$ ergibt das Maß x_0:

$V_A \cdot q \cdot z = 0 \quad q \cdot z = V_A \quad z = V_A / q \quad x_0 = z + d$

oder $$x_0 = \frac{V_A}{q} + d \qquad \text{Gl. (6.37)}$$

Biegemomente

Die Biegemomente an beliebigen Stellen können am einfachsten wiederum aus dem Inhalt der Querkraftflächen bis zu diesen Stellen berechnet werden.

Das maximale Biegemoment an der Stelle $V_x = 0$ wird hierbei (Rechteckfläche abzüglich Dreieckfläche)

$$M_{\max} = V_A \cdot x_0 - \frac{q \cdot z \cdot z}{2} = V_A \cdot x_0 - \frac{q \cdot z^2}{2} \qquad \text{Gl. (6.38)}$$

Außerhalb der Streckenlast ist die Momentenlinie jeweils eine Gerade.

Im Bereich der Streckenlast ist die Momentenlinie eine Parabel (Bild **6**.40c). Die Geraden sind gleichzeitig die Tangenten der Parabel.

Beispiel zur Erläuterung

Auf einem Träger ist eine Verkehrslast $q_k = 10$ kN/m auf einer Strecke von $c = 2{,}40$ m wirksam.

Auflagerkräfte, Querkräfte und Biegemomente werden berechnet (Bild **6**.41).

Auflagerkräfte

$$A_k = \frac{q_k \cdot b \cdot c}{l} = \frac{10 \cdot 1{,}60 \cdot 2{,}40}{5{,}00}$$

$$A_k = 7{,}68 \text{ kN}$$

$$B_k = \frac{q_k \cdot a \cdot c}{l} = \frac{10 \cdot 3{,}40 \cdot 2{,}40}{5{,}00}$$

$$B_k = 16{,}32 \text{ kN}$$

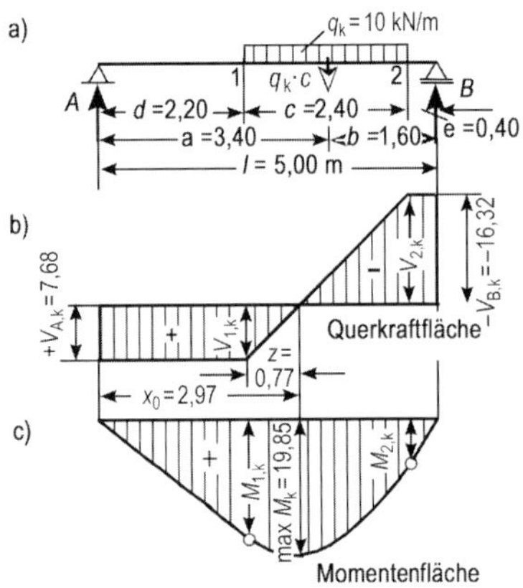

Bild **6**.41 Träger mit Streckenlast
a) statisches System
b) Querkraftfläche
c) Momentenfläche

Querkräfte

$$V_{A,k} = + A_k = + 7{,}68 \text{ kN}$$

$$V_{B,k} = - B_k = - 16{,}32 \text{ kN}$$

Nullstelle

$$x_0 = \frac{V_{A,k}}{q_k} + d = \frac{7{,}68}{10} + 2{,}20 = 0{,}77 + 2{,}20$$

$$x_0 = 2{,}97 \text{ m}$$

Biegemomente (aus dem Inhalt der Querkraftfläche)

$$M_{1,k} = V_{A,k} \cdot d = + 7{,}68 \cdot 2{,}20$$

$$M_{1,k} = + 16{,}90 \text{ kNm}$$

$$M_{\max,k} = M_1 + \frac{V_{A,k} \cdot z}{2} = + 16{,}90 + \frac{7{,}68 \cdot 0{,}77}{2}$$

$$M_{\max,k} = + 19{,}85 \text{ kNm}$$

$$M_{2,k} = V_{B,k} \cdot x' \text{ mit } x' = - e = - 0{,}40 \text{m}$$

$$= (- 16{,}32) \cdot (- 0{,}40)$$

$$M_{2,k} = + 6{,}53 \text{ kNm}$$

6.8.3 Zusammenfassung für Träger mit gleichmäßig verteilten Streckenlasten

Da zwischen Belastungen, Querkräften und Biegemomenten enge Beziehungen bestehen und die Kenntnis darüber die Lösungen erleichtern, sollen die Zusammenhänge hier noch einmal herausgestellt werden.

1. Am Auflager ist die Querkraft gleich groß der Stützkraft (Bild **6**.42a). Die Biegemomente sind dort gleich Null (Bild **6**.42b).

2. In unbelasteten Trägerabschnitten bleibt die Querkraft gleich groß. Die Querkraftlinie verläuft parallel zur Trägerachse (Bild **6**.42c). Die Momentenlinie hat einen geradlinigen Verlauf (Bild **6**.42d).

3. Im Bereich einer Streckenlast ist die Querkraft stetig veränderlich. Die Querkraftlinie ist unter einer Streckenlast eine nach rechts steigende Gerade. Sie steigt um so stärker, je größer die Streckenlast ist (Bild **6**.42e). Die Momentenlinie beschreibt eine Parabel (Bild **6**.42f).

4. Bei einer sprungartigen Änderung der Streckenlast ist in der Querkraftlinie ein Knick.

In der Momentenlinie ist an dieser Stelle ein tangentialer Übergang.

5. Die Stelle des maximalen Momentes ist gekennzeichnet durch den Nullpunkt der Querkraftlinie (Bild **6**.42e).

6. Die Summe der positiven und negativen Querkraftflächen ist gleich Null.

Der Inhalt der positiven Querkraftfläche ist gleich dem Inhalt der negativen.

7. Das Biegemoment an einer beliebigen Stelle ist gleich dem Inhalt der Querkraftfläche vom Auflager bis zu dieser Steile (Bild **6**.42a ... d).

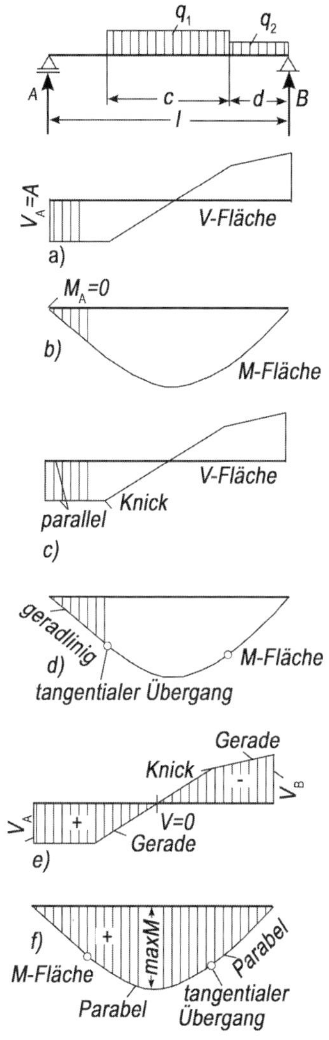

Bild **6**.42 Beziehungen zwischen Belastung, Querkraftfläche und Momentenfläche bei Streckenlasten

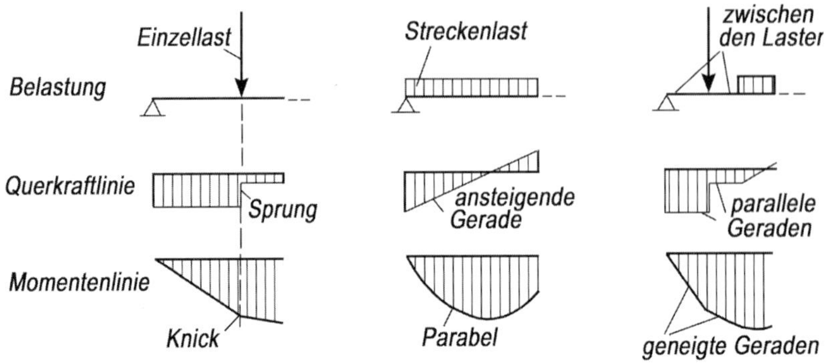

Bild **6.**43 Beziehung zwischen Belastung, Querkraftfläche und Momentenfläche bei verschiedenen Belastungsarten

Tafel **6.**3 enthält eine Zusammenstellung der Schnittgrößen für Träger mit gleichmäßigen Streckenlasten.

Tafel 6.3 **Zusammenstellung der Schnittgrößen für Träger mit gleichmäßigen Streckenlasten**

Belastung	Auflagerkräfte	Biegemomente
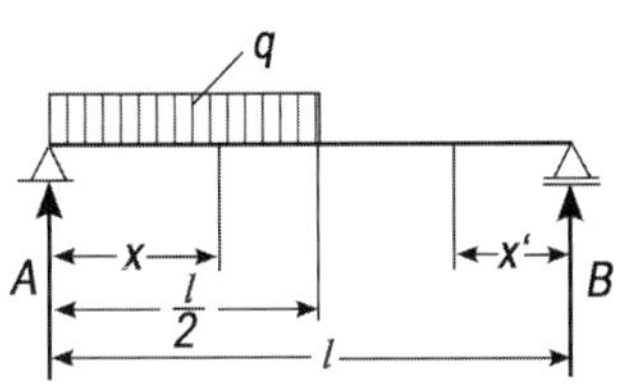	$A = \frac{3}{8} \cdot q \cdot l$ $B = \frac{1}{8} \cdot q \cdot l$	$M_x = A \cdot x - \frac{q \cdot x^2}{2}$ $M'_x = B \cdot x'$ $M_{max} = \frac{9}{128} \cdot q \cdot l^2$ bei $x = \frac{3}{8} l$
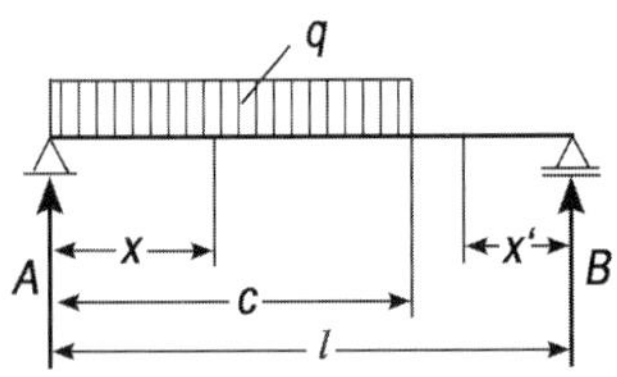	$A = \frac{q \cdot c}{2l} \cdot (2l - c)$ $B = \frac{q \cdot c^2}{2l}$	$M_x = A \cdot x - \frac{q \cdot x^2}{2}$ $M'_x = B \cdot x'$ $M_{max} = \frac{A^2}{2q}$ bei $x = \frac{A}{q}$
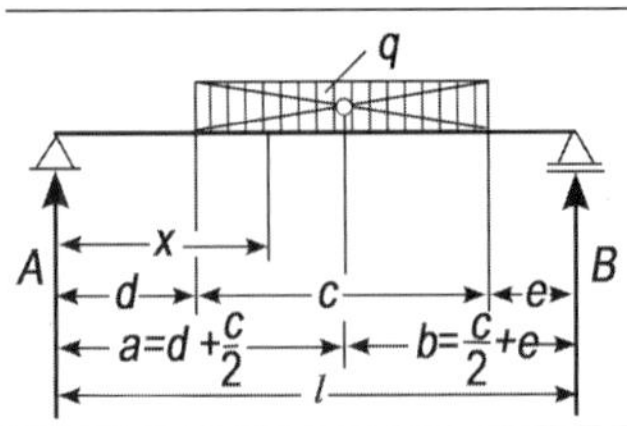	$A = \frac{q \cdot b \cdot c}{l}$ $B = \frac{q \cdot a \cdot c}{l}$	$M_x = A \cdot x - \frac{q \cdot (x - d^2)}{2}$ $M_{max} = \frac{A^2}{2q} + A \cdot d$ bei $x = \frac{A}{q} + d$

Beispiele zur Übung

Für die skizzierten Träger auf 2 Stützen mit Streckenlasten sind die Stützkräfte und das maximale Biegemoment zu berechnen. Die Querkraftfläche und Momentenfläche sind darzustellen.

1. $q = 8$ kN/m $l = 5{,}00$ m $a = 2{,}00$ m $b = 3{,}00$ m $c = 4{,}00$ m (Bild **6.**44a)

2. $q = 12$ kN/m $l = 4{,}50$ m $a = 1{,}25$ m $b = 3{,}25$ m $c = 2{,}50$ m (Bild **6.**44a)

3. $q = 11$ kN/m $l = 6{,}00$ m $a = 3{,}75$ m $b = 2{,}25$ m $c = 4{,}50$ m (Bild **6.**44b)

4. $q = 9$ kN/m $l = 5{,}00$ m $a = 4{,}00$ m $b = 1{,}00$ m $c = 2{,}00$ m (Bild **6.**44b)

5. $q = 6$ kN/m $l = 6{,}00$ m $a = 2{,}50$ m $b = 3{,}50$ m $c = 3{,}00$ m (Bild **6.**44c)

6. $q = 10$ kN/m $l = 6{,}00$ m $a = 3{,}50$ m $b = 2{,}50$ m $c = 4{,}00$ m (Bild **6.**44c)

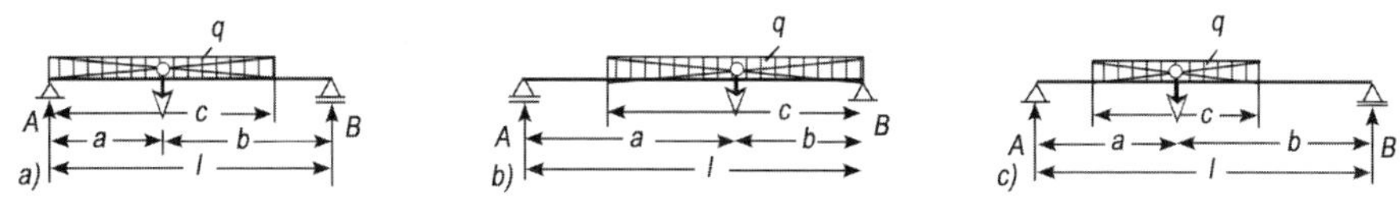

Bild **6.**44a ... c) Träger mit Streckenlasten

6.9 Einfeldträger mit gemischter Belastung

In der Praxis sind die Träger oft nicht nur durch Einzellasten oder Streckenlasten belastet. Häufig setzt sich die Gesamtbelastung aus mehreren Lastarten zusammen. Bei der Berechnung der Schnittgrößen verfährt man bei solch gemischten Belastungen genauso wie bisher. Die Gesamtbelastung wird getrennt in einzelne Lastfälle. Die Gesamtschnittgrößen erhält man aus der Addition der entsprechenden Schnittgrößen eines jeden einzelnen Lastfalles.

Die Biegemomente können auch hier wieder aus dem Inhalt der Querkraftfläche bestimmt werden. Dieses Verfahren ist jedoch wegen der oft unregelmäßigen Flächen umständlich. Meist ist es einfacher, auch zur Berechnung der Biegemomente das Schnittverfahren und die Gleichgewichtsbedingung $\sum M_i = 0$ anzuwenden.

Beispiel zur Erläuterung

Für einen Träger mit gemischter Belastung (Bild **6.**45) werden die Stützkräfte A und B sowie die Querkräfte, die Nullstelle und die Biegemomente berechnet. Die charakteristische Linienlast q_k und die charakteristische Einzellast $F_{Q,k}$ entstammen der gleichen veränderlichen Einwirkung, so dass die Schnittgrößen in einem Rechengang ermittelt werden können.

Stützkräfte

Auflager A

$$\sum M_{(B)} = 0 \quad A_k \cdot l - F_{Q,k} \cdot b - q_k \cdot c \cdot c/2 = 0$$

$$A_k = \frac{F_{Q,k} \cdot b + q_k \cdot c^2/2}{l} = \frac{7 \cdot 3{,}00 + 5 \cdot 4{,}00^2/2}{5{,}00} = \frac{21 + 40}{5{,}00} = \frac{61}{5{,}00}$$

$$A_k = 12{,}2 \text{ kN}$$

Auflager B

$$\sum M_{(A)} = 0 \quad B_k \cdot l - F_{Q,k} \cdot a - q_k \cdot c \cdot (c/2 + d) = 0$$

$$B_k = \frac{F_{Q,k} \cdot a + q_k \cdot c \cdot (c/2 + d)}{l}$$

oder aus

$$\sum V_i = 0 \qquad A_k + B_k - F_{Q,k} - q_k \cdot c = 0$$

$$B_k = F_{Q,k} + q_k \cdot c - A_k = 7 + 5 \cdot 4{,}00 - 12{,}2$$

$$= 7 + 20 - 12{,}2 = 14{,}8 \text{ kN}$$

$$B_k = 14{,}8 \text{ kN}$$

Querkräfte

Die Querkraftfläche kann man auch hier wieder zeichnerisch durch Antragen der einzelnen Querkräfte an den Lastpunkten ermitteln. Es ist aber einfacher, die Querkräfte (vom Auflager A beginnend) von Schnitt zu Schnitt durch vorzeichengerechtes Hinzuzählen zu errechnen. Damit die Querkraftfläche dargestellt werden kann, wird man die Querkraft an den Stellen berechnen, wo die Querkraftlinie einen Knick oder einen Sprung bekommt. Das ist bei Begrenzungspunkten von Streckenlasten und bei Angriffspunkten von Einzellasten der Fall. Lastpunkte werden von 1 bis n beziffert. Bei den Lastpunkten der Einzellasten sind jeweils zwei Querkräfte zu berechnen: unmittelbar links und rechts des Lastangriffspunktes. Links wirkt die Einzellast noch nicht, rechts ist ihre Wirkung voll vorhanden (Bild **6**.45).

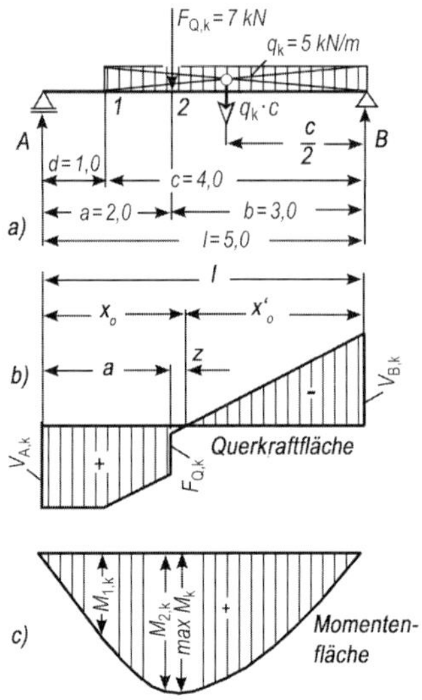

Bild **6**.45
Träger mit gemischter Belastung
a) Belastung durch Strecken- und Einzellast
b) Querkraftfläche
c) Momentenfläche

$$V_{A,k} = +A_k = +12{,}2 \text{ kN} \qquad V_{1,k} = V_{A,k} = +12{,}2 \text{ kN}$$

$$V_{2l,k} = V_{A,k} - q_k \cdot (a - d) = +12{,}2 - 5 \cdot (2{,}00 - 1{,}00) = +12{,}2 - 5 = +7{,}2 \text{ kN}$$

$$V_{2r,k} = V_{2l,k} - F_{Q,k} = +7{,}2 - 7 = +0{,}2 \text{ kN}$$

$$V_{B,k} = V_{2r,k} - q_k \cdot b = +0{,}2 - 5 \cdot 3{,}00 = +0{,}2 - 15 = -14{,}8 \text{ kN}$$

$$V_{B,k} = -B_k = -14{,}8 \text{ kN}$$

Nullstelle

Die Stelle, bei der für die Gesamtbelastung die Querkraft gleich Null wird, ist der gefährdete Querschnitt des Trägers. Dort hat das Biegemoment einen Größtwert, max M. Nicht richtig ist es, die maximalen Biegemomente aus den einzelnen Lastfällen getrennt zu ermitteln und diese Werte dann zusammenzuzählen. Die maximalen Biegemomente aus den einzelnen Lastfällen wirken ja nicht an der gleichen Stelle. Es ist also der Abstand der Nullstelle x_0 für die Gesamtbelastung zu berechnen (Bild **6**.45b).

Aus der Darstellung der Querkraftfläche ist zu ersehen, dass die Nullstelle zwischen dem Punkt 2 und dem Auflager B liegt. Hierfür wird die Querkraft ermittelt und gleich Null gesetzt

$$V_{x0,k} = V_{2r,k} - q_k \cdot (x_0 - a)$$

$$V_{x0,k} = 0 \qquad \text{also ist} \quad V_{2r,k} - q_k \cdot (x_0 - a) = 0 \qquad q_k \cdot (x_0 - a) = V_{2r,k}$$

$$x_0 = \frac{V_{2r,k}}{q_k} + a \qquad \text{mit} \quad \frac{V_{2r,k}}{q_k} = z \quad \text{wird dann} \quad x_0 = z + a \qquad \text{Gl. (6.39)}$$

$$z = \frac{V_{2r,k}}{q_k} = \frac{0,2}{5} = 0,04 \text{ m}$$

$$x_0 = z + a = 0,04 + 2,00 = 2,04 \text{ m}$$

Wirkt in einem Trägerbereich nur eine Streckenlast allein, so kann man die in diesem Bereich liegende Nullstelle angeben durch

$$z = \frac{V_k}{q_k} \qquad \text{Gl. (6.40)}$$

Vom Auflager B ausgehend, erhält man die Nullstelle ebenfalls durch Angabe von x_0'

$$V_{x0,k} = V_{B,k} - q_k \cdot x_0'$$

$$V_{x0,k} = 0 \qquad \text{also ist} \quad V_{B,k} - q_k \cdot x_0' = 0 \qquad q_k \cdot x_0' = V_{B,k}$$

$$x_0' = \frac{V_{B,k}}{q_k} = \frac{-14,8}{5} = -2,96 \text{ m}$$

(Das Minuszeichen bedeutet: das Maß wird vom Auflager B nach links gemessen.)

x_0' ist auch aus der Trägerlänge l, abzüglich x_0 zu berechnen.

$$x_0' = -(l - x_0) = -(5,00 - 2,04) = -2,96 \text{ m}$$

Biegemomente

Zur Darstellung der Momentenfläche werden außer dem maximalen Moment auch die Biegemomente an allen Lastpunkten berechnet (Bild **6**.45c).

Die Summe der Momente aus den äußeren Kräften links oder rechts eines Schnittes ist gleich dem inneren Moment

$$M_{1,k} = A_k \cdot d = 12,2 \cdot 1,0 = 12,2 \text{ kNm}$$

$$M_{2,k} = A_k \cdot a - q_k \cdot (a - d) \cdot \frac{a - d}{2}$$

$$= 12,2 \cdot 2,00 - 5 \cdot (2,00 - 1,00) \cdot \frac{(2,00 - 1,00)}{2} = 24,4 - 2,5 = 21,9 \text{ kNm}$$

$$M_{max,k} = A_k \cdot x_0 - q_k \cdot (x_0 - d) \cdot \frac{x_0 - d}{2} - F_{Q,k} \cdot (x_0 - a)$$

$$= 12,2 \cdot 2,04 - 5 \cdot (2,04 - 1,00) \cdot \frac{2,04 - 1,00}{2} - 7 \cdot (2,04 - 2,00)$$

$$= 24,9 - 2,7 - 0,3 = 21,9 \text{ kNm}$$

Die Berechnung von $M_{max,k}$ ist leichter von rechts her aus dem Inhalt der Querkraftfläche. (Querkraft $V_{B,k}$ und Strecke x_0' negativ einsetzen).

$$M_{max,k} = \frac{V_{B,k} \cdot x_0'}{2} = \frac{(-14,8) \cdot (-2,96)}{2} = +21,9 \text{ kNm}$$

Beispiele zur Übung

Für die nachstehend abgebildeten Träger auf 2 Stützen mit gemischter Belastung sind zu berechnen: die Stützkräfte A_k und B_k, die Querkräfte $V_{A,k}$, $V_{1,k}$, $V_{2,k}$ und $V_{B,k}$, die Biegemomente M_1, M_2 und max M_k. Die Querkraftfläche und Momentenfläche sind darzustellen.

1. Träger mit gleichmäßig verteilter Last $q_{1,k}$ und Streckenlast $q_{2,k}$ am Auflager A (Bild **6.**46a)
2. Träger mit gleichmäßig verteilter Last $q_{1,k}$ und beliebiger Streckenlast $q_{2,k}$ (Bild **6.**46b)
3. Träger mit gleichmäßig verteilter Last q_k und Einzellast $F_{Q,k}$ (Bild **6.**48)
4. Träger mit gleichmäßig verteilter Last q_k und zwei symmetrischen Einzellasten $F_{Q,k}$ (Bild **6.**47a)
5. Träger mit gleichmäßig verteilter Last q_k und Einzellasten $F_{Q1,k}$ und $F_{Q2,k}$ (Bild **6.**47b)
6. Träger mit gleichmäßig verteilter Last $q_{1,k}$, Streckenlast $q_{2,k}$ und Einzellast (Bild **6.**49)

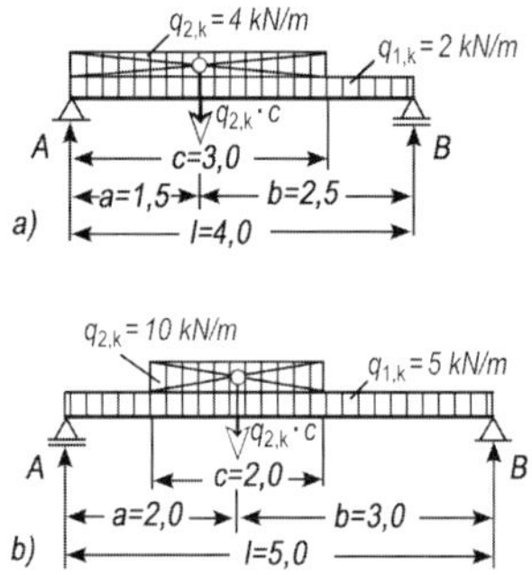

Bild **6.**46 Träger mit gleichmäßig verteilter Last und Streckenlast

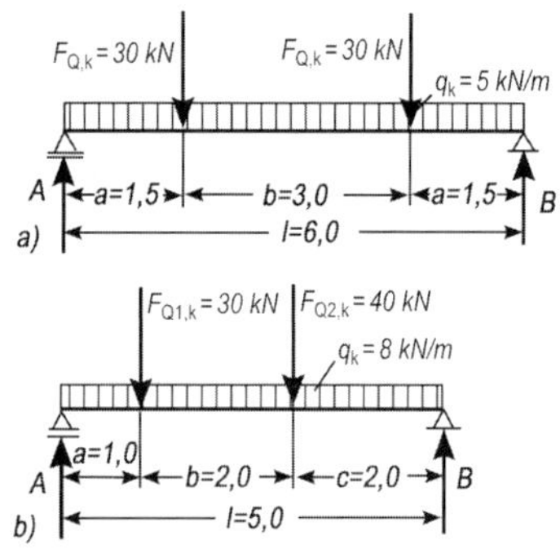

Bild **6.**47 Träger mit gleichmäßig verteilter Last und 2 Einzellasten

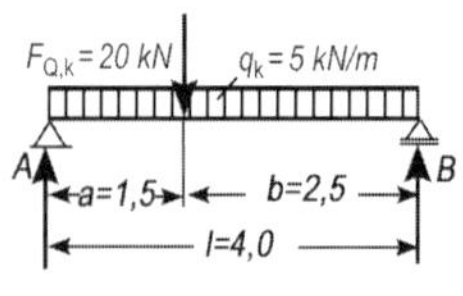

Bild **6.**48 Träger mit gleichmäßig verteilter Last und Einzellast

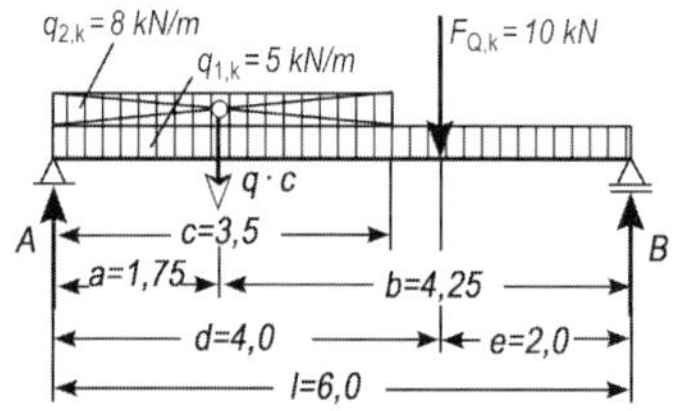

Bild **6.**49 Träger mit gleichmäßig verteilter Last, Streckenlast und Einzellast

6.10 Geneigte Träger

Bei den bisher untersuchten Trägern lagen die beiden Auflager in gleicher Höhe. Die Stabachse lag waagerecht. Das ist aber nicht immer der Fall. Treppen oder Dächer bestehen aus Trägern, die ihre Auflager in verschiedenen Höhen haben. Es sind schräg liegende Träger bzw. geneigte Träger (Bild **6.**50).

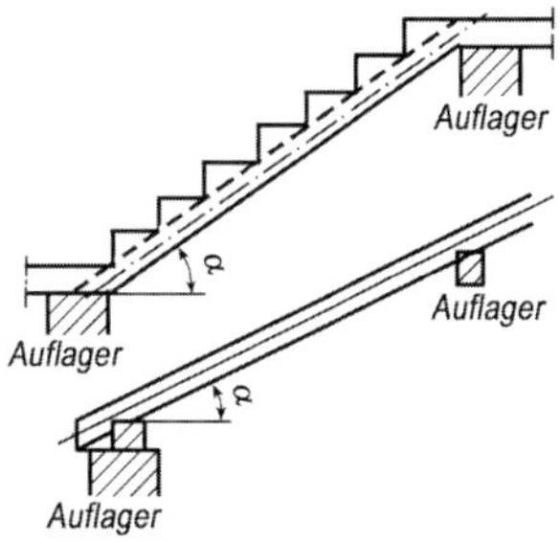

Bild **6**.50
Treppenlauf oder Sparren als geneigte Träger

Lagerung geneigter Träger

Die Stabachse solcher Träger ist unter einem Winkel α zur Waagerechten geneigt. Zur einwandfreien Lagerung der Träger sind auch hier ein festes und ein bewegliches Auflager erforderlich. Das feste Auflager verhindert das Abrutschen des Trägers. Die Neigung der Lagerfläche des beweglichen Auflagers ist für die Ermittlung der Stützkräfte von besonderer Bedeutung. Da bewegliche Auflager nur Kräfte rechtwinklig zur Lagerfläche aufnehmen können, ist die Richtung der Stützkraft im beweglichen Auflager bekannt. Mit den drei Gleichgewichtsbedingungen können die Stützkräfte und die Schnittgrößen ermittelt werden.

Trotz gleicher Belastung, gleicher Trägerlänge und gleicher Neigung können je nach Art der Lagerung unterschiedliche Stützkräfte und Normalkräfte entstehen. Unabhängig davon ist aber die Beanspruchung der Träger gleich. Querkräfte und Biegemomente entstehen in gleicher Größe.

Beispiel zur Erläuterung

Eine Leiter ist im statischen Sinne ein schräger, geneigter Träger. Die Beispiele sollen zeigen, wie sich bei unterschiedlicher Unterstützung zwar die Stützkräfte in Größe und Richtung ändern, jedoch Querkräfte und Biegemomente gleichgroß bleiben.

Die Stützkraft B_k, die Querkraft $V_{B,k}$ und das maximale Biegemoment werden im Folgenden für 3 verschiedene Lagerungen einer Leiter berechnet. Es werden dabei nachstehende Werte zu Grunde gelegt:

Neigungswinkel $\alpha = 60°$

$$\tan \alpha = 1{,}732$$
$$\sin \alpha = 0{,}866$$
$$\cos \alpha = 0{,}500$$

vertikale Belastung $F_{v,k}$ = 1 kN = 1000 N in Leitermitte

Leiterlänge (schräge Auflagerentfernung)	$l_s = 3{,}00$ m
vertikale Auflagerentfernung	$h = 2{,}60$ m
horizontale Auflagerentfernung	$l = 1{,}50$ m
horizontale Entfernung der Last von den Auflagern	$a = b = 0{,}75$ m

Lagerung 1

Die Leiter wird oben eingehängt (Bild **6**.51). Das obere Lager ist ein festes Lager, als Gelenk auffassbar. Das untere Lager ist ein bewegliches Lager, die Leiter kann dort gleiten. Beide Stützkräfte wirken der Belastung entgegen. Die Berechnung kann für den waagerechten Ersatzträger mit der Länge l durchgeführt werden.

Stützkraft A_k:

$$\sum M_{(B)} = 0 \qquad A_{v,k} \cdot l - F_{v,k} \cdot b = 0 \qquad A_{v,k} = A_k = \frac{F_{v,k} \cdot b}{l} \qquad A_{h,k} = 0$$

$$A_k = \frac{F_{v,k} \cdot b}{l} = \frac{1000 \cdot 0,75}{1,50} = 500 \text{ N (vertikal wirkend)}$$

Stützkraft B_k:

$$\sum M_{(A)} = 0 \qquad B_{v,k} \cdot l - F_{v,k} \cdot a = 0 \qquad B_{v,k} = A_k = \frac{F_{v,k} \cdot a}{l} \qquad B_{h,k} = 0$$

$$B_k = \frac{F_{v,k} \cdot a}{l} = \frac{1000 \cdot 0,75}{1,50} = 500 \text{ N (vertikal wirkend)}$$

Querkraft $V_{A,k}$:

$$V_{A,k} = + A_{v,k} \cdot \cos\alpha = + 500 \cdot 0,500 = + 250 \text{ N}$$

Querkraft $V_{B,k}$:

$$V_{B,k} = - B_k \cdot \cos\alpha = - 500 \cdot 0,500 = - 250 \text{ N}$$

Normalkraft $N_{A,k}$:

$$N_{A,k} = - A_{v,k} \cdot \sin\alpha = - 500 \cdot 0,866 = - 433 \text{ N}$$

Normalkraft $N_{B,k}$:

$$N_{B,k} = + B_{v,k} \cdot \sin\alpha = + 500 \cdot 0,866 = + 433 \text{ N}$$

Biegemoment unter der Last:

$$M_{max,k} = V_{B,k} \cdot x_0' = V_{B,k} \cdot (- l_s / 2) = (- 250) \cdot (- 3,00/2) = + 375 \text{ Nm}$$

Lagerung 2

Die Leiter lehnt oben an einer Wand (Bild **6**.52). Das obere Lager kann keine vertikalen Kräfte aufnehmen. Es ist ein bewegliches Lager. Die Stützkraft kann nur rechtwinklig zur Lagerfläche wirken, hier also horizontal. Das untere Lager muss als festes Auflager ausgeführt werden. Die Leiter rutscht sonst ab.

Stützkraft B:

$$\sum M_{(A)} = 0 \qquad B_{h,k} \cdot h - F_{v,k} \cdot a = 0 \qquad B_{h,k} = B_k = \frac{F_{v,k} \cdot a}{h} \qquad B_v = 0$$

$$B_k = \frac{F_{v,k} \cdot a}{h} = \frac{1000 \cdot 0,75}{2,60} = 288 \text{ N (horizontal wirkend)}$$

Stützkraft A:

$$\sum V = 0 \qquad F_{v,k} - A_{v,k} = 0$$

$$A_{v,k} = F_{v,k} = 1000 \text{ N}$$

$$\sum H = 0 \qquad B_h - A_h = 0$$

$$A_{h,k} = B_{h,k} = 288 \text{ N}$$

$$A_k = \sqrt{A_{v,k}^2 + A_{h,k}^2} = \sqrt{1000^2 + 288^2} = 1041 \text{ N (schräg wirkend)}$$

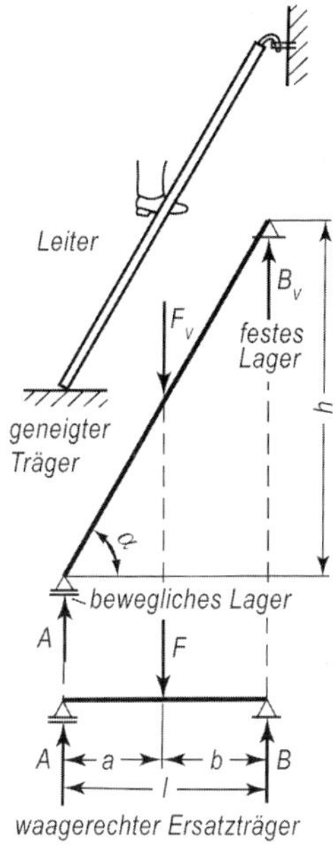

Bild **6.**51 Oben eingehängte Leiter als geneigter Träger

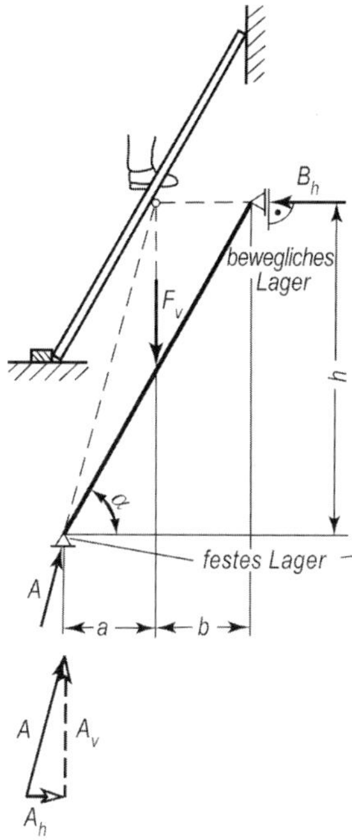

Bild **6.**52 Gegen eine Wand gelehnte Leiter als geneigter Träger

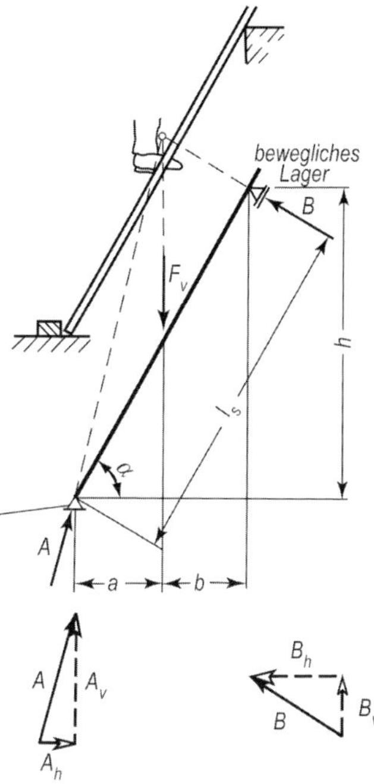

Bild **6.**53 Gegen eine Kante gelehnte Leiter als geneigter Träger

Querkraft V_A:

$$V_{A,k} = + A_{v,k} \cdot \cos \alpha - A_{h,k} \cdot \sin \alpha$$

$$= + 1000 \cdot 0{,}500 - 288 \cdot 0{,}866$$

$$V_{A,k} = + 500 - 250 = + 250 \text{ N}$$

Querkraft V_B:

$$V_{B,k} = - B_k \cdot \sin \alpha = - 288 \cdot 0{,}866 = - 250 \text{ N}$$

Normalkraft $N_{A,k}$:

$$N_{A,k} = - A_{v,k} \cdot \sin \alpha - A_{h,k} \cdot \cos \alpha$$

$$= - 1000 \cdot 0{,}866 - 288 \cdot 0{,}500$$

$$N_{A,k} = - 866 - 144 = - 1010 \text{ N}$$

Normalkraft $N_{B,k}$:

$$N_{B,k} = - B_{h,k} \cdot \cos \alpha = - 288 \cdot 0{,}500 = - 144 \text{ N}$$

Biegemoment unter der Last:

$$M_{max,k} = V_{B,k} \cdot x_0' = V_{B,k} \cdot (- l_s / 2) = (- 250) \cdot (- 3{,}00/2) = + 375 \text{ Nm}$$

Lagerung 3

Die Leiter lehnt oben an einer Kante (Bild **6**.53). Das obere Lager kann nur Kräfte rechtwinklig zur Achse der Leiter (Trägerachse) aufnehmen. Das untere Lager muss als festes Auflager das Abrutschen der Leiter verhindern.

Stützkraft B_k:

$$\sum M_{(A)} = 0 \qquad B_k \cdot l_s - F_{v,k} \cdot a = 0 \qquad B_k = \frac{F_{v,k} \cdot a}{l_s} \qquad B_{h,k} = B_k \cdot \sin\alpha \qquad B_{v,k} = B_k \cdot \cos\alpha$$

$$B_k = \frac{F_{v,k} \cdot a}{l_s} = \frac{1000 \cdot 0{,}75}{3{,}00} = 250 \text{ N (schräg wirkend)}$$

$$B_{v,k} = B_k \cdot \cos\alpha = 250 \cdot 0{,}500 = 125 \text{ N}$$

$$B_{h,k} = B_k \cdot \sin\alpha = 250 \cdot 0{,}866 = 217 \text{ N}$$

Stützkraft A_k:

$$\sum V = 0 \qquad A_{v,k} + B_{v,k} - F_{v,k} = 0$$

$$A_{v,k} = F_{v,k} - B_{v,k} = 1000 - 125 = 875 \text{ N}$$

$$\sum H = 0 \qquad A_{h,k} - B_{h,k} = 0$$

$$A_{h,k} = B_{h,k} = 217 \text{ N}$$

$$A_k = \sqrt{A_{v,k}^2 + A_{h,k}^2} = \sqrt{875^2 + 217^2} = 902 \text{ N (schräg wirkend)}$$

Querkraft $V_{A,k}$:

$$V_{A,k} = +A_{v,k} \cdot \cos\alpha - A_{h,k} \cdot \sin\alpha$$

$$= +875 \cdot 0{,}500 - 217 \cdot 0{,}866$$

$$V_{A,k} = +438 - 188 = +250 \text{ N}$$

Querkraft $V_{B,k}$:

$$V_{B,k} = -B_k = -250 \text{ N}$$

Normalkraft $N_{A,k}$:

$$N_{A,k} = -A_{v,k} \cdot \sin\alpha - A_{h,k} \cdot \cos\alpha$$

$$= -875 \cdot 0{,}866 - 217 \cdot 0{,}500$$

$$N_{A,k} = -758 - 108 = -866 \text{ N}$$

Normalkraft $N_{B,k} = 0$

Biegemoment unter der Last:

$$M_{max,k} = V_{B,k} \cdot x_0' = V_{B,k} \cdot (-l_s/2) = (-250) \cdot (-3{,}00/2)$$

$$= +375 \text{ Nm}$$

Die recht unterschiedlichen Ergebnisse der Stützkräfte und Normalkräfte sind nur durch die geänderten Ausbildungen der Auflager bedingt. Querkräfte und Biegemomente sind trotzdem gleichgroß.

Folgerung:

Vor der Berechnung der Stützkräfte von schrägen Trägern ist Klarheit über die Art und Ausbildung der Auflager zu schaffen. Die einfachste und klarste Lösung zeigt Lagerung 1. Will man diesen Fall in der Berechnung zu Grunde legen, müssen die Auflagerflächen rechtwinklig zur Richtung der angreifenden Belastung stehen. Bei vertikaler Belastung entstehen nur vertikale Stützkräfte. Horizontale Komponenten der Stützkräfte entstehen nicht. Träger mit vertikaler Belastung und horizontalen Lagerflächen können nicht abrutschen (z.B. Sparren auf Pfetten entsprechend Bild **6.**50).

Belastungen geneigter Träger

Außer den ständig vorhandenen Eigenlasten greifen bei geneigten Trägern ebenfalls Verkehrslasten an: sie wirken vertikal oder horizontal oder auch rechtwinklig zur Trägerachse. Rechtwinklig zur Trägerachse wirkende Verkehrslasten können in ihre vertikalen und horizontalen Komponenten zerlegt werden. Dieses wird in den folgenden Abschnitten z.B. für die Windlast bei Dächern gezeigt.

Die meisten geneigten Träger sind Treppen oder Dächer. Die Eigenlasten für Treppen werden nach Abschnitt 4.5.2 ermittelt, die Eigenlasten für Dächer sind nach Abschnitt 4.5.5 zu berechnen.

Tafel **6.**4 Zusammenstellung der Stützkräfte und Schnittgrößen

Lagerungsart / Statische Größen		Lagerung 1 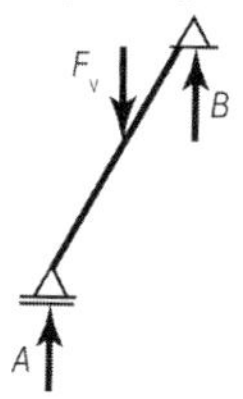	Lagerung 2 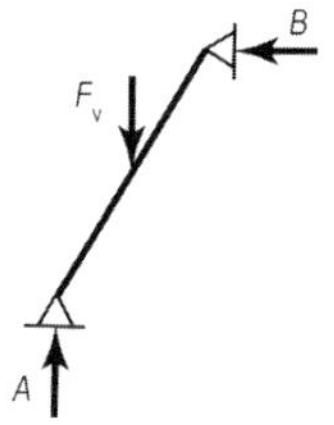	Lagerung 3 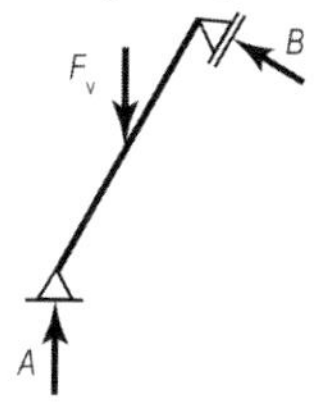
Stützkräfte	$A_{v,k}$	500	1000	875
	$A_{h,k}$	0	288	217
	A_k	500	1041	902
	$B_{v,k}$	500	0	125
	$B_{h,k}$	0	288	217
	B_k	500	288	250
Normalkräfte in N	$N_{A,k}$	− 433	− 1010	− 866
	$N_{B,k}$	+ 433	− 144	0
Querkräfte in N	$V_{A,k}$	+ 250	+ 250	+ 250
	$V_{B,k}$	− 250	− 250	− 250
Biegemomente in Nm	$M_{max,k}$	+ 375	+ 375	+ 375

6.10.1 Geneigte Träger mit vertikaler Belastung

Die Berechnung eines schräg liegenden Trägers mit vertikalen Lasten und horizontalen Lagerflächen wird für den waagerechten Ersatzträger durchgeführt. Die Stützweite der Ersatzträger ist gleich der Projektion der Trägerlänge rechtwinklig zur Kraftrichtung (Bild **6.**55 und **6.**56).

Schnittgrößen bei Trägern mit Einzellast (Bild **6.**55)

Stützkräfte

$$A_v = \frac{F_v \cdot b}{l} \qquad A_h = 0 \qquad B_v = \frac{F_v \cdot a}{l} \qquad B_h = 0 \qquad \text{Gl. (6.41)}$$

Biegemomente

$$M_{max} = A \cdot a = B \cdot b = \frac{F_v \cdot a \cdot b}{l} \qquad \text{Gl. (6.42)}$$

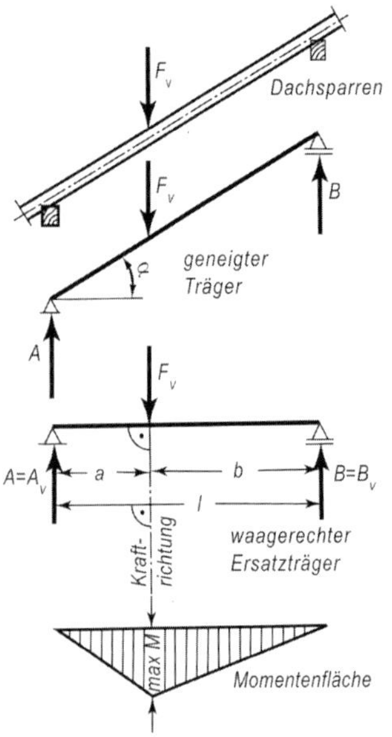

Bild **6.**55 Geneigter Träger und waagerechter Ersatzträger mit Einzellast

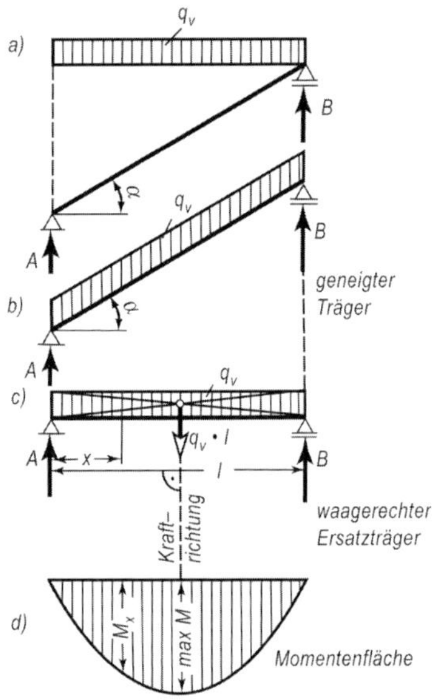

Bild **6.**56 Geneigter Träger und waagerechter Ersatzträger mit gleichmäßig verteilter Last. Es ist gleichgültig, ob für lotrecht wirkende Belastungen bei schräg liegenden Trägern die Darstellung a) oder b) gewählt wird.

Schnittgrößen bei geneigten Trägern mit gleichmäßig verteilter Last (Bild **6.**56)

Stützkräfte

$$A_v = \frac{q_v \cdot l}{2} \qquad A_h = 0 \qquad B_v = \frac{q_v \cdot l}{2} \qquad B_h = 0 \qquad \text{Gl. (6.43)}$$

Biegemomente

$$M_{max} = \frac{q_v \cdot l^2}{8} \qquad M_x = \frac{q_v \cdot x \cdot |x'|}{2}$$

Da die Belastung hierbei nicht rechtwinklig zur Stabachse wirkt, entstehen im Träger nicht nur Querkräfte, sondern zusätzlich auch Normalkräfte in Längsrichtung des Trägers. Zur Bestimmung der Querkräfte und Normalkräfte (Längskräfte) werden zunächst die Stützkräfte in die Komponenten rechtwinklig zur Trägerachse und parallel zu ihr zerlegt (Bild **6.**57).

$$\cos\alpha = \frac{A_\perp}{A} \qquad A_\perp = A \cdot \cos\alpha$$

$$\sin\alpha = \frac{A_\parallel}{A} \qquad A_\parallel = A \cdot \sin\alpha$$

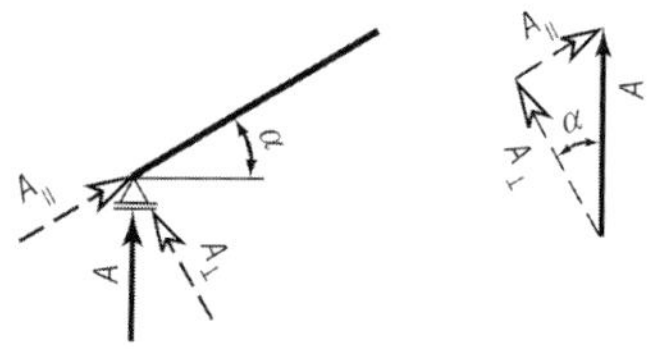

Bild **6.**57 Auflagerkräfte bei einem geneigten Träger

Da die Stützkräfte rechtwinklig zur Stabachse gleich der größten Querkraft am Auflager sind, erhält man folgende Werte (Bild **6.**58 und **6.**59):

$$V_{A,max} = +A \cdot \cos\alpha \qquad V_{B,max} = -B \cdot \cos\alpha \qquad \text{Gl. (6.44)}$$

Die Stützkraft parallel zur Stabachse ist gleich der größten Normalkraft (Druck oder Zug) am Auflager

$$N_{A,max} = -A \cdot \sin\alpha \qquad N_{B,max} = +B \cdot \sin\alpha \qquad \text{Gl. (6.45)}$$

Die Querkräfte und vor allem die Normalkräfte sind für die weitere Berechnung des Trägers nicht von solch großer Bedeutung wie die Biegemomente.

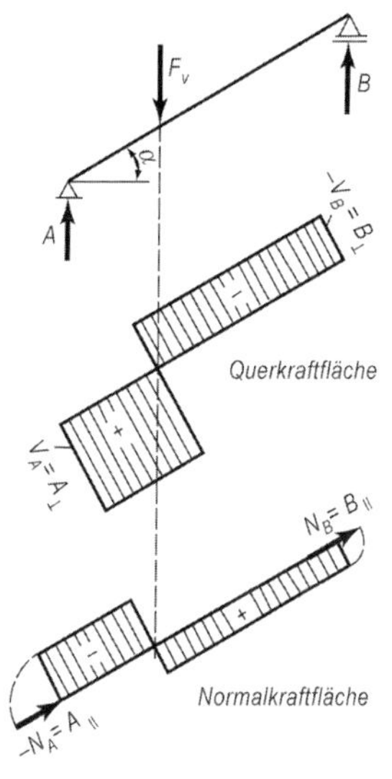

Bild **6.**58 Querkräfte und Normalkräfte bei einem geneigten Träger mit Einzellast

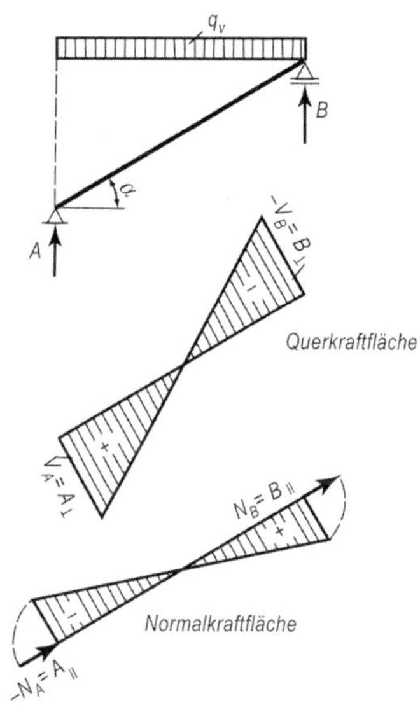

Bild **6.**59 Querkräfte und Normalkräfte bei einem geneigten Träger mit gleichmäßig verteilter Last

Beispiel zur Erläuterung

Für einen geneigten Träger mit gleichmäßig verteilter und vertikal wirkender Belastung (Bild **6.**60) werden die Schnittgrößen bestimmt.

Neigung $\alpha = 30°$ tan $\alpha = 0{,}577$ cos $\alpha = 0{,}866$

schräge Länge $l_s = l/\cos\alpha = 3{,}60/0{,}866 = 4{,}16$ m Trägerabstand $a = 0{,}65$ m

Lastermittlung

Vertikale Belastung je m^2 waagerechte Grundfläche:

Eigenlast

Holzbalken 8/16 cm	$g_k/(a \cdot \cos\alpha)$	$= 77/(0,65 \cdot 0,866)$	= 137 N/m² Grundfläche
Schalung 24 mm	$g_k/\cos\alpha$	$= 6000 \cdot 0,024/0,866$	= 166 N/m² Grundfläche
Abdeckung	$g_k/\cos\alpha$	$= 200/0,866$	= 231 N/m² Grundfläche
		$g'_{v,k}$	= 534 N/m² Grundfläche
		$q'_{v,k}$	= 1000 N/m² Grundflache

charakteristische Eigenlast	$g_{v,k} = g'_{v,k} \cdot a = 534 \cdot 0,65$	= 347 N/m Grundlänge
charakteristische Nutzlast	$q_{v,k} = q'_{v,k} \cdot a = 1000 \cdot 0,65$	= 650 N/m Grundlänge

Bemessungslasten:

$g_d = \gamma_G \cdot q_{v,k} = 1,35 \cdot 347$ = 468 N/m Grundlänge

$q_d = \gamma_Q \cdot q_{v,k} = 1,5 \cdot 650$ = 975 N/m Grundlänge

Bemessungslast bei Vollbelastung:

$(g_d + q_d) = 468 + 975$ = 1443 N/m Grundlänge

≈ 1,45 kN/m Grundlänge

Bemessungsschnittgrößen bei Vollbelastung

Stützkräfte

$$A_d = B_d = \frac{(g_d + q_d) \cdot l}{2} = \frac{1,45 \cdot 3,60}{2} = 2,60 \text{ kN}$$

Querkräfte

$$+V_{A,d} = -V_{B,d} = A_d \cdot \cos\alpha$$

$$= A_d \cdot \cos 30° = 2,60 \cdot 0,866 = 2,25 \text{ kN}$$

Normalkräfte

$$+N_{A,d} = -N_{B,d} = A_d \cdot \sin\alpha$$

$$= A_d \cdot \sin 30° = 2,60 \cdot 0,500 = 1,30 \text{ kN}$$

Biegemomente

$$M_{max,d} = \frac{(g_d + q_d) \cdot l^2}{8} = \frac{1,45 \cdot 3,60^2}{8} = 2,35 \text{ kNm}$$

für $x = 1,20$ m

$$M_{x,d} = \frac{(g_d + q_d) \cdot x \cdot |x'|}{2}$$

$$= \frac{1,45 \cdot 1,20 \cdot 2,40}{2} = 2,09 \text{ kNm}$$

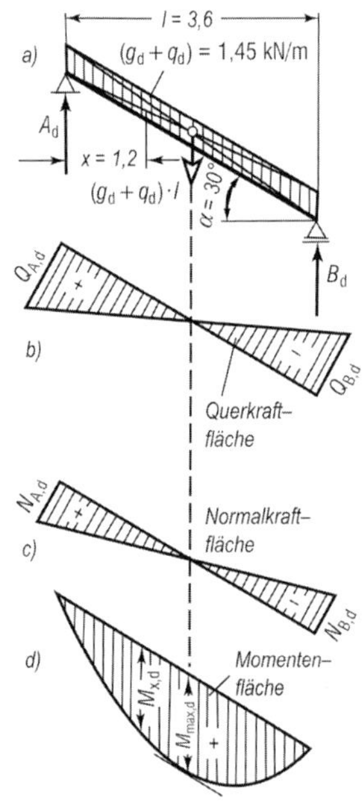

Bild **6.**60
Querkraftfläche, Normalkraftfläche und Momentenfläche beim geneigten Träger mit vertikal wirkender, gleichmäßig verteilter Last

6.10.2 Geneigte Träger mit Belastung rechtwinklig zur Stabachse

Bei rechtwinklig zur Stabachse angreifenden Lasten rechnet man mit der schrägen Trägerlänge l_s. Die schräge Länge l_s wird rechtwinklig zur Kraftrichtung gemessen. Der Träger entspricht einem um den Winkel α geneigten waagerechten Träger (Bild **6.**61). Normalkräfte entstehen hierbei nicht, da die Belastung und die Stützkräfte rechtwinklig zur Stabachse angreifen. Vereinfachend kann auf ein bewegliches Auflager verzichtet werden.

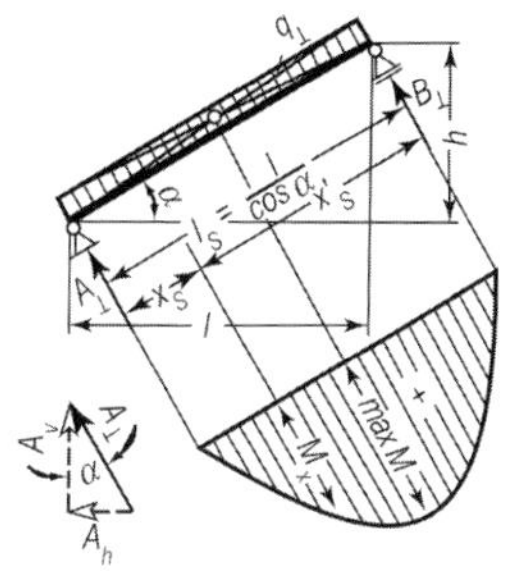

Bild **6.**61
Geneigter Träger mit Belastung rechtwinklig zur Stabachse

Stützkräfte

$$A_\perp = \frac{q_\perp \cdot l_s}{2} \qquad A_v = A_\perp \cdot \cos\alpha \qquad A_h = A_\perp \cdot \sin\alpha \qquad \text{Gl. (6.46)}$$

$$B_\perp = \frac{q_\perp \cdot l_s}{2} \qquad B_v = B_\perp \cdot \cos\alpha \qquad B_h = B_\perp \cdot \sin\alpha \qquad \text{Gl. (6.47)}$$

Biegemomente

$$M_{max} = \frac{q_\perp \cdot l_s^2}{8} \qquad M_x = \frac{q_\perp \cdot x_s \cdot | x_s' |}{2} \qquad \text{Gl. (6.48)}$$

Die bei geneigten Trägern rechtwinklig zur Stabachse angreifende Belastung (meistens Winddruck) macht bei der Berechnung der Stützkräfte und Biegemomente oft Schwierigkeiten. Beim Ermitteln der schrägen Länge l_s oder beim Berechnen der vertikalen und horizontalen Stützkraftkomponenten schleichen sich leicht Fehler bei der Anwendung der Winkelfunktionen ein. Es geht einfacher, wenn man zwei getrennte Lastfälle rechnet, statt mit der schrägen Länge l_s, nämlich mit der waagerechten Länge l **und** mit der lotrechten Höhe h bei jeweils gleicher Belastung (Bild **6.**62).

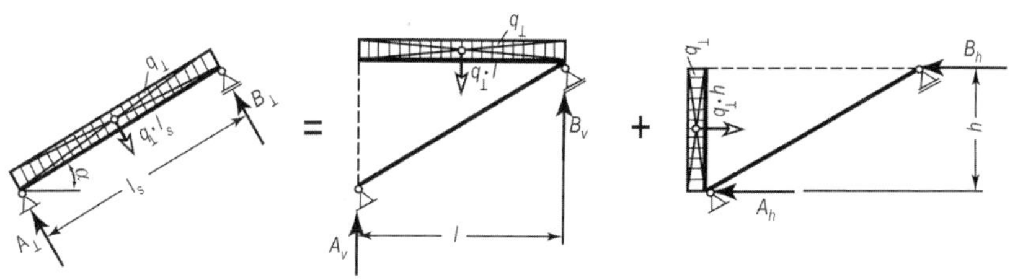

Bild **6.**62 Geneigter Träger: Die rechtwinklig zur Stabachse wirkende Belastung auf der schrägen Länge ergibt die gleichen Schnittgrößen wie die gleiche Belastung, bezogen auf die horizontale Länge **und** die vertikale Höhe

Beispiel zur Erläuterung

Die schräge Länge eines geneigten Trägers (Bild **6.**63) beträgt l_s = 5,00 m, die lotrechte Höhe h = 3,00 m und die waagerechte Länge l = 4,00 m.

$$\tan\alpha = \frac{h}{l} = \frac{3{,}00}{4{,}00} = 0{,}75 \qquad \sin\alpha = 0{,}600 \qquad \cos\alpha = 0{,}800 \qquad \text{Windlast } w_{d,k} = 1{,}0 \text{ kN/m}$$

Stützkräfte ($B_k = A_k$)

$$A_{\perp,k} = \frac{w_{d,k} \cdot l_s}{2} = \frac{1{,}00 \cdot 5{,}0}{2} = 2{,}5 \text{ kN} \qquad A_{v,k} = A_{\perp,k} \cdot \cos\alpha = 2{,}5 \cdot 0{,}800 = 2{,}0 \text{ kN}$$

$$A_{h,k} = A_{\perp,k} \cdot \sin\alpha = 2{,}5 \cdot 0{,}600 = 1{,}5 \text{ kN}$$

Stützkräfte aus der vertikalen und horizontalen Belastung

$$A_{v,k} = \frac{w_{d,k} \cdot l}{2} = \frac{1{,}0 \cdot 4{,}00}{2} = 2{,}0 \text{ kN} \qquad A_{h,k} = \frac{w_{d,k} \cdot l}{2} = \frac{1{,}0 \cdot 3{,}00}{2} = 1{,}5 \text{ kN}$$

Biegemoment

$$M_{max,k} = \frac{w_{d,k} \cdot l_s^2}{8} = \frac{1{,}0 \cdot 5{,}00^2}{8}$$

$$M_{max,k} = 3{,}13 \text{ kNm}$$

Biegemoment aus der vertikalen und horizontalen Belastung

$$M_{max,k} = \frac{w_{d,k} \cdot l^2}{8} + \frac{w_{d,k} \cdot h^2}{8} = \frac{1{,}0 \cdot 4{,}00^2}{8} + \frac{1{,}0 \cdot 3{,}00^2}{8} = 2{,}0 + 1{,}13$$

$$M_{max,k} = 3{,}13 \text{ kNm}$$

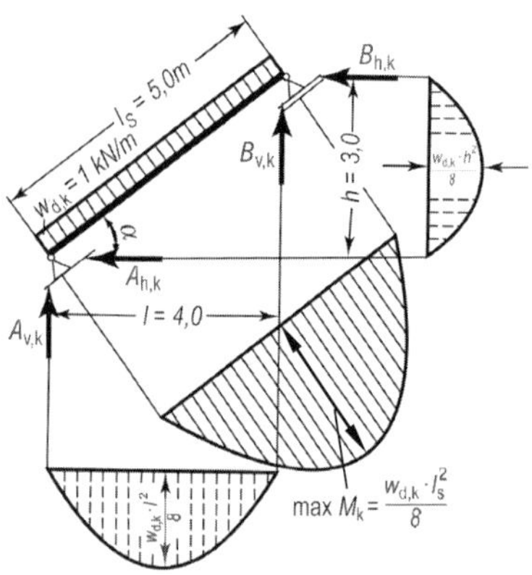

Bild **6.**63
Wie bei dem Lehrsatz des Pythagoras die Summe der Kathetenquadrate gleich dem Hypotenusenquadrat ist, wird auch hier die Summe der größten horizontalen und vertikalen Momente gleich dem maximalen Moment ($h^2 + l^2 = l_s^2$)

Hinweis

Bei der Aufteilung einer schräg wirkenden Belastung in eine vertikal **und** eine horizontal wirkende Belastung ist zu bedenken, dass die Gesamtbeanspruchung des geneigten Trägers über die schräge Länge l_s erfolgt. Das ist beispielsweise für die Durchbiegung geneigter Träger von Bedeutung (s. Teil 2 Abschnitt 5.3).

6.10.3 Geneigte Träger mit vertikaler Belastung und Belastung rechtwinklig zur Stabachse

Geneigte Träger haben oft Belastungen aus Eigenlasten und Verkehrslasten aufzunehmen, die vertikal wirken. Außerdem kommen rechtwinklig zur Trägerachse angreifende Lasten hinzu, wie z.B. Winddruck. Die Momente aus beiden Lastrichtungen können addiert werden.

Beispiel zur Erläuterung

Für den **Sparren eines Satteldaches** werden nachfolgend die Schnittgrößen berechnet.

Kennwerte des Daches:

Windlastzone WZ 2, Binnenland, traufseitige Anströmung Anströmwinkel $\Theta = 0°$,
Schneelastzone 3, Höhenlage 592 m üNN

Dachneigung	α	=	38°	
Sparrenabstand	a	=	0,75 m	
waagerechte Länge für Sparren	l	=	5,60 m	
Höhe	h	=	4,38 m	
schräge Sparrenlänge	l_s	=	7,11 m	
Firsthöhe = Bezugshöhe	z	=	8,00 m über Gelände	
Bauwerksbreite	b	=	12,00 m	(senkrecht zur Anströmrichtung)
Bauwerksbreite	d	=	10,00 m	(in Anströmrichtung)

Die Lastermittlung für dieses Dach wurde in Abschnitt 4.12.5 „Belastungen für Dächer" im Beispiel 7 durchgeführt. Darauf wird bei der weiteren Berechnung aufgebaut:

Ungünstig ist der Lastfall Eigenlast mit Windeinwirkung und halber Schneelast

Bemessungslast aus Eigenlast g'_k *mit voller Schneelast* $s_{1,k}$ bezogen auf die Grundlänge eines Sparrens bezogen auf die schräge Sparrenlänge an der Luvseite der Dachfläche:

$$(g_d + s_{1,d}) = a \cdot (\gamma_G \cdot g_k + \gamma_Q \cdot s_{1,k})$$

$$= 0{,}75 \cdot (1{,}35 \cdot 1{,}07 + 1{,}5 \cdot 1{,}78)$$

$$(g_d + s_{1,d}) = \underline{+\,3{,}09\text{ kN}}\text{ je m Grundlänge des Sparrens}$$

zuzüglich Bemessungslast aus Winddruck (Mittelwert über die gesamte Dachfläche der Luvseite des Daches, siehe Beispiel 5 in Abschnitt 4.12.5):

$$w_{d,d} = a \cdot \gamma_Q \cdot \psi_{0,w} \cdot w_{d,k}$$

$$= +\,0{,}75 \cdot 1{,}5 \cdot 0{,}6 \cdot 0{,}34$$

$$w_{d,d} = \underline{+\,0{,}23\text{ kN/m}}\text{ je m schräge Sparrenlänge rechtwinklig zur Dachfläche}$$

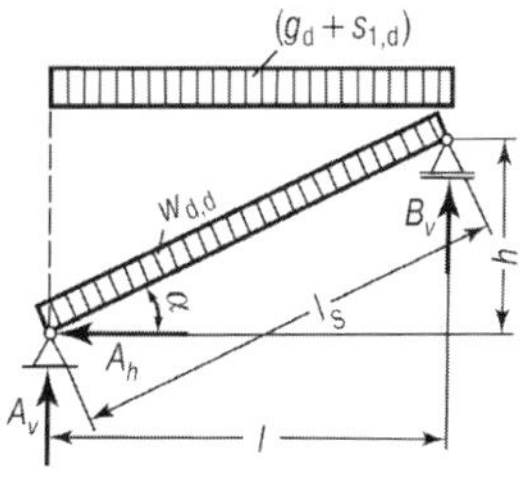

Bild **6.64**
Geneigter Träger mit vertikaler Belastung und Belastung rechtwinklig zur Stabachse

Schnittgrößen für die Bemessung:

Stützkräfte

$$A_{v,d} = \frac{(g_d + s_{1,d}) \cdot l}{2} + \frac{w_{d,d} \cdot l}{2} - \frac{w_{d,d} \cdot h^2}{2 \cdot l}$$

$$= \frac{3{,}09 \cdot 5{,}60}{2} + \frac{0{,}23 \cdot 5{,}60}{2} - \frac{0{,}23 \cdot 4{,}38^2}{2 \cdot 5{,}60}$$

$$= 8{,}65 + 0{,}64 - 0{,}39$$

$$A_{v,d} = 8{,}90 \text{ kN}$$

$$A_{h,d} = w_{d,d} \cdot h = 0{,}23 \cdot 4{,}38$$

$$A_{h,d} = 1{,}01 \text{ kN}$$

$$B_{v,d} = \frac{(g_d + s_{1,d}) \cdot l}{2} + \frac{w_{d,d} \cdot l}{2} + \frac{w_{d,d} \cdot h^2}{2 \cdot l}$$

$$= \frac{3{,}09 \cdot 5{,}60}{2} + \frac{0{,}23 \cdot 5{,}60}{2} + \frac{0{,}23 \cdot 4{,}38^2}{2 \cdot 5{,}60}$$

$$= 8{,}65 + 0{,}64 + 0{,}39$$

$$B_{v,d} = 9{,}68 \text{ kN}$$

$$B_{h,d} = 0$$

Biegemoment

$$M_{max,d} = \frac{(g_d + s_{1,d}) \cdot l^2}{8} + \frac{w_{d,d} \cdot l_s^2}{8} \quad \text{oder} \quad M_{max,d} = \frac{(g_d + s_{1,d}) \cdot l^2}{8} + \frac{w_{d,d} \cdot l^2}{8} + \frac{w_{d,d} \cdot h^2}{8}$$

$$M_{max,d} = \frac{(g_d + s_{1,d} + w_{d,d}) \cdot l^2}{8} + \frac{w_{d,d} \cdot h^2}{8} = \frac{(3{,}09 + 0{,}23) \cdot 5{,}60^2}{8} + \frac{0{,}23 \cdot 4{,}38^2}{8} = 13{,}01 + 0{,}55$$

$$M_{max,d} = 13{,}56 \text{ kNm}$$

6.10.4 Zusammenfassung für geneigte Träger

Bei der Lastenermittlung ist zu beachten, dass die Eigenlasten auf die Grundfläche bezogen werden müssen. Daraus ergibt sich eine Umrechnung:

g ist die Eigenlast bezogen auf die geneigte Länge l_s,
g' ist die Eigenlast bezogen auf die waagerechte Projektionslänge l.

Je größer die Neigung des Trägers ist, um so größer wird die auf die Grundlänge umgerechnete Eigenlast (s. Abschn. 4.5.2 und 4.5.5).

$$g' = g/\cos\alpha \qquad \text{Gl. (6.49)}$$

Tafel **6**.5 enthält eine Zusammenstellung der Schnittgrößen aus gleichmäßig verteilter Belastung.

Tafel **6.5** Zusammenstellung der Schnittgrößen für geneigte Träger mit gleichmäßig verteilter Last

Belastung	Auflagerkräfte	Biegemomente
Lastfall Eigenlast g_d 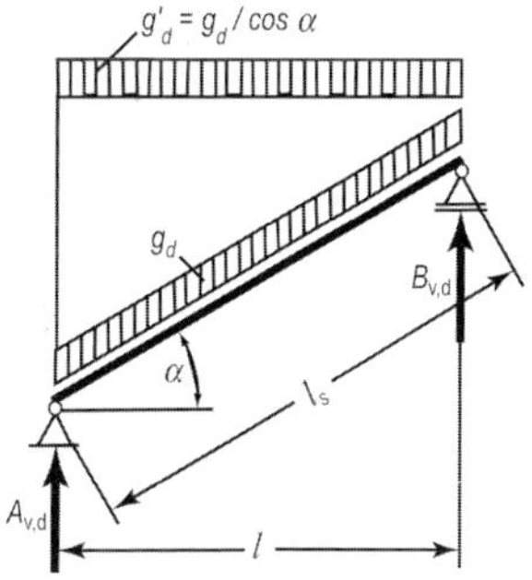	$g_d = \gamma_G \cdot g_k / \cos\alpha$ $g'_d = \gamma_G \cdot g'_k$ $A_{v,d} = B_{v,d} = \frac{g_d \cdot l_s}{2} = \frac{g'_d \cdot l}{2}$ $A_{h,d} = B_{h,d} = 0$	$M_{max,d} = \frac{g_d \cdot \cos\alpha \cdot l_s^2}{8}$
	Normalkräfte $N_{A,d} = - A_{v,d} \cdot \sin\alpha$ $N_{B,d} = + B_{v,d} \cdot \sin\alpha$	$M_{max,d} = \frac{g'_d \cdot l^2}{8}$
	Querkräfte $V_{A,d} = + A_{v,d} \cdot \cos\alpha$ $V_{B,d} = - B_{v,d} \cdot \cos\alpha$	
Lastfall Schnee $s_{1,d}$ 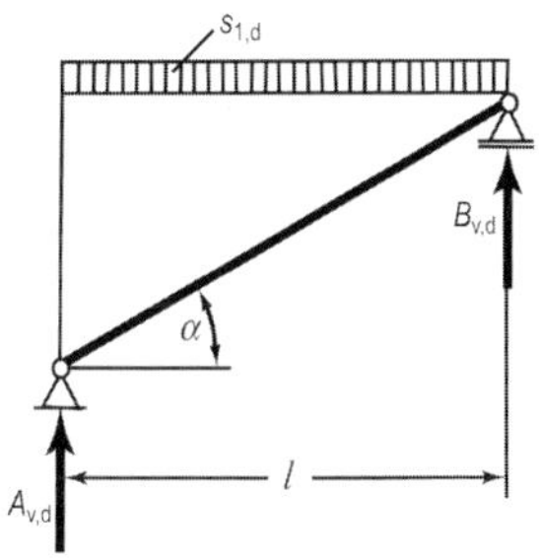	$s_{1,d} = \gamma_Q \cdot s_{1,k}$ $A_{v,d} = B_{v,d} = \frac{s_{1,d} \cdot l}{2}$ $A_{h,d} = B_{h,d} = 0$	
	Normalkräfte $N_{A,d} = - A_{v,d} \cdot \sin\alpha$ $N_{B,d} = + B_{v,d} \cdot \sin\alpha$	$M_{max,d} = \frac{s_{1,d} \cdot l^2}{8}$
	Querkräfte $V_{A,d} = + A_{v,d} \cdot \cos\alpha$ $V_{B,d} = - B_{v,d} \cdot \cos\alpha$	
Lastfall Wind $w_{d,d}$ 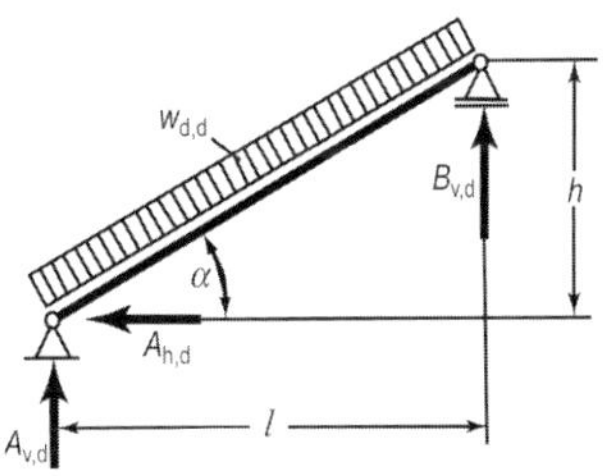	$w_{d,d} = \gamma_Q \cdot \psi_0 \cdot w_{d,k}$ $A_{v,d} = \frac{w_{d,d} \cdot l}{2} - \frac{w_{d,d} \cdot h^2}{2 \cdot l}$ $A_{h,d} = w_{d,d} \cdot h$ $B_{v,d} = \frac{w_{d,d} \cdot l}{2} + \frac{w_{d,d} \cdot h^2}{2 \cdot l}$ $B_{h,d} = 0$	$M_{max,d} = \frac{w_{d,d} \cdot l_s^2}{8}$ oder:
	Normalkräfte $N_{A,d} = - A_{v,d} \cdot \sin\alpha + A_{h,d} \cdot \cos\alpha$ $N_{B,d} = + B_{v,d} \cdot \sin\alpha$	$M_{max,d} = \frac{w_{d,d} \cdot l^2}{8} + \frac{w_{d,d} \cdot h^2}{8}$
	Querkräfte $V_{A,d} = + A_{v,d} \cdot \cos\alpha + A_{h,d} \cdot \sin\alpha$ $V_{B,d} = - B_{v,d} \cdot \cos\alpha$	

6.11 Geknickte Träger

Geknickte Träger kommen in der Praxis in unterschiedlichen Formen vor. Treppenläufe in Verbindung mit den Podesten ergeben z. B. geknickte Träger. Die Berechnung eines solchen Trägers kann vereinfachend ebenfalls auf einen waagerechten Ersatzträger zurückgeführt werden. Auch hier sind ein bewegliches und ein festes Auflager erforderlich (Bild **6**.65).

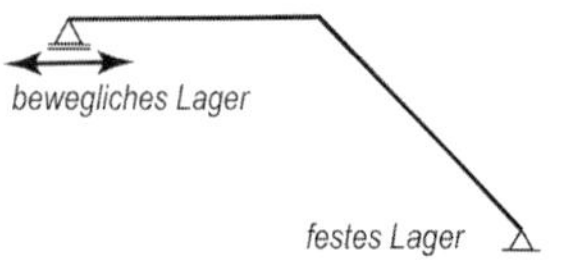

Bild **6**.65
Auflager bei geknickten Trägern

Bei den geknickten Trägern in Hochbauten (z.B. bei Treppenläufen) werden die Auflager jedoch kaum derart exakt als bewegliches oder festes Auflager ausgebildet. Meistens hat man zwei Auflager, die mehr oder weniger als feste Auflager oder als teilbewegliche Auflager ausgeführt werden. Mit horizontalen oder schrägen Zug- und Druckkräften an den Auflagern ist dann zu rechnen (Bild **6**.66). Wenn diese von dem Werkstoff der Auflagerfläche (Mauerwerk) nicht aufgenommen werden, können Risse entstehen.

Häufig genügt für das Berechnen der Schnittgröße die Darstellung von Vertikalkraftfläche und Momentenfläche des waagerechten Ersatzträgers. Für genauere Berechnungen genügt dieses

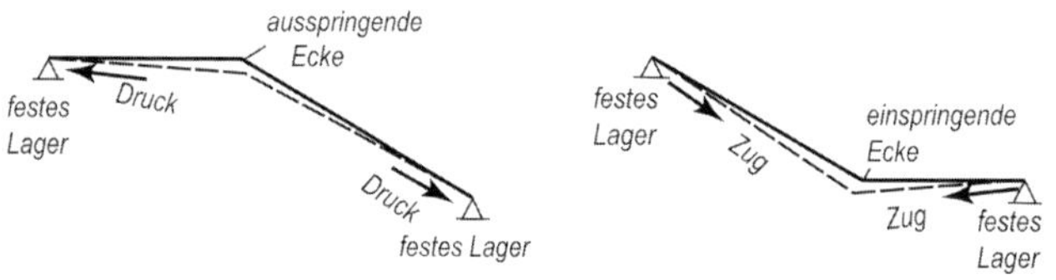

Bild **6**.66
Zusätzliche Zug- oder Druckkräfte bei zwei festen Auflagern an geknickten Trägern

vereinfachte Verfahren nicht. In diesen Fällen kann es erforderlich werden, die Normalkraftfläche und die Querkraftfläche darzustellen. Für die schräg liegenden Trägerteile erhält man die Normalkräfte und Querkräfte, da die Vertikalkräfte in Richtung der Trägerachse und rechtwinklig zur Trägerachse zerlegt werden. Insofern können nicht alle Betrachtungen am waagerechten Ersatzträger angestellt werden, da bei waagerechten Trägern durch vertikale Belastungen keine Normalkräfte entstehen. Außerdem entstehen in den Knickpunkten zusätzliche Schnittkräfte. Diese können jedoch ohne besondere Berechnung durch konstruktive Maßnahmen berücksichtigt werden. Streng genommen sind geknickte Träger komplizierte Konstruktionen, die als Faltwerk berechnet werden müssten. Dieser Aufwand lohnt sich jedoch nur in ganz besonderen Fällen.

Beispiele zur Erläuterung

1. Eine Stahlbetontreppe mit oberem Podest hat bei einem Steigungsverhältnis von 17,2/29 cm eine Geschosshöhe von 2,75 m zu überwinden (Bild **6**.67).

Die Lasten und Schnittgrößen werden ermittelt.

Belastung Treppenlauf

$\tan \alpha = 17{,}2/29 = 0{,}593 \qquad \alpha = 30{,}7° \qquad \cos \alpha = 0{,}860 \qquad \sin \alpha = 0{,}510$

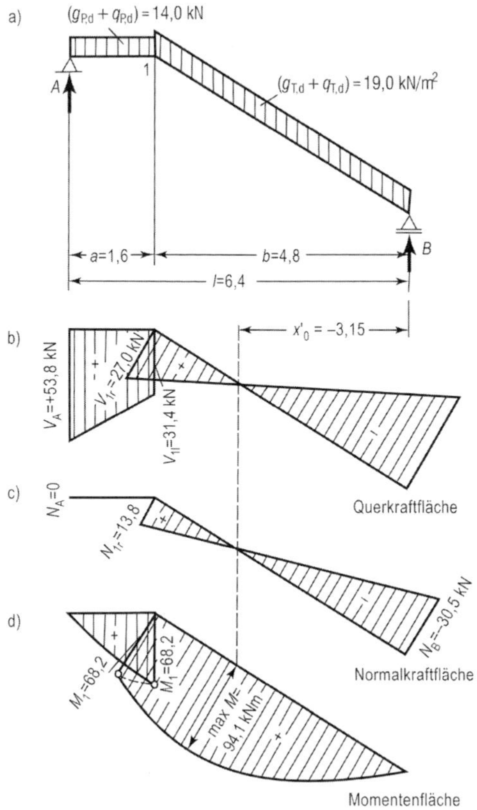

Bild **6.**67
Treppenlauf mit Podest als geknickter Träger (Schnittgrößen sind Bemessungsgrößen)

Eigenlasten

Stahlbetonplatte 20 cm	$\frac{h \cdot \gamma}{\cos\alpha} = \frac{0{,}20 \cdot 25}{0{,}860}$	= 5,81 kN/m² Grundfläche
Putz 1,5 cm	$\frac{t \cdot \gamma}{\cos\alpha} = \frac{0{,}015 \cdot 18}{0{,}860}$	= 0,31 kN/m² Grundfläche
Betonstufen	$\frac{s}{2} \cdot \gamma = \frac{0{,}172}{2} \cdot 24$	= 2,06 kN/m² Grundfläche
Werksteinstufen + Mörtelbett		= 2,50 kN/m² Grundfläche
charakteristische ständige Last		$g_{T,k}$ = 10,68 kN/m² Grundfläche
charakteristische Nutzlast		$q_{T,k}$ = 3,00 kN/m² Grundfläche

Bemessungslasten für Treppenlauf:

$g_{T,d} = \gamma_G \cdot g_{T,k}$	= 1,35 · 10,68	= 14,42 kN/m² Grundfläche
$q_{T,d} = \gamma_Q \cdot q_{T,k}$	= 1,5 · 3,00	= 4,50 kN/m² Grundfläche
$(g_{T,d}+q_{T,d})$	= 14,42 + 4,50	= 18,92 kN/m² Grundfläche
		≈ 19,00 kN/m² Grundfläche

Belastung Podest

Eigenlasten

Stahlbetonplatte 20 cm	$h \cdot \gamma = 0{,}20 \cdot 25 =$	5,00 kN/m² Grundfläche
Putz 1,5cm	$= 0{,}015 \cdot 18 =$	0,27 kN/m² Grundfläche
Werksteinbelag	$= 0{,}04 \cdot 24 =$	0,96 kN/m² Grundfläche
Mörtelbett	$= 0{,}03 \cdot 21 =$	0,63 kN/m² Grundfläche
charakteristische ständige Last	$g_{P,k} =$	6,86 kN/m² Grundfläche
charakteristische Verkehrslast	$q_{P,k} =$	3,00 kN/m² Grundfläche

Bemessungslast für Treppenpodest:

$g_{P,d} = \gamma_G \cdot g_{P,k} = 1{,}35 \cdot 6{,}86 = 9{,}26$ kN/m² Grundfläche

$q_{P,d} = \gamma_Q \cdot q_{P,k} = 1{,}5 \cdot 3{,}00 = 4{,}50$ kN/m² Grundfläche

$(g_{P,d}+q_{P,d}) = 9{,}26 + 4{,}50 = 13{,}76$ kN/m² Grundfläche

$\approx 14{,0}$ kN/m² Grundfläche

Bemessungsschnittgrößen aus Vollbelastung:

Stützkräfte

$$\sum M_{(B)} = 0 \quad A_{v,d} \cdot l - (g_{P,d}+q_{P,d}) \cdot a \cdot \left(\frac{a}{2} + b\right) - (g_{T,d} + q_{T,d}) \cdot \frac{b^2}{2} = 0$$

$$A_v = \frac{(g_{P,d} + q_{P,d}) \cdot a \cdot \left(\frac{a}{2} + b\right) + (g_{T,d} + q_{T,d}) \cdot \frac{b^2}{2}}{l}$$

$$= \frac{14{,}0 \cdot 1{,}60 \cdot (\frac{1{,}60}{2} + 4{,}80) + 19{,}0 \cdot \frac{4{,}80^2}{2}}{6{,}40} = \frac{125{,}4 + 218{,}9}{6{,}40} = 53{,}8 \text{ kN}$$

$$\sum M_{(A)} = 0 \quad B_{v,d} \cdot l - (g_{P,d}+q_{P,d}) \cdot a \cdot \frac{a^2}{2} - (g_{T,d} + q_{T,d}) \cdot b \cdot \left(a + \frac{b}{2}\right) = 0$$

$$B_{v,d} = \frac{(g_{P,d} + q_{P,d}) \cdot \frac{a^2}{2} + (g_{T,d} + q_{T,d}) \cdot b \cdot (a + \frac{b}{2})}{l}$$

$$= \frac{14{,}0 \cdot \frac{1{,}60^2}{2} + 19{,}0 \cdot 4{,}8 \cdot (1{,}60 + \frac{4{,}80}{2})}{6{,}40} = \frac{17{,}6 + 364{,}8}{6{,}40} = 59{,}8 \text{ kN}$$

$$\sum V_i = 0 \qquad A_{v,d} + B_{v,d} - (g_{P,d}+q_{P,d}) \cdot a - (g_{T,d}+q_{T,d}) \cdot b = 0$$

$$53{,}8 + 59{,}8 - 14{,}0 \cdot 1{,}6 - 19{,}0 \cdot 4{,}8 = 0$$

$$113{,}6 - 113{,}6 = 0$$

$$\sum H_i = 0 \qquad A_{h,d} = 0 \qquad B_{h,d} = 0$$

Querkräfte (Bild **6.**67b)

$V_{A,d} = + A_{v,d} = + 53{,}8$ kN

$V_{1l,d} = + A_{v,d} - (g_{P,d}+q_{P,d}) \cdot a = + 53{,}8 - 14{,}0 \cdot 1{,}60 = + 31{,}4$ kN

$V_{1r,d} = V_{1l,d} \cdot \cos \alpha = + 31{,}4 \cdot 0{,}860 = + 27{,}0$ kN

$V_{B,d} = - B_{v,d} \cdot \cos \alpha = - 59{,}8 \cdot 0{,}860 = - 51{,}4$ kN

Nullstelle $x'_0 = V_{Bv,d} / (g_{T,d}+q_{T,d}) = - 59{,}8/19{,}0 = - 3{,}15$ m horizontal von B (Bild **6.**67)

Normalkräfte (Bild **6.**67c)

$$N_{A,d} = 0$$
$$N_{il,d} = 0$$
$$N_{1r,d} = V_{1r,d} \cdot \sin\alpha = +27{,}0 \cdot 0{,}510 = +13{,}8 \text{ kN}$$
$$N_{B,d} = B_{v,d} \cdot \sin\alpha = -59{,}8 \cdot 0{,}510 = -30{,}5 \text{ kN}$$

Bemessungsbiegemomente (Bild **6.**67d)

$$M_{1,d} = +A_{v,d} \cdot a - (g_{P,d} + q_{P,d}) \cdot a^2/2$$
$$= 53{,}8 \cdot 1{,}6 - 14{,}0 \cdot 1{,}60^2/2 = +86{,}1 - 17{,}9 = +68{,}2 \text{ kNm}$$
$$M_{max,d} = B_v^2 / [2 \cdot (g_{T,d} + q_{T,d})] = 59{,}8^2/[2 \cdot 19{,}0] = +94{,}1 \text{ kNm}$$

Biegemoment aus dem Inhalt der Querkraftfläche

$$M_{max,d} = \frac{V_{B,d} \cdot x_0'}{2 \cdot \cos\alpha} = \frac{(-51{,}4) \cdot (-3{,}15)}{2 \cdot 0{,}860} = +94{,}1 \text{ kNm}$$

2. Ein Treppenlauf aus Stahlbeton mit oberem und unterem Podest erhält eine Belastung aus Streckenlasten entsprechend Bild **6.**68. Stützkräfte, Querkräfte und Biegemomente werden berechnet.

Bemessungsschnittgrößen aus Vollbelastung:

Stützkräfte

$$A_d = B_d = (g_{1,d} + q_{1,d}) \cdot a + \frac{(g_{2,d} + q_{2,d}) \cdot b}{2} = 15{,}0 \cdot 1{,}50 + \frac{21{,}0 \cdot 3{,}50}{2}$$
$$= 22{,}5 + 36{,}8 = 59{,}3 \text{ kN}$$

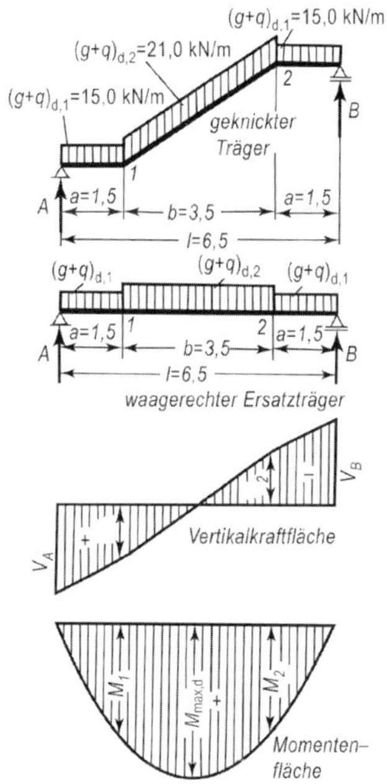

Querkräfte

$$V_{A,d} = -V_{B,d} = 59{,}3 \text{ kN}$$
$$V_{1,d} = V_{2,d} = A_d - (g_{1,d} + q_{1,d}) \cdot a = 59{,}3 - 15{,}0 \cdot 1{,}50$$
$$= 59{,}3 - 22{,}5 = 36{,}8 \text{ kN}$$

Bemessungsbiegemomente

$$M_{1,d} = M_{2,d} = A_d \cdot a - \frac{(g_{1,d} + q_{1,d}) \cdot a^2}{2}$$
$$= 59{,}3 \cdot 1{,}50 - \frac{15{,}0 \cdot 1{,}50^2}{2}$$
$$= 89{,}0 - 16{,}9 = 72{,}1 \text{ kNm}$$
$$M_{max,d} = A_d \cdot \frac{l}{2} - (g_{1,d} + q_{1,d}) \cdot a \cdot \frac{a+b}{2} - (g_{2,d} + q_{2,d}) \cdot \frac{b}{2} \cdot \frac{b}{4}$$
$$= 59{,}3 \cdot \frac{6{,}50}{2} - 15{,}0 \cdot 1{,}50 \cdot 2{,}50 - 21{,}0 \cdot \frac{3{,}50^2}{8}$$
$$= 192{,}7 - 56{,}3 - 32{,}2$$
$$M_{max,d} = 104{,}2 \text{ kNm}$$

Bild **6.**70 Treppenlauf als geknickter Träger mit waagerechtem Ersatzträger

6.12 Träger mit Kragarmen

Die Auskragung eines Trägers über das Auflager hinaus nennt man Kragarm. Träger auf 2 Stützen mit Kragarmen werden als Kragträger bezeichnet. Die Belastungen im Feld und auf dem Kragarm wirken recht unterschiedlich. Zunächst sollen diese Lastwirkungen getrennt durchdacht werden.

Die Lasten im Feld zwischen den Stützen haben die gleiche Wirkung wie beim einfachen Träger ohne Kragarm. Die Schnittgrößen aus der Feldbelastung sind daher wie bisher zu ermitteln. Querkraftfläche und Momentenfläche zeigen das bekannte Bild (**6.**71).

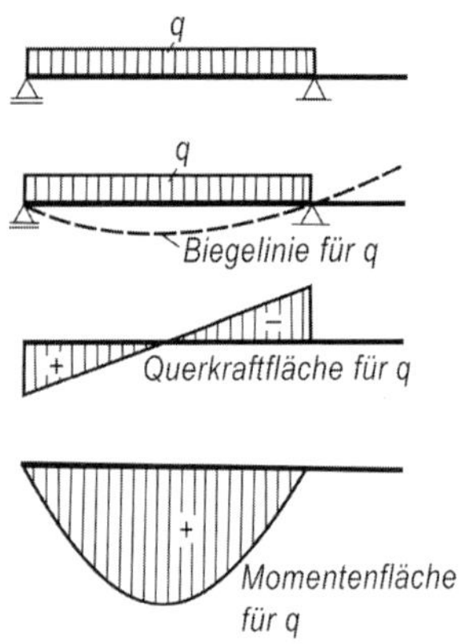

Bild **6.**71 Träger mit Kragarm. Biegelinie, Querkraftfläche und Momentenfläche für Feldbelastung

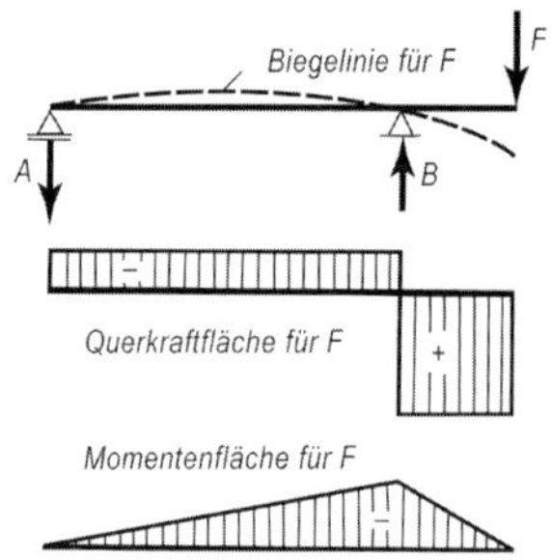

Bild **6.**72 Träger mit Kragarm. Biegelinie, Querkraftfläche und Momentenfläche für Kragarmbelastung

Die Lasten auf dem Kragarm wirken ähnlich wie bei einem Hebel (Bild **6.**71). Sie üben eine Drehwirkung aus. Durch diese Drehwirkung um das angrenzende Auflager wird das andere, entferntere Auflager entlastet. Das angrenzende Auflager wird um den gleichen Betrag zusätzlich belastet. Außerdem tritt noch eine andere Erscheinung auf. Die Kragarmlasten biegen den Kragarm nach unten durch. Diese nach unten wirkende Belastung verursacht im Feld eine Durchbiegung nach oben. Die obere Zone des Trägers wird gezogen, die untere gedrückt. Die untere gedrückte Zone zeigt, dass die Kragarmbelastung ein negatives Biegemoment erzeugt. Das Kragmoment ist über dem angrenzenden Auflager am größten, es ist an der Kragarmspitze und am anderen Auflager gleich Null (Bild **6.**72). Aus diesen Gründen ist es wichtig, zwischen ständigen und veränderlichen Lasten zu unterscheiden, da die veränderlichen Lasten auf einige Schnittgrößen belastend wirken, während andere Schnittgrößen verringert werden.

Die Wirkungen aus Feld- und Kragarmbelastung zusammengenommen ergeben die Gesamtwirkung am Träger. Die getrennt ermittelten Schnittgrößen können zusammengezählt werden, sie werden überlagert. Die 3 Gleichgewichtsbedingungen finden auch hier Anwendung:

$$\sum H = 0 \qquad \sum V = 0 \qquad \sum M = 0$$

6.12.1 Träger mit einseitigem Kragarm

Unter Beachtung der bisherigen Erklärungen am einfachen Träger auf 2 Stützen und am Hebel kann durch Anwendung der Gleichgewichtsbedingungen die Berechnung auch für diese Trägerart durchgeführt werden.

1. Beispiel zur Erläuterung

Kragträger mit Streckenlast und Einzellast ohne Berücksichtigung der Eigenlast (Bild **6.**73). Die angegebenen Lasten können charakteristische Lasten oder Bemessungslasten sein. Wichtig ist, zu wissen, ob die Lasten q und F_Q zusammen wirken oder unabhängig voneinander.

Kragmoment

Das Biegemoment über dem Auflager B ergibt sich allein aus der Kragarmbelastung ohne Einfluss der Feldbelastung. Da die Kragarmbelastung den Kragarm nach unten durchbiegt und am unteren Trägerrand Druck (–) entsteht, ist das Kragmoment ein negatives Moment. Es dreht rechts vom Schnitt im Uhrzeigersinn (s. Abschn. 6.4).

$$\min M_B = -F_Q \cdot l_k = -10 \cdot 1{,}60$$
$$= -16 \text{ kNm}$$ [1])

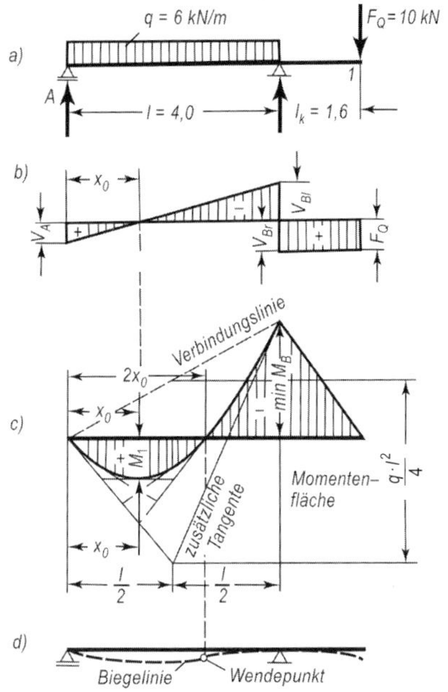

6.73 Träger mit Kragarm bei Vollbelastung
a) Laststellung: gleichmäßig verteilte Last auf dem Feld und Einzellast auf der Kragarmspitze
b) Querkraftfläche mit Nullstelle bei x_0
c) Momentenfläche mit Nullstelle bei 2 $_0$ und mit max M bei x_0
d) Biegelinie mit Wendepunkt bei 2 $_0$, also bei = 0

Stützkraft A

$$\sum M_{(B)} = 0 \qquad A \cdot l - q \cdot l \cdot \frac{l}{2} + F_Q \cdot l_k = 0 \qquad A \cdot l = q \cdot l \cdot \frac{l}{2} - F_Q \cdot l_k$$

Der Ausdruck – $F \cdot l_k$ kann auch durch das Kragmoment M_B ersetzt werden. Wenn vorzeichengerecht verfahren wird, erhält man:

$$A \cdot l = q \cdot l \cdot \frac{l}{2} + M_B \qquad A = \frac{q \cdot l \cdot \frac{l}{2}}{l} + \frac{M_B}{l} \qquad \boldsymbol{A = \frac{q \cdot l}{2} + \frac{M_B}{l}} \qquad \text{Gl. (6.50)}$$

Zur gleichen Formel kommt man, wenn man die Belastung von Feld und Kragarm getrennt betrachtet. Der Träger ist belastet durch die äußeren Lasten auf dem Feld und durch das Kragmoment. Aus der Feldbelastung allein ergibt sich die Stützkraft A_0 (ohne Einfluss des Kragmomentes) wie beim Träger auf 2 Stützen ohne Kragarm mit $A_0 = (q \cdot l)/2$. Durch die Kragarmbelastung erhält man $A' = M_B / l$. Die Stützkraft für die Vollbelastung errechnet sich aus der Summe beider Teilstützkräfte

[1]) Mit „max“ wird der größte positive Wert bezeichnet, mit „min“ der größte negative Wert.

$$A = A_0 + A'$$

$$A = \frac{q \cdot l}{2} + \frac{M_B}{l} = \frac{6 \cdot 4{,}00}{2} + \frac{-16}{4{,}00} = 12{,}0 - 4{,}0 = 8{,}0 \text{ kN}$$

Aus beiden Anteilen ist unmittelbar ablesbar, wie sich die Auflagerkraft A verändert, wenn die Verkehrslasten unabhängig voneinander sind, d.h. dass nur die Linienlast q oder nur die Einzellast F_Q am Kragarmende alleine wirkt. Die maximale Auflagerkraft A ergibt sich, wenn nur die Linienlast, die minimale Auflagerkraft, wenn nur die Einzellast wirkt.

$$A_{max} = A_0 = 12 \text{ kN} \qquad A_{min} = A' = -4 \text{ kN}$$

Stützkraft B

$$\Sigma M_{(A)} = 0 \qquad B \cdot l - q \cdot l \cdot \frac{l}{2} - F_Q \cdot (l + l_k) = 0 \qquad B \cdot l = q \cdot l \cdot \frac{l}{2} + F_Q \cdot (l + l_k)$$

$$B = \frac{q \cdot l \cdot l/2}{l} + \frac{F_Q \cdot l}{l} + \frac{F_Q \cdot l_k}{l} = \frac{q \cdot l}{2} + F_Q - \frac{M_B}{l} = \frac{6 \cdot 4{,}00}{2} + 10 - \frac{-16}{4{,}00}$$

$$= \underbrace{12{,}0}_{\hat{=} B_0} + \underbrace{10{,}0 + 4{,}0}_{\hat{=} B'} = 26 \text{ kN}$$

Die Stützkraft B errechnet sich also aus der Feldbelastung $(q \cdot l)/2$ und der Kragarmbelastung F_Q zuzüglich der belastenden Wirkung des Kragmomentes. Somit lassen sich die minimale und die maximale Stützkraft bei unabhängigen Verkehrslasten wiederum schnell bestimmen. Die maximale Stützkraft B ergibt sich aus der Vollbelastung, die minimale Stützkraft ist der kleinere der beiden Anteile B_0 bzw. B' bzw. Null, wenn gar keine Verkehrslast auftritt.

Querkräfte

$$V_A = A = 8{,}0 \text{ kN} \qquad V_{Bl} = V_A - q \cdot l = 8{,}0 - 6{,}0 \cdot 4{,}00 = 8{,}0 - 24{,}0 = -16{,}0 \text{ kN}$$

$$V_{Br} = V_{Bl} - B = -16{,}0 + 26{,}0 = +10{,}0 \text{ kN} \qquad V_1 = V_{Br} = F = 10{,}0 \text{ kN}$$

Nullstellen

Beim Betrachten der Querkraftfläche für die Vollbelastung fällt auf, dass die Querkraftlinie an 2 Stellen die Bezugslinie durchläuft. Es gibt hier 2 Nullstellen, also 2 gefährdete Querschnitte und damit auch 2 Extremwerte bei den Biegemomenten (Bild **6.**73b).

Die eine Nullstelle liegt bei der Stütze B, die andere im Feld. Sie kann wie bisher berechnet werden.

$$x_0 = \frac{V_A}{q} = \frac{8 \text{ kN}}{6 \text{ kN/m}} = 1{,}33 \text{ m} \quad \text{oder} \quad x_0 = \frac{l}{2} + \frac{M_B}{q \cdot l} = \frac{4{,}00}{2} + \frac{-16}{6 \cdot 4{,}00} = 1{,}33 \text{ m} \quad \text{von } A$$

Feldmoment

Das Biegemoment am Auflager A ist gleich Null. Mit dem Maß x_0 kann das Feldmoment bei Vollbelastung M_1 berechnet werden.

$$M_1 = A \cdot x_0 - q \cdot x_0 \cdot \frac{x_0}{2} = 8 \cdot 1{,}33 - 6 \cdot 1{,}33 \cdot \frac{1{,}33}{2} = 10{,}66 - 5{,}33 = 5{,}33 \text{ kNm}$$

Das maximale Feldmoment ergibt sich, wenn bei unabhängigen Verkehrslasten die Einzellast auf dem Kragarmende nicht wirkt, da diese Last für das Feldmoment entlastend wirkt (siehe Bild 6.72). Somit errechnet sich das maximale Feldmoment

$$M_{max} = \frac{q \cdot l^2}{8} = \frac{6{,}0 \cdot 4{,}00^2}{8} = 12{,}0 \text{ kNm}$$

Aus der Querkraftfläche der Vollbelastung wird berechnet

$$M_1 = \frac{V_A \cdot x_0}{2} = \frac{8{,}0 \cdot 1{,}33}{2} = 5{,}33 \text{ kNm}$$

Mit $x_0 = V_A / q$ erhält man $M_{max} = \frac{V_A \cdot x_0}{2} = \frac{V_A \cdot V_A / q}{2} = \frac{V_A^2}{2q}$ oder $M_{max} = \frac{q \cdot x_0^2}{2}$

Im Bereich der Streckenlast ist die Momentenlinie eine Parabel, im Kragarmbereich ohne Berücksichtigung der Eigenlast eine Gerade (Bild **6.**73c). Das absolut größte Moment ist das negative Moment über der Stütze. Die Stelle für das maximale Moment im Feld ist durch x_0 gegeben. Der Momenten-Nullpunkt ist an der Stelle $2 \cdot x_0$ vom Auflager A. Die Parabel ist zwischen dem Auflager A und dieser Stelle symmetrisch. Sie kann in diesem Bereich mit der Tangentenkonstruktion dargestellt werden.

Für den Bereich zwischen dem Momenten-Nullpunkt und dem Auflager B ist die Darstellung wegen der geringen Krümmung der Parabel nicht besonders schwierig. Eine zusätzliche Tangente bekommt man durch folgende Überlegungen:

Fasst man die Streckenlast zu einer Einzellast $F_q = q \cdot l$ zusammen und berechnet damit das Moment M', dann erhält man bei $l/2$

$$M' = \frac{F_q \cdot l}{4} = \frac{q \cdot l \cdot l}{4} = \frac{q \cdot l^2}{4}$$

Trägt man dieses Moment von der Verbindungslinie der Parabel-Endpunkte in der Mitte der Streckenlast an, hat man eine weitere Tangente an die Parabel (Bild **6.**73c).

Der Momenten-Nullpunkt hat eine wichtige Bedeutung. Er ist der Übergangspunkt vom positiven zum negativen Momentenbereich. Im Bereich der positiven Momente wird die untere Trägerzone gezogen, im Bereich der negativen Momente wird die untere Trägerzone gedrückt. Beim Momenten-Nullpunkt ist der Übergang von der Zug- zur Druckbeanspruchung im Trägerrand. Dadurch erfolgt eine Biegung der Trägerachse in anderer Richtung. Beim Momenten-Nullpunkt liegt also der Wendepunkt der Biegelinie (Bild **6.**73d).

Hinweis:

Aus Gründen der Übersichtlichkeit wurde in diesem Beispiel die Eigenlast des Trägers nicht erfasst.

2. Beispiel zur Erläuterung

Kragträger mit gleichmäßig verteilter Belastung (Bild **6.**74)

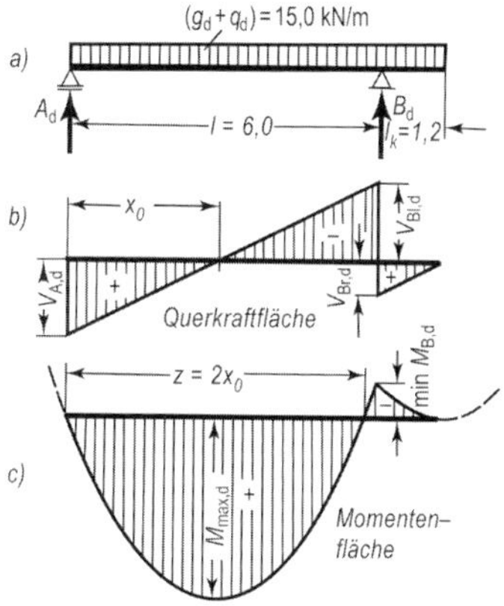

Bild **6.**74
Kragträger mit gleichmäßig verteilter Belastung

Kragmoment

$$M_{B,min} = -\frac{(g_d + q_d) \cdot l_k^2}{2} = -\frac{15{,}0 \cdot 1{,}20^2}{2} \qquad = -10{,}8 \text{ kNm}$$

Stützkräfte

Auflager A_d

$$A_d = A_{0,d} + \frac{M_{B,d}}{l} = \frac{(g_d + q_d) \cdot l}{2} + \frac{M_{B,d}}{l} = \frac{15{,}0 \cdot 6{,}00}{2} + \frac{-10{,}8}{6{,}00} = 45{,}0 - 1{,}8 = \qquad 43{,}2 \text{ kN}$$

Auflager B_d

$$B_d = B_{0,d} + (g_d + q_d) \cdot l_k - \frac{M_{B,d}}{l} = \frac{(g_d + q_d) \cdot l}{2} + (g_d + q_d) \cdot l_k - \frac{M_{B,d}}{l}$$

$$= \frac{15{,}0 \cdot 6{,}00}{2} + 15{,}0 \cdot 1{,}20 - \frac{10{,}8}{6{,}00} = 45{,}0 + 18{,}0 + 1{,}8 \qquad = 64{,}8 \text{ kN}$$

Querkräfte

$$V_{A,d} = A_d \qquad = 43{,}2 \text{ kN}$$

$$V_{Bl,d} = V_{A,d} - (g_d + q_d) \cdot l = 43{,}2 - 15{,}0 \cdot 6{,}00 = 43{,}2 - 90{,}0 \qquad = -46{,}8 \text{ kN}$$

$$V_{Br,d} = V_{Bl,d} + B_d = -46{,}8 + 64{,}8 \qquad = +18{,}0 \text{ kN}$$

Nullstellen der Querkräfte

$$x_0 = \frac{V_{A,d}}{(g_d + q_d)} = \frac{43{,}2}{15{,}0} = 2{,}88 \text{ m} \quad \text{von } A$$

Nullstellen der Momente

$$z = 2 \cdot x_0 = 2 \cdot 2{,}88 = 5{,}76 \text{ m} \quad \text{von } A$$

Feldmoment

$$M_{max,d} = \frac{V_{A,d} \cdot x_0}{2} = \frac{43{,}2 \cdot 2{,}88}{2} \qquad = 62{,}2 \text{ kNm}$$

Im Kragarmbereich ist die Momentenlinie ebenfalls eine Parabel. Sie kann auf ähnliche Weise durch Tangenten konstruiert werden. Die Momentenlinie läuft an der Kragarmspitze tangential zur Trägerachse aus (Bild **6**.74).

6.12.2 Ungünstige Laststellungen

Die Belastungen im Feld und auf dem Kragarm haben unterschiedliche Wirkungen. Die Kragarmbelastung wirkt entlastend auf das gegenüberliegende Auflager, belastend auf das angrenzende Auflager und verringernd auf das Biegemoment im Feld. Es ist außerdem bekannt, dass die Gesamtbelastung aus Eigenlast g und Nutzlast q entsteht. Die Nutzlast q kann zeitweise nur Teile des Trägers belasten, währenddessen andere Teile nur durch die ständig vorhandene Eigenlast g belastet sind. Die größten Stützkräfte und Schnittgrößen entstehen aber nicht durch die Gesamtlast $g + q$. Daher sind auch solche Teilbelastungen zu überprüfen, bei denen sich größere Stützkräfte, Querkräfte und Biegemomente ergeben, als bei Vollbelastung.

Bei einem Träger auf zwei Stützen mit einem Kragarm sind demnach folgende Laststellungen zu berücksichtigen:

Laststellung 1 (Bild **6.**75a)

- ständige Last *g* auf ganzer Trägerlänge
- Verkehrslast *q* auf ganzer Trägerlänge

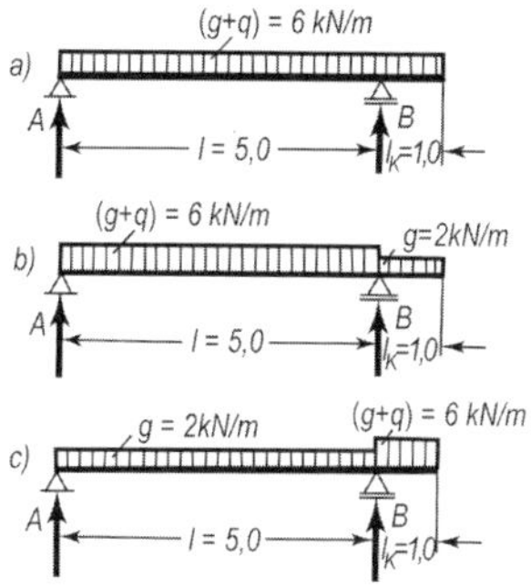

Bild **6.**75
a) … c) Die verschiedenen Laststellungen bei einem Kragträger mit gleichmäßig verteilter Last

Mit Laststellung 1 erhält man max B und min M_B (Größtwert des negativen Kragmomentes).

Laststellung 2 (Bild **6.**75b)

- ständige Last *g* auf ganzer Trägerlänge
- Nutzlast *q* auf Feldlänge

Mit Laststellung 2 errechnet man max A und max M_F.

Laststellung 3 (Bild **6.**75c)

- ständige Last *g* auf ganzer Trägerlänge
- Nutzlast *q* auf Kragarmlänge

Laststellung 3 liefert min A (kleinste Stützkraft) und min M_F (kleinstes Feldmoment).

Diese Berechnung der verschiedenen Belastungen durch die ungünstigen Laststellungen wurde bereits im 1. Beispiel zur Erläuterung, Abschn. 6.12.1, durchgeführt. Die ungünstigen Werte sind lediglich zusammenzustellen. Zunächst mag erscheinen, dass die Laststellung 3 (Vollbelastung nur auf dem Kragarm) unnötig sei. Es errechnen sich dabei auch keine Größtwerte. Aber die kleinste Stützkraft min A am entgegengesetzten Auflager kann dann von Interesse sein, wenn die Belastung einen negativen Wert der Stützkraft liefert. Der Träger muss dann am Auflager A verankert werden. Er würde dort sonst abheben. Das Biegemoment min M_F kann ebenfalls negativ werden, der Träger wird dann im Bereich des Feldes nach oben durchgebogen und der obere Trägerrand gezogen. Da diese Wirkung der Feldbelastung entgegensteht, kann sie von großer Bedeutung sein.

6.12.3 Träger mit beidseitigen Kragarmen

Bei Trägern mit beidseitigen Kragarmen gilt sinngemäß das gleiche wie bei Trägern mit einseitigem Kragarm. Die Kragarmbelastung entlastet jeweils das gegenüberliegende Auflager und belastet jeweils das benachbarte Auflager um den gleichen Betrag. Über beiden Auflagern entstehen hier Größtwerte der negativen Kragmomente.

Beispiel zur Erläuterung

Kragträger mit unterschiedlichen Streckenlasten (Bild **6.**76)

$g_d = 4$ kN/m, $q_{1,d} = 4$ kN/m, $q_{2,d} = 8$ kN/m, $q_{3,d} = 6$ kN/m

Kragmomente bei Vollbelastung

$$M_{A,d} = -\frac{(g_d + q_{1,d}) \cdot l_1^2}{2} = -\frac{8 \cdot 1{,}00^2}{2} = -4{,}0 \text{ kNm}$$

$$M_{B,d} = -\frac{(g_d + q_{3,d}) \cdot l_3^2}{2} = -\frac{10 \cdot 1{,}20^2}{2} = -7{,}2 \text{ kNm}$$

Kragmomente bei Eigenlast

$$M_{A,g} = -\frac{g_d \cdot l_1^2}{2} = -\frac{4 \cdot 1{,}00^2}{2} = -2{,}0 \text{ kNm}$$

$$M_{B,g} = -\frac{g_d \cdot l_3^2}{2} = -\frac{4 \cdot 1{,}20^2}{2} = -2{,}9 \text{ kNm}$$

Querkräfte

$$V_{Al,d} = -(g_d + q_{1,d}) \cdot l_1 = -8{,}0 \cdot 1{,}00 = -8{,}0 \text{ kN}$$

$$V_{Ar,d} = \frac{(g_d + q_{2,d}) \cdot l_2}{2} - \frac{M_{A,d}}{l_2} + \frac{M_{B,d}}{l_2}$$

$$= \frac{12{,}0 \cdot 5{,}00}{2} - \frac{-4{,}0}{5{,}00} + \frac{-7{,}2}{5{,}00}$$

$$= 30{,}0 + 0{,}8 - 1{,}4 = 29{,}4 \text{ kN}$$

$$V_{Bl,d} = \frac{(g_d + q_{2,d}) \cdot l_2}{2} - \frac{M_{A,d}}{l_2} + \frac{M_{B,d}}{l_2}$$

$$= -30{,}0 - 0{,}8 + 1{,}4 = -30{,}6 \text{ kN}$$

$$V_{Br,d} = (g_d + q_{3,d}) \cdot l_3 = 10 \cdot 1{,}2 = 12{,}0 \text{ kN}$$

Stützkräfte

$$A_d = V_{al,d} + V_{Ar,d} = 8{,}0 + 29{,}4 = 37{,}4 \text{ kN}$$

$$B_d = V_{Bl,d} + V_{Br,d} = 30{,}6 + 12{,}0 = 42{,}6 \text{ kN}$$

Nullstelle der Querkraft im Feld (Bild **6.**76b)

$$x_0 = \frac{V_{Ar,d}}{q_{2,d}} = \frac{29{,}4}{12{,}0} = 2{,}45 \text{ m} \quad \text{von } A$$

Feldmoment

$$M_{F,d} = \frac{V_{Ar,d} \cdot x_0}{2} + M_{A,g} = \frac{29{,}4 \cdot 2{,}45}{2} - 4{,}0 = 36{,}0 - 2{,}0 = 34{,}0 \text{ kNm} \quad \text{oder}$$

$$M_{F,d} = \frac{(g_d + q_{2,d}) \cdot x_0^2}{2} + M_{A,g} = \frac{12{,}0 \cdot 2{,}45^2}{2} - 4{,}0 = 36{,}0 - 2{,}0 = 34{,}0 \text{ kNm}$$

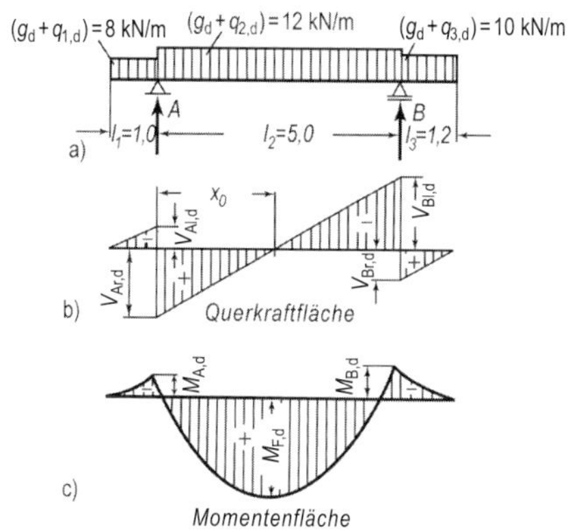

Bild 6.76 Träger mit beidseitigen Kragarmen und unterschiedlichen, gleichmäßig verteilten Lasten für Feld und Kragarme

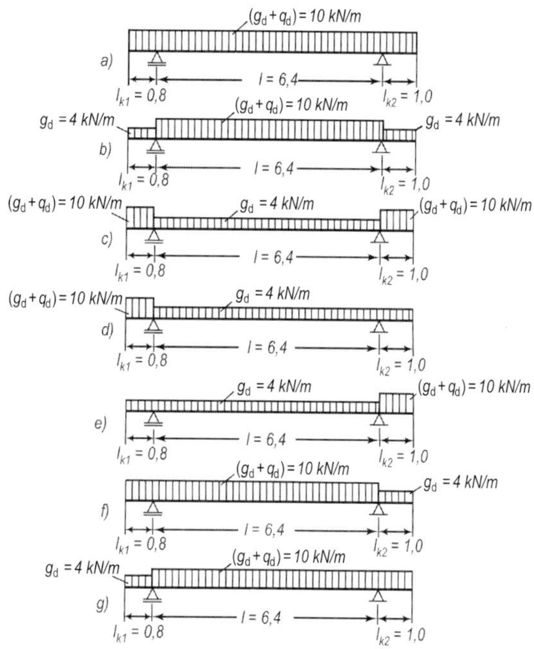

Bild 6.77 a) … g) Die verschiedenen Laststellungen bei einem Kragträger mit gleichmäßig verteilten Lasten

Beispiele zur Übung

1. Träger mit beidseitigen Kragarmen, belastet durch gleichmäßig verteilte Last (g_d+q_d) auf der ganzen Trägerlänge. Zu berechnen sind A_d, B_d, $M_{A,d}$, $M_{B,d}$, $M_{F,d}$ (Bild **6.**77a).

2. Träger mit beidseitigen Kragarmen, belastet durch ständige Last g_d auf der ganzen Trägerlänge und Nutzlast q_d auf dem Feld. Zu berechnen sind A_d, B_d, $M_{A,d}$, $M_{B,d}$, $M_{F,d}$ (Bild **6.**77b).

3. Wie Beispiel 2, jedoch Nutzlast nur auf beiden Kragarmen (Bild **6.**77c).

4. Wie Beispiel 2, jedoch Nutzlast nur auf dem Kragarm 1 (Bild **6.**77d).

5. Wie Beispiel 2, jedoch Nutzlast nur auf dem Kragarm 2 (Bild **6.**77e).

6. Wie Beispiel 2, jedoch Nutzlast auf dem Kragarm 1 und auf dem Feld (Bild **6.**77f).

7. Wie Beispiel 2, jedoch Nutzlast auf dem Feld und auf dem Kragarm 2 (Bild **6.**77g).

6.12.4 Ungünstige Laststellungen

Von den Trägern mit einseitigem Kragarm ist bekannt, dass Teilbelastungen des Trägers ungünstigere Stützkräfte und Biegemomente verursachen können, als die Vollbelastung des ganzen Trägers.

Die Ergebnisse der vorstehenden Übungsbeispiele 1 … 7 machen schon deutlich, dass Entsprechendes auch für Träger mit beidseitigen Kragarmen gilt. Die errechneten Werte für die Stützkräfte und die Biegemomente werden zweckmäßigerweise wie im folgenden Beispiel zur Erläuterung in einer Tabelle zusammengestellt, damit der Überblick bei der Vielzahl der Angaben nicht verloren geht.

Beispiel zur Erläuterung

Die Rechenwerte der 7 Laststellungen zur Berechnung eines Trägers mit beidseitigen Kragarmen (Beispiele zu Übung 1 … 7) werden zusammengestellt.

Laststellung	A_d	B_d	$M_{A,d}$	$M_{B,d}$	$M_{F,d}$
	kN			kNm	
 1	39,7	42,3	**– 3,2**	**– 5,0**	47,1
 2	35,1	36,1	– 1,3	– 2,0	**49,6**
 3	20,5	23,1	– 3,2	**– 5,0**	16,4
 4	21,0	16,6	**– 3,2**	– 2,0	17,9
 5	15,4	23,4	– 1,3	**– 5,0**	17,4
 6	**40,2**	35,8	**– 3,2**	– 2,0	48,7
 7	34,6	**42,6**	– 1,3	**– 5,0**	48,1

Daraus ersieht man, dass die Laststellung 1 (Vollbelastung ($g_d + q_d$) auf der ganzen Trägerlänge) keine maximalen Werte liefert, die in anderen Laststellungen nicht auch enthalten sind. Auf die Berechnung dieser Laststellung kann daher verzichtet werden.

Aus der Tabelle sind folgende ungünstigen Werte zu entnehmen:

$A_{max,d}$ = 40,2 kN $A_{min,d}$ = 15,4 kN

$B_{max,d}$ = 42,6 kN $B_{min,d}$ = 16,6 kN

$M_{A,min,d}$ = – 3,2 kNm $M_{B,min,d}$ = – 5,0 kNm

$M_{F,max,d}$ = 49,6 kNm $M_{F,min,d}$ = 16,4 kNm

Für eine weitere Berechnung des Trägers (Abmessungen des Trägers, Größe und Art des Querschnittes) sind diese Werte von Bedeutung.

6.12.5 Zusammenfassung für Träger mit Kragarmen

Zur Berechnung der Träger mit Kragarmen genügen die drei Gleichgewichtsbedingungen $\sum V_i = 0$, $\sum H_i = 0$, $\sum M_i = 0$. Ihre Anwendung muss jedoch sorgfältig unter besonderer Beachtung der Vorzeichen geschehen. Die Lasten haben belastende oder entlastende Wirkungen. Negative Stützkräfte und negative Feldmomente sind bei entsprechenden Laststellungen möglich. Die Vollbelastung liefert nicht die ungünstigsten Werte.

Verschiedene mögliche Laststellungen sind zu untersuchen. Innerhalb des Feldes oder auf der Länge eines Kragarmes braucht die Belastung nicht getrennt zu werden. Also entweder Belastung durch Gesamtlast $g + q$ oder Belastung nur durch ständige Last g auf der ganzen Feld- oder Kragarmlänge.

Die Beziehungen zwischen Belastungen, Querkräften und Biegemomenten bestehen hier genauso wie beim einfachen Träger auf zwei Stützen. Allerdings darf man dabei immer nur eine Laststellung für sich betrachten.

- **Die Belastung der Kragarme wirkt auf das gegenüberliegende Auflager entlastend, auf das angrenzende Auflager um den gleichen Betrag belastend.**
- **Über den Auflagern entstehen durch die Kragarmbelastung negative Kragmomente. Die Kragmomente (oder Stützmomente) verringern das Feldmoment des Trägers.**
- **Bei den Auflagern hat die Querkraftlinie einen Sprung von der Größe der Stützkraft.**

- **Über den Auflagern und im Feld ändert die Querkraftlinie ihr Vorzeichen. An diesen Stellen entstehen Größtwerte in der Momentenfläche. An der Stelle des größten Moments im Feld ist die Querkraft gleich Null.**
- **Alle Regeln für einfache Träger auf zwei Stützen** (Abschn. 6.6.4. und 6.8.3.) **gelten auch bei Trägern mit Kragarmen.**

6.13 Freiträger

Auskragende Balkonplatten, Vordächer oder Konsolen werden gelegentlich als Freiträger ausgebildet, sofern hierbei entstehende Wärmebrücken wärmeschutztechnisch vernachlässigt können.

Die Berechnung der Schnittgrößen für einen Freiträger erfolgt auf gleiche Weise wie die Berechnung der Schnittgrößen für den Kragarm eines Kragträgers. Ein Freiträger ist also dem auskragenden Teil eines Kragträgers gleichzusetzen (Bild **6.**78).

Freiträger haben nur ein Auflager. Da alle Träger aber wegen des stabilen Gleichgewichtszustandes mindestens statisch dreiwertig gelagert sein müssen, ist ein dreiwertiges Auflager erforderlich. Fest eingespannte Auflager sind statisch dreiwertig (Abschn. 6.1). Eine feste Einspannung ist aber nicht ohne besondere Maßnahmen herzustellen, denn ein solches Auflager hat außer den vertikalen und horizontalen Kräften auch ein Drehmoment aufzunehmen (Bild **6.**79). Nach Möglichkeit wird man daher versuchen, einen Freiträger durch einen Kragträger mit zwei Auflagern zu ersetzen.

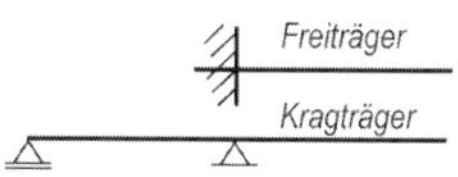

Bild **6.**78 Freiträger mit Kragträger

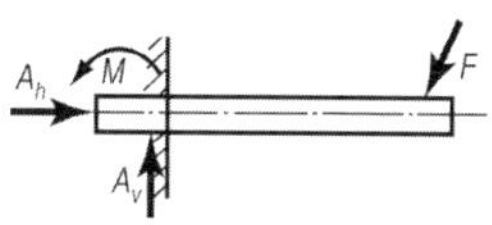

Bild **6.**79 Auflagerreaktionen bei einem Freiträger

Die Lagerung des Freiträgers verdient besondere Beachtung. Bei Stahlbeton- oder Stahlkonstruktionen sind Freiträger konstruktiv recht gut anzuschließen. Bei Konstruktionen aus anderen Werkstoffen ist die Einspannung meist schwierig herzustellen.

6.13.1 Lagerung der Freiträger

Die Lagerung eines Freiträgers im Mauerwerk ist wegen der unklaren Verteilung der dabei entstehenden inneren Kräfte nicht eindeutig zu bestimmen (Bild **6.**80a). Man kann allerdings durch Platten das Kräftespiel im Auflager schon vorher genau festlegen (Bild **6.**80b). Dabei ist zu erkennen, dass man es mit zwei Stützkräften A und B zu tun hat. Es ist die gleiche Situation wie bei einem Kragträger mit sehr kurzer Feldlänge. Der Freiträger ist ein zweiseitiger Hebel mit dem Drehpunkt bei der Stützkraft A (Bild **6.**80c). Die statische Länge des Freiträgers wird nicht vom freien Ende aus zur Vorderkante des Mauerwerks, sondern bis zur Stützkraft A gerechnet. Dem Moment der äußeren Kräfte hält das Einspannmoment $M_A = -B \cdot a$ entgegenwirkend das Gleichgewicht.

Bei einer Einspannung ohne Zentrierung der Stützkräfte durch Lagerplatten kann mit guter Näherung eine Kräfteverteilung entsprechend Bild **6.**81 angenommen werden.

Die Stützkräfte A und B werden dabei in einem Drittel der Druckverteilungslänge wirkend angenommen (Schwerpunkt der Dreiecksflächen). Daraus ergibt sich der Wirkabstand a der Stützkräfte

$$a = t - 2 \cdot \frac{1}{6} \cdot t = \frac{2}{3} \cdot t \qquad \text{Gl. (6.51)}$$

Die statische Länge ist

$$\boldsymbol{l = l_w + \frac{1}{6} \cdot t} \qquad \text{Gl. (6.52)}$$

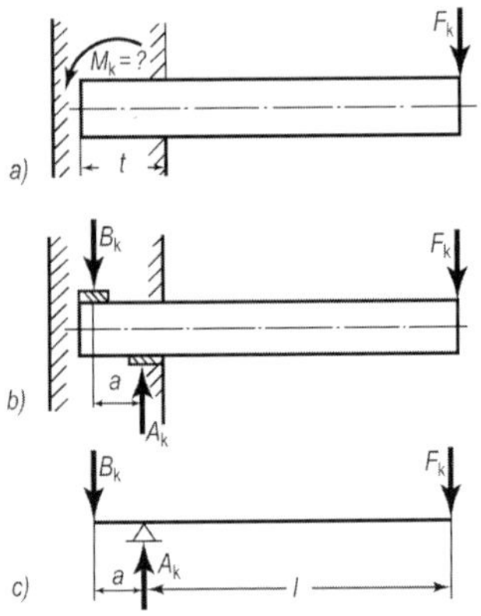

Bild **6.**80 Bestimmung der Auflagerreaktionen bei Lagerplatten

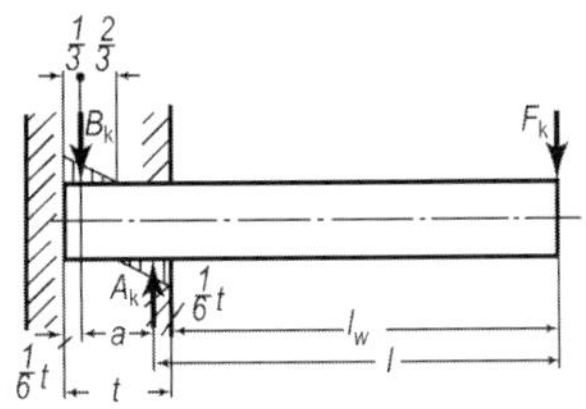

Bild **6.**81 Bestimmung der Auflagerreaktionen bei einfacher Einspannung

Wichtig ist für die Untersuchung des Mauerwerks, ob die Stützkraft A_k aufgenommen werden kann (Abplatzungen an der Mauerwerkskante). Außerdem muss genügend Auflast zur Ausbildung der Stützkraft B_k vorhanden sein. Die verlangte 1,5fache Sicherheit (Abschn. 5.3.2) erfordert eine eineinhalbmal größere Auflast als B_k, andernfalls muss der Träger nach unten verankert werden.

6.13.2 Freiträger mit Einzellasten

Für Freiträger mit einer Einzellast an der Spitze werden die Schnittgrößen mit den Gleichgewichtsbedingungen (Hebelgesetz) bestimmt.
Freiträger mit Auflagerung im Mauerwerk (Bild **6.**82).

Stützkräfte

$$\sum M_{(A)} = 0 \quad F_k \cdot l - B_k \cdot a = 0 \quad B_k \cdot a = F_k \cdot l \quad \boldsymbol{B_k = \frac{F_k \cdot l}{a}} \qquad \text{Gl. (6.53)}$$

$$\sum V_i = 0 \quad A_k - B_k - F_k = 0 \quad \boldsymbol{A_k = B_k + F_k} \qquad \text{Gl. (6.54)}$$

Querkräfte

$$V_{x,k} = +F_k \quad V_{al,k} = -B_k \quad V_{Ar,k} = F_k \quad V_{B,k} = -B_k$$

Biegemomente

$$\boldsymbol{M_{A,k} = -F_k \cdot l \quad M_{x,k} = -F_k \cdot x} \qquad \text{Gl. (6.55)(6.56)}$$

Querkraftfläche

Die Querkraftfläche im Trägerbereich ist positiv. Die Querkraftfläche zwischen den beiden Stützkräften ist im Allgemeinen von geringer Bedeutung, daher kann eine Darstellung für diesen Bereich entfallen.

Momentenfläche

Die Momentenfläche ist im Trägerbereich ein Dreieck. Die Momente sind negativ, da am unteren Trägerrand Druck entsteht. Auch hier erübrigt sich die Darstellung der Momentenfläche für den Bereich zwischen den Stützkräften.

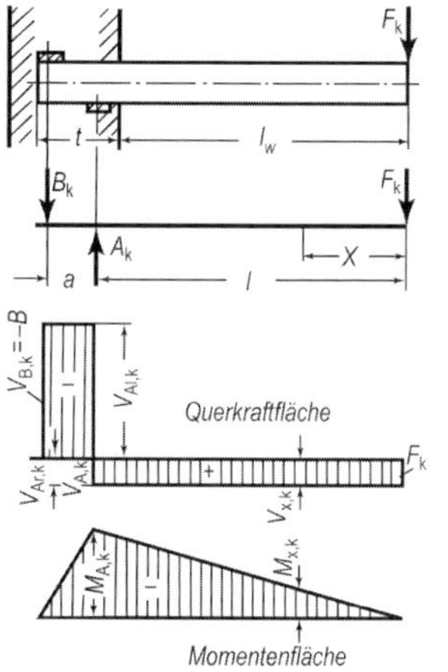

Bild **6.**82 Freiträger mit Einzellast bei Lagerplatten

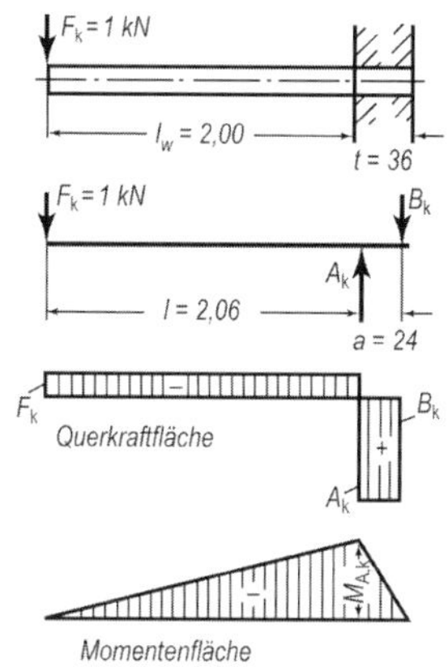

Bild **6.**83 Freiträger mit Einzellast bei einfacher Einspannung

Beispiele zur Erläuterung

1. Für den Freiträger nach Bild **6.**83 werden die Kraft für die Mauerwerksbelastung und die erforderliche Auflast sowie das größte Biegemoment berechnet. Querkraft- und Momentenfläche werden dargestellt.

$$l = l_w + \frac{1}{6} \cdot t = 2{,}00 + \frac{1}{6} \cdot 0{,}36 = 2{,}06 \text{ m} \qquad a = \frac{2}{3} \cdot t = \frac{2}{3} \cdot 0{,}36 = 0{,}24 \text{ m}$$

$$\sum M_{(A)} = 0 \qquad B_k \cdot a - F_k \cdot l = 0 \qquad B_k = \frac{F_k \cdot l}{a} = \frac{1{,}0 \cdot 2{,}06}{0{,}24} = 8{,}6 \text{ kN}$$

$$\sum V_i = 0 \qquad A_k - B_k - F_k = 0 \qquad A_k = B_k + F_k = 8{,}6 + 1{,}0 = 9{,}6 \text{ kN}$$

Kraft für Mauerwerksbelastung $A_k = 9{,}6$ kN

Erforderliche Auflast $V_k = 1{,}5 \cdot B_k = 1{,}5 \cdot 8{,}6 = 12{,}9$ kN

Größtes Biegemoment $M_{A,k} = -F_k \cdot l = -1{,}0 \cdot 2{,}06 = -2{,}06$ kNm

2. Die Konsole aus Stahl (Freiträger) nach Bild **6.**84 hat zwei Einzellasten aufzunehmen und wird an einer Stütze angeschraubt. Die Schnittgrößen für den Freiträger und die Kräfte in den Schrauben werden berechnet, die Querkraft- und Momentenfläche dargestellt.

$$M_{1,k} = -F_{2,k} \cdot b = -5 \cdot 0{,}10 = -0{,}5 \text{ kNm}$$

$$M_{A,k} = -F_{2,k} \cdot (a+b) - F_{1,k} \cdot a = -5 \cdot 0{,}40 - 6 \cdot 0{,}30 = -2{,}0 - 1{,}8 = -3{,}8 \text{ kNm}$$

$\sum M_{(A)} = 0 \quad B_{h,k} \cdot h - M_{A,k} = 0 \qquad B_{h,k} = \dfrac{M_{A,k}}{h} = \dfrac{3{,}8}{0{,}20} = 19{,}0 \text{ kN}$

$\sum H_i = 0 \quad A_{h,k} - B_{h,k} = 0 \qquad A_{h,k} = B_{h,k} = 19{,}0 \text{ kN}$

$\sum V_i = 0 \quad A_{v,k} + B_{v,k} - F_{1,k} - F_{2,k} = 0 \qquad A_{v,k} + B_{v,k} = F_{1,k} + F_{2,k} = 6{,}0 + 5{,}0 = 11{,}0 \text{ kN}$

$A_{v,k} = 5{,}5 \text{ kN} \qquad B_{v,k} = 5{,}5 \text{ kN}$

Die gesamte Kraft für eine Schraube berechnet man aus den beiden Kraftkomponenten $A_{h,k}$ und $A_{v,k}$ (oder $B_{h,k}$ und $B_{v,k}$)

$$A_k = B_k = \sqrt{A_{h,k}^2 + A_{v,k}^2} = \sqrt{19{,}0^2 + 5{,}5^2} = 19{,}8 \text{ kN}$$

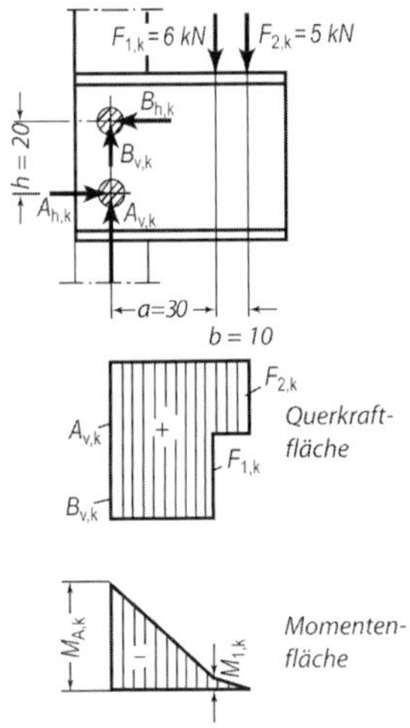

Bild **6.**84 Konsole mit Schraubenanschluss

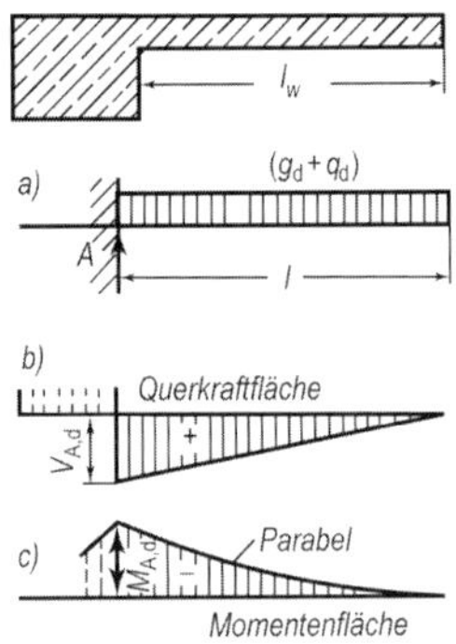

Bild **6.**85 Stahlbetonplatte als Freiträger

6.13.3 Freiträger mit gleichmäßig verteilter Belastung

Die Schnittgrößen werden mit Hilfe der Gleichgewichtsbedingungen bestimmt.

Für einen Freiträger aus Stahlbeton mit Einspannung im Stahlbetonbalken (Bild **6.**85) erhält man die Schnittgrößen auf folgende Weise:

Statische Länge

$$l = 1{,}05\, l_w$$

Stützkraft

$$A_d = (g_d + q_d) \cdot l \qquad \text{Gl. (6.57)}$$

Querkräfte

$$V_{x,d} = (g_d + q_d) \cdot x \qquad \text{Gl. (6.58)}$$

Biegemomente

$$M_{x,d} = -(g_d + q_d) \cdot x \cdot \frac{x}{2} = -\frac{(g_d + q_d) \cdot x^2}{2} \qquad \text{Gl. (6.59)}$$

$$M_{A,d} = -(g_d + q_d) \cdot l \cdot \frac{l}{2} = -\frac{(g_d + q_d) \cdot l^2}{2} \qquad \text{Gl. (6.60)}$$

Beispiele zur Übung

Die im Mauerwerk eingespannten Freiträger sollen berechnet werden. Dafür sind die statische Länge l, die Stützkraft A_k, die erforderliche Auflast B_k und das Einspannmoment $M_{A,k}$ zu bestimmen (Bild **6.**86);

$$l = l_w + \frac{1}{6} \cdot t \qquad a = \frac{2}{3} \cdot t$$

1. $q_k = 5{,}0$ kN/m $l_w = 1{,}50$ m $t = 36{,}5$ cm

2. $q_k = 7{,}0$ kN/m $l_w = 2{,}00$ m $t = 49$ cm

3. $q_k = 2{,}0$ kN/m $l_w = 1{,}20$ m $t = 24$ cm

4. $q_k = 3{,}0$ kN/m $l_w = 0{,}90$ m $t = 24$ cm

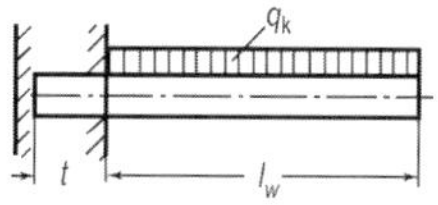

Bild **6.**86
Freiträger mit einfacher Einspannung mit Mauerwerk

6.13.4 Freiträger mit Brüstung

Zur Bestimmung der Schnittgrößen sind ebenfalls die Gleichgewichtsbedingungen anzusetzen.

Freiträger (Balkonträger) mit biegesteif verbundener Brüstung und Auflagerung im Mauerwerk (Bild **6.**87).

Stützkräfte (Bild **6.**87a)

$$\sum M_{(A)} = 0 \qquad V \cdot l + H \cdot h - B \cdot a = 0 \qquad B = \frac{V \cdot l + H \cdot h}{a} \qquad \text{Gl. (6.61)}$$

$$\sum V_i = 0 \qquad A_v - B - V = 0 \qquad A_v = B + V \qquad \text{Gl. (6.62)}$$

$$\sum H_i = 0 \qquad A_h \cdot H = 0 \qquad A_h = H \qquad \text{Gl. (6.63)}$$

Querkräfte (Bild **6.**87b)

$$V_x = +V \qquad \text{Gl. (6.64)}$$

Normalkräfte (Bild **6.**87c)

$$N = H \qquad \text{Gl. (6.65)}$$

Biegemomente (Bild **6.**87d)

$$M_1 = -H \cdot h \qquad \text{Gl. (6.66)}$$

$$M_x = -H \cdot h - V \cdot x \qquad \text{Gl. (6.67)}$$

$$M_A = -H \cdot h - V \cdot l \qquad \text{Gl. (6.68)}$$

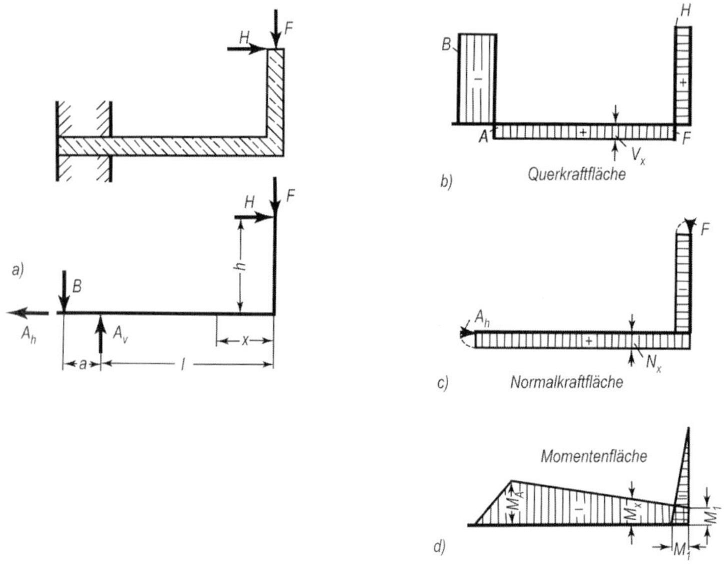

Bild 6.87 Balkonträger mit biegesteifer Brüstung

6.14 Gelenkträger

Ein Träger kann mehrere Felder überspannen. Solche Mehrfeldträger kommen in der Praxis sehr häufig vor. Sie werden auf verschiedene Arten konstruiert.

Lässt man einen Träger einfach über mehrere Stützen bzw. Felder durchlaufen, nennt man ihn Durchlaufträger. Dieser Träger sieht auf den ersten Blick recht einfach aus, ist aber ein statisch kompliziertes System. Durchlaufträger sind statisch unbestimmt, denn die drei Gleichgewichtsbedingungen reichen zur Bestimmung der Schnittgrößen nicht aus (s. Abschnitt 7).

Ein Träger über mehreren Feldern kann aus Kragträgern und einfachen Einfeldträgern zusammengesetzt werden. Die einzelnen Trägerteile werden durch Gelenke zu einem Gesamtträger verbunden; man bezeichnet ihn als Gelenkträger. Da im Jahre 1866 H. Gerber als erster auf diese Idee kam, nennt man die Gelenkträger auch Gerberträger. Dachpfetten aus Holz oder Stahl werden gelegentlich als Gelenkträger ausgebildet.

6.14.1 Anordnung der Gelenke

Die Gelenke sollen so ausgebildet sein, dass eine weitgehend ungehinderte Drehung der Träger an diesen Stellen möglich ist. In den Gelenken werden also nur Querkräfte und Normalkräfte übertragen, keine Biegemomente. In jedem Gelenk sind die Momente gleich Null

$$\sum \boldsymbol{M}_{\mathrm{G}} = \mathbf{0} \qquad \text{Gl. (6.69)}$$

Mit dieser zusätzlichen Bedingung können die Schnittgrößen für Gelenkträger bestimmt werden. Wichtig ist jedoch, dass die Gelenke auf sinnvolle Weise angeordnet werden, damit die Träger stabil bleiben.

1. Die Anzahl der Gelenke ist gleich der Anzahl der Mittelstützen.

2. In Endfeldern darf nur jeweils 1 Gelenk angeordnet werden.

3. Mittelfelder dürfen 2 Gelenke haben, in diesem Fall sollen die Nachbarfelder frei von Gelenken sein.

4. Nur ein Auflager ist fest, alle anderen sind beweglich.

Je nach Anordnung der Gelenke setzt sich ein Gelenkträger zusammen aus folgenden Trägerteilen:

Kragträger, Schleppträger, Schwebeträger oder Koppelträger (Bilder **6.**88 und **6.**89). Die Aufteilung der Gelenkträger für die statische Berechnung wird in den Bildern **6.**90 und **6.**91 verdeutlicht.

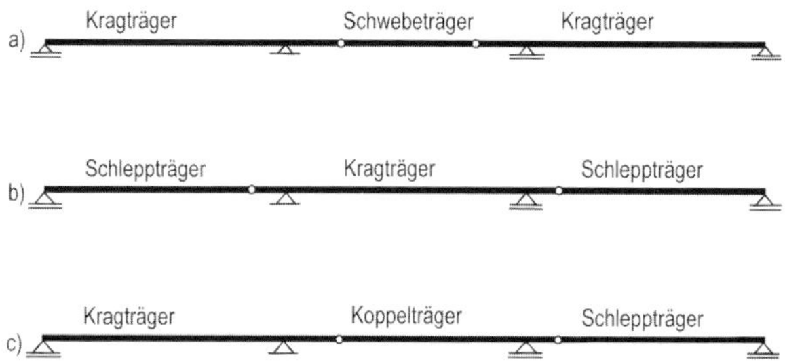

Bild **6.**88
Gelenkträger über 3 Felder mit unterschiedlicher Anordnung der Gelenke
a) Endfelder ohne Gelenke, im Mittelfeld 2 Gelenke
b) Endfelder mit je einem Gelenk, Mittelfeld ohne Gelenk
c) an den Kragträger im ersten Endfeld schließt ein Koppelträger an

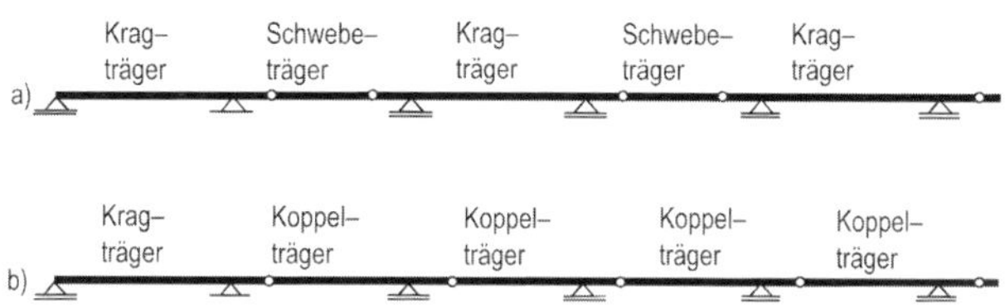

Bild **6.**89
Gelenkträger können über beliebig viele Felder fortgesetzt werden
a) Kragträger mit Schwebeträgern
b Kragträger mit Koppelträgern

6.14.2 Schnittgrößen bei gleichmäßig verteilter Belastung

Für die Bemessung des Trägerquerschnitts ist es günstig, wenn Feldmomente und Stützmomente möglichst gleichgroß sind. Das ist zum Teil durch eine passende Entfernung der Gelenke von den Auflagern zu erreichen (Bilder **6.**90 und **6.**91). Um durchweg gleichgroße Momente zu erhalten, müssen die Endfelder auf $l_1 = 0{,}854\ l$ verkürzt werden (Bild **6.**92). Das ist aber konstruktiv nicht immer möglich.

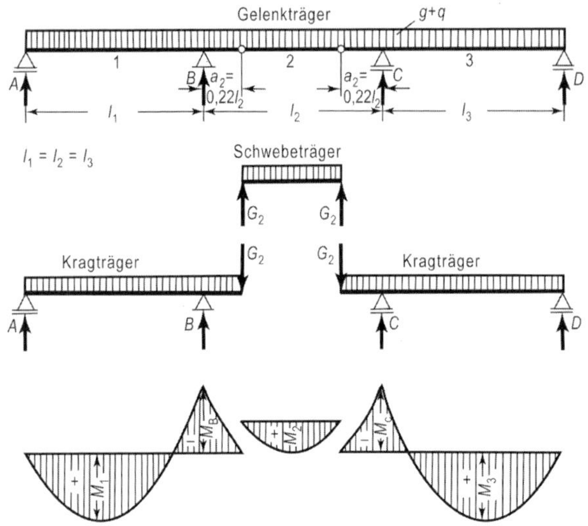

$M_1 = M_1 = -M_B = -M_C = 0{,}0858 \cdot (g+q) \cdot l^2$

$M_2 = 0{,}46 M_1$

Bild **6**.90 Träger mit Gelenken im Mittelfeld und Gelenkabstand 0,22 l: gleichgroße Momente für Endfelder und Stützen. Das Moment im Mittelfeld ist kleiner

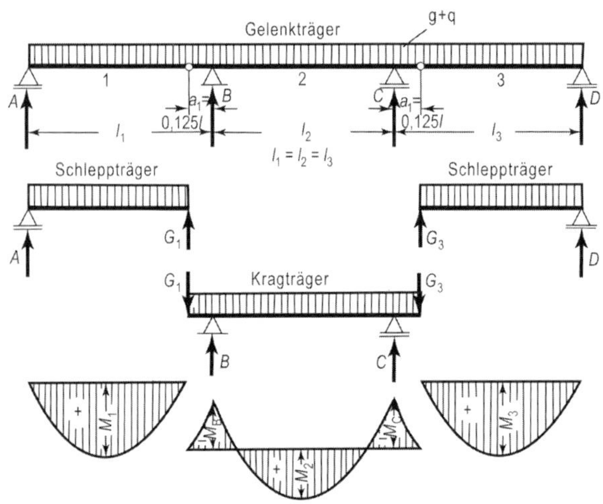

$M_1 = M_3$ $\quad M_2 = -M_B = -M_C = 0{,}0957 \cdot (g+q) \cdot l^2$

$M_2 = 0{,}65 M_1$

Bild **6**.91 Träger mit Gelenken in den Endfeldern und Gelenkabstand 0,125 l:
gleichgroße Momente für Mittelfeld und Stützen. Die Momente in den Endfeldern sind größer

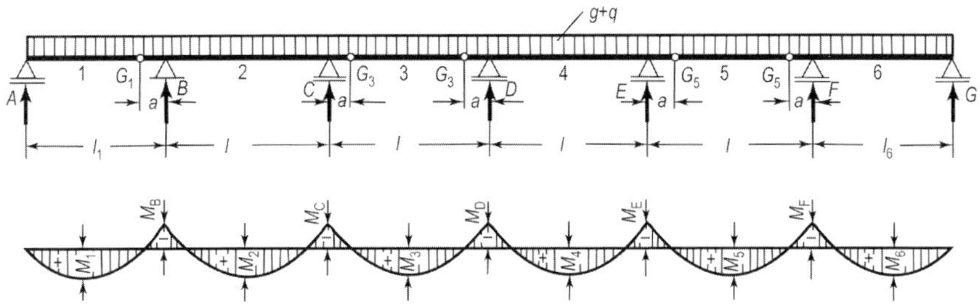

$a = 0{,}147l$ $\quad$ $A = G = 0{,}354 \cdot (g+q) \cdot l$ $\quad$ $M_B \ldots M_F = -0{,}063 \cdot (g+q) \cdot l^2$

$l_1 = l_6 = 0{,}854l$ $\quad$ $G_1 \ldots G_5 = 0{,}354 \cdot (g+q) \cdot l$ $\quad$ $M_1 \ldots M_6 = +0{,}063 \cdot (g+q) \cdot l^2$

$B \ldots F = 1{,}0 \cdot (g+q) \cdot l$

Bild **6.**92 Träger mit gleichgroßen Feld- und Stützmomenten bei gleichmäßig verteilter Belastung

Bei gleichgroßen Feldweiten und gleichmäßig verteilter Belastung können die Schnittgrößen nach Tafel **6.**6 berechnet werden. Die angegebenen Abstände der Gelenke von den Auflagern sind dabei einzuhalten.

Tafel **6.**6 Gelenkträger mit gleichmäßig verteilter Belastung; Lage der Gelenke und Schnittgrößen

Ausführung, Gelenke	Stützkräfte, Gelenkkräfte	Biegemomente
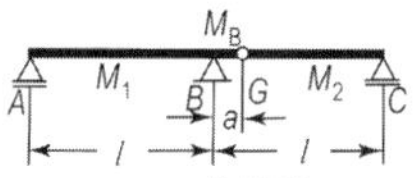 $a = 0{,}172l$	$A = 0{,}4142 \cdot (g+q) \cdot l$ $B = 1{,}1716 \cdot (g+q) \cdot l$ $C = 0{,}4142 \cdot (g+q) \cdot l = G$	$M_1 = -M_B = M_2$ $= 0{,}0858 \cdot (g+q) \cdot l^2$
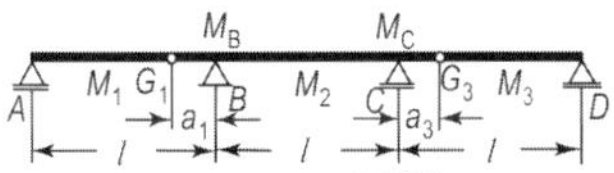 $a_1 = a_1 = 0{,}125l$	$A = D = 0{,}4375 \cdot (g+q) \cdot l$ $B = C = 1{,}0625 \cdot (g+q) \cdot l$ $G_1 = G_3 = 0{,}4375 \cdot (g+q) \cdot l$	$M_1 = 0{,}0957 \cdot (g+q) \cdot l^2$ $M_2 = -M_B = -M_C$ $= 0{,}0625 \cdot (g+q) \cdot l^2$
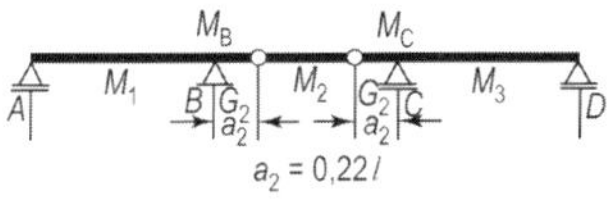 $a_2 = 0{,}22l$	$A = D = 0{,}4142 \cdot (g+q) \cdot l$ $B = C = 1{,}0858 \cdot (g+q) \cdot l$ $G_2 = 0{,}28 \cdot (g+q) \cdot l$	$M_1 = -M_B = -M_C$ $= 0{,}0858 \cdot (g+q) \cdot l^2$ $M_2 = 0{,}0392 \cdot (g+q) \cdot l^2$

Beispiel zur Erläuterung

Für eine 25,10 m lange Lagerhalle werden die Dachpfetten als Gelenkträger ausgebildet. Der Abstand der unterstützenden Dachbinder beträgt 4,40 m, der Abstand zu den Giebelwänden 3,75 m (Bild **6.**93).

Belastung aus Eigenlast und Schnee in der Schneelastzone 2 ergibt sich bei einem Pfettenabstand $e = 1{,}20$ m zu

Bemessungslast bei Vollbelastung

$$(g_d + s_d) = (\gamma_G \cdot g_k + \gamma_Q \cdot s_k) \cdot e$$
$$= (1{,}35 \cdot 0{,}50 + 1{,}5 \cdot 0{,}85) \cdot 1{,}20 = 2{,}34 \text{ kN/m}$$

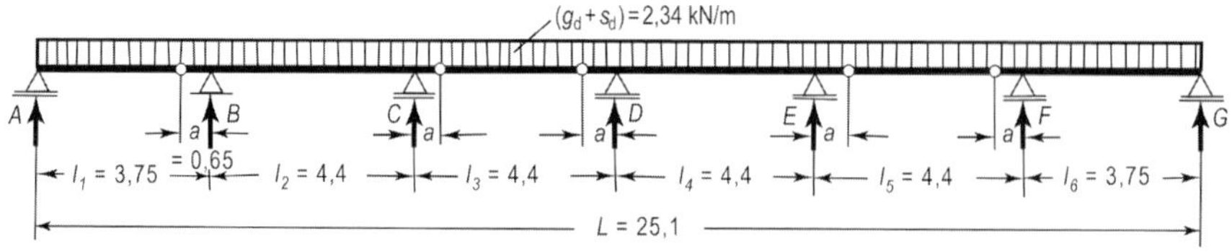

Bild **6**.93 Dachpfetten als Gelenkträger für eine Lagerhalle

Stützlängen

$$l_1 = l_6 = 3{,}75 \text{ m}, \quad l_2 \ldots l_5 = 4{,}40 \text{ m}$$

Abstand der Gelenke vom nächsten Auflager

$$a = 0{,}147 \cdot l = 0{,}147 \cdot 4{,}40 = 0{,}65 \text{ m}$$

Schnittgrößen bei Vollbelastung:
(siehe Bild 6.92)

Stützkräfte

$$A_\text{d} = G_\text{d} = 0{,}354 \cdot (g_\text{d} + s_\text{d}) \cdot l = 0{,}354 \cdot 2{,}34 \cdot 4{,}40 = 3{,}64 \text{ kN}$$

$$B_\text{d} \ldots F_\text{d} = 1{,}0 \cdot (g_\text{d} + s_\text{d}) \cdot l = 1{,}0 \cdot 2{,}34 \cdot 4{,}40 = 10{,}30 \text{ kN}$$

$$G_{1,\text{d}} \ldots G_{5,\text{d}} = 0{,}354 \cdot (g_\text{d} + s_\text{d}) \cdot l = 0{,}354 \cdot 2{,}34 \cdot 4{,}40 = 3{,}64 \text{ kN}$$

Feld

$$M_{1,\text{d}} \ldots M_{6,\text{d}} = 0{,}063 \cdot (g_\text{d} + s_\text{d}) \cdot l^2 = 0{,}063 \cdot 2{,}34 \cdot 4{,}40^2 = 2{,}85 \text{ kNm}$$

Stützmomente

$$M_{\text{B,d}} \ldots M_{\text{F,d}} = -0{,}063 \cdot (g_\text{d} + s_\text{d}) \cdot l^2 = -0{,}063 \cdot 2{,}34 \cdot 4{,}40^2 = -2{,}85 \text{ kNm}$$

Gelenkmomente

$$M_{\text{G1,d}} \ldots M_{\text{G5,d}} = 0$$

7 Berechnung statisch unbestimmter Träger

Im vorigen Abschnitt wurde festgestellt, dass ein Träger zur stabilen Lagerung mindestens 3-wertig gelagert sein muss. Zur Berechnung dieser 3 unbekannten Größen der Stützkräfte stehen 3 Gleichungen zur Verfügung. Es sind dies die 3 Gleichgewichtsbedingungen

$$\Sigma H_i = 0, \qquad \Sigma V_i = 0, \qquad \Sigma M_i = 0$$

Eine mehr als 3-wertige Lagerung macht einen Träger statisch unbestimmt. So ist beispielweise ein 4-wertig gelagerter Träger statisch einfach unbestimmt, denn die statische Unbestimmtheit n ergibt sich aus $n = 4 - 3 = 1$. Ein 5-wertig gelagerter Träger ist statisch zweifach unbestimmt ($n = 5 - 3 = 2$). Zu einer solchen mehr als 3-wertigen Lagerung kommt es, wenn ein Träger mehr als ein festes Auflager (2-wertig) **und** ein bewegliches Auflager (1-wertig) besitzt oder mehr als ein eingespanntes Auflager hat. Diese mehr als 3-wertige Lagerung ergibt sich bei eingespannten Einfeldträgern (Bild **7.1**) und bei Durchlaufträgern (Bild **7.2**).

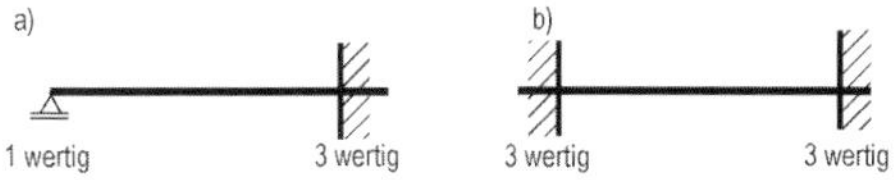

Bild **7.1** Eingespannte Einfeldträger sind wegen ihrer mehr als 3-wertigen Lagerung statisch unbestimmt
a) einseitig eingespannter Einfeldträger: 4-wertige Lagerung
b) beidseitig eingespannter Einfeldträger: 6-wertige Lagerung

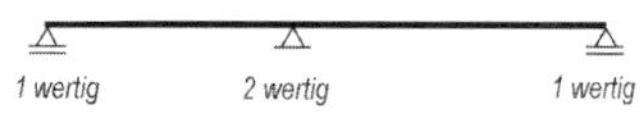

Bild **7.2** Mehrwertige Lagerung eines Durchlaufträgers: 4-wertig

7.1 Durchlaufträger

Träger auf mehr als zwei Stützen sind Durchlaufträger, wenn keine Gelenke angeordnet werden (s. Abschn. 6.14). Ein Träger auf 3 Stützen ist ein Zweifeldträger, da er zwei Felder (Öffnungen) überbrückt (Bild **7.3**). Die Vorteile eines Zweifeldträgers gegenüber zwei Einfeldträgern sind die kleineren Biegemomente und geringeren Durchbiegungen. Diese ergeben sich aus der Durchlaufwirkung über dem Mittelauflager (Innenstütze). Infolge der Durchlaufwirkung entsteht über der Innenstütze ein zusätzliches Biegemoment. Dieses Biegemoment über der Stütze ist das Stützmoment und ähnelt dem Kragmoment beim Kragträger (Bild **7.4**).

Bei Kragträgern war das Kragmoment aus der äußeren Belastung zu berechnen. Das ist beim Stützmoment von Durchlaufträgern nicht ohne weiteres möglich. Dieses Stützmoment ist gegenüber den statisch bestimmten Einfeldträgern die zusätzlich entstandene unbekannte Größe. Über jeder Innenstütze entsteht ein entsprechendes Stützmoment. Um die Anzahl der Innenstützen ist also ein Durchlaufträger statisch unbestimmt. Ein Durchlaufträger mit einer Innenstütze (Zweifeldträger) ist statisch einfach unbestimmt. Ein Durchlaufträger über 2 Innenstützen (Dreifeldträger)

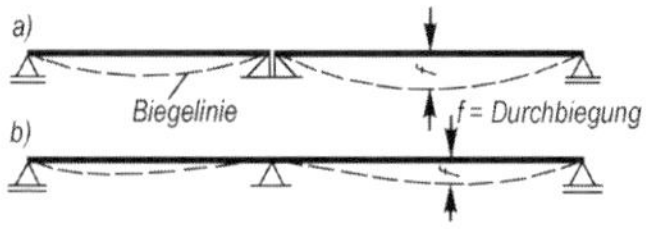

Bild 7.3 Durchbiegungen
a) bei zwei Einfeldträgern oder
b) bei einem Zweifeldträger

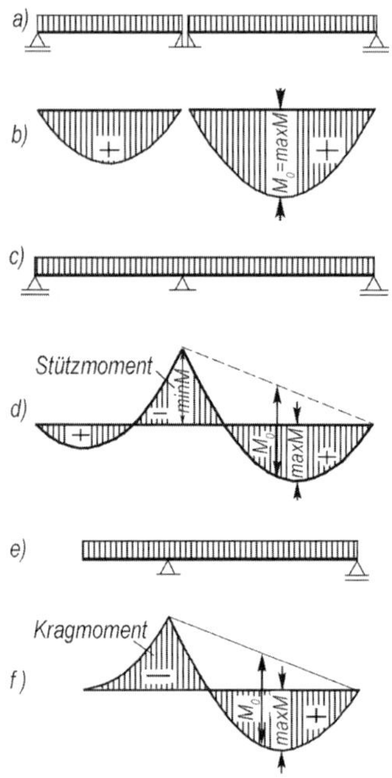

Bild 7.4 Biegemomente
a) und b) bei zwei Einfeldträgern
c) und d) bei einem Zweifeldträger
e) und f) bei einem Kragträger

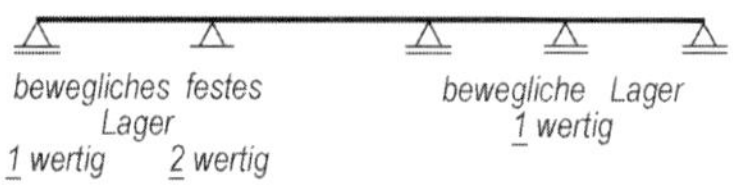

Bild 7.5 Durchlaufträger mit einem festen Auflager

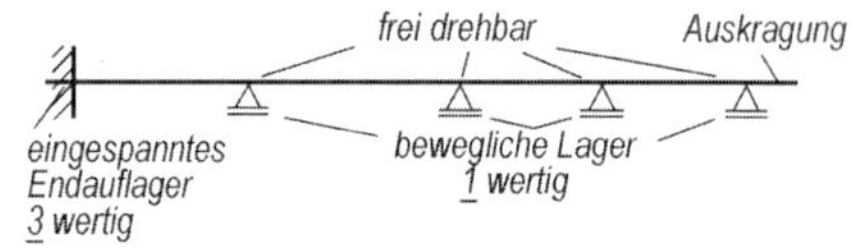

Bild 7.6 Durchlaufträger mit einem eingespannten Auflager

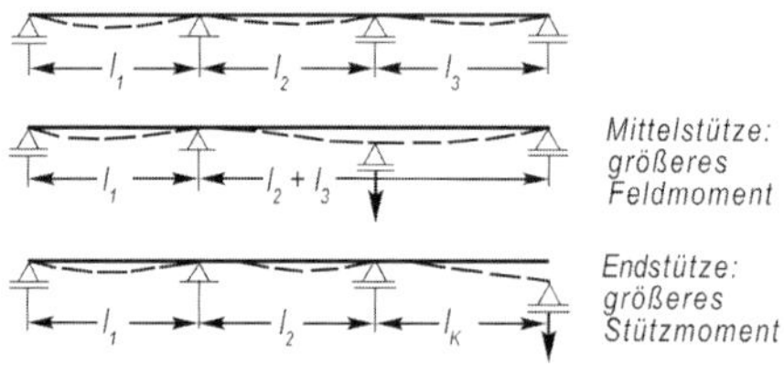

Bild 7.7 Auswirkung von Stützensenkungen

ist statisch 2-fach unbestimmt. Für diese unbestimmten Größen sind zusätzliche Gleichungen erforderlich, damit alle Größen bestimmt werden können.

Für die Berechnung von Durchlaufträgern stehen verschiedene Computer-Programme zur Verfügung, mit denen die Aufgaben in der täglichen Praxis des Tragwerkplaners auf schnelle Weise gelöst werden können, z.B. nach der Methode der „Finiten Elemente". Damit verliert der mühsame Rechenaufwand immer mehr an Bedeutung, der bei klassischen Berechnungsverfahren aufzuwenden ist.

Dennoch wird nachfolgend bewusst ein Verfahren der „alten Art" vorgestellt, da hierdurch das Verständnis für Rechenergebnisse erarbeitet werden kann. Es ist das Kraftgrößenverfahren.

Zur Berechnung der im Folgenden dargestellten Durchlaufträger werden die nachstehenden, sehr vereinfachenden Annahmen getroffen.

1. **Der Durchlaufträger hat nur ein festes oder eingespanntes Auflager. Alle anderen Auflager sind beweglich (Bild 7.5).**
2. **Über allen Mittelstützen soll sich der Träger frei verbiegen und drehen können. An den Endauflagern kann der Träger frei beweglich oder fest eingespannt sein oder auch auskragen (Bild 7.6).**
3. **Ungleiche Senkungen der Stützen treten nicht ein (Bild 7.7).**

4. Der Durchlaufträger ist aus einem einheitlichen Baustoff mit einheitlichem Elastizitätsmodul hergestellt.

5. Der Durchlaufträger hat einen gleich bleibenden Querschnitt über alle Felder.

6. Unterschiedliche Temperaturen an der Unter- und Oberseite des Trägers treten nicht auf.

7.2 Durchlaufträger, Berechnung mit dem Kraftgrößenverfahren

Das Kraftgrößenverfahren bietet eine Möglichkeit, die statisch unbestimmten Größen bei Durchlaufträgern zu berechnen. Hierzu werden Gelenke innerhalb des durchlaufenden Trägers eingeführt, so dass ausschließlich statisch bestimmte Teilsysteme entstehen. Das Gesamtsystem darf dabei insgesamt nicht verschieblich sein. Damit ist das System zwar berechenbar, da alle Schnittgrößen mit Hilfe der Gleichgewichtsbedingungen bestimmt werden können, doch werden durch das Einführen der Gelenke die Verformungsbedingungen an diesen Stellen verletzt. Im nächsten Schritt werden deshalb dort Einheitskräfte und/oder Einheitsmomente angesetzt und die sich daraus ergebenden Einheitsspannungszustände ermittelt. Ziel ist es, die Kräfte bzw. Momente so zu bestimmen, dass die Verletzungen der Verformungsbedingungen durch sie rückgängig gemacht werden.

Zunächst wird das statische System untersucht und der Grad der statischen Unbestimmtheit n durch Abzählen bestimmt. Die hierzu erforderliche Gleichung lautet:

$$n = a + z - 3 \cdot p \qquad \text{Gl. (7.1)}$$

Hierbei bedeuten:

a Anzahl der möglichen Auflagerreaktionen

z Anzahl der Zwischenreaktionen am Gelenk

$z = 2 \cdot (m - 1)$ für ein Momentengelenk

m Anzahl der Stäbe, die am betrachteten Gelenk zusammenlaufen

p Anzahl der Stäbe

Daran anschließend werden n Gelenke eingeführt, mit dem Ziel statisch bestimmte Teilsysteme zu erzeugen und für diese die Schnittgrößen zu ermitteln. An den Stellen der eingeführten Gelenke werden Einheitsschnittgrößen angesetzt, die der Art des Gelenkes entsprechen:

- für Momentengelenke → Einheitsmomente,
- für Querkraftgelenke → Einheitsquerkräfte,
- für entfallende Auflager → Einheitslasten.

Nun lassen sich alle Schnittgrößen berechnen, da nur noch statisch bestimmte Systeme vorliegen. Als nächstes müssen aber die Verletzungen der Verformungsbedingungen rückgängig gemacht werden. An der Stelle x, wo z. B. ein Momentengelenk eingeführt wird, war vorher die Verdrehung links von x gleich der Verdrehung rechts von x. Das bedeutet, dass es dort keinen Knick gab. Nach Einführung des Gelenkes gibt es nun jedoch dort einen Knick. Der Grundgedanke beim Kraftgrößenverfahren besteht darin, dass an der Stelle des eingeführten Momentengelenkes ein zunächst noch unbekanntes Momentenpaar so eingeführt wird, dass der Knick dort wieder verschwindet.

Grundlage für das Kraftgrößenverfahren ist eine Arbeitsgleichung, die auf dem Prinzip der virtuellen (gedachten) Kräfte aufbaut. Diese Arbeitsgleichung wurde unter Anwendung der Integralrechnung entwickelt. Mit ihr werden die Durchbiegungen des statisch bestimmten Hauptsystems und die Durchbiegungen, die durch die Einheitsspannungszustände verursacht werden, berechnet.

Auf die Darstellung dieser Arbeitsgleichung wird im Folgenden bewusst verzichtet, um die Berechnung nicht zu kompliziert erscheinen zu lassen. Die Auswertungsergebnisse der Integralrechnung sind in Tafel **7**.1 zusammengestellt. Die Umgangsweise mit diesen Auswertungsergebnissen wird nachfolgend gezeigt.

Zunächst sind Bezeichnungen für die unbekannten Größen einzuführen:

- X für eine unbekannte Kraftgröße an einem Gelenk
- δ (delta) für eine Durchbiegung infolge einer äußeren Belastung

Durch die Verwendung von Indices (Fußzeigern) ist eine genauere Unterscheidung möglich. Hierbei gibt der erste Index i den Ort der Durchbiegung an, der zweite Index k die Ursache der Durchbiegung. Daraus ergeben sich beispielsweise die folgenden näheren Bezeichnungen, die an einem Zweifeldträger in Bild **7**.8 verdeutlicht werden:

- X_i unbekannte Kraftgröße an der Gelenkstelle i (mit $i = 1 \ldots n$) (Bild **7**.8 e)
- X_1 unbekannte Kraftgröße an der Gelenkstelle 1
- δ_{ik} Durchbiegung am Gelenk i infolge der Ursache k
- δ_{10} Durchbiegung im Feld 1 im Zustand 0 des Hauptsystems (Bild **7**.8 d)
- δ_{11} Durchbiegung im Feld 1 im Zustand 1 unter der Wirkung von X_1 am Hauptsystem (Bild **7**.8 g)

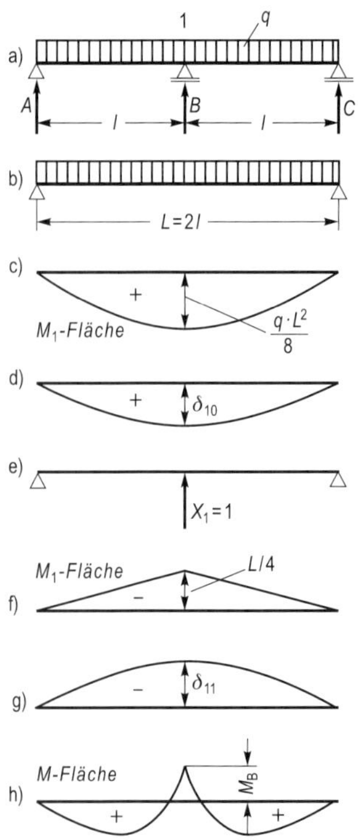

Bild **7**.8 Durchlaufträger auf drei Stützen mit der unbekannten Kraftgröße X_1 als Auflagerkraft B

a) statisch unbestimmtes System des Zweifeldträgers

b) statisch bestimmtes Hauptsystem ohne Auflagerkraft B

c) Momentenfläche für das Hauptsystem: M_0-Fläche

d) Durchbiegung $^{TM}_{10}$ am Hauptsystem nach dem Entfernen des Mittelauflagers B

e) unbekannte Kraftgröße X_1 anstelle der Auflagerkraft B

f) Momentenfläche infolge der Kraftgröße X_1: M_1-Fläche

g) Durchbiegung am Hauptsystem infolge der Kraftgröße X_1

h) Momentenfläche des Zweifeldträgers durch Überlagerung der Momentenflächen M_0 und M_1

Tafel **7.1** Auswertungsergebnisse der Integralrechnung für Momente

		1	2	3	4	5	6
	l	M_k	M_k	M_k	M_{k1} M_{k2}	M_k $\gamma \cdot l$ $\delta \cdot l$	M_k $\frac{1}{2} \cdot l$
A	M_i	$M_i \cdot M_k$	$\frac{M_i \cdot M_k}{2}$	$\frac{M_i \cdot M_k}{2}$	$\frac{M_i}{2} \cdot (M_{k1} + M_{k2})$	$\frac{M_i \cdot M_k}{2}$	$\frac{M_i \cdot M_k}{2}$
B	M_i	$\frac{M_i \cdot M_k}{2}$	$\frac{M_i \cdot M_k}{3}$	$\frac{M_i \cdot M_k}{6}$	$\frac{M_i}{6} \cdot (2 \cdot M_{k1} + M_{k2})$	$\frac{M_i \cdot M_k}{6} \cdot (1 + \delta)$	$\frac{M_i \cdot M_k}{4}$
C	M_i	$\frac{M_i \cdot M_k}{2}$	$\frac{M_i \cdot M_k}{6}$	$\frac{M_i \cdot M_k}{3}$	$\frac{M_i}{6} \cdot (M_{k1} + 2 \cdot M_{k2})$	$\frac{M_i \cdot M_k}{6} \cdot (1 + \gamma)$	$\frac{M_i \cdot M_k}{4}$
D	M_{i1} M_{i2}	$\frac{M_k}{2} \cdot (M_{i1} + M_{i2})$	$\frac{M_k}{6} \cdot (2 \cdot M_{i1} + M_{i2})$	$\frac{M_k}{6} \cdot (M_{i1} + 2 \cdot M_{i2})$	$\frac{1}{6} \cdot [M_{i1} \cdot (2 \cdot M_{k1} + M_{k2}) + M_{i2} \cdot (M_{k1} + 2 \cdot M_{k2})]$	$\frac{1}{6} \cdot M_k \cdot [M_{i1} \cdot (1 + \delta) + M_{i2} \cdot (1 + \gamma)]$	$\frac{M_k}{4} \cdot (M_{i1} + M_{i2})$
E	M_i $\frac{1}{2} \cdot l$	$\frac{M_i \cdot M_k}{2}$	$\frac{M_i \cdot M_k}{4}$	$\frac{M_i \cdot M_k}{4}$	$\frac{M_i}{4} \cdot (M_{k1} + M_{k2})$	$\frac{M_i \cdot M_k}{12 \cdot \delta} \cdot (3 - 4 \cdot \gamma^2)$ für $\gamma \leq \delta$	$\frac{M_i \cdot M_k}{3}$
F	M_i $\alpha \cdot l$ $\beta \cdot l$	$\frac{M_i \cdot M_k}{2}$	$\frac{M_i \cdot M_k}{6} \cdot (1 + \beta)$	$\frac{M_i \cdot M_k}{6} \cdot (1 + \alpha)$	$\frac{1}{6} \cdot M_i \cdot [M_{k1} \cdot (1 + \beta) + M_{k2} \cdot (1 + \alpha)]$	$\frac{M_i \cdot M_k}{6 \cdot \alpha \cdot \delta} \cdot (2 \cdot \alpha - \alpha^2 - \gamma^2)$ für $\alpha \geq \gamma$	$\frac{M_i \cdot M_k}{12 \cdot \beta} \cdot (3 - 4 \cdot \alpha^2)$ für $\alpha \leq \beta$
G	M_i Quadratische Parabel	$\frac{2 \cdot M_i \cdot M_k}{3}$	$\frac{M_i \cdot M_k}{3}$	$\frac{M_i \cdot M_k}{3}$	$\frac{M_i}{3} \cdot (M_{k1} + M_{k2})$	$\frac{M_i \cdot M_k}{3} \cdot (1 + \gamma \cdot \delta)$	$\frac{5 \cdot M_i \cdot M_k}{12}$
H	M_i Quadratische Parabel	$\frac{M_i \cdot M_k}{3}$	$\frac{M_i \cdot M_k}{12}$	$\frac{M_i \cdot M_k}{4}$	$\frac{M_i}{12} \cdot (M_{k1} + 3 \cdot M_{k2})$	$\frac{M_i \cdot M_k}{12} \cdot (1 + \gamma + \gamma^2)$	$\frac{7 \cdot M_i \cdot M_k}{48}$
I	M_i Quadratische Parabel	$\frac{2 \cdot M_i \cdot M_k}{3}$	$\frac{M_i \cdot M_k}{4}$	$\frac{5 \cdot M_i \cdot M_k}{12}$	$\frac{M_i}{12} \cdot (3 \cdot M_{k1} + 5 \cdot M_{k2})$	$\frac{M_i \cdot M_k}{12} \cdot (5 - \delta + \delta^2)$	$\frac{17 \cdot M_i \cdot M_k}{48}$

Bei den neu eingeführten n Gelenken entstehen n Durchbiegungen δ_{i0} (mit $i = 1 \ldots n$) infolge der äußeren Belastung und n Durchbiegungen δ_{ik} bei der Rückverformung infolge der Kraftgrößen X_i.

An denselben n Stellen werden nacheinander n Eins-Kraftgrößen X_i oder n Eins-Momentenpaare X_i (mit $i = 1 \ldots n$) angesetzt und nach dem gleichen Prinzip die Durchbiegungen δ_{ik} infolge der Eins-Belastungen berechnet.

Aus der Bedingung, dass die gegenseitigen Durchbiegungen gleich Null sein müssen, folgt somit die Gleichung:

$$\delta_{i0} + \sum_{k=1}^{n} X_k \, \delta_{ik} = 0 \qquad \text{Gl. (7.2)}$$

Die unbekannten Kraftgrößen X_i werden so bestimmt, dass die Summe der Durchbiegungen gleich Null ist. Bei der Berechnung der gegenseitigen Durchbiegungen werden die Momente M_i und M_k aus Tafel **7.**1 mit der zugehörigen Feldlänge l_i multipliziert und überlagert.

Die nachfolgenden Erläuterungen erfassen Durchlaufträger mit einheitlichem Elastizitätsmodul und einheitlichem Querschnitt über alle Stützweiten. Mit diesem Verfahren können aber auch statische Systeme berechnet werden, die aus unterschiedlichem Material und/oder aus verschiedenen Querschnitten bestehen. Wie im Abschnitt 7.1 bereits beschrieben, wird hierauf jedoch im Folgenden verzichtet.

Für Zweifeldträger ergibt sich daraus:

$$\delta_{10} + X_1 \cdot \delta_{11} = 0 \qquad \text{Gl. (7.3)}$$

Durch Umstellen der Gleichung lässt sich die unbekannte Kraftgröße X_1 unmittelbar bestimmen:

$$X_1 = -\frac{\delta_{10}}{\delta_{11}} \qquad \text{Gl. (7.4)}$$

Für Dreifeldträger entstehen dagegen aus der allgemeinen Gleichung (7.2) zwei Gleichungen mit zwei Unbekannten X_1 und X_2:

$$\begin{aligned} \delta_{10} + X_1 \cdot \delta_{11} + X_2 \cdot \delta_{12} &= 0 \\ \delta_{20} + X_1 \cdot \delta_{21} + X_2 \cdot \delta_{22} &= 0 \end{aligned} \qquad \text{Gl. (7.5)}$$

Aus diesen zwei Gleichungen können die unbekannten Kraftgrößen X_1 und X_2 durch Einsetzen bestimmt werden.

Für Mehrfeldträger steigt der Grad der statischen Unbestimmtheit n weiter an und es ergeben sich entsprechend mehr Gleichungen. Diese Gleichungen sind dann oft nur noch mit Hilfe von Computerprogrammen lösbar. Bei einer Berechnung von Hand muss durch geschickte Wahl des statisch bestimmten Hauptsystems dafür gesorgt werden, dass möglichst viele Verformungen δ_{ik} zu Null werden; dann sinkt der Rechenaufwand erheblich.

Schnittgrößen

Nach der Berechnung der unbekannten Kraftgröße X_i können die endgültigen Schnittgrößen S des n-fach unbestimmten Systems errechnet werden:

$$S = S_0 + \sum_{k=1}^{n} X_k \cdot S_k \qquad \text{Gl. (7.6)}$$

Für einen einfach statisch unbestimmten Durchlaufträger (Zweifeldträger) ist somit:

$$S = S_0 + X_1 \cdot S_1 \qquad \text{Gl. (7.7)}$$

Für einen zweifach statisch unbestimmten Durchlaufträger (Dreifeldträger) ist:

$$S = S_0 + X_1 \cdot S_1 + X_2 \cdot S_2 \qquad \text{Gl. (7.8)}$$

Mit diesen Gleichungen sind die zunächst unbekannten Stützmomente und die Auflagerkräfte zu berechnen. Die anderen Schnittgrößen, wie Querkräfte und Biegemomente im Feld, sind meist einfacher mit Hilfe der drei Gleichgewichtsbedingungen zu bestimmen, wie bisher unter Berücksichtigung des Einflusses der Stützmomente.

Belastungen

Da sich im Allgemeinen die gleichmäßig verteilten Einwirkungen aus der Summe der ständigen und veränderlichen Einwirkungen ergeben, erhält man die Gesamtlasten:

$$\text{Gesamtlasten} = g + q$$

Für die Ermittlung der Bemessungslasten g_d und q_d sind die zugehörigen Teilsicherheitsbeiwerte γ_G bzw. γ_Q zu berücksichtigen (Abschnitt 4). Damit ergeben sich die Bemessungslasten:

$$\text{Bemessungslasten} \quad g_d = \gamma_G \cdot g \qquad \text{und} \qquad q_d = \gamma_Q \cdot q$$

Vereinfachend können die Bemessungslasten dargestellt werden als:

$$q' \equiv g_d + q_d \qquad (6.20)$$

Dies gilt jedoch nur, wenn die veränderliche Last in allen Feldern eines Durchlaufträgers gleichzeitig wirkt. Im Fall feldweise veränderlicher Belastungen müssen die Schnittgrößen aus ständigen und veränderlichen Lasten zunächst getrennt ermittelt werden. Anschließend wird für jede gewünschte Schnittgröße einzeln nach den Überlagerungsregeln der DIN 1055-100 die Bemessungsschnittgröße errechnet. Diese Vorgehensweise ist mit Hilfe des Kraftgrößenverfahrens möglich, da das statisch bestimmte Hauptsystem in der Regel aus Einfeldträger-Ketten besteht und die Einheitsspannungszustände nur einmal ermittelt werden müssen.

Nachfolgend wird vereinfachend die Kurzbezeichnung q' für die Gesamtlast aus Eigenlasten + Nutzlasten verwendet. Hierbei gilt q_1' für die Gesamt-Einwirkungen im Feld 1 und q_2' für die Gesamt-Einwirkungen im Feld 2, usw. Die Linienlast q' kann genauso gut für eine ständige oder eine veränderliche Last stehen. Mit dem Kraftgrößenverfahren werden jedoch immer nur die Schnittgrößen für genau ein Lastbild ermittelt, minimale und maximale Schnittgrößen müssen in mehreren Rechengängen ermittelt werden.

Bei feldweise veränderlichen Nutzlasten können ebenfalls entsprechende Tabellenwerke verwendet werden, um schnell zu einem ausreichend genauen Ergebnis zu gelangen (Abschnitte 7.2.3 und 7.3.2).

7.2.1 Zweifeldträger

Das statisch bestimmte Hauptsystem ist möglichst geschickt zu wählen, damit die Berechnungen nicht zu umfangreich werden. Ein Zweifeldträger ohne Einspannungen mit nur einem Auflager zur Aufnahme horizontaler Kräfte ist einfach statisch unbestimmt.

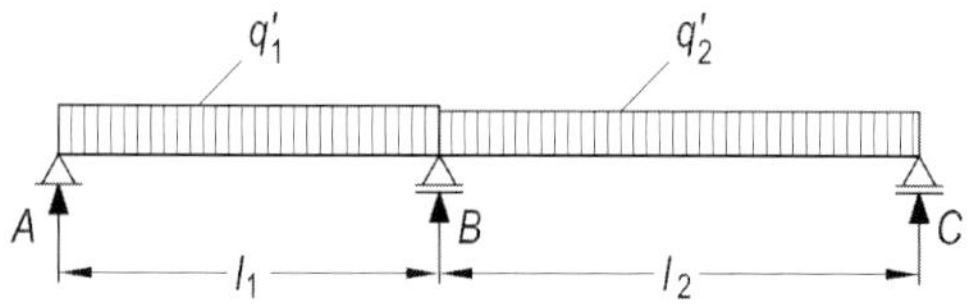

Bild 7.9 Zweifeldträger

Der Grad der statischen Unbestimmtheit n für dieses System ergibt sich durch Abzählen:

$$\begin{aligned} n &= a + z - 3 \cdot p \\ &= 4 + 0 - 3 \cdot 1 = 1 \end{aligned}$$

Um ein statisch bestimmtes Hauptsystem zu erhalten, das nicht verschieblich ist, wird zunächst ein Auflager mit einer vertikal gerichteten Auflagerkraft entfernt.

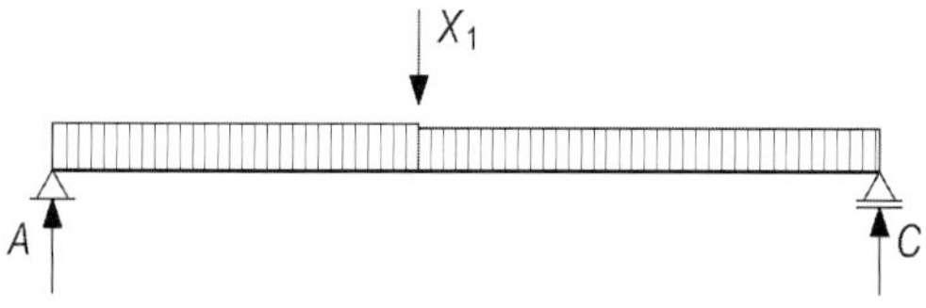

Bild 7.10 Statisch bestimmtes Hauptsystem Einfeldträger mit unbekannter Kraftgröße X_1

Somit ergibt sich die statische Unbestimmtheit wie folgt:

$$n = 3 + 0 - 3 \cdot 1 = 0$$

Stattdessen kann über dem Mittelauflager auch ein Momentengelenk eingeführt werden.

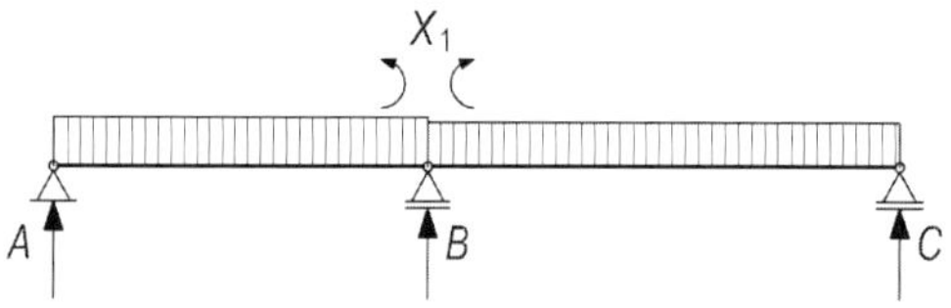

Bild 7.11 Statisch bestimmtes Hauptsystem Einfeldträgerkette mit unbekanntem Momentenpaar X_1

Für den Grad der statischen Unbestimmtheit n ergibt sich damit:

$$n = 4 + 2 - 3 \cdot 2 = 0$$

Es sind beide Hauptsysteme möglich, denn sie sind statisch bestimmt und nicht verschieblich. In der Regel ist es jedoch geschickter, Einfeldträger-Ketten zu erzeugen, da dann der Rechenaufwand bei der Überlagerung geringer ist. Warum das so ist, wird bei Berechnung eines Dreifeldträgers in Kapitel 7.2.2 ersichtlich.

Nach der Berechnung der Schnittgrößen im statisch bestimmten Hauptsystem und der Schnittgrößen im Einheitsspannungszustand mit $X_i = 1$ werden die Durchbiegungen des statisch bestimmten Hauptsystems mit Verwendung der Auswertungsergebnisse von Tafel **7**.1 berechnet. Auf gleiche Weise könnten prinzipiell auch Systeme berechnet werden, die aus unterschiedlichem Material und/oder aus verschiedenen Querschnitten bestehen.

Stützmoment

Bei Einführung eines Gelenkes über dem Mittelauflager ist die statisch unbestimmte Größe M_B auf folgende Weise zu finden. Durch das zusätzlich eingeführte Gelenk ergeben sich die Momente wie folgt:

$M_{B,0} = 0$ Begründung: Im statisch bestimmten Hauptsystem ist das Moment an dieser Stelle gleich Null.

und

$M_{B,1} = 1$ Begründung: An dieser Stelle wird das Einheitsmoment eingeführt.

Die unbekannte Kraftgröße X_1 ergibt sich entsprechend Gl. (7.4):

$$X_1 = -\frac{\delta_{10}}{\delta_{11}}$$

Das Stützmoment ist nach Gl. (7.7)

$$S = S_0 + X_1 \cdot S_1$$

$$M_B = M_{B,0} + X_1 \cdot M_{B,1}$$

Mit $M_{B,0} = 0$ und $M_{B,1} = 1$ ist das Stützmoment M_B:

$$M_B = X_1 = -\frac{\delta_{10}}{\delta_{11}}$$

Die anderen Schnittgrößen erhält man mit Hilfe der 3 Gleichgewichtsbedingungen oder durch Einsetzen in die entsprechende Gleichung (7.7).

Stützkräfte

Es ist am sinnvollsten, bei der Berechnung der Stützkräfte jedes Feld getrennt für sich zu betrachten. Die gesamte Belastung setzt sich zusammen aus der äußeren Belastung und den Stützmomenten (Bild **7**.12)

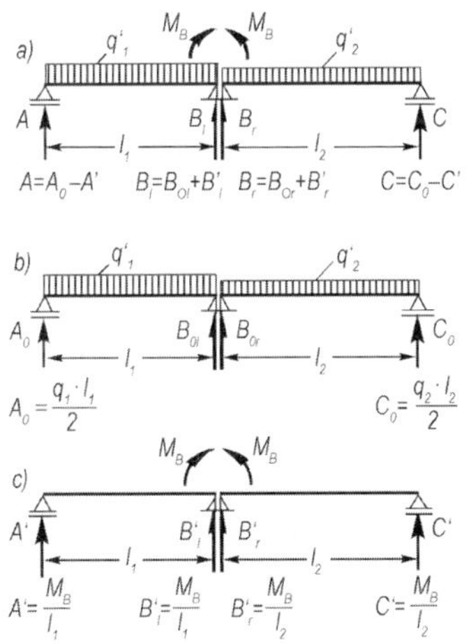

Bild **7**.12 Getrennte Betrachtung der Einzelfelder für die Berechnung der Stützkräfte

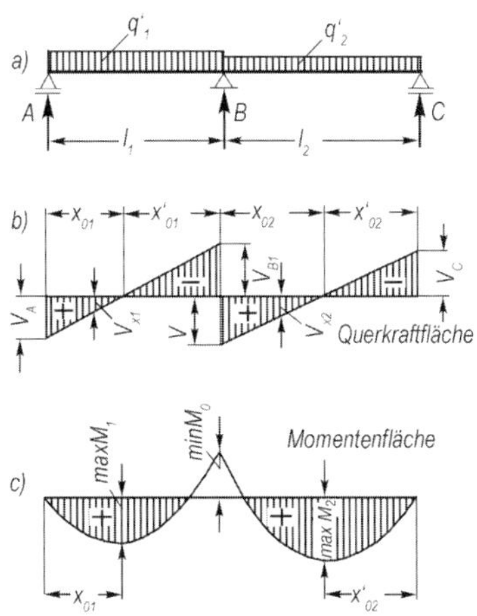

Bild **7**.13 Zweifeldträger mit Querkraft- und Momentenfläche

Daher errechnen sich auch die Stützkräfte aus der äußeren Belastung und dem Einfluss der Stützmomente. Das geschah in gleicher Form schon beim Kragträger (Abschn. 6.12). Statt des Kragmomentes haben wir es hier mit dem Stützmoment zu tun. Auch ein Stützmoment hat auf das darunter liegende Auflager eine belastende Wirkung, auf benachbarte Auflager eine entlastende Wirkung (Bild **7.**13).

Ermittlung der Stützkräfte aus den Gleichgewichtsbedingungen

Stützkraft ohne Einfluss des Stützmomentes

$$A_0 = \frac{q' \cdot l}{2} \qquad \text{Gl. (7.9)}$$

Einfluss des Stützmomentes auf die Stützkraft

$$A' = \frac{M_B}{l} \qquad \text{Gl. (7.10)}$$

Die Vorzeichen der Stützmomente sind bei der Berechnung zu beachten.

$$A = A_0 + A' = \frac{q_1' \cdot l_1}{2} + \frac{M_B}{l_1} \qquad \text{Gl. (7.11)}$$

$$B = V_{Bl} + V_{Br} = B_0 - \frac{M_B}{l_1} - \frac{M_B}{l_2} \qquad \text{Gl. (7.12)}$$

$$V_{Bl} = V_{Bl,0} - \frac{M_B}{l_1} = \frac{q_1' \cdot l_1}{2} - \frac{M_B}{l_1}$$

$$V_{Br} = V_{Br,0} - \frac{M_B}{l_2} = \frac{q_2' \cdot l_2}{2} - \frac{M_B}{l_2}$$

$$C = C_0 + C' = \frac{q_2' \cdot l_2}{2} + \frac{M_B}{l_2} \qquad \text{Gl. (7.13)}$$

Ermittlung der Stützkräfte mit dem Kraftgrößenverfahren

$$\begin{aligned} A &= V_A = V_{A,0} + X_1 \cdot V_{A,1} \\ V_{Bl} &= V_{Bl,0} + X_1 \cdot V_{Bl,1} \\ V_{Br} &= V_{Br,0} + X_1 \cdot V_{Br,1} \\ B &= V_{Bl} + V_{Br} \\ C &= V_C = V_{C,0} + X_1 \cdot V_{C,1} \end{aligned} \qquad \text{Gl. (7.14)}$$

Nullstellen

$x_{01} = V_A / q_1'$ im Feld 1 rechts vom Auflager A für max M_1

$x_{01}' = V_{Bl} / q_1'$ im Feld 1 links vom Auflager B für max M_1 Gl. (7.15)

$x_{02} = V_{Br} / q_2'$ im Feld 2 rechts vom Auflager B für max M_2

$x_{02}' = V_C / q_2'$ im Feld 2 links vom Auflager C für max M_2

Feldmomente

$$M_{1,\max} = \frac{V_A^2}{2 \cdot q_1'} \qquad \text{Gl. (7.16)}$$

$$M_{2,\max} = \frac{V_C^2}{2 \cdot q_2'} \qquad \text{Gl. (7.17)}$$

Vereinfachend wurde die Bezeichnung q_1' für die Bemessungslast ($g_{1,d}+q_{1,d}$) gewählt und die Bezeichnung q_2' für die Bemessungslast ($g_{2,d}+q_{2,d}$):

$$q_1' \equiv g_{1,d} + q_{1,d}$$
$$q_2' \equiv g_{2,d} + q_{2,d} \qquad \text{Gl. (6.20)}$$

Prinzipiell muss jedoch zunächst mir charakteristischen Einwirkungen gerechnet werden, wie dies im Abschnitt 7.2 bereits beschrieben wurde. Das folgende Beispiel dient auch zum Vergleich mit bisherigen Berechnungen.

Beispiel zur Erläuterung

Für einen Zweifeldträger (Bild **7.**16a) mit den Stützweiten l_1 = 4,00 m, l_2 = 5,00 m und den Belastungen q_1' = 10 kN/m, q_2' = 9 kN/m werden Stützmomente, Stützkräfte, Nullstellen und Feldmomente berechnet. Material und Querschnitt sind über die ganze Trägerlänge konstant.

Schnittgrößen im statisch bestimmten Hauptsystem (Bild **7.**14)

Im linken Feld: $$M_{1,0} = \frac{q_1' \cdot l_1^2}{8} = \frac{10 \cdot 4{,}00^2}{8} = 20{,}00 \text{ kNm}$$

$$V_{A,0} = \frac{q_1' \cdot l_1}{2} = \frac{10 \cdot 4{,}00}{2} = 20{,}00 \text{ kN}$$

$$V_{Bl,0} = -V_{A,0} = -20{,}00 \text{ kN}$$

Im rechten Feld: $$M_{2,0} = \frac{q_2' \cdot l_2^2}{8} = \frac{9 \cdot 5{,}00^2}{8} = 28{,}13 \text{ kNm}$$

$$V_{Br,0} = \frac{q_2' \cdot l_2}{2} = \frac{9 \cdot 5{,}00}{2} = 22{,}50 \text{ kN}$$

$$V_{C,0} = -V_{Br,0} = -22{,}50 \text{ kN}$$

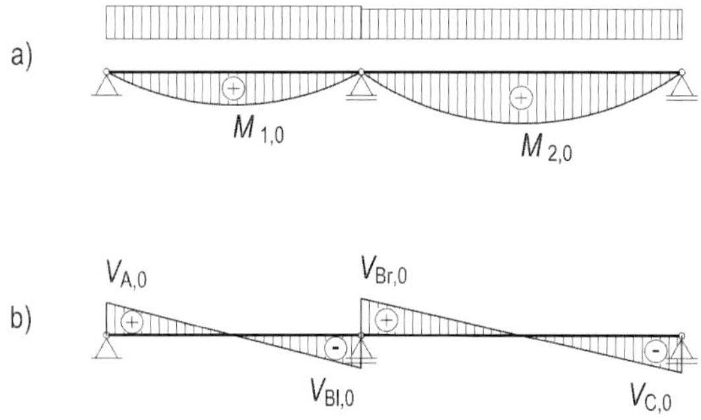

Bild **7.14** Verlauf der Schnittgrößen des statisch bestimmten Hauptsystems
a) Biegemomente
b) Querkräfte

Schnittgrößen im Einheitsspannungszustand 1 (Bild **7.**15)

Im linken Feld: $M_{B,1} = \qquad = \quad 1{,}00$ kNm

$$V_{A,1} = \frac{M_{B,1}}{l_1} = \frac{1{,}00}{4{,}00} = 0{,}25 \text{ kN}$$

$$V_{Bl,1} = V_{A,1} = 0{,}25 \text{ kN}$$

Im rechten Feld: $M_{B,1} = \qquad = \quad 1{,}00$ kNm

$$V_{C,1} = -\frac{M_{B,1}}{l_2} = -\frac{1{,}00}{5{,}00} = -0{,}20 \text{ kN}$$

$$V_{Br,1} = V_{C,1} = -0{,}20 \text{ kN}$$

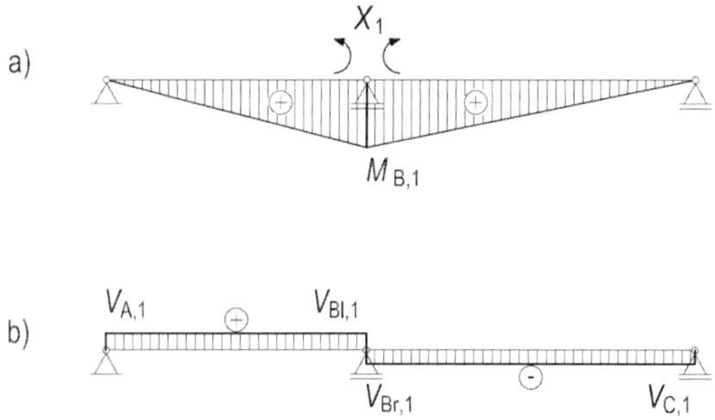

Bild **7.15** Verlauf der Schnittgrößen im Einheitsspannungszustand X_1=1
a) Biegemomente
b) Querkräfte

Werte der Durchbiegung δ

Mit den Auswertungsergebnissen der Integralrechnung, die in Tafel **7.**1 zusammengestellt sind, können die Durchbiegungen δ_{10} und δ_{11} bestimmt werden:

$$\delta_{10} = l_1 \cdot \frac{M_i \cdot M_k}{3} + l_2 \cdot \frac{M_i \cdot M_k}{3} \qquad \text{(Tafel 7.1: Zeile G, Spalte 3)}$$

$$\delta_{10} = l_1 \cdot \frac{M_{1,0} \cdot M_{B,1}}{3} + l_2 \cdot \frac{M_{2,0} \cdot M_{B,1}}{3}$$

$$\delta_{10} = 4{,}00 \cdot \frac{1}{3} \cdot 20{,}00 \cdot 1{,}00 + 5{,}00 \cdot \frac{1}{3} \cdot 28{,}13 \cdot 1{,}00 = 73{,}55$$

$$\delta_{11} = l_1 \cdot \frac{M_i \cdot M_k}{3} + l_2 \cdot \frac{M_i \cdot M_k}{3}$$ (Tafel **7.1**: Zeile C, Spalte 3)

$$\delta_{11} = (l_1 + l_2) \cdot \frac{(M_{B,1})^2}{3}$$

$$\delta_{11} = (4{,}00 + 5{,}00) \cdot \frac{1}{3} \cdot 1{,}00^2 = 3{,}00$$

Ermittlung der Unbekannten

Durch Umstellung der Verformungsbedingungen ist die statisch unbestimmte Kraftgröße X_1 zu berechnen:

$$\delta_{11} \cdot X_1 + \delta_{10} = 0 \quad \Rightarrow \quad X_1 = -\frac{\delta_{10}}{\delta_{11}} = -\frac{73{,}55}{3{,}00} = -24{,}52$$

Stützmoment

$$M = M_0 + X_1 \cdot M_1$$

$$M_B = M_{B,0} + X_1 \cdot M_{B,1} = 0{,}00 - 24{,}52 \cdot 1{,}00 = -24{,}52 \text{ kNm}$$

Querkräfte

$$V_A = V_{A,0} + X_1 \cdot V_{A,1} = 20{,}00 - 24{,}52 \cdot 0{,}25 = 13{,}88 \text{ kN}$$

$$V_{Bl} = V_{Bl,0} + X_1 \cdot V_{Bl,1} = -20{,}00 - 24{,}52 \cdot 0{,}25 = -26{,}12 \text{ kN}$$

$$V_{Br} = V_{Br,0} + X_1 \cdot V_{Br,1} = 22{,}50 - 24{,}52 \cdot (-0{,}20) = 27{,}40 \text{ kN}$$

$$V_C = V_{C,0} + X_1 \cdot V_{C,1} = -22{,}50 - 24{,}52 \cdot (-0{,}20) = -17{,}60 \text{ kN}$$

Stützkräfte

$$A = V_A = 13{,}88 \text{ kN}$$

$$B = V_{Br} - V_{Bl} = 27{,}40 - (-26{,}12) = 53{,}52 \text{ kN}$$

$$C = -V_C = 17{,}60 \text{ kN}$$

Nullstellen der Querkräfte (Bild **7.16**b)

$$x_{01} = V_A / q_1' = 13{,}88/10 = 1{,}39 \text{ m} \quad \text{oder} \quad x_{01}' = V_{Bl} / q_1' = -26{,}12/10 = -2{,}61 \text{ m}$$

$$x_{02} = V_{Br} / q_2' = 27{,}40/9 = 3{,}05 \text{ m} \quad \text{oder} \quad x_{02}' = V_C / q_2' = -17{,}60/9 = -1{,}95 \text{ m}$$

Feldmomente (Bild **7.16**c)

$$M_{1,\max} = \frac{V_A \cdot x_{01}}{2} = \frac{V_A^2}{2 \cdot q_1'} = \frac{13{,}88^2}{2 \cdot 10} = 9{,}63 \text{ kNm}$$

$$\left(\text{oder } M_{1,\max} = \frac{V_{Bl}^2}{2 \cdot q_1'} + M_B = \frac{(-26{,}12)^2}{2 \cdot 10} + (-24{,}52) = 34{,}11 - 24{,}52 = 9{,}59 \text{ kNm}\right)$$

$$M_{2,\max} = \frac{V_C \cdot x_{02}'}{2} = \frac{V_C^2}{2 \cdot q_2'} = \frac{(-17{,}60)^2}{2 \cdot 9} = 17{,}20 \text{ kNm}$$

$$\left(\text{oder } M_{2,\max} = \frac{V_{Br}^2}{2 \cdot q_2'} + M_B = \frac{27{,}40^2}{2 \cdot 9} + (-24{,}52) = 41{,}71 - 24{,}52 = 17{,}09 \text{ kNm}\right)$$

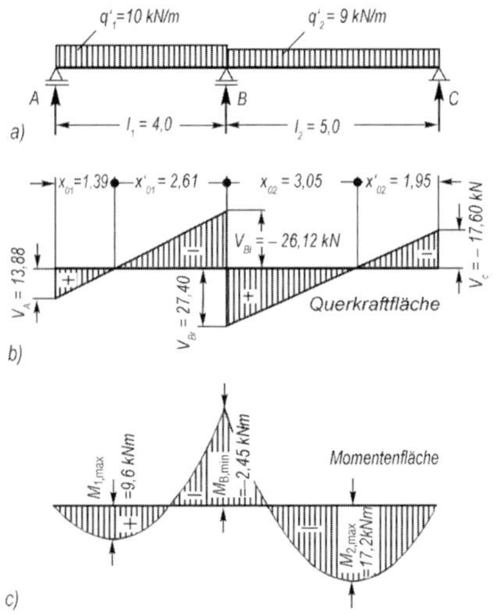

Bild **7**.16 Zweifeldträger mit Querkraft- und Momentenfläche

Beispiele zur Übung

Die Stützmomente, Stützkräfte, Nullstellen und Feldmomente für Durchlaufträger über 2 Feldern sind zu bestimmen (Bild **7**.17).

1	$l_1 = 4{,}50$ m	$l_2 = 5{,}50$ m	$q_1' = 30$ kN/m	$q_1' = 32$ kN/m
2	$l_1 = 4{,}50$ m	$l_2 = 5{,}50$ m	$q_1' = 30$ kN/m	$q_1' = 18$ kN/m
3	$l_1 = 4{,}50$ m	$l_2 = 5{,}50$ m	$q_1' = 14$ kN/m	$q_1' = 32$ kN/m

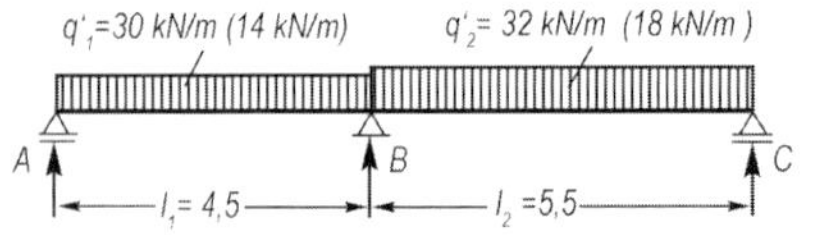

Bild **7**.17 Zweifeldträger mit verschiedenen Belastungen

7.2.2 Dreifeldträger

Für die Berechnung der Stützmomente bei einem Dreifeldträger benutzt man ebenfalls das Kraftgrößenverfahren. Der Lösungsweg entspricht prinzipiell dem des Zweifeldträgers.

Beispiel zur Erläuterung

Für einen Dreifeldträger (Bild **7**.18) mit den Belastungen $q_1' = 20$ kN/m, $q_2' = 24$ kN/m, $q_3' = 18$ kN/m und den Stützweiten $l_1 = 5{,}20$ m, $l_2 = 2{,}50$ m, $l_3 = 6{,}25$ m werden die Schnittgrößen berechnet.

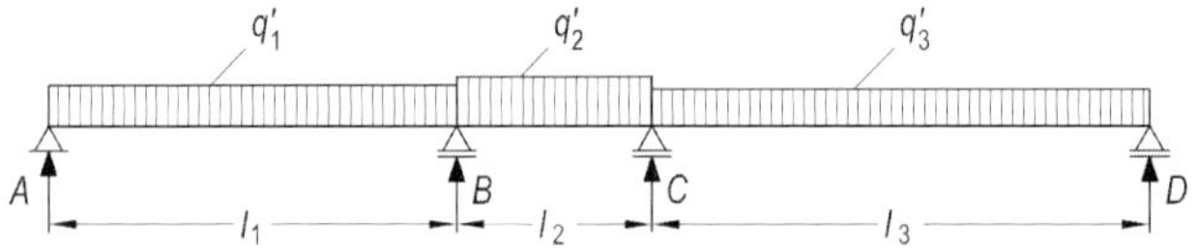

Bild **7**.18 Dreifeldträger mit unveränderlichen Lasten

Der Grad der statischen Unbestimmtheit n für den Dreifeldträger ergibt sich durch Abzählen (Gl. (7.1)):

$n = a + z - 3 \cdot p$ mit
a = Anzahl der möglichen Auflagerreaktionen
z = Anzahl der Zwischenreaktionen am Gelenk
$z = 2 \cdot (m - 1)$ für ein Momentengelenk
m Anzahl der Stäbe, die am betrachteten Gelenk zusammenlaufen
p Anzahl der Stäbe

$n = 5 + 0 - 3 \cdot 1 = 2$

Der Träger ist also statisch 2-fach unbestimmt. Es sind zwei unbekannte Größen zu bestimmen, also braucht man auch zwei Gleichungen, in denen diese unbekannte Größen jeweils vorhanden sind. Demzufolge müssen zwei Freiheitsgrade neu in das System eingeführt werden.

Es gibt verschiedene Möglichkeiten, ein statisch bestimmtes Hauptsystem zu erzeugen. Das erste System ist eine Kette von Einfeld-Trägern. Eine andere Möglichkeit ist in den Bilder **7**.24 bis **7**.26 dargestellt.

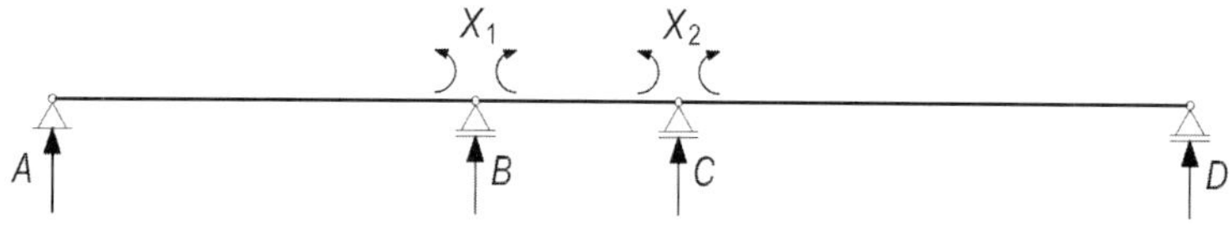

Bild **7**.19 Kette aus drei Einfeld-Trägern mit zwei unbekannten Momentenpaaren als statisch bestimmtes Hauptsystem

Schnittgrößen im statisch bestimmten Hauptsystem (Bild **7**.20):

Im 1. Feld: $M_{1,0} = \frac{q_1' \cdot l_1^2}{8} = \frac{20 \cdot 5{,}20^2}{8} = 67{,}60$ kNm

$V_{A,0} = \frac{q_1' \cdot l_1}{2} = \frac{20 \cdot 5{,}20}{2} = 52{,}00$ kN $= -V_{Bl,0}$

Im 2. Feld: $M_{2,0} = \frac{q_2' \cdot l_2^2}{8} = \frac{24 \cdot 2{,}50^2}{8} = 18{,}75$ kNm

$V_{Br,0} = \frac{q_2' \cdot l_2}{2} = \frac{24 \cdot 2{,}50}{2} = 30{,}00$ kN $= -V_{Cl,0}$

Im 3. Feld: $M_{3,0} = \frac{q_3' \cdot l_3^2}{8} = \frac{18 \cdot 6{,}25^2}{8} = 87{,}89$ kNm

$V_{Cr,0} = \frac{q_3' \cdot l_3}{2} = \frac{18 \cdot 6{,}25}{2} = 56{,}25$ kN $= -V_{D,0}$

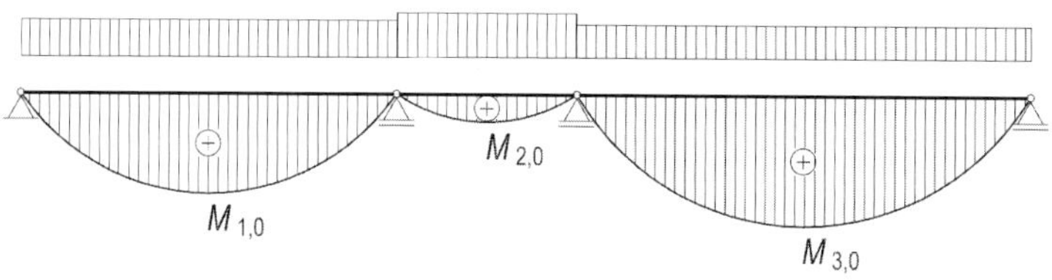

Bild **7**.20 Verlauf der Biegemomente am statisch bestimmten Hauptsystem

Schnittgrößen im Einheitsspannungszustand 1 (Bild 7.21):

Im 1. Feld: $M_{B,1} = \quad = 1{,}00$ kNm

$V_{A,1} = \dfrac{M_{B,1}}{l_1} = \dfrac{1{,}00}{5{,}20} \quad = 0{,}192$ kN $= V_{Bl,1}$

Im 2. Feld: $M_{B,1} = \quad = 1{,}00$ kNm

$V_{Cl,1} = -\dfrac{M_{B,1}}{l_2} = -\dfrac{1{,}00}{2{,}50} \quad = -0{,}400$ kN $= V_{Br,1}$

$M_{C,1} = \quad = 0$

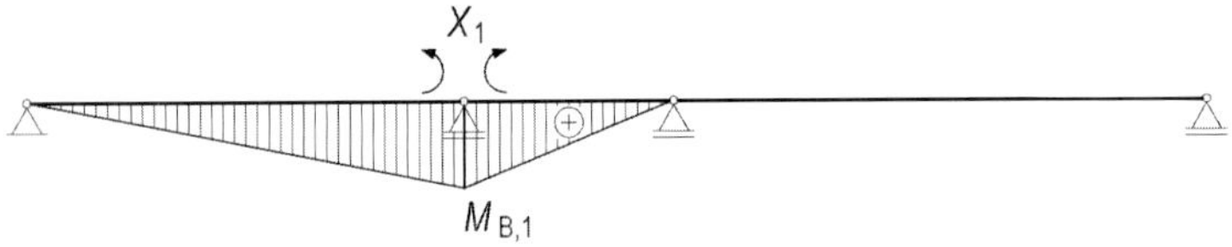

Bild 7.21 Biegemoment im Einheitsspannungszustand X_1=1

Schnittgrößen im Einheitsspannungszustand 2 (Bild 7.22):

Im 2. Feld: $M_{B,2} = \quad = 0$

$M_{C,2} = \quad = 1{,}00$ kNm

$V_{Br,2} = \dfrac{M_{C,2}}{l_2} = \dfrac{1{,}00}{2{,}50} \quad = 0{,}400$ kN $= V_{Cl,2}$

Im 3. Feld: $M_{C,2} = \quad = 1{,}00$ kNm

$V_{D,2} = -\dfrac{M_{C,2}}{l_3} = -\dfrac{1{,}00}{6{,}25} \quad = -0{,}160$ kN $= V_{Cr,2}$

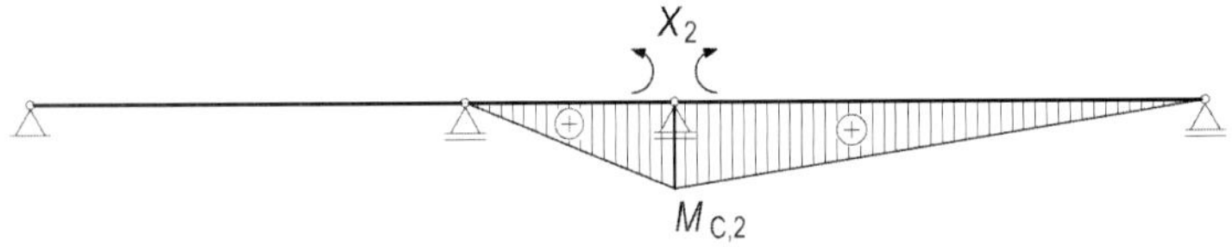

Bild 7.22 Biegemoment im Einheitsspannungszustand X_2=1

Werte der Durchbiegung δ

Mit den Auswertungsergebnissen der Integralrechnung, die in Tafel 7.1 zusammengestellt sind, können die Werte der Durchbiegungen sinngemäß wie beim Zweifeldträger in Abschnitt 7.2.1 bestimmt werden:

$$\delta_{10} = 5{,}20 \cdot \frac{1}{3} \cdot 67{,}60 \cdot 1{,}00 + 2{,}50 \cdot \frac{1}{3} \cdot 18{,}75 \cdot 1{,}00 \quad = 132{,}798$$

$$\delta_{20} = 2{,}50 \cdot \frac{1}{3} \cdot 18{,}75 \cdot 1{,}00 + 6{,}25 \cdot \frac{1}{3} \cdot 87{,}89 \cdot 1{,}00 \quad = 198{,}729$$

$$\delta_{11} = (5{,}20 + 2{,}50) \cdot \frac{1}{3} \cdot 1{,}00^2 = 2{,}567$$

$$\delta_{12} = 2{,}50 \cdot \frac{1}{6} \cdot 1{,}00^2 = 0{,}417$$

$$\delta_{21} = 2{,}50 \cdot \frac{1}{6} \cdot 1{,}00^2 = 0{,}417$$

$$\delta_{22} = (2{,}50 + 6{,}25) \cdot \frac{1}{3} \cdot 1{,}00^2 = 2{,}917$$

Gleichung 1: $\delta_{10} + X_1 \cdot \delta_{11} + X_2 \cdot \delta_{12} = 0$

Gleichung 2: $\delta_{20} + X_1 \cdot \delta_{21} + X_2 \cdot \delta_{22} = 0$ Gl. (7.5)

Gleichung 1: $132{,}798 + X_1 \cdot 2{,}567 + X_2 \cdot 0{,}417 = 0$

Gleichung 2: $198{,}729 + X_1 \cdot 0{,}417 + X_2 \cdot 2{,}917 = 0$

Gleichung 2 wird zunächst nach X_1 aufgelöst:

$$X_1 = \frac{-198{,}729 - X_2 \cdot 2{,}917}{0{,}417}$$

In Gleichung 1 eingesetzt, ergibt Folgendes:

$$132{,}798 + \frac{-198{,}729 - X_2 \cdot 2{,}917}{0{,}417} \cdot 2{,}567 + X_2 \cdot 0{,}417 = 0$$

$$132{,}798 + (-476{,}568 - X_2 \cdot 6{,}995) \cdot 2{,}567 + X_2 \cdot 0{,}417 = 0$$

$$132{,}798 - 1223{,}350 - X_2 \cdot 17{,}956 + X_2 \cdot 0{,}417 = 0$$

$$-1090{,}552 - X_2 \cdot 17{,}539 = 0$$

$$X_2 = -\frac{1090{,}552}{17{,}539} = -62{,}18$$

Aus Gleichung 2 ergibt sich dann die unbekannte Kraftgröße X_1:

$$198{,}729 + X_1 \cdot 0{,}417 + X_2 \cdot 2{,}917 = 0$$

$$X_1 = \frac{-198{,}729 - X_2 \cdot 2{,}917}{0{,}417}$$

$$= \frac{-198{,}729 + 62{,}179 \cdot 2{,}917}{0{,}417} = -41{,}65$$

Jetzt lassen sich die Schnittgrößen nach folgender Formel (Gl. (7.8)) bestimmen:

$$S = S_0 + X_1 \cdot S_1 + X_2 \cdot S_2$$

Stützmomente:

$$M_B = M_{B,0} + X_1 \cdot M_{B,1} + X_2 \cdot M_{B,2}$$
$$= 0{,}00 - 41{,}65 \cdot 1{,}00 - 62{,}18 \cdot 0{,}00 \qquad = -41{,}65 \text{ kNm}$$

$$M_C = M_{C,0} + X_1 \cdot M_{C,1} + X_2 \cdot M_{C,2}$$
$$= 0{,}00 - 41{,}65 \cdot 0{,}00 - 62{,}18 \cdot 1{,}00 \qquad = -62{,}18 \text{ kNm}$$

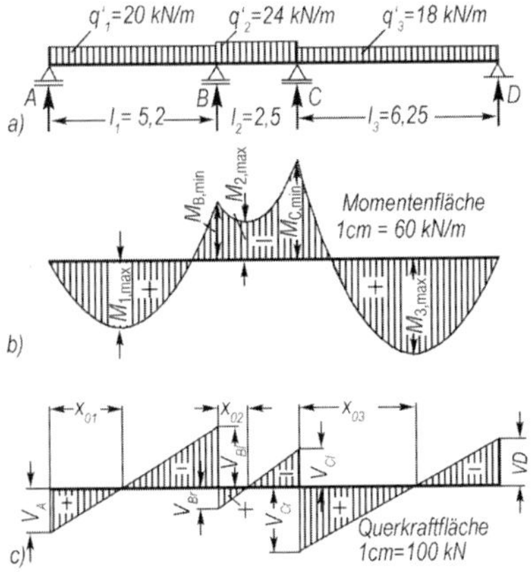

Bild **7**.23 Dreifeldträger mit Momenten- und Querkraftfläche

Querkräfte (Bild **7**.23c):

$$V_A = V_{A,0} + X_1 \cdot V_{A,1} + X_2 \cdot V_{A,2}$$
$$= 52{,}00 - 41{,}65 \cdot 0{,}192 - 62{,}18 \cdot 0 \qquad = 44{,}00 \text{ kN}$$

$$V_{Bl} = V_{Bl,0} + X_1 \cdot V_{Bl,1} + X_2 \cdot V_{Bl,2}$$
$$= -52{,}00 - 41{,}65 \cdot 0{,}192 - 62{,}18 \cdot 0 \qquad = -60{,}00 \text{ kN}$$

$$V_{Br} = V_{Br,0} + X_1 \cdot V_{Br,1} + X_2 \cdot V_{Br,2}$$
$$= 30{,}00 - 41{,}65 \cdot (-0{,}400) - 62{,}18 \cdot 0{,}400 \qquad = 21{,}79 \text{ kN}$$

$$V_{Cl} = V_{Cl,0} + X_1 \cdot V_{Cl,1} + X_2 \cdot V_{Cl,2}$$
$$= -30{,}00 - 41{,}65 \cdot (-0{,}400) - 62{,}18 \cdot 0{,}400 \qquad = -38{,}21 \text{ kN}$$

$$V_{Cr} = V_{Cr,0} + X_1 \cdot V_{Cr,1} + X_2 \cdot V_{Cr,2}$$
$$= 56{,}25 - 41{,}65 \cdot 0 - 62{,}18 \cdot (-0{,}160) \qquad = 66{,}20 \text{ kN}$$

$$V_D = V_{D,0} + X_1 \cdot V_{D,1} + X_2 \cdot V_{D,2}$$
$$= -56{,}25 - 41{,}65 \cdot 0 - 62{,}18 \cdot (-0{,}160) \qquad = -46{,}30 \text{ kN}$$

Stützkräfte:

$$A = V_A \qquad = 44{,}00 \text{ kN}$$

$$B = V_{Br} - V_{Bl} = 21{,}79 - (-60{,}00) \qquad = 81{,}79 \text{ kN}$$

$$C = V_{Cr} - V_{Cl} = 66{,}20 - (-38{,}21) \qquad = 104{,}41 \text{ kN}$$

$$D = -V_D \qquad = 46{,}30 \text{ kN}$$

Nullstellen der Querkräfte (Bild 7.23c):

$x_{01} = V_A / q_1' = 44{,}00 / 20 = 2{,}20$ m von A nach rechts

$x_{02} = V_{Br} / q_2' = 21{,}79 / 24 = 0{,}91$ m von B nach rechts

$x_{03} = V_{Cr} / q_3' = 66{,}20 / 18 = 3{,}68$ m von C nach rechts

Feldmomente (Bild 7.23b):

$$M_{1,\max} = \frac{V_A^2}{2 \cdot q_1'} = \frac{44{,}00^2}{2 \cdot 20} = 48{,}40 \text{ kNm}$$

$$M_{2,\max} = \frac{V_{Br}^2}{2 \cdot q_2'} + M_B = \frac{21{,}79^2}{2 \cdot 24} - 41{,}65 = 9{,}89 - 41{,}65 = -31{,}76 \text{ kNm}$$

oder

$$M_{2,\max} = \frac{V_{Cl}^2}{2 \cdot q_2'} + M_C = \frac{(-38{,}21)^2}{2 \cdot 24} - 62{,}18 = 30{,}42 - 62{,}18 = -31{,}76 \text{ kNm}$$

$$M_{3,\max} = \frac{V_D^2}{2 \cdot q_3'} = \frac{(-46{,}30)^2}{2 \cdot 18} = 59{,}55 \text{ kNm}$$

Ein zweites mögliches System ist ein Einfeld-Träger mit zwei Einheits-Vertikallasten an den Orten der entfallenden Auflager B und C.

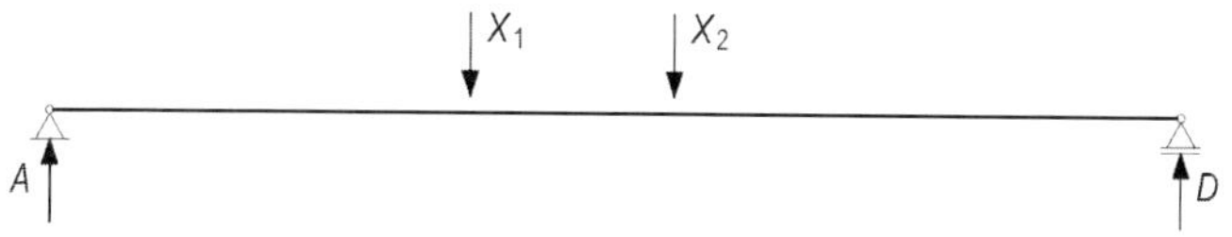

Bild 7.24
Einfeld-Träger mit zwei unbekannten Vertikallasten als statisch bestimmtes Hauptsystem

Schon die Berechnung des Biegemomentes am statisch bestimmten Hauptsystem ist aufgrund der ungleichen Feldlasten des Durchlaufträgers relativ aufwendig, da Anteile aus den drei Abschnitten aufaddiert bzw. nacheinander mit den Biegemomenten der Einheitsspannungszustände überlagert werden müssen.

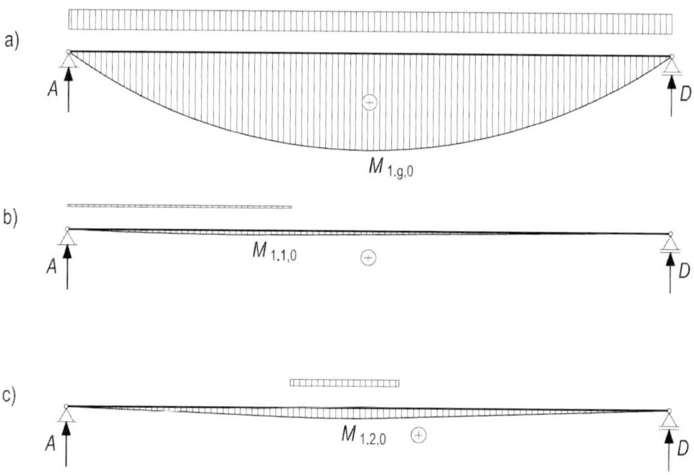

Bild 7.25
Biegemoment am statisch bestimmten Hauptsystem
a) Anteil aus konstanter Last über das gesamte Feld
b) Anteil aus Zusatzlast im Feld 1
c) Anteil aus Zusatzlast im Feld 2

Die einzelnen Anteile des gesamten Biegemomentes sind nicht symmetrisch auf dem Einfeld-Träger verteilt. Dadurch ergibt sich ein Biegemomentenverlauf der insgesamt nicht parabelförmig ist. Deshalb können die bekannten Überlagerungstafeln nur annähernd verwendet werden, da auch die einzelnen Anteile – bis auf den aus der konstanten Last über den gesamten Träger – nicht parabelförmig sind.

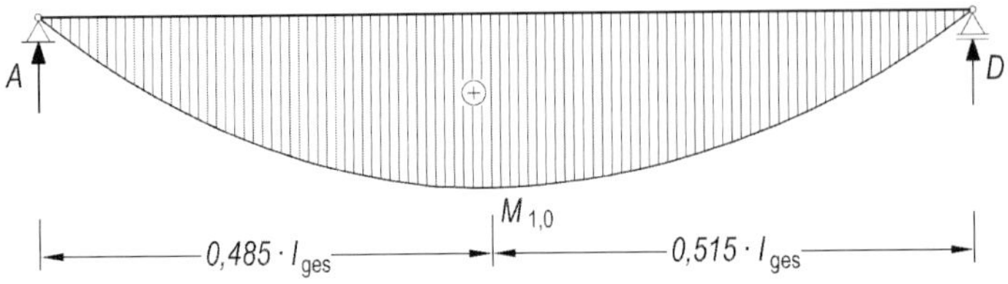

Bild 7.26 Endgültiges Biegemoment am statisch bestimmten Hauptsystem (unsymmetrisch)

Die Biegemomente infolge der Einheits-Kraftgrößen X_1 und X_2 können zwar relativ einfach bestimmt werden, jedoch ist die Überlagerung mit dem Biegemoment des statisch bestimmten Hauptsystems aufgrund des unklaren Momentenverlaufes schwierig und ungenau.

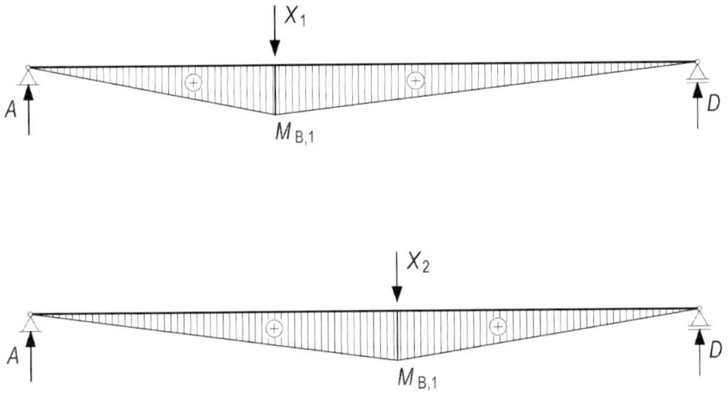

Bild 7.27 Biegemomente am statisch bestimmten Hauptsystem aufgrund der Einheits-Kraftgrößen X_1 und X_2

Einfacher und genauer ist es demzufolge, als statisch bestimmtes Hauptsystem eine Kette von Einfeldträgern zu bilden und als zu bestimmende Unbekannte jeweils Momentenpaare an den Gelenken über den Stützen anzusetzen.

7.2.3 Ungünstige Laststellungen

Die maximalen Schnittgrößen erhält man bei den Durchlaufträgern nicht bei Vollbelastung aller Felder des gesamten Trägers. Zwar sind die Eigenlasten als ständige Lasten immer vorhanden, aber die Nutzlasten können wechseln. Bei Hochbauten nimmt man eine feldweise veränderliche Nutzlast an. Es muss also die ständige Last g von der Nutzlast q getrennt werden (Bild 7.17). Damit ist zu untersuchen, bei welcher Belastung man die jeweils ungünstigsten Schnittgrößen erhält.

Hierzu gelten die folgenden Regeln:

1. **Größte Stützkräfte und größte Stützmomente:**
   Nutzlast in den benachbarten Feldern der betreffenden Stütze und abwechselnd in den folgenden Feldern.

2. **Größte Feldmomente:**
   Nutzlast in dem betreffenden Feld und abwechselnd in den folgenden Feldern.
3. **Größte Querkräfte:**
   Nutzlast wie bei 1, bei Hochbauten genügt aber Vollbelastung aller Felder.

Der sich daraus ergebende Rechenaufwand ist erheblich, denn für jeden Lastfall müssen die Stützmomente mit dem Kraftgrößenverfahren gesondert ermittelt werden. Einfacher ist es daher, mit folgenden Laststellungen zu rechnen:

Laststellung 1: Ständige Last g in allen Feldern
2: Nutzlast q nur im Feld 1
3: Nutzlast q nur im Feld 2
n: Nutzlast q nur im Feld n usw.

Die Stützmomente der zu berücksichtigenden Laststellungen errechnet man aus der Addition der einzelnen Werte. Aber auch hierbei ist der Rechenaufwand noch erheblich. Die anderen Schnittgrößen werden wie bisher bestimmt.

Beispiel zur Übung

Die Stützmomente, Stützkräfte, Querkräfte und Feldmomente sind für einen Dreifeldträger bei den ungünstigen Laststellungen nacheinander zu bestimmen (Bild **7**.29). Die maximalen Schnittgrößen sind zusammenzustellen.

1: Feld 1, 2 und 3 nur mit ständiger Last g_d = 3 kN/m (Bild **7**.29a)
2: Feld 1 nur mit Nutzlast $q_{1,d}$ = 5 kN/m (Bild **7**.29b)
3: Feld 2 nur mit Nutzlast $q_{2,d}$ = 6 kN/m (Bild **7**.29c)
4: Feld 3 nur mit Nutzlast $q_{3,d}$ = 5 kN/m (Bild **7**.29d)

Zusammenstellung der maximalen Schnittgrößen aus Laststellung 1 bis 4 (die Vorzeichen sind zu beachten).

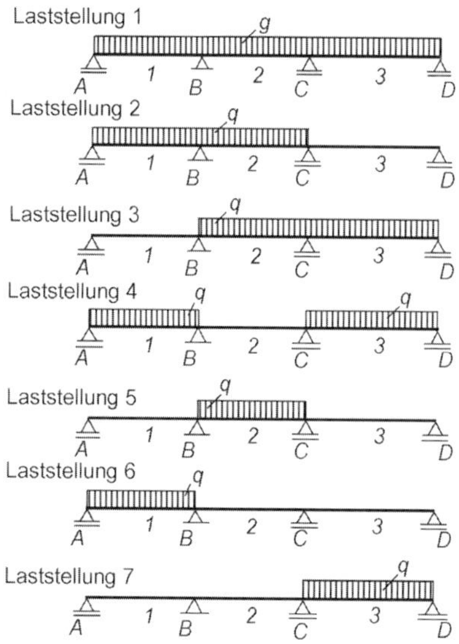

Bild **7**.28 Ungünstige Laststellungen für die ungünstigen Schnittgrößen bei einem Dreifeldträger

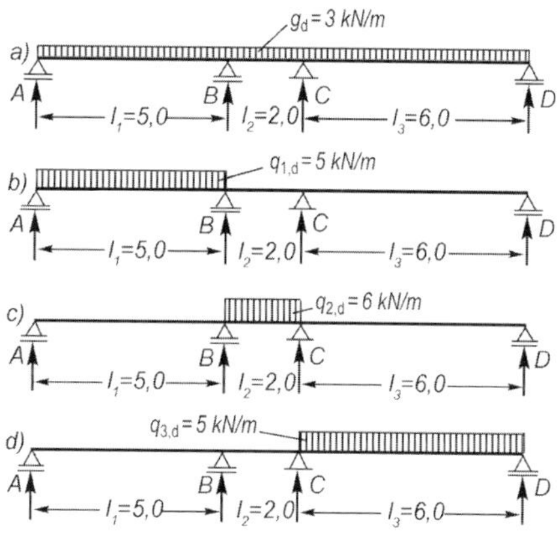

Bild **7**.29 Belastung eines Dreifeldträgers durch Eigenlast und feldweise Belastung durch die Verkehrslast

7.3 Durchlaufträger mit etwa gleichen Feldweiten und Belastungen

Die Berechnung der Schnittgrößen für Durchlaufträger ist eine umfangreiche Arbeit. Bei Hochbauten hat man aber auch oft Träger mit ungefähr gleichen Stützweiten und Belastungen. Für solche Träger sind allgemeine Formeln entwickelt und in Tabellen zusammengestellt worden. Sehr zweckmäßig sind die Zahlentafeln nach Winkler und Mensch (siehe z.B. in Wendehorst: Bautechnische Zahlentafeln). Für Stahlbetondecken oder Stahlträger in Hochbauten sind andere Näherungsverfahren zur Ermittlung der Schnittgrößen zulässig.

7.3.1 Winklersche Zahlen zur Schnittgrößenberechnung für Durchlaufträger

Für Durchlaufträger mit gleichen Feldweiten und gleichmäßig verteilter Belastung gestatten die Winklerschen Zahlen die Berechnung der Schnittgrößen mit Hilfe der Beiwerte a bis f an verschiedenen Stellen des Trägers auf folgende Weise:

$$M_{max} = (a \cdot g + b \cdot q) \cdot l^2 \qquad M_{min} = (a \cdot g + c \cdot q) \cdot l^2$$
$$V_{max} = (d \cdot g + e \cdot q) \cdot l \qquad V_{min} = (d \cdot g + f \cdot q) \cdot l \qquad \text{Gl. (7.18)}$$

Die Beiwerte a bis f sind in Tabellen zusammengestellt für verschiedene Verhältnisse x/l an mehreren Trägerstellen. x ist der Abstand vom links benachbarten Auflager (Tafel **7**.1 und **7**.2).

Die feldweise unterschiedliche Belastung durch g oder $g + q$ für ungünstige Laststellungen ist berücksichtigt.

Tafel **7**.2 **Beiwerte zur Bestimmung der Biegemomente und Querkräfte für Zweifeldträger** (nach Winkler)

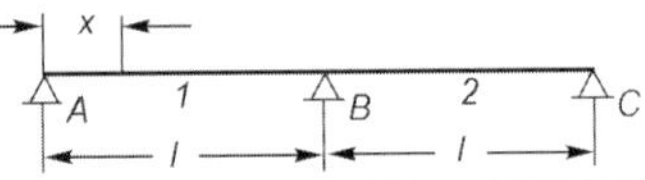

Verhältnis x/l	Biegemomente			Querkräfte		
	Einfluss von g	Einfluss von q		Einfluss von g	Einfluss von q	
	Beiwert a	Beiwert b	Beiwert c	Beiwert d	Beiwert e	Beiwert f
0,0	0	0	0	+ **0,3750**	+ **0,4375**	– 0,0625
0,1	+ 0,0325	+ 0,0388	– 0,0063	+ 0,2750	+ 0,3437	– 0,0687
0,2	+ 0,0550	+ 0,0675	– 0,0125	+ 0,1750	+ 0,2624	– 0,0874
0,3	+ 0,0675	+ 0,0863	– 0,0188	+ 0,0750	+ 0,1932	– 0,1182
0,375	+ 0,0703	+ 0,0938	– 0,0234	0	+ 0,1491	– 0,1491
0,4	+ **0,0700**	+ **0,0950**	– 0,0250	– 0,0250	+ 0,1359	– 0,1609
0,5	+ 0,0625	+ 0,0938	– 0,0313	– 0,1250	+ 0,0898	– 0,2148
0,6	+ 0,0450	+ 0,0825	– 0,0375	– 0,2250	+ 0,0544	– 0,2794
0,7	+ 0,0175	+ 0,0613	– 0,0438	– 0,3250	+ 0,0287	– 0,3537
0,75	0	+ 0,0469	– 0,0469	– 0,3750	+ 0,0193	– 0,3943
0,8	– 0,0200	+ 0,0300	– 0,0500	– 0,4250	+ 0,0119	– 0,4369
0,85	– 0,0425	+ 0,0152	– 0,0577	– 0,4750	+ 0,0064	– 0,4814
0,9	– 0,0675	+ 0,0061	– 0,0736	– 0,5250	+ 0,0027	– 0,5277
0,95	– 0,0950	+ 0,0014	– 0,0964	– 0,5750	+ 0,0007	– 0,5757
1,0	– **0,1250**	0	– **0,1250**	– **0,6250**	0	– **0,6250**

Tafel **7.3** **Beiwerte zur Bestimmung der Biegemomente und Querkräfte für Dreifeldträger** (nach Winkler)

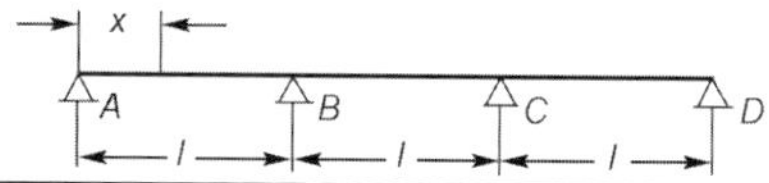

Verhältnis x/l	Biegemomente			Querkräfte		
	Einfluss von g	Einfluss von q		Einfluss von g	Einfluss von q	
	Beiwert a	Beiwert b	Beiwert c	Beiwert d	Beiwert e	Beiwert f
	Endfelder			Endfelder		
0,0	0	0	0	+ **0,4000**	+ **0,4500**	– 0,0500
0,1	+ 0,0350	+ 0,0400	– 0,0050	+ 0,3000	+ 0,3560	– 0,0563
0,2	+ 0,0600	+ 0,0700	– 0,0100	+ 0,2000	+ 0,2752	– 0,0752
0,3	+ 0,0750	+ 0,0900	– 0,0150	+ 0,1000	+ 0,2065	– 0,1065
0,4	+ **0,0800**	+ **0,1000**	– 0,0200	0	+ 0,1496	– 0,1496
0,5	+ 0,0750	+ 0,1000	– 0,0250	– 0,1000	+ 0,1042	– 0,2042
0,6	+ 0,0600	+ 0,0900	– 0,0300	– 0,2000	+ 0,0694	– 0,2694
0,7	+ 0,0350	+ 0,0700	– 0,0350	– 0,3000	+ 0,0443	– 0,3443
0,8	0	+ 0,0402	– 0,0402	– 0,4000	+ 0,0280	– 0,4280
0,85	– 0,0213	+ 0,0277	– 0,0490			
0,9	– 0,0450	+ 0,0204	– 0,0654	– 0,5000	+ 0,0193	– 0,5191
0,95	– 0,0713	+ 0,0171	– 0,0883			
1,0	– **0,1000**	+ 0,0167	– **0,1167**	– **0,6000**	+ 0,0167	– **0,6167**
	Mittelfeld			Mittelfeld		
0,0	– **0,1000**	+ 0,0167	– **0,1167**	+ **0,5000**	+ **0,5833**	– 0,0833
0,05	– 0,0763	+ 0,0141	– 0,0903			
0,1	– 0,0550	+ 0,0151	– 0,0701	+ 0,4000	+ 0,4870	– 0,0870
0,15	– 0,0363	+ 0,0205	– 0,0568			
0,2	– 0,0200	+ 0,0300	– 0,0500	+ 0,3000	+ 0,3991	– 0,0991
0,2764	0	+ 0,0500	– 0,0500			
0,3	+ 0,0050	+ 0,0550	– 0,0500	+ 0,2000	+ 0,3210	– 0,1210
0,4	+ 0,2000	+ 0,0700	– 0,0500	+ 0,1000	+ 0,2537	– 0,1537
0,5	– **0,0250**	+ **0,0750**	– 0,0500	0	+ 0,1979	– 0,1979

Beispiel zur Erläuterung

Zweifeldträger mit $l_1 = l_2 = 4{,}80$ m, $g_d = 6$ kN/m, $q_{d,1} = q_{d,2} = 8$ kN/m (Bild **7**.30)

Die Stützkräfte und Biegemomente werden berechnet.

Stützkräfte (Bild **7**.30b):

$$A_{max,d} = C_{max,d} = (d \cdot g_d + e \cdot q_d) \cdot l = (0{,}375\, g_d + 0{,}4375\, q_d) \cdot l$$
$$= (0{,}375 \cdot 6 + 0{,}4375 \cdot 8) \cdot 4{,}80 = (2{,}25 + 3{,}50) \cdot 4{,}80 = 5{,}75 \cdot 4{,}80 = 27{,}6 \text{ kN}$$

$$B_d = 2 \cdot (d \cdot g_d + e \cdot q_d) \cdot l = 2 \cdot (0{,}625 \cdot g_d + 0{,}625 \cdot q_d) \cdot l = 1{,}25 \cdot (6 + 8) \cdot 4{,}80$$
$$= 1{,}25 \cdot 14 \cdot 4{,}80 = 84{,}0 \text{ kN}$$

Biegemomente (Bild **7**.30c):

$$M_{1,max,d} = M_{2,max,d} = (a \cdot g_d + b \cdot q_d) \cdot l^2 = (0{,}070 \cdot g_d + 0{,}095 \cdot q_d) \cdot l^2$$
$$= (0{,}07 \cdot 6 + 0{,}095 \cdot 8) \cdot 4{,}80^2 = (0{,}42 + 0{,}76) \cdot 4{,}80^2 = 1{,}18 \cdot 4{,}80^2 = 27{,}2 \text{ kNm}$$

$$M_{B,max,d} = (a \cdot g_d + c \cdot q_d) \cdot l^2 = (-0{,}125 \cdot g_d - 0{,}125 \cdot q_d) \cdot l^2 = -0{,}125 \cdot (6 + 8) \cdot 4{,}80^2$$
$$= -0{,}125 \cdot 14 \cdot 4{,}80^2 = -40{,}3 \text{ kNm}$$

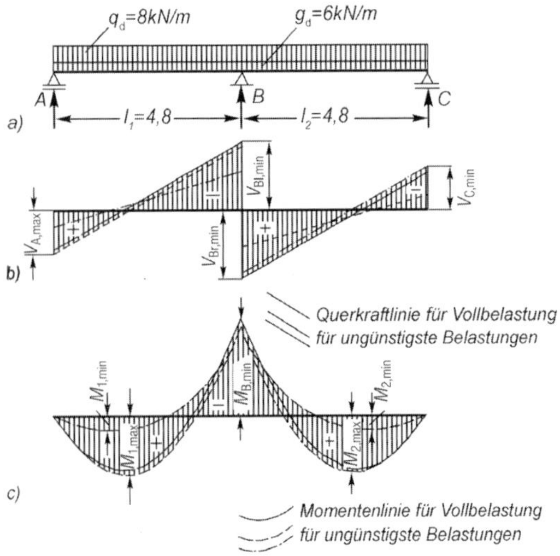

Bild 7.30
Querkraft- und Momentenlinien für unterschiedliche Belastungen eines Zweifeldträgers zur Ermittlung der maximalen und minimalen Schnittgrößen

Beispiele zur Übung

Für folgende Träger sind mit den Winklerschen Zahlen die Stützkräfte und Biegemomente zu bestimmen:

1. $l_1 = l_2$	=	5,00 m	**2.** $l_1 = l_2$	=	6,20 m
g_d	=	5 kN/m	g_d	=	8 kN/m
$q_{1,d} = q_{2,d}$	=	10 kN/m	$q_{1,d} = q_{2,d}$	=	15 kN/m
3. $l_1 = l_2 = l_3$	=	4,50 m	**4.** $l_1 = l_2 = l_3$	=	5,20 m
g_d	=	9 kN/m	g_d	=	10 kN/m
$q_{1,d} = q_{2,d} = q_{3,d}$	=	15 kN/m	$q_{1,d} = q_{2,d} = q_{3,d}$	=	20 kN/m

7.3.2 Zahlentafeln nach Mensch zur Schnittgrößenberechnung für Durchlaufträger

Für Durchlaufträger mit gleichen Feldweiten und gleich großer Belastung enthalten die Zahlentafeln nach Mensch die Beiwerte k zur Berechnung der Größtwerte für die Feldmomente, Stützmomente und Stützkräfte. Auch andere Lastarten (Einzel-, Dreiecks-, Trapezlasten) sind in den Tafeln erfasst. Für Hochbauten ist die Benutzung der Tafeln auch zulässig bei ungleichen Stützweiten, wenn die kleinste Stützweite ≥ 80 % der größten Stützweite beträgt: min $l \geq 0{,}8\, l_{max}$. Die Stützkräfte der Innenstützen und die Stützmomente werden mit den Mittelwerten der jeweils benachbarten Stützweiten berechnet. Die Beiwerte gelten entsprechend spiegelbildlich auch für die rechte Trägerhälfte, da sie in den Zahlentafeln nur für die linke Trägerhälfte (bis zur Symmetrieachse) angegeben sind.

Die Schnittgrößen werden in folgender Weise berechnet:

$$M_{max} = (k_1 \cdot g_d + k_2 \cdot q_d) \cdot l^2 \qquad M_{min} = (k_3 \cdot g_d + k_4 \cdot q_d) \cdot l^2 \qquad \text{Gl. (7.19)(7.20)}$$

$$V_{max} = (k_3 \cdot g_d + k_6 \cdot q_d) \cdot l \qquad \text{mit } q = g_d + q_d \qquad \text{Gl. (7.21)}$$

Tafel **7.4** **Beiwerte *k* zur Bestimmung der Schnittgrößen für Zweifeldträger** (nach Mensch)

Belastungsschema Doppelstrich: belastet, wie rechts dargestellt	statische Größe	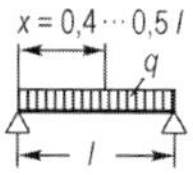	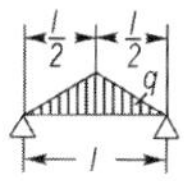	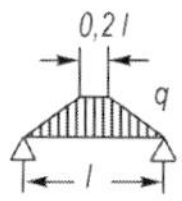	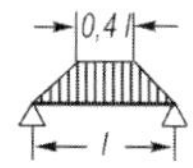
2 gleiche Öffnungen 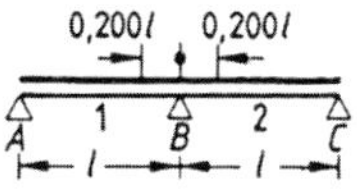	M_1	0,070	0,048	0,056	0,062
	$M_{B,min}$	– 0,125	– 0,078	– 0,093	– 0,106
	A	0,375	0,172	0,207	0,244
	B_{max}	1,250	0,656	0,786	0,911
	$V_{Bl,min}$	– 0,625	– 0,328	– 0,393	– 0,456
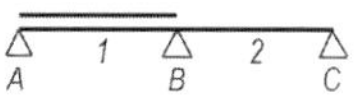	$M_{1,max}$	0,096	0,065	0,076	0,085
	M_B	– 0,063	– 0,039	– 0,047	– 0,053
	A_{max}	0,438	0,211	0,253	0,297
	C_{min}	– 0,063	– 0,039	– 0,047	– 0,053

Tafel **7.5** **Beiwerte *k* zur Bestimmung der Schnittgrößen für Dreifeldträger** (nach Mensch)

3 gleiche Öffnungen 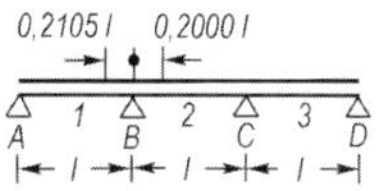	M_1	0,080	0,054	0,064	0,071
	M_2	0,025	0,021	0,024	0,025
	M_B	– 0,100	– 0,063	– 0,074	– 0,085
	A	0,400	0,188	0,226	0,265
	B	1,100	0,563	0,674	0,785
	V_{Bl}	– 0,600	– 0,313	– 0,374	– 0,435
	V_{Br}	0,500	0,250	0,300	0,350
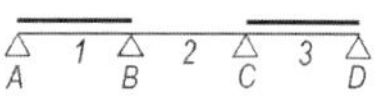	$M_{1.max}$	0,101	0,068	0,080	0,090
	M_B	– 0,050	– 0,032	– 0,037	– 0,043
	A_{max}	0,450	0,219	0,263	0,307
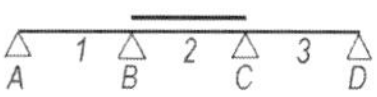	$M_{2.max}$	0,075	0,052	0,061	0,067
	M_B	– 0,050	– 0,032	– 0,037	– 0,043
	A_{min}	– 0,050	– 0,032	– 0,037	– 0,043
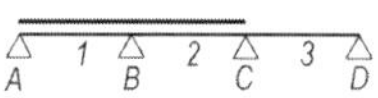	$M_{B.min}$	– 0,117	– 0,073	– 0,087	– 0,099
	M_C	– 0,033	– 0,021	– 0,025	– 0,029
	B_{max}	1,200	0,626	0,749	0,871
	$V_{Bl.min}$	– 0,617	– 0,323	– 0,387	– 0,449
	$V_{Br,max}$	0,583	0,303	0,362	0,421
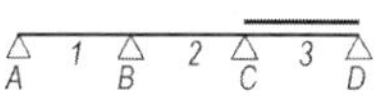	$M_{B.max}$	0,017	0,011	0,013	0,015
	M_C	– 0,067	– 0,042	– 0,050	– 0,057
	$V_{Bl.max}$	0,017	0,011	0,013	0,015
	$V_{Br,min}$	– 0,083	– 0,053	– 0,062	– 0,071

Tafel 7.6 **Beiwerte *k* zur Bestimmung der Schnittgrößen für Vierfeldträger** (nach Mensch)

Belastungsschema Doppelstrich: belastet, wie rechts dargestellt	statische Größe	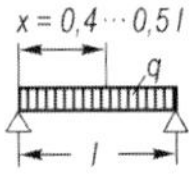	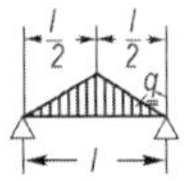	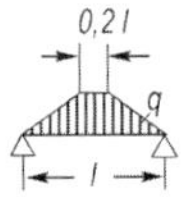	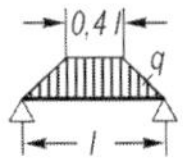
4 gleiche Öffnungen	M_1	0,077	0,052	0,062	0,069
	M_2	0,036	0,028	0,032	0,034
	M_B	– 0,107	– 0,067	– 0,080	– 0,091
	M_C	– 0,071	– 0,045	– 0,053	– 0,060
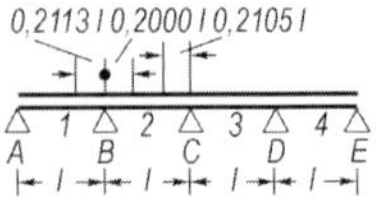	A	0,393	0,183	0,220	0,259
	B	1,143	0,590	0,707	0,822
	C	0,929	0,455	0,546	0,638
	V_{Bl}	– 0,607	– 0,317	– 0,380	– 0,441
	V_{Br}	0,536	0,273	0,327	0,381
	V_{Cl}	– 0,464	– 0,228	– 0,273	– 0,319
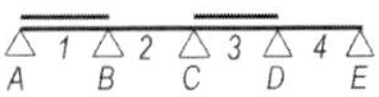	$M_{1.max}$	0,100	0,067	0,079	0,088
	M_B	– 0,054	– 0,034	– 0,040	– 0,046
	M_C	– 0,036	– 0,023	– 0,027	– 0,031
	A_{max}	0,446	0,217	0,260	0,298
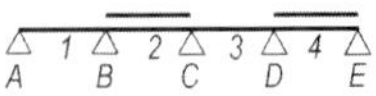	$M_{2.max}$	0,080	0,056	0,065	0,071
	M_B	– 0,054	– 0,034	– 0,040	– 0,046
	M_C	– 0,036	– 0,023	– 0,027	– 0,031
	A_{min}	– 0,054	– 0,034	– 0,040	– 0,046
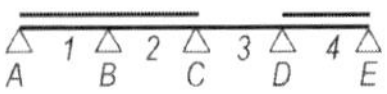	M_{Bmin}	– 0,121	– 0,076	– 0,090	– 0,102
	M_C	– 0,018	– 0,012	– 0,013	– 0,015
	M_D	– 0,058	– 0,036	– 0,043	– 0,049
	B_{max}	1,223	0,640	0,767	0,889
	$V_{Bl.min}$	– 0,621	– 0,326	– 0,390	– 0,452
	$V_{Br,max}$	0,603	0,314	0,377	0,437
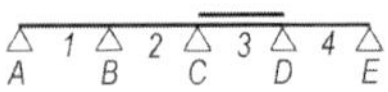	$M_{B.max}$	0,013	0,009	0,010	0,011
	M_C	– 0,054	– 0,033	– 0,040	– 0,045
	M_D	– 0,049	– 0,031	– 0,037	– 0,042
	B_{min}	– 0,080	– 0,050	– 0,060	– 0,067
	$V_{Bl.max}$	0,013	0,009	0,010	0,011
	$V_{Br,min}$	– 0,067	– 0,042	– 0,050	– 0,056
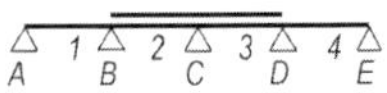	M_B	– 0,036	– 0,023	– 0,027	– 0,031
	$M_{C.min}$	– 0,107	– 0,067	– 0,080	– 0,091
	C_{max}	1,143	0,589	0,706	0,820
	$V_{Cl,min}$	– 0,571	– 0,295	– 0,353	– 0,410
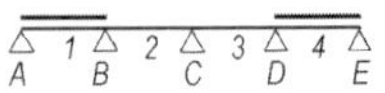	M_B	– 0,071	– 0,045	– 0,053	– 0,060
	$M_{C.max}$	0,036	0,023	0,027	0,031
	C_{min}	– 0,214	– 0,134	– 0,160	– 0,182
	$V_{Cl,max}$	0,107	0,067	0,080	0,091

Beispiel zur Erläuterung

Ein Träger mit $l_1 = 4{,}00$ m und $l_2 = 4{,}60$ m mit $g_d = 10$ kN/m und $q_{d1} = q_{d2} = 16$ kN/m wird berechnet (Bild **7.**31).

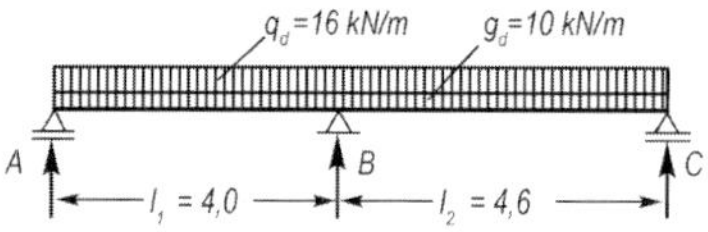

Bild **7.**31 Zweifeldträger mit Eigenlast und Verkehrslast

Biegemomente:

$$M_{1,\max,d} = (k_1 \cdot g_d + k_2 \cdot q_d) \cdot l_1^2 = (0{,}07 \cdot 10 + 0{,}096 \cdot 16) \cdot 4{,}00^2$$
$$= (0{,}70 + 1{,}54) \cdot 4{,}00^2 = 2{,}24 \cdot 4{,}00^2 \qquad = \quad 35{,}8 \text{ kNm}$$

$$M_{2,\max,d} = (k_1 \cdot g_d + k_2 \cdot q_d) \cdot l_1^2 = (0{,}07 \cdot 10 + 0{,}096 \cdot 16) \cdot 4{,}60^2$$
$$= (0{,}70 + 1{,}54) \cdot 4{,}60^2 = 2{,}24 \cdot 4{,}60^2 \qquad = \quad 47{,}4 \text{ kNm}$$

$$M_{B,\max,d} = (k_3 \cdot g_d + k_4 \cdot q_d) \cdot \left(\frac{l_1 + l_2}{2}\right)^2$$
$$= (-0{,}125 \cdot 10 - 0{,}125 \cdot 16) \cdot \left(\frac{4{,}00 + 4{,}60}{2}\right)^2$$
$$= (-1{,}25 - 2{,}00) \cdot \left(\frac{8{,}60}{2}\right)^2 = -3{,}25 \cdot 4{,}30^2 \qquad = \quad -60{,}1 \text{ kNm}$$

Stützkräfte:

$$A_{\max,d} = (k_5 \cdot g_{d1} + k_6 \cdot q_{d1}) \cdot l_1 = (0{,}375 \cdot 10 + 0{,}438 \cdot 16) \cdot 4{,}00$$
$$= (3{,}75 + 7{,}02) \cdot 4{,}00 = 10{,}77 \cdot 4{,}00 \qquad = \quad 43{,}1 \text{ kN}$$

$$V_{Bl} = (k_7 \cdot g_{d1} + k_8 \cdot q_{d1}) \cdot l_1 \qquad V_{Br} = (k_7 \cdot g_{d2} + k_8 \cdot q_{d2}) \cdot l_2$$

$$B_{\max,d} = V_{Bl} + V_{Br} = (k_7 \cdot g_d + k_8 \cdot q_d) \cdot \frac{l_1 + l_2}{2}$$
$$= (1{,}25 \cdot 10 + 1{,}25 \cdot 16) \cdot \frac{4{,}00 + 4{,}60}{2} = (12{,}5 + 20{,}0) \cdot 4{,}30 \qquad = \quad 139{,}8 \text{ kN}$$

$$C_{\max,d} = (k_5 \cdot g_{d2} + k_6 \cdot q_{d2}) \cdot l_2 = (0{,}375 \cdot 10 + 0{,}438 \cdot 16) \cdot 4{,}60$$
$$= (3{,}75 + 7{,}01) \cdot 4{,}60 = 10{,}76 \cdot 4{,}60 \qquad = \quad 49{,}5 \text{ kN}$$

Beispiele zur Übung

Die Schnittgrößen für die nachstehenden Träger sind mit den Zahlentafeln nach Mensch zu bestimmen.

1. $l_1 = 4{,}80$ m $l_2 = 5{,}40$ m $g_d = 5$ kN/m $q_{d1} = q_{d2} = 8$ kN/m
2. $l_1 = l_2 = l_3 = 4{,}50$ m $g_d = 8$ kN/m $q_{d1} = q_{d2} = q_{d3} = 12$ kN/m
3. $l_1 = l_3 = 4{,}40$ m $l_2 = 3{,}60$ m $g_d = 10$ kN/m $q_{d1} = q_{d2} = q_{d3} = 13$ kN/m
4. $l_1 = l_2 = 5{,}00$ m $l_3 = 4{,}00$ m $g_d = 6$ kN/m $q_{d1} = q_{d2} = q_{d3} = 10$ kN/m

7.3.3 Durchlaufende Platten und Balken im Stahlbetonbau

Die Schnittgrößen für durchlaufende Platten, Balken und Plattenbalken aus Stahlbeton mit gleichmäßig verteilter Belastung dürfen bei Hochbauten ebenfalls mit den Winklerschen Zahlen oder mit den Zahlentafeln nach Mensch berechnet werden. Diese Bauteile dürfen dabei im Allgemeinen als frei drehbar gelagert angenommen werden.

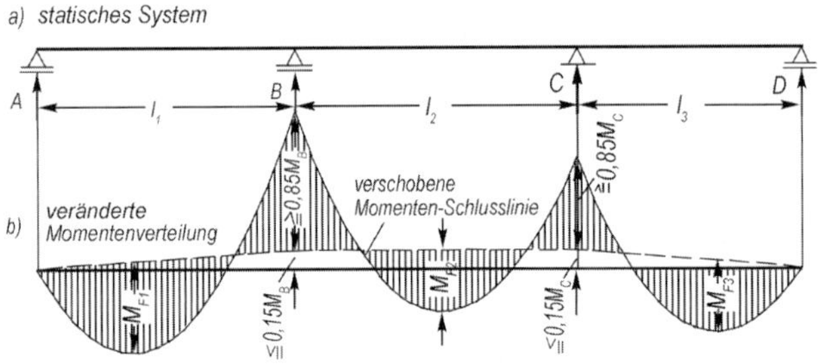

Bild **7**.32
Verminderung der Stützmomente durch Verschiebung der Momenten-Schlusslinie bis zu 0,15 · M_S; dadurch freie Wahl der Momentenverteilung

Bei Stützweiten bis zu 12 m dürfen die so berechneten Stützmomente bis zu 15 % ihrer Größtwerte vermindert (oder vergrößert) werden, wenn die zugehörigen Feldmomente um das entsprechende Maß vergrößert (oder vermindert) werden (Bild **7**.32).

Die Momentenfläche darf über den Unterstützungen außerdem parabelförmig ausgerundet werden.

Bei Auflagerung auf Mauerwerk oder bei nicht biegesteifem Anschluss an die Unterstützung ist dann die Bemessung für das abgeminderte Moment M' durchzuführen (Bild **7**.33).

$$M_S' = M_S + \frac{t \cdot |V|}{8} \qquad \text{Gl. (7.22)}$$

Hierbei sind:

M_S Stützmoment (mit Vorzeichen einsetzen) in kNm
$|V|$ Querkraft $|V_l| + |V_r|$ in Auflagermitte (als absoluter Wert ohne Vorzeichen einsetzen) in kN
t Auflagertiefe in m

Bei Auflagerung auf Stahlbetonbalken oder -wänden oder bei biegesteifem Anschluss an die Unterstützung ist die Bemessung für die Momente M_r bzw. M_u am Rand der Unterstützung durchzuführen (Bild **7**.33)

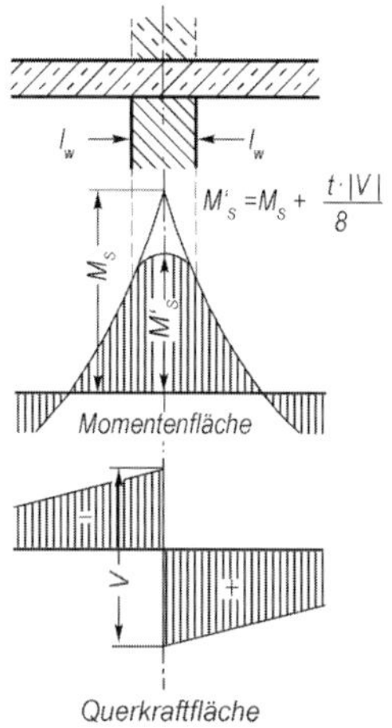

Bild **7**.33 Momentenausrundung bei Auflagerung auf Mauerwerk oder bei nicht biegesteifem Anschluss an die Unterstützung

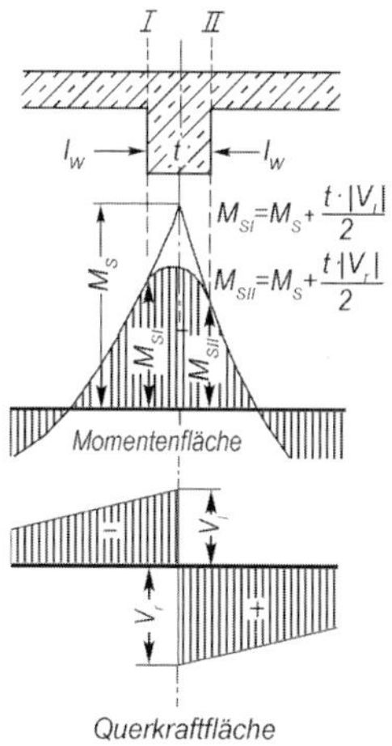

Bild **7**.34 Momentenausrundung bei Auflagerung auf Stahlbeton oder bei biegesteifem Anschluss an die Unterstützung

$$M_{SI} = M_S + \frac{t \cdot |V_l|}{2} \qquad \text{Gl. (7.23)}$$

$$M_{SII} = M_S + \frac{t \cdot |V_r|}{2} \qquad \text{Gl. (7.24)}$$

Hierbei sind:

M_S Stützmoment (mit Vorzeichen einsetzen) in kNm
$|V_l|$ Querkraft links der Auflagermitte (als absoluter Wert ohne Vorzeichen einsetzen) in kN
$|V_r|$ Querkraft rechts der Auflagermitte in kN
t Tiefe der Unterstützung in m

Beispiele zur Erläuterung siehe „Stahlbetonbau – Bemessung, Konstruktion, Ausführung“.

7.3.4 Durchlaufende Stahlträger

Nach DIN 18801 dürfen Durchlaufträger aus Stahl auf vereinfachte Weise berechnet werden, wenn die Stützenweiten gleich sind oder die kleinste Stützenweite mindestens 0,8 der größeren ist:

$$\boldsymbol{l_{min} \geq 0{,}8 \cdot l_{max}} \qquad \text{Gl. (7.25)}$$

Die Stützkräfte von Durchlaufträgern mit mehr als zwei Feldern dürfen berechnet werden wie bei Einfeldträgern. Für gleichmäßig verteilte Belastung sind die Stützkräfte in Bild **7**.35 angegeben.

Für Zweifeldträger ist die Stützkraft am Mittelauflager für Vollbelastung zu berechnen:

$$\boldsymbol{B_{max} = 1{,}25 \cdot q \cdot l} \qquad \text{Gl. (7.26)}$$

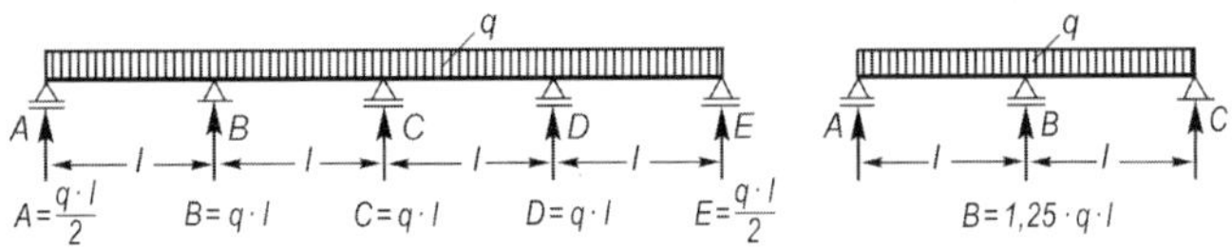

Bild **7**.35 Stützkräfte bei durchlaufenden Stahlträgern mit gleichen oder annähernd gleichen Stützweiten

Biegemomente bei gleichmäßig verteilter Belastung

Die Biegemomente der Durchlaufträger mit gleichmäßig verteilter Belastung können wie folgt berechnet werden (Bild **7**.36):

Endfelder	$M_E = q \cdot l^2/11$	Gl. (7.27)
Innenfelder	$M_I = q \cdot l^2/16$	Gl. (7.28)
Innenstützen	$M_S = -q \cdot l^2/16$	Gl. (7.29)

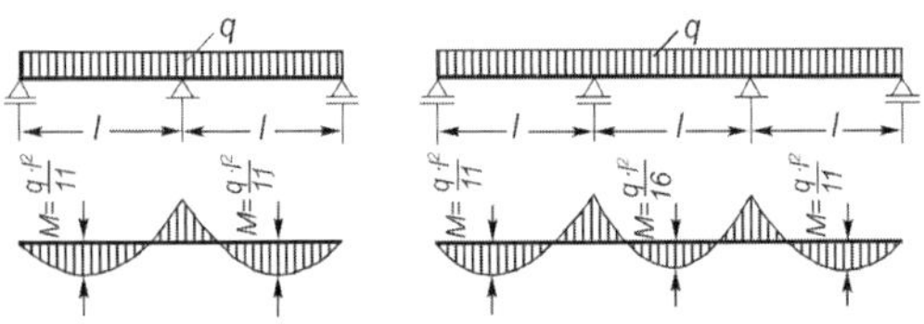

Bild **7**.36
Feldmomente für Stahlträger mit gleichen oder annähernd gleichen Stützweiten und gleichmäßig verteilter Belastung

Für die Feldmomente sind q und l des jeweiligen Feldes anzusetzen.

Für die Innenstützmomente sind q und l des angrenzenden Feldes anzusetzen, das den größeren Wert aus $q \cdot l$ liefert.

Folgende Bedingungen sind einzuhalten:

- Gleiche oder annähernd gleiche Stützweiten Gl. (7.25)
- Belastung aus feldweise gleichgroßen, gleichgerichteten Streckenlasten: min $q \geq 0$
- Träger mit doppelsymmetrischem, über die Länge gleich bleibendem Querschnitt (z.B. I-Profile, nicht aber ⊏-Profile).

Biegemomente bei anderen Belastungsarten

Die Biegemomente der Durchlaufträger mit anderen als gleichmäßig verteilten Belastungen können vereinfacht nach den Gleichungen (7.30) und (7.31) berechnet werden.

Endfelder (Bild **7**.37a und b):

$$M_x = M_0 + 0{,}6 \cdot M'_B \cdot \frac{x}{l} \qquad \text{Gl. (7.30)}$$

Innenfelder (Bild **7**.36c und d):

$$M_x = M_0 + 0{,}75 \cdot \left(M'_B \cdot \frac{x'}{l} + M'_C \cdot \frac{x}{l} \right) \qquad \text{Gl. (7.31)}$$

M'_B und M'_C sind die bei voller Einspannung der Felder entstehenden Einspannmomente (siehe Abschnitt 7.5).

M_0 ist das im untersuchten Feld bei freier Auflagerung ohne Durchlaufwirkung entstehende Moment.

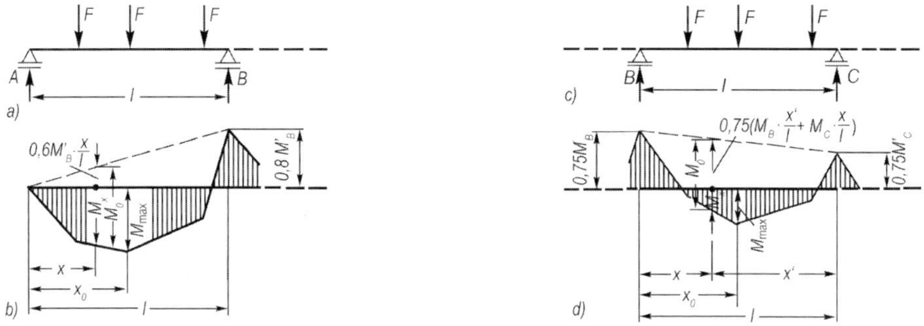

Bild **7.**37 Momentenbestimmung für durchlaufende Stahlträger mit gleichen oder annähernd gleichen Stützweiten a) und b) im Endfeld c) und d) im Innenfeld

Beispiel zur Erläuterung

Ein Stahlträger läuft über 3 Felder durch und ist jeweils in Feldmitte durch eine Einzellast $F_d = 40$ kN belastet (Bild **7.**38)

$l_1 = l_3 = 3{,}00$ m $\qquad l_2 = 3{,}50$ m $\qquad x = l/2$

Die Biegemomente und Stützkräfte werden berechnet.

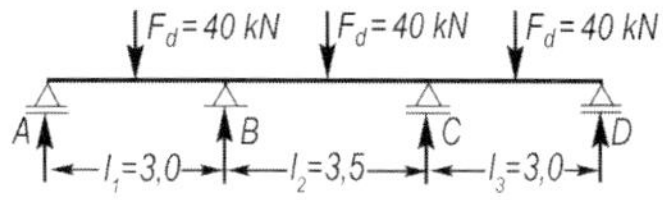

Bild **7.**38 Dreifeldträger aus Stahl

Biegemomente:

$$M_{\mathrm{B1,d}} = 0{,}6\, M'_{\mathrm{B1,d}} = -0{,}6 \cdot \frac{3 \cdot F_d \cdot l}{16} = -0{,}6 \cdot \frac{3 \cdot 40 \cdot 3{,}00}{16} = -13{,}50 \text{ kNm}$$

$$M_{\mathrm{C2,d}} = M_{\mathrm{B2,d}} = 0{,}75\, M'_{\mathrm{B,d}} = -0{,}75 \cdot \frac{F_d \cdot l}{8} = -0{,}75 \cdot \frac{40 \cdot 3{,}50}{8} = -13{,}10 \text{ kNm}$$

Maßgebend ist das größte Moment, also min $M_{\mathrm{B1,d}} = -13{,}50$ kNm

$$M_{1,\mathrm{d}} = M_{3,\mathrm{d}} = M_{0,\mathrm{d}} + 0{,}6\, M'_{\mathrm{B,d}} \cdot \frac{x}{l} = \frac{F_d \cdot l}{4} + M_{\mathrm{B1,d}} \cdot \frac{1}{2}$$

$$= \frac{40 \cdot 3{,}00}{4} - 13{,}50 \cdot \frac{1}{2} = 30{,}00 - 6{,}75 = 23{,}25 \text{ kNm}$$

$$M_{2,\mathrm{d}} = M_0 - 0{,}75 \cdot \left(M'_{\mathrm{B}} \cdot \frac{x'}{l} + M'_{\mathrm{C}} \cdot \frac{x}{l} \right) = \frac{F_d \cdot l}{4} - M_{\mathrm{B2}} \cdot \frac{1}{2} - M_{\mathrm{C2}} \frac{1}{2}$$

$$= \frac{40 \cdot 3{,}50}{4} - 13{,}1 \cdot \frac{1}{2} - 13{,}1 \cdot \frac{1}{2} = 35{,}00 - 13{,}10 = 21{,}90 \text{ kNm}$$

Stützkräfte:

$$A_d = D_d = \frac{F_d}{2} = \frac{40}{2} = 20 \text{ kN} \qquad B_d = C_d = \frac{F_d}{2} + \frac{F_d}{2} = F_d = 40 \text{ kN}$$

7.4 Eingespannte Einfeldträger

Auch die eingespannten Träger auf 2 Stützen sind statisch unbestimmt gelagert, da die Lagerung mehr als 3wertig ist. Die statisch unbestimmten Größen sind hier die Einspannmomente. Das Kraftgrößenverfahren ist selbstverständlich auch für diese Träger anwendbar. Für die meisten Belastungsfälle kann jedoch auch auf Tabellenwerke zurückgegriffen werden.

7.4.1 Einseitig eingespannte Träger auf zwei Stützen

Den eingespannten Träger stellt man sich an der Einspannstelle um ein gedachtes (ideelles) Feld verlängert als Durchlaufträger vor (Bild **7**.39). Das Stützmoment M_B entspricht dem Einspannmoment.

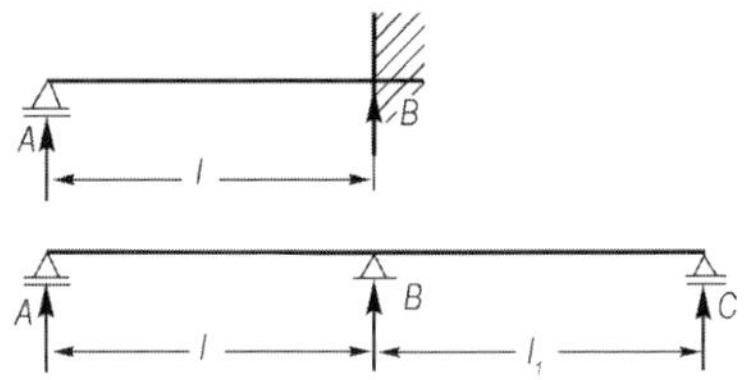

Bild **7**.39 Einseitig eingespannter Träger auf 2 Stützen mit ideellem Zweifeldträger

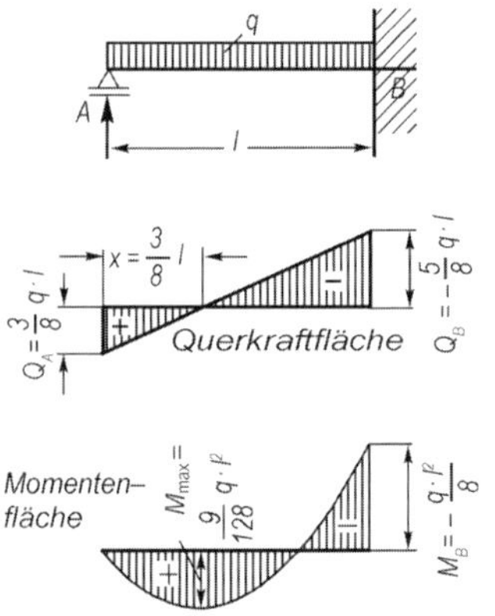

Bild **7**.40 Eingespannter Träger mit Querkraft- und Momentenfläche bei gleichmäßig verteilter Belastung

Für eine gleichmäßig verteilte Belastung (Bild **7**.40) gilt

$$M_B = -\frac{q \cdot l^2}{8} \qquad \text{Gl. (7.32)}$$

Für fest eingespannte Träger sind Formeln entwickelt worden. Sie liefern bei voller Einspannung genaue Schnittgrößen. Bei elastischen Einspannungen, also teilweisen Einspannungen, gelten diese Formeln nicht. Tafel **7**.7 enthält eine Zusammenstellung der Formeln zur Berechnung der Schnittgrößen für einseitig eingespannte Einfeldträger.

Tafel **7.7** **Zusammenstellung der Schnittgrößen für einseitig eingespannte Einfeldträger**

statisches System und Belastung	Auflagerkräfte	Biegemomente
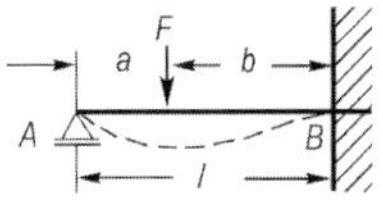	$A = \frac{F \cdot b^2}{2l^3} \cdot (2l + a)$ $A = \frac{F \cdot a}{2l^3} \cdot (3l^3 - a^2)$	$M_B = -\frac{F \cdot a \cdot b}{2l^2} \cdot (l + a)$ $M_F = \frac{F \cdot a \cdot b^2}{2l^3} \cdot (2l + a)$
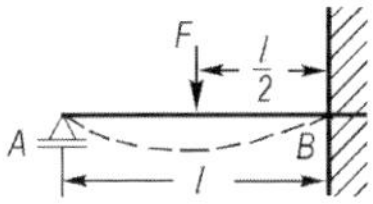	$A = \frac{5}{16} F$ $B = \frac{11}{16} F$	$M_B = -\frac{3}{16} F \cdot l$ $M_F = \frac{5}{32} F \cdot l$
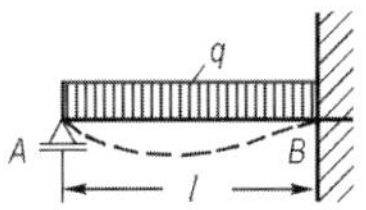	$A = \frac{3}{8} q \cdot l$ $B = \frac{5}{8} q \cdot l$	$M_B = -\frac{q \cdot l^2}{8}$ $M_F = \frac{9}{128} \cdot q \cdot l^2$ bei $x = \frac{3}{8} l$
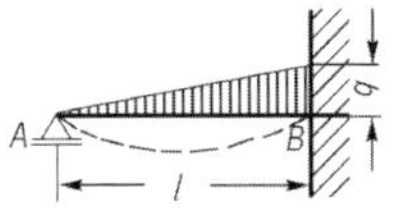	$A = \frac{1}{10} q \cdot l$ $B = \frac{2}{5} q \cdot l$	$M_B = -\frac{q \cdot l^2}{8}$ $M_F = 0{,}0298\ q \cdot l^2$ bei $x = 0{,}447\ l$

Beispiel zur Erläuterung

Eine Stahlbetondecke überspannt einen Raum von 5,76 m lichter Weite, liegt links auf Mauerwerk auf und ist rechts in eine Stahlbetonwand eingespannt.
Die Belastung beträgt für 1,00 m Deckenbreite $(g_d + q_d) = 8{,}5$ kN/m (Bild **7.41**).

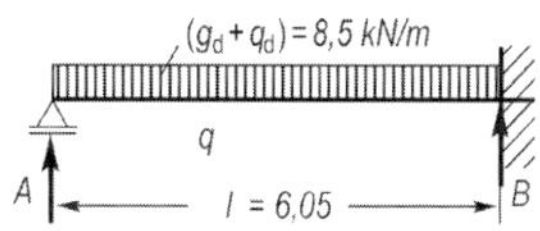

Bild **7.41** Statisches System der einseitig eingespannten Stahlbetonplatte

statische Länge:

$$l = 1{,}05\ l_w = 1{,}05 \cdot 5{,}76 = 6{,}05 \text{ m}$$

Stützkräfte:

$$A = \frac{3}{8} \cdot (g_d + q_d) \cdot l = \frac{3}{8} \cdot 8{,}5 \cdot 6{,}05 = 19{,}28 \text{ kN}$$

$$B = \frac{5}{8} \cdot (g_d + q_d) \cdot l = \frac{5}{8} \cdot 8{,}5 \cdot 6{,}05 = 32{,}14 \text{ kN}$$

Biegemomente:

$$M_{max} = \frac{9}{128} \cdot (g_d + q_d) \cdot l^2 = \frac{9}{128} \cdot 8{,}5 \cdot 6{,}05^2 = 21{,}88 \text{ kNm}$$

$$M_B = -\frac{(g_d + q_d) \cdot l^2}{8} = -\frac{8{,}5 \cdot 6{,}05^2}{8} = -38{,}89 \text{ kNm}$$

7.4.2 Zweiseitig eingespannte Träger auf zwei Stützen

Diese Träger stellt man sich an beiden Einspannstellen jeweils um ein ideelles Feld verlängert vor. Man hat dann einen ideellen Durchlaufträger über 3 Felder (Bild **7**.42).

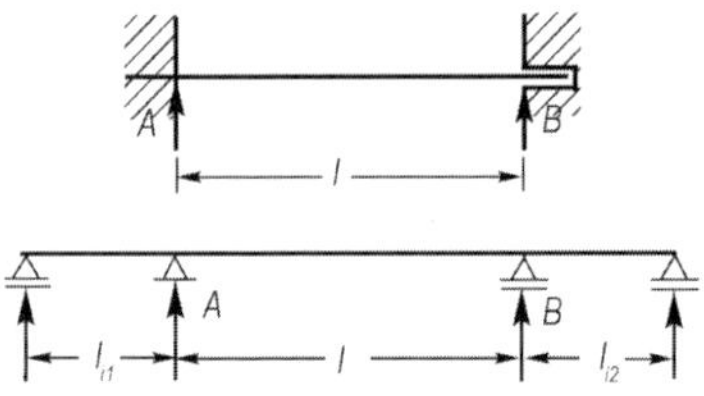

Bild **7**.42 Beidseitig eingespannter Einfeldträger mit ideellem Dreifeldträger

Bei gleichmäßig verteilter Belastung (Bild **7**.43) ergibt sich:

$$M_A = M_B = -\frac{1}{3} \cdot \left(2 \cdot \frac{q \cdot l^2}{4} - \frac{q \cdot l^2}{4} \right) = -\frac{1}{3} \cdot \frac{q \cdot l^2}{4}$$

$$M_A = M_B = -\frac{q \cdot l^2}{12} \qquad \text{Gl. (7.33)}$$

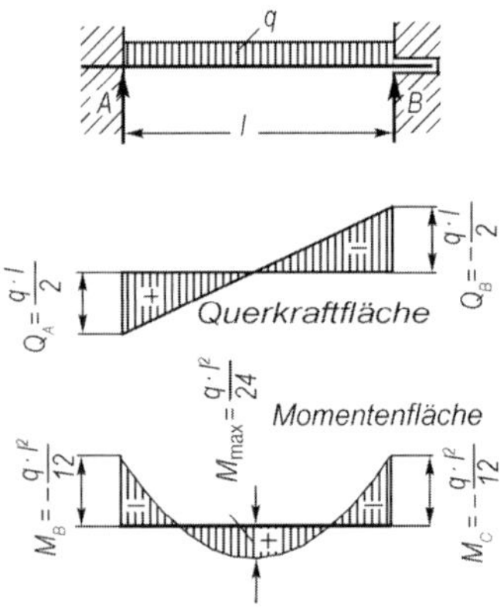

Bild **7**.43 Eingespannter Träger mit Querkraft- und Momentenfläche bei gleichmäßig verteilter Belastung

In Tafel **7**.8 sind die Formeln zur Bestimmung der Schnittgrößen für beidseitig eingespannte Einfeldträger zusammengestellt.

Tafel **7.8** **Zusammenstellung der Schnittgrößen für beidseitig eingespannte Einfeldträger**

statisches System und Belastung	Auflagerkräfte	Biegemomente
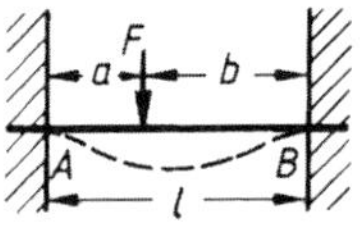	$A = \frac{F \cdot b^2}{l^3} \cdot (l + 2a)$ $B = \frac{F \cdot a^2}{l^3} \cdot (l + 2b)$	$M_A = -F \cdot \frac{a \cdot b^2}{l^2}$ $M_B = -F \cdot \frac{a^2 \cdot b}{l^2}$ $M_F = 2F \cdot \frac{a^2 \cdot b^2}{l^3}$
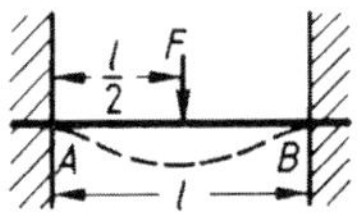	$A = B = \frac{F}{2}$	$M_A = M_B = -\frac{F \cdot l}{8}$ $M_F = \frac{F \cdot l}{8}$
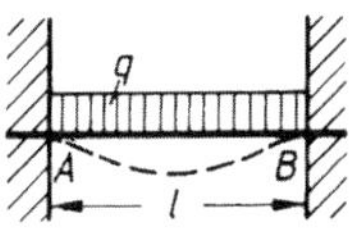	$A = B = \frac{q \cdot l}{2}$	$M_A = M_B = -\frac{q \cdot l^2}{12}$ $M_F = \frac{q \cdot l^2}{24}$
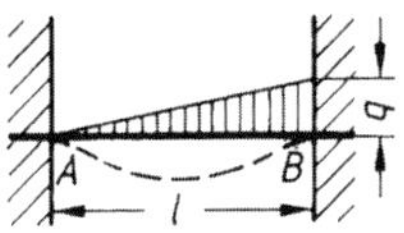	$A = \frac{3}{20} q \cdot l$ $B = \frac{7}{20} q \cdot l$	$M_A = -\frac{q \cdot l^2}{30}$ $M_B = -\frac{q \cdot l^2}{20}$ $M_F = \frac{q \cdot l^2}{46,6}$ bei $x = 0,548\, l$

Weitere statische Systeme und Laststellungen sind in statischen Tabellenbüchern zusammengestellt.

Beispiele zur Übung

Für die zweiseitig eingespannten Einfeldträger sind die Biegemomente max M_d, $M_{A,d}$ und $M_{B,d}$ sowie die Stützkräfte A_d und B_d zu berechnen (Bild **7.44**).

1.	$l = 3{,}00$ m	$g_d = 5$ kN/m	$F_d = 10$ kN	$a = 1{,}50$ m	$b = 1{,}50$ m
2.	$l = 4{,}00$ m	$g_d = 6$ kN/m	$F_d = 20$ kN	$a = 2{,}50$ m	$b = 1{,}50$ m
3.	$l = 2{,}50$ m	$g_d = 20$ kN/m	$F_d = 40$ kN	$a = 1{,}20$ m	$b = 1{,}30$ m
4.	$l = 6{,}00$ m	$g_d = 2$ kN/m	$F_d = 5$ kN	$a = 3{,}00$ m	$b = 3{,}00$ m

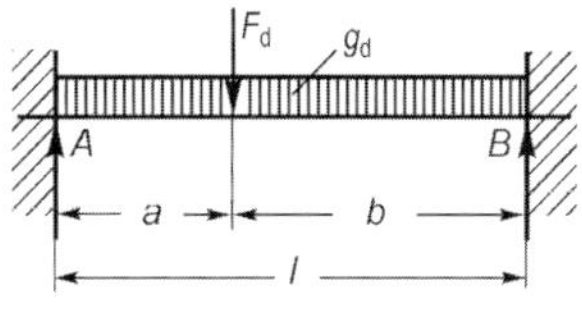

Bild **7.44** Eingespannter Träger mit gleichmäßig verteilter Last und Einzellast

8 Berechnung von Dreigelenktragwerken

Dreigelenktragwerke gehören zu den statisch bestimmten Systemen. Diese Tragwerke bestehen aus zwei Tragwerksteilen, die durch ein Gelenk miteinander verbunden sind. Die anderen Enden der beiden Tragwerksteile sind die Auflager, die ebenfalls als Gelenke ausgebildet werden. Dadurch sind drei Gelenke vorhanden und alle Tragwerksenden sind durch Gelenke gehalten.

Dreigelenktragwerke können unterschiedliche Formen aufweisen. Einige Beispiele zeigt Bild **8.**1.

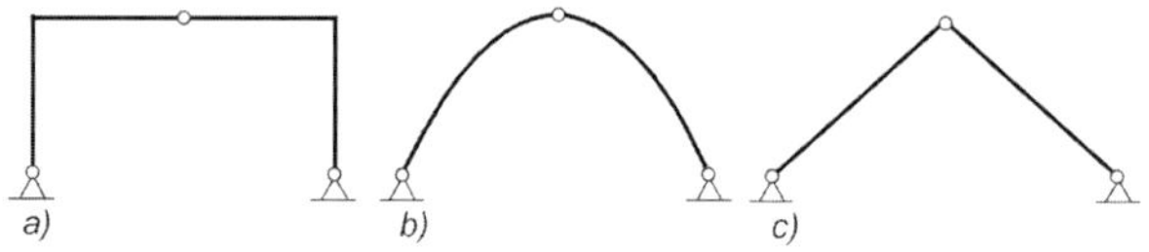

Bild **8.**1 Verschiedene Formen von Dreigelenktragwerken
a) rechteckiges Dreigelenktragwerk (Dreigelenkrahmen)
b) bogenförmiges Dreigelenktragwerk (Dreigelenkbogen)
c) dreieckförmiges Dreigelenktragwerk (z.B. Sparrendach)

Ein Gelenk bindet zwei Bewegungsmöglichkeiten, genau wie ein festes Auflager zwei Bewegungsmöglichkeiten bindet. Ein Gelenk ist statisch zweiwertig (s. Abschn. 6.1.2). An jedem Gelenk ist je eine Vertikal- und Horizontalkraft zu ermitteln, bzw. die Normalkraft und die Querkraft der angeschlossenen Stäbe. An den Gelenken entsteht kein Biegemoment, die Biegemomente sind dort gleich Null.

Für die Berechnung der beiden Auflagerkräfte mit ihren vier unbekannten Komponenten stehen zunächst nur die drei üblichen Gleichgewichtsbedingungen zur Verfügung:

$$\Sigma V = 0 \qquad \Sigma H = 0 \qquad \Sigma M = 0 \qquad \text{Gl. (2.31 bis 2.33)}$$

Eine zusätzliche vierte Gleichgewichtsbedingung kann für das mittlere Gelenk C aufgestellt werden:

$$\Sigma M_{(C)} = 0 \qquad \text{Gl. (8.1)}$$

Diese Gleichgewichtsbedingung ist nur am Tragwerksteil links oder rechts vom Gelenk C aufzustellen, und zwar mit diesem Gelenk als Bezugspunkt.

Die bekannten drei Gleichgewichtsbedingungen lassen sich auf das Gesamtwerk anwenden. Eine geschickte Anwendung der Gleichgewichtsbedingungen bringt Gleichungen mit nur jeweils einer unbekannten Auflagerkraft bzw. Gelenkkraft.

Ein Nachteil der Dreigelenktragwerke ist es, dass in den Auflagern Horizontalkräfte entstehen, auch wenn nur vertikale Lasten wirken. Konstruktiv ist dieser Nachteil am einfachsten mit einem Zugband zwischen den Auflagern zu lösen.

8.1 Rechteckiger Dreigelenkbinder

Für Hallen im Hochbau kann als statisches System ein rechteckiger Dreigelenkbinder gewählt werden. Mit den Vertikal- und Horizontalkomponenten der Auflagerkräfte sind die Normalkräfte und Querkräfte in den Tragwerksteilen direkt zu ermitteln. Mit Hilfe der drei Gleichgewichtsbedingungen sind alle Schnittgrößen bestimmbar.

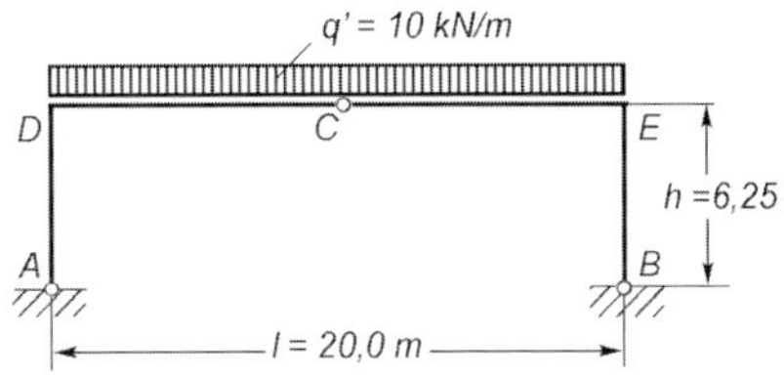

Bild **8.2** Rechteckiger Dreigelenkbinder mit gleichmäßig verteilter Belastung auf dem Riegel; stabiles System

Beispiel zur Erläuterung

Für einen rechteckigen Dreigelenkbinder entsprechend Bild **8.**2 werden die Schnittgrößen bestimmt. Die beiden Auflager werden durch Gelenke gebildet, ein weiteres Gelenk befindet sich in der Mitte des waagerechten Tragwerksteils. Die Verbindungen der lotrechten Tragwerksteile mit dem waagerechten Tragwerksteil wird starr ausgebildet als biegesteife Rahmenecke.

Ein seitliches Umkippen rechtwinklig zur Binderachse muss durch eine Aussteifung verhindert werden.

Gleichgewichtsbindungen $\Sigma V = 0 \quad \Sigma H = 0 \quad \Sigma M = 0$

Gleichlast $q' = 10$ kN/m

Die Gleichlast kann in einfachen Fällen eine Bemessungslast sein. In der Regel müssen jedoch zunächst die Schnittgrößen aus den charakteristischen Lasten getrennt errechnet werden, um anschließend im betrachteten Schnitt die Bemessungsschnittgrößen mit Hilfe der Teilsicherheitsbeiwerte unter Berücksichtigung der maßgebenden Kombination zu ermitteln. Da es im folgenden Beispiel nur um das Lösungsprinzip geht, wurde hier kein Index (d bzw. k für Bemessungslasten bzw. charakteristische Lasten) angefügt.

Auflagerkräfte

Momentengleichung um B:

$$\Sigma M_{(B)} = 0 \qquad -q' \cdot l \cdot \frac{l}{2} + A_v \cdot l = 0$$

$$A_v = \frac{q' \cdot l \cdot l/2}{l} = \frac{q' \cdot l}{2} = \frac{10{,}0 \cdot 20{,}00}{2} = 100 \text{ kN}$$

$$\Sigma V = 0 \qquad A_v + B_v - q' \cdot l = 0$$

$$B_v = q' \cdot l - A_v = 10{,}0 \cdot 20{,}00 - 100 = 100 \text{ kN}$$

Momentengleichung um C:

$$\Sigma M_{(B)} = 0 \qquad A_h \cdot h - q' \cdot \frac{l}{2} \cdot \frac{l}{4} = 0$$

$$A_h = \frac{q' \cdot l^2/8}{h} = \frac{10{,}0 \cdot 20{,}00^2/8}{6{,}25} = 80 \text{kN}$$

$$\Sigma H = 0 \qquad A_h + B_h - q' \cdot l = 0$$

$$B_h = -A_h = -80 \text{ kN}$$

Normalkräfte (Bild **8.**3a)

$$N_A = N_{D,u} = -A_v = -100 \text{ kN}$$

$$N_{D,r} = N_{E,l} = -A_h = -80 \text{ kN}$$

$$N_{E,u} = N_B = -B_v = -100 \text{ kN}$$

Querkräfte (Bild **8.**3b)

$$V_A = V_{D,u} = -A_h = -80 \text{ kN}$$

$$V_{D,r} = +A_v = +100 \text{ kN}$$

$$V_C = + A_v - \frac{q' \cdot l}{2} = + 100 - \frac{10{,}0 \cdot 20{,}00}{2} = 0$$

$$V_{E,l} = + A_v - q' \cdot l = + 100 - 10{,}0 \cdot 20{,}00 = - 100 \text{ kN}$$

$$V_{E,u} = V_B = + B_h = + 80 \text{ kN}$$

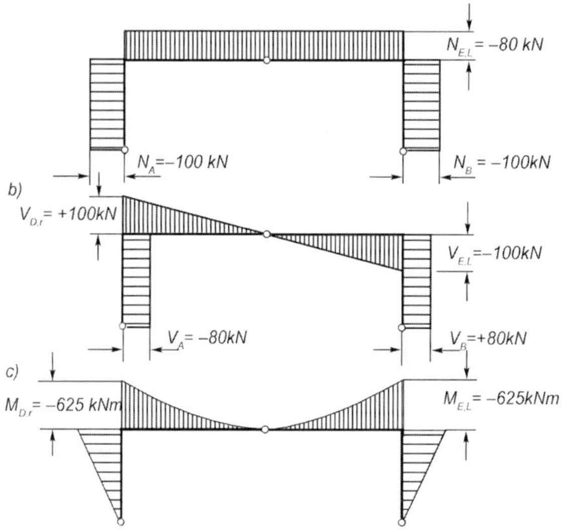

Bild **8.3** Rechteckiger Dreigelenkbinder mit gleichmäßig verteilter Belastung auf dem Riegel
a) Normalkraftfläche
b) Querkraftfläche
c) Momentenfläche

Gelenkkräfte

$$C_v = 0$$

$$C_h = N_{D,r} = N_{E,l} = - 80 \text{ kN}$$

Biegemomente (Bild **8.**3c)

$$M_D = - A_h \cdot h = - 100 \cdot 6{,}25 = - 625 \text{ kNm}$$

$$M_E = - B_h \cdot h = - 100 \cdot 6{,}25 = - 625 \text{ kNm}$$

8.2 Sparrendach als Dreigelenkbinder

Das einfache Sparrendach besteht aus mehreren geneigten Trägern, die sich paarweise gegeneinander abstützen. Diese Holzsparren werden an den Fußpunkten gegen Auseinanderschieben durch ein Zugband (Deckenbalken aus Holz oder Stahlbetondecke) gehalten (Bild **8.**4). Die räumliche Aussteifung der Sparrenpaare miteinander erfolgt durch Dachlatten und Windrispen. Jedes Sparrenpaar bildet mit dem Zugband ein selbstständiges Tragwerk. Das Zugband wird in den folgenden Berechnungen nicht mit angesetzt. Statt dessen werden an den Sparrenfußpunkten feste Lager angenommen, die die horizontalen Kräfte aufnehmen. Tatsächlich werden die Horizontalkräfte, die aus symmetrischer vertikaler Belastung entstehen, in das Zugband eingeleitet. Nur die

Horizontalkräfte aus der Windbelastung müssen von den Lagern am Sparrenfußpunkt aufgenommen und über die Decken und Wände in den Baugrund weitergeleitet werden.

Die beiden Fußpunkte und der Firstpunkt werden trotz der festen Verbindung als Gelenke aufgefasst, an denen keine Biegemomente übertragen werden können (Bild **8**.5). Dadurch ist jedes Gespärre eines Sparrendachs als Dreigelenkrahmen aufzufassen.

Die Schnittgrößen können mit den bekannten drei Gleichgewichtsbedingungen ermittelt werden:

$$\Sigma V = 0 \qquad \Sigma H = 0 \qquad \Sigma M = 0 \qquad \text{Gl. (2.31 bis 2.33)}$$

Als zusätzliche vierte Gleichgewichtsbedingung dient die Gleichgewichtsbedingung für das Gelenk C am First:

$$\Sigma M_{(C)} = 0 \qquad \text{Gl. (8.1)}$$

Beispiel zur Erläuterung

Für ein Sparrendach werden die Stützkräfte und Schnittgrößen berechnet. Die Abmessungen sind aus Bild **8**.4 und das statische System aus Bild **8**.5 zu ersehen. Sparrenabstand a = 0,80 m, Firsthöhe = 5,85 m über Gelände, Länge des Gebäudes 10,00 m, Dachdeckung Falzdachsteine, Sparren 8/16 cm, Dachneigung α = 38°, Windlastzone 1, Schneelastzone II, Geländehöhe < 200 m über NN.

In diesem Beispiel wird zusätzlich zur Eigenlast g die Schneelast s und die Windlast w angesetzt.

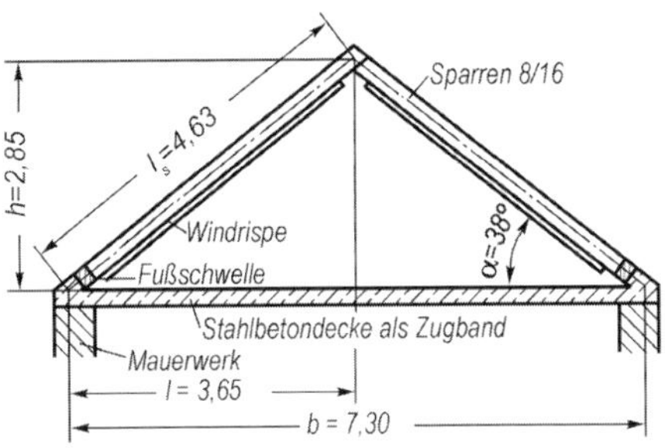

Bild **8**.4 Einfaches Sparrendach auf einer Stahlbetondecke mit Aufkantungen an den Fußpunkten

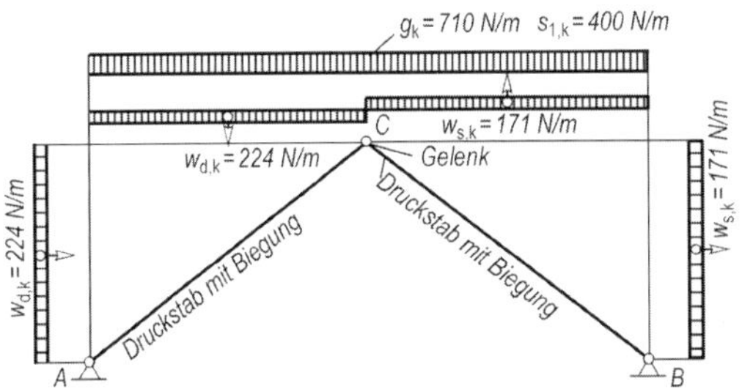

Bild **8**.5 Statisches System eines Sparrendaches mit Belastung durch ständige Last g, Schneelast s_1 und Winddruck w_d sowie Windsog w_s

Statisches System (Bild **8**.5)

d = 7,30 m	$\tan\alpha$ = h/l = 2,85/3,65 = 0,781
l = $b/2$ = 7,30/2 = 3,65 m	$\sin\alpha$ = 0,616
h = 2,85 m	$\cos\alpha$ = 0,788
l_s = $l/\cos\alpha$ = 3,65/0,788 = 4,63 m	

Lastenermittlung

Charakteristische Last aus Eigengewicht und Schnee als vertikale Belastung des Sparrens:

Eigengewicht g_k = 710 N/m Grundlänge

Schnee $s_{1,k}$ = 400 N/m Grundlänge

Charakteristische Last rechtwinklig zur Dachfläche je m Sparren:

Winddruck $w_{d,k}$ = 224 N/m Dachlänge

Windsog $w_{s,k}$ = – 171 N/m Dachlänge

Anmerkung zur Windlast

Die Windlasten werden nach DIN 1055-4 ermittelt (siehe Abschnitt 4.9.2). Der Geschwindigkeitsdruck beträgt in der Windzone 1 bis zu einer Höhe von 10 m q = 0,50 kN/m². Die Außendruckbeiwerte ergeben sich für den Neigungswinkel $\alpha = +38°$ und den Anströmwinkel $\theta = 0°$ wie folgt:

Luvseite: Bereich G: $c_{pe,G,10} = +0{,}70$ Leeseite: Bereich I: $c_{pe,I,10} = -0{,}40$

Bereich H: $c_{pe,H,10} = +0{,}51$ Bereich J: $c_{pe,J,10} = -0{,}50$

Für den Einflussbereich e gilt: $e = b$ = 10,00 m bzw. $e = 2 \cdot h = 2 \cdot 5{,}85$ = 11,70 m

Der kleiner Wert ist maßgebend, somit ist e = 10,00 m und $e/10$ = 1,00 m.

Bei diesem einfachen System kann die Windlast auf der Luv- bzw. Leeseite gemittelt werden. Somit können geläufige Rahmenformeln oder noch nicht angepasste EDV-Programme weiterhin verwendet werden. Bei anderen Dachsystemen oder -neigungen kann es erforderlich werden, die Windlasten genau zu erfassen. Der Aufwand für eine Berechnung von Hand wird dann allerdings unverhältnismäßig groß.

Die gemittelten Werte für den Winddruck ergeben:

$$w_{d,k} = \left[\frac{e}{5 \cdot d}\left(c_{pe,G} - c_{pe,H}\right) + c_{pe,H}\right] \cdot q \qquad \text{Gl. (4.51)}$$

$$w_{d,k} = \left[\frac{10}{5 \cdot 7{,}30}\left(0{,}70 - 0{,}51\right) + 0{,}51\right] \cdot 0{,}50 \cdot 10^3 \cdot 0{,}80 = 224 \text{ N/m}$$

Für den Windsog gilt dann:

$$w_{s,k} = \left[\frac{e}{5 \cdot d}\left(c_{pe,J} - c_{pe,I}\right) + c_{pe,I}\right] \cdot q \qquad \text{Gl. (4.52)}$$

$$w_{s,k} = \left[\frac{10}{5 \cdot 7{,}30}\left(-0{,}50 - (-0{,}40)\right) + (-0{,}40)\right] \cdot 0{,}50 \cdot 10^3 \cdot 0{,}80 = -171 \text{ N/m}$$

Stützkräfte in den Auflagern A und B (Bild **8.6**). (Der Windsog w_s wird in der tatsächlich wirkenden Richtung eingesetzt, also ohne Minuszeichen).

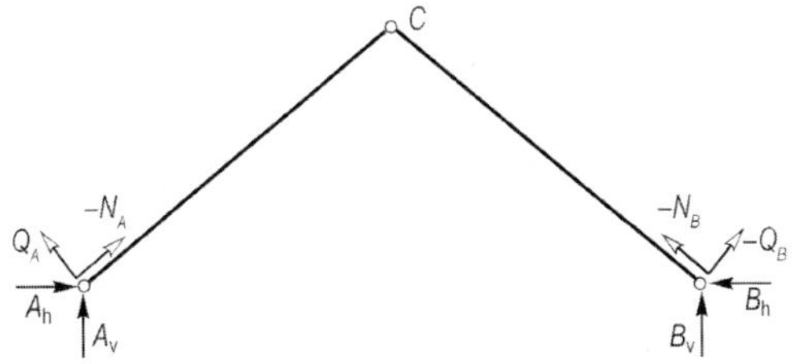

Bild **8.6** Vertikale und horizontale Stützkräfte an den Auflagern A und B mit Querkräften und Normalkräften für die Sparren

Da zunächst noch nicht bekannt ist, welche Einwirkungen ungünstig bzw. günstig auf die zu berechnende Schnittgröße wirken, muss mit den charakteristischen Lasten gerechnet werden.

$\Sigma M_{(B)} = 0$:

Aus ständiger Last:

$$A_{v,g,k} \cdot 2l - g_k \cdot 2l \cdot l = 0$$

$$\Rightarrow A_{v,g,k} = \frac{g_k \cdot 2l \cdot l}{2l} = g_k \cdot l = 710 \cdot 3{,}65 \qquad = 2592\ \text{N}$$

Aus Schnee:

$$A_{v,s,k} \cdot 2l - s_{1,k} \cdot 2l \cdot l = 0$$

$$\Rightarrow A_{v,s,k} = \frac{s_{1,k} \cdot 2l \cdot l}{2l} = s_{1,k} \cdot l = 400 \cdot 3{,}65 \qquad = 1460\ \text{N}$$

Aus Wind:

$$A_{v,w,k} \cdot 2l - w_{d,k} \cdot l \cdot \tfrac{3}{2} l + w_{s,k} \cdot l \cdot \tfrac{1}{2} l + \left(w_{d,k} + w_{s,k}\right) \cdot h \cdot \tfrac{1}{2} h = 0$$

$$\Rightarrow A_{v,w,k} = \frac{w_{d,k} \cdot l \cdot \tfrac{3}{2} l - w_{s,k} \cdot l \cdot \tfrac{1}{2} l - (w_{d,k} + w_{s,k}) \cdot h \cdot \tfrac{1}{2} h}{2l}$$

$$= \left(3 \cdot w_{d,k} - w_{s,k}\right) \cdot \tfrac{l}{4} - (w_{d,k} + w_{s,k}) \cdot \tfrac{h^2}{4 \cdot l}$$

$$= \left(3 \cdot 224 - 171\right) \cdot \tfrac{3{,}65}{4} - (224 + 171) \cdot \tfrac{2{,}85^2}{4 \cdot 3{,}65} \qquad = 237\ \text{N}$$

$\Sigma M_{(A)} = 0$:

Aus ständiger Last:

$$-B_{v,g,k} \cdot 2l - g_k \cdot 2l \cdot l = 0$$

$$\Rightarrow B_{v,g,k} = \frac{g_k \cdot 2l \cdot l}{2l} = g_k \cdot l = 710 \cdot 3{,}65 \qquad = 2592\ \text{N}$$

Aus Schnee:

$$-B_{v,s,k} \cdot 2l - s_{1,k} \cdot 2l \cdot l = 0$$

$$\Rightarrow B_{v,s,k} = \frac{s_{1,k} \cdot 2l \cdot l}{2l} = s_{1,k} \cdot l = 400 \cdot 3{,}65 \qquad = 1460\ \text{N}$$

Aus Wind:

$$-B_{v,w,k} \cdot 2l + w_{d,k} \cdot l \cdot \tfrac{1}{2} l - w_{s,k} \cdot l \cdot \tfrac{3}{2} l + \left(w_{d,k} + w_{s,k}\right) \cdot h \cdot \tfrac{1}{2} h = 0$$

$$\Rightarrow B_{v,w,k} = \frac{w_{d,k} \cdot l \cdot \tfrac{1}{2} l - w_{s,k} \cdot l \cdot \tfrac{3}{2} l + (w_{d,k} + w_{s,k}) \cdot h \cdot \tfrac{1}{2} h}{2l}$$

$$= \left(w_{d,k} - 3 \cdot w_{s,k}\right) \cdot \frac{l}{4} + (w_{d,k} + w_{s,k}) \cdot \frac{h^2}{4 \cdot l}$$

$$= \left(224 - 3 \cdot 171\right) \cdot \frac{3{,}65}{4} + (224 + 171) \cdot \frac{2{,}85^2}{4 \cdot 3{,}65} \qquad = \quad -44 \text{ N}$$

Kontrolle mit $\Sigma V_i = 0$:

$$((g_k + s_k) \cdot 2l + w_{d,k} \cdot l - w_{s,k} \cdot l)$$
$$- (A_{v,g,k} + A_{v,s,k} + A_{v,w,k} + B_{v,g,k} + B_{v,s,k} + B_{v,w,k}) \qquad = \quad 0$$

$$\Rightarrow \quad ((710 + 400) \cdot 2 \cdot 3{,}65 + 224 \cdot 3{,}65 - 171 \cdot 3{,}65)$$
$$- (2592 + 1460 + 237 + 2592 + 1460 - 44) \qquad = \quad 0$$

$$\Rightarrow \quad (8103 + 818 - 624) - (4289 + 4008) = 8297 - 8297 \qquad = \quad 0$$

$\Sigma M_{(C)l} = 0$:

Aus ständiger Last:

$$-A_{h,g,k} \cdot h + A_{v,g,k} \cdot l - g_k \cdot l \cdot \frac{1}{2} l = 0$$

$$\Rightarrow A_{h,g,k} = \frac{(A_{v,g,k} - g_k \cdot \frac{1}{2} l) \cdot l}{h} = \frac{(2592 - 710 \cdot \frac{1}{2} \cdot 3{,}65) \cdot 3{,}65}{2{,}85} \qquad = \quad 1660 \text{ N}$$

Aus Schnee:

$$-A_{h,s,k} \cdot h + A_{v,s,k} \cdot l - s_{1,k} \cdot l \cdot \frac{1}{2} l = 0$$

$$\Rightarrow A_{h,s,k} = \frac{(A_{v,s,k} - s_{1,k} \cdot \frac{1}{2} l) \cdot l}{h} = \frac{(1460 - 400 \cdot \frac{1}{2} \cdot 3{,}65) \cdot 3{,}65}{2{,}85} \qquad = \quad 935 \text{ N}$$

Aus Wind:

$$-A_{h,w,k} \cdot h + A_{v,w,k} \cdot l - w_{d,k} \cdot l \cdot \frac{1}{2} l - w_{d,k} \cdot h \cdot \frac{1}{2} h = 0$$

$$\Rightarrow A_{h,w,k} = \frac{(A_{v,w,k} \cdot l - w_{d,k} \cdot l \cdot \frac{1}{2} l - w_{d,k} \cdot h \cdot \frac{1}{2} h)}{h}$$

$$= (A_{v,w,k} - w_{d,k} \cdot \frac{1}{2} l) \cdot \frac{l}{h} - w_{d,k} \cdot \frac{1}{2} h)$$

$$= (237 - 224 \cdot \frac{1}{2} 3{,}65) \cdot \frac{3{,}65}{2{,}85} - 224 \cdot \frac{1}{2} 2{,}85) \qquad = \quad -539 \text{ N}$$

$\Sigma M_{(C)r} = 0$:

Aus ständiger Last:

$$B_{h,g,k} \cdot h - B_{v,g,k} \cdot l + g_k \cdot l \cdot \frac{1}{2} l = 0$$

$$\Rightarrow B_{h,g,k} = \frac{(B_{v,g,k} - g_k \cdot \frac{1}{2} l) \cdot l}{h} = \frac{(2592 - 710 \cdot \frac{1}{2} \cdot 3{,}65) \cdot 3{,}65}{2{,}85} \qquad = \quad 1660 \text{ N}$$

Aus Schnee:

$$B_{h,s,k} \cdot h - B_{v,s,k} \cdot l + s_{1,k} \cdot l \cdot \frac{1}{2} l = 0$$

$$\Rightarrow B_{h,s,k} = \frac{(B_{v,s,k} - s_{1,k} \cdot \frac{1}{2} l) \cdot l}{h} = \frac{(1460 - 400 \cdot \frac{1}{2} \cdot 3{,}65) \cdot 3{,}65}{2{,}85} \qquad = \quad 935 \text{ N}$$

Aus Wind:

$$B_{h,w,k} \cdot h - B_{v,w,k} \cdot l - w_{s,k} \cdot l \cdot \tfrac{1}{2} l - w_{s,k} \cdot h \cdot \tfrac{1}{2} h = 0$$

$$\Rightarrow B_{h,w,k} = \frac{(B_{v,w,k} \cdot l + w_{s,k} \cdot l \cdot \frac{1}{2} l + w_{s,k} \cdot h \cdot \frac{1}{2} h)}{h}$$

$$= (B_{v,w,k} + w_{s,k} \cdot \tfrac{1}{2} l) \cdot \tfrac{l}{h} + w_{s,k} \cdot \tfrac{1}{2} h)$$

$$= (-44 + 171 \cdot \tfrac{1}{2} 3{,}65) \cdot \tfrac{3{,}65}{2{,}85} + 171 \cdot \tfrac{1}{2} 2{,}85) \qquad = \qquad 587\ \text{N}$$

Kontrolle mit $\Sigma\, H_i = 0$:

$$(w_{d,k} + w_{s,k}) \cdot \text{h} - (A_{h,g,k} + A_{h,s,k} + A_{h,w,k} - B_{h,g,k} - B_{h,s,k} - B_{h,w,k}) \qquad = \qquad 0$$

$$\Rightarrow \quad (224 + 171) \cdot 2{,}85 + (1660 + 935 - 539 - 1660 - 935 - 587) \qquad = \qquad 0$$

$$\Rightarrow \quad (1126) - (1126) \qquad = \qquad 0$$

Normalkräfte in den Sparren-Fußpunkten (Bilder **8.**6 bis **8.**9):

$$N_{A,k} = -A_{v,k} \cdot \sin\alpha - A_{h,k} \cdot \cos\alpha$$

Aus ständiger Last:

$$N_{A,g,k} = -A_{v,g,k} \cdot \sin\alpha - A_{h,g,k} \cdot \cos\alpha$$

$$= -2{,}59 \cdot 0{,}616 - 1{,}66 \cdot 0{,}788 \quad = -1{,}60 - 1{,}30 \qquad = \qquad -2{,}90\ \text{kN}$$

Aus Schnee:

$$N_{A,s,k} = -A_{v,s,k} \cdot \sin\alpha - A_{h,s,k} \cdot \cos\alpha = -1{,}46 \cdot 0{,}616 - 0{,}94 \cdot 0{,}788 \qquad = \qquad -1{,}64\ \text{kN}$$

Aus Wind:

$$N_{A,w,k} = -A_{v,w,k} \cdot \sin\alpha - A_{h,w,k} \cdot \cos\alpha = -0{,}24 \cdot 0{,}616 - (-0{,}54 \cdot 0{,}788) \qquad = \qquad 0{,}28\ \text{kN}$$

$$N_{B,k} = -B_{v,k} \cdot \sin\alpha - B_{h,k} \cdot \cos\alpha$$

Aus ständiger Last:

$$N_{B,g,k} = -B_{v,g,k} \cdot \sin\alpha - B_{h,g,k} \cdot \cos\alpha = -2{,}59 \cdot 0{,}616 - 1{,}66 \cdot 0{,}788 \qquad = \qquad -2{,}90\ \text{kN}$$

Aus Schnee:

$$N_{B,s,k} = -B_{v,s,k} \cdot \sin\alpha - B_{h,s,k} \cdot \cos\alpha$$

$$= -1{,}46 \cdot 0{,}616 - 0{,}94 \cdot 0{,}788 \quad = -0{,}90 - 0{,}74 \qquad = \qquad -1{,}64\ \text{kN}$$

Aus Wind:

$$N_{B,w,k} = -B_{v,w,k} \cdot \sin\alpha - B_{h,w,k} \cdot \cos\alpha = -(-0{,}04) \cdot 0{,}616 - 0{,}59 \cdot 0{,}788 = \qquad -0{,}44\ \text{kN}$$

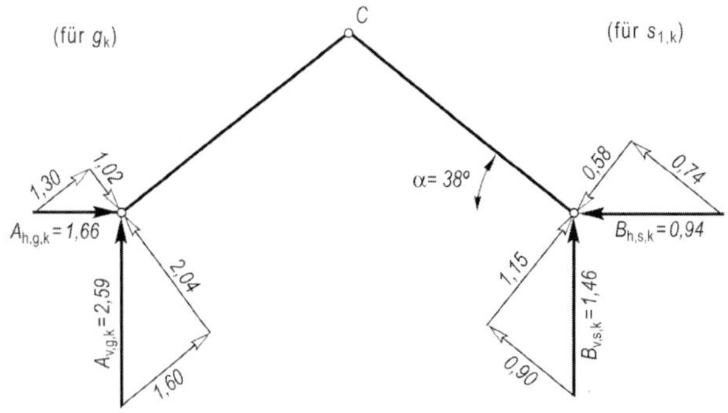

Bild **8**.7 Kraftecke an den Auflagern

Querkräfte in den Sparren-Fußpunkten (Bilder **8**.6., **8**.7 und **8**.9)

$$V_{A,k} = +A_{v,k} \cdot \cos\alpha - A_{h,k} \cdot \sin\alpha$$

Aus ständiger Last:

$$V_{A,g,k} = +A_{v,g,k} \cdot \cos\alpha - A_{h,g,k} \cdot \sin\alpha$$

$$= +2{,}59 \cdot 0{,}788 - 1{,}66 \cdot 0{,}616 = 2{,}04 - 1{,}02 = 1{,}02 \text{ kN}$$

Aus Schnee:

$$V_{A,s,k} = +A_{v,s,k} \cdot \cos\alpha - A_{h,s,k} \cdot \sin\alpha = +1{,}46 \cdot 0{,}788 - 0{,}94 \cdot 0{,}616 = 0{,}57 \text{ kN}$$

Aus Wind:

$$V_{A,w,k} = +A_{v,w,k} \cdot \cos\alpha - A_{h,w,k} \cdot \sin\alpha = +0{,}24 \cdot 0{,}788 - (-0{,}54 \cdot 0{,}616) = 0{,}52 \text{ kN}$$

$$V_{B,k} = -B_{v,k} \cdot \cos\alpha + B_{h,k} \cdot \sin\alpha$$

Aus ständiger Last:

$$V_{B,g,k} = -B_{v,g,k} \cdot \cos\alpha + B_{h,g,k} \cdot \sin\alpha = -2{,}59 \cdot 0{,}788 + 1{,}66 \cdot 0{,}616 = -1{,}02 \text{ kN}$$

Aus Schnee:

$$V_{B,s,k} = -B_{v,s,k} \cdot \cos\alpha + B_{h,s,k} \cdot \sin\alpha$$

$$= -1{,}46 \cdot 0{,}788 + 0{,}94 \cdot 0{,}616 = -1{,}15 + 0{,}58 = -0{,}57 \text{ kN}$$

Aus Wind:

$$V_{B,w,k} = -B_{v,w,k} \cdot \cos\alpha + B_{h,w,k} \cdot \sin\alpha = -(-0{,}04) \cdot 0{,}788 + 0{,}59 \cdot 0{,}616 = 0{,}39 \text{ kN}$$

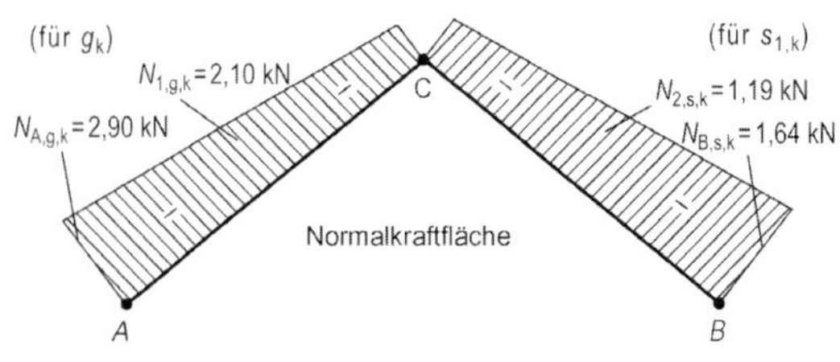

Bild **8**.8 Normalkräfte für die Sparren

Normalkräfte in Sparrenmitte (Bild **8**.8)

$$N_{1,g,k} = N_{A,g,k} + g_k \cdot \frac{l}{2} \cdot \sin\alpha = -2{,}90 + 0{,}710 \cdot \frac{3{,}65}{2} \cdot 0{,}616 = -2{,}10 \text{ kN}$$

$$N_{1,s,k} = N_{A,s,k} + s_{1,k} \cdot \frac{l}{2} \cdot \sin\alpha = -1{,}64 + 0{,}400 \cdot \frac{3{,}65}{2} \cdot 0{,}616 = -1{,}19 \text{ kN}$$

$$N_{1,w,k} = N_{A,w,k} + 0 \qquad = 0{,}28 + 0 \qquad = 0{,}28 \text{ kN}$$

$$N_{2,g,k} = N_{B,g,k} + g_k \cdot \frac{l}{2} \cdot \sin\alpha \qquad = -2{,}90 + 0{,}710 \cdot \frac{3{,}65}{2} \cdot 0{,}616 \qquad = -2{,}10 \text{ kN}$$

$$N_{2,s,k} = N_{B,s,k} + s_{1,k} \cdot \frac{l}{2} \cdot \sin\alpha \qquad = -1{,}64 + 0{,}400 \cdot \frac{3{,}65}{2} \cdot 0{,}616 \qquad = -1{,}19 \text{ kN}$$

$$N_{2,w,k} = N_{B,w,k} + 0 \qquad = -0{,}44 + 0 \qquad = -0{,}44 \text{ kN}$$

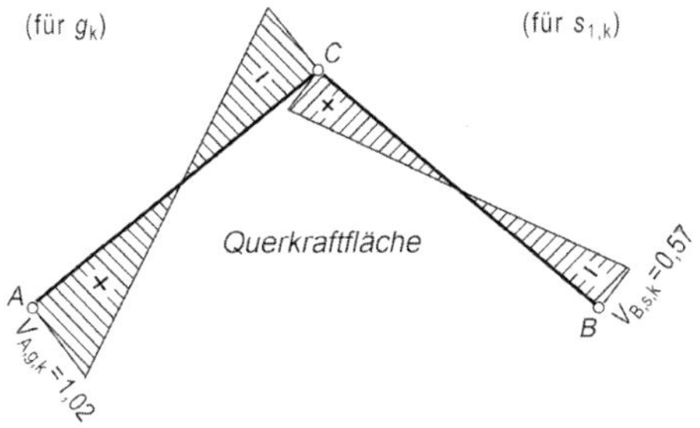

Bild **8.9** Querkräfte für die Sparren

Biegemomente in Sparrenmitte (Bild **8.**10)

$$M_{1,g,k} = \frac{g_k \cdot l^2}{8} = \frac{710 \cdot 3{,}65^2}{8} \qquad = 1182 \text{ Nm} \qquad = 1{,}18 \text{ kNm}$$

$$M_{1,s,k} = \frac{s_{1,k} \cdot l^2}{8} = \frac{400 \cdot 3{,}65^2}{8} \qquad = 666 \text{ Nm} \qquad = 0{,}67 \text{ kNm}$$

$$M_{1,w,k} = \frac{w_{d,k} \cdot l^2}{8} + \frac{w_{d,k} \cdot h^2}{8} = \frac{w_{d,k}}{8} \cdot \left(l^2 + h^2\right)$$

$$= \frac{224}{8} \cdot \left(3{,}65^2 + 2{,}85^2\right) \qquad = 600 \text{ Nm} \qquad = 0{,}60 \text{ kNm}$$

$$M_{2,g,k} = M_{1,g,k} \qquad = 1182 \text{ Nm} \qquad = 1{,}18 \text{ kNm}$$

$$M_{2,s,k} = M_{1,s,k} \qquad = 666 \text{ Nm} \qquad = 0{,}67 \text{ kNm}$$

$$M_{2,w,k} = \frac{-w_{s,k} \cdot l^2}{8} - \frac{w_{s,k} \cdot h^2}{8} = -\frac{w_{s,k}}{8} \cdot \left(l^2 + h^2\right)$$

$$= -\frac{171}{8} \cdot \left(3{,}65^2 + 2{,}85^2\right) \qquad = -458 \text{ Nm} \qquad = -0{,}46 \text{ kNm}$$

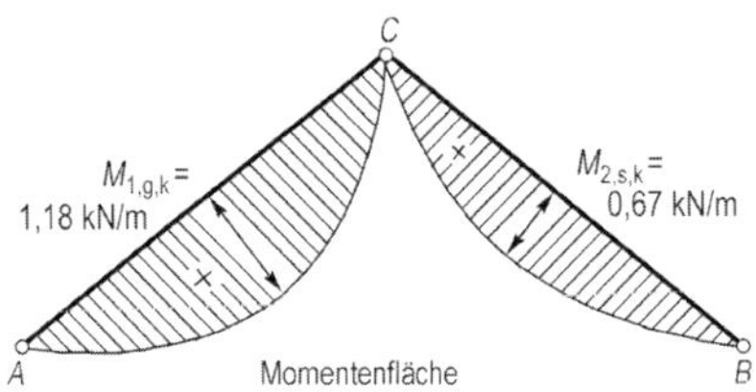

Bild **8.**10 Momentenfläche für die Sparren

Die Bemessung der Sparren erfolgt im Buch Baustatik 2.

8.3 Kehlbalkendach als Dreigelenkbinder mit Druckstab

Kehlbalkendächer sind Dreigelenkbinder, bei denen wie beim einfachen Sparrendach (siehe Abschnitt **8.**2) jedes Sparrenpaar ein selbstständiges Tragwerk bildet. Ein Zugband (Deckenbalken aus Holz oder Stahlbetondecke) verhindert das Auseinanderschieben der Sparren am Auflager. Zusätzlich kann jedes Sparrenpaar durch den Einbau eines horizontalen Druckstabes (Kehlbalken) gegeneinander abgestützt werden (Bild **8.**11). Diese Abstützung ist jedoch bei einseitiger Belastung verschieblich, solange die Kehlbalkenlage nicht als horizontal starre Scheibe (z.B. in Verbindung mit dem Giebelmauerwerk) für eine unverschiebliche Fixierung der Sparren sorgt. Die Kehlbalken liegen statisch am günstigsten in halber Dachhöhe, da hier die Durchbiegungen der Sparren am größten sind. Da sich Kehlbalkendächer besonders gut für den Ausbau des Dachgeschosses eignen, wird jedoch die Höhenlage der Kehlbalken durch die Dachgeschosshöhe bestimmt. Die beiden Fußpunkte und der Firstpunkt werden als Gelenke aufgefasst, ebenso werden die Anschlüsse des Kehlbalkens an die Sparren gelenkig angenommen.

Das statische System ist durch das Hinzufügen des Kehlbalkens nicht mehr statisch bestimmt. Zum Ermitteln der Schnittgrößen sind verschiedene Verfahren entwickelt worden, mit denen eine tabellarische Berechnung der Schnittgrößen für unterschiedliche Dachneigung und verschiedene Lastfälle möglich ist. Unter Auswertung der Rahmenformeln von Kleinlogel werden zum Berechnen der Schnittgrößen in Tafel **8.**1 Formeln angegeben, die eine zweckmäßige Berechnungsweise gestatten. Vereinfachende Annahmen liegen auf der sicheren Seite.

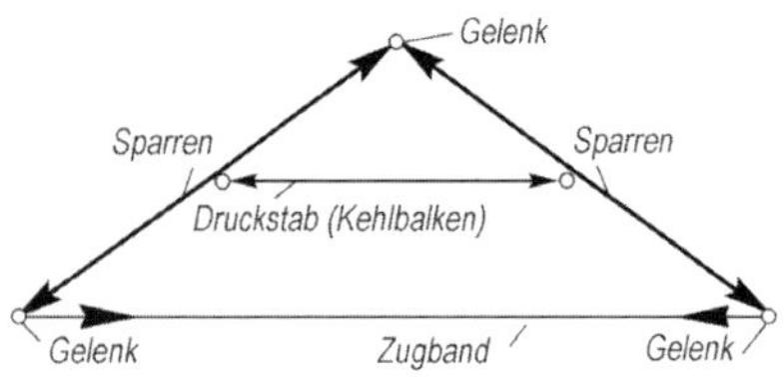

Bild **8.**11 Tragsystem eines verschieblichen Kehlbalkendaches als Dreigelenkrahmen

Die Laststellungen 1 und 2 sind stets anzusetzen, da sie die ständig wirkenden Lasten berücksichtigen. Eine unsymmetrische Schneelast muss nur angesetzt werden, wenn das Tragwerk gegenüber ungleich verteilten Lasten empfindlich ist. Dies ist bei Kehlbalkendächern dann der Fall, wenn in der Ebene des Kehlbalkens keine Lagerung angenommen werden kann. Deshalb wird hier – alternativ zur vollen Schneelast auf beiden Seiten – auch eine unsymmetrische Verteilung der Schneelast nach Teil 5 der DIN 1055 angesetzt. Mit Hilfe der Laststellung 3b können auch unsymmetrische vertikale Dachbelastungen berücksichtigt werden. Bei Dachneigungen über 60° kann die Schneelast ganz außer Acht gelassen werden. Die Laststellungen 4 und 5 erfassen zusammen die rechtwinklig zur Dachfläche wirkende Windlast (s. Bild **6.**63).

Tafel **8.1** **Schnittgrößen für übliche Laststellungen bei verschieblichen Kehlbalkendächern**

Belastung	Laststellung **1** Ständige Last auf Sparren	Laststellung **2** Last auf Kehlbalken	Laststellung **3a** Schneelast beidseitig	Laststellung **3b** Schneelast einseitig
Statisches System $l = l_1 + l_2$ $h = h_1 + h_2$	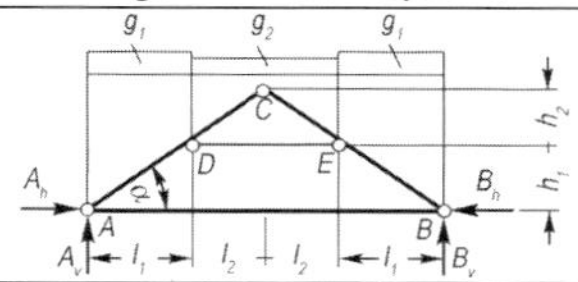	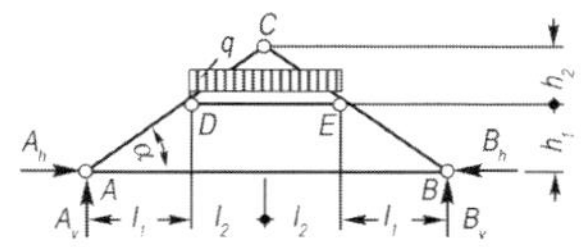	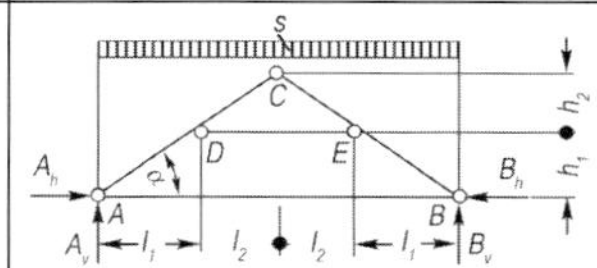	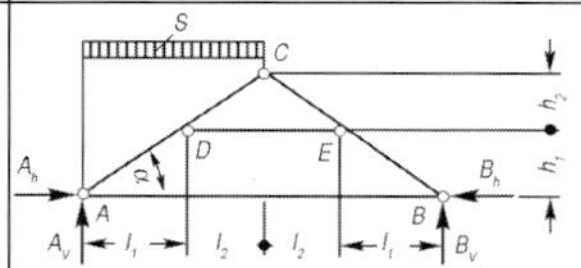
Biegemoment im Sparren am Kehlbalken-Anschluss	$M_D = -\frac{g_1 \cdot l_1^3 + g_2 \cdot l_2^3}{8l}$ $M_E = M_D$	$M_D = 0$ $M_E = 0$	$M_D = -\frac{s \cdot (l_1^3 + l_2^3)}{8l}$ $M_E = M_D$	$M_D = -\frac{s \cdot (l_1^3 + l_2^3)}{16l} + \frac{s \cdot l_1 \cdot l_2}{4}$ $M_E = -\frac{s \cdot (l_1^3 + l_2^3)}{16l} - \frac{s \cdot l_1 \cdot l_2}{4}$
Biegemoment in der unteren Feldmitte Biegemoment in der oberen Feldmitte	$M_1 = \frac{g_1 \cdot l_1^2}{8} + \frac{M_D}{2}$ $M_2 = \frac{g_2 \cdot l_2^2}{8} + \frac{M_D}{2}$	$M_1 = 0$ $M_2 = 0$	$M_1 = \frac{s \cdot l_1^2}{8} + \frac{M_D}{2}$ $M_2 = \frac{s \cdot l_2^2}{8} + \frac{M_D}{2}$	$M_1 = \frac{s \cdot l_1^2}{8} + \frac{M_D}{2}$ $M_2 = \frac{s \cdot l_2^2}{8} + \frac{M_D}{2}$
vertikale Stützkräfte	$A_v = g_1 \cdot l_1 + g_2 \cdot l_2$ $B_v = A_v$	$A_v = q \cdot l_2$ $B_v = A_v$	$A_v = s \cdot l$ $B_v = A_v$	$A_v = \frac{3}{4} \cdot s \cdot l$ $\quad B_v = \frac{1}{4} \cdot s \cdot l$
horizontale Stützkräfte	$A_h = \frac{0{,}5 \cdot g_1 \cdot l_1^2 + g_2 \cdot l_1 \cdot l_2 - M_D}{h_1}$ $B_h = A_h$	$A_h = \frac{q \cdot l_2^2}{h_2}$ $B_h = A_h$	$A_h = \frac{s \cdot l_1 \cdot (0{,}5 l_1 + l_2) - M_D}{h_1}$ $B_h = A_h$	$A_h = \frac{B_v \cdot l_1 - M_E}{h_1}$ $B_h = A_h$
Längskraft im Kehlbalken	$N_{DE} = -A_h + \frac{0{,}5 \cdot g_2 \cdot l_2^2 + M_D}{h_2}$	$N_{DE} = -A_h$	$N_{DE} = \frac{-A_h \cdot h + l(A_v - s \cdot \frac{l}{2})}{h_2}$	$N_{DE} = -B_h + \frac{B_v \cdot l_2 + M_E}{h_2}$
Längskraft im Sparren am unteren Auflager	$N_A = -A_v \cdot \sin\alpha - A_h \cdot \cos\alpha$	$N_A = -A_v \cdot \sin\alpha - A_h \cdot \cos\alpha$	$N_A = -A_v \cdot \sin\alpha - A_h \cdot \cos\alpha$	$N_A = -A_v \cdot \sin\alpha - A_h \cdot \cos\alpha$
Längskraft im Sparren unten Längskraft im Sparren oben	$N_1 = N_A + \frac{g_1 \cdot l_1}{2} \cdot \sin\alpha$ $N_2 = -\frac{g_2 \cdot l_2}{2} \cdot \sin\alpha$	$N_1 = N_A$ $N_2 = 0$	$N_1 = N_A + \frac{s \cdot l_1}{2} \cdot \sin\alpha$ $N_2 = \frac{s \cdot l_2}{2} \cdot \sin\alpha$	$N_1 = N_A + \frac{s \cdot l_1}{2} \cdot \sin\alpha$ $N_2 = -\frac{s \cdot l_2}{2} \cdot \sin\alpha$

Fortsetzung Tafel **8.1**

Belastung	Laststellung **4** Winddruck vertikal	Laststellung **5** Winddruck horizontal	Laststellung **6** Reparaturlast
Statisches System $l = l_1 + l_2$	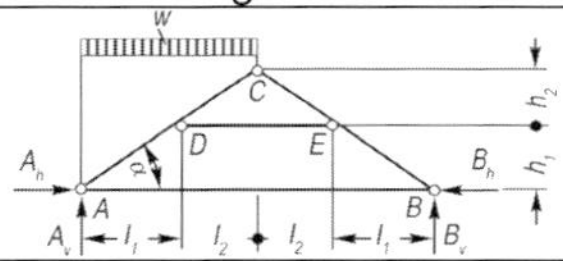	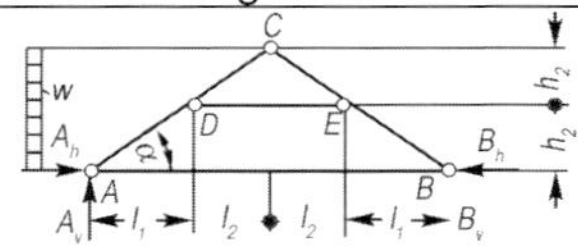	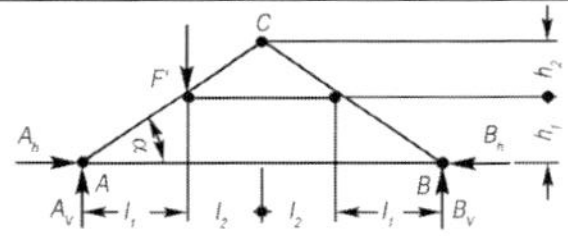
Biegemoment im Sparren am Kehlbalken-Anschluss	$M_D = -\frac{w \cdot (l_1^3 + l_2^3)}{16\,l} + \frac{w \cdot l_1 \cdot l_2}{4}$ $M_E = -\frac{w \cdot (l_1^3 + l_2^3)}{16\,l} - \frac{w \cdot l_1 \cdot l_2}{4}$	$M_D = -\frac{w \cdot (h_1^3 + h_2^3)}{16\,l} + \frac{w \cdot h_1 \cdot h_2}{4}$ $M_E = -\frac{w \cdot (h_1^3 + h_2^3)}{16\,l} - \frac{w \cdot h_1 \cdot h_2}{4}$	$M_D = -\frac{F' \cdot l_1 \cdot l_2}{2l}$ $M_E = -M_D$
Biegemoment in der unteren Feldmitte Biegemoment in der oberen Feldmitte	$M_1 = \frac{w \cdot l_1^2}{8} + \frac{M_D}{2}$ $M_2 = \frac{w \cdot l_2^2}{8} + \frac{M_D}{2}$	$M_1 = \frac{w \cdot h_1^2}{8} + \frac{M_D}{2}$ $M_2 = \frac{w \cdot h_2^2}{8} + \frac{M_D}{2}$	$M_1 = \frac{M_D}{2} \quad M_1' = \frac{F' \cdot l_1}{4}$ $M_2 = \frac{M_D}{2} \quad M_2' = \frac{F' \cdot l_2}{4}$
vertikale Stützkräfte	$A_v = \frac{3}{4} \cdot w \cdot l$ $B_v = \frac{1}{4} \cdot w \cdot l$	$A_v = -\frac{w \cdot h^2}{4\,l}$ $B_v = \frac{w \cdot h^2}{4\,l}$	$A_v = F' \cdot \frac{l_1 + 2 \cdot l_2}{2\,l}$ $B_v = \frac{F' \cdot l_1}{2\,l}$
horizontale Stützkräfte	$A_h = \frac{B_v \cdot l_1 - M_E}{h_1}$ $B_h = A_h$	$A_h = -w \cdot h + B_h$ $B_h = \frac{B_v \cdot l_1 - M_E}{h_1}$	$A_h = \frac{F' \cdot l}{2\,l}$ $B_h = A_h$
Längskraft im Kehlbalken	$N_{DE} = -B_h + \frac{B_v \cdot l_2 + M_E}{h_2}$	$N_{DE} = -B_h + \frac{B_v \cdot l_2 + M_E}{h_2}$	$N_{DE} = -\frac{F' \cdot l}{2\,h}$
Längskraft im Sparren am unteren Auflager	$N_A = -A_v \cdot \sin\alpha - A_h \cdot \cos\alpha$	$N_A = -A_v \cdot \sin\alpha - A_h \cdot \cos\alpha$	$N_A = -A_v \cdot \sin\alpha - A_h \cdot \cos\alpha$
Längskraft im Sparren unten Längskraft im Sparren oben	$N_1 = N_A + \frac{w \cdot l_1}{2} \cdot \sin\alpha$ $N_2 = -\frac{w \cdot l_2}{2} \cdot \sin\alpha$	$N_1 = N_A - \frac{w \cdot h_1}{2} \cdot \cos\alpha$ $N_2 = -\frac{w \cdot h_2}{2} \cdot \cos\alpha$	$N_1 = N_A$ $N_2 = -B_v \cdot \sin\alpha$

Beispiel zur Erläuterung

Verschiebliches Kehlbalkendach mit der Lastkombination $\boldsymbol{g + s + w}$ zur Ermittlung der ungünstigen Schnittgrößen. Windzone WZ 1, Schneelastzone 2, Geländehöhe 125 m über NN. Die Gebäudelänge b (senkrecht zur Richtung der Windbelastung) beträgt 15,00 m, die Gebäudebreite (in Richtung der Windbelastung) d ist 12,00 m, die Gesamthöhe 7,50 m.

Dachneigung $\alpha = 35°$, Sparrenabstand a = 75 cm

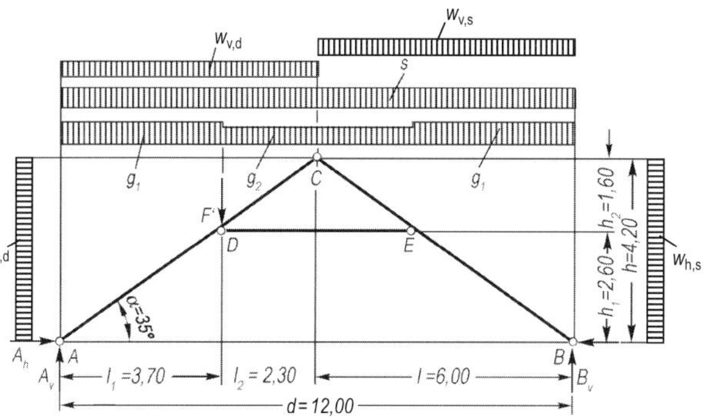

1. Statisches System:

d = 12,00 m

l = d/2 = 12,00/2 = 6,00 m

l_1 = 3,70 m

l_2 = 2,30 m

h = 4,20 m

h_1 = 2,60 m

h_2 = 1,60 m

$\tan \alpha = h/l = 4{,}20/6{,}00 = 0{,}700$

$\sin \alpha = 0{,}574 \quad \cos \alpha = 0{,}819$

Bild **8**.12 Statisches System des verschieblichen Kehlbalkendaches mit Belastung $g + s + w$

Es wird zunächst mit den charakteristischen Lasten gerechnet. Aus diesen lassen sich dann die Bemessungslasten berechnen.

2. Lastermittlung:

Laststellung 1, ständige Last auf Sparren

Unterer Sparrenbereich

Sparren	$g_{\mathrm{Sp,k}}/(a \cdot \cos \alpha) = 80/(0{,}75 \cdot 0{,}819)$	=	130 N/m²	Grundfläche
Dachdeckung	$g_{\mathrm{D,k}}/\cos \alpha = 600/0{,}819$	=	733 N/m²	Grundfläche
Verkleidung für Ausbau	$g_{\mathrm{A,k}}/\cos \alpha = 350/0{,}819$	=	427 N/m²	Grundfläche
	$g'_{1,\mathrm{k}}$	=	1290 N/m²	= 1,29 kN/m²
Vertikale Belastung je m Sparren	$g_{1,\mathrm{k}} = g'_{1,\mathrm{k}} \cdot a = 1{,}29 \cdot 0{,}75$		$\boldsymbol{g_{1,\mathrm{k}}}$	**= 0,97 kN/m**

Oberer Sparrenbereich

wie vor, jedoch ohne Verkleidung	$g'_{2,\mathrm{k}}$	=	863 N/m²	= 0,86 kN/m²
Vertikale Belastung je m Sparren	$g_{2,\mathrm{k}} = g'_{2,\mathrm{k}} \cdot a = 0{,}86 \cdot 0{,}75$		$\boldsymbol{g_{2,\mathrm{k}}}$	**= 0,65 kN/m**

Laststellung 2, Last auf Kehlbalken

Kehlbalken	$g_{\mathrm{K,k}}/a = 100/0{,}75$	=	133 N/m²	
Bretterlage		=	150 N/m²	
Verkleidung für Ausbau		=	350 N/m²	
	$g'_{3,\mathrm{k}}$	=	633 N/m²	= 0,63 kN/m²
Ständige Last je m Kehlbalken	$g_{3,\mathrm{k}} = g'_{3,\mathrm{k}} \cdot a = 0{,}63 \cdot 0{,}75$		$\boldsymbol{g_{3,\mathrm{k}}}$	**= 0,47 kN/m**

Verkehrslast für Spitzboden bis 1,80 m licht Höhe $\quad q'_{3,\mathrm{k}}$ = 1000 N/m² = 1,00 kN/m²

$$N_{DE,k} = -A_{h,k} + \frac{0{,}5 \cdot s_{1,k} \cdot l_2^2 + M_{D,k}}{h_2}$$

$$= -2{,}75 + \frac{0{,}5 \cdot 0{,}43 \cdot 2{,}30^2 - 0{,}56}{1{,}60} = -2{,}75 + 0{,}36 \qquad = \quad -2{,}39 \text{ kN}$$

Schnittgrößen für Laststellung 3b': Schneelast links voll, rechts halb

$$M_{D,k} = \underbrace{\left(-\frac{s_{1,k} \cdot (l_1^3 + l_2^3)}{16l} + \frac{s_{1,k} \cdot l_1 \cdot l_2}{4}\right)}_{\text{Schneelast links voll}} + \underbrace{\left(-\frac{\frac{1}{2} \cdot s_{1,k} \cdot (l_1^3 + l_2^3)}{16l} - \frac{\frac{1}{2} \cdot s_{1,k} \cdot l_1 \cdot l_2}{4}\right)}_{\text{Schneelast rechts halb}}$$

$$= -\frac{\frac{3}{2} \cdot s_{1,k} \cdot (l_1^3 + l_2^3)}{16l} + \frac{\frac{1}{2} \cdot s_{1,k} \cdot l_1 \cdot l_2}{4} = -\frac{3 \cdot s_{1,k} \cdot (l_1^3 + l_2^3)}{32l} + \frac{s_{1,k} \cdot l_1 \cdot l_2}{8}$$

$$= -\frac{3 \cdot 0{,}43 \cdot (3{,}70^3 + 2{,}30^3)}{32 \cdot 6{,}00} + \frac{0{,}43 \cdot 3{,}70 \cdot 2{,}30}{8} = -0{,}42 + 0{,}46 \qquad = \quad 0{,}04 \text{ kNm}$$

$$M_{E,k} = \underbrace{\left(-\frac{s_{1,k} \cdot (l_1^3 + l_2^3)}{16l} - \frac{s_{1,k} \cdot l_1 \cdot l_2}{4}\right)}_{\text{Schneelast links voll}} + \underbrace{\left(-\frac{\frac{1}{2} \cdot s_{1,k} \cdot (l_1^3 + l_2^3)}{16l} + \frac{\frac{1}{2} \cdot s_{1,k} \cdot l_1 \cdot l_2}{4}\right)}_{\text{Schneelast rechts halb}}$$

$$= -\frac{\frac{3}{2} \cdot s_{1,k} \cdot (l_1^3 + l_2^3)}{16l} - \frac{\frac{1}{2} \cdot s_{1,k} \cdot l_1 \cdot l_2}{4} = -\frac{3 \cdot s_{1,k} \cdot (l_1^3 + l_2^3)}{32l} - \frac{s_{1,k} \cdot l_1 \cdot l_2}{8}$$

$$= -\frac{3 \cdot 0{,}43 \cdot (3{,}70^3 + 2{,}30^3)}{32 \cdot 6{,}00} - \frac{0{,}43 \cdot 3{,}70 \cdot 2{,}30}{8} = -0{,}42 - 0{,}46 \qquad = \quad -0{,}88 \text{ kNm}$$

$$M_{1,L,k} = \frac{s_{1,k} \cdot l_1^2}{8} + \frac{M_{D,k}}{2} = \frac{0{,}43 \cdot 3{,}70^2}{8} + \frac{0{,}04}{2} = 0{,}74 + 0{,}02 \qquad = \quad 0{,}76 \text{ kNm}$$

$$M_{2,L,k} = \frac{s_{1,k} \cdot l_2^2}{8} + \frac{M_{D,k}}{2} = \frac{0{,}43 \cdot 2{,}30^2}{8} + \frac{0{,}04}{2} = 0{,}28 + 0{,}02 \qquad = \quad 0{,}30 \text{ kNm}$$

$$M_{1,R,k} = \frac{\frac{1}{2} \cdot s_{1,k} \cdot l_1^2}{8} + \frac{M_{E,k}}{2} = \frac{\frac{1}{2} \cdot 0{,}43 \cdot 3{,}70^2}{8} - \frac{0{,}88}{2} = 0{,}37 - 0{,}44 \qquad = \quad -0{,}07 \text{ kNm}$$

$$M_{2,R,k} = \frac{\frac{1}{2} \cdot s_{1,k} \cdot l_2^2}{8} + \frac{M_{E,k}}{2} = \frac{\frac{1}{2} \cdot 0{,}43 \cdot 2{,}30^2}{8} - \frac{0{,}88}{2} = 0{,}14 - 0{,}44 \qquad = \quad -0{,}30 \text{ kNm}$$

$$A_{v,k} = \underbrace{\left[\frac{3}{4} \cdot s_{1,k} \cdot l\right]}_{\text{Schneelast links voll}} + \underbrace{\left[\frac{1}{4} \cdot \left(\frac{1}{2} \cdot s_{1,k}\right) \cdot l\right]}_{\text{Schneelast rechts halb}}$$

$$= \frac{7}{8} \cdot s_{1,k} \cdot l = 0{,}875 \cdot 0{,}43 \cdot 6{,}00 \qquad = \quad 2{,}26 \text{ kN}$$

$$B_{v,k} = s_{1,k} \cdot l + \frac{1}{2} \cdot s_{1,k} \cdot l - A_{v,k} = 1{,}5 \cdot 0{,}43 \cdot 6{,}00 - 2{,}26 \qquad = \quad 1{,}61 \text{ kN}$$

$$A_{h,k} = B_{h,k}$$

$$= \underbrace{\frac{\left[\frac{1}{4}\cdot s_{1,k}\cdot l\right]\cdot l_1 - \left(-\frac{s_{1,k}\cdot(l_1^3+l_2^3)}{16l} - \frac{s_{1,k}\cdot l_1\cdot l_2}{4}\right)}{h_1}}_{\text{Schneelast links voll}} + \underbrace{\frac{\left[\frac{1}{4}\cdot\frac{1}{2}\cdot s_{1,k}\cdot l\right]\cdot l_1 - \left(-\frac{\frac{1}{2}\cdot s_{1,k}\cdot(l_1^3+l_2^3)}{16l} - \frac{\frac{1}{2}\cdot s_{1,k}\cdot l_1\cdot l_2}{4}\right)}{h_1}}_{\text{Schneelast rechts halb}}$$

$$= \frac{\frac{3}{8}\cdot s_{1,k}\cdot l\cdot l_1 + \frac{\frac{3}{2}\cdot s_{1,k}\cdot(l_1^3+l_2^3)}{16l} + \frac{\frac{3}{2}\cdot s_{1,k}\cdot l_1\cdot l_2}{4}}{h_1}$$

$$= \frac{\frac{3}{8}\cdot 0,43\cdot 6,00\cdot 3,70 + \frac{\frac{3}{2}\cdot 0,43\cdot(3,70^3+2,30^3)}{16\cdot 6,00} + \frac{\frac{3}{2}\cdot 0,43\cdot 3,70\cdot 2,30}{4}}{2,60}$$

$$= \frac{3,58+0,42+1,37}{2,60} = \frac{5,37}{2,60} \qquad = \quad 2,07 \text{ kN}$$

$$N_{DE,k} = \frac{-A_{h,k}\cdot(h_1+h_2) + l\cdot\left(A_v - s_{1,k}\cdot\frac{l}{2}\right)}{h_2}$$

$$= \frac{-2,07\cdot(2,60+1,60) + 6,00\cdot\left(2,26-0,43\cdot\frac{6,00}{2}\right)}{1,60} = \frac{-8,69+5,82}{1,60} \qquad = \quad -1,79 \text{ kN}$$

Schnittgrößen für Laststellung 4: Winddruck vertikal

$$M_{D,k} = -\frac{w_{d,k}\cdot(l_1^3+l_2^3)}{16l} + \frac{w_{d,k}\cdot l_1\cdot l_2}{4}$$

$$= -\frac{0,20\cdot(3,70^3+2,30^3)}{16\cdot 6,00} + \frac{0,20\cdot 3,70\cdot 2,30}{4} = -0,13+0,43 \qquad = \quad 0,30 \text{ kNm}$$

$$M_{E,k} = -\frac{w_{d,k}\cdot(l_1^3+l_2^3)}{16l} - \frac{w_{d,k}\cdot l_1\cdot l_2}{4} = -0,13-0,43 \qquad = \quad -0,56 \text{ kNm}$$

$$M_{1,L,k} = \frac{w_{d,k}\cdot l_1^2}{8} + \frac{M_{D,k}}{2} = \frac{0,20\cdot 3,70^2}{8} + \frac{0,30}{2} = 0,34+0,15 \qquad = \quad 0,49 \text{ kNm}$$

$$M_{1,R,k} = \frac{M_{E,k}}{2} = \frac{-0,56}{2} \qquad = \quad -0,28 \text{ kNm}$$

$$A_{v,k} = \frac{3}{4} w_{d,k}\cdot l = \frac{3}{4}\cdot 0,20\cdot 6,00 \qquad = \quad 0,90 \text{ kN}$$

$$B_{v,k} = \frac{1}{4} w_{d,k}\cdot l = \frac{1}{4}\cdot 0,20\cdot 6,00 \qquad = \quad 0,30 \text{ kN}$$

$$A_{h,k} = B_{h,k} = \frac{B_{v,k}\cdot l_1 - M_{E,k}}{h_1} = \frac{0,30\cdot 3,70+0,56}{2,60} \qquad = \quad 0,64 \text{ kN}$$

$$N_{DE,k} = -B_{h,k} + \frac{B_{v,k} \cdot l_2 + M_{E,k}}{h_2}$$

$$= -0{,}64 + \frac{0{,}30 \cdot 2{,}30 - 0{,}56}{1{,}60} = -0{,}64 + 0{,}08 \qquad = -0{,}56 \text{ kN}$$

Schnittgrößen für Laststellung 4': Windsog vertikal

$$M_{E,k} = -\frac{w_{s,k} \cdot (l_1^3 + l_2^3)}{16l} + \frac{w_{s,k} \cdot l_1 \cdot l_2}{4}$$

$$= -\frac{-0{,}16 \cdot (3{,}70^3 + 2{,}30^3)}{16 \cdot 6{,}00} + \frac{-0{,}16 \cdot 3{,}70 \cdot 2{,}30}{4} = 0{,}10 - 0{,}34 \qquad = -0{,}24 \text{ kNm}$$

$$M_{D,k} = 0{,}10 + 0{,}34 \qquad = 0{,}44 \text{ kNm}$$

$$M_{1,R,k} = \frac{w_{s,k} \cdot l_1^2}{8} + \frac{M_{E,k}}{2} = \frac{-0{,}16 \cdot 3{,}70^2}{8} + \frac{-0{,}24}{2} = -0{,}27 - 0{,}12 \qquad = -0{,}39 \text{ kNm}$$

$$M_{1,L,k} = \frac{M_{D,k}}{2} = \frac{0{,}44}{2} \qquad = 0{,}22 \text{ kNm}$$

$$A_{v,k} = \frac{1}{4} w_{s,k} \cdot l = \frac{1}{4} \cdot (-0{,}16) \cdot 6{,}00 \qquad = -0{,}24 \text{ kN}$$

$$B_{v,k} = \frac{3}{4} w_{s,k} \cdot l = \frac{3}{4} \cdot (-0{,}16) \cdot 6{,}00 \qquad = -0{,}72 \text{ kN}$$

$$A_{h,k} = B_{h,k} = \frac{A_{v,k} \cdot l_1 - M_{D,k}}{h_1} = \frac{-0{,}24 \cdot 3{,}70 - 0{,}44}{2{,}60} \qquad = -0{,}51 \text{ kN}$$

$$N_{DE,k} = -A_{h,k} + \frac{A_{v,k} \cdot l_2 + M_{D,k}}{h_2} = 0{,}51 + \frac{-0{,}24 \cdot 2{,}30 + 0{,}44}{1{,}60} \qquad = 0{,}44 \text{ kN}$$

Schnittgrößen für Laststellung 5: Winddruck horizontal

$$M_{D,k} = -\frac{w_{d,k} \cdot (h_1^3 + h_2^3)}{16h} + \frac{w_{d,k} \cdot h_1 \cdot h_2}{4}$$

$$= -\frac{0{,}20 \cdot (2{,}60^3 + 1{,}60^3)}{16 \cdot 4{,}20} + \frac{0{,}20 \cdot 2{,}60 \cdot 1{,}60}{4} = -0{,}06 + 0{,}21 \qquad = 0{,}15 \text{ kNm}$$

$$M_{E,k} = -0{,}06 - 0{,}21 \qquad = -0{,}27 \text{ kNm}$$

$$M_{1,L,k} = \frac{w_{d,k} \cdot h_1^2}{8} + \frac{M_{D,k}}{2} = \frac{0{,}20 \cdot 2{,}60^2}{8} + \frac{0{,}15}{2} = 0{,}17 + 0{,}07 \qquad = 0{,}24 \text{ kNm}$$

$$M_{1,R,k} = \frac{M_{E,k}}{2} = \frac{-0{,}27}{2} \qquad = -0{,}14 \text{ kNm}$$

$$A_{v,k} = -B_{v,k} = \frac{w_{d,k} \cdot h^2}{4l} = -\frac{0{,}20 \cdot 4{,}20^2}{4 \cdot 6{,}00} \qquad = -0{,}15 \text{ kN}$$

$$B_{h,k} = \frac{B_{v,k} \cdot l_1 - M_{E,k}}{h_1} = \frac{0,15 \cdot 3,70 + 0,27}{2,60} = 0,32 \text{ kN}$$

$$A_{h,k} = -w_{d,k} \cdot h + B_{h,k} = -0,20 \cdot 4,20 + 0,32 = -0,52 \text{ kN}$$

$$N_{DE,k} = -B_{h,k} + \frac{B_{v,k} \cdot l_2 + M_{E,k}}{h_2}$$

$$= -0,32 + \frac{0,15 \cdot 2,30 - 0,27}{1,60} = -0,32 + 0,05 = -0,27 \text{ kN}$$

Schnittgrößen für Laststellung 5': Windsog horizontal

$$M_{E,k} = -\frac{w_{s,k} \cdot (h_1^3 + h_2^3)}{16h} + \frac{w_{s,k} \cdot h_1 \cdot h_2}{4}$$

$$= -\frac{-0,16 \cdot (2,60^3 + 1,60^3)}{16 \cdot 4,20} + \frac{-0,16 \cdot 2,60 \cdot 1,60}{4} = 0,05 - 0,17 = -0,12 \text{ kNm}$$

$$M_{D,k} = 0,05 + 0,17 = 0,22 \text{ kNm}$$

$$M_{1,R,k} = \frac{w_{s,k} \cdot h_1^2}{8} + \frac{M_{E,k}}{2} = \frac{-0,16 \cdot 2,60^2}{8} + \frac{-0,12}{2} = -0,13 - 0,06 = -0,19 \text{ kNm}$$

$$M_{1,L,k} = \frac{M_{D,k}}{2} = \frac{0,22}{2} = 0,11 \text{ kNm}$$

$$B_{v,k} = -A_{v,k} = \frac{w_{s,k} \cdot h^2}{4l} = -\frac{-0,16 \cdot 4,20^2}{4 \cdot 6,00} = 0,12 \text{ kN}$$

$$A_{h,k} = \frac{A_{v,k} \cdot l_1 - M_{D,k}}{h_1} = \frac{-0,12 \cdot 3,70 - 0,22}{2,60} = -0,26 \text{ kN}$$

$$B_{h,k} = -w_{s,k} \cdot h + A_{h,k} = -(-0,16) \cdot 4,20 - 0,22 = 0,45 \text{ kN}$$

$$N_{DE,k} = -A_{h,k} + \frac{A_{v,k} \cdot l_2 + M_{D,k}}{h_2}$$

$$= -(-0,26) + \frac{-0,12 \cdot 2,30 + 0,22}{1,60} = 0,26 - 0,04 = 0,22 \text{ kN}$$

Die Zusammenstellung der Schnittgrößen aus den verschiedenen Laststellungen erfolgt in Tafel **8**.2.

Tafel **8.2** Zusammenstellung der Schnittgrößen aus den verschiedenen Laststellungen für die ungünstigste Lastkombination mit $g + q + s + w$ in kN bzw. kNm

Schnitt-größen	Laststellung									Bemessungsschnittgrößen
	(1) $g_1 + g_2$	(2.1) g_3	(2.2) q	(3a) s	(3b') $s + 1/2\ s$	(4) $w_{d,v}$	(4') $w_{s,v}$	(5) $w_{d,h}$	(5') $w_{s,h}$	Summe aus den Laststellungen
$M_{D,k}$	– 1,19	0	0	– 0,56	+ 0,04	+ 0,30	+ 0,44	+ 0,15	+ 0,22	1,35 · (1) + 1,5 · (w) = **+ 0,10 kNm**
$M_{E,k}$	– 1,19	0	0	– 0,56	– 0,88	– 0,56	– 0,24	– 0,27	– 0,12	1,35 · (1) + 1,35 · {(3b')+(w)} = **– 4,40 kNm**
$M_{1L,k}$	+ 1,06	0	0	+ 0,46	+ 0,76	+ 0,49	+ 0,22	+ 0,24	+ 0,11	1,35 · (1) + 1,35 · {(3b')+(w)} = **+ 3,89 kNm**
$M_{1R,k}$	+ 1,06	0	0	+ 0,46	– 0,07	– 0,28	– 0,39	– 0,14	– 0,19	1,35 · (1) + 1,5 · (w) = **– 0,07 kNm**
$A_{v,k}$	+ 5,08	+ 1,08	+ 1,73	+ 2,58	+ 2,26	+ 0,90	– 0,24	– 0,15	– 0,12	1,35 · (g) + 1,35 · {(2.2)+(3a)+(w)} = **+ 14,66 kN**
$B_{v,k}$	+ 5,08	+ 1,08	+ 1,73	+ 2,58	+ 1,61	+ 0,30	– 0,72	+ 0,15	+ 0,12	1,35 · (g) + 1,35 · {(2.2)+(3a)} = **+ 14,13 kN**
$A_{h,k}$	+ 5,14	+ 1,55	+ 2,48	+ 2,75	+ 2,07	+ 0,64	– 0,51	– 0,32	– 0,26	1,35 · (g) + 1,35 · {(2.2)+(3a)} = **+ 16,09 kN**
$B_{h,k}$	+ 5,14	+ 1,55	+ 2,48	+ 2,75	+ 2,07	+ 0,64	– 0,51	+ 0,52	+ 0,45	1,35 · (g) + 1,35 · {(2.2)+(3a)+(w)} = **+ 17,58 kN**
$N_{DE,k}$	– 4,81	– 1,55	– 2,48	– 2,39	– 1,79	– 0,56	+ 0,44	– 0,27	+ 0,22	1,35 · (g) + 1,35 · {(2.2)+(3a)+(w)} = **– 15,39 kN**

(g) = (1)+(2.1) (w) = (4)+(4')+(5)+(5')

Die Bemessungsschnittgrößen werden oben beispielhaft für die vereinfachten Kombinationen nach DIN 1055-100 ermittelt (siehe auch Teil 2 dieses Buches). Der ungünstigere Wert aus den beiden Gleichungen ist maßgebend.

Wenn nur eine ungünstige veränderliche Einwirkung berücksichtigt wird: $E_d = \sum_{j\geq 1} \gamma_{G,j} \cdot G_{k,j} + 1{,}5 \cdot Q_{k,1}$

Wenn sämtliche ungünstigen veränderlichen Einwirkungen berücksichtigt werden: $E_d = \sum_{j\geq 1} \gamma_{G,j} \cdot G_{k,j} + 1{,}35 \cdot \sum_{i\geq 1} Q_{k,i}$

Maßgebend für die ungünstigsten Schnittgrößen (Bilder **8.**13 und **8.**14) sind demzufolge verschiedene Kombinationen gemäß Tafel 8.1.

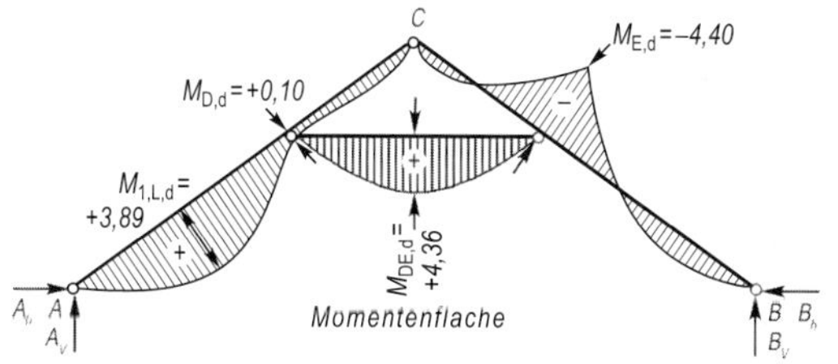

Bild **8.**13
Momentenfläche für Sparren und Kehlbalken mit den größten Momenten $M_{1,d}$, $M_{E,d}$ und $M_{DE,d}$

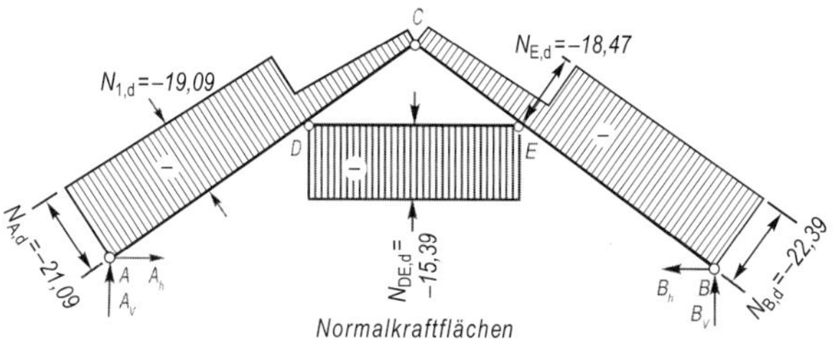

Bild **8.**14
Normalkraftfläche für Sparren und Kehlbalken im Bereich der größten Momente mit den ungünstigen Normalkräften $N_{1,d}$, $N_{E,d}$ und $N_{DE,d}$

4. Ungünstige Schnittgrößen für die Bemessung:

Längskräfte in Sparren an Auflagern:

$$N_{A,d} = -A_{v,d} \cdot \sin\alpha - (A_{h,d} + 1{,}35 \cdot (w)) \cdot \cos\alpha$$

$$= -14{,}66 \cdot 0{,}574 - (16{,}09 + 1{,}35 \cdot (-0{,}45)) \cdot 0{,}819 = -8{,}41 - 12{,}68 \qquad = -21{,}09 \text{ kN}$$

$$N_{B,d} = -(B_{v,d} + 1{,}35 \cdot (w)) \cdot \sin\alpha - B_{h,d} \cdot \cos\alpha$$

$$= -(14{,}13 + 1{,}35 \cdot (-0{,}15)) \cdot 0{,}574 - 17{,}58 \cdot 0{,}819 = -7{,}99 - 14{,}40 \qquad = -22{,}39 \text{ kN}$$

Längskraft im unteren Sparrenfeld für das zugehörige Biegemoment

$$M_{1,L,d} = \mathbf{3{,}89\ kNm:}$$

$$N_{1,L,d} = N_{A,d} + \frac{(g_{1,d} + s_{1,d} + w_{d,d}) \cdot l_1}{2} \cdot \sin\alpha - \frac{w_{d,d} \cdot h_1}{2} \cdot \cos\alpha$$

$$= -21{,}09 + \frac{(1{,}35 \cdot 0{,}97 + 1{,}35 \cdot (0{,}43 + 0{,}20)) \cdot 3{,}70}{2} \cdot 0{,}574 - \frac{1{,}35 \cdot 0{,}20 \cdot 2{,}60}{2} \cdot 0{,}819$$

$$= -21{,}09 + 2{,}29 - 0{,}29 \qquad = \mathbf{-19{,}09\ kN}$$

Längskraft im Sparren am Kehlbalkenanschluss für das zugehörige Biegemoment

$$M_{E,d} = \mathbf{-4{,}40\ kNm:}$$

$$N_{E,d} = N_{B,d} + (g_{1,d} + w_{s,d}) \cdot l_1 \cdot \sin\alpha + w_{s,d} \cdot h_1 \cdot \cos\alpha$$

$$= -22{,}39 + 1{,}35 \cdot (0{,}97 + 0{,}20) \cdot 3{,}70 \cdot 0{,}574 + 1{,}35 \cdot 0{,}20 \cdot 2{,}60 \cdot 0{,}819$$

$$= -22{,}39 + 3{,}35 + 0{,}57 \qquad = \mathbf{-18{,}47\ kN}$$

Biegemoment im Kehlbalken für die zugehörige Längskraft

$N_{DE,d} = -\mathbf{15{,}39\ kN}$:

$$M_{DE,d} = \frac{(g_{3,d} + q_{3,d}) \cdot (2 \cdot l_2)^2}{8} = \frac{(g_{3,d} + q_{3,d}) \cdot l_2^2}{2}$$

$$= \frac{(1{,}35 \cdot 0{,}47 + 1{,}35 \cdot 0{,}75) \cdot 2{,}30^2}{2} \qquad = \mathbf{4{,}36\ kNm}$$

Querkraft im Kehlbalkenanschluss:

$$V_{D,d} = V_{E,d} = (g_{3,d} + g_{3,d}) \cdot l_2 = (1{,}35 \cdot 0{,}47 + 1{,}35 \cdot 0{,}75) \cdot 2{,}30 \qquad = \mathbf{3{,}79\ kN}$$

Die Bemessung für dieses verschiebliche Kehlbalkendach erfolgt im Buch Baustatik 2 mit den hier errechneten Schnittgrößen.

8.4 Einfaches Sprengwerk

Ein einfaches Sprengwerk ist ein Dreigelenkbinder mit zusätzlichem Hängestab (Bild **8.**15a). Für den Fall, dass der Untergurt eine vertikal wirkende gleichmäßig verteilte Belastung erhält, wird diese Belastung in Ersatz-Einzellasten für die Knotenpunkte aufgeteilt (Bild **8.**15b).

Die Ermittlung der Stabkräfte kann mit dem „Ritterschen Schnittverfahren" erfolgen. Bei Anwendung dieses Schnittverfahrens wird von folgender Überlegung ausgegangen:

Wenn ein Tragwerk unter Einwirkung von äußeren Kräften im Gleichgewicht ist, dann herrscht auch an jedem Teil des Tragwerks Gleichgewicht. Dazu sind die durch einen gedachten Schnitt unterbrochenen inneren Kräfte der geschnittenen Stäbe mit anzurechnen. Sie erscheinen am abgetrennten Tragwerksteil als sozusagen äußere Kräfte. Die äußeren Kraftgrößen und alle Schnittgrößen des abgeschnittenen Tragwerksteils müssen insgesamt die drei Gleichgewichtsbedingungen erfüllen:

$$\Sigma M = 0 \qquad \Sigma V = 0 \qquad \Sigma H = 0 \qquad \text{Gl. (2.31) bis (2.33)}$$

Der gedachte Schnitt ist so zu führen, dass der Schnitt höchstens drei Stäbe trifft, wovon in einem Stab die gesuchte Stabkraft wirkt (Bild **8.**15c). Für die Gleichgewichtsbedingung $\Sigma M = 0$ ist ein geeigneter Drehpunkt zu wählen. Dies ist der Schnittpunkt der Wirkungslinien der beiden nicht gesuchten Stabkräfte, da sie um diesen Schnittpunkt kein Moment bilden. Beim Aufstellen der Gleichgewichtsbedingungen ist auf den Drehsinn der Momente aus den Kräften zu achten. Am abgeschnittenen Tragwerksteil müssen alle äußeren Kräfte (Lasten und Auflagerkräfte) und alle Kräfte der geschnittenen Stäbe (Schnittgrößen) berücksichtigt werden.

Die Wirkungslinie der gesuchten Stabkraft ist durch die Stabachse vorgegeben. Größe und Richtung der gesuchten Stabkraft sind hingegen unbekannt. Die Stabkraft wird zweckmäßiger Weise in die Rechnung zunächst als Zugkraft eingeführt. Diese Annahme wird durch das Vorzeichnen des Ergebnisses bestätigt (+) oder korrigiert (–).

Auf diese Weise lassen sich die unbekannten Stabkräfte mit den Gleichgewichtsbedingungen für den abgeschnittenen Tragwerksteil berechnen. Voraussetzung ist allerdings, dass die Auflagerwiderstände ermittelt worden sind.

Beispiel zur Erläuterung

Für das Sprengwerk Bild **8.**15 mit einer gleichmäßig verteilten Belastung auf dem horizontalen Untergurt werden die Stabkräfte mit dem Ritterschen Schnittverfahren ermittelt. Hierzu wird entsprechend Bild **8.**15c) der Schnitt I - I gelegt. Für den linken Tragwerksteil wird die Gleichgewichtsbedingung um den Drehpunkt *D* aufgestellt.

Zunächst werden die Auflagerkräfte und die Ersatz-Einzellasten für die Knotenpunkte aus der gleichmäßig verteilten Belastung ermittelt. Es wird hier angenommen, dass das Eigengewicht vernachlässigt werden kann. Der Untergurt wird als Zweifeldträger betrachtet und die Verkehrslast q_d wirkt dort immer auf der gesamten Länge von Auflager zu Auflager in gleich bleibender Größe.

Angaben zum System

l = 7,60 m Spannweite

h = 2,80 m Sprengwerkhöhe

$\tan\alpha = h/(l/2) = 2{,}80/(7{,}60/2) = 0{,}737$

$\sin\alpha = 0{,}593 \qquad \cos\alpha = 0{,}805 \qquad \alpha = 36{,}4°$

$l_s = \cos\alpha \cdot h = 0{,}805 \cdot 2{,}80 = 2{,}25$ m

q_d = 7,5 kN/m gleichmäßig verteilte Belastung auf dem Untergurt = Durchlaufträger

Auflagerkräfte

$$A_d = B_d = \frac{q_d \cdot l}{2} = \frac{7{,}5 \cdot 7{,}60}{2} = 28{,}5 \text{ kN}$$

Ersatz-Einzellasten (Taf. **7.**3)

$$F_{A,d} = F_{B,d} = k_1 \cdot q_d \cdot l/2 = 0{,}375 \cdot 7{,}5 \cdot 7{,}60/2 = 10{,}7 \text{ kN}$$

$$F_{V,d} = k_2 \cdot q_d \cdot l/2 = 1{,}250 \cdot 7{,}5 \cdot 7{,}6/2 = 35{,}6 \text{ kN}$$

Kontrolle:

$$\Sigma V = 0$$

$$A_d + B_d - (F_{A,d} + F_{B,d} + F_{V,d}) = 0$$

$$28{,}5 + 28{,}5 - (10{,}7 + 10{,}7 + 35{,}6) = 0$$

$$57{,}0 - 57{,}0 = 0$$

Stabkraft *V* im Vertikalstab

$$V_d = F_{v,d} = +35{,}6 \text{ kN (Zugkraft)}$$

Gleichgewichtsbedingung um den Drehpunkt *D* für das Tragwerksteil links des Schnittes I – I:

$$\Sigma M_{(D)} = 0$$

$$(A_d - F_{A,d}) \cdot l/2 + S_{1,d} \cdot s_D + V_d \cdot 0 + F_{V,d} \cdot 0 + H_{2,d} \cdot 0 = 0$$

$$S_{1,d} = -\frac{(A_d - F_{A,d}) \cdot l/2}{s_D} = -\frac{(28{,}5 - 10{,}7) \cdot 7{,}60/2}{2{,}25} = -30{,}0 \text{ kN (Druckkraft)}$$

$$S_{2,d} = S_{1,d} = +30{,}0 \text{ kN}$$

Gleichgewichtsbedingung um den Drehpunkt C für das Tragwerksteil rechts des Schnitts I – I:

$$\Sigma M_{(D)} = 0$$

$$-(B_d - F_{A,d}) \cdot l/2 + H_{1,d} \cdot h + S_{1,d} \cdot 0 + V_d \cdot 0 + F_{V,d} \cdot 0 + H_{2,d} \cdot 0 = 0$$

$$H_{2,d} = +\frac{(B_d - F_{B,d}) \cdot l/2}{h} = +\frac{(28{,}5 - 10{,}7) \cdot 7{,}60/2}{2{,}80} \quad = +24{,}2 \text{ kN (Zugkraft)}$$

$$H_{2,d} = H_{1,d} = +24{,}2 \text{ kN}$$

Größtes Biegemoment im Horizontalstab bei Querschnittschwächung (negatives Biegemoment beim Anschluss an den Vertikalstab)

$$M_d = -0{,}125 \cdot q_d - (l/2)^2 = -0{,}125 \cdot 7{,}50 \cdot (7{,}60/2)^2 \quad = -13{,}54 \text{ kNm}$$

Die Stabkräfte können auch zeichnerisch ermittelt werden mit je einem Krafteck für den Firstpunkt C und den Fußpunkt am Auflager A (Bild **8**.15d) und e).

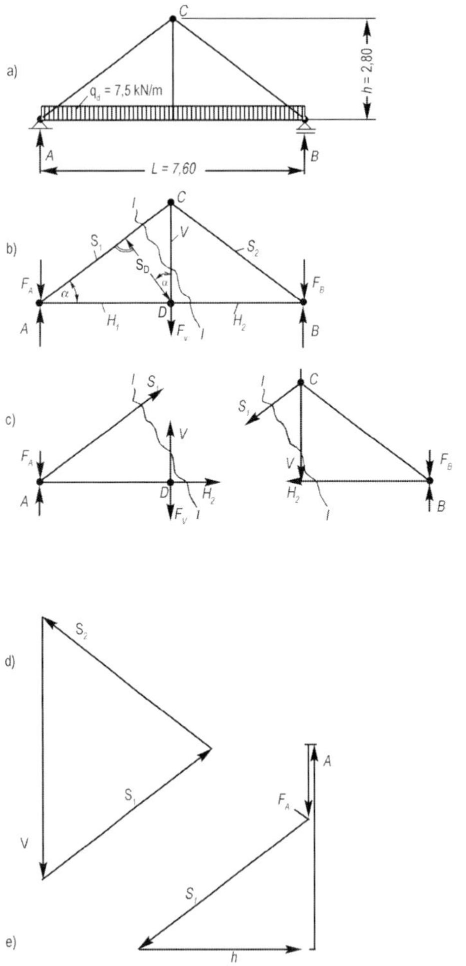

Bild **8**.15
Einfaches Sprengwerk als Holzkonstruktion
a) Statisches System des Sprengwerks mit gleichmäßig verteilter Belastung auf dem Untergurt
b) Stäbe des Sprengwerks mit Schnitt I – I
c) Tragwerksteile links und rechts des Schnittes mit äußeren Kräften und Stabkräften für das Gleichgewicht
d) Krafteck für den Firstpunkt C
e) Krafteck für den Fußpunkt am Auflager A

9 Berechnung von Fachwerkbindern

Ein Fachwerk ist eine Konstruktion, die aus einzelnen geraden Stäben gebildet wird. Diese Stäbe werden an Knotenpunkten so miteinander verbunden, dass sie jeweils Dreiecke bilden (Bild **9.**1).. Die äußeren Kräfte werden an diesen Konten eingeleitet. Dadurch erhalten die Stäbe nur Längskräfte. Dreiecke sind unverschieblich, auch wenn die einzelnen Stäbe gelenkartig miteinander verbunden sind (Bild **9.**2). Vierecke sind zu vermeiden, da sie verschieblich sind (Bild **9.**3). Dennoch können Fachwerke, die nur aus Dreiecken gebildet werden, sehr unterschiedliche Formen haben.

Zur Bestimmung der Kräfte in Fachwerken werden zunächst folgende vereinfachenden Annahmen und Voraussetzungen getroffen.

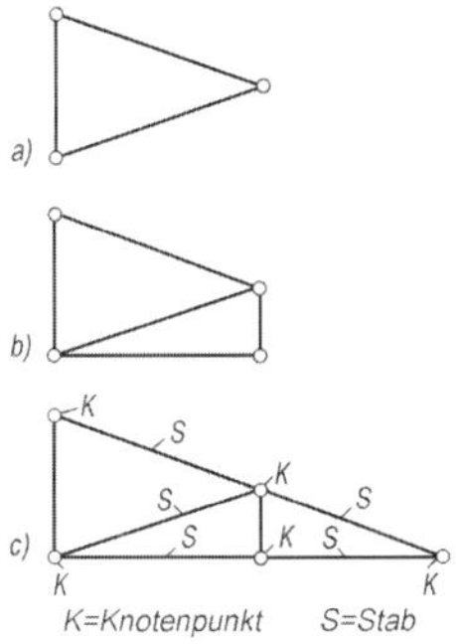

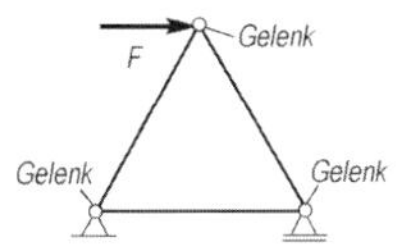

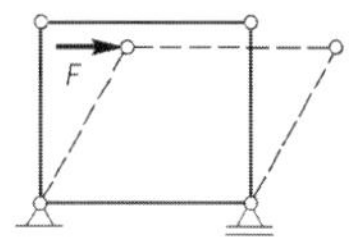

Bild **9.**1 Unverschiebliche Dreiecke bilden ein Fachwerksystem

Bild **9.**2 Ein Dreieck ist auch bei gelenkiger Verbindung unverschieblich

Bild **9.**3 Ein Viereck ist bei gelenkiger Verbindung verschieblich

1. **Das Fachwerk besteht nur aus starren Stäben mit gerader Stabachse.**
2. **Die Stäbe sind an den Knotenpunkten gelenkig miteinander verbunden.**
3. **Die Stäbe sind zentrisch angeschlossen. Die Schwerlinien der Stäbe (Stabachsen) schneiden sich in einem Punkt.**
4. **Die Belastung greift nur als Einzellast in den Knotenpunkten an.**
5. **Die Eigenlast des Fachwerks wird zu den Einzellasten der äußeren Belastung hinzugerechnet.**
6. **Jedes statisch bestimmte Fachwerk hat eine zugehörige Anzahl von Stäben.**
   $s = 2 \cdot k - 3$ s = Anzahl der Stäbe k = Anzahl der Knotenpunkte
7. **Das Fachwerk ist statisch bestimmt gelagert** (3-wertig).

Die Voraussetzungen 2 und 5 sind in der Praxis nicht gegeben. Die dadurch entstehenden Fehler sind aber gering und können vernachlässigt werden.

Ein Fachwerk mit z.B. 11 Knoten hat $s = 2 \cdot k - 3 = 2 \cdot 11 - 3 = 19$ Stäbe. Hat ein Fachwerk mehr Stäbe, als sich nach der Formel errechnen lässt, dann ist es um die Anzahl der überzähligen Stäbe statisch unbestimmt. Sind in einem Fachwerk weniger Stäbe, dann ist es wegen der im System entstehenden Freiheitsgrade labil und verschieblich.

Die meisten Fachwerke werden für Dachbinder aus Holz oder Stahl gebaut. Man unterscheidet Dreiecks- und Balkenbinder (Bild **9.**4). Die Stäbe eines Fachwerkbinders werden entsprechend ihrer Lage bezeichnet. Die Stäbe, die das Fachwerk nach außen umschließen, heißen Obergurt und Untergurt (Bild **9.**5a). Die von ihnen eingeschlossenen Stäbe sind die Füllungsstäbe. Bei schräger Anordnung sind es Diagonalstäbe oder Streben, bei vertikaler Anordnung nennt man sie Vertikalstäbe oder Pfosten (Bild **9.**5b).

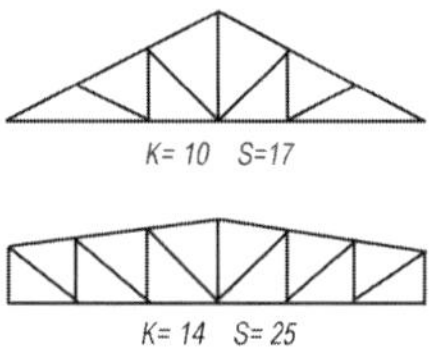

Bild **9.**4 Dreiecksbinder und Balkenbinder

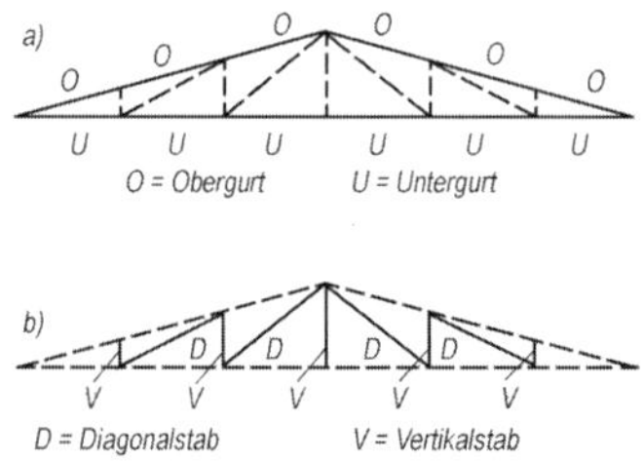

Bild **9.**5 Fachwerkbinder
a) Ober- und Untergurte
b) Diagonal- und Vertikalstäbe

9.1 Regeln zur Bildung von Fachwerken

Damit einwandfrei funktionierende Fachwerke gebildet werden können, sind folgende Regeln zu beachten. Diese Regeln werden auch Bildungsgesetze genannt.

Regel 1 (Regel der Fachwerkdreiecke)

An ein unverschiebliches Dreieck (Bild **9.**1a) wird jeweils ein weiteres Dreieck angeschlossen, indem man einen neuen Knoten mit zwei Stäben anfügt. Dadurch entstehen statisch bestimmte, unverschiebbare Fachwerke.

Den ersten Schritt zeigt Bild **9.**1b, der zweite Schritt ist aus Bild **9.**1c zu erkennen.

Regel 2 (Regel der Verbindung mehrerer Fachwerke)

a) Zwei statisch bestimmte und unverschiebliche Fachwerke nach der 1. Regel werden durch ein gemeinsames Gelenk und einen weiteren Stab miteinander verbunden. Weder dieser Stab noch seine Verlängerung darf durch das Verbindungsgelenk gehen (Bild **9.**6).

b) Zwei oder mehrere Fachwerke nach der 1. Regel werden durch je 3 Ergänzungsstäbe miteinander verbunden. Alle 3 Stäbe dürfen weder parallel sein, noch dürfen sich die Stäbe oder ihre Verlängerungen in einem Punkt schneiden (Bild **9.**7).

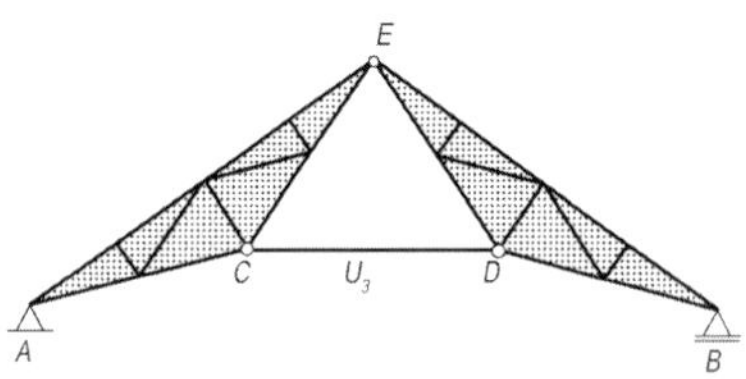

Bild **9.**6 Zwei Dreieckbinder werden durch ein gemeinsames Gelenk (E) und einen weiteren Stab (U_3) miteinander verbunden zu einem größeren Fachwerk

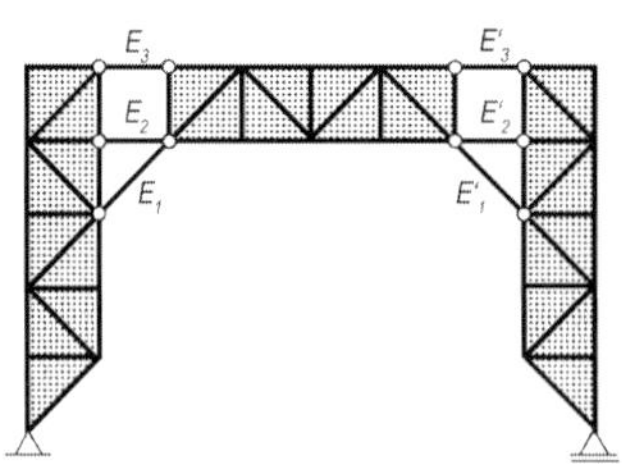

Bild **9.**7 Drei statisch bestimmte und unverschiebliche Fachwerke werden an zwei Stellen durch je 3 Ergänzungsstäbe (E_1, E_2, E_2 bzw. E'_1, E'_2, E'_3) miteinander verbunden zu einem Gesamtfachwerk

Regel 3 (Regel der Stabvertauschung)

Bei jedem Fachwerk, das nach der 1. oder 2. Regel konstruiert ist, kann ein Stab herausgenommen und an anderer Stelle zwischen zwei Knoten wieder eingefügt werden, sodass die Knoten auch bei unendlich kleiner Bewegung ihren Abstand nicht ändern (Bild **9.**8).

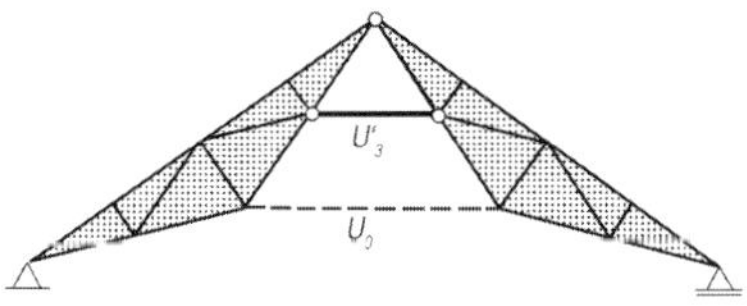

Bild **9.**8
Nach der Regel der Stabvertauschung kann der Stab U_3 durch den Stab U_3' ersetzt werden

9.2 Laststellungen für Dachbinder

Im folgenden sind die einzelnen Laststellungen genannt, die bei Dachbindern zunächst getrennt zu erfassen sind.

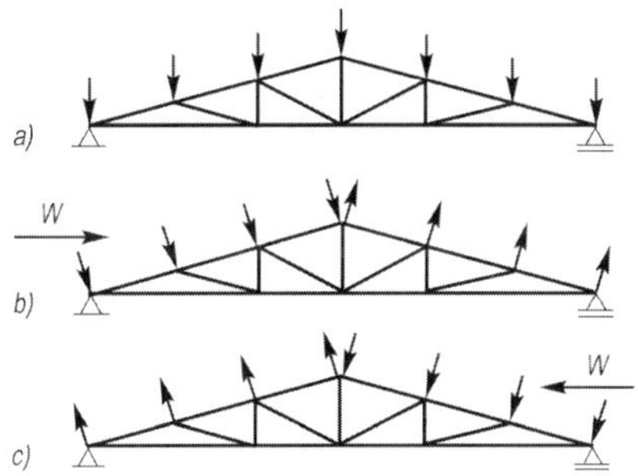

Bild **9.**9 Belastungen für Dreiecksbinder

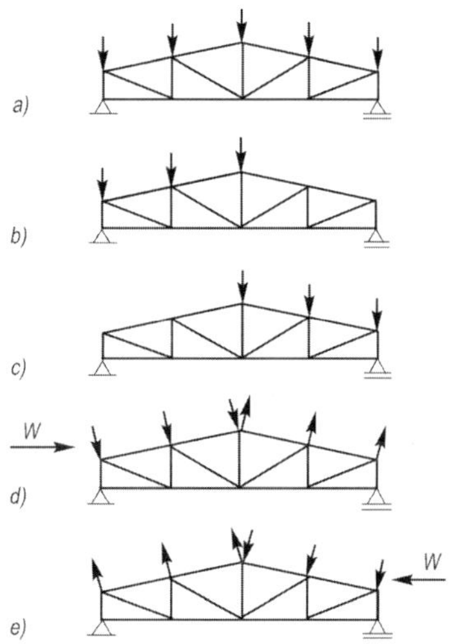

Bild **9.**10 Belastungen für Balkenbinder

Dreiecksbinder

- Ständige Last (Eigenlast) und Schnee (Bild **9.**9a).
- Windlast vom festen Auflager her (Bild **9.**9b)
- Windlast vom beweglichen Auflager her (Bild **9.**9c)

Balkenbinder

- Ständige Last (Eigenlast) (Bild **9.**10a)
- Schnee auf der linken Dachseite (Bild **9.**10b)
- Schnee auf der rechten Dachseite (Bild **9.**10c)
- Wind vom festen Auflager her (Bild **9.**10d)
- Wind vom beweglichen Auflager her (Bild **9.**10e)

Durch die Belastungen entstehen in den Stäben nur Normalkräfte, keine Querkräfte oder Biegemomente. Die Normalkräfte wirken als Zugkräfte oder als Druckkräfte. Sie werden bei Zug als positiv (+), bei Druck als negativ (–) bezeichnet. Danach werden die Stäbe Zug- oder Druckstäbe genannt. Die Kraftart (Zug oder Druck) kann auch für ein und denselben Stab bei verschiedenen Laststellungen wechseln.

9.3 Regeln zum Erkennen von Nullstäben

In einem Fachwerkträger können verschiedene Stäbe bei bestimmten Laststellungen weder Zug- noch Druckkräfte erhalten. Die Längskräfte dieser Stäbe sind Null. Solche Stäbe werden als Nullstäbe bezeichnet; sie sind vor dem Zeichnen des Kräfteplanes festzustellen. Hierfür gelten folgende Regeln:

Regel 1

Bei belasteten Knoten mit zwei Stäben ist ein Stab ein Nullstab, wenn die Last in Richtung des anderen Stabes wirkt. Das trifft für Stab O_1 in Bild **9.**11 zu: $O_1 = 0$.

Regel 2

Bei unbelasteten Knoten mit zwei Stäben sind beide Stäbe nur Nullstäbe. In Bild **9.**11 ist das bei den Stäben O_6 und V_7 der Fall: $O_6 = 0$, $V_7 = 0$.

Regel 3

Bei unbelasteten Gurtknoten mit nur einem Füllungsstab ist dieser Füllungsstab ein Nullstab, wenn die Gurtstäbe in einer Wirkungslinie liegen:

Bild **9.**11: $V_2 = 0$, $V_4 = 0$, $V_5 = 0$, $V_6 = 0$.

Bild **9.**12: $D_8 = 0$.

Regel 4

Bei unbelasteten Gurtknoten mit Füllungsstäben, die von anderen Knoten kommend schon Null sind, ist ein weiterer Füllungsstab ebenfalls Null, wenn sonst kein anderer Füllungsstab vorhanden ist und wenn die Gurtstäbe in einer Wirkungslinie liegen.

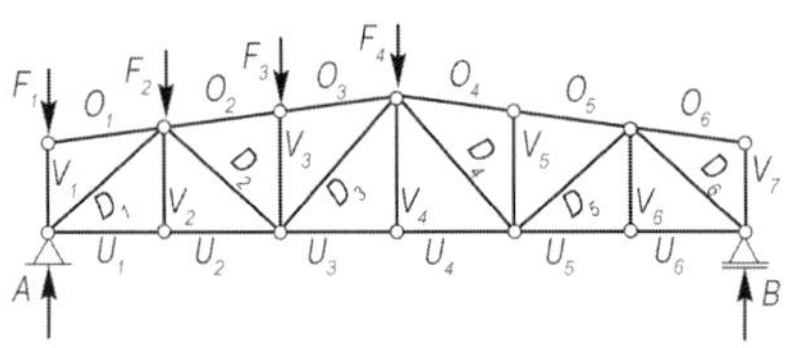

Bild **9.**11 Balkenbinder mit einseitiger Belastung und Nullstäben

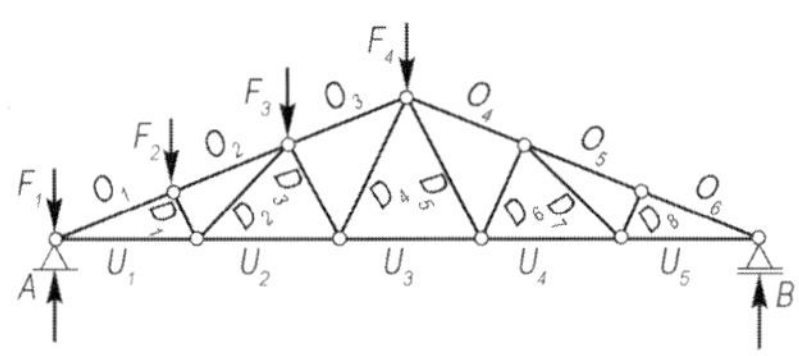

Bild **9.**12 Dreiecksbinder mit einseitiger Belastung und Nullstäben

Beispiel zur Erläuterung

In Bild **9.**12 ist der Füllungsstab D_8 nach Regel 3 bereits Null. Er trifft am unbelasteten Untergurtknoten mit den in einer Wirkungslinie liegenden Untergurtstäben $\boldsymbol{U_4}$ und $\boldsymbol{U_5}$ zusammen. Es ist ein weiterer Füllungsstab vorhanden, der ebenfalls Null wird.

$$D_7 = 0.$$

Das gleiche trifft für die Füllungsstäbe D_6 und D_5 zu:

$$D_6 = 0, \quad D_5 = 0.$$

9.4 Zeichnerische Bestimmung der Stabkräfte

Bei einem Fachwerkträger, der durch eine äußere Belastung im Gleichgewicht ist, sind auch alle einzelnen Knotenpunkte im Gleichgewicht. Für jeden Knotenpunkt, den man sich aus dem System herausgeschnitten denkt, kann man mit allen an diesem Knotenpunkt wirkenden Kräften ein Krafteck zeichnen. Alle Kräfte an einem Knotenpunkt sind im Gleichgewicht, wenn sie ein geschlossenes Krafteck mit fortlaufendem Umfahrungssinn bilden (s. Abschn. 2.5.3). Die Stabkräfte können also zeichnerisch bestimmt werden (Bild **9**.13).

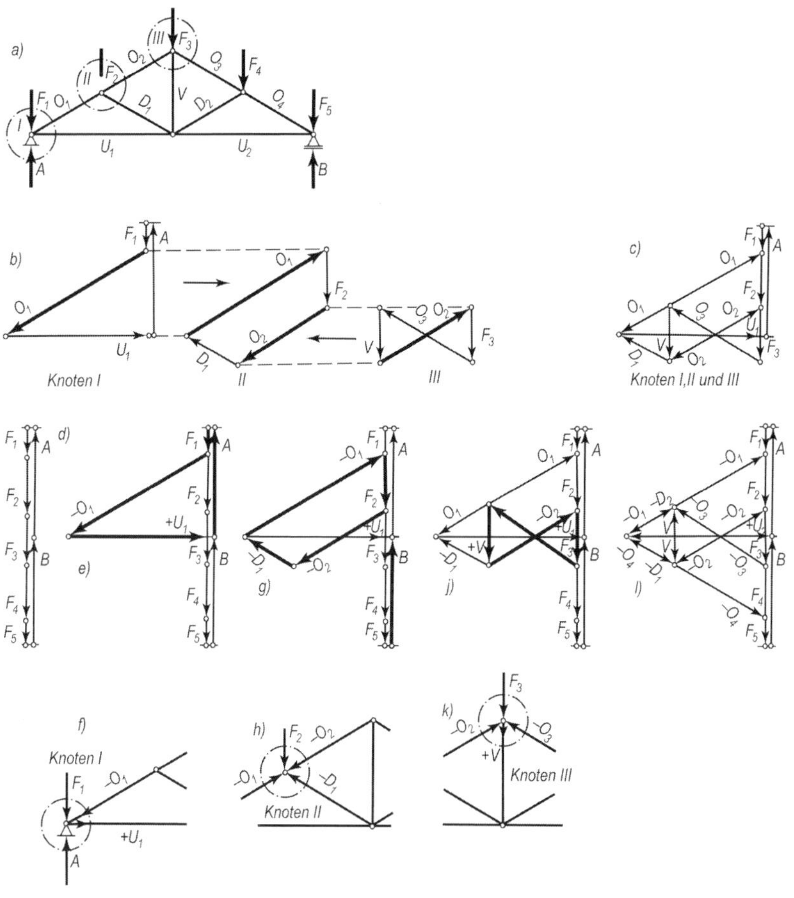

Bild **9**.13 Entwicklung des Cremonaplans

a) System des Fachwerkträgers
b) Kraftecke für Knoten I, II und III
c) Cremonaplan für Knoten I, II und III durch Zusammenschieben der einzelnen Kraftecke
d) Kraftecke für äußere Belastung und Stützkräfte
e) Krafteck wie d), jedoch mit O_1 und U_1
f) Knoten I für Krafteck e)
g) Krafteck wie e), jedoch mit O_2 und D_1
h) Knoten II für Krafteck g)
i) Krafteck wie g), jedoch mit O_3 und V
k) Knoten III für Krafteck i)
l) Krafteck wie i), jedoch mit O_4 und U_2

Kräfteplan nach Cremona

Jeder Stab ist mit den beiden Enden an jeweils einem Knotenpunkt angeschlossen. Wenn man für jeden Knotenpunkt ein Krafteck zeichnet, dann erscheint eine Stabkraft in zwei Kraftecken, sie wird zweimal gezeichnet (Bild **9**.13 b). Die einzelnen Kraftecke kann man aber so zusammenschieben, dass die zweimal gezeichnete Stabkraft zur Überdeckung kommt. Die Kraft erscheint dann nur einmal, und es entsteht ein Gesamtplan für das ganze Fachwerk. Dieser Kräfteplan wird als Cremonaplan bezeichnet [1]). (Bild **9**.13c)

Beim Auftragen des Kräfteplanes sind folgende Regeln der Reihenfolge nach zu beachten:

1. Belastungen ermitteln, Stützkräfte bestimmen.
2. Systembild des Fachwerkes maßstabsgetreu mit der zugehörigen Belastung auftragen. Stäbe bezeichnen (Bild **9**.13a).
3. Anzahl der Stäbe und Knotenpunkte kontrollieren ($s = 2 \cdot k - 3 = 2 \cdot 6 - 3 = 9$). Nullstäbe feststellen.
4. Krafteck für die äußere Belastung und die Stützkräfte zeichnen. Beim festen Auflager ist auch die Richtung der Stützkraft unbekannt. Entsprechenden Kräftemaßstab wählen (Bild **9**.13d).
5. Zu Beginn das Krafteck für einen Knotenpunkt mit nur zwei unbekannten Stabkräften darstellen. Das wird im allg. der Auflagerpunkt A des Fachwerkes sein. Bei Kragdächern (Bild **9**.17) an der Spitze beginnen. Kräfte in immer gleicher Reihenfolge (im Uhrzeigersinn) antragen und mit der ersten bekannten Kraft beginnen (Bild **9**.13e).
6. Kraftrichtung im Krafteck eintragen und in das Systembild übernehmen (Bild **9**.13f). Zeigt die Kraft zum Knoten hin, dann ist es eine Druckkraft (mit – kennzeichnen). Zeigt die Kraft vom Knoten weg, dann ist es eine Zugkraft (mit + kennzeichnen).
7. Stabkräfte maßstäblich abmessen und in eine Tabelle eintragen.
8. Krafteck für den nächsten Knotenpunkt zeichnen, an dem wieder nur zwei unbekannte Kräfte vorkommen. Man benutzt dazu die bereits gezeichneten und bekanntgewordenen Stabkräfte in dem bisher erstellten Krafteck (Bild **9**.13g).
9. Krafteck für einen Knotenpunkt nach dem anderen schrittweise in gleicher Form zeichnen, Kraftrichtung ins System übertragen, Zug oder Druck durch + oder – kennzeichnen, Kraftgröße abmessen und in die Tabelle eintragen.
10. Beim Zeichnen des Kraftecks für den letzten Knoten muss sich der Kräfteplan schließen (Bild **9**.13 l). Ist das nicht der Fall, dann liegt ein Fehler vor. Große Abweichungen entstehen meistens bei falschen Stützkräften.

    Kleine Abweichungen sind meistens in Ungenauigkeiten beim Zeichnen zu suchen. Sie können ausgeglichen werden, wenn sie die geforderte Genauigkeit nicht überschreiten.
11. Für symmetrische Fachwerke mit symmetrischer Belastung genügt die Darstellung des Cremonaplanes bis zur Symmetrieachse, also bis zur Mitte. Die andere Hälfte hat gleich große Stabkräfte.
12. Die einseitigen Laststellungen aus Wind erfordern besonders sorgfältiges Arbeiten. Die Lage des festen und des beweglichen Auflagers sind von besonderer Bedeutung. Bei flacher Dachneigung mit $\alpha < 25°$ entstehen auf der ganzen Dachfläche nur Sogkräfte. Die Darstellung des Cremonaplanes für Windlast erübrigt sich dann bei Berücksichtigung eines Zuschlages von 0,05 … 0,15 kN/m^2 Grundfläche zur Eigenlast des Binders. Es muss jedoch für eine ausreichende Sicherheit gegen Abheben durch Windsog gesorgt werden (s. Abschn. 4.2.2 und 5.4).

---

[1]) L. Cremona, ital. Mathematiker, 1830–1903. Er entwickelte die graphische Statik weiter.

Beispiel zur Erläuterung

Für ein Dachfachwerk als Dreiecksbinder (Bild **9.**14) werden für die drei Laststellungen Eigenlast mit Schnee, Windlast vom festen Auflager und Windlast vom beweglichen Auflager die Stabkräfte ermittelt und in einer Tabelle zusammengestellt (Tafel **9.**1). Das Bauwerk befindet sich in der Stadt Bitburg in der Pfalz (Schneelastzone 2, Geländehöhe über NN = 337 m, Windzone 2).

statisches System (Bild **9.**14).

Stützweite $l = d = 7{,}00$ m

Firsthöhe $h_F = 6{,}50$ m   Binderabstand $a = 3{,}50$ m

Dachneigung $\alpha = 36°$ $\cos\alpha = 0{,}8090$

schräge Dachlänge $l_s = \dfrac{l/2}{\cos\alpha} = \dfrac{7{,}0/2}{0{,}8090} = 4{,}33$ m

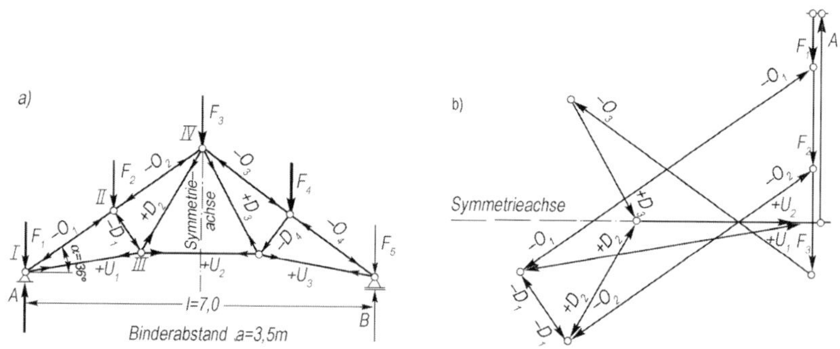

Bild **9.**14 Dreiecksbinder mit Cremonaplan für die vertikalen Belastungen aus Eigenlast und Schnee
a) statisches System   b) Cremonaplan

Lastenermittlung

Eigenlasten

Aluminium Stehfalzblech		= 0,05	
Steinwolledämmfilz	14 · 0,01	= 0,14	
Dampfsperre		= 0,01 kN/m² Dachfläche	
Trapezblech		= 0,10	
Pfetten		= 0,10	
		$\dfrac{1}{0{,}8090} \cdot 0{,}40$ kN/m²	= 0,49 kN/m² Grundfläche
Dachbinder			0,12 kN/m² Grundfläche
Dachverband			0,03 kN/m² Grundfläche
Installation			0,05 kN/m² Grundfläche
			g_k = 0,69 kN/m² Grundfläche
			$g_k \approx$ 0,70 kN/m² Grundfläche
		$g_d = g_k \cdot \gamma_G = 0{,}70 \cdot 1{,}35$	= 0,95 kN/m² Grundfläche

Schneelast

Schneelastzone 2, Geländehöhe über NN = 337 m,
charakteristische Schneelast am Boden

$$s_k = 0{,}25 + 1{,}91 \cdot \left(\frac{h+140}{760}\right)^2 \qquad (4.14)$$

$$= 0{,}25 + 1{,}91 \cdot \left(\frac{337+140}{760}\right)^2 = 0{,}25 + 1{,}91 \cdot 0{,}39 \quad = 1{,}00\ \text{kN/m}^2$$

Formbeiwert für $\alpha = 36°$

$$\mu = 0{,}8 \cdot \frac{60° - \alpha}{30°} = 0{,}8 \cdot \frac{60° - 36°}{30°} = 0{,}8 \cdot 0{,}8 \quad = 0{,}64$$

Schneelast s

$$s_{1,k} = \mu \cdot s_k = 0{,}64 \cdot 1{,}00 \quad = 0{,}64\ \text{kN/m}^2 \text{ Grundfläche}$$

Windlast

Wind an der Luvseite des Satteldaches bei traufseitiger Anströmung:

Anströmrichtung $\Theta = 0°$ (Bild **4.**18)
Bauwerksbreite $b = 28{,}00$ m (rechtwinklig zur Anströmrichtung)
Firsthöhe $h_F = z = 6{,}50$ m, $e = 2 \cdot h_F = 13{,}00$ m

vereinfachter Geschwindigkeitsdruck q in Windzone 2 für $h < 10{,}00$ m:
$q = 0{,}65$ kN/m² in waagerechter Richtung

Winddruck auf der Luvseite des Daches in den Bereichen F und G rechtwinklig zur Dachfläche:

Druckbeiwert c_{pe} in den Bereichen F und G an der Traufe über eine Breite von $e/10 = 1{,}30$ m

$$c_{pe,(F+G)} = c_{pe,(F+G),10} = +\,0{,}7$$

Charakteristischer Wert $w_{(F+G)k}$ des Winddrucks in den Dachbereichen F und G:

$$w_{(F+G)k} = c_{pe,(F+G)} \cdot q = +\,0{,}7 \cdot 0{,}65$$
$$w_{(F+G)k} = +\,0{,}46\ \text{kN/m}^2$$

Druckbeiwert c_{pe} im Bereich H der Dachfläche bis zum First oberhalb der Bereiche F und G (interpoliert zwischen den Druckbeiwerten + 0,4 für 30° und + 0,6 für 45°):

$$c_{pe,H} = c_{pe,H,10} = +\,0{,}4 + (0{,}6 - 0{,}4) \cdot (36° - 30°) / (45° - 30°)$$
$$c_{pe,H} = +\,0{,}48$$

Charakteristischer Wert $w_{H,k}$ des Winddrucks im Dachbereich H:

$$w_{H,k} = c_{pe,H} \cdot q = +\,0{,}48 \cdot 0{,}65$$
$$w_{H,k} = +\,0{,}31\ \text{kN/m}^2$$

Wind an der Leeseite des Satteldaches bei traufseitiger Anströmung:

Winddruck auf der Leeseite des Daches (Windsog) im Bereich J rechtwinklig zur Dachfläche:

Druckbeiwert c_{pe} im Bereich J der Dachfläche am First über eine Breite von $e/10 = 1{,}30$ m nach Tafel **4.**17:

$$c_{pe,J} = c_{pe,J,10} = -0{,}5$$

Charakteristischer Wert $w_{J,k}$ des Winddrucks im Dachbereich J:

$$w_{J,k} = c_{pe,J} \cdot q = -0{,}5 \cdot 0{,}65$$
$$w_{J,k} = -0{,}33 \text{ kN/m}^2$$

Winddruck auf der Leeseite des Daches (Windsog) im Bereich I rechtwinklig zur Dachfläche:

Druckbeiwert c_{pe} im Bereich I der Dachfläche bis zur Traufe unterhalb des Bereichs J nach Tafel **4.**17:

$$c_{pe,I} = c_{pe,I,10} = -0{,}4$$

Charakteristischer Wert $w_{I,k}$ des Winddrucks im Dachbereich I

$$w_{I,k} = c_{pe,I} \cdot q = -0{,}4 \cdot 0{,}65$$
$$w_{I,k} = -0{,}26 \text{ kN/m}^2$$

Um weiterhin Berechnungen von Hand durchführen zu können, werden Winddruck und Windsog jeweils über ihre Einwirkungslängen gemittelt. Bei EDV-Berechnungen werden die genauen Werte verwendet. Die gemittelten Werte für den Winddruck ergeben:

$$w_{d,k} = \left[\frac{e}{5 \cdot d}\left(c_{pe,G} - c_{pe,H}\right) + c_{pe,H}\right] \cdot q \qquad \text{Gl. (4.51)}$$

$$w_{d,k} = \left[\frac{10}{5 \cdot 7{,}30}\left(0{,}70 - 0{,}51\right) + 0{,}51\right] \cdot 0{,}50 \cdot 10^3 \cdot 0{,}80 \qquad = 224 \text{ N/m}$$

Für die Windsog folgt dann:

$$w_{s,k} = \left[\frac{e}{5 \cdot d}\left(c_{pe,J} - c_{pe,I}\right) + c_{pe,I}\right] \cdot q \qquad \text{Gl. (4.52)}$$

$$w_{s,k} = \left[\frac{10}{5 \cdot 7{,}30}\left(-0{,}50 - (-0{,}40)\right) + (-0{,}40)\right] \cdot 0{,}50 \cdot 10^3 \cdot 0{,}80 \qquad = -171 \text{ N/m}$$

Laststellung 1: Eigenlast und Schnee (Bild **9.**14)
Einzellasten an den Binderknoten

$$F_{1,g,k} = F_{5,g,k} = g_k \cdot \frac{l}{8} \cdot a = 0{,}70 \cdot \frac{7{,}00}{8} \cdot 3{,}50 \qquad = 2{,}14 \text{ kN}$$

$$F_{1,s,k} = F_{5,s,k} = \frac{0{,}64}{0{,}70} \cdot 2{,}14 = 0{,}91 \cdot 2{,}14 \qquad = 1{,}95 \text{ kN}$$

$$F_{2,g,k} = F_{3,g,k} = F_{4,g,k} = g_k \cdot \frac{l}{4} \cdot a = 0{,}70 \cdot \frac{7{,}00}{4} \cdot 3{,}50 \qquad = 4{,}29 \text{ kN}$$

$$F_{2,s,k} = F_{3,s,k} = F_{4,s,k} = 0{,}91 \cdot 4{,}29 \qquad = 3{,}90 \text{ kN}$$

Stützkräfte

$$A_{g,k} = B_{g,k} = F_{1,g,k} + F_{2,g,k} + \frac{F_{3,g,k}}{2} = 2{,}14 + 4{,}29 + \frac{4{,}29}{2} \quad = \quad 8{,}58 \text{ kN}$$

$$A_{s,k} = B_{s,k} = 0{,}91 \cdot 8{,}58 \quad = \quad 7{,}81 \text{ kN}$$

Laststellung 2: Wind vom festen Auflager (von links) (Bild **9.**15).

An der dem Wind zugekehrten Dachseite (Luv) werden Winddruckkräfte angesetzt. An der dem Wind abgekehrten Dachseite (Lee) entstehen Windsogkräfte. Aus allen Windkräften, die an den Knoten angreifend gedacht werden, bildet man die resultierende Kraft R_w. Die Stützkräfte werden zeichnerisch ermittelt (s. Bild 9.15a und 9.16a). Mit ihnen beginnt der Cremonaplan am linken Auflager.

$$W_{D1,k} = W_{D3,k} = \frac{1}{2} \cdot w_{d,k} \cdot \frac{l_s}{2} \cdot a = \frac{1}{2} \cdot 0{,}37 \cdot \frac{4{,}33}{2} \cdot 3{,}50 \quad = \quad 1{,}40 \text{ kN}$$

$$W_{D2,k} = w_{d,k} \cdot \frac{l_s}{2} \cdot a = 0{,}37 \cdot \frac{4{,}33}{2} \cdot 3{,}50 \quad = \quad 2{,}80 \text{ kN}$$

$$\sum W_{D,k} = W_{D1,k} + W_{D2,k} + W_{D3,k} = 1{,}40 + 2{,}80 + 1{,}40 \quad = \quad 5{,}60 \text{ kN}$$

$$W_{S1,k} = W_{S3,k} = \frac{1}{2} \cdot w_{s,k} \cdot \frac{l_s}{2} \cdot a = \frac{1}{2} \cdot 0{,}28 \cdot \frac{4{,}33}{2} \cdot 3{,}50 \quad = -1{,}06 \text{ kN}$$

$$W_{S2,k} = w_{s,k} \cdot \frac{l_s}{2} \cdot a = 0{,}28 \cdot \frac{4{,}33}{2} \cdot 3{,}50 \quad = -2{,}12 \text{ kN}$$

$$\sum W_{S,k} = W_{S1,k} + W_{S2,k} + W_{S3,k} = -1{,}06 - 2{,}12 - 1{,}06 \quad = -4{,}24 \text{ kN}$$

Laststellung 3: Wind vom beweglichen Auflager (von rechts)

Die angreifenden Windkräfte sind gleich groß wie in Laststellung 2, wirken jedoch von der anderen Seite. Es entstehen andere Stabkräfte, da die Stützkräfte in den Auflagern entgegengesetzt wirken. Lastermittlungen wie bei Laststellung 2.

Ungünstige Stabkräfte aus allen 3 Laststellungen

Die Werte aus den einzelnen Laststellungen für die ungünstigen Stabkräfte werden so addiert, dass die größten Stabkräfte entstehen. Das können für die Stäbe jeweils die Laststellungen 1 und 2 oder die Laststellungen 1 und 3 sein. Eine Addition aller 3 Laststellungen scheidet aus, da der Wind nie von beiden Seiten her gleichzeitig wirken kann. Die erhaltenen Stabkräfte sind zur Ermittlung der Stabquerschnitte erforderlich.

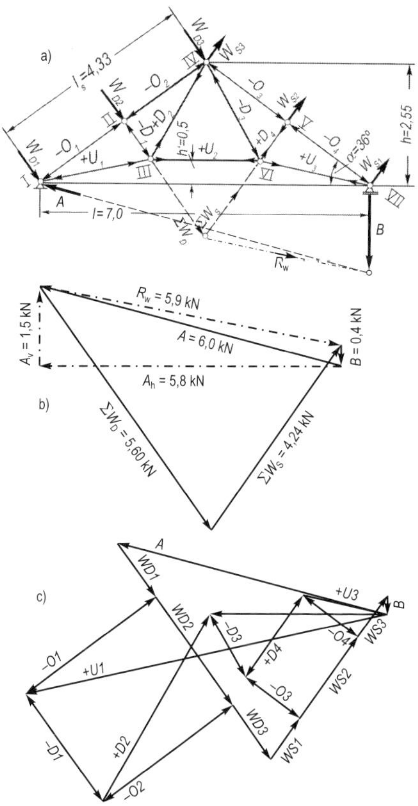

Bild **9.**15 Dreiecksbinder mit Cremonaplan für Windlast vom festen Auflager

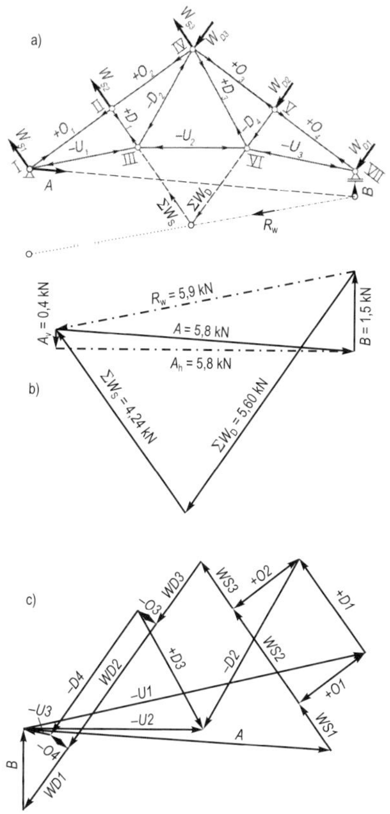

Bild **9.**16 Dreiecksbinder mit Cremonaplan für Windlast vom beweglichen Auflager

Tafel **9.**1 **Stabkräfte** aus den Cremonaplänen Bild **9.**14, **9.**15 und **9.**16

Stab	Laststellung 1				Laststellung 2		Laststellung 3		Bemessungskräfte
	g		s		$w \rightarrow$		$w \leftarrow$		
	Stabkräfte	γ_G	Stabkräfte	$\gamma_{Q,s}$	Stabkräfte	$\gamma_{Q,Wl}$	Stabkräfte	$\gamma_{Q,Wr}$	
	[kN]	[-]	[kN]	[-]	[kN]	[-]	[kN]	[-]	[kN]
O_1	− 15,4	1,35	− 14,0	1,5	− 3,4	1,5	+ 1,6	0	− 46,9
O_2	− 12,8	1,35	− 11,7	1,5	− 3,4	1,5	+ 1,6	0	− 39,9
O_3	− 12,8	1,35	− 11,7	1,5	− 1,5	1,5	− 0,4	0	− 37,1
O_4	− 15,4	1,35	− 14,0	1,5	− 1,5	1,5	− 0,4	0	− 44,0
U_1	+ 12,6	1,35	+ 11,5	1,5	+ 7,9	1,5	− 6,6	0	+ 46,1
U_2	+ 7,4	1,35	+ 5,6	1,5	+ 3,8	1,5	− 3,4	0	+ 24,1
U_3	+ 12,6	1,35	+ 11,5	1,5	+ 1,9	1,5	− 0,5	0	+ 37,1
D_1	− 3,3	1,35	− 3,0	1,5	− 2,8	1,5	+ 2,1	0	− 13,2
D_2	+ 6,1	1,35	+ 5,6	1,5	+ 4,5	1,5	− 3,6	0	+ 21,1
D_3	+ 6,1	1,35	+ 5,6	1,5	− 1,5	0	+ 2,5	1,5	+ 20,4
D_4	− 3,3	1,35	− 3,0	1,5	+ 2,1	0	− 2,8	1,5	− 13,2

Tafel **9.2** **Auflagerkräfte** aus den Cremonaplänen Bild **9.14**, **9.15** und **9.16**

Auflager	g		s		$w \rightarrow$		$w \leftarrow$		
	Stützkräfte [kN]	γ_G [-]	Stützkräfte [kN]	$\gamma_{Q,s}$ [-]	Stützkräfte [kN]	$\gamma_{Q,Wl}$ [-]	Stützkräfte [kN]	$\gamma_{Q,Wr}$ [-]	[kN]
A_v	8,6 ↑	1,35	7,8 ↑	1,5	1,5 ↑	1,5	0,4 ↓	0	25,6
A_h	0	1,35	0	1,5	5,8 ←	1,5	5,8 →	0	8,7
B_v	8,6 ↑	1,35	7,8 ↑	1,5	0,4 ↓	0	1,5 ↑	1,5	25,6
B_h	0	1,35	0	1,5	0	1,5	0	0	0,0

Die in den Tafeln 9.1 und 9.2 verwendete Bemessungskombination entspricht der vereinfachten Kombination aus DIN 1055-100 (siehe Kapitel 4, Gl. (4.6)). Sie ist auf der sicheren Seite liegend für alle Materialien anwendbar. Bei Anwendung der vereinfachten Kombination für den Stahlbau bzw. den Holzbau nach den Gleichungen (4.7) und (4.8) sind die Bemessungsschnittgrößen etwas kleiner. Wieder andere Bemessungsschnittgrößen ergeben sich nach der genauen Kombinationsregel der DIN 1055-100 entsprechend Gleichung (4.5).

Daraus ist erkennbar, dass es in der Regel sinnvoll ist, zunächst die charakteristischen Schnittgrößen für jeden Lastfall getrennt zu ermitteln und erst bei der Berechnung der Bemessungsschnittgrößen für den jeweils maßgebenden Schnitt die Teilsicherheitsbeiwerte entsprechend der verwendeten Kombinationsregel einzufügen.

Beispiele zur Übung

1. Der Fachwerkträger für ein Vordach über einer Verladerampe ist zu berechnen. Die Stabkräfte infolge der vertikalen charakteristischen Eigenlasten sind zu bestimmen (Bild **9.**17). Das obere Lager kann nur horizontale Kräfte aufnehmen.

2. Ein Dreiecksbinder über einer kleinen Lagerhalle soll konstruiert werden. Dazu sind die Stabkräfte zunächst zu ermitteln (Bild **9.**18). Die charakteristischen Eigenlasten F_1 bis F_5 sind angegeben.

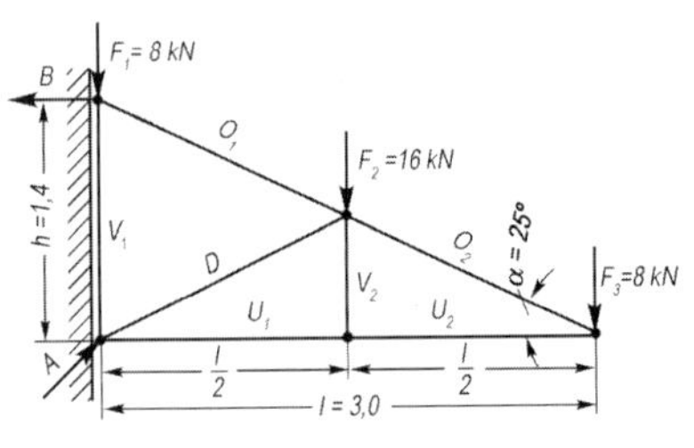

Bild **9.**17 Fachwerkbinder für ein Vordach

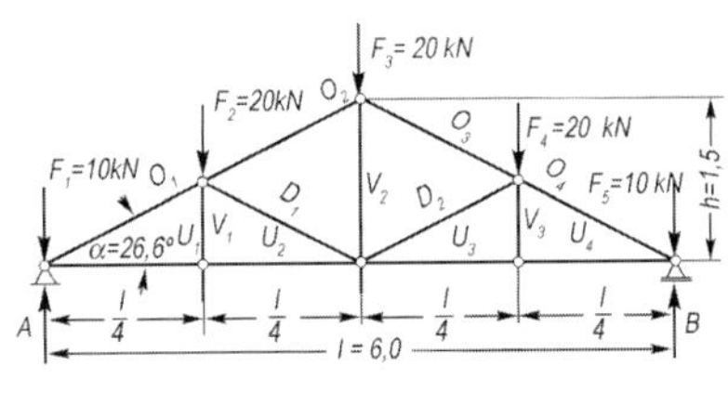

Bild **9.**18 Dreiecksbinder für eine kleine Lagerhalle

9.5 Rechnerische Bestimmung der Stabkräfte

Für die rechnerische Bestimmung der Stabkräfte kann ein Schnittverfahren angewendet werden, und zwar in ähnlicher Form wie dies schon ab Abschnitt 6.2 zur Bestimmung der Schnittgrößen bei Trägern gehandhabt wurde. Bei einem Tragwerk, das unter Einwirkung der äußeren Kräfte im Gleichgewicht ist, sind auch alle abgeschnitten gedachten Teile im Gleichgewicht. Bedingung hierbei ist, dass außer den äußeren Kräften auch die inneren Kräfte angesetzt werden, die an den Schnittstellen im nicht zerschnittenen Tragwerk wirken. Das bedeutet:

Die äußeren und inneren Kräfte müssen am abgeschnitten gedachten Teil des Tragwerks die drei bekannten Gleichgewichtsbedingungen erfüllen:

$$\sum M_i = 0 \qquad \sum V_i = 0 \qquad \sum H_i = 0 \qquad \text{Gl. (2.31) bis (2.33)}$$

Die Anwendung der drei Gleichgewichtsbedingungen dient der Bestimmung der unbekannten Schnittgrößen in den Fachwerkstäben.

Schnittverfahren nach Ritter

Zunächst werden die Auflagerkräfte in Größe und Richtung bestimmt, damit die äußeren Kräfte bekannt sind. Danach kann dass Schnittverfahren nach Ritter [2]) angewendet werden. Die Anwendung des Ritterschen Schnittverfahrens setzt voraus, dass der gedachte Schnitt höchstens drei Stäbe schneidet. Hierbei ist der gedachte Schnitt an einer interessierenden Stelle so zu führen, dass der Stab mit der gesuchten Stabkraft und zwei weitere Stäbe geschnitten werden. Die Stabkräfte werden sozusagen freigeschnitten.

An den Schnittflächen der Stäbe sind dann die drei freigeschnittenen Stabkräfte als Zugkräfte anzubringen. Sofern im Stab eine Druckkraft wirkt, ist dies am negativen Vorzeichen des Ergebnisses zu erkennen. Nun ist am abgeschnittenen Fachwerkteils die Gleichgewichtsbedingung $\sum M_i = 0$ um den Knotenpunkt der beiden nicht gesuchten Stäbe aufzustellen, denn dort ist für diese beiden Stäbe das Moment gleich Null. Damit ergibt sich die gesuchte Stabkraft als einzige Unbekannte und ist auf diese Weise zu berechnen. Der Momentendrehsinn wird rechtsdrehend als positiv und linksdrehend als negativ angenommen.

Beispiel zur Erläuterung

Für einen Fachwerkträger mit parallelen Ober- und Untergurten und 6 Diagonalstäben entsprechend Bild **9**.19 werden die Stabkräfte mit dem Ritterschen Schnittverfahren berechnet.

Länge des Fachwerkträgers: $l =$ 12,00 m

Gurtknotenentfernung: $b = l/3 =$ 4,00 m

Höhe des Fachwerkträgers $h =$ 2,00 m

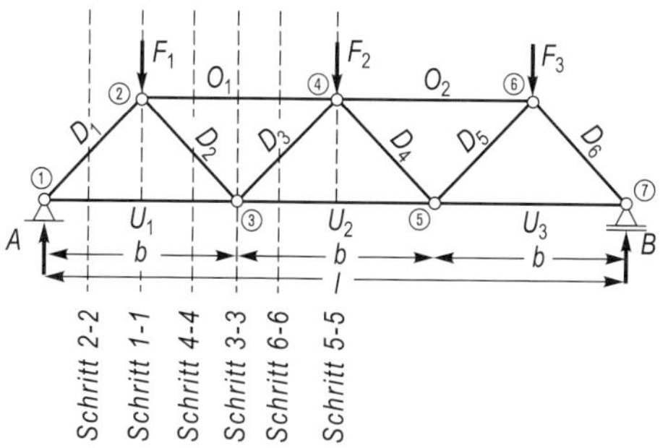

Bild **9**.19 Systemskizze Fachwerkträger

äußere Kräfte $F_{1,k} = F_{2,k} = F_{3,k} = 14{,}0$ kN

Auflagerkräfte $A_{v,k} = B_{v,k} = (F_{1,k} + F_{2,k} + F_{3,k}) \cdot \frac{1}{2} = 3 \cdot 14{,}0 \cdot \frac{1}{2}$

$A_{v,k} = B_{v,k} = 21{,}0$ kN

Schnitt 1-1:

$\Sigma M_{(2)} = 0$

$+ A_{v,k} \cdot 0{,}5 \cdot b - U_{1,k} \cdot h = 0$

$U_{1,k} = + A_{v,k} \cdot 0{,}5 \cdot \frac{b}{h} = + 21{,}0 \cdot 0{,}5 \cdot \frac{4{,}00}{2{,}00}$

$\boldsymbol{U_{1,k} = + 21{,}0}$ **kN**

Schnitt 2-2:

$\Sigma V = 0$

$+ A_{v,k} + D_{1,k} \cdot \sin\alpha = 0$

$$D_{1,k} = \frac{-A_{v,k}}{\sin\alpha} = \frac{-21{,}0}{0{,}7071}$$

$\boldsymbol{D_{1,k} = - 29{,}7}$ **kN**

Schnitt 3-3:

$\Sigma M_{(3)} = 0$

$+ A_{v,k} \cdot b - F_{1,k} \cdot 0{,}5\, b + O_{1,k} \cdot h = 0$

$$O_{1,k} = \frac{(-A_{v,k} \cdot b + F_{1,k} \cdot 0{,}5 \cdot b)}{h} = \frac{-21 \cdot 4{,}00 + 14{,}0 \cdot 0{,}5 \cdot 4{,}00}{2{,}00}$$

$\boldsymbol{O_{1,k} = - 28{,}0}$ **kN**

Schnitt 4-4:

$\Sigma V = 0$

$+ A_{v,k} - F_{1,k} - D_{2,k} \cdot \sin\alpha = 0$

$$D_{2,k} = \frac{A_{v,k} - F_{1,k}}{\sin\alpha} = \frac{21{,}0 - 14{,}0}{0{,}7071}$$

$\boldsymbol{D_{2,k} = + 9{,}9}$ **kN**

Schnitt 5-5:

$\Sigma M_{(4)} = 0$

$+ A_{v,k} \cdot 1{,}5 \cdot b - F_{1,k} \cdot b - U_{2,k} \cdot h = 0$

$$U_{2,k} = \frac{+A_{v,k} \cdot 1{,}5 \cdot b - F_{1,k} \cdot b}{h} = \frac{+21{,}0 \cdot 1{,}5 \cdot 4{,}00 - 14{,}0 \cdot 4{,}00}{2{,}00}$$

$\boldsymbol{U_{2,k} = + 35{,}0}$ **kN**

Schnitt 6-6:

$\Sigma V = 0$

$+ A_{v,k} - F_{1,k} - D_{3,k} \cdot \sin\alpha = 0$

$$D_{3,k} = \frac{-A_{v,k} + F_{1,k}}{\sin\alpha} = \frac{-21{,}0 + 14{,}0}{0{,}7071}$$

$\boldsymbol{D_{3,k} = - 9{,}9}$ **kN**

Aufgrund der Symmetrie ergeben sich für die Stabkräfte auf der rechten Seite des Fachwerkträgers folgende Werte:

$$U_{3,k} = U_{1,k} = +21{,}0\ \text{kN}$$
$$O_{2,k} = O_{1,k} = -28{,}0\ \text{kN}$$
$$D_{5,k} = D_{2,k} = +\ 9{,}9\ \text{kN}$$
$$D_{6,k} = D_{1,k} = -29{,}7\ \text{kN}$$

Für Parallel-Fachwerkbinder mit vertikalen, nach unten gerichteten Lasten lässt sich aus dem vorstehenden Beispiel Folgendes ableiten:

Die Ober- und Untergurtstäbe lassen sich mit der Momenten-Gleichgewichtsbedingung $\sum M_i = 0$ errechnen. Dafür wird jeweils am Obergurt und am Untergurt ein Momentendrehpunkt angenommen, um den die äußeren Kräfte und die innere Schnittkraft drehen. Damit lässt sich die unbekannte Stabkraft bestimmen. Die Stäbe im Obergurt sind stets Druckstäbe, die Stäbe im Untergurt sind immer Zugstäbe.

Die Diagonalstäbe sind mit der Gleichgewichtsbedingung $\sum V_i = 0$ zu bestimmen. Hierbei sind die Stabkräfte der Diagonalstäbe mal dem Sinus des Stabwinkels gleich der Querkraft an dieser Stelle:

$D_i \cdot \sin \alpha = V \qquad D_i = V / \sin \alpha$

Für die Betrachtung der linken Trägerseite gilt:

Bei Stäben, die nach links steigen, ist die Stabkraft positiv.
Bei Stäben, die nach links fallen, ist die Stabkraft negativ.

Für Fachwerkbinder aller Art kann das Schnittverfahren nach Ritter zur Berechnung der Stabkräfte angewendet werden.

10 Einfache Rahmen

Rahmen sind statische Systeme, bei denen Stützen und Träger an den Ecken biegesteif miteinander verbunden sind. Die Stützen heißen hier Stiele. Sie können lotrecht oder schräg stehen. Die Träger nennt man hier Riegel. Sie liegen horizontal oder sind geneigt. Da die Rahmenstiele gelenkig gelagert oder fest eingespannt werden, sind Rahmen statisch unbestimmte Systeme. Sie werden nach folgenden Merkmalen unterschieden:

- Rahmen mit gelenkiger Lagerung
- Rahmen mit eingespannten Stielen
- zweistielige, dreistielige oder mehrstielige Rahmen (Mehrfeldrahmen)
- einstöckige, zweistöckige oder mehrstöckige Rahmen (Stockwerkrahmen)
- Rechteckrahmen, Dreieckrahmen, einhüftige Rahmen
- symmetrische Rahmen, unsymmetrische Rahmen

Aus der Vielzahl der hiernach möglichen Kombinationen zeigt Bild **10**.1 einige typische Beispiele.

In vielen Tabellenbüchern sind für verschiedene einfache Rahmen mit möglichen Belastungen fertige Rahmenformeln angegeben. Es sollen hier keine Rahmenformeln abgeleitet werden.

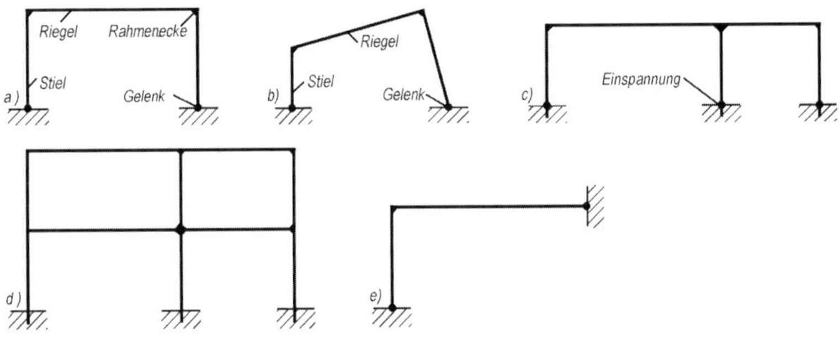

Bild **10**.1 Statisch unbestimmte Rahmensysteme
a) Rechteckrahmen mit gelenkiger Lagerung
b) unsymmetrischer Rahmen mit gelenkiger Lagerung
c) Mehrfeldrahmen mit eingespannten Stielen
d) Stockwerkrahmen mit eingespannten Stielen
e) einhüftiger Rahmen mit gelenkiger Lagerung

10.1 Rahmenformeln für Zweigelenk-Rechteckrahmen

Für oft vorkommende Laststellungen bei Rechteckrahmen sind in nachstehenden Tafeln die Schnittgrößen angegeben. Sie gelten für Rahmen mit gleichgroßen Stiel- und Riegelquerschnitten.

Tafel **10.1** **Zusammenstellung der Rahmenformeln für Zweigelenk-Rechteckrahmen**

stat. System	Momentenfläche	Schnittgrößen
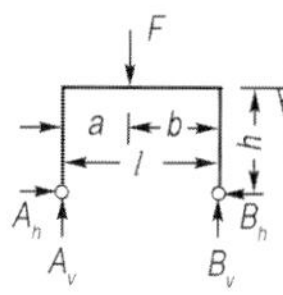	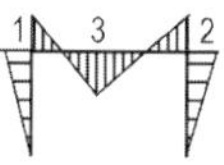	$A_h = B_h = \frac{3F \cdot a \cdot b}{2h \cdot l} \cdot \frac{1}{2 \cdot \frac{h}{l} + 3}$ $A_v = \frac{F \cdot b}{l} \qquad B_v = \frac{F \cdot a}{l}$ $M_1 = M_2 = -A_h \cdot h$ $M_3 = \frac{F \cdot a \cdot b}{l} - A_h \cdot h$
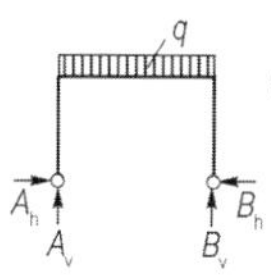	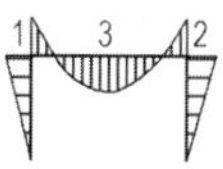	$A_h = B_h = \frac{q \cdot l^2}{4h} \cdot \frac{1}{2 \cdot \frac{h}{l} + 3}$ $A_v = B_v = \frac{q \cdot l}{2}$ $M_1 = M_2 = -A_h \cdot h$ $M_{3,max} = \frac{q \cdot l^2}{8} - A_h \cdot h$
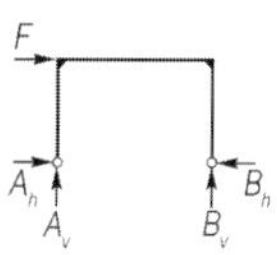	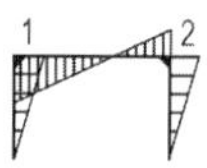	$-A_h = B_h = F/2$ $-A_v = B_v = \frac{F \cdot h}{l}$ $M_1 = -M_2 = \frac{F \cdot h}{2}$
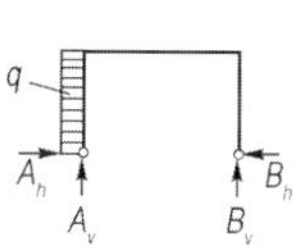	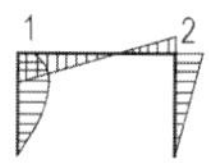	$B_h = \frac{q \cdot h}{8} \cdot 5 \cdot \frac{h}{l} + 6 \cdot \frac{1}{2 \cdot \frac{h}{l} + 3}$ $-A_h = q \cdot h - B_h$ $-A_v = B_v = \frac{q \cdot h^2}{2l}$ $M_1 = \frac{q \cdot h^2}{2} - B_h \cdot h$ $M_2 = -B_h \cdot h$

Tafel **10.2** **Zusammenstellung der Rahmenformeln für eingespannte Rechteckrahmen**

stat. System	Momentenfläche	Schnittgrößen
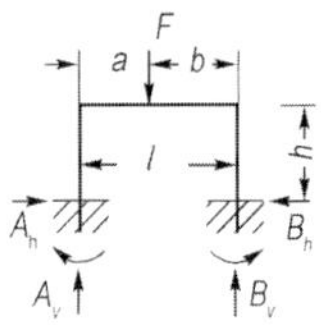	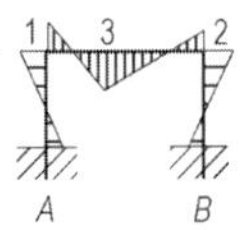	$A_v = B_v = \frac{F \cdot b}{l} \cdot \left[1 + \frac{a \cdot (b-a)}{l^2 \cdot \left(6 \cdot \frac{h}{l} + 1\right)}\right]$ $A_h = B_h = \frac{3F \cdot a \cdot b}{2h \cdot l} \cdot \frac{1}{\frac{h}{l} + 2}$ $\left.\begin{matrix} M_A \\ M_B \end{matrix}\right\} = \frac{F \cdot a \cdot b}{2l} \cdot \left[\frac{1}{\frac{h}{l} + 2} \mp \frac{b-a}{l \cdot \left(\frac{h}{l} + 1\right)}\right]$ $\left.\begin{matrix} M_1 \\ M_2 \end{matrix}\right\} = -\frac{F \cdot a \cdot b}{l} \cdot \left[\frac{1}{\frac{h}{l} + 2} \pm \frac{b-a}{2l \cdot \left(6 \cdot \frac{h}{l} + 1\right)}\right]$ $M_3 = \frac{1}{l} \cdot (F \cdot a \cdot b + b \cdot M_1 + a \cdot M_2)$
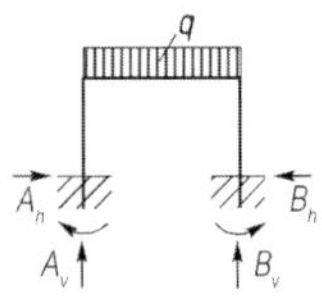	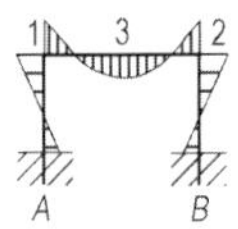	$A_h = B_h = \frac{q \cdot l^2}{4h} \cdot \frac{1}{\frac{h}{l} + 2}$ $M_A = M_B = \frac{q \cdot l^2}{12} \cdot \frac{1}{\frac{h}{l} + 2}$ $A_v = B_v = \frac{q \cdot l}{2}$ $M_1 = M_2 = -2\, M_A M_3 = \frac{q \cdot l^2}{8} + M_1$
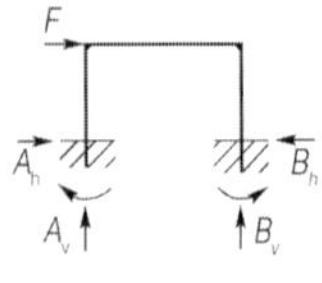	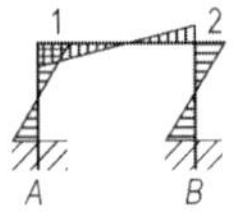	$-A_v = B_v = \frac{F \cdot h}{l} \cdot \frac{3 \cdot \frac{h}{l}}{6 \cdot \frac{h}{l} + 1}$ $\quad -A_h = B_h = \frac{F}{2}$ $-M_A = M_B = \frac{F \cdot h}{2} \cdot \frac{3 \cdot \frac{h}{l} + 1}{6 \cdot \frac{h}{l} + 1}$ $M_1 = -M_2 = \frac{F \cdot h}{2} \cdot \frac{3 \cdot \frac{h}{l}}{6 \cdot \frac{h}{l} + 1}$

Tafel **10.2** (Fortsetzung)

stat. System	Momentenfläche	Schnittgrößen
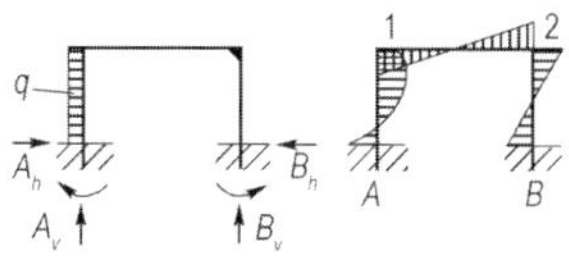		$-A_v = B_v = \frac{q \cdot h^2}{l} \cdot \frac{\frac{h}{l}}{6 \cdot \frac{h}{l} + 1}$ $-A_h = \frac{q \cdot h}{8} \cdot \frac{6 \cdot \frac{h}{l} + 13}{\frac{h}{l} + 2}$ $B_h = \frac{q \cdot h}{8} \cdot \frac{2 \cdot \frac{h}{l} + 3}{6 \cdot \frac{h}{l} + 2}$ $-M_A = M_B = \frac{q \cdot h^2}{4} \cdot \left[-\frac{\frac{h}{l} + 3}{6 \cdot \left(\frac{h}{l} + 2 \right)} \mp \frac{2 \cdot \frac{h}{l} + 1}{6 \cdot \frac{h}{l} + 1} \right]$ $-M_1 = M_2 = \frac{q \cdot h^2}{4} \cdot \left[-\frac{\frac{h}{l}}{6 \cdot \left(\frac{h}{l} + 2 \right)} \pm \frac{2 \cdot \frac{h}{l}}{6 \cdot \frac{h}{l} + 1} \right]$

10.2 Berechnung eines zweistieligen Rechteckrahmens

An einem Beispiel soll der Umgang mit den Rahmenformeln gezeigt und der Verlauf der Biegemomente erläutert werden. Ein häufig vorkommender Fall ist der gelenkig gelagerte zweistielige Rechteckrahmen.

Beispiel zur Erläuterung

Ein Zweigelenk-Rechteckrahmen hat gleiche Stiel- und Riegelquerschnitte. Er erhält eine gleichmäßig verteilte Belastung auf dem Riegel und eine horizontale Einzellast aus Wind an der oberen Rahmenecke (Bild **10**.2).

Als Rahmenformeln sind gegeben (s. Tafel **10.**1):

Laststellung 1: Gleichmäßig verteilte Last auf dem Riegel $g_k = 3{,}7$ kN/m, $s_k = 4{,}7$ kN/m

$$A_{h,g,k} = B_{h,g,k} = \frac{g_k \cdot l^2}{4 \cdot h} \cdot \frac{1}{2 \cdot \frac{h}{l} + 3} = \frac{3{,}7 \cdot 5{,}00^2}{4 \cdot 3{,}00} \cdot \frac{1}{2 \cdot \frac{3{,}00}{5{,}00} + 3} = 25 \cdot \frac{1}{4{,}2} = 1{,}83 \text{ kN}$$

$$A_{h,s,k} = B_{h,s,k} = \frac{4{,}7}{3{,}7} \cdot 1{,}83 = 2{,}33 \text{ kN}$$

$$A_{v,g,k} = B_{v,g,k} = \frac{g_k \cdot l}{2} = \frac{3{,}70 \cdot 5{,}00}{2} = 9{,}25 \text{ kN}$$

$$A_{v,s,k} = B_{v,s,k} = \frac{4,7}{3,7} \cdot 9,25 \qquad = \quad 11,75 \text{ kN}$$

$$M_{1,g,k} = M_{2,g,k} = -A_{h,g,k} \cdot h = -1,83 \cdot 3,00 \qquad = \quad -5,49 \text{ kNm}$$

$$M_{1,s,k} = M_{2,s,k} = \frac{4,7}{3,7} \cdot (-5,49) \qquad = \quad -6,97 \text{ kNm}$$

$$M_{R,g,k} = \frac{g_k \cdot l^2}{8} - A_{h,g,k} \cdot h = \frac{3,7 \cdot 5,00^2}{8} - 1,83 \cdot 3,00 = 11,56 - 5,49 \qquad = \quad 6,07 \text{ kNm}$$

$$M_{R,s,k} = \frac{4,7}{3,7} \cdot 6,07 \qquad = \quad 7,71 \text{ kNm}$$

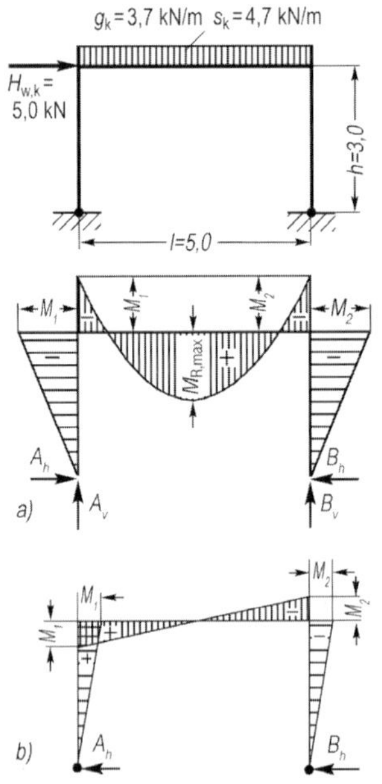

Bild **10.2**
Zweistieliger Rechteckrahmen mit gelenkiger Lagerung
a) Momentenfläche für Laststellung 1: vertikal wirkende, gleichmäßig verteilte Belastung auf dem Rahmenriegel
b) Momentenfläche für Laststellung 2: horizontal wirkende Einzellast an der Rahmenecke

Laststellung 2: Horizontale Einzellast aus Wind an der Rahmenecke

$$-A_{h,w,k} = B_{h,w,k} = \frac{H_{w,k}}{2} = \frac{5,0}{2} \qquad = \quad 2,50 \text{ kN}$$

$$-A_{v,w,k} = B_{v,w,k} = \frac{H_{w,k} \cdot h}{l} = \frac{5,0 \cdot 3,00}{5,00} \qquad = \quad 3,00 \text{ kN}$$

$$M_{1,w,k} = -M_{2,w,k} = \frac{H_{w,k} \cdot h}{2} = \frac{5,0 \cdot 3,00}{2} \qquad = \quad 7,50 \text{ kNm}$$

Ungünstige Schnittgrößen aus Eigengewicht, Schnee und Wind (Laststellung 1 und 2)

Vereinfachte Grundkombination für den Hochbau nach DIN 1055-100 (siehe Gl. (4.6)):

$A_{h,max,d} = 1{,}35 \cdot 1{,}83 + 1{,}5 \cdot (2{,}33 + 0) = 5{,}97$ kN

$B_{h,max,d} = 1{,}35 \cdot 1{,}83 + 1{,}5 \cdot (2{,}33 + 2{,}50) = 9{,}72$ kN

$A_{v,max,d} = 1{,}35 \cdot 9{,}25 + 1{,}5 \cdot (11{,}75 + 0) = 30{,}11$ kN

$A_{v,min,d} = 1{,}00 \cdot 9{,}25 + 1{,}5 \cdot (0 - 3{,}00) = 4{,}75$ kN

$B_{v,max,d} = 1{,}35 \cdot 9{,}25 + 1{,}5 \cdot (11{,}75 + 3{,}00) = 34{,}61$ kN

$B_{v,max,d} = 1{,}00 \cdot 9{,}25 + 1{,}5 \cdot (0 + 0) = 9{,}25$ kN

$M_{1,max,d} = 1{,}00 \cdot (-5{,}49) + 1{,}5 \cdot (0 + 7{,}50) = 5{,}76$ kNm

$M_{1,min,d} = 1{,}35 \cdot (-5{,}49) + 1{,}5 \cdot (-6{,}97 + 0) = -17{,}87$ kNm

$M_{2,min,d} = 1{,}35 \cdot (-5{,}49) + 1{,}5 \cdot (-6{,}97 - 7{,}50) = -29{,}12$ kNm

$M_{R,max,d} = 1{,}35 \cdot 6{,}07 + 1{,}5 \cdot (7{,}71 + 0) = 19{,}76$ kNm

Die weitere Berechnung dieses Rahmens erfolgt sowohl für Konstruktionen aus Holz als auch für eine Konstruktion aus Stahl im Buch Baustatik 2 "Bemessung und Festigkeitslehre".

Beispiele zur Übung

Zweistielige Rechteckrahmen mit gleichen Stiel- und Riegelquerschnitten haben auf dem Riegel gleichmäßig verteilte Lasten aufzunehmen. Die Stützkräfte $A_{h,d}$, $A_{v,d}$, $B_{h,d}$, $B_{v,d}$ und die Biegemomente $M_{1,d}$, $M_{2,d}$ und max $M_{R,d}$ sind zu berechnen.

1. l = 4,00 m h = 3,00 m q_d = 5,0 kN/m

2. l = 3,00 m h = 2,80 m q_d = 9,0 kN/m

3. l = 4,80 m h = 3,50 m q_d = 12,0 kN/m

4. l = 5,30 m h = 2,50 m q_d = 9,0 kN/m

11 Lösungen zu den Übungsbeispielen

Abschnitt 2.1.2

1. a) $F_R = 224{,}00$ kN b) $\alpha = 26{,}6°$

2. a) $F_R = 2{,}83$ kN b) $\alpha_1 = \alpha_2 = 45°$

3. a) $F_R = 3{,}82$ kN b) $\alpha_1 = \alpha_2 = \alpha/2 = 17{,}5°$

4. a) $F_R = 0{,}68$ kN b) $\alpha = 2{,}2°$

5. a) $F_R = 32{,}40$ kN b) $\alpha_R = 10{,}9°$

6. a) $F_R = 8{,}74$ kN b) $\alpha = 7{,}9°$ c) $c = 1{,}9$ cm außerhalb der Wand

7. a) $F_R = 7{,}25$ kN b) $\alpha = 18{,}9°$ c) $c = 9{,}8$ cm innerhalb der Wand

Abschnitt 2.2

1. a) $F_v = 125$ kN b) $F_h = 216$ kN

2. a) $F_v = 6{,}3$ kN b) $F_h = 13{,}6$ kN

3. a) $F_\perp = 0{,}77$ kN b) $F_{||} = 0{,}64$ kN

4. a) $F_v = 4{,}6$ kN b) $F_h = 6{,}6$ kN

Abschnitt 2.5.1

1. a) $F_R = 3{,}23$ kN b) $\alpha = 43{,}8°$

2. a) $F_R = 0{,}87$ kN b) $\alpha = 33{,}7°$

3. a) $F_R = 103{,}5$ kN b) $\alpha = 10{,}3°$ c) $c = 29$ cm

Abschnitt 2.5.3

1. a) $Z = 5{,}85$ kN b) $D = 5{,}50$ kN

2. a) $D = 9{,}47$ kN b) $Z = 8{,}58$ kN

3. a) $Z_1 = Z_2 = 48{,}3$ kN

4. a) $Z = 7{,}07$ kN b) $D = 9{,}66$ kN

5. a) $S_1 = S_2 = 70$ kN b) $A = B = 35$ kN c) $Z = 60{,}6$ kN

Abschnitt 2.6.1

1. a) $F_R = 13{,}8$ kN b) $\alpha = 61°$ c) $x = 2{,}7$ m

2. a) $F_R = 75{,}1$ kN b) $\alpha = 9{,}7°$ c) $c = 0{,}52$m

3. a) $F_R = 366{,}2$ kN b) $\alpha < 1°$ c) $c = 1{,}1$ m

Abschnitt 2.6.3

1. $M = 2{,}0$ kNm

2. $M = 2{,}0$ kNm

3. $M = 2{,}0$ kNm

4. $M = 5{,}25$ kNm

5. $M = 7{,}2$ kNm

Abschnitt 2.6.6

1. a) $F_R = 2{,}2$ kN b) $a_0 = 1{,}36$ m

2. a) $F_R = 32$ kN b) $a_0 = 4{,}0$ m

3. a) $F_R = 300$ kN b) $a_0 = 3{,}81$ m

4. a) $F_R = 180$ kN b) $a_0 = 3{,}13$ m

Abschnitt 3.2.2

1. a) $y_0 = 74{,}0$ cm b) $z_0 = 56{,}3$ cm

2. a) $z_o = 43{,}6$ cm b) $z_u = 56{,}4$ cm

3. a) $z_o = 15{,}8$ cm b) $z_u = 14{,}3$ cm

4. a) $y_0 = 42$ cm b) $z_0 = 90{,}5$ cm

5. a) $z_u = 20{,}6$ cm b) $z_0 = 16{,}9$ cm

6. a) $y_0 = 3{,}3$ cm b) $z_0 = 13{,}6$ cm

7. $z_0 = 4{,}7$ cm

Abschnitt 6.6.4

1. $A =$ 13,3 kN	$B =$ 6,7 kN	max $M = 20{,}0$ kNm		
2. $A = B =$ 12,0 kN	$M_{max} = M_1 = M_2 = 18{,}0$ kNm			
3. $A =$ 42,7 kN	$B =$ 27,3 kN	$M_1 =$ 42,7 kNm	$M_2 = M_{max} =$ 68,2 kNm	
4. $A =$ 22,5 kN	$B =$ 17,5 kN	$M_1 =$ 22,5 kNm	$M_2 = M_{max} =$ 41,3 kNm	
		$M_3 =$ 26,3 kNm		

Abschnitt 6.7

1. $A_d = B_d =$ 24,2 kN	$M_d =$ 30,9 kNm	**4.** $A_d = B_d =$ 34,5 kN	max $M_d =$ 45,6 kNm
2. $A_d = B_d =$ 10,4 kN	$M_d =$ 8,5 kNm	**5.** $A_d = B_d =$ 46,5 kN	max $M_d =$ 72,1 kNm
3. $A_d = B_d =$ 2,1 kN	$M_d =$ 1,1 kNm		

Abschnitt 6.8.3

1. $A =$ 19,2 kN	$B =$ 12,8 kN	$M =$ 23,1 kNm	$x = 2{,}40$ m	
2. $A =$ 21,7 kN	$B =$ 8,3 kN	$M =$ 19,6 kNm	$x = 1{,}81$ m	
3. $A =$ 18,6 kN	$B =$ 30,9 kN	$M =$ 43,5 kNm	$x = 3{,}19$ m	$x' = -2{,}81$ m
4. $A =$ 3,6 kN	$B =$ 14,4 kN	$M =$ 11,5 kNm	$x = 3{,}40$ m	$x' = -1{,}60$ m
5. $A =$ 10,5 kN	$B =$ 7,5 kN	$M =$ 19,7 kNm	$z = 1{,}75$ m	$x = +2{,}75$ m
6. $A =$ 16,7 kN	$B =$ 23,3 kN	$M =$ 38,9 kNm	$z = 1{,}67$ m	$x = +3{,}17$ m

Abschnitt 6.9

1. $A_k =$ 11,5 kN	$B_k =$ 8,5 kN	$V_{1,k} = -6{,}5$ kN	$x =$ 1,93 m	$M_k = 11{,}0$ kNm
2. $A_k =$ 24,5 kN	$B_k =$ 20,5 kN	$V_{1,k} =$ 19,5 kN	$V_{2,k} = -10{,}5$ kN	
$z =$ 1,30 m	$x =$ 2,30 m	$M_{1,k} =$ 22,0 kNm	$M_{2,k} =$ 31,0 kNm	$M_k = 34{,}7$ kNm
3. $A_k =$ 22,5 kN	$B_k =$ 17,5 kN	$V_{1l,k} =$ 15,0 kN	$V_{1r,k} = -5{,}0$ kN	
			$M_k = M_{1,k} = 28{,}1$ kNm	
4. $A_k = B_k = 45{,}0$ kN	$V_{1l,k} = -V_{2r,k} = 37{,}5$ kN		$M_{1,k} = M_{2,k} = 61{,}9$ kNm	
	$V_{1r,k} = -V_{2l,k} = 7{,}5$ kN		$M_{max,k} = 67{,}5$ kNm	
5. $A_k =$ 60,0 kN	$B_k =$ 50,0 kN	$V_{1l,k} =$ 52,0 kN	$V_{lr,k} =$ 22,0 kN	
$V_{2l,k} =$ 6,0 kN	$V_{2r,k} = -34{,}0$ kN	$M_{1,k} =$ 56,0 kNm	$M_{2,k} = M_{max,k} = 84{,}0$ kNm	
6. $A_k =$ 38,1 kN	$B_k =$ 29,9 kN	$V_{1,k} = -7{,}4$ kN	$V_{2l,k} = -9{,}9$ kN	$V_{2r,k} = -19{,}9$ kN
		$M_{1,k} =$ 53,6 kNm	$M_{2,k} = 49{,}8$ kNm	$M_{max,k} = 55{,}8$ kNm

Abschnitt 6.12.3

1. $A_d = 39{,}7$ kN	$B_d = 42{,}3$ kN	$M_{A,d} = -3{,}2$ kNm	$M_{B,d} = -5{,}0$ kNm	$M_{F,d} = 47{,}1$ kNm
2. $A_d = 35{,}1$ kN	$B_d = 36{,}1$ kN	$M_{A,d} = -1{,}3$ kNm	$M_{B,d} = -2{,}0$ kNm	$M_{F,d} = 49{,}6$ kNm
3. $A_d = 20{,}5$ kN	$B_d = 23{,}1$ kN	$M_{A,d} = -3{,}2$ kNm	$M_{B,d} = -5{,}0$ kNm	$M_{F,d} = 16{,}4$ kNm
4. $A_d = 21{,}0$ kN	$B_d = 16{,}6$ kN	$M_{A,d} = -3{,}2$ kNm	$M_{B,d} = -2{,}0$ kNm	$M_{F,d} = 17{,}9$ kNm
5. $A_d = 15{,}4$ kN	$B_d = 23{,}4$ kN	$M_{A,d} = -1{,}3$ kNm	$M_{B,d} = -5{,}0$ kNm	$M_{F,d} = 17{,}4$ kNm
6. $A_d = 40{,}2$ kN	$B_d = 35{,}8$ kN	$M_{A,d} = -3{,}2$ kNm	$M_{B,d} = -2{,}0$ kNm	$M_{F,d} = 48{,}7$ kNm
7. $A_d = 34{,}6$ kN	$B_d = 42{,}6$ kN	$M_{A,d} = -1{,}3$ kNm	$M_{B,d} = -5{,}0$ kNm	$M_{F,d} = 48{,}1$ kNm

Abschnitt 6.13.3

1. l = 1,56 m b = 24 cm $M_{A,k}$ = – 6,08 kNm B_k = 38,10 kN A_k = 33,2 kN
2. l = 2,08 m b = 33 cm $M_{A,k}$ = – 15,15 kNm B_k = 68,85 kN A_k = 60,5 kN
3. l = 1,24 m b = 16 cm $M_{A,k}$ = – 1,54 kNm B_k = 14,40 kN A_k = 11,1 kN
4. l = 0,94 m b = 16 cm $M_{A,k}$ = – 1,33 kNm B_k = 12,45 kN A_k = 11,1 kN

Abschnitt 7.2.1

1. M_B = – 100,7 kNm A = 45,1 kN B = 196,2 kN C = 69,7 kN x_1 = 1,50 m
   x_2 = 3,32 m M_1 = 33,9 kNm M_2 = 75,9 kNm
2. M_B = – 71,6 kNm A = 51,6 kN B = 145,9 kN C = 36,5 kN x_1 = 1,72 m
   x_2 = 3,47 m M_1 = 44,4 kNm M_2 = 37,0 kNm
3. M_B = – 82,5 kNm A = 13,2 kN B = 152,8 kN C = 73,0 kN x_1 = 0,94 m
   x_2 = 3,22 m M_1 = 6,2 kNm M_2 = 83,3 kNm

Abschnitt 7.2.3

Laststellung	A_d	B_d	C_d	D_d	$M_{B,d}$	$M_{C,d}$	$M_{1,d}$	$M_{2,d}$	$M_{3,d}$
	kN				kNm				
1	+ 6,35	+ 9,55	+ 15,75	+ 7,35	– 5,73	– 9,81			
2	+ 10,23	+ 21,18	– 6,61	+ 0,24	– 11,35	+ 1,40			
3	– 0,16	+ 6,24	+ 6,03	– 0,11	– 0,78	– 0,66			
4	+ 0,49	– 10,29	+ 27,63	+ 12,14	+ 2,45	– 17,20			
	+ 17,07	+ 36,97	+ 49,41	+ 19,73	– 17,86	– 27,67	+ 18,21	– 3,11 – 15,45	+ 24,33

Abschnitt 7.3.1

1. $A_d = C_d$ = 31,2 kN B_d = 93,8 kN $M_{B,d}$ = – 46,8 kN $M_{1,d} = M_{2,d}$ = 32,5 kNm
2. $A_d = C_d$ = 59,3 kN B_d = 178,2 kN $M_{B,d}$ = – 111,0 kNm $M_{1,d} = M_{2,d}$ = 76,8 kNm
3. $A_d = D_d$ = 46,6 kN $B_d = C_d$ = 125,5 kN $M_{B,d} = M_{C,d}$ = – 53,6 kNm
   $M_{1,d} = M_{3,d}$ = 46,0 kNm $M_{2,d}$ = 21,4 kNm
4. $A_d = D_d$ = 67,6 kN $B_d = C_d$ = 182,2 kN $M_{B,d} = M_{C,d}$ = – 90,0 kNm
   $M_{1,d} = M_{3,d}$ = 75,6 kNm $M_{2,d}$ = 471,3 kNm

Abschnitt 7.3.2

1. A_d = 25,9 kN B_d = 83,0 kN $M_{1,d}$ = 25,7 kNm $M_{2,d}$ = 32,8 kNm
   C_d = 29,1 kN $M_{B,d}$ = – 42,3 kNm
2. $A_d = D_d$ = 38,7 kN $B_d = C_d$ = 104,3 kN $M_{1,d} = M_{3,d}$ = 37,6 kNm $M_{2,d}$ = 22,3 kNm
   $M_{B,d} = M_{C,d}$ = – 44,6 kNm
3. $A_d = D_d$ = 43,3 kN $B_d = C_d$ = 106,4 kN $M_{1,d} = M_{3,d}$ = 40,9 kNm $M_{2,d}$ = 15,8 kNm
   $M_{B,d} = M_{C,d}$ = – 40,4 kNm
4. A_d = 34,5 kN B_d = 93,0 kN $M_{1,d}$ = 37,3 kNm $M_{2,d}$ = 22,5 kNm
   C_d = 83,7 kN D_d = 27,6 kN $M_{3,d}$ = 23,8 kNm
   $M_{B,d}$ = – 44,3 kNm $M_{C,d}$ = – 35,9 kNm

Abschnitt 7.4.2

1.	$M_{A,d} = M_{B,d} = -7{,}5$ kNm	$M_d = 5{,}6$ kNm	$A_d = B_d = 1295$ kN	
2.	$M_{A,d} = -14{,}3$ kNm	$M_{B,d} = -19{,}7$ kNm	$A_d = 18{,}3$ kN	$B_d = 25{,}7$ kN
		$M_{F,d} = 16{,}0$ kNm		
3.	$M_{A,d} = -23{,}4$ kNm	$M_{B,d} = -22{,}4$ kNm	$A_d = 46{,}2$ kN	$B_d = 43{,}8$ kN
		$M_{F,d} = 17{,}5$ kNm		
4.	$M_{A,d} = M_{B,d} = -9{,}8$ kNm	$M_{F,d} = 6{,}8$ kNm	$A_d = B_d = 8{,}5$ kN	

Abschnitt 9.4

1.	$A_k = 46{,}9$ kN	$O_{1,k} = +37{,}8$ kN	$O_{2,k} = +18{,}9$ kN	
	$B_k = 34{,}3$ kN	$D_k = -18{,}9$ kN	$V_{1,k} = -24{,}0$ kN	$V_{2,k} = 0$
		$U_{1,k} = U_{2,k} = -17{,}2$ kN		
2.	$A_k = B_k = 40{,}0$ kN	$O_{1,k} = O_{4,k} = -67{,}0$ kN	$O_{2,k} = O_{3,k} = -44{,}7$ kN	
		$D_{1,k} = D_{2,k} = -22{,}3$ kN	$V_{1,k} = V_{3,k} = 0$	$V_{2,k} = -20{,}0$ kN
		$U_{1,k} = U_{2,k} = U_{3,k} = U_{4,k} = +60{,}0$ kN		

Abschnitt 10

1.	$A_{h,d} = B_{h,d} = 1{,}48$ kN	$A_{v,d} = B_{v,d} = 10{,}00$ kN
	$M_{1,d} = M_{2,d} = -4{,}44$ kNm	$M_{R,d} = 5{,}56$ kNm
2.	$A_{h,d} = B_{h,d} = 1{,}49$ kN	$A_{v,d} = B_{v,d} = 13{,}50$ kN
	$M_{1,d} = M_{2,d} = -4{,}17$ kNm	$M_{R,d} = 5{,}94$ kNm
3.	$A_{h,d} = B_{h,d} = 4{,}40$ kN	$A_{v,d} = B_{v,d} = 28{,}80$ kN
	$M_{1,d} = M_{2,d} = -15{,}50$ kNm	$M_{R,d} = 19{,}10$ kNm
4.	$A_{h,d} = B_{h,d} = 6{,}40$ kN	$A_{v,d} = B_{v,d} = 23{,}80$ kN
	$M_{1,d} = M_{2,d} = -16{,}00$ kNm	$M_{R,d} = 15{,}60$ kNm

12 Formelzeichen und ihre Bedeutung

A	Fläche (Area)
$A, B, C, ...$	Stützkräfte eines Trägers
D	Druckkraft
E_a	Erddruckkraft
E	Beanspruchung
E_d	Bemessungswert einer Beanspruchung
$E_{p,d}$	Bemessungswert des passiven Erdwiderstands
EK	Einwirkungskombination
F	Kraft (Force), Einwirkung
F_d	Bemessungswert einer Einwirkung
F_k	charakteristischer Wert einer Einwirkung
F_s	Scherkraft
$F_{s,k}$	charakteristischer Wert einer Scherkraft
G	Eigenlast; ständige Einzellast
G_d	Bemessungswert einer ständigen Einwirkung
G_k	charakteristischer Wert einer ständigen Einwirkung
GZ	Grenzzustand
H	Horizontalkraft, Horizontallast
K_a	Beiwert für aktiven Erddruck
LF	Lastfall
M	Moment, Drehmoment
N	Längskraft (Normalkraft)
N_k	charakteristische Beanspruchung rechtwinklig zur Sohlfläche
Q	veränderliche Einwirkung, Nutzlast
Q_d	Bemessungswert einer veränderlichen Einwirkung
Q_k	charakteristischer Wert einer veränderlichen Einwirkung
R	Widerstand
R	Resultierende Kraft
R_d	Bemessungswert eines Tragwiderstandes
R_k	charakteristischer Wert eines Tragwiderstandes
R_t	Gleitwiderstand
$R_{t,d}$	Bemessungswert des Gleitwiderstandes
$R_{t,k}$	charakteristischer Wert des Gleitwiderstandes
S	Schwerpunkt; Schwerachse; Schneelast
SK	Sicherheitsklasse
T_d	Bemessungswert der Gleitbeanspruchung
$T_{G,k}$	charakteristischer Wert der Gleitbeanspruchung durch ständige Lasten
$T_{Q,k}$	charakteristischer Wert der Gleitbeanspruchung durch veränderliche Lasten
V	Vertikalkraft; Volumen; Querkraft
W	Windeinzellast
Wl	Wirkungslinie einer Kraft
Z	Zugkraft
$a, b, c, ...$	Maßangaben, Abstände
a	Wirkabstand einer Kraft
b	Breite
c	Abstand der Resultierenden von der Kippkante
c_f	Kraftbeiwert für Wind
c_p	Druckbeiwert für Wind
d	Bauteildicke; Durchmesser
e	Ausmitte, Mittenabstand
e_a	aktiver Erddruck
g	Eigenlast je Längen- oder Flächeneinheit
g_d	Bemessungswert einer gleichmäßig verteilten Eigenlast
h	Höhe, Tiefe
l	Länge; Stützweite eines Trägers
l_s	schräge Länge
l_w	lichte Weite eines Trägers
max	maximal, größt-
min	minimal, kleinst-
n	beliebige Anzahl
q	Nutzlast je Längen- oder Flächeneinheit
q_k	charakteristischer Wert einer gleichmäßig verteilten Eigenlast
q_d	Bemessungswert einer gleichmäßig verteilten Nutzlast
p_w	hydrostatischer Druck des Wassers
r	Radius; Halbmesser
s_k	charakteristische Schneelast je Längen- oder Flächeneinheit
t	Auflagertiefe
w	Windlast je Längen- oder Flächeneinheit

α, β	(alpha, beta) Neigungswinkel
$\delta_{S,k}$	(delta) charakteristischer Wert des Sohlreibungswinkels
γ	(gamma) Teilsicherheitsbeiwert (Tragsicherheit oder Gebrauchstauglichkeit)
γ_F	Teilsicherheitsbeiwert für Einwirkungen
γ_G	Teilsicherheitsbeiwert für ständige Einwirkungen
$\gamma_{G,dst}$	Teilsicherheitsbeiwert für ungünstige ständige Einwirkungen
$\gamma_{G,stb}$	Teilsicherheitsbeiwert für günstige ständige Einwirkungen
γ_{Gl}	Teilsicherheitsbeiwert des Gleitwiderstandes
γ_Q	Teilsicherheitsbeiwert für veränderliche Einwirkungen
$\gamma_{Q,dst}$	Teilsicherheitsbeiwert für ungünstige veränderliche Einwirkungen
γ_R	Teilsicherheitsbeiwert für den Tragwiderstand
ρ	(rho) Dichte eines Stoffes (Masse je Volumen)
ψ_0	(psi) Beiwert für Kombinationswerte veränderlicher Einwirkungen
φ	(phi) Schwingbeiwert
φ'_k	Bodenreibungswinkel
$\sum$	(Sigma) Summe
$=$	gleich
$\neq$	ungleich, nicht gleich
$\sim$	proportional, ähnlich
$\approx$	angenähert (rund, etwa)
$\hat{=}$	entspricht
$\equiv$	identisch
$<$	kleiner als
$>$	größer als
$\leq$	gleich oder kleiner als (höchstens)
$\nleq$	nicht kleiner als
$\geq$	gleich oder größer als (mindestens)
$\parallel$	parallel
$\perp$	rechtwinklig zu

13 Formelsammlung

1. Einführung

Einheiten der Kraft

Kilonewton	1 kN	= 100 kp	Kilonewton	1 kN	= 1000 N
Newton	1 N	= 0,1 kp	Meganewton	1 MN	= 1000 kN
Kilopond	1 kp	= 10 N	Megapond	1 Mp	= 1000 kp

Einheiten des Moments

Kilonewtonmeter	1 kNm	= 100 kpm	Kilonewtonmeter	1 kNm	= 1000 Nm
Newtonmeter	1 Nm	= 0,1 kpm	Meganewtonmeter	1 MNm	= 1000 kNm
Kilopondmeter	1 kpm	= 10 Nm	Megapondmeter	1 Mpm	= 1000 kpm

2. Wirkung der Kräfte

Resultierende

Kräfte mit gemeinsamer Wirkungslinie

$$R = F_1 + F_2 \qquad (2.1)$$

Kraftangriff im rechten Winkel

$$R = \sqrt{F_1^2 + F_2^2} \qquad (2.2)$$

Kraftangriff im spitzen oder stumpfen Winkel

$$R = \sqrt{F_1^2 + F_2^2 - 2 \cdot F_1 \cdot F_2 \cdot \cos\gamma} \qquad (2.6)$$

$$F_1 : F_2 : F = \sin\alpha : \sin\beta : \sin\gamma \qquad (2.10)$$

$$F_1 = F \cdot \frac{\sin\alpha}{\sin\gamma} \qquad F_2 = F \cdot \frac{\sin\beta}{\sin\gamma} \qquad (2.11)\ (2.12)$$

Komponenten

$$F_v = F \cdot \sin\alpha \qquad F_h = F \cdot \cos\alpha \qquad (2.13)\ (2.14)$$

Resultierende

Lineares Kräftesystem

$$R = F_1 + F_2 + F_3 + \ldots. \qquad (2.15)$$

$$R = \sum_1^n F \qquad R = \sum F_i \qquad \text{mit} \quad i = 1,2,3, \ldots \qquad (2.16)\ (2.17)$$

$$\leftarrow F_y = +F \cdot \cos\alpha \qquad \downarrow F_2 = +F \cdot \sin\alpha \qquad (2.18)\ (2.19)$$

$$\rightarrow F_y = -F \cdot \sin\alpha \qquad \uparrow F_2 = -F \cdot \sin\alpha \qquad (2.20)\ (2.21)$$

$$R_y = \sum F_{iy} \qquad R_z = \sum F_{iz} \qquad (2.22)\ (2.23)$$

$$R_y = \sum F_i \cdot \cos\alpha_i \qquad R_z = \sum F_i \cdot \sin\alpha \qquad (2.24)\ (2.25)$$

$$R = \sqrt{R_y^2 + R_z^2} \qquad \tan \alpha_R = \frac{R_z}{R_y} \qquad (2.26)\ (2.27)$$

$$\sum F_{iv} = \sum V_i = 0 \qquad \text{mit} \quad i = 1, 2, 3, ... \qquad (2.28)$$

$$\sum F_{ih} = \sum H_i = 0 \qquad \text{mit} \quad i = 1, 2, 3, ... \qquad (2.29)$$

Drehmoment $M = F \cdot a$ (2.30)

Gleichgewichtsbedingungen $\sum V_i = 0 \qquad \sum H_i = 0 \qquad \sum M_i = 0$ (2.31) (2.32) (2.33)

$\sum M_{(I)} = 0 \qquad \sum M_{(II)} = 0 \qquad \sum M_{(III)} = 0$ (2.34)

Momentensatz $\sum F_i \cdot a_i = R \cdot a_0 \qquad a_0 = \frac{\sum F_i \cdot a_i}{R}$ mit $i = 1,2,3, ...$ (2.37) (2.38)

Kräfte im Raum

$$F = \sqrt{F_x^2 + F_y^2 + F_z^2} \qquad (2.39)$$

$$\cos \alpha_x = \frac{F_x}{F} \qquad \cos \alpha_y = \frac{F_y}{F} \qquad \cos \alpha_z = \frac{F_z}{F} \qquad (2.40)\ (2.41)\ (2.42)$$

$$R_x = \sum F_{ix} \qquad R_y = \sum F_{iy} \qquad R_z = \sum F_{iz} \qquad (2.43)\ (2.44)\ (2.45)$$

$$R = \sqrt{R_x^2 + R_y^2 + R_z^2} \qquad (2.46)$$

3. Bestimmung von Schwerpunkten

Parallelogramm $z_0 = \frac{h}{2}$ (3.1)

Dreieck $z_0 = \frac{h}{3}$ (3.2)

Trapez $z_0 = \frac{h}{3} \cdot \frac{a + 2 \cdot b}{a + b} \qquad z_0' = \frac{h}{3} \cdot \frac{2 \cdot a + b}{a + b}$ (3.3)

Kreisausschnitt $z_0 = \frac{2}{3} \cdot \frac{r \cdot s}{b}$ (3.4)

Halbkreis, Viertelkreis $z_0 = \frac{4}{3} \cdot \frac{r}{\pi} \qquad z_0 = 0{,}424 \cdot r$ (3.5)

Kreisabschnitt $z_0 \approx \frac{2}{5} \cdot h$ (3.6)

Schwerpunktabstand $y_0 = \frac{\sum A_i \cdot y_i}{A} \qquad z_0 = \frac{\sum A_i \cdot z_i}{A}$ (3.9)

4. Belastung der Bauwerke

Bemessungswerte
$$G_d = \gamma_G \cdot G_k \quad (4.1)$$
$$Q_d = \gamma_Q \cdot \psi_0 \cdot Q_k \quad (4.2)$$
$$E_d = G_d + Q_d \quad (4.3)$$
$$E_d = \gamma_G \cdot G_k + \gamma_{Q,1} \cdot Q_{1,k} \quad (4.4)$$
$$E_d = 1{,}35 \cdot G_k + 1{,}5 \cdot Q_k + \Sigma\, 1{,}5 \cdot \psi_{0,i} \cdot Q_{k,i} \quad (4.5)$$
$$E_d = 1{,}35 \cdot G_k + 1{,}5 \cdot \Sigma Q_k \quad (4.6)$$

Mindestschneelast

Zone 1: $s_{min,k} = 0{,}65\ \text{kN/m}^2$ bis 400 m üNN (4.10)

Zone 2: $s_{min,k} = 0{,}85\ \text{kN/m}^2$ bis 285 m üNN (4.11)

Zone 3: $s_{min,k} = 1{,}10\ \text{kN/m}^2$ bis 255 m üNN (4.12)

charakteristische Schneelast

Zone 1: $s_k = 0{,}19 + 0{,}91 \cdot \left(\frac{h + 140}{760}\right)^2$ für h = 400 m bis 800 m (4.13)

Zone 2: $s_k = 0{,}25 + 1{,}91 \cdot \left(\frac{h + 140}{760}\right)^2$ für h = 285 m bis 1200 m (4.14)

Zone 3: $s_k = 0{,}31 + 2{,}91 \cdot \left(\frac{h + 140}{760}\right)^2$ für h = 255 m bis 1500 m (4.15)

Schneelast auf Dächern
$$s_i = \mu_i \cdot s_k \quad (4.16)$$
$$\mu_2 = \mu_1 + \gamma \cdot h/s_k \quad (4.18)$$

Geschwindigkeitsdruck des Windes
$$q = \frac{1}{2} \cdot \rho \cdot v^2 \quad (4.19)$$

Winddruck
$$w = c_p \cdot q \quad (4.21)$$

Winddruck außen
$$w_e = c_{pe} \cdot q_{(z,e)} \quad (4.22)$$

Winddruck innen
$$w_e = c_{pi} \cdot q_{(z,i)} \quad (4.23)$$

Wasserdruck $q_{w,k} = h_w \cdot \gamma_w$ (4.26)

Wasserdruckkraft $Q_{w,k} = \frac{q_{w,k} \cdot h_w \cdot l}{2}$ $Q_{w,k} = 5 \cdot h^2$ (4.28) (4.29)

Aktive Erddruckkraft $E_{a,k} = \frac{e_{a,k} \cdot h}{2}$ (4.30)

Erddruckkraft $E_{a,k} \approx 3 \cdot h^2$ (4.31)

Einwirkungskombination aus Eigengewicht + voller Schneelast + Wind

$$(g_d + s_{1,d} + w_{v,d}) = \gamma_G \cdot g_k + \gamma_Q \cdot s_{1,k} + \gamma_Q \cdot \psi_{0,w} \cdot w_k \quad (4.43)$$

Einwirkungskombination Schnee

$$(g_d + s_{1,d} + w_{v,d}) = \gamma_G \cdot g_k + \gamma_Q \cdot \frac{s_{1,k}}{2} + \gamma_Q \cdot \psi_{0,w} \cdot w_k \quad (4.45)$$

Einwirkungskombination Reparaturlast

$$(g_d + w_{v,d}) = \gamma_G \cdot g_k + \gamma_Q \cdot w_k = 1{,}35 \cdot g_k + 1{,}5 \cdot w_k \quad (4.46)$$

$$Q_{R,d} = \gamma_Q \cdot \psi_{0,R} \cdot Q_{R,k} = + \ 1{,}5 \cdot 0 \cdot Q_{R,k} \quad (4.47)$$

5. Standsicherheit der Bauwerke

Beanspruchung und Beanspruchbarkeit

$$E_d \leq R_d \quad (5.1)$$

Kippsicherheit

$$(e_x / b_x)^2 + (e_y / b_y)^2 \leq 1/9 \quad (5.3)$$

Ausmittigkeit

$$e_x = \frac{M_{y,G+Q,k}}{N_{G+Q,k}} \quad (5.5)$$

Normalkraft

$$N_{G+Q,k} = N_{G,k} + N_{Qi,k} \quad (5.8)$$

Drehmoment

$$M_{G+Q,k} = M_{G,k} + M_{Qi,k} \quad (5.9)$$

charakteristischer Gleitwiderstand

$$R_{t,k} = N_k \cdot \tan \delta_{S,k} \quad (5.10)$$

Bemessungswert des Gleitwiderstandes

$$R_{t,d} = R_{t,k} / \gamma_{Gl} \quad (5.11)$$

Bemessungswert der Beanspruchung beim Gleiten

$$T_d = T_{G,k} \cdot \gamma_G + T_{Q,k} \cdot \gamma_Q \quad (5.13)$$

Nachweis der Gleitsicherheit

$$T_d \leq R_{t,d} + E_{p,d} \quad (5.14)$$

Sicherheitsnachweis gegen Aufschwimmen

$$A_k \cdot \gamma_{G,dst} + Q_k \cdot \gamma_{Q,dst} \leq G_k \cdot \gamma_{G,stb} + F_{s,k} \cdot \gamma_{G,stb} \quad (5.15)$$

Sicherheit gegen Abheben

$$E_{d,dst} = 1{,}10 \cdot E_{Gk,dst} + 1{,}50 \cdot E_{Q,unf} \leq 0{,}90 \cdot E_{Gk,stb} = E_{d,stb} \qquad (5.16)$$

6. Statisch bestimmte Tragwerke

Stützweite bei gleichmäßig verteilter Stützkraft $l = l_w + t$

Stützweite bei dreieckförmig verteilter Stützkraft $l = l_w + \frac{2}{3} \cdot t$

$$l = 1{,}05 \cdot l_w \qquad (6.5)\ (6.6)\ (6.7)$$

Träger mit einer Einzellast $A = \frac{F \cdot b}{l}$ $B = \frac{F \cdot a}{l}$ $M_{max} = \frac{F \cdot a \cdot b}{l}$ (6.10) (6.11) (6.14)

Träger mit einer Einzellast in der Mitte $A = B = \frac{F}{2}$ $M_{max} = \frac{F \cdot l}{4}$ (6.15) (6.16) (6.17)

Träger mit gleichmäßig verteilter Belastung $A = B = \frac{q \cdot l}{2}$ $M_{max} = \frac{q \cdot l^2}{8}$ (6.21) (6.25)

Träger mit Streckenlast $x_0 = \frac{V_A}{q}$ $M_{max} = \frac{V_A^2}{2 \cdot q}$ (6.30) (6.31)

$$M_1 = V_A \cdot c - \frac{q \cdot c^2}{2} \qquad (6.34)$$

schräge Träger mit vertikaler Belastung

$$V_{A,max} = A_\perp = + A \cdot \cos\alpha \qquad V_{B,max} = B_\perp = - B \cdot \cos\alpha \qquad (6.44)$$

$$N_{A,max} = A_{||} = - A \cdot \sin\alpha \qquad N_{B,max} = B_{||} = + B \cdot \sin\alpha \qquad (6.45)$$

schräge Träger mit Belastung rechtwinklig zur Stabachse

$$A_\perp = \frac{q \cdot l_s}{2} \qquad A_v = A_\perp \cdot \cos\alpha \qquad A_h = A_\perp \cdot \sin\alpha \qquad (6.46)$$

$$B_\perp = \frac{q \cdot l_s}{2} \qquad B_v = B_\perp \cdot \cos\alpha \qquad B_h = B_\perp \cdot \sin\alpha \qquad (6.47)$$

$$\max M = \frac{q_\perp \cdot l_s^2}{8} \qquad M_x = \frac{q_\perp \cdot x_s \cdot |\, x_s' \,|}{2} \qquad (6.48)$$

Freiträger, statische Länge $l = l_w + \frac{1}{6} \cdot t$ (6.52)

Freiträger mit Einzellast an der Spitze $M_{A,k} = - F_k \cdot l$ $M_{x,k} = - F_k \cdot x$ (6.55) (6.56)

Freiträger mit gleichmäßig verteilter Belastung $M_{x,d} = - \frac{(g_d + q_d) \cdot x^2}{2}$ (6.59)

$$M_{A,d} = - \frac{(g_d + q_d) \cdot l^2}{2} \qquad (6.60)$$

7. Statisch unbestimmte Tragwerke

Abzählkriterium

$$n = a + z - 3 \cdot p \tag{7.1}$$

Verformungsbedingung beim Kraftgrößenverfahren $\delta_{i0} + \sum_{k=1}^{n} X_k \, \delta_{ik} = 0$ (7.2)

Zweifeldträger mit gleichmäßig verteilter Belastung

Stützmoment $M_B = -\dfrac{q_1 \cdot l_1^3 + q_2 \cdot l_2^3}{8\,(l_1 + l_2)}$ (7.6)

Stützkräfte $A = \dfrac{q_1' \cdot l_1}{2} + \dfrac{M_B}{l_1}$ $B = \dfrac{q_1' \cdot l_1}{2} + \dfrac{q_2' \cdot l_2}{2} - \dfrac{M_B}{l_1} - \dfrac{M_B}{l_2}$ (7.11) (7.12)

$C = \dfrac{q_2' \cdot l_2}{2} + \dfrac{M_B}{l_2}$ (7.13)

Feldmomente $M_{1,\max} = \dfrac{V_A^2}{2 \cdot q_1'}$ $M_{2,\max} = \dfrac{V_C^2}{2 \cdot q_2'}$ (7.16) (7.17)

Winklersche Zahlen zur Schnittgrößenberechnung für Durchlaufträger

$M_{\max} = (a \cdot g + b \cdot q) \cdot l^2$ $M_{\min} = (a \cdot g + c \cdot q) \cdot l^2$

$V_{\max} = (d \cdot g + e \cdot q) \cdot l$ $V_{\min} = (d \cdot g + f \cdot q) \cdot l$ (7.18)

Durchlaufende Stahlträger mit min $l \geqq 0{,}8 \cdot$ max l

$$B_{\max} = 1{,}25 \cdot q \cdot l \tag{7.26}$$

Endfelder $M_E = q \cdot l^2/11$ (7.27)

Innenfelder $M_1 = q \cdot l^2/16$ (7.28)

Innenstützen $M_S = -q \cdot l^2/16$ (7.29)

einseitig eingespannte Einfeldträger $M_B = -q \cdot l^2/8$ (7.32)

zweiseitig eingespannte Einfeldträger $M_A = M_B = -q \cdot l^2/12$ (7.33)

14 Schrifttum

Nachfolgend werden einige Tabellenwerke genannt; ferner wird eine knappe Auswahl an Fachliteratur aufgeführt für die Leser, die ihre statischen und konstruktiven Kenntnisse erweitern und vertiefen wollen.

[1] Beton-Kalender. Berlin 2010

[2] *Frick/Knöll*: Baukonstruktionslehre. Teil 1. 34. Aufl. 2006; Teil 2. 33. Aufl. Wiesbaden 2008

[3] *Lohmeyer/Ebeling/Bergmann*: Stahlbetonbau – Bemessung, Konstruktion, Ausführung. 8. Aufl. Wiesbaden 2010

[4] *Neuhaus, H.*: Ingenieurholzbau. Wiesbaden 2008

[5] *Simmer, K.*: Grundbau. Teil 1. 19. Aufl. 1994; Teil 2. 18. Aufl. Wiesbaden 1999

[6] Stahl im Hochbau: Handbuch für Entwurf, Berechnung und Ausführung von Stahlbauten. Bd. 1 bis 4. 15. Aufl. Düsseldorf 1994/1995

[7] *Lohse*: Stahlbau. Teil 1. 24. Aufl. Wiesbaden 2002

[8] *Wagner/Erlhof*: Praktische Baustatik. Teil 1. 19. Aufl. 1994; Teil 2. 15. Aufl. 1998; Teil 3. 8. Aufl. Stuttgart 1997

[9] Wendehorst Bautechnische Zahlentafeln. 33. Aufl. Wiesbaden 2009

[10] Wendehorst Beispiele aus der Baupraxis. 2. Aufl. Wiesbaden 2007

[11] *Wetzel, O.*: Technische Mechanik für Bauingenieure. Wiesbaden 2004

[12] *Schulze, H.*: Holzbau. Wände - Decken - Bauprodukte - Dächer - Konstruktionen - Bauphysik - Holzschutz. 3. Aufl. Wiesbaden 2005

15 DIN-Normen und Vorschriften zur Baustatik (Auswahl)

MessEinhG	Gesetz über Einheiten im Messwesen vom 22.02.1985, geändert am 03.07.2008
EinhV	Ausführungsverordnung zum Gesetz im Messwesen (Einheitenverordnung EinhV) vom 13.12.1985, geändert am 25.09.2009

DIN	Stand	Titel
1045-1	(2008-08)	Tragwerke aus Beton, Stahlbeton und Spannbeton Teil 1: Bemessung und Konstruktion
1052	(2008-12)	Entwurf, Berechnung und Bemessung von Holzbauwerken Allgemeine Bemessungsregeln und Bemessungsregeln für den Hochbau
1053-1	(1996-01)	Mauerwerk, Teil 1: Berechnung und Ausführung
1053-100	(2007-09)	Mauerwerk, Teil 100: Berechnung auf der Grundlage des semiprobabilistischen Sicherheitskonzepts
1054	(2009-02)	Baugrund, Sicherheitsnachweise im Erd- und Grundbau
1055-1	(2002-06)	Einwirkungen auf Tragwerke Teil 1: Wichten und Flächenlasten von Baustoffen, Bauteilen und Lagerstoffen
1055-3	(2006-03)	Teil 3: Eigen- und Nutzlasten für Hochbauten
1055-4	(2005-03)	Teil 4: Windlasten
1055-5	(2005-07)	Teil 5: Schnee- und Eislasten
1055-100	(2001-03)	Teil 100: Grundlagen der Tragwerksplanung, Sicherheitskonzept und Bemessungsregeln
18800-1	(2008-11)	Teil 1: Stahlbauten; Bemessung und Konstruktion
18801	(1983-09)	Stahlhochbau; Bemessung, Konstruktion, Herstellung
ISO 128-50	(2002-05)	Technische Zeichnungen; Allgemeine Grundlagen der Darstellung

16 Sachverzeichnis